T0234295

CAMBRIDGE LIBRARY COLLECTION

Books of enduring scholarly value

Mathematical Sciences

From its pre-historic roots in simple counting to the algorithms powering modern desktop computers, from the genius of Archimedes to the genius of Einstein, advances in mathematical understanding and numerical techniques have been directly responsible for creating the modern world as we know it. This series will provide a library of the most influential publications and writers on mathematics in its broadest sense. As such, it will show not only the deep roots from which modern science and technology have grown, but also the astonishing breadth of application of mathematical techniques in the humanities and social sciences, and in everyday life.

Oeuvres complètes

Augustin-Louis, Baron Cauchy (1789-1857) was the pre-eminent French mathematician of the nineteenth century. He began his career as a military engineer during the Napoleonic Wars, but even then was publishing significant mathematical papers, and was persuaded by Lagrange and Laplace to devote himself entirely to mathematics. His greatest contributions are considered to be the Cours d'analyse de l'École Royale Polytechnique (1821), Résumé des leçons sur le calcul infinitésimal (1823) and Leçons sur les applications du calcul infinitésimal à la géométrie (1826-8), and his pioneering work encompassed a huge range of topics, most significantly real analysis, the theory of functions of a complex variable, and theoretical mechanics. Twenty-six volumes of his collected papers were published between 1882 and 1958. The first series (volumes 1–12) consists of papers published by the Académie des Sciences de l'Institut de France; the second series (volumes 13–26) of papers published elsewhere.

Cambridge University Press has long been a pioneer in the reissuing of out-of-print titles from its own backlist, producing digital reprints of books that are still sought after by scholars and students but could not be reprinted economically using traditional technology. The Cambridge Library Collection extends this activity to a wider range of books which are still of importance to researchers and professionals, either for the source material they contain, or as landmarks in the history of their academic discipline.

Drawing from the world-renowned collections in the Cambridge University Library, and guided by the advice of experts in each subject area, Cambridge University Press is using state-of-the-art scanning machines in its own Printing House to capture the content of each book selected for inclusion. The files are processed to give a consistently clear, crisp image, and the books finished to the high quality standard for which the Press is recognised around the world. The latest print-on-demand technology ensures that the books will remain available indefinitely, and that orders for single or multiple copies can quickly be supplied.

The Cambridge Library Collection will bring back to life books of enduring scholarly value across a wide range of disciplines in the humanities and social sciences and in science and technology.

Oeuvres complètes

Series 2

Volume 11

Augustin Louis Cauchy

Cambridge
University Press

CAMBRIDGE UNIVERSITY PRESS

Cambridge New York Melbourne Madrid Cape Town Singapore São Paolo Delhi

Published in the United States of America by Cambridge University Press, New York

www.cambridge.org
Information on this title: www.cambridge.org/9781108003247

© in this compilation Cambridge University Press 2009

This edition first published 1913
This digitally printed version 2009

ISBN 978-1-108-00324-7

This book reproduces the text of the original edition. The content and language reflect the beliefs, practices and terminology of their time, and have not been updated.

ŒUVRES

COMPLÈTES

D'AUGUSTIN CAUCHY

SECONDE SÉRIE.

I. — MÉMOIRES PUBLIÉS DANS DIVERS RECUEILS
AUTRES QUE CEUX DE L'ACADÉMIE.

II. — OUVRAGES CLASSIQUES.

III. — MÉMOIRES PUBLIÉS EN CORPS D'OUVRAGE.

IV. — MÉMOIRES PUBLIÉS SÉPARÉMENT.

III.

MÉMOIRES

PUBLIÉS EN CORPS D'OUVRAGE.

EXERCICES D'ANALYSE

ET DE

PHYSIQUE MATHÉMATIQUE

(NOUVEAUX EXERCICES)

—

TOME I. — PARIS, 1840.

DEUXIÈME ÉDITION

RÉIMPRIMÉE

D'APRÈS LA PREMIÈRE ÉDITION.

EXERCICES D'ANALYSE

ET DE

PHYSIQUE MATHÉMATIQUE,

PAR LE BARON AUGUSTIN CAUCHY,

Membre de l'Académie des Sciences de Paris, de la Société Italienne, de la Société royale de Londres, des Académies de Berlin, de Saint-Pétersbourg, de Prague, de Stockholm de Gœttingue, de l'Académie Américaine, etc.

TOME PREMIER.

PARIS,

BACHELIER, IMPRIMEUR-LIBRAIRE

DE L'ÉCOLE POLYTECHNIQUE, DU BUREAU DES LONGITUDES, ETC.,

QUAI DES AUGUSTINS, N° 55.

1840

EXERCICES D'ANALYSE

ET DE

PHYSIQUE MATHÉMATIQUE.

AVERTISSEMENT.

La bienveillance avec laquelle les géomètres ont accueilli mes anciens et nouveaux *Exercices de Mathématiques*, publiés successivement à Paris et à Prague, ainsi que mes *Résumés analytiques* publiés à Turin, m'encourage à faire paraître un quatrième recueil, dans lequel je traiterai encore des diverses questions relatives soit à l'Analyse pure, soit à la Physique mathématique. Je me propose en particulier d'offrir ici aux Amis des sciences la suite de mes recherches sur les mouvements des systèmes de molécules, et sur la théorie de la lumière; des règles générales sur la convergence des séries suivant lesquelles se développent les fonctions explicites ou implicites; des méthodes générales pour la détermination et la réduction des intégrales définies ou indéfinies, ainsi que pour l'intégration des équations différentielles, et aux différences partielles; enfin de nouvelles applications du *calcul des résidus*, et de celui que, dans quelques Mémoires relatifs à l'Astronomie, j'ai nommé le *calcul des limites*. Un puissant motif de poursuivre mes travaux sur la Mécanique céleste était l'honneur que m'a fait le Bureau des Longitudes, en m'appelant, dans la séance du 13 novembre 1839, à la place précédemment occupée par un savant confrère (M. de Prony) qui jadis parut prendre quelque plaisir à me compter au nombre de ses élèves, et plus anciennement par Lagrange lui-même, par cet illustre géomètre qui eut aussi pour moi tant de bontés, et voulut bien guider mes premiers pas dans la carrière des sciences. Je devais redoubler d'efforts pour essayer de répondre de mon mieux à ce témoignage de considération, auquel j'attache d'autant plus de prix que je l'avais moins recherché et me tenais plus à l'écart, pour me livrer, dans le silence du cabinet, à mes études favorites. L'indulgence avec laquelle ont été reçus mes derniers Mémoires prouve que l'on m'a tenu compte de ma bonne volonté. Pour la consolation de ma patrie, comme j'en ai déjà fait ailleurs la remarque, il y a deux sentiments qu'en France on aime à voir profondément gravés dans les cœurs et auxquels, je le sais par expérience, on se plaît à rendre justice; je veux dire : le dévouement à l'infortune et l'amour sincère de la vérité.

MÉMOIRE

SUR LES

MOUVEMENTS INFINIMENT PETITS

D'UN

SYSTÈME DE MOLÉCULES

SOLLICITÉES

PAR DES FORCES D'ATTRACTION OU DE RÉPULSION MUTUELLE.

§ Ier. — *Équations d'équilibre et de mouvement d'un système de molécules.*

Considérons un système de molécules sollicitées au mouvement par des forces d'attraction ou de répulsion mutuelle. Soient, au premier instant et dans l'état d'équilibre :

x, y, z les coordonnées d'une molécule m,
$x + \mathrm{x}, y + \mathrm{y}, z + \mathrm{z}$ les coordonnées d'une autre molécule m,
r le rayon vecteur mené de la molécule m à la molécule m;

on aura

$$r^2 = \mathrm{x}^2 + \mathrm{y}^2 + \mathrm{z}^2,$$

et les cosinus des angles formés par le rayon vecteur r avec les demi-axes des coordonnées positives, seront respectivement

$$\frac{\mathrm{x}}{r}, \quad \frac{\mathrm{y}}{r}, \quad \frac{\mathrm{z}}{r}.$$

Supposons d'ailleurs que l'attraction ou la répulsion mutuelle des deux masses m, m, étant proportionnelle à ces masses et à une fonction de la distance r, soit représentée, au signe près, par

$$\mathfrak{m} m\, \mathrm{f}(r),$$

$\mathrm{f}(r)$ désignant une quantité positive, lorsque les molécules s'attirent, et négative, lorsqu'elles se repoussent. Les projections algébriques de la force

$$\mathfrak{m} m\, \mathrm{f}(r)$$

sur les axes coordonnés seront les produits de cette force par les cosinus des angles que forme le rayon vecteur r avec ces axes, et, en conséquence, si l'on fait pour abréger

$$\frac{\mathrm{f}(r)}{r} = f(r), \tag{2}$$

elles se réduiront à

$$\mathfrak{m} m \mathrm{x} f(r), \quad \mathfrak{m} m \mathrm{y} f(r), \quad \mathfrak{m} m \mathrm{z} f(r).$$

Cela posé, les équations d'équilibre de la molécule $\mathfrak{m}$ seront évidemment

$$\left\{\begin{aligned} o &= \mathrm{S}[m\mathrm{x} f(r)], \\ o &= \mathrm{S}[m\mathrm{y} f(r)], \\ o &= \mathrm{S}[m\mathrm{z} f(r)], \end{aligned}\right. \tag{3}$$

la lettre caractéristique S indiquant une somme de termes semblables entre eux et relatifs aux diverses molécules m du système donné.

Concevons maintenant que les molécules

$$\mathfrak{m}, \quad m, \quad \ldots$$

viennent à se mouvoir. Soient, au bout du temps t,

$$\xi, \quad \eta, \quad \zeta$$

les déplacements de la molécule $\mathfrak{m}$, mesurés parallèlement aux axes coordonnés. Soient d'ailleurs

$$\xi + \Delta\xi, \quad \eta + \Delta\eta, \quad \zeta + \Delta\zeta$$

ce que deviennent ces déplacements, lorsqu'on passe de la molécule $\mathfrak{m}$ à la molécule m. Les coordonnées de la molécule $\mathfrak{m}$, au bout du temps t, seront

$$x + \xi, \quad y + \eta, \quad z + \zeta,$$

tandis que celles de la molécule m seront

$$x + \mathrm{x} + \xi + \Delta\xi, \quad y + \mathrm{y} + \eta + \Delta\eta, \qquad z + \mathrm{z} + \zeta + \Delta\zeta.$$

Soit à cette même époque

$$r + \rho$$

la distance des molécules **m**, m. La distance

$$r + \rho$$

offrira pour projections algébriques, sur les axes des x, y, z, les différences entre les coordonnées des molécules **m**, m; savoir :

$$\mathrm{x} + \Delta\xi, \quad \mathrm{y} + \Delta\eta, \qquad \mathrm{z} + \Delta\zeta.$$

On aura en conséquence

$$(4) \qquad (r + \rho)^2 = (\mathrm{x} + \Delta\xi)^2 + (\mathrm{y} + \Delta\eta)^2 + (\mathrm{z} + \Delta\zeta)^2.$$

Cela posé, pour déduire les équations du mouvement de la molécule **m** de ses équations d'équilibre, c'est-à-dire des formules (3), il suffira évidemment de remplacer, dans ces formules, les premiers membres par

$$\frac{d^2\xi}{dt^2}, \quad \frac{d^2\eta}{dt^2}, \quad \frac{d^2\zeta}{dt^2},$$

puis de substituer, à la distance

$$r$$

et à ses projections algébriques

$$\mathrm{x}, \quad \mathrm{y}, \quad \mathrm{z},$$

la distance

$$r + \rho$$

et ses projections algébriques

$$\mathrm{x} + \Delta\xi, \quad \mathrm{y} + \Delta\eta, \quad \mathrm{z} + \Delta\zeta;$$

en opérant ainsi, on trouvera

$$(5)\qquad \begin{cases} \dfrac{d^2\xi}{dt^2} = \text{S}[m(\text{x}+\Delta\xi)\,f(r+\rho)], \\ \dfrac{d^2\eta}{dt^2} = \text{S}[m(\text{y}+\Delta\eta)f(r+\rho)], \\ \dfrac{d^2\zeta}{dt^2} = \text{S}[m(\text{z}+\Delta\zeta)\,f(r+\rho)]. \end{cases}$$

§ II. — *Équations des mouvements infiniment petits d'un système de molécules.*

Considérons, dans le système de molécules donné, un mouvement vibratoire, en vertu duquel chaque molécule s'écarte très peu de sa position initiale. Si l'on cherche les lois du mouvement, celles du moins qui subsistent quelque petite que soit l'étendue des vibrations moléculaires, alors en regardant les déplacements

$$\xi,\quad \eta,\quad \zeta$$

et leurs différences

$$\Delta\xi,\quad \Delta\eta,\quad \Delta\zeta,$$

comme des quantités infiniment petites du premier ordre, on pourra négliger les carrés et les puissances supérieures, non seulement de ces déplacements et de leurs différences, mais aussi de la quantité ρ, dans les développements des expressions que renferment les formules (4), (5) du premier paragraphe; et l'on pourra encore supposer indifféremment que, des quatre variables indépendantes

$$x,\quad y,\quad z,\quad t,$$

les trois premières représentent ou les coordonnées initiales de la molécule m, ou ses coordonnées courantes qui, en vertu de l'hypothèse admise, différeront très peu des premières. Cela posé, si l'on a égard aux formules (3) du paragraphe Ier, les formules (4) et (5) du même paragraphe donneront

$$(1)\qquad \rho = \frac{\text{x}\,\Delta\xi + \text{y}\,\Delta\eta + \text{z}\,\Delta\zeta}{r}$$

et

$$(2)\quad \begin{cases} \dfrac{d^2\xi}{dt^2} = \text{S}[mf(r)\,\Delta\xi] + \text{S}\left[m\,\dfrac{df(r)}{dr}\,\text{x}\rho\right], \\ \dfrac{d^2\eta}{dt^2} = \text{S}[mf(r)\,\Delta\eta] + \text{S}\left[m\,\dfrac{df(r)}{dr}\,\text{y}\rho\right], \\ \dfrac{d^2\zeta}{dt^2} = \text{S}[mf(r)\,\Delta\zeta] + \text{S}\left[m\,\dfrac{df(r)}{dr}\,\text{z}\rho\right], \end{cases}$$

ou, ce qui revient au même,

$$(3)\quad \begin{cases} \dfrac{d^2\xi}{dt^2} = \text{L}\xi + \text{R}\eta + \text{Q}\zeta, \\ \dfrac{d^2\eta}{dt^2} = \text{R}\xi + \text{M}\eta + \text{P}\zeta, \\ \dfrac{d^2\zeta}{dt^2} = \text{Q}\xi + \text{P}\eta + \text{N}\zeta, \end{cases}$$

pourvu que, 8 désignant une fonction quelconque des variables x, y, z et

$$\Delta 8$$

l'accroissement de 8 dans le cas où l'on fait croître

$$x \text{ de x}, \quad y \text{ de y}, \quad z \text{ de z},$$

on représente, à l'aide des lettres

L, M, N, P, Q, R,

non pas des quantités, mais des caractéristiques déterminées par les formules

$$\text{L}8 = \text{S}\left\{m\left[f(r) + \frac{\text{x}^2}{r}\,\frac{df(r)}{dr}\right]\Delta 8\right\}, \qquad \text{M} = \ldots, \qquad \text{N} = \ldots,$$
$$\text{P}8 = \text{S}\left[m\,\frac{\text{yz}}{r}\,\frac{df(r)}{dr}\,\Delta 8\right], \qquad \text{Q} = \ldots, \qquad \text{R} = \ldots.$$

Comme d'ailleurs ces diverses formules doivent servir à déterminer les caractéristiques

L, M, N, P, Q, R,

quelle que soit la fonction de x, y, z désignée par 8, elles peuvent être, pour plus de simplicité, présentées sous la forme

$$(4)\quad \begin{cases} \mathrm{L} = \mathrm{S}\left\{ m\left[f(r) + \frac{\mathrm{x}^2}{r}\frac{df(r)}{dr}\right]\Delta\right\}, & \mathrm{M} = \ldots, \quad \mathrm{N} = \ldots, \\ \mathrm{P} = \mathrm{S}\left[m\frac{\mathrm{yz}}{r}\frac{df(r)}{dr}\Delta\right], & \mathrm{Q} = \ldots, \quad \mathrm{R} = \ldots. \end{cases}$$

Enfin, si l'on désigne, à l'aide des caractéristiques

$$\mathrm{D}_x,\quad \mathrm{D}_y,\quad \mathrm{D}_z,\quad \mathrm{D}_t$$

et de leurs puissances entières, les dérivées qu'on obtient quand on différentie une ou plusieurs fois de suite une fonction des variables indépendantes

$$x,\quad y,\quad z,\quad t,$$

par rapport à ces mêmes variables, les équations (3) pourront s'écrire comme il suit :

$$(5)\quad \begin{cases} (\mathrm{L} - \mathrm{D}_t^2)\xi + \mathrm{R}\eta + \mathrm{Q}\zeta = 0, \\ \mathrm{R}\xi + (\mathrm{M} - \mathrm{D}_t^2)\eta + \mathrm{P}\zeta = 0, \\ \mathrm{Q}\xi + \mathrm{P}\eta + (\mathrm{N} - \mathrm{D}_t^2)\zeta = 0. \end{cases}$$

Pour réduire les équations (5) à la forme d'équations linéaires aux différences partielles, il suffira de développer les différences finies des variables principales

$$\xi,\quad \eta,\quad \zeta$$

en séries ordonnées suivant leurs dérivées des divers ordres. On y parviendra aisément à l'aide de la formule de Taylor, en vertu de laquelle on aura

$$8 + \Delta 8 = e^{\mathrm{x}\mathrm{D}_x + \mathrm{y}\mathrm{D}_y + \mathrm{z}\mathrm{D}_z} 8,$$

quelle que soit la fonction de

$$x,\quad y,\quad z$$

désignée par 8, et par conséquent

$$(6)\qquad 1 + \Delta = e^{\mathrm{x}\mathrm{D}_x + \mathrm{y}\mathrm{D}_y + \mathrm{z}\mathrm{D}_z},$$

$$(7)\quad \Delta = e^{\mathrm{x}\mathrm{D}_x + \mathrm{y}\mathrm{D}_y + \mathrm{z}\mathrm{D}_z} - 1 = \mathrm{x}\mathrm{D}_x + \mathrm{y}\mathrm{D}_y + \mathrm{z}\mathrm{D}_z + \frac{(\mathrm{x}\mathrm{D}_x + \mathrm{y}\mathrm{D}_y + \mathrm{z}\mathrm{D}_z)^2}{2} + \ldots$$

Cela posé, dans les équations (5), ramenées à la forme d'équations aux différences partielles, les coefficients des dérivées des variables principales se réduiront toujours à des sommes de l'une des formes

$$(8) \qquad S[m\mathrm{x}^n\mathrm{y}^{n'}\mathrm{z}^{n''}f(r)], \quad S\left[m\mathrm{x}^n\mathrm{y}^{n'}\mathrm{z}^{n''}\frac{df(r)}{dz}\right],$$

par conséquent à des sommes dans chacune desquelles la masse m se trouvera multipliée, sous le signe S, par des puissances entières de x, y, z et par une fonction de r.

On pourra regarder la constitution du système donné de molécules comme étant partout la même, si les sommes (8) se réduisent à des quantités constantes, c'est-à-dire à des quantités indépendantes des coordonnées

$$x, \quad y, \quad z$$

de la molécule m. C'est ce qui aura lieu, par exemple, quand le système donné sera un corps homogène, gazeux ou liquide ou cristallisé. Alors les équations des mouvements infiniment petits du système donné, c'est-à-dire les équations (5), pourront être considérées comme des équations linéaires aux différences partielles et à coefficients constants entre les trois variables principales

$$\xi, \quad \eta, \quad \zeta$$

et les quatre variables indépendantes

$$x, \quad y, \quad z, \quad t.$$

De semblables équations sont propres à représenter, par exemple, les mouvements infiniment petits du fluide lumineux dans le vide, ou bien encore les mouvements infiniment petits d'un corps élastique.

§ III. — *Mouvements simples.*

La solution de plusieurs problèmes de Physique mathématique pouvant dépendre de l'intégration des équations (3) du paragraphe précédent, considérées comme équations linéaires à coefficients constants, nous allons rechercher ici les intégrales de ces équations, en nous bornant pour l'instant aux intégrales qui représentent les mouvements simples, définis comme on le verra ci-après.

Lorsque les sommes (8) du paragraphe II demeurent constantes, alors, pour satisfaire aux équations (5) du même paragraphe, il suffit de supposer les variables principales

$$\xi, \quad \eta, \quad \zeta$$

toutes proportionnelles à une même exponentielle népérienne dont l'exposant soit une fonction linéaire des variables indépendantes

$$x, \quad y, \quad z, \quad t,$$

et de prendre en conséquence

$$(1) \qquad \xi = \mathrm{A}e^{ux+vy+wz-st}, \qquad \eta = \mathrm{B}e^{ux+vy+wz-st}, \qquad \zeta = \mathrm{C}e^{ux+vy+wz-st},$$

u, v, w, s, A, B, C désignant des constantes réelles ou imaginaires convenablement choisies. En effet, si l'on substitue les valeurs précédentes de

$$\xi, \quad \eta, \quad \zeta,$$

dans les équations (5) du second paragraphe, tous les termes seront divisibles par l'exponentielle

$$e^{ux+vy+wz-st},$$

et, après la division effectuée, ces équations seront réduites à d'autres de la forme

$$(2) \qquad \begin{cases} (\mathfrak{L} - s^2)\mathrm{A} + \mathfrak{R}\mathrm{B} + \mathfrak{Q}\mathrm{C} = 0, \\ \mathfrak{R}\mathrm{A} + (\mathfrak{M} - s^2)\mathrm{B} + \mathfrak{P}\mathrm{C} = 0, \\ \mathfrak{Q}\mathrm{A} + \mathfrak{P}\mathrm{B} + (\mathfrak{N} - s^2)\mathrm{C} = 0, \end{cases}$$

les valeurs des coefficients

$$\mathfrak{L}, \quad \mathfrak{M}, \quad \mathfrak{N}, \quad \mathfrak{P}, \quad \mathfrak{Q}, \quad \mathfrak{R}$$

étant déterminées par les formules

$$\mathcal{L} = \mathrm{S}\left\{m\left[f(r) + \frac{\mathrm{x}^2}{r}\frac{df(r)}{dr}\right](e^{u\mathrm{x}+v\mathrm{y}+w\mathrm{z}} - 1)\right\}, \qquad \mathcal{M} = \ldots, \qquad \mathcal{N} = \ldots.$$

$$\mathcal{P} = \mathrm{S}\left[m\frac{\mathrm{yz}}{r}\frac{df(r)}{dr}(e^{u\mathrm{x}+v\mathrm{y}+w\mathrm{z}} - 1)\right], \qquad \mathcal{Q} = \ldots, \qquad \mathcal{R} = \ldots,$$

ou, ce qui revient au même, par les formules

$$(3)\quad \begin{cases} \mathcal{L} = \mathcal{G} + \dfrac{\partial^2 \mathfrak{H}}{\partial u^2}, & \mathcal{M} = \mathcal{G} + \dfrac{\partial^2 \mathfrak{H}}{\partial v^2}, & \mathcal{N} = \mathcal{G} + \dfrac{\partial^2 \mathfrak{H}}{\partial w^2}, \\ \mathcal{P} = \dfrac{\partial^2 \mathfrak{H}}{\partial v\,\partial w}, & \mathcal{Q} = \dfrac{\partial^2 \mathfrak{H}}{\partial w\,\partial u}, & \mathcal{R} = \dfrac{\partial^2 \mathfrak{H}}{\partial u\,\partial v}, \end{cases}$$

et les valeurs de $\mathcal{G}$, $\mathfrak{H}$ étant

$$(4)\quad \begin{cases} \mathcal{G} = \mathrm{S}[mf(r)(e^{u\mathrm{x}+v\mathrm{y}+w\mathrm{z}} - 1)], \\ \mathfrak{H} = \mathrm{S}\left\{\dfrac{m}{r}\dfrac{df(r)}{dr}\left[e^{u\mathrm{x}+v\mathrm{y}+w\mathrm{z}} - 1 - (u\mathrm{x} + v\mathrm{y} + w\mathrm{z}) - \dfrac{(u\mathrm{x} + v\mathrm{y} + w\mathrm{z})^2}{2}\right]\right\}. \end{cases}$$

Or, lorsque les sommes (8) du paragraphe II demeurent constantes, on peut en dire autant des valeurs de

$$\mathcal{L},\quad \mathcal{M},\quad \mathcal{N},\quad \mathcal{P},\quad \mathcal{Q},\quad \mathcal{R}$$

qui fournissent les équations (3) jointes aux formules (4), et qui sont développables avec l'exponentielle

$$e^{u\mathrm{x}+v\mathrm{y}+w\mathrm{z}}$$

en séries ordonnées suivant les puissances ascendantes de u, v, w. Donc alors on peut satisfaire aux équations (2) par des valeurs constantes des facteurs

A, B, C.

Soit maintenant

$$\mathcal{S} = 0$$

l'équation du troisième degré en s^2 que produit l'élimination des facteurs

A, B, C

entre les équations (2), la valeur de $\mathcal{S}$ étant

$$(5)\quad \mathcal{S} = (s^2 - \mathcal{L})(s^2 - \mathcal{M})(s^2 - \mathcal{N}) - \mathcal{P}^2(s^2 - \mathcal{L}) - \mathcal{Q}^2(s^2 - \mathcal{M}) - \mathcal{R}^2(s^2 - \mathcal{N}) - 2\mathcal{P}\mathcal{Q}\mathcal{R}.$$

Si l'on prend pour s^2 une quelconque des trois racines de l'équation (5), et si d'ailleurs on désigne par

$$\alpha,\quad \beta,\quad \gamma$$

des coefficients arbitraires, on pourra représenter les équations (2) sous la forme

$$(6)\qquad \left\{\begin{aligned} (s^2-\mathcal{L})\mathrm{A} - \mathcal{R}\mathrm{B} - \mathcal{Q}\mathrm{C} &= \alpha\mathcal{S},\\ -\mathcal{R}\mathrm{A} + (s^2-\mathcal{M})\mathrm{B} - \mathcal{P}\mathrm{C} &= \beta\mathcal{S},\\ -\mathcal{Q}\mathrm{A} - \mathcal{P}\mathrm{B} + (s^2-\mathcal{N})\mathrm{C} &= \gamma\mathcal{S}.\end{aligned}\right.$$

Or, en laissant à s une valeur indéterminée, on tirera de ces dernières équations, résolues par rapport aux facteurs A, B, C,

$$(7)\qquad \left\{\begin{aligned} \mathrm{A} &= \mathfrak{L}\alpha + \mathfrak{R}\beta + \mathfrak{Q}\gamma,\\ \mathrm{B} &= \mathfrak{R}\alpha + \mathfrak{M}\beta + \mathfrak{P}\gamma,\\ \mathrm{C} &= \mathfrak{Q}\alpha + \mathfrak{P}\beta + \mathfrak{N}\gamma,\end{aligned}\right.$$

et par suite

$$(8)\qquad \frac{\mathrm{A}}{\mathfrak{L}\alpha + \mathfrak{R}\beta + \mathfrak{Q}\gamma} = \frac{\mathrm{B}}{\mathfrak{R}\alpha + \mathfrak{M}\beta + \mathfrak{P}\gamma} = \frac{\mathrm{C}}{\mathfrak{Q}\alpha + \mathfrak{P}\beta + \mathfrak{N}\gamma};$$

les valeurs de

$$\mathfrak{L},\quad \mathfrak{M},\quad \mathfrak{N},\quad \mathfrak{P},\quad \mathfrak{Q},\quad \mathfrak{R}$$

étant

$$(9)\qquad \left\{\begin{aligned} \mathfrak{L} &= (s^2-\mathcal{M})(s^2-\mathcal{N}) - \mathcal{P}^2,\\ \mathfrak{M} &= (s^2-\mathcal{N})(s^2-\mathcal{L}) - \mathcal{Q}^2,\\ \mathfrak{N} &= (s^2-\mathcal{L})(s^2-\mathcal{M}) - \mathcal{R}^2,\\ \mathfrak{P} &= \mathcal{P}(s^2-\mathcal{L}) + \mathcal{Q}\mathcal{R},\\ \mathfrak{Q} &= \mathcal{Q}(s^2-\mathcal{M}) + \mathcal{R}\mathcal{P},\\ \mathfrak{R} &= \mathcal{R}(s^2-\mathcal{N}) + \mathcal{P}\mathcal{Q}.\end{aligned}\right.$$

Donc, lorsqu'on prendra pour s une racine de l'équation (5), elles vérifieront les formules (2), quelles que soient d'ailleurs les valeurs attribuées aux constantes

$$\alpha,\quad \beta,\quad \gamma;$$

et celles-ci demeurant arbitraires, les valeurs des rapports

$$\frac{\mathrm{B}}{\mathrm{A}},\quad \frac{\mathrm{C}}{\mathrm{A}},$$

propres à vérifier les formules (2), seront précisément celles que fournit la formule (8). Si l'on suppose en particulier les constantes

$$\alpha,\quad 6,\quad \gamma$$

toutes réduites à zéro, à l'exception d'une seule, la formule (8) donnera successivement

$$(10)\qquad \begin{cases} \dfrac{A}{\mathfrak{L}} = \dfrac{B}{\mathfrak{R}} = \dfrac{C}{\mathfrak{Q}}, \\ \dfrac{A}{\mathfrak{R}} = \dfrac{B}{\mathfrak{M}} = \dfrac{C}{\mathfrak{P}}, \\ \dfrac{A}{\mathfrak{Q}} = \dfrac{B}{\mathfrak{P}} = \dfrac{C}{\mathfrak{N}}. \end{cases}$$

Les formules (1), lorsqu'on y suppose les constantes

$$s,\quad \frac{B}{A},\quad \frac{C}{A}$$

déterminées en fonctions de

$$u,\quad v,\quad w$$

par l'équation (5) jointe à la formule (8), ou, ce qui revient au même, à l'une des trois formules (10), représentent ce qu'on peut nommer un système d'*intégrales simples* des équations (3) du paragraphe II. Les coefficients

$$u,\quad v,\quad w,$$

dans ces intégrales simples, restent entièrement arbitraires, ainsi que la constante A. De plus, les valeurs des diverses constantes

$$u,\quad v,\quad w,\quad s,\quad A,\quad B,\quad C,$$

et, par suite, les valeurs des variables principales

$$\xi,\quad \eta,\quad \zeta$$

tirées des formules (1), peuvent être réelles ou imaginaires. Dans le premier cas, ces variables représenteront les déplacements infiniment petits des molécules dans un mouvement infiniment petit compatible avec la constitution du système donné ; dans le second cas, les parties réelles des variables principales vérifieront encore les équations des mouvements infiniment petits, et ce seront évidemment ces parties réelles qui pourront être censées représenter les déplacements infininiment petits des molécules dans un mouvement de vibration compatible avec la constitution du système. Dans l'un et l'autre cas, le mouvement infiniment petit, qui correspondra aux valeurs de ξ, η, ζ fournies par les équations (1), sera un *mouvement simple*, dans lequel ces valeurs représenteront ou les déplacements effectifs des molécules, mesurées parallèlement aux axes coordonnés, ou leurs *déplacements symboliques*, c'est-à-dire des variables imaginaires dont les déplacements effectifs seront les parties réelles. Les équations (1) elles-mêmes seront les équations finies, et, dans le second cas, les équations finies *symboliques* du mouvement simple dont il s'agit.

Si l'on pose

$$(11)\qquad \begin{cases} u = \mathrm{U} + \mathrm{u}\sqrt{-1}, \quad v = \mathrm{V} + \mathrm{v}\sqrt{-1}, \quad w = \mathrm{W} + \mathrm{w}\sqrt{-1}, \\ s = \mathrm{S} + \mathrm{s}\sqrt{-1}, \end{cases}$$

$$(12)\qquad \mathrm{A} = \mathrm{a}e^{\lambda\sqrt{-1}}, \qquad \mathrm{B} = \mathrm{b}e^{\mu\sqrt{-1}}, \qquad \mathrm{C} = \mathrm{c}e^{\nu\sqrt{-1}},$$

u, v, w, U, V, W, s, S, a, b, c, λ, μ, ν désignant des quantités réelles; et si d'ailleurs on fait, pour abréger,

$$(13)\qquad \mathrm{k} = \sqrt{\mathrm{u}^2 + \mathrm{v}^2 + \mathrm{w}^2}, \qquad \mathrm{K} = \sqrt{\mathrm{U}^2 + \mathrm{V}^2 + \mathrm{W}^2},$$

$$(14)\qquad \mathrm{k}\iota = \mathrm{u}x + \mathrm{v}y + \mathrm{w}z, \qquad \mathrm{KR} = \mathrm{U}x + \mathrm{V}y + \mathrm{W}z,$$

les formules (1) donneront

$$(15)\qquad \begin{cases} \xi = \mathrm{a}e^{\mathrm{KR}-\mathrm{S}t}\cos(\mathrm{k}\iota - \mathrm{s}t + \lambda), \\ \eta = \mathrm{b}e^{\mathrm{KR}-\mathrm{S}t}\cos(\mathrm{k}\iota - \mathrm{s}t + \mu), \\ \zeta = \mathrm{c}e^{\mathrm{KR}-\mathrm{S}t}\cos(\mathrm{k}\iota - \mathrm{s}t + \nu). \end{cases}$$

Or, on tire des équations (15) :

1° Lorsque λ, μ, ν sont égaux

$$(16)\qquad \frac{\xi}{\mathrm{a}} = \frac{\eta}{\mathrm{b}} = \frac{\zeta}{\mathrm{c}};$$

2° Lorsque λ, μ, ν ne sont pas égaux

$$(17)\qquad \begin{cases} \dfrac{\xi}{\mathrm{a}}\sin(\mu - \nu) + \dfrac{\eta}{\mathrm{b}}\sin(\nu - \lambda) + \dfrac{\zeta}{\mathrm{c}}\sin(\lambda - \mu) = 0, \\ \left(\dfrac{\eta}{\mathrm{b}}\right)^2 - 2\dfrac{\eta}{\mathrm{b}}\dfrac{\zeta}{\mathrm{c}}\cos(\mu - \nu) + \left(\dfrac{\zeta}{\mathrm{c}}\right)^2 = e^{2\mathrm{KR}-2\mathrm{S}t}\sin^2(\mu - \nu). \end{cases}$$

Donc la ligne décrite par chaque molécule du système est toujours une droite représentée par la formule (16), ou bien une ellipse représentée par les formules (17), cette ellipse pouvant se réduire à une circonférence de cercle. Le *plan invariable*, auquel le plan de l'ellipse reste constamment parallèle, est d'ailleurs représenté par l'équation

$$(18)\qquad \frac{x}{\mathrm{a}}\sin(\mu-\nu)+\frac{y}{\mathrm{b}}\sin(\nu-\lambda)+\frac{z}{\mathrm{c}}\sin(\lambda-\mu)=0.$$

Ajoutons que l'aire décrite, au bout du temps t, par le rayon vecteur de l'ellipse est représentée par le produit

$$(19)\quad \frac{\mathrm{S}}{4\mathrm{S}}e^{2\mathrm{KR}}(1-e^{-2\mathrm{S}t})\left[\mathrm{b}^2\mathrm{c}^2\sin^2(\mu-\nu)+\mathrm{c}^2\mathrm{a}^2\sin^2(\nu-\lambda)+\mathrm{a}^2\mathrm{b}^2\sin^2(\lambda-\mu)\right]^{\frac{1}{2}}.$$

Enfin, dans le cas particulier où S s'évanouit, chacune de ces aires croît proportionnellement au temps, puisqu'on a dans ce cas

$$\frac{1-e^{-2\mathrm{S}t}}{2\mathrm{S}}=t.$$

Si, en nommant

$$a,\quad b,\quad c$$

les cosinus des angles formés par un axe fixe avec les demi-axes des coordonnées positives, on nomme

$$8$$

le déplacement d'une molécule mesuré parallèlement à l'axe fixe, on aura

$$(20)\qquad 8=a\xi+b\eta+c\zeta;$$

et, en posant pour abréger

$$a\,\mathrm{a}\cos\lambda+b\,\mathrm{b}\cos\mu+c\,\mathrm{c}\cos\nu=\mathrm{h}\cos\varpi,\qquad a\,\mathrm{a}\sin\lambda+b\,\mathrm{b}\sin\mu+c\,\mathrm{c}\sin\nu=h\sin\varpi,$$

on tirera, des formules (15),

$$(21)\qquad 8=\mathrm{h}\,e^{\mathrm{KR}-\mathrm{S}t}\cos(\mathrm{k}\iota-\mathrm{s}t+\varpi).$$

Dans cette dernière équation, ainsi que dans les équations (15),

$$\mathrm{r}, \quad \mathrm{R}$$

sont déterminés par les formules (14), et leurs valeurs numériques expriment les distances du point (x, y, z) à un *second* et à un *troisième plan invariable*, représentés par les équations

(22) $\qquad \mathrm{u}x + \mathrm{v}y + \mathrm{w}z = 0, \qquad$ (23) $\qquad \mathrm{U}x + \mathrm{V}y + \mathrm{W}z = 0,$

distincts par conséquent du premier plan invariable auquel appartenait l'équation (18). D'ailleurs le produit

$$he^{\mathrm{KR}-\mathrm{S}t}$$

représentera la *demi-amplitude* des vibrations moléculaires, mesurée parallèlement à l'axe fixe que l'on considère, tandis que l'arc

$$\mathrm{k}\mathrm{r} - \mathrm{s}t + \varpi$$

représentera la *phase* du mouvement simple projeté sur cet axe, et

$$\varpi$$

le *paramètre angulaire* rèlatif à ce même axe. Ajoutons que l'exponentielle népérienne

$$e^{\mathrm{KR}-\mathrm{S}t}$$

sera le *module* du mouvement simple, et que l'arc

$$\mathrm{k}\mathrm{r} - \mathrm{s}t$$

en sera l'*argument*.

Il est bon d'observer qu'en vertu des formules (15) et (20), toutes les molécules situées sur une parallèle à la droite d'intersection du second et du troisième plan invariable se trouveront toujours, au même instant, déplacées de la même manière.

La valeur du déplacement ξ, déterminée par la formule (21), s'évanouit lorsqu'on a

$$\cos(\mathrm{k}\mathrm{r} - \mathrm{s}t + \varpi) = 0; \tag{24}$$

par conséquent elle s'évanouit, lorsque t demeure constant, pour des valeurs équidistantes de r qui forment une progression arithmétique dont la raison est

$$\frac{\pi}{\mathrm{k}};$$

et lorsque r demeure constant, pour des valeurs équidistantes de t, qui forment une progression arithmétique dont la raison est

$$\frac{\pi}{\mathrm{s}}.$$

D'ailleurs, le cosinus de la phase

$$\mathrm{k}\mathrm{r} - \mathrm{s}t + \varpi$$

reprendra la même valeur numérique avec le même signe, ou avec un signe contraire, suivant qu'on fera varier la distance r d'un multiple pair ou impair de $\frac{\pi}{\mathrm{k}}$, ou bien encore le temps t d'un multiple pair ou impair de $\frac{\pi}{\mathrm{s}}$. Cela posé, si l'on prend

$$(25) \qquad \mathrm{I} = \frac{2\pi}{\mathrm{k}}, \qquad\qquad (26) \qquad \mathrm{T} = \frac{2\pi}{\mathrm{s}},$$

on conclura de la formule (21) ou (24) que, dans un mouvement simple, le déplacement d'une molécule mesuré parallèlement à un axe fixe, s'évanouit : 1° à un instant donné, pour toutes les molécules situées dans des plans, parallèles au second plan invariable, qui divisent le système en tranches dont l'épaisseur est $\frac{1}{2}\mathrm{I}$; 2° pour une molécule donnée, à des instants séparés les uns des autres par des intervalles de temps égaux à $\frac{1}{2}\mathrm{T}$. Ces tranches et ces intervalles seront de *première espèce* ou de *seconde espèce*, suivant qu'ils répondront à des valeurs positives ou négatives de

$$\cos(\mathrm{k}\mathrm{r} - \mathrm{s}t + \varpi)$$

et du déplacement s. Enfin, deux tranches consécutives composent une onde plane, dont l'épaisseur l sera ce qu'on nomme la *longueur d'une ondulation*, et deux intervalles de temps consécutifs, pendant lesquelles l'extrémité de l'arc

$$k\imath - st + \varpi$$

parcourra la circonférence entière, composeront la *durée* T *d'une vibration moléculaire*. Quant aux plans qui termineront les différentes tranches et ondes, ils répondront évidemment, pour une valeur donnée du temps t, aux diverses valeurs de $\imath$ qui vérifieront la formule (24).

Si l'on fait croître, dans la formule (24), t de Δt et $\imath$ de $\Delta\imath$, cette formule continuera de subsister, pourvu qu'on suppose

$$k\,\Delta\imath - s\,\Delta t = 0,$$

par conséquent

$$\frac{\Delta\imath}{\Delta t} = \Omega,$$

la valeur de Ω étant

$$\Omega = \frac{s}{k} = \frac{1}{T}. \tag{27}$$

Il suit de cette observation que, le temps venant à croître, les ondes planes, comme les plans qui les terminent, se déplaceront, dans le système de molécules donné, avec une vitesse de propagation dont la valeur Ω sera celle que fournit la formule (27).

Considérons maintenant en particulier le module du mouvement simple, ou l'exponentielle népérienne

$$e^{KR - St}$$

qui entre comme facteur dans l'amplitude relative à chaque axe. On ne pourra pas supposer que le logarithme népérien de ce module, c'est-à-dire l'exposant

$$KR - St.$$

croisse indéfiniment avec le temps, puisqu'il s'agit de mouvements infiniment petits; et par conséquent le coefficient S dans cet exposant devra être nul ou positif. Dans le premier cas l'amplitude des vibrations demeurera constante, et le mouvement simple sera *durable* ou *persistant*. Dans le second cas, au contraire, cette amplitude décroîtra indéfiniment, et pour des valeurs croissantes de t, le mouvement s'éteindra de plus en plus.

Quant au coefficient K, par lequel se trouve multipliée, dans le logarithme népérien du module, la distance R d'une molécule au troisième plan invariable, il pourra lui-même se réduire à zéro ; et, s'il n'est pas nul, on pourra le supposer négatif, pourvu qu'on choisisse convenablement le sens suivant lequel se compteront les valeurs positives de R. Alors, pour des valeurs positives et croissantes de R, on verra encore le module du mouvement simple décroître indéfiniment ; ce qui montre que, pour un instant donné, le mouvement deviendra de plus en plus insensible, à mesure qu'on s'éloignera davantage dans un certain sens du troisième plan invariable.

Dans le cas particulier où l'on aurait à la fois

$$\mathrm{K}=0, \qquad \mathrm{S}=0,$$

les formules (15) et (21) se réduiraient à

$$(28)\qquad \xi=\mathrm{a}\cos(\mathrm{k}\iota-\mathrm{s}t+\lambda),\quad \eta=\mathrm{b}\cos(\mathrm{k}\iota-\mathrm{s}t+\mu),\quad \zeta=\mathrm{c}\cos(\mathrm{k}\iota-\mathrm{s}t+\nu),$$

$$(29)\qquad 8=\mathrm{h}\cos(\mathrm{k}\iota-\mathrm{s}t+\varpi).$$

Alors toutes les molécules décriraient évidemment des courbes pareilles les unes aux autres. Alors aussi la seconde des équations (17) se réduirait à la formule connue

$$(30)\qquad \left(\frac{\eta}{\mathrm{b}}\right)^2-2\frac{\eta}{\mathrm{b}}\frac{\zeta}{\mathrm{c}}\cos(\mu-\nu)+\left(\frac{\zeta}{\mathrm{c}}\right)^2=\sin^2(u-\nu).$$

NOTE SUR LES SOMMES FORMÉES

PAR

L'ADDITION DE FONCTIONS SEMBLABLES

DES

COORDONNÉES DE DIFFÉRENTS POINTS.

Considérons différents points P, Q, R, ... situés dans un plan ou dans l'espace. Soient x, y ou x, y, z les coordonnées rectangulaires du point P,

$$\text{(1)} \qquad K = F(x, y)$$

ou

$$\text{(2)} \qquad K = F(x, y, z),$$

une fonction de ces coordonnées ; et désignons par

$$\text{(3)} \qquad \mathcal{K} = \mathbf{S} K$$

la somme formée par l'addition de fonctions semblables des coordonnées des différents points. Si l'on remplace les coordonnées rectangulaires x, y, z par des coordonnées polaires r, p, q, dont la première soit le rayon vecteur mené de l'origine O au point P, la seconde l'angle formé par ce rayon vecteur avec l'axe des x, et la troisième l'angle formé par le plan des xy avec celui qui renferme le même rayon vecteur et l'axe des x ; on aura, en supposant tous les points compris dans le plan des x, y,

$$\text{(4)} \qquad x = r\cos p, \qquad y = r\sin p;$$

par conséquent

(5) $$K = F(r\cos p,\ r\sin p),$$

et, dans le cas contraire,

(6) $$x = r\cos p, \qquad y = r\sin p\cos q, \qquad z = r\sin p\sin q;$$

par conséquent

(7) $$K = F(r\cos p,\ r\sin p\cos q,\ r\sin p\sin q).$$

Concevons maintenant que l'on déplace les axes cordonnés, en les faisant tourner autour de l'origine. Ce déplacement changera généralement la valeur de K et par suite celle de la somme $\mathcal{K}$. Si d'ailleurs, comme nous le supposerons dans ce qui va suivre, K est une fonction continue des coordonnées x, y, ou x, y, z, cette fonction variera par degrés insensibles, tandis qu'on imprimera au système des axes coordonnés un mouvement de rotation continu; d'où il résulte qu'en passant d'une valeur à une autre, $\mathcal{K}$ recevra successivement toutes les valeurs intermédiaires. Cela posé, concevons qu'en vertu de plusieurs déplacements successifs des axes coordonnés la somme (3) acquière successivement diverses valeurs représentées par

(8) $$\mathcal{K}' = \mathbf{S}K', \qquad \mathcal{K}'' = \mathbf{S}K'', \qquad \ldots$$

et soient

$$i', \quad i'', \quad \ldots$$

des facteurs positifs quelconques. L'expression

(9) $$\frac{i'\mathcal{K}' + i''\mathcal{K}'' + \ldots}{i' + i'' + \ldots} = \frac{\mathbf{S}(i'K' + i''K'' + \ldots)}{i' + i'' + \ldots},$$

qui sera toujours comprise entre la plus petite et la plus grande des sommes $\mathcal{K}'$, $\mathcal{K}''$, ..., représentera nécessairement une nouvelle valeur particulière de $\mathcal{K}$, correspondant à une position particulière des axes coordonnés pour lesquelles on aura

(10) $$\mathcal{K} = \frac{i'\mathcal{K}' + i''\mathcal{K}'' + \ldots}{i' + i'' + \ldots} = \frac{\mathbf{S}(i'K' + i''K'' + \ldots)}{i' + i'' + \ldots}.$$

Or, de la formule (10) on peut en déduire plusieurs autres, qui nous seront fort utiles, en suivant la marche que nous allons indiquer.

Supposons d'abord tous les points P, Q, R, ... renfermés dans le plan des x, y. La valeur de K sera donnée par la formule (5), et si l'on imprime à l'axe des x un mouvement de rotation rétrograde en le faisant tourner autour de l'origine, de manière qu'il décrive l'angle ϖ, la formule (5) se trouvera remplacé par la suivante :

$$K = F[r\cos(p+\varpi),\ r\sin(p+\varpi)]. \tag{11}$$

Si dans cette dernière on attribue successivement à ϖ diverses valeurs ϖ', ϖ'', elles fourniront pour K diverses valeurs K', K'', ... auxquelles correspondront diverses valeurs $\mathcal{K}'$, $\mathcal{K}''$ de la somme $\mathcal{K}$. Cela posé, concevons que du point O comme centre, avec l'unité pour rayon, l'on décrive une circonférence de cercle, et partageons cette circonférence en éléments infiniment petits. Si l'on admet : 1° que les extrémités des arcs ϖ', ϖ'' soient respectivement situées sur ces divers éléments; 2° que dans la formule (10) on prenne, pour valeurs de i', i'', ..., les éléments dont il s'agit, on aura

$$i' + i'' + \ldots = 2\pi \tag{12}$$

et

$$\left\{\begin{aligned} i'K' + i''K'' + \ldots = {} & i'F[r\cos(p+\varpi'),\ r\sin(p+\varpi')] \\ & + i''F[r\cos(p+\varpi''),\ r\sin(p+\varpi'')] \\ & + \ldots = \int_0^{2\pi} F[r\cos(p+\varpi),\ r\sin(p+\varpi)]\,d\varpi, \end{aligned}\right. \tag{13}$$

ou, ce qui revient au même,

$$i'K' + i''K'' + \ldots = \int_0^{2\pi} F(r\cos p,\ r\sin p)\,dp = \int_0^{2\pi} K\,dp. \tag{14}$$

la valeur de K étant déterminée par la formule (5). On trouvera par suite

$$i'\mathcal{K}' + i''\mathcal{K}'' + \ldots = \mathbf{S}\int_0^{2\pi} F(r\cos p,\ r\sin p)\,dp = \mathbf{S}\int_0^{2\pi} K\,dp, \tag{15}$$

et la formule (10) donnera

$$(16)\qquad \mathcal{X} = \frac{1}{2\pi}\,\mathbf{S}\int_0^{2\pi} \mathrm{K}\,dp.$$

Donc, parmi les diverses valeurs de la somme $\mathcal{X}$ relatives aux diverses positions des axes coordonnés, il y en aura toujours une équivalente à l'intégrale

$$(17)\qquad \frac{1}{\pi 2}\,\mathbf{S}\int_0^{2\pi} \mathrm{K}\,dp = \frac{1}{2\pi}\,\mathbf{S}\int_0^{2\pi} \mathrm{F}(r\cos p,\ r\sin p)\,dp.$$

Or, il est important d'observer que cette intégrale dépend uniquement des valeurs du rayon vecteur r relatives aux différents points P, Q, R, ..., et reste entièrement indépendante des valeurs de l'angle p relatives à ces mêmes points.

Supposons maintenant les points P, Q, R, ... distribués d'une manière quelconque dans l'espace, ...; si l'on imprime au plan des yz un mouvement de rotation rétrograde autour de l'origine, de manière que l'axe des y et le plan des xy décrivent l'angle υ, la formule (7) se trouvera remplacée par la suivante :

$$(18)\qquad \mathrm{K} = \mathrm{F}[r\cos p,\ r\sin p\cos(q+\upsilon),\ r\sin p\sin(q+\upsilon)];$$

et, en attribuant à υ, dans cette dernière, diverses valeurs particulières

$$\upsilon',\quad \upsilon'',\quad \ldots,$$

on obtiendra des valeurs correspondantes K′, K″, ... de la fonction K, puis on en déduira autant de valeurs $\mathcal{X}'$, $\mathcal{X}''$, ... de la somme $\mathcal{X}$. Cela posé, concevons que dans le plan des y, z on décrive, du point O comme centre et avec l'unité pour rayon, une circonférence de cercle, et partageons cette circonférence en éléments infiniment petits. Si l'on admet : 1° que les extrémites des arcs υ', υ'', ... mesurés dans le plan des y, z, soient situés en dehors de ces divers éléments; 2° que dans la formule (10) on prenne pour valeurs de i', i'', ... les éléments dont il s'agit, l'équation (12) subsistera en même temps que la suivante :

$$(19)\qquad i'\mathrm{K}' + i''\mathrm{K}'' + \ldots = \int_0^{2\pi} \mathrm{F}[r\cos p,\ r\sin p\cos(q+\upsilon),\ r\sin p\sin(q+\upsilon)]\,d\upsilon,$$

et l'on aura par suite

$$(20)\qquad i'K' + i''K'' + \ldots = \int_0^{2\pi} F(r\cos p, r\sin p\cos q, r\sin p\sin q)\,dq,$$

$$(21)\qquad \begin{cases} i'\mathcal{K}' + i''\mathcal{K}'' + \ldots = \mathbf{S}\displaystyle\int_0^{2\pi} F(r\cos p, r\sin p\cos q, r\sin p\sin q)\,dq \\ \qquad = \mathbf{S}\displaystyle\int_0^{2\pi} K\,dq, \end{cases}$$

la valeur de K étant déterminée par l'équation (7). En conséquence la formule (10) donnera

$$(22)\qquad \mathcal{K} = \frac{1}{2\pi}\mathbf{S}\int_0^{2\pi} K\,dq.$$

Donc, parmi les diverses valeurs de la somme $\mathcal{K}$ relatives aux diverses positions des axes des y et des z, il y en aura toujours une équivalente à l'intégrale

$$(23)\qquad \frac{1}{2\pi}\mathbf{S}\int_0^{2\pi} K\,dq = \frac{1}{2\pi}\mathbf{S}\int_0^{2\pi} F(r\cos p, r\sin p\cos q, r\sin p\sin q)\,dq.$$

Or il est important d'observer que cette intégrale dépend uniquement des valeurs de r et de p relatives aux différents points P, Q, R, ..., et nullement des valeurs de l'angle q relatives à ces mêmes points. Ajoutons qu'en vertu de la formule

$$\begin{aligned} &\int_0^{2\pi} F(r\cos p, r\sin p\cos q, r\sin p\sin q)\,dq \\ &= \int_0^{\pi} F(r\cos p, r\sin p\cos q, r\sin p\sin q)\,dq \\ &\quad + \int_{\pi}^{2\pi} F(r\cos p, r\sin p\cos q, r\sin p\sin q)\,dq \\ &= \int_0^{\pi} F(r\cos p, r\sin p\cos q, r\sin p\sin q)\,dq \\ &\quad + \int_0^{\pi} F(r\cos p, -r\sin p\cos q, -r\sin p\sin q)\,dq \\ &= \int_0^{\pi} F\left(r\cos p, r\cos q\sqrt{1-\cos^2 p}, r\sin q\sqrt{1-\cos^2 p}\right)dq \\ &\quad + \int_0^{\pi} F\left(r\cos p, -r\cos q\sqrt{1-\cos^2 p}, -r\sin q\sqrt{1-\cos^2 p}\right)dq, \end{aligned}$$

l'intégrale (23) sera une fonction des seules quantités r et $\cos p$.

Concevons maintenant qu'on pose pour abréger

$$(24)\qquad \mathrm{I} = \frac{1}{2\pi}\int_0^{2\pi} \mathrm{F}(r\cos p,\ r\sin p\cos q,\ r\sin p\sin q)\,dq = \frac{1}{2\pi}\int_0^{2\pi} \mathrm{K}\,dq.$$

L'équation (22) deviendra

$$(25)\qquad \mathcal{X} = \mathbf{S}\,\mathrm{I},$$

et I, qui sera une fonction de r et de p, changera de valeur avec l'angle p, quand on déplacera l'axe des x, en le faisant tourner autour du point O. Si d'ailleurs on désigne par I', I'', ... et par $\mathcal{X}'$, $\mathcal{X}''$, ... les valeurs de I et de $\mathcal{X}$ correspondantes à diverses positions de l'axe des x, on aura

$$(26)\qquad \mathcal{X}' = \mathbf{S}\,\mathrm{I}', \qquad \mathcal{X}'' = \mathbf{S}\,\mathrm{I}'', \qquad \ldots;$$

et en nommant

$$j',\ j'',\ \ldots$$

des facteurs positifs quelconques, on prouvera, par des raisonnements semblables à ceux qui ont servi à démontrer la formule (10), qu'il existe une valeur particulière de $\mathcal{X}$ déterminée par l'équation

$$(27)\qquad \mathcal{X} = \frac{j'\mathcal{X}' + j''\mathcal{X}'' + \ldots}{j' + j'' + \ldots} = \frac{\mathbf{S}(j'\mathrm{I}' + j''\mathrm{I}'' + \ldots)}{j' + j'' + \ldots}.$$

Cela posé, admettons que du point O comme centre, avec l'unité pour rayon, l'on décrive une surface sphérique, puis qu'après avoir divisé cette surface sphérique en éléments infiniment petits, on prenne, dans la formule (27), pour valeurs de j' et j'', ... les éléments dont il s'agit, et pour valeurs de I', I'', ... celles qu'on obtient, lorsque dans I, considéré comme fonction de $\cos p$, on substitue les valeurs de p, correspondant au cas où l'axe des x traverse ces mêmes éléments. On aura non seulement

$$(28)\qquad j' + j'' + \ldots = 4\pi,$$

mais encore

$$(29)\qquad j'\mathrm{I}'+j''\mathrm{I}''+\ldots=\int_0^\pi\int_0^{2\pi}\mathrm{I}\sin p\,dp\,dq=2\pi\int_0^\pi\mathrm{I}\sin p\,dp,$$

et par suite l'équation (27) donnera

$$(30)\qquad \mathcal{H}=\frac{1}{2}\,\mathrm{S}\int_0^\pi\mathrm{I}\sin p\,dp.$$

Si dans cette dernière formule on substitue la valeur de I fournie par l'équation (24), on trouvera définitivement

$$(31)\qquad \mathcal{H}=\frac{1}{4\pi}\,\mathrm{S}\int_0^\pi\int_0^{2\pi}\mathrm{K}\sin p\,dp\,dq;$$

la valeur de K étant toujours déterminée par l'équation (7). Donc, parmi les diverses valeurs de la somme $\mathcal{H}$ correspondant aux diverses positions des axes coordonnés, il y en aura toujours une équivalente à l'intégrale

$$(32)\qquad \left\{\begin{aligned}&\frac{1}{4\pi}\,\mathrm{S}\int_0^\pi\int_0^{2\pi}\mathrm{K}\sin p\,dp\,dq\\&=\frac{1}{4\pi}\,\mathrm{S}\int_0^\pi\int_0^{2\pi}\mathrm{F}(r\cos p,\ r\sin p\cos q,\ r\sin p\sin q)\sin p\,dp\,dq,\end{aligned}\right.$$

qui dépend uniquement des valeurs de r relatives aux différents points et nullement des angles p, q.

Si l'on désignait par α, β, γ les angles que forme la droite OP avec les axes coordonnés des x, y, z, ou plutôt avec les demi-axes des coordonnées positives, on aurait, en supposant cette droite renfermée dans le plan des xy,

$$(33)\qquad \cos\alpha=\cos p,\qquad \cos\beta=\sin p,$$

et dans la supposition contraire

$$(34)\qquad \cos\alpha=\cos p,\qquad \cos\beta=\sin p\cos q,\qquad \cos\gamma=\sin p\sin q.$$

Par suite, les formules (5), (7) deviendraient

$$(35) \qquad K = F(r\cos\alpha,\ r\cos\beta),$$

$$(36) \qquad K = F(r\cos\alpha,\ r\cos\beta,\ r\cos\gamma).$$

Si les diverses valeurs de r se réduisent à l'unité, les formules (35), (36) donneront simplement

$$(37) \qquad K = F(\cos\alpha,\ \cos\beta),$$

$$(38) \qquad K = F(\cos\alpha,\ \cos\beta,\ \cos\gamma).$$

Cela posé, on déduira immédiatement des formules (16), (22) et (31), les propositions suivantes :

Premier théorème. — *Considérons un système de droites* OP, OQ, OR, ..., *menées par le point* O *dans un même plan. Prenons le point* O *pour origine, deux axes tracés dans le plan pour axes des x et y, et nommons p l'angle que forme la droite* OP *avec l'axe des x. Soient encore α, β les angles formés par la même droite avec les demi-axes des coordonnées positives, par conséquent des angles liés avec la variable p par les formules* (33); K *une fonction continue des cosinus de ces angles, et*

$$\mathcal{K} = \mathbf{S}K$$

une somme de fonctions semblables, relatives aux différentes droites. Tandis qu'on fera tourner les axes des x, y autour de l'origine O, *la somme $\mathcal{K}$ recevra diverses valeurs dont l'une sera indépendante de p et déterminée par l'équation*

$$(16) \qquad \mathcal{K} = \frac{1}{2\pi}\mathbf{S}\int_0^{2\pi} K\,dp.$$

Deuxième théorème. — *Concevons que, par un point* O *commun à plusieurs droites* OP, OQ, OR, ..., *on mène arbitrairement trois axes rectangulaires des x, y, z. Soient p l'angle formé par la droite* OP *avec l'axe des x, et q l'angle formé par le plan qui renferme la droite* OP *et l'axe des x avec le plan des xy. Soient encore α, β, γ les angles formés* *par la droite* OP *avec les demi-axes des coordonnées positives, par conséquent des angles liés aux coordonnées positives p, q par les formules* (34); K *une fonction continue des cosinus de ces angles, et*

$$\mathcal{K} = \mathrm{S}\,K$$

une somme de fonctions semblables, relatives aux différentes droites. Tandis qu'on fera tourner les axes des x, y, z autour de l'origine O, *la somme $\mathcal{K}$ recevra diverses valeurs dont l'une sera indépendante des variables p, q et déterminée par l'équation*

(31) $$\mathcal{K} = \frac{1}{4\pi}\mathrm{S}\int_0^{\pi}\int_0^{2\pi} K \sin p\, dp\, dq.$$

TROISIÈME THÉORÈME. — *Les mêmes choses étant posées que dans le théorème précédent, si l'on fait tourner les axes des y et z autour de l'axe des x, la somme $\mathcal{K}$ recevra successivement diverses valeurs dont l'une sera déterminée par la formule*

(22) $$\mathcal{K} = \frac{1}{2\pi}\mathrm{S}\int_0^{2\pi} K\, dq,$$

et indépendante des valeurs de q relatives aux différentes droites.

Pour montrer une application des théorèmes qui précèdent, concevons qu'à partir de l'origine O l'on porte une longueur k sur une droite OA tracée de manière à former avec les demi-axes des coordonnées positives des angles dont les cosinus soient a, b, c. Si l'on désigne par u, v, w les projections algébriques de la longueur k sur les axes des x, y, z, et par δ l'angle compris entre les droites OA, OP, on aura

(39) $$k = (u^2 + v^2 + w^2)^{\frac{1}{2}},$$

(40) $$u = ka, \qquad v = kb, \qquad w = kc,$$

(41) $$\cos\delta = a\cos\alpha + b\cos6 + c\cos\gamma;$$

et la quantité

(42) $$k\cos\delta = u\cos\alpha + v\cos6 + w\cos\gamma$$

représentera la projection de la longueur k sur la droite OP. Or, en supposant K fonction de cette même projection, c'est-à-dire en prenant

$$(43) \qquad K = F(k\cos\delta) = F(u\cos\alpha + v\cos\beta + w\cos\gamma),$$

et en réduisant w et $\cos\gamma$ à zéro lorsque les droites OA, OP, OQ, OR, ... seront situées dans le plan des xy, on tirera de la formule (16) jointe aux équations (33), ou des formules (22), (31) jointes aux équations (34),

$$(44) \quad \mathcal{K} = \frac{1}{2\pi}\mathbf{S}\int_0^{2\pi} F(u\cos\alpha + v\cos\beta)\,dp = \frac{1}{2\pi}\mathbf{S}\int_0^{2\pi} F(u\cos p + v\sin p)\,dp$$

et

$$(45) \quad \mathcal{K} = \frac{1}{2\pi}\mathbf{S}\int_0^{2\pi} F(u\cos\alpha + v\cos\beta + w\cos\gamma)\,dq$$
$$= \frac{1}{2\pi}\mathbf{S}\int_0^{2\pi} F(u\cos p + v\sin p\cos q + w\sin p\sin q)\,dq,$$

$$(46) \quad \mathcal{K} = \frac{1}{4\pi}\mathbf{S}\int_0^{\pi}\int_0^{2\pi} F(u\cos\alpha + v\cos\beta + w\cos\gamma)\sin p\,dp\,dq$$
$$= \frac{1}{4\pi}\mathbf{S}\int_0^{\pi}\int_0^{2\pi} F(u\cos p + v\sin p\cos q + w\sin p\sin q)\sin p\,dp\,dq.$$

Si maintenant on applique à la détermination de ces trois valeurs de $\mathcal{K}$ des théorèmes connus dont l'un a été démontré par M. Poisson (*voir* la 4e livr. des *Exercices de Mathématiques*), on trouvera : 1° en supposant les droites OA, OP, OQ, OR, ... toutes situées dans le plan des xy,

$$(47) \qquad \mathcal{K} = \frac{1}{2\pi}\mathbf{S}\int_0^{2\pi} F(k\cos p)\,dp = \frac{1}{\pi}\mathbf{S}\int_0^{\pi} F(k\cos p)\,dp;$$

2° dans la supposition contraire,

$$(48) \qquad \mathcal{K} = \frac{1}{2\pi}\mathbf{S}\int_0^{2\pi} F[u\cos p + (v^2 + w^2)^{\frac{1}{2}}\sin p\cos q]\,dq$$
$$= \frac{1}{\pi}\mathbf{S}\int_0^{\pi} F[u\cos p + (k^2 - u^2)^{\frac{1}{2}}\sin p\cos q]\,dq$$

et

$$(49)\quad \mathcal{K} = \frac{1}{4\pi}\int_0^{\pi}\int_0^{2\pi} F(k\cos p)\sin p\,dp\,dq = \frac{1}{2}\mathbf{S}\int_0^{\pi} F(k\cos p)\sin p\,dp.$$

Le cas où la somme $\mathcal{K}$ reste invariable, tandis qu'on fait tourner les axes coordonnés autour de l'origine, ou même seulement autour de l'axe des x, mérite une attention spéciale. Alors, en effet, chacune des formules (16), (22), (31), (47), (48), (49), fournit non plus une valeur particulière, mais la valeur générale de la somme

$$\mathcal{K} = \mathbf{S}K.$$

En conséquence, on peut énoncer les propositions suivantes :

Quatrième théorème. — *Concevons que, dans un plan donné, et par un point* O *commun à plusieurs droites* OP, OQ, OR, *on mène une nouvelle droite* OA; *soient k une longueur portée sur cette nouvelle droite, δ l'angle compris entre les droites* OP, OA, *et par conséquent* $k\cos\delta$, *la projection de la longueur k sur la droite* OP. *Soient encore*

$$K = F(k\cos\delta)$$

une fonction continue de la projection dont il s'agit, et

$$\mathcal{K} = \mathbf{S}K$$

une somme de fonctions semblables relatives aux différentes droites OP, OQ, OR, ... *Si la somme $\mathcal{K}$ demeure constante, tandis qu'on fait tourner la droite* OA *autour de l'origine* O, *cette somme sera indépendante des valeurs de δ relatives aux différentes droites* OP, OQ, OR, ... *et l'on aura en vertu de l'équation* (47)

$$(50)\qquad \mathcal{K} = \frac{1}{\pi}\mathbf{S}\int_0^{\pi} F(k\cos\delta)\,d\delta = \frac{1}{\pi}\int_0^{\pi}\mathcal{K}\,d\delta.$$

Cinquième théorème. — *Concevons que, par un point* O *commun à plusieurs droites* OP, OQ, OR, ..., *on mène arbitrairement trois axes rectan-*

gulaires des x, y, z, et une nouvelle droite OA *sur laquelle on mesure une certaine longueur k dont les projections algébriques et orthogonales soient respectivement désignées par*

$$u,\quad v,\quad w.$$

Enfin soient

$$\alpha = p,\quad \beta,\quad \gamma,\quad \delta$$

les angles formés par la droite OP *avec les demi-axes des x, y, z positives, et avec la droite* OA; *q l'angle formé par le plan qui renferme la droite* OP *et l'axe des x avec le plan des xy*; $K = F(\cos\delta)$ *une fonction continue de la projection $k\cos\delta$ de la longueur k sur la droite* OP, *et $\mathcal{K} = \mathbf{S}K$ une somme de fonctions semblables relatives aux droites* OP OQ, OR, ... *Si la somme $\mathcal{K}$ demeure constante tandis qu'on fait tourner les axes des y et z avec la droite* OA, *autour de l'axe des x, cette somme sera indépendante des valeurs particulières de q relatives aux droites* OP, OQ, OR, ... *et l'on aura, en vertu de la formule* (48),

$$\mathcal{K} = \frac{1}{\pi}\mathbf{S}\int_0^\pi F[u\cos p + (k^2 - u^2)^{\frac{1}{2}}\sin p\cos q]\,dq. \tag{51}$$

Sixième théorème. — *Les mêmes choses étant posées que dans le théorème précédent, si la somme $\mathcal{K}$ demeure constante tandis que l'on fait tourner d'une manière quelconque les axes des x, y, z avec la droite* OA *autour de l'origine* O, *cette somme sera indépendante des diverses valeurs de p, q, relatives aux droites* OP, OQ, OR, ... *et l'on aura, en vertu de la formule* (49),

$$\mathcal{K} = \frac{1}{2}\mathbf{S}\int_0^\pi F(k\cos\delta)\sin\delta\,d\delta. \tag{52}$$

Nota. — Dans plusieurs des formules qui précèdent, comme dans le Mémoire lithographié sous la date d'août 1836 [1], on a indifféremment placé le signe $\mathbf{S}$ avant ou après le signe $\int$. A la vérité la seconde disposition permet d'offrir certaines équations sous une forme

[1] *OEuvres de C.*, S. II, T. XV.

plus simple, comme on le voit dans la formule (50); mais il est plus exact d'écrire le signe $\mathbf{S}$ le premier, comme on l'a fait dans les formules (51), (52). Ajoutons que si, au lieu de réduire les formules (35), (36) aux formules (37), (38), en supposant $r = 1$, on laisse varier r, on obtiendra, au lieu des théorèmes ci-dessus énoncés, d'autres théorèmes analogues. Ainsi en particulier le sixième théorème pourra s'énoncer comme il suit :

Sixième théorème. — *Concevons qu'à partir du point* O *commun à un certain axe* OA, *et à plusieurs droites* OP, OQ, OR, ... *on porte sur ces droites des longueurs* r, r', r'', ... *Soient d'ailleurs* δ *l'angle formé par la droite* OP *avec l'axe* OA, k *une longueur portée sur cet axe*,

$$K = F(kr\cos\delta)$$

une fonction continue du produit $kr\cos\delta$, *et*

$$\mathcal{K} = \mathbf{S}K$$

une somme de fonctions semblables relatives aux droites OP, OQ, OR, ... *Si la somme* $\mathcal{K}$ *demeure constante, tandis que l'on fait tourner d'une manière quelconque l'axe* OA *autour du point* O, *l'on aura*

(52) $$\mathcal{K} = \frac{1}{2}\mathbf{S}\int_0^\pi F(kr\cos\delta)\sin\delta\, d\delta.$$

NOTE SUR LA TRANSFORMATION

DES

COORDONNÉES RECTANGULAIRES

EN

COORDONNÉES POLAIRES.

La transformation des coordonnées rectangulaires en coordonnées polaires est particulièrement utile, lorsque l'on se propose d'évaluer l'attraction exercée par un sphéroïde sur un point matériel. Or il se trouve que les formules auxquelles on est conduit par cette transformation dans le problème dont il s'agit, et dans un grand nombre de questions de Physique mathématique, peuvent être simplifiées à l'aide d'un artifice de calcul que je vais indiquer.

Soient

$$x, \quad y, \quad z$$

les coordonnées rectangulaires d'un point matériel;

$$p, \quad q, \quad r$$

ses coordonnées polaires liées aux premières par les équations

$$(1) \qquad x = r\cos p, \qquad y = r\sin p\cos q, \qquad z = r\sin p\sin q;$$

K une fonction quelconque des coordonnées x, y, z; et

$$(2) \qquad S = \frac{\partial^2 K}{\partial x^2} + \frac{\partial^2 K}{\partial y^2} + \frac{\partial^2 K}{\partial z^2}.$$

Si l'on transforme les coordonnées rectangulaires en coordonnées polaires, à l'aide des équations (1), alors en posant

$$(3) \qquad \cos p = \varphi,$$

on obtiendra la formule connue

$$(4) \qquad S = \frac{1}{r}\frac{\partial^2(rK)}{\partial r^2} + \frac{1}{r^2}\left\{\frac{1}{1-\varphi^2}\frac{\partial^2 K}{\partial q^2} + \frac{\partial\left[(1-\varphi^2)\frac{\partial K}{\partial \varphi}\right]}{\partial \varphi}\right\}.$$

Mais si l'on pose

$$(5) \qquad \operatorname{tang}\frac{p}{2} = e^{\psi}$$

et par conséquent

$$(6) \qquad \psi = \log\operatorname{tang}\frac{p}{2},$$

alors, au lieu de l'équation (4), on obtiendra la suivante :

$$(7) \qquad S = \frac{1}{r}\frac{\partial^2(rK)}{\partial r^2} + \left(\frac{e^{\psi}+e^{-\psi}}{2r}\right)^2\left(\frac{\partial^2 K}{\partial q^2} + \frac{\partial^2 K}{\partial \psi^2}\right),$$

qu'on peut encore écrire comme il suit :

$$(8) \qquad rS = \frac{\partial^2(rK)}{\partial r^2} + \left(\frac{e^{\psi}+e^{-\psi}}{2r}\right)^2\left[\frac{\partial^2(rK)}{\partial q^2} + \frac{\partial^2(rK)}{\partial \psi^2}\right].$$

NOTE SUR L'INTÉGRATION

DES

ÉQUATIONS DIFFÉRENTIELLES

DES

MOUVEMENTS PLANÉTAIRES.

Théorème fondamental.

Dans un Mémoire publié à Turin en 1831 [1], reproduit depuis dans une traduction italienne, et qui, comme l'indique son titre, a spécialement pour objet la Mécanique céleste et un nouveau calcul applicable à un grand nombre de questions diverses, j'ai donné des formules à l'aide desquelles on peut déterminer directement chacun des coefficients numériques relatifs aux perturbations des mouvements planétaires, et simplifier des calculs qui exigent quelquefois des astronomes plusieurs années de travail. Pour établir les formules dont il s'agit, et d'autres formules analogues renfermées dans le Mémoire ci-dessus mentionné, il suffisait d'appliquer au développement de la fonction, désignée par R dans la *Mécanique céleste*, des théorèmes bien connus tels que le théorème de Taylor et le théorème de Lagrange sur le développement des fonctions des racines d'équations algébriques ou transcendantes. Mais il était nécessaire de recourir à d'autres principes et à de nouvelles méthodes pour obtenir des résultats plus importants, que je vais rappeler en peu de mots.

En joignant à la série de Maclaurin le reste qui la complète, et présentant ce reste sous la forme que Lagrange lui a donnée, ou sous

(1) *OEuvres de C.*, S. II, T. XV.

d'autres formes du même genre, on peut s'assurer, dans un grand nombre de cas, qu'une fonction explicite d'une seule variable x est développable, pour certaines valeurs de x, en une série convergente ordonnée suivant les puissances ascendantes de cette variable, et déterminer la limite supérieure des modules des valeurs réelles ou imaginaires de x, pour lesquels le développement subsiste. De plus, la théorie du développement des fonctions explicites de plusieurs variables peut être aisément ramenée à la théorie du développement des fonctions explicites d'une seule variable. Mais il importe d'observer que l'application des règles à l'aide desquelles on peut décider si la série de Maclaurin est convergente ou divergente, devient souvent très difficile, attendu que dans cette série le terme général, ou proportionnel à la $n^{\text{ième}}$ puissance de la variable, renferme la dérivée de l'ordre n de la fonction explicite donnée, ou du moins la valeur de cette dérivée qui correspond à une valeur nulle de x, et que, hormis certains cas particuliers, la dérivée de l'ordre n prend une forme de plus en plus compliquée à mesure que n augmente.

Quant aux fonctions implicites, on avait présenté, pour leurs développements en séries, diverses formules déduites le plus souvent de la méthode des coefficients indéterminés. Mais les démonstrations qu'on avait données de ces formules étaient généralement insuffisantes : 1° parce qu'on n'examinait pas d'ordinaire si les séries étaient convergentes ou divergentes, et qu'en conséquence on ne pouvait dire le plus souvent dans quels cas les formules devaient être admises ou rejetées; 2° parce qu'on ne s'était point attaché à démontrer que les développements obtenus avaient pour sommes les fonctions développées, et qu'il peut arriver qu'une série convergente provienne du développement d'une fonction sans que la somme de la série soit équivalente à la fonction elle-même. Il est vrai que l'établissement de règles générales propres à déterminer dans quels cas les développements des fonctions implicites sont convergents, et représentent ces mêmes fonctions, paraissait offrir de grandes difficultés. On peut en juger en lisant attentivement le Mémoire de M. Laplace sur la convergence ou la divergence de la série que fournit, dans le mouvement elliptique d'une planète, le développement du rayon vecteur suivant les puissances ascendantes de l'excentricité. Je pensai donc que les astronomes et les géomètres attacheraient quelque prix à un travail qui avait pour but d'établir sur le développement des fonctions, soit explicites, soit implicites, des principes généraux et d'une application facile, à l'aide desquels on pût non seulement démontrer avec rigueur les formules et indiquer les conditions de leur existence, mais encore fixer les limites des erreurs que l'on commet en négligeant les restes qui doivent compléter les séries. Parmi ces règles, celles qui se rapportent à la fixation des limites des erreurs commises présentaient dans leur ensemble un nouveau calcul que je désignai sous le nom de calcul des limites. Les principes de ce nouveau calcul se trouvent exposés, avec des applications à la Mécanique céleste, dans les Mémoires lithographiés à Turin, sous les dates du 15 octobre 1831, de 1832, et du 6 mars 1833. L'accueil bienveillant que reçurent ces Mémoires, dès qu'ils eurent été publiés, dut m'encourager à suivre la route qui s'était ouverte devant moi, et à exécuter le dessein que j'avais annoncé (Mémoire du 15 octobre 1831) de faire voir comment le nouveau calcul peut être appliqué aux séries qui représentent les intégrales d'un système d'équations différentielles linéaires ou non linéaires. Tel est effectivement l'objet d'un Mémoire lithographié à Prague en 1835, et dans lequel je montre, d'une part, comment on peut s'assurer de la convergence des séries en question ; d'autre part, comment on peut fixer des limites supérieures aux modules des restes qui complètent ces mêmes séries. Toutefois, quoique les résultats auxquels je suis parvenu dans le Mémoire de 1835 paraissent déjà dignes de remarque, cependant ils ne forment qu'une partie de ceux auxquels on se trouve conduit par la méthode dont j'ai fait usage. C'est ce que j'ai observé dans une lettre adressée à M. Coriolis, le 28 janvier 1837. Cette lettre, insérée dans les *Comptes rendus* des séances de l'Académie, renferme l'énoncé de quelques théorèmes importants que je me propose maintenant de développer, surtout sous le rapport de leurs applications à la Mécanique céleste, à laquelle ils semblent promettre d'heureux et utiles perfectionnements. Je me bornerai, dans ce premier article, à donner l'énoncé précis et la démonstration d'un théorème fondamental inséré dans la lettre dont il s'agit :

THÉORÈME. — *x désignant une variable réelle ou imaginaire, une fonction réelle ou imaginaire de x sera développable en une série convergente ordonnée suivant les puissances ascendantes de x, tant que le module de x conservera une valeur inférieure à la plus petite de celles pour lesquelles la fonction ou sa dérivée cesse d'être finie et continue.*

Démonstration. — Soit

$$f(x)$$

une fonction donnée de la variable x. Si l'on attribue à cette variable une valeur imaginaire $\overline{x}$ dont le module soit X et l'argument p, en sorte qu'on ait

$$\overline{x} = \mathrm{X}\, e^{p\sqrt{-1}},$$

on aura identiquement

$$\frac{\partial f(\overline{x})}{\partial \mathrm{X}} = \frac{1}{\mathrm{X}\sqrt{-1}}\, \frac{\partial f(\overline{x})}{\partial p}. \tag{1}$$

Si, comme nous l'avons supposé, le module X de $\overline{x}$ conserve une valeur inférieure à la plus petite de celles pour lesquelles la fonction $f(\overline{x})$ ou sa dérivée $f'(\overline{x})$ cesse d'être finie et continue; alors, la valeur commune des deux membres de la formule (1), savoir

$$e^{p\sqrt{-1}} f'(\overline{x}) = e^{p\sqrt{-1}} f'(\mathrm{X}\, e^{p\sqrt{-1}}),$$

restant finie et déterminée, on pourra en dire autant des fonctions réelles

$$\varphi(\mathrm{X}, p) = \frac{1}{2}\left[e^{p\sqrt{-1}} f'(\mathrm{X}\, e^{p\sqrt{-1}}) + e^{-p\sqrt{-1}} f'(\mathrm{X}\, e^{-p\sqrt{-1}})\right],$$

$$\chi(\mathrm{X}, p) = \frac{1}{2\sqrt{-1}}\left[e^{p\sqrt{-1}} f'(\mathrm{X}\, e^{p\sqrt{-1}}) - e^{-p\sqrt{-1}} f'(\mathrm{X}\, e^{-p\sqrt{-1}})\right],$$

et par conséquent des intégrales doubles

$$\int_{-\pi}^{\pi}\int_{0}^{X}\varphi(X, p)\,dp\,dX = \int_{0}^{X}\int_{-\pi}^{\pi}\varphi(X, p)\,dX\,dp,$$

$$\int_{-\pi}^{\pi}\int_{0}^{X}\chi(X, p)\,dp\,dX = \int_{0}^{X}\int_{-\pi}^{\pi}\chi(X, p)\,dX\,dp.$$

Donc, puisqu'on aura identiquement

$$e^{p\sqrt{-1}}f'(\overline{x}) = \varphi(X, p) + \sqrt{-1}\,\chi(X, p),$$

l'intégrale double

$$\int_{-\pi}^{\pi}\int_{0}^{X} e^{p\sqrt{-1}}f'(\overline{x})\,dp\,dX = \int_{0}^{X}\int_{-\pi}^{\pi} e^{p\sqrt{-1}}f'(\overline{x})\,dX\,dp$$

conservera elle-même une valeur finie et déterminée. D'ailleurs, la fonction $f(\overline{x})$ restant, par hypothèse, finie et continue pour la valeur attribuée à X et pour une valeur plus petite, on aura encore

$$\int_{0}^{X} e^{p\sqrt{-1}}f'(\overline{x})\,dX = \int_{0}^{X}\frac{\partial f(\overline{x})}{\partial X}\,dX = f(\overline{x}) - f(0),$$

$$\int_{-\pi}^{\pi} e^{p\sqrt{-1}}f'(\overline{x})\,dp = \frac{1}{X\sqrt{-1}}\int_{-\pi}^{\pi}\frac{\partial f(\overline{x})}{\partial p}\,dp = 0,$$

comme on le conclura sans peine des principes établis dans le résumé des leçons données à l'École Polytechnique sur le Calcul infinitésimal. Donc, dans l'hypothèse admise, l'équation (1) entraînera la formule

$$\int_{-\pi}^{\pi}[f(\overline{x}) - f(0)]\,dp = 0,$$

ou

$$\int_{-\pi}^{\pi} f(\overline{x})\,dp = \int_{-\pi}^{\pi} f(0)\,dp,$$

ou enfin

(2) $$\int_{-\pi}^{\pi} f(\overline{x})\,dp = 2\pi f(0).$$

Si, de plus, la fonction $f(x)$ s'évanouit avec x, l'équation (2) donnera simplement

$$(3) \qquad \int_{-\pi}^{\pi} f(\overline{x})\,dp = 0.$$

Cela posé, si dans la formule (3) on remplace $f(\overline{x})$ par le produit

$$\overline{x}\,\frac{f(\overline{x}) - f(x)}{\overline{x} - x},$$

x étant différent de $\overline{x}$, et le module de x inférieur à X, on en conclura

$$\int_{-\pi}^{\pi} \frac{\overline{x} f(\overline{x})}{\overline{x} - x}\,dp = \int_{-\pi}^{\pi} \frac{\overline{x} f(x)}{\overline{x} - x}\,dp = f(x)\int_{-\pi}^{\pi}\left(1 + \frac{x}{\overline{x}} + \frac{x^2}{\overline{x}^2} + \ldots\right)dp = 2\pi f(x),$$

et par suite

$$(4) \qquad f(x) = \frac{1}{2\pi}\int_{-\pi}^{\pi} \frac{\overline{x} f(\overline{x})}{\overline{x} - x}\,dp.$$

L'équation (4) suppose, comme les équations (2) et (3), que la fonction de X et de p, représentée par $f(\overline{x})$, reste, avec sa dérivée $f'(\overline{x})$, finie et continue, pour la valeur attribuée à X et pour des valeurs plus petites. D'ailleurs, comme le rapport

$$\frac{\overline{x}}{\overline{x} - x}$$

est la somme de la progression géométrique

$$1, \quad \frac{x}{\overline{x}}, \quad \frac{x^2}{\overline{x}^2}, \quad \ldots$$

qui demeure convergente tant que le module de x reste inférieur au module X de $\overline{x}$, il suit de la formule (4) que

$$f(x)$$

sera développable en une série convergente ordonnée suivant les puissances ascendantes de x, si le module de la variable réelle ou imaginaire x conserve une valeur inférieure à la plus petite de celles pour lesquelles la fonction $f(x)$ et sa dérivée $f'(x)$ cessent d'être finies et continues.

Ainsi, en particulier, puisque les fonctions

$$\cos x,\quad \sin x,\quad e^x,\quad e^{x^2},\quad \cos(1-x^2),\quad \ldots$$

et leurs dérivées du premier ordre ne cessent jamais d'être finies et continues, elles seront toujours développables en séries convergentes ordonnées suivant les puissances ascendantes de x. Au contraire, les fonctions

$$(1+x)^{\frac{1}{2}},\quad \frac{1}{1-x},\quad \frac{x}{1+\sqrt{1-x^2}},\quad \log(1+x),\quad \operatorname{arc\,tang} x,\quad \ldots$$

qui, lorsqu'on attribue à x une valeur imaginaire de la forme

$$X\, e^{p\sqrt{-1}},$$

cessent d'être, avec leurs dérivées du premier ordre, fonctions continues de x, au moment où le module X devient égal à 1, seront certainement développables en séries convergentes ordonnées suivant les puissances ascendantes de la variable x, si la valeur réelle ou imaginaire de x offre un module inférieur à l'unité; mais elles pourront devenir et deviendront en effet divergentes, si le module de x surpasse l'unité. Enfin, comme les fonctions

$$e^{\frac{1}{x}},\quad e^{\frac{1}{x^2}},\quad \cos\frac{1}{x},\quad \ldots$$

deviennent discontinues avec leurs dérivées du premier ordre pour une valeur nulle de x, par conséquent lorsque le module de x est le plus petit possible, elles ne seront jamais développables en séries convergentes ordonnées suivant les puissances ascendantes de x.

On sera peut-être étonné de nous voir placer arc tang x au nombre des fonctions qui deviennent infinies ou discontinues, quand le module de x devient égal à 1. Il est vrai que, si l'on attribue à x une valeur réelle de la forme

$$x = \pm X,$$

la fonction arc tang x ne cessera pas d'être finie et continue pour $X = 1$. Mais il n'en sera plus de même, si x devenant imaginaire, on suppose par exemple

$$x = X\sqrt{-1}.$$

Alors, en effet, la fonction

$$\operatorname{arc\,tang} x = \operatorname{arc\,tang}(X\sqrt{-1}) = \frac{l(1-X) - l(1+X)}{2\sqrt{-1}}$$

deviendra évidemment infinie et discontinue, pour la valeur 1 attribuée au module X.

Nous remarquerons en finissant que les fonctions ci-dessus prises pour exemples, et leurs dérivées du premier ordre, deviennent toujours infinies ou discontinues pour les mêmes valeurs du module de la variable indépendante. Si l'on était assuré qu'il en fût toujours ainsi, on pourrait, dans le théorème énoncé, se dispenser de parler de la fonction dérivée; mais, comme on n'a point à cet égard une certitude suffisante, il est plus rigoureux d'énoncer le théorème dans les termes dont nous nous sommes servis plus haut.

MÉMOIRE

SUR LES

MOUVEMENTS INFINIMENT PETITS

DE

DEUX SYSTÈMES DE MOLÉCULES QUI SE PÉNÈTRENT MUTUELLEMENT.

§ Ier. — *Équations d'équilibre et de mouvement de ces deux systèmes.*

Considérons deux systèmes de molécules qui coexistent dans une portion donnée de l'espace. Soient au premier instant, et dans l'état d'équilibre,

x, y, z les coordonnées d'une molécule $\mathfrak{m}$ du premier système,
ou d'une molécule $\mathfrak{m}_{,}$ du second système,
$x+\mathrm{x}, y+\mathrm{y}, z+\mathrm{z}$ les coordonnées d'une autre molécule m du 1er système,
ou d'une autre molécule $m_{,}$ du 2e système,
r le rayon vecteur mené de la molécule $\mathfrak{m}$ ou $\mathfrak{m}_{,}$ à la molécule m ou $m_{,}$;

on aura

$$r^2 = \mathrm{x}^2 + \mathrm{y}^2 + \mathrm{z}^2, \tag{1}$$

et les cosinus des angles formés par le rayon vecteur r avec les demi-axes des coordonnées positives, seront respectivement

$$\frac{\mathrm{x}}{r}, \quad \frac{\mathrm{y}}{r}, \quad \frac{\mathrm{z}}{r}.$$

Supposons d'ailleurs que l'attraction ou la répulsion mutuelle des deux masses $\mathfrak{m}$ et m ou $\mathfrak{m}_{,}$ et $m_{,}$, étant proportionnelle à ces masses, et à une fonction de la distance r, soit représentée, au signe près, par

$$\mathfrak{m} m \, \mathrm{f}(r)$$

pour les molécules $\mathfrak{m}$ et m, et par

$$\mathfrak{m} m_{\prime} \, \mathrm{f}_{\prime}(r)$$

pour les molécules $\mathfrak{m}$ et $m_{\prime}$, chacune des fonctions

$$\mathrm{f}(r), \quad \mathrm{f}_{\prime}(r)$$

désignant une quantité positive, lorsque les molécules s'attirent, et négative, lorsqu'elles se repoussent. Les projections algébriques de la force

$$\mathfrak{m} m \, \mathrm{f}(r) \quad \text{ou} \quad \mathfrak{m} m_{\prime} \, \mathrm{f}_{\prime}(r)$$

sur les axes coordonnés seront les produits de cette force par les cosinus des angles que forme le rayon vecteur r avec ces axes, et, en conséquence, si l'on fait pour abréger

$$(2) \qquad \frac{\mathrm{f}(r)}{r} = f(r), \qquad \frac{\mathrm{f}_{\prime}(r)}{r} = f_{\prime}(r),$$

elles se réduiront, pour la force $\mathfrak{m} m \, \mathrm{f}(r)$, à

$$\mathfrak{m} m \mathrm{x} f(r), \quad \mathfrak{m} m \mathrm{y} f(r), \quad \mathfrak{m} m \mathrm{z} f(r),$$

et, pour la force $\mathfrak{m} m_{\prime} \, \mathrm{f}_{\prime}(r)$, à

$$\mathfrak{m} m_{\prime} \mathrm{x} f_{\prime}(r), \quad \mathfrak{m} m_{\prime} \mathrm{y} f_{\prime}(r), \quad \mathfrak{m} m_{\prime} \mathrm{z} f_{\prime}(r).$$

Cela posé, les équations d'équilibre de la molécule $\mathfrak{m}$ seront évidemment

$$(3) \qquad \begin{cases} 0 = \mathrm{S}[m \mathrm{x} f(r)] + \mathrm{S}[m_{\prime} \mathrm{x} f_{\prime}(r)], \\ 0 = \mathrm{S}[m \mathrm{y} f(r)] + \mathrm{S}[m_{\prime} \mathrm{y} f_{\prime}(r)], \\ 0 = \mathrm{S}[m \mathrm{z} f(r)] + \mathrm{S}[m_{\prime} \mathrm{z} f_{\prime}(r)], \end{cases}$$

la lettre caractéristique S indiquant une somme de termes semblables entre eux et relatifs aux diverses molécules m du premier système, ou aux diverses molécules $m_{\prime}$ du second système.

Concevons maintenant que les diverses molécules

$$\mathfrak{m}, \quad m, \quad \ldots, \quad \mathfrak{m}_{\prime}, \quad m_{\prime}, \quad \ldots$$

viennent à se mouvoir. Soient alors, au bout du temps t,

$$\xi, \quad \eta, \quad \zeta$$

les déplacements de la molécule $\mathfrak{m}$, et

$$\xi_{,}, \quad \eta_{,}, \quad \zeta_{,}$$

les déplacements de la molécule $\mathfrak{m}_{,}$, mesurés parallèlement aux axes coordonnés. Soient d'ailleurs

$$\xi + \Delta\xi, \quad \eta + \Delta\eta, \quad \zeta + \Delta\zeta$$

et

$$\xi_{,} + \Delta\xi_{,}, \quad \eta_{,} + \Delta\eta_{,}, \quad \zeta_{,} + \Delta\zeta_{,}$$

ce que deviennent ces déplacements, lorsqu'on passe de la molécule $\mathfrak{m}$ à la molécule m, ou de la molécule $\mathfrak{m}_{,}$ à la molécule $m_{,}$. Les coordonnées de la molécule $\mathfrak{m}$, au bout du temps t, seront

$$x + \xi, \quad y + \eta, \quad z + \zeta,$$

tandis que celles de la molécule m ou $m_{,}$ seront

$$x + \mathrm{x} + \xi + \Delta\xi, \quad y + \mathrm{y} + \eta + \Delta\eta, \quad z + \mathrm{z} + \zeta + \Delta\zeta,$$

ou

$$x + \mathrm{x} + \xi_{,} + \Delta\xi_{,}, \quad y + \mathrm{y} + \eta_{,} + \Delta\eta_{,}, \quad z + \mathrm{z} + \zeta_{,} + \Delta\zeta_{,}.$$

Soient à cette même époque

$$r + \rho$$

la distance des molécules $\mathfrak{m}$, m et

$$r + \rho_{,}$$

la distance des molécules $\mathfrak{m}$, $m_{,}$. La distance

$$r + \rho$$

offrira pour projections algébriques, sur les axes des x, y, z, les différences entre les coordonnées des molécules $\mathfrak{m}$, m, savoir :

$$\mathrm{x} + \Delta\xi, \quad \mathrm{y} + \Delta\eta, \quad \mathrm{z} + \Delta\zeta,$$

tandis que la distance

$$r + \rho_{,}$$

offrira pour projections algébriques les différences entre les coordonnées des molécules m, $m_{,}$, savoir

$$x + \xi_{,} - \xi + \Delta\xi_{,}, \quad y + \eta_{,} - \eta + \Delta\eta_{,}, \quad z + \zeta_{,} - \zeta + \Delta\zeta_{,}$$

On aura en conséquence

$$(4) \quad \begin{cases} (r+\rho)^2 = (x - \Delta\xi)^2 + (y + \Delta\eta)^2 + (z + \Delta\zeta)^2, \\ (r+\rho_{,})^2 = (x + \xi_{,} - \xi + \Delta\xi_{,})^2 + (y + \eta_{,} - \eta + \Delta\eta_{,})^2 + (z + \zeta_{,} - \zeta + \Delta\zeta_{,})^2. \end{cases}$$

Cela posé, pour déduire les équations du mouvement de la molécule m de ses équations d'équilibre, c'est-à-dire des formules (3), il suffira évidemment de remplacer, dans ces formules, les premiers membres par

$$\frac{d^2\xi}{dt^2}, \quad \frac{d^2\eta}{dt^2}, \quad \frac{d^2\zeta}{dt^2},$$

puis de substituer, à la distance

$$r$$

et à ses projections algébriques

$$x, \quad y, \quad z,$$

1° dans les premiers termes des seconds membres, la distance

$$r + \rho$$

et ses projections algébriques

$$x + \Delta\xi, \quad y + \Delta\eta, \quad z + \Delta\zeta;$$

2° dans les derniers termes des seconds membres, la distance

$$r + \rho_{,}$$

et ses projections algébriques

$$x + \xi_{,} - \xi + \Delta\xi_{,}, \quad y + \eta_{,} - \eta + \Delta\eta_{,}, \quad z + \zeta_{,} - \zeta + \Delta\zeta_{,}.$$

En opérant ainsi, on trouvera

$$(5) \quad \begin{cases} \dfrac{d^2\xi}{dt^2} = S[m(x + \Delta\xi)f(r+\rho)] + S[m(x + \xi_{,} - \xi + \Delta\xi_{,})f_{,}(r+\rho_{,})], \\ \dfrac{d^2\eta}{dt^2} = S[m(y + \Delta\eta)f(r+\rho)] + S[m(y + \eta_{,} - \eta + \Delta\eta_{,})f_{,}(r+\rho_{,})], \\ \dfrac{d^2\zeta}{dt^2} = S[m(z + \Delta\zeta)f(r+\rho)] + S[m(z + \zeta_{,} - \zeta + \Delta\zeta_{,})f_{,}(r+\rho_{,})]. \end{cases}$$

On établirait avec la même facilité les équations d'équilibre ou les équations de mouvement de la molécule $\mathfrak{m}_,$. En effet, supposons que l'attraction ou la répulsion mutuelle des deux masses $\mathfrak{m}_,$ et $m_,$ ou $\mathfrak{m}_,$ et m, étant proportionnelle à ces masses et à une fonction de la distance r, soit représentée, au signe près, par

$$\mathfrak{m}_, m_, \mathfrak{f}_{,,}(r)$$

pour les molécules $\mathfrak{m}_,$ et $m_,$; elle devra être représentée par

$$\mathfrak{m}_, m\, \mathfrak{f}_,(r)$$

pour les molécules $\mathfrak{m}_,$ et m, l'action mutuelle de $\mathfrak{m}_,$ et m étant de même nature que l'action mutuelle de $m_,$ et $\mathfrak{m}$. Donc, si l'on pose pour abréger

$$f_{,,}(r) = \frac{\mathfrak{f}_{,,}(r)}{r}, \tag{6}$$

les équations d'équilibre de la molécule $\mathfrak{m}$ se réduiront non plus aux formules (3), mais aux suivantes :

$$\left\{\begin{aligned} o &= S[m_, x f_{,,}(r)] + S[m x f_,(r)], \\ o &= S[m_, y f_{,,}(r)] + S[m x f_,(r)], \\ o &= S[m_, z f_{,,}(r)] + S[m x f_,(r)]. \end{aligned}\right. \tag{7}$$

Concevons d'ailleurs qu'au bout du temps t, la distance des molécules $\mathfrak{m}_,$, $m_,$ soit représentée par

$$r + \rho_,$$

et celles de molécules $\mathfrak{m}_,$, m par

$$r + {}_,\rho.$$

On aura

$$\left\{\begin{aligned} (r + \rho_{,,})^2 &= \quad (x + \Delta\xi_,)^2 \quad + \quad (y + \Delta\eta_,)^2 \quad + \quad (z + \Delta\zeta_,)^2, \\ (r + {}_,\rho)^2 &= (x + \xi - \xi_, + \Delta\xi)^2 + (y + \eta - \eta_, + \Delta\eta)^2 + (z + \zeta - \zeta_, + \Delta\zeta)^2; \end{aligned}\right. \tag{8}$$

et les équations du mouvement de la molécule $\mathfrak{m}_,$ seront

$$\left\{\begin{aligned} \frac{d^2\xi_,}{dt^2} &= S[m_,(x + \Delta\xi_,) f_{,,}(r + \rho_{,,})] + S[m(x + \xi - \xi_, + \Delta\xi) f_,(r + {}_,\rho)], \\ \frac{d^2\eta_,}{dt^2} &= S[m_,(y + \Delta\eta_,) f_{,,}(r + \rho_{,,})] + S[m(y + \eta - \eta_, + \Delta\eta) f_,(r + {}_,\rho)], \\ \frac{d^2\zeta_,}{dt^2} &= S[m_,(z + \Delta\zeta_,) f_{,,}(r + \rho_{,,})] + S[m(z + \zeta - \zeta_, + \Delta\zeta) f_,(r + {}_,\rho)]. \end{aligned}\right. \tag{9}$$

Si dans chacune des formules (5) on réduit le dernier terme du second membre à zéro, on retrouvera précisément les équations du mouvement d'un seul système de molécules sollicitées par des forces d'attraction et de répulsion mutuelle; et pour ramener ces équations à la forme sous laquelle je les ai présentées dans le Mémoire sur la *Dispersion de la lumière*, il suffirait d'écrire εr au lieu de ρ, $\frac{\mathrm{f}(r)}{r}$ au lieu de $f(r)$ et $r\cos\alpha$, $r\cos6$, $r\cos\gamma$ au lieu de x, y, z.

Les équations qui précèdent, et celles que nous en déduirons dans les paragraphes suivants, doivent comprendre, comme cas particuliers, les formules dont M. Lloyd a fait mention dans un article fort intéressant, publié sous la date du 9 janvier 1837, où l'auteur, convaincu qu'on ne pouvait résoudre complètement le problème de la propagation des ondes, sans tenir compte des actions des molécules des corps, annonce qu'il est parvenu à la solution dans le cas le plus simple, savoir lorsque les molécules de l'éther et des corps sont uniformément distribuées dans l'espace. [*Proceedings of the royal Irish Academy, for the year* 1836-1837.]

§ II. — *Équations des mouvements infiniment petits de deux systèmes de molécules qui se pénètrent mutuellement.*

Considérons, dans les deux systèmes de molécules qui se pénètrent mutuellement, un mouvement vibratoire, en vertu duquel chaque molécule s'écarte très peu de sa position initiale. Si l'on cherche les lois du mouvement, celles du moins qui subsistent quelque petite que soit l'étendue des vibrations moléculaires, alors en regardant les déplacements

$$\xi,\quad \eta,\quad \zeta,\quad \xi_{\prime},\quad \eta_{\prime},\quad \zeta_{\prime},$$

et leurs différences

$$\Delta\xi,\quad \Delta\eta,\quad \Delta\zeta,\quad \Delta\xi_{\prime},\quad \Delta\eta_{\prime},\quad \Delta\zeta_{\prime}$$

comme des quantités infiniment petites du premier ordre, on pourra négliger les carrés et les puissances supérieures, non seulement de ces déplacements et de leurs différences, mais aussi des quantités

$$\rho \text{ et } \rho_{,}, \quad {}_{,}\rho \text{ et } \rho_{,,},$$

dans les développements des expressions que renferment les formules (4), (5), (8), (9) du premier paragraphe; et l'on pourra encore supposer indifféremment que, des quatre variables indépendantes

$$x, \quad y, \quad z, \quad t,$$

les trois premières représentent ou les coordonnées initiales de la molécule m ou $\mathrm{m}_{,}$, ou ses coordonnées courantes qui, en vertu de l'hypothèse admise, différeront très peu des premières. Cela posé, si l'on a égard aux formules (3) du paragraphe Ier, les formules (4) et (5) du même paragraphe donneront

$$(1)\quad \begin{cases} \rho = \dfrac{\mathrm{x}\,\Delta\xi + \mathrm{y}\,\Delta\eta + \mathrm{z}\,\Delta\zeta}{r}, \\[2ex] \rho_{,} = \dfrac{\mathrm{x}(\xi_{,} - \xi + \Delta\xi_{,}) + \mathrm{y}(\eta_{,} - \eta + \Delta\eta_{,}) + \mathrm{z}(\zeta_{,} - \zeta + \Delta\zeta_{,})}{r}, \end{cases}$$

et

$$(2)\quad \begin{cases} \dfrac{d^2\xi}{dt^2} = \mathrm{S}[m\, f(r)\,\Delta\xi\,] + \mathrm{S}\left[m\,\dfrac{df(r)}{dr}\,\mathrm{x}\rho\right] \\[1ex] \qquad + \mathrm{S}[m_{,} f_{,}(r)\,(\xi_{,} - \xi + \Delta\xi_{,}\,)] + \mathrm{S}\left[m_{,}\,\dfrac{df_{,}(r)}{dr}\,\mathrm{x}\rho_{,}\right], \\[2ex] \dfrac{d^2\eta}{dt^2} = \mathrm{S}[m\, f(r)\,\Delta\eta\,] + \mathrm{S}\left[m\,\dfrac{df(r)}{dr}\,\mathrm{y}\rho\right] \\[1ex] \qquad + \mathrm{S}[m_{,} f_{,}(r)\,(\eta_{,} - \eta + \Delta\eta_{,})] + \mathrm{S}\left[m_{,}\,\dfrac{df_{,}(r)}{dr}\,\mathrm{y}\rho_{,}\right], \\[2ex] \dfrac{d^2\zeta}{dt^2} = \mathrm{S}[m\, f(r)\,\Delta\zeta\,] + \mathrm{S}\left[m\,\dfrac{df(r)}{dr}\,\mathrm{z}\rho\right] \\[1ex] \qquad + \mathrm{S}[m_{,} f_{,}(r)\,(\zeta_{,} - \zeta + \Delta\zeta_{,}\,)] + \mathrm{S}\left[m_{,}\,\dfrac{df_{,}(r)}{dr}\,\mathrm{z}\rho_{,}\right]; \end{cases}$$

ou, ce qui revient au même,

$$(3)\quad \begin{cases} \dfrac{d^2\xi}{dt^2} = \mathrm{L}\xi + \mathrm{R}\eta + \mathrm{Q}\zeta + \mathrm{L}_{,}\xi_{,} + \mathrm{R}_{,}\eta_{,} + \mathrm{Q}_{,}\zeta_{,}, \\[2ex] \dfrac{d^2\eta}{dt^2} = \mathrm{R}\xi + \mathrm{M}\eta + \mathrm{P}\zeta + \mathrm{R}_{,}\xi_{,} + \mathrm{M}_{,}\eta_{,} + \mathrm{P}_{,}\zeta_{,}, \\[2ex] \dfrac{d^2\zeta}{dt^2} = \mathrm{Q}\xi + \mathrm{P}\eta + \mathrm{N}\zeta + \mathrm{Q}_{,}\xi_{,} + \mathrm{P}_{,}\eta_{,} + \mathrm{N}_{,}\zeta_{,}. \end{cases}$$

pourvu que, 8 désignant une fonction quelconque des variables x, y, z et

$$\Delta 8$$

l'accroissement de 8 dans le cas où l'on fait croître

$$x \text{ de x}, \quad y \text{ de y}, \quad z \text{ de z},$$

on représente, à l'aide des lettres

$$\begin{array}{cccccc} L, & M, & N, & P, & Q, & R, \\ L_{,}, & M_{,}, & N_{,}, & P_{,}, & Q_{,}, & R_{,}, \end{array}$$

non pas des quantités, mais des caractéristiques déterminées par les formules

$$\begin{array}{lll}
L8 = S\left\{m\left[f(r) + \frac{x^2}{r}\frac{df(r)}{dr}\right]\Delta 8\right\} - S\left\{m_{,}\left[f_{,}(r) + \frac{x^2}{r}\frac{df_{,}(r)}{dr}\right]8\right\}, & M = \ldots, & N = . \\
P8 = S\left\{m\frac{yz}{r}\frac{df(r)}{dr}\Delta 8\right\} - S\left\{m_{,}\frac{yz}{r}\frac{df_{,}(r)}{dr}8\right\}, & Q = \ldots, & R = . \\
L_{,}8 = S\left\{m_{,}\left[f_{,}(r) + \frac{x^2}{r}\frac{df_{,}(r)}{dr}\right](8 + \Delta 8)\right\}, & M_{,} = \ldots, & N_{,} = . \\
P_{,}8 = S\left\{m_{,}\frac{yz}{r}\frac{df_{,}(r)}{dr}(8 + \Delta 8)\right\}, & Q_{,} = \ldots, & R_{,} = .
\end{array}$$

Comme d'ailleurs ces diverses formules doivent servir à déterminer les caractéristiques

$$L, \ M, \ N, \ P, \ Q, \ R, \ L_{,}, \ M_{,}, \ N_{,}, \ P_{,}, \ Q_{,}, \ R_{,},$$

quelle que soit la fonction de x, y, z désignée par 8, elles peuvent être, pour plus de simplicité, présentées sous la forme

$$(4)\quad \left\{\begin{array}{lll}
L = S\left\{m\left[f(r) + \frac{x^2}{r}\frac{df(r)}{dr}\right]\Delta\right\} - S\left\{m_{,}\left[f_{,}(r) + \frac{x^2}{r}\frac{df_{,}(r)}{dr}\right]\right\}, & M = \ldots, & N = \\
P = S\left\{m\frac{yz}{r}\frac{df(r)}{dr}\Delta\right\} - S\left\{m_{,}\frac{yz}{r}\frac{df_{,}(r)}{dr}\right\}, & Q = \ldots, & R =
\end{array}\right.$$

$$(5)\quad \left\{\begin{array}{lll}
L_{,} = S\left\{m_{,}\left[f_{,}(r) + \frac{x^2}{r}\frac{df_{,}(r)}{dr}\right](1 + \Delta)\right\}, & M_{,} = \ldots, & N_{,} = \\
P_{,} = S\left\{m_{,}\frac{yz}{r}\frac{df_{,}(r)}{dr}(1 + \Delta)\right\}, & Q_{,} = \ldots, & R_{,} =
\end{array}\right.$$

Enfin, si l'on désigne, à l'aide des caractéristiques

$$D_x,\quad D_y,\quad D_z,\quad D_t$$

et de leurs puissances entières, les dérivées qu'on obtient quand on différentie une ou plusieurs fois de suite une fonction des variables indépendantes

$$x,\quad y,\quad z,\quad t,$$

par rapport à ces mêmes variables, les équations (3) pourront s'écrire comme il suit :

$$(6)\qquad \left\{\begin{aligned} &(L - D_t^2)\xi + R\eta + Q\zeta + L_{,}\xi_{,} + R_{,}\eta_{,} + Q_{,}\zeta_{,} = 0,\\ &R\xi + (M - D_t^2)\eta + P\zeta + R_{,}\xi_{,} + M_{,}\eta_{,} + P_{,}\zeta_{,} = 0,\\ &Q\xi + P\eta + (N - D_t^2)\zeta + Q_{,}\xi_{,} + P_{,}\eta_{,} + N_{,}\zeta_{,} = 0.\end{aligned}\right.$$

De même, en supposant les caractéristiques

$$\begin{gathered} L_{,,},\quad M_{,,},\quad N_{,,},\quad P_{,,},\quad Q_{,,},\quad R_{,,},\\ {}_{,}L,\quad {}_{,}M,\quad {}_{,}N,\quad {}_{,}P,\quad {}_{,}Q,\quad {}_{,}R, \end{gathered}$$

déterminées par les formules

$$(7)\qquad \left\{\begin{aligned} &L_{,,} = S\left\{m_{,}\left[f_{,,}(r) + \frac{x^2}{r}\frac{df_{,,}(r)}{dr}\right]\Delta\right\} - S\left\{m\left[f_{,}(r) + \frac{x^2}{r}\frac{df_{,}(r)}{dr}\right]\right\}, &&M_{,,} = \ldots &&N_{,,} =\\ &P_{,,} = S\left\{m_{,}\frac{yz}{r}\frac{df_{,,}(r)}{dr}\Delta\right\} - S\left\{m\frac{yz}{r}\frac{df_{,}(r)}{dr}\right\}, &&Q_{,,} = \ldots &&R_{,,} =\end{aligned}\right.$$

$$(8)\qquad \left\{\begin{aligned} &{}_{,}L = S\left\{m\left[f_{,}(r) + \frac{x^2}{r}\frac{df_{,}(r)}{dr}\right](1+\Delta)\right\}, &&{}_{,}M = \ldots, &&{}_{,}N =\\ &{}_{,}P = S\left\{m\frac{yz}{r}\frac{df_{,}(r)}{dr}(1+\Delta)\right\}, &&{}_{,}Q = \ldots, &&{}_{,}R =\end{aligned}\right.$$

on tirera des formules (9) du paragraphe Ier, pour le cas où le mouvement est infiniment petit,

$$(9)\qquad \left\{\begin{aligned} &{}_{,}L\xi + {}_{,}R\eta + {}_{,}Q\zeta + (L_{,,} - D_t^2)\xi_{,} + R_{,,}\eta_{,} + Q_{,,}\zeta_{,} = 0,\\ &{}_{,}R\xi + {}_{,}M\eta + {}_{,}P\zeta + R_{,,}\xi_{,} + (M_{,,} - D_t^2)\eta_{,} + P_{,,}\zeta_{,} = 0,\\ &{}_{,}Q\xi + {}_{,}P\eta + {}_{,}N\zeta + Q_{,,}\xi_{,} + R_{,,}\eta_{,} + (N_{,,} - D_t^2)\zeta_{,} = 0.\end{aligned}\right.$$

On ne doit pas oublier que, dans les formules (4), (5), (7), (8), on a

$$(10)\qquad f(r) = \frac{\mathrm{f}(r)}{r},\qquad f_{,}(r) = \frac{\mathrm{f}_{,}(r)}{r},\qquad f_{,,}(r) = \frac{\mathrm{f}_{,,}(r)}{r},$$

les fonctions

$$\mathrm{f}(r), \quad \mathrm{f}_{\prime}(r), \quad \mathrm{f}_{\prime\prime}(r)$$

étant celles qui représentent le rapport entre l'action mutuelle de deux molécules, séparées par la distance r, et le produit de leurs masses, 1° dans le cas où les deux molécules font partie du premier des systèmes donnés; 2° dans le cas où l'une appartient au premier système et l'autre au second; 3° dans le cas où toutes deux font partie du second système.

Pour réduire les équations (6) et (9) à la forme d'équations linéaires aux différences partielles, il suffira de développer, dans les seconds membres de ces équations, les différences finies des variables principales

$$\xi, \quad \eta, \quad \zeta, \qquad \xi_{\prime}, \quad \eta_{\prime}, \quad \zeta_{\prime},$$

en séries ordonnées suivant leurs dérivées des divers ordres. On y parviendra aisément à l'aide de la formule de Taylor, en vertu de laquelle on aura

$$8 + \Delta 8 = e^{\mathrm{x} \mathrm{D}_x + \mathrm{y} \mathrm{D}_y + \mathrm{z} \mathrm{D}_z} 8,$$

quelle que soit la fonction de

$$x, \quad y, \quad z,$$

désignée par 8, et par conséquent

$$(11) \qquad 1 + \Delta = e^{\mathrm{x} \mathrm{D}_x + \mathrm{y} \mathrm{D}_y + \mathrm{z} \mathrm{D}_z}, \qquad \Delta = e^{\mathrm{x} \mathrm{D}_x + \mathrm{y} \mathrm{D}_y + \mathrm{z} \mathrm{D}_z} - 1.$$

Cela posé, dans les équations (6) et (9) ramenées à la forme d'équations aux différences partielles, les coefficients des dérivées des variables principales se réduiront toujours à des sommes dans chacune desquelles la masse m ou $m_{\prime}$ se trouvera multipliée sous le signe S par des puissances de x, y, z, et par une fonction de r. Ainsi, en particulier, les coefficients dont il s'agit se réduiront, dans les seconds membres des équations (6), à des sommes de l'une des formes

$$(12) \qquad \mathrm{S}[m \,\mathrm{x}^n \mathrm{y}^{n'} \mathrm{z}^{n''} f(r)], \qquad \mathrm{S}\left[m \,\mathrm{x}^n \mathrm{y}^{n'} \mathrm{z}^{n''} \frac{df(r)}{dr}\right],$$

$$(13) \qquad \mathrm{S}[m_{\prime} \mathrm{x}^n \mathrm{y}^{n'} \mathrm{z}^{n''} f_{\prime}(r)], \qquad \mathrm{S}\left[m_{\prime} \mathrm{x}^n \mathrm{y}^{n'} \mathrm{z}^{n''} \frac{df_{\prime}(r)}{dr}\right];$$

et, dans les seconds membres des équations (9), à des sommes de l'une des formes

$$(14)\qquad \mathrm{S}[m_{\prime} x^n y^{n'} z^{n''} f_{\prime\prime}(r)], \qquad \mathrm{S}\left[m_{\prime} x^n y^{n'} z^{n''} \frac{d f_{\prime\prime}(r)}{dr}\right],$$

$$(15)\qquad \mathrm{S}[m\, x^n y^{n'} z^{n''} f_{\prime}(r)], \qquad \mathrm{S}\left[m\, x^n y^{n'} z^{n''} \frac{d f_{\prime}(r)}{dr}\right],$$

n, n', n'' désignant des nombres entiers.

On pourra regarder la constitution du second système de molécules comme étant partout la même, si les sommes (14), (15) se réduisent à des quantités constantes, c'est-à-dire à des quantités indépendantes des coordonnées

$$x, \quad y, \quad z$$

de la molécule $m_{\prime}$. C'est ce qui aura lieu, par exemple, quand le second système sera un corps homogène, gazeux ou liquide ou cristallisé. Si d'ailleurs, les molécules étant dans le premier système beaucoup plus rapprochées les unes des autres que dans le second, les sommes (12) et (13) reprennent périodiquement les mêmes valeurs quand on fait croître ou décroître en progression arithmétique chacune des trois coordonnées x, y, z, et si les rapports des trois progressions arithmétiques, correspondantes aux trois coordonnées, sont très petits; alors, en vertu d'un théorème que nous avons établi ailleurs, on pourra substituer à ces mêmes sommes leurs valeurs moyennes sans qu'il en résulte d'erreur sensible dans le calcul des vibrations du système et des déplacements moléculaires. Donc alors les équations des mouvements infiniment petits des deux systèmes, c'est-à-dire les équations (6) et (9), pourront être considérées comme des équations linéaires aux différences partielles et à coefficients constants entre les six variables principales

$$\xi, \quad \eta, \quad \zeta, \qquad \xi_{\prime}, \quad \eta_{\prime}, \quad \zeta_{\prime},$$

et les quatre variables indépendantes

$$x, \quad y, \quad z, \quad t.$$

De semblables équations sont propres à représenter, par exemple, les mouvements infiniment petits du fluide lumineux renfermé dans un corps homogène, isophane ou non isophane, opaque ou transparent.

Comme nous venons de le dire, dans le cas où les sommes (12) et (13) reprennent périodiquement les mêmes valeurs, tandis qu'on fait croître ou décroître les coordonnées en progression arithmétique, une condition nécessaire pour qu'on puisse sans erreur sensible substituer à ces mêmes sommes leurs valeurs moyennes, c'est que les rapports des trois progressions arithmétiques correspondantes aux trois coordonnées soient très petits. Il y a plus, si l'on veut appliquer le théorème rappelé ci-dessus, et qui met cette condition en évidence, à un mouvement simple caractérisé par une exponentielle népérienne dans l'exposant de laquelle les coefficients des coordonnées soient imaginaires, on reconnaîtra que, pour rendre légitime la substitution dont il s'agit, on doit supposer très petits non seulement les rapports des trois progressions arithmétiques, mais encore les produits des sommes (12) ou (13) par l'un quelconque de ces rapports.

§ III. — *Mouvements simples.*

Les équations (6) et (9) du paragraphe précédent peuvent être traitées comme des équations linéaires à coefficients constants, non seulement dans le cas où, la constitution des deux systèmes de molécules étant partout la même, les sommes (12), (13), (14), (15) demeurent constantes, mais aussi dans le cas où, les sommes (14), (15), étant constantes, les sommes (12), (13) varient périodiquement quand on fait croître ou décroître les coordonnées en progression arithmétique, pourvu que dans ce dernier cas les produits des sommes (12) ou (13) par le rapport de l'une quelconque des trois progressions arithmétiques correspondantes aux trois coordonnées soient très petits. Seulement, on devra, dans le dernier cas, après avoir intégré les formules (6), (9), comme si toutes les sommes (12), (13), (14), (15) étaient constantes, remplacer dans les intégrales trouvées chacune de ces sommes par sa valeur moyenne. C'est ainsi que l'on obtiendra, par exemple, les vibrations de la lumière dans un corps diaphane, en supposant que le rayon de la sphère d'activité d'une molécule du corps, c'est-à-dire au delà de laquelle cette action devient insensible et peut être négligée, soit peu considérable relativement à la longueur d'une ondulation lumineuse.

La solution de plusieurs problèmes de Physique mathématique pouvant dépendre de l'intégration des équations (6) et (9) du paragraphe précédent, considérées comme équations linéaires à coefficients constants, nous allons rechercher ici les intégrales de ces équations, en nous bornant pour l'instant aux intégrales qui représentent des mouvements simples, c'est-à-dire en supposant les déplacements effectifs ou du moins les déplacements symboliques tous proportionnels à une même exponentielle népérienne, dont l'exposant soit une fonction linéaire des coordonnées et du temps.

Lorsque les sommes (12), (13), (14), (15) du paragraphe II demeurent constantes, alors, pour satisfaire aux équations (6) et (9) du même paragraphe, il suffit de supposer les variables principales

$$\xi, \quad \eta, \quad \zeta, \qquad \xi_{\prime}, \quad \eta_{\prime}, \quad \zeta_{\prime}$$

toutes proportionnelles à une même exponentielle népérienne dont l'exposant soit une fonction linéaire des variables indépendantes

$$x, \quad y, \quad z, \quad t,$$

et de prendre en conséquence

$$(1) \qquad \xi = \mathrm{A}\, e^{ux+vy+wz-st}, \qquad \eta = \mathrm{B}\, e^{ux+vy+wz-st}, \qquad \zeta = \mathrm{C}\, e^{ux+vy+wz-st},$$

$$(2) \qquad \xi_{\prime} = \mathrm{A}_{\prime}\, e^{ux+vy+wz-st}, \qquad \eta_{\prime} = \mathrm{B}_{\prime}\, e^{ux+vy+wz-st}, \qquad \zeta_{\prime} = \mathrm{C}_{\prime}\, e^{ux+vy+wz-st},$$

u, v, w, s, A, B, C, $\mathrm{A}_{\prime}$, $\mathrm{B}_{\prime}$, $\mathrm{C}_{\prime}$ désignant des constantes réelles ou imaginaires convenablement choisies. En effet, si l'on substitue les valeurs précédentes de

$$\xi, \quad \eta, \quad \zeta, \qquad \xi_{\prime}, \quad \eta_{\prime}, \quad \zeta_{\prime},$$

dans les équations (6) et (9) du second paragraphe, tous les termes seront divisibles par l'exponentielle

$$e^{ux+vy+wz-st},$$

et, après la division effectuée, ces équations seront réduites à d'autres de la forme

$$(3)\quad \left\{\begin{aligned} &(\mathcal{L}-s^2)A+\mathcal{R}B+\mathcal{Q}C+\mathcal{L}_{/}A_{/}+\mathcal{R}_{/}B_{/}+\mathcal{Q}_{/}C_{/}=0,\\ &\mathcal{R}A+(\mathcal{M}-s^2)B+\mathcal{P}C+\mathcal{R}_{/}A_{/}+\mathcal{M}_{/}B_{/}+\mathcal{P}_{/}C_{/}=0,\\ &\mathcal{Q}A+\mathcal{P}B+(\mathcal{N}-s^2)C+\mathcal{Q}_{/}A_{/}+\mathcal{P}_{/}B_{/}+\mathcal{N}_{/}C_{/}=0;\end{aligned}\right.$$

$$(4)\quad \left\{\begin{aligned} &{}_{/}\mathcal{L}A+{}_{/}\mathcal{R}B+{}_{/}\mathcal{Q}C+(\mathcal{L}_{//}-s^2)A_{/}+\mathcal{R}_{//}B_{/}+\mathcal{Q}_{//}C_{/}=0,\\ &{}_{/}\mathcal{R}A+{}_{/}\mathcal{M}B+{}_{/}\mathcal{P}C+\mathcal{R}_{//}A_{/}+(\mathcal{M}_{//}-s^2)B_{/}+\mathcal{P}_{//}C_{/}=0,\\ &{}_{/}\mathcal{Q}A+{}_{/}\mathcal{P}B+{}_{/}\mathcal{N}C+\mathcal{Q}_{//}A_{/}+\mathcal{P}_{//}B_{/}+(\mathcal{N}_{//}-s^2)C_{/}=0;\end{aligned}\right.$$

les valeurs des coefficients

$$\mathcal{L},\ \mathcal{M},\ \mathcal{N},\ \mathcal{P},\ \mathcal{Q},\ \mathcal{R};\quad \mathcal{L}_{/},\ \mathcal{M}_{/},\ \mathcal{N}_{/},\ \mathcal{P}_{/},\ \mathcal{Q}_{/},\ \mathcal{R}_{/};$$
$${}_{/}\mathcal{L},\ {}_{/}\mathcal{M},\ {}_{/}\mathcal{N},\ {}_{/}\mathcal{P},\ {}_{/}\mathcal{Q},\ {}_{/}\mathcal{R};\quad \mathcal{L}_{//},\ \mathcal{M}_{//},\ \mathcal{N}_{//},\ \mathcal{P}_{//},\ \mathcal{Q}_{//},\ \mathcal{R}_{//}$$

étant déterminées par les formules

$$\mathcal{L}=S\left\{m\left[f(r)+\frac{x^2}{r}\frac{df(r)}{dr}\right](e^{ux+vy+wz}-1)\right\}-S\left\{m_{/}\left[f_{/}(r)+\frac{x^2}{r}\frac{df_{/}(r)}{dr}\right]\right\},\qquad \mathcal{M}=\ldots.\quad \mathcal{N}=$$

$$\mathcal{P}=S\left\{m\frac{yz}{r}\frac{df(r)}{dr}(e^{ux+vy+wz}-1)\right\}-S\left\{m_{/}\frac{yz}{r}\frac{df_{/}(r)}{dr}\right\},\qquad \mathcal{Q}=\ldots,\quad \mathcal{R}=$$

$$\mathcal{L}_{/}=S\left\{m_{/}\left[f_{/}(r)+\frac{x^2}{r}\frac{df_{/}(r)}{dr}\right]e^{ux+vy+wz}\right\},\qquad \mathcal{M}_{/}=\ldots.\quad \mathcal{N}_{/}=$$

$$\mathcal{P}_{/}=S\left\{m_{/}\frac{yz}{r}\frac{df_{/}(r)}{dr}e^{ux+vy+wz}\right\},\qquad \mathcal{Q}_{/}=\ldots.\quad \mathcal{R}_{/}=$$

$${}_{/}\mathcal{L}=S\left\{m\left[f_{/}(r)+\frac{x^2}{r}\frac{df_{/}(r)}{dr}\right]e^{ux+vy+wz}\right\},\qquad {}_{/}\mathcal{M}=\ldots,\quad {}_{/}\mathcal{N}=$$

$${}_{/}\mathcal{P}=S\left\{m\frac{yz}{r}\frac{df_{/}(r)}{dr}e^{ux+vy+wz}\right\},\qquad {}_{/}\mathcal{Q}=\ldots.\quad {}_{/}\mathcal{R}=$$

$$\mathcal{L}_{//}=S\left\{m_{/}\left[f_{//}(r)+\frac{x^2}{r}\frac{df_{//}(r)}{dr}\right](e^{ux+vy+wz}-1)\right\}-S\left\{m\left[f_{/}(r)+\frac{x^2}{r}\frac{df_{/}(r)}{dr}\right]\right\},\qquad \mathcal{M}_{//}=\ldots,\quad \mathcal{N}_{//}=$$

$$\mathcal{P}_{//}=S\left\{m_{/}\frac{yz}{r}\frac{df_{//}(r)}{dr}(e^{ux+vy+wz}-1)\right\}-S\left\{m\frac{yz}{r}\frac{df_{/}(r)}{dr}\right\},\qquad \mathcal{Q}_{//}=\ldots.\quad \mathcal{R}_{//}=$$

ou, ce qui revient au même, par les formules

$$(5)\quad \begin{cases} \mathcal{L}=\mathcal{G}+\dfrac{\partial^2\mathcal{H}}{\partial u^2}, & \mathcal{M}=\mathcal{G}+\dfrac{\partial^2\mathcal{H}}{\partial v^2}, & \mathcal{N}=\mathcal{G}+\dfrac{\partial^2\mathcal{H}}{\partial w^2}, \\ \mathcal{P}=\dfrac{\partial^2\mathcal{H}}{\partial v\,\partial w}, & \mathcal{Q}=\dfrac{\partial^2\mathcal{H}}{\partial w\,\partial u}, & \mathcal{R}=\dfrac{\partial^2\mathcal{H}}{\partial u\,\partial v}; \end{cases}$$

$$(6)\quad \begin{cases} \mathcal{L}_{\prime}=\mathcal{G}_{\prime}+\dfrac{\partial^2\mathcal{H}_{\prime}}{\partial u^2}, & \mathcal{M}_{\prime}=\mathcal{G}_{\prime}+\dfrac{\partial^2\mathcal{H}_{\prime}}{\partial v^2}, & \mathcal{N}_{\prime}=\mathcal{G}_{\prime}+\dfrac{\partial^2\mathcal{H}_{\prime}}{\partial w^2}, \\ \mathcal{P}_{\prime}=\dfrac{\partial^2\mathcal{H}_{\prime}}{\partial u\,\partial w}, & \mathcal{Q}_{\prime}=\dfrac{\partial^2\mathcal{H}_{\prime}}{\partial w\,\partial u}, & \mathcal{R}_{\prime}=\dfrac{\partial^2\mathcal{H}_{\prime}}{\partial u\,\partial v}; \end{cases}$$

$$(7)\quad \begin{cases} {}_{\prime}\mathcal{L}={}_{\prime}\mathcal{G}+\dfrac{\partial^2\,{}_{\prime}\mathcal{H}}{\partial u^2}, & {}_{\prime}\mathcal{M}={}_{\prime}\mathcal{G}+\dfrac{\partial^2\,{}_{\prime}\mathcal{H}}{\partial v^2}, & {}_{\prime}\mathcal{N}={}_{\prime}\mathcal{G}+\dfrac{\partial^2\,{}_{\prime}\mathcal{H}}{\partial w^2}, \\ {}_{\prime}\mathcal{P}=\dfrac{\partial^2\,{}_{\prime}\mathcal{H}}{\partial v\,\partial w}, & {}_{\prime}\mathcal{Q}=\dfrac{\partial^2\,{}_{\prime}\mathcal{H}}{\partial w\,\partial u}, & {}_{\prime}\mathcal{R}=\dfrac{\partial^2\,{}_{\prime}\mathcal{H}}{\partial u\,\partial v}; \end{cases}$$

$$(8)\quad \begin{cases} \mathcal{L}_{\prime\prime}=\mathcal{G}_{\prime\prime}+\dfrac{\partial^2\mathcal{H}_{\prime\prime}}{\partial u^2}, & \mathcal{M}_{\prime\prime}=\mathcal{G}_{\prime\prime}+\dfrac{\partial^2\mathcal{H}_{\prime\prime}}{\partial v^2}, & \mathcal{N}_{\prime\prime}=\mathcal{G}_{\prime\prime}+\dfrac{\partial^2\mathcal{H}_{\prime\prime}}{\partial w^2}, \\ \mathcal{P}_{\prime\prime}=\dfrac{\partial^2\mathcal{H}_{\prime\prime}}{\partial v\,\partial w}, & \mathcal{Q}_{\prime\prime}=\dfrac{\partial^2\mathcal{H}_{\prime\prime}}{\partial w\,\partial u}, & \mathcal{R}_{\prime\prime}=\dfrac{\partial^2\mathcal{H}_{\prime\prime}}{\partial u\,\partial v}; \end{cases}$$

les valeurs de

$$\mathcal{G},\ \mathcal{H};\quad \mathcal{G}_{\prime},\ \mathcal{H}_{\prime};\quad {}_{\prime}\mathcal{G},\ {}_{\prime}\mathcal{H};\quad \mathcal{G}_{\prime\prime},\ \mathcal{H}_{\prime\prime}$$

étant respectivement

$$(9)\quad \begin{cases} \mathcal{G}=\mathrm{S}[m f(r)(e^{ux+vy+wz}-1)]-\mathrm{S}[m_{\prime} f_{\prime}(r)], \\ \mathcal{H}=\mathrm{S}\left\{\dfrac{m}{r}\dfrac{df(r)}{dr}\left[e^{ux+vy+wz}-1-(ux+vy+wz)-\dfrac{(ux+vy+wz)^2}{2}\right]\right\} \\ \qquad -\mathrm{S}\left\{\dfrac{m_{\prime}}{r}\dfrac{df_{\prime}(r)}{dr}\dfrac{(ux+vy+wz)^2}{2}\right\}; \end{cases}$$

$$(10)\quad \begin{cases} \mathcal{G}_{\prime}=\mathrm{S}[m_{\prime}\ f_{\prime}(r)\,e^{ux+vy+wz}], \\ \mathcal{H}_{\prime}=\mathrm{S}\left[\dfrac{m_{\prime}}{r}\dfrac{df_{\prime}(r)}{dr}e^{ux+vy+wz}\right]; \end{cases}$$

$$(11)\quad \begin{cases} {}_{\prime}\mathcal{G}=\mathrm{S}[m\ f_{\prime}(r)\,e^{ux+vy+wz}], \\ {}_{\prime}\mathcal{H}=\mathrm{S}\left[\dfrac{m}{r}\dfrac{df_{\prime}(r)}{dr}e^{ux+vy+wz}\right]; \end{cases}$$

$$(12)\quad \begin{cases} \mathcal{G}_{\prime\prime}=\mathrm{S}[m_{\prime}\ f_{\prime\prime}(r)(e^{ux+vy+wz}-1)]-\mathrm{S}[m f_{\prime}(r)], \\ \mathcal{H}_{\prime\prime}=\mathrm{S}\left\{\dfrac{m_{\prime}}{r}\dfrac{df_{\prime\prime}(r)}{dr}\left[e^{ux+vy+wz}-1-(ux+vy+wz)-\dfrac{(ux+vy+wz)^2}{2}\right]\right\} \\ \qquad -\mathrm{S}\left\{\dfrac{m}{r}\dfrac{df_{\prime}(r)}{dr}\dfrac{(ux+vy+wz)^2}{2}\right\}. \end{cases}$$

Or, lorsque les sommes (12), (13), (14), (15) du paragraphe IV demeurent constantes, on peut en dire autant des valeurs de

$$\mathcal{L},\ \mathcal{M},\ \mathcal{N},\ \mathcal{P},\ \mathcal{Q},\ \mathcal{R},\quad \mathcal{L}_{,},\ \mathcal{M}_{,},\ \ldots,$$

que fournissent les équations (5), (6), (7), (8), jointes aux formules (9), (10), (11), (12), et qui sont développables avec l'exponentielle

$$e^{ux+vy+wz}$$

en séries ordonnées suivant les puissances ascendantes de u, v, w. Donc alors on peut satisfaire aux équations (3) et (4) par des valeurs constantes des facteurs

$$A,\ B,\ C,\quad A_{,},\ B_{,},\ C_{,}.$$

Soit maintenant

$$S = 0 \tag{13}$$

l'équation du sixième degré en s^2 que produit l'élimination des facteurs

$$A,\ B,\ C,\quad A_{,},\ B_{,},\ C_{,},$$

entre les équations (3) et (4), la valeur de S étant

$$S = (\mathcal{L}-s^2)(\mathcal{M}-s^2)(\mathcal{N}-s^2)(\mathcal{L}_{,}-s^2)(\mathcal{M}_{,}-s^2)(\mathcal{N}_{,}-s^2)-\ldots. \tag{14}$$

Si l'on prend pour s une quelconque des racines de l'équation (13), et si d'ailleurs on désigne par

$$\alpha,\ \beta,\ \gamma,\quad \alpha_{,},\ \beta_{,},\ \gamma_{,}$$

des coefficients arbitraires, on pourra présenter les équations (3) et (4) sous la forme

$$\left\{\begin{aligned}
&(\mathcal{L}-s^2)A+\mathcal{R}B+\mathcal{Q}C+\mathcal{L}_{,}A_{,}+\mathcal{R}_{,}B_{,}+\mathcal{Q}_{,}C_{,}=\alpha S,\\
&\mathcal{R}A+(\mathcal{M}-s^2)B+\mathcal{P}C+\mathcal{R}_{,}A_{,}+\mathcal{M}_{,}B_{,}+\mathcal{P}_{,}C_{,}=\beta S,\\
&\mathcal{Q}A+\mathcal{P}B+(\mathcal{N}-s^2)C+\mathcal{Q}_{,}A_{,}+\mathcal{P}_{,}B_{,}+\mathcal{N}_{,}C_{,}=\gamma S.
\end{aligned}\right. \tag{15}$$

$$\left\{\begin{aligned}
&{}_{,}\mathcal{L}A+{}_{,}\mathcal{R}B+{}_{,}\mathcal{Q}C+(\mathcal{L}_{,,}-s^2)A_{,}+\mathcal{R}_{,,}B_{,}+\mathcal{Q}_{,,}C_{,}=\alpha_{,}S,\\
&{}_{,}\mathcal{R}A+{}_{,}\mathcal{M}B+{}_{,}\mathcal{P}C+\mathcal{R}_{,,}A_{,}+(\mathcal{M}_{,,}-s^2)B_{,}+\mathcal{P}_{,,}C_{,}=\beta_{,}S,\\
&{}_{,}\mathcal{Q}A+{}_{,}\mathcal{P}B+{}_{,}\mathcal{N}C+\mathcal{Q}_{,,}A_{,}+\mathcal{P}_{,,}B_{,}+(\mathcal{N}_{,,}-s^2)C_{,}=\gamma_{,}S.
\end{aligned}\right. \tag{16}$$

Or, en laissant à s une valeur indéterminée, on tirera de ces dernières équations résolues par rapport aux facteurs A, B, C, $A_{,}$, $B_{,}$, $C_{,}$,

$$(17)\quad \left\{\begin{aligned} A &= \mathfrak{L}\alpha + \mathfrak{R}\beta + \mathfrak{Q}\gamma + \mathfrak{L}_{,}\alpha_{,} + \mathfrak{R}_{,}\beta_{,} + \mathfrak{Q}_{,}\gamma_{,},\\ B &= \mathfrak{R}\alpha + \mathfrak{M}\beta + \mathfrak{P}\gamma + \mathfrak{R}_{,}\alpha_{,} + \mathfrak{M}_{,}\beta_{,} + \mathfrak{P}_{,}\gamma_{,},\\ C &= \mathfrak{Q}\alpha + \mathfrak{P}\beta + \mathfrak{N}\gamma + \mathfrak{Q}_{,}\alpha_{,} + \mathfrak{P}_{,}\beta_{,} + \mathfrak{N}_{,}\gamma_{,};\end{aligned}\right.$$

$$(18)\quad \left\{\begin{aligned} A_{,} &= {}_{,}\mathfrak{L}\alpha + {}_{,}\mathfrak{R}\beta + {}_{,}\mathfrak{Q}\gamma + \mathfrak{L}_{,,}\alpha_{,} + \mathfrak{R}_{,,}\beta_{,} + \mathfrak{Q}_{,,}\gamma_{,},\\ B_{,} &= {}_{,}\mathfrak{R}\alpha + {}_{,}\mathfrak{M}\beta + {}_{,}\mathfrak{P}\gamma + \mathfrak{R}_{,,}\alpha_{,} + \mathfrak{M}_{,,}\beta_{,} + \mathfrak{P}_{,,}\gamma_{,},\\ C_{,} &= {}_{,}\mathfrak{Q}\alpha + {}_{,}\mathfrak{P}\beta + {}_{,}\mathfrak{N}\gamma + \mathfrak{Q}_{,,}\alpha_{,} + \mathfrak{P}_{,,}\beta_{,} + \mathfrak{N}_{,,}\gamma_{,},\end{aligned}\right.$$

et par suite

$$(19)\quad \left\{\begin{aligned} &\frac{A}{\mathfrak{L}\alpha + \mathfrak{R}\beta + \mathfrak{Q}\gamma + \mathfrak{L}_{,}\alpha_{,} + \mathfrak{R}_{,}\beta_{,} + \mathfrak{Q}_{,}\gamma_{,}}\\ =\ &\frac{B}{\mathfrak{R}\alpha + \mathfrak{M}\beta + \mathfrak{P}\gamma + \mathfrak{R}_{,}\alpha_{,} + \mathfrak{M}_{,}\beta_{,} + \mathfrak{P}_{,}\gamma_{,}}\\ =\ &\frac{C}{\mathfrak{Q}\alpha + \mathfrak{P}\beta + \mathfrak{N}\gamma + \mathfrak{Q}_{,}\alpha_{,} + \mathfrak{P}_{,}\beta_{,} + \mathfrak{N}_{,}\gamma_{,}}\\ =\ &\frac{A_{,}}{{}_{,}\mathfrak{L}\alpha + {}_{,}\mathfrak{R}\beta + {}_{,}\mathfrak{Q}\gamma + \mathfrak{L}_{,,}\alpha_{,} + \mathfrak{R}_{,,}\beta_{,} + \mathfrak{Q}_{,,}\gamma_{,}}\\ =\ &\frac{B_{,}}{{}_{,}\mathfrak{R}\alpha + {}_{,}\mathfrak{M}\beta + {}_{,}\mathfrak{P}\gamma + \mathfrak{R}_{,,}\alpha_{,} + \mathfrak{M}_{,,}\beta_{,} + \mathfrak{P}_{,,}\gamma_{,}}\\ =\ &\frac{C_{,}}{{}_{,}\mathfrak{Q}\alpha + {}_{,}\mathfrak{P}\beta + {}_{,}\mathfrak{N}\gamma + \mathfrak{Q}_{,,}\alpha_{,} + \mathfrak{P}_{,,}\beta_{,} + \mathfrak{N}_{,,}\gamma_{,}},\end{aligned}\right.$$

les nouveaux facteurs

$$\mathfrak{L},\quad \mathfrak{M},\quad \mathfrak{N},\quad \mathfrak{P},\quad \mathfrak{Q},\quad \mathfrak{R},\quad \mathfrak{L}_{,},\quad \mathfrak{M}_{,},\quad \ldots,$$

étant des fonctions entières de s, toutes du huitième degré, à l'exception des seuls facteurs

$$\mathfrak{L},\quad \mathfrak{M},\quad \mathfrak{N},\quad \mathfrak{L}_{,,},\quad \mathfrak{M}_{,,},\quad \mathfrak{N}_{,,},$$

qui seront du cinquième degré par rapport à s^2, et du dixième par rapport à s. Doncles valeurs des facteurs

$$A,\quad B,\quad C,\quad A_{,},\quad B_{,},\quad C_{,},$$

déterminées par les formules (17), (18), vérifieront généralement les formules (15) et (16). Donc, lorsqu'on prendra pour s une racine de l'équation (13), elles vérifieront les formules (3) et (4), quelles que soient d'ailleurs les valeurs attribuées aux constantes

$$\alpha,\quad \beta,\quad \gamma,\quad \alpha_{,},\quad \beta_{,},\quad \gamma_{,};$$

et celles-ci demeurant arbitraires, les valeurs des rapports

$$\frac{B}{A},\quad \frac{C}{A},\qquad \frac{A_{\prime}}{A},\quad \frac{B_{\prime}}{A},\quad \frac{C_{\prime}}{A},$$

propres à vérifier les formules (3) et (4), seront précisément celles que fournit la formule (19). Si l'on suppose en particulier les constantes

$$\alpha,\quad 6,\quad \gamma,\qquad \alpha_{\prime},\quad 6_{\prime},\quad \gamma_{\prime},$$

toutes réduites à zéro, à l'exception d'une seule, la formule (19) donnera successivement

$$(20)\qquad \left\{\begin{aligned} &\frac{A}{\mathfrak{L}}=\frac{B}{\mathfrak{R}}=\frac{C}{\mathfrak{Q}}=\frac{A_{\prime}}{\mathfrak{L}_{\prime}}=\frac{B_{\prime}}{\mathfrak{R}_{\prime}}=\frac{C_{\prime}}{\mathfrak{Q}_{\prime}},\\ &\frac{A}{\mathfrak{R}}=\frac{B}{\mathfrak{M}}=\frac{C}{\mathfrak{P}}=\frac{A_{\prime}}{\mathfrak{R}_{\prime}}=\frac{B_{\prime}}{\mathfrak{M}_{\prime}}=\frac{C_{\prime}}{\mathfrak{P}_{\prime}},\\ &\frac{A}{\mathfrak{Q}}=\frac{B}{\mathfrak{P}}=\frac{C}{\mathfrak{N}}=\frac{A_{\prime}}{\mathfrak{Q}_{\prime}}=\frac{B_{\prime}}{\mathfrak{P}_{\prime}}=\frac{C_{\prime}}{\mathfrak{N}_{\prime}};\end{aligned}\right.$$

$$(21)\qquad \left\{\begin{aligned} &\frac{A}{{}_{\prime}\mathfrak{L}}=\frac{B}{{}_{\prime}\mathfrak{R}}=\frac{C}{{}_{\prime}\mathfrak{Q}}=\frac{A_{\prime}}{\mathfrak{L}_{\prime\prime}}=\frac{B_{\prime}}{\mathfrak{R}_{\prime\prime}}=\frac{C_{\prime}}{\mathfrak{Q}_{\prime\prime}},\\ &\frac{A}{{}_{\prime}\mathfrak{R}}=\frac{B}{{}_{\prime}\mathfrak{M}}=\frac{C}{{}_{\prime}\mathfrak{P}}=\frac{A_{\prime}}{\mathfrak{R}_{\prime\prime}}=\frac{B_{\prime}}{\mathfrak{M}_{\prime\prime}}=\frac{C_{\prime}}{\mathfrak{P}_{\prime\prime}},\\ &\frac{A}{{}_{\prime}\mathfrak{Q}}=\frac{B}{{}_{\prime}\mathfrak{P}}=\frac{C}{{}_{\prime}\mathfrak{N}}=\frac{A_{\prime}}{\mathfrak{Q}_{\prime\prime}}=\frac{B_{\prime}}{\mathfrak{P}_{\prime\prime}}=\frac{C_{\prime}}{\mathfrak{N}_{\prime\prime}}.\end{aligned}\right.$$

Les formules (1) et (2), lorsqu'on y suppose les constantes

$$s,\quad \frac{B}{A},\quad \frac{C}{A},\qquad \frac{A_{\prime}}{A},\quad \frac{B_{\prime}}{A},\quad \frac{C_{\prime}}{A}$$

déterminées en fonctions de

$$u,\quad v,\quad w,$$

par l'équation (13) jointe à la formule (19), ou, ce qui revient au même, à l'une des six formules (20) et (21), représentent ce qu'on peut nommer un système d'*intégrales simples* des équations (6) et (9) du paragraphe II. Les coefficients

$$u,\quad v,\quad w,$$

dans ces intégrales simples, restent entièrement arbitraires, ainsi que la constante A. De plus, les valeurs des diverses constantes

$$u, \quad v, \quad w, \quad s, \qquad \mathrm{A}, \quad \mathrm{B}, \quad \mathrm{C}, \qquad \mathrm{A}_{,}, \quad \mathrm{B}_{,}, \quad \mathrm{C}_{,},$$

et, par suite, les valeurs des variables principales

$$\xi, \quad \eta, \quad \zeta, \qquad \xi_{,}, \quad \eta_{,}, \quad \zeta_{,},$$

tirées des formules (1), (2), peuvent être réelles ou imaginaires. Dans le premier cas ces variables représenteront les déplacements infiniment petits des molécules dans un mouvement infiniment petit compatible avec la constitution des deux systèmes donnés. Dans le second cas, les parties réelles des variables principales vérifieront encore les équations des mouvements infiniment petits, et ce seront évidemment ces parties réelles qui pourront être censées représenter les déplacements infiniment petits des molécules dans un mouvement de vibration compatible avec la constitution des deux systèmes. Dans l'un et l'autre cas, le mouvement infiniment petit qui correspondra aux valeurs de

$$\xi, \eta, \zeta, \quad \xi_{,}, \eta_{,}, \zeta_{,}$$

fournies par les équations (1) et (2), sera un *mouvement simple*, dans lequel ces valeurs représenteront ou les déplacements effectifs des molécules, mesurés parallèlement aux axes coordonnés, ou leurs *déplacements symboliques*, c'est-à-dire les variables imaginaires dont les déplacements effectifs sont les parties réelles. Les équations (1), (2) elles-mêmes seront les équations finies, et dans le second cas les équations finies *symboliques* du mouvement simple dont il s'agit.

Si l'on pose

$$(22) \qquad u = \mathrm{U} + \mathrm{u}\sqrt{-1}, \qquad v = \mathrm{V} + \mathrm{v}\sqrt{-1}, \qquad w = \mathrm{W} + \mathrm{w}\sqrt{-1},$$

$$(23) \qquad s = \mathrm{S} + \mathrm{s}\sqrt{-1},$$

$$(24) \qquad \mathrm{A} = \mathrm{a}\, e^{\lambda\sqrt{-1}}, \qquad \mathrm{B} = \mathrm{b}\, e^{\mu\sqrt{-1}}, \qquad \mathrm{C} = \mathrm{c}\, e^{\nu\sqrt{-1}},$$

$$(25) \qquad \mathrm{A}_{,} = \mathrm{a}_{,}\, e^{\lambda_{,}\sqrt{-1}}, \qquad \mathrm{B}_{,} = \mathrm{b}_{,}\, e^{\mu_{,}\sqrt{-1}}, \qquad \mathrm{C}_{,} = \mathrm{c}_{,}\, e^{\nu_{,}\sqrt{-1}},$$

u, v, w, U, V, W, s, S, a, b, c, λ, μ, ν, $\mathrm{a}_{,}$, $\mathrm{b}_{,}$, $\mathrm{c}_{,}$, $\lambda_{,}$ $\mu_{,}$, $\nu_{,}$, désignant des quantités réelles, et si d'ailleurs on fait, pour abréger,

$$(26)\qquad \mathrm{k} = \sqrt{\mathrm{u}^2 + \mathrm{v}^2 + \mathrm{w}^2}, \qquad \mathrm{K} = \sqrt{\mathrm{U}^2 + \mathrm{V}^2 + \mathrm{W}^2},$$

$$(27)\qquad \mathrm{k}\iota = \mathrm{u}x + \mathrm{v}y + \mathrm{w}z, \qquad \mathrm{K}\mathrm{R} = \mathrm{U}x + \mathrm{V}y + \mathrm{W}z,$$

les formules (1), (2) donneront

$$(28)\qquad \begin{cases} \xi = \mathrm{a}e^{\mathrm{K}\mathrm{R}-\mathrm{S}t}\cos(\mathrm{k}\iota - \mathrm{s}t + \lambda), \\ \eta = \mathrm{b}e^{\mathrm{K}\mathrm{R}-\mathrm{S}t}\cos(\mathrm{k}\iota - \mathrm{s}t + \mu), \\ \zeta = \mathrm{c}e^{\mathrm{K}\mathrm{R}-\mathrm{S}t}\cos(\mathrm{k}\iota - \mathrm{s}t + \nu); \end{cases}$$

$$(29)\qquad \begin{cases} \xi_{\prime} = \mathrm{a}_{\prime}e^{\mathrm{K}\mathrm{R}-\mathrm{S}t}\cos(\mathrm{k}\iota - \mathrm{s}t + \lambda_{\prime}), \\ \eta_{\prime} = \mathrm{b}_{\prime}e^{\mathrm{K}\mathrm{R}-\mathrm{S}t}\cos(\mathrm{k}\iota - \mathrm{s}t + \mu_{\prime}), \\ \zeta_{\prime} = \mathrm{c}_{\prime}e^{\mathrm{K}\mathrm{R}-\mathrm{S}t}\cos(\mathrm{k}\iota - \mathrm{s}t + \nu_{\prime}). \end{cases}$$

Comme la forme des équations (28) reste invariable, quel que soit le second système de molécules, et dans le cas même où ce second système disparaît, il en résulte qu'un mouvement simple, susceptible de se propager à travers deux systèmes moléculaires qui se pénètrent mutuellement, est, pour chacun de ces deux systèmes, de la même nature qu'un mouvement simple capable de se propager à travers un système unique, et se réduit toujours à un mouvement par ondes planes, dans lequel chaque molécule décrit une droite, un cercle, ou une ellipse. C'est d'ailleurs ce que démontrent évidemment les formules suivantes.

On tire des équations (28) :

1° Lorsque λ, μ, ν sont égaux

$$(30)\qquad \frac{\xi}{\mathrm{a}} = \frac{\eta}{\mathrm{b}} = \frac{\zeta}{\mathrm{c}};$$

2° Lorsque λ, μ, ν ne sont pas égaux

$$(31)\qquad \begin{cases} \dfrac{\xi}{\mathrm{a}}\sin(\mu - \nu) + \dfrac{\eta}{\mathrm{b}}\sin(\nu - \lambda) + \dfrac{\zeta}{\mathrm{c}}\sin(\lambda - \mu) = 0, \\ \left(\dfrac{\eta}{\mathrm{b}}\right)^2 - 2\dfrac{\eta}{\mathrm{b}}\dfrac{\zeta}{\mathrm{c}}\cos(\mu - \nu) + \left(\dfrac{\zeta}{\mathrm{c}}\right)^2 = e^{2\mathrm{K}\mathrm{R}-2\mathrm{S}t}\sin^2(\mu - \nu). \end{cases}$$

Pareillement on tire des équations (29) :

1° Lorsque $\lambda_{,}, \mu_{,}, \nu_{,}$ sont égaux

$$\frac{\xi_{,}}{a_{,}} = \frac{\eta_{,}}{b_{,}} = \frac{\zeta_{,}}{c_{,}}; \tag{32}$$

2° Lorsque $\lambda_{,}, \mu_{,}, \nu_{,}$ ne sont pas égaux

$$\left\{\begin{aligned} &\frac{\xi_{,}}{a_{,}}\sin(\mu_{,}-\nu_{,}) + \frac{\eta_{,}}{b_{,}}\sin(\nu_{,}-\lambda_{,}) + \frac{\zeta_{,}}{c_{,}}\sin(\lambda_{,}-\mu_{,}) = 0, \\ &\left(\frac{\eta_{,}}{b_{,}}\right)^2 - 2\frac{\eta_{,}}{b_{,}}\frac{\zeta_{,}}{c_{,}}\cos(\mu_{,}-\nu_{,}) + \left(\frac{\zeta_{,}}{c_{,}}\right)^2 = e^{2Kr-2St}\sin^2(\mu_{,}-\nu_{,}). \end{aligned}\right. \tag{33}$$

Donc la ligne décrite par chaque molécule du premier ou du second système est toujours une droite représentée par les formules (30) ou (32), ou bien une ellipse représentée par les formules (31) ou (33), cette ellipse pouvant se réduire à une circonférence de cercle. Le plan invariable, auquel le plan de l'ellipse reste constamment parallèle, est d'ailleurs représenté, pour le premier système de molécules, par l'équation

$$\frac{x}{a}\sin(\mu-\nu) + \frac{y}{b}\sin(\nu-\lambda) + \frac{z}{c}\sin(\lambda-\mu) = 0, \tag{34}$$

et, pour le second système de molécules, par l'équation

$$\frac{x}{a_{,}}\sin(\mu_{,}-\nu_{,}) + \frac{y}{b_{,}}\sin(\nu_{,}-\lambda_{,}) + \frac{z}{c_{,}}\sin(\lambda_{,}-\mu_{,}) = 0. \tag{35}$$

Ajoutons que l'aire décrite, au bout du temps t, par le rayon vecteur de l'ellipse est représentée, dans le premier système de molécules, par l'expression

$$\frac{s}{4S}e^{2Kr}(1-e^{-2St})\sqrt{[b^2c^2\sin^2(\mu-\nu) + c^2a^2\sin^2(\nu-\lambda) + a^2b^2\sin^2(\lambda-\mu)]} \tag{36}$$

et, dans le second système, par l'expression

$$\begin{aligned} \frac{s}{4S}e^{2Kr}(1-e^{-2St})\sqrt{[}&b_{,}^2c_{,}^2\sin^2(\mu_{,}-\nu_{,}) \\ &+ c_{,}^2a_{,}^2\sin^2(\nu_{,}-\lambda_{,}) + a_{,}^2b_{,}^2\sin^2(\lambda_{,}-\mu_{,})]. \end{aligned} \tag{37}$$

Donc le rapport entre les aires décrites par les rayons vecteurs des ellipses, que parcourent deux molécules correspondantes des deux systèmes donnés, reste le même à tous les instants et dans tous les points de l'espace. Enfin, dans le cas particulier où S s'évanouit, c'est-à-dire où le mouvement simple est durable et persistant, chacune de ces aires croît proportionnellement au temps, puisqu'on a dans ce cas

$$\frac{1-e^{-2St}}{2S}=t.$$

Si, en nommant

$$a,\quad b,\quad c$$

les cosinus des angles formés par un axe fixe avec les demi-axes des coordonnées positives, on nomme

$$8 \quad \text{et} \quad 8_{,}$$

les déplacements des molécules du premier et du second système, mesurés parallèlement à l'axe fixe, on aura

$$(38)\qquad 8=a\xi+b\eta+c\zeta,\qquad 8_{,}=a\xi_{,}+b\eta_{,}+c\zeta_{,},$$

et, en posant pour abréger

$$a\mathrm{a}\cos\lambda+b\mathrm{b}\cos\mu+c\mathrm{c}\cos\nu=\mathrm{h}\cos\varpi,\qquad a\mathrm{a}\sin\lambda+b\mathrm{b}\sin\mu+c\mathrm{c}_{,}\sin\nu=\mathrm{h}\sin\varpi,$$

$$a\mathrm{a}_{,}\cos\lambda_{,}+b\mathrm{b}_{,}\cos\mu_{,}+c\mathrm{c}_{,}\cos\nu_{,}=\mathrm{h}_{,}\cos\varpi_{,},\qquad a\mathrm{a}_{,}\sin\lambda_{,}+b\mathrm{b}_{,}\sin\mu_{,}+c\mathrm{c}_{,}\sin\nu_{,}=\mathrm{h}_{,}\sin\varpi_{,},$$

on tirera des formules (28) et (29)

$$(39)\qquad 8=\mathrm{h}\,e^{\mathrm{K}r-\mathrm{S}t}\cos(\mathrm{k}\iota-\mathrm{s}t+\varpi),$$

$$(40)\qquad 8_{,}=\mathrm{h}_{,}e^{\mathrm{K}r-\mathrm{S}t}\cos(\mathrm{k}\iota-\mathrm{s}t+\varpi_{,}).$$

En vertu de ces dernières équations, le déplacement d'une molécule mesuré parallèlement à un axe fixe quelconque, s'évanouit pour chaque système : 1° à un instant donné, dans une suite de plans équidistants parallèles au plan invariable que représente la formule $\iota=0$, ou

$$(41)\qquad \mathrm{u}x+\mathrm{v}y+\mathrm{w}z=0,$$

la distance entre deux plans consécutifs étant la moitié de la longueur

$$(42)\qquad \mathrm{l}=\frac{2\pi}{\mathrm{k}};$$

2° pour une molécule donnée, à des instants séparés les uns des autres par la moitié de l'intervalle

$$(43) \qquad T = \frac{2\pi}{s}.$$

Ainsi cette distance et cet intervalle, qui représentent l'épaisseur d'une onde plane, ou la *longueur d'une ondulation*, et la *durée d'une vibration moléculaire*, restent les mêmes pour les deux systèmes, comme le plan invariable auquel les plans de toutes les ondes sont parallèles. On peut en dire autant, non seulement de la quantité Ω déterminée par la formule

$$(44) \qquad \Omega = \frac{s}{k} = \frac{1}{T},$$

c'est-à-dire de la vitesse de propagation des ondes planes, mais aussi de l'exponentielle

$$e^{Kr - St},$$

qui représente le *module* du mouvement simple, et du binome

$$kr - st,$$

qui en représente l'*argument*.

Observons encore qu'en vertu des formules (39) et (40), l'*amplitude* des vibrations moléculaires, mesurée parallèlement à un axe fixe donné, sera représentée, pour le premier système, par le produit

$$2 h e^{Kr - St}$$

et, pour le second système, par le produit

$$2 h_{,} e^{Kr - St}.$$

Cette amplitude variera donc en général, dans le passage d'un système à l'autre, avec le *paramètre angulaire* qui correspondra au même axe fixe, et qui sera représenté par ϖ pour le premier système, par $\varpi_{,}$ pour le second. Toutefois le rapport des amplitudes calculées pour deux molécules correspondantes des deux systèmes, étant constamment égal au rapport $\frac{h_{,}}{h}$, restera le même partout et à tous les instants. Si K et S se réduisent tous deux à zéro, les formules (39), (40) se réduiront à

$$(45) \qquad 8 = \mathrm{h} \cos(\mathrm{k}\iota - \mathrm{s}t + \varpi),$$

$$(46) \qquad 8_{,} = \mathrm{h}_{,} \cos(\mathrm{k}\iota - \mathrm{s}t + \varpi_{,}),$$

et les amplitudes des vibrations moléculaires représentées par

$$2\mathrm{h} \quad \text{et} \quad 2\mathrm{h}_{,}$$

deviendront constantes. Enfin le mouvement s'éteindra dans les deux systèmes pour des valeurs infinies de t, si la constante S diffère de zéro, et pour des valeurs infinies de R, si la constante K diffère de zéro. Ajoutons que, dans cette dernière hypothèse, les amplitudes des vibrations moléculaires décroîtront en progression géométrique avec le module

$$e^{\mathrm{KR}-\mathrm{S}t},$$

tandis que l'on fera croître en progression arithmétique les distances au plan invariable représenté par l'équation $\mathrm{R} = 0$, ou

$$(47) \qquad \mathrm{U}x + \mathrm{V}y + \mathrm{W}z = 0.$$

D'après ce qu'on vient de dire, dans un mouvement simple de deux systèmes de molécules qui se pénètrent mutuellement, il existe, pour chacun de ces deux systèmes, trois plans invariables, et parallèles, le premier aux plans des courbes décrites par les diverses molécules, le second aux plans des ondes, le troisième à tout plan dans lequel se trouvent renfermées des molécules qui exécutent des vibrations de même amplitude. D'ailleurs, de ces trois plans le second reste commun, ainsi que le troisième, aux deux systèmes de molécules, mais on ne saurait, du moins en général, en dire autant du premier.

Quant aux intégrales générales des équations (6), (9), du paragraphe II, on les obtiendra sans peine à l'aide des méthodes qui feront l'objet du Mémoire suivant.

MÉMOIRE

SUR

L'INTÉGRATION DES ÉQUATIONS LINÉAIRES.

Considérations générales.

C'est de l'intégration des *équations linéaires*, et surtout des équations linéaires à *coefficients constants* que dépend la solution d'un grand nombre de problèmes de Physique mathématique. Dans ces problèmes, les variables indépendantes que renferment les équations linéaires *différentielles* ou aux *différences partielles* sont ordinairement au nombre de quatre, savoir, les coordonnées et le temps ; mais les inconnues ou *variables principales* peuvent être en nombre quelconque, et la question consiste à trouver les *valeurs générales* des variables principales quand on connaît leurs *valeurs initiales* correspondantes à un premier instant, et les valeurs initiales de leurs dérivées. Supposons, pour fixer les idées, ces valeurs initiales connues, quelles que soient les coordonnées. Alors la question pourrait à la rigueur se résoudre, pour un système d'équations différentielles linéaires et à coefficients constants, à l'aide des méthodes données par Lagrange, dans le cas même où ces équations offriraient pour seconds membres des fonctions de la variable indépendante. Car, après avoir réduit par l'élimination les variables principales à une seule, on pourrait, à l'aide de ces méthodes, exprimer la variable principale en fonction de la variable indépendante et de constantes arbitraires, puis assujettir la variable principale et ses dérivées à fournir les valeurs initiales données ; ce qui permettrait de fixer les valeurs des constantes arbitraires, à l'aide d'équations simultanées du premier degré. On sait d'ailleurs qu'en suivant la méthode de Lagrange on obtient, pour valeur générale de la variable principale, une fonction dans laquelle entrent avec la variable principale les racines d'une certaine équation que j'appellerai l'*équation caractéristique*, le degré de cette équation étant précisément l'ordre de l'équation différentielle qu'il s'agit d'intégrer. On peut donc dire, en un certain sens, que la méthode de Lagrange réduit l'intégration d'une équation différentielle linéaire à coefficients constants à la résolution de l'équation caractéristique. Toutefois, on doit observer : 1° que Lagrange est forcé lui-même de modifier sa méthode dans le cas où l'équation caractéristique offre des racines égales; 2° qu'il est bien dur pour un géomètre, qui veut suivre cette méthode, de se croire obligé à introduire dans le calcul des constantes arbitraires qui doivent être éliminées plus tard, et remplacées par les valeurs initiales de la variable principale et de ses dérivées ; 3° qu'il y a même quelque inconvénient, sous le rapport de la complication des calculs, à commencer par réduire un système d'équations différentielles données à une seule, qui renferme une seule variable principale, sauf à revenir par un calcul inverse de la valeur générale de cette variable principale aux valeurs de toutes les autres. Il m'a donc paru qu'un service important à rendre non seulement aux géomètres, mais encore aux physiciens, serait de leur fournir les moyens d'exprimer immédiatement les valeurs générales des variables principales, qui doivent vérifier un système d'équations différentielles linéaires à coefficients constants, en fonction de la variable indépendante et des valeurs initiales des variables principales et de leurs dérivées, sans avoir à établir aucune distinction et à s'occuper séparément du cas où l'équation caractéristique offre deux, trois, quatre . . . racines égales. J'ai déjà fait voir, dans les *Exercices des Mathématiques*, avec quelle facilité on atteint ce but à l'aide du calcul des résidus, quand on considère une seule variable principale déterminée par une seule équation différentielle. Je vais montrer dans ce Mémoire qu'à l'aide du même calcul on peut encore arriver au même but pour un système quelconque d'équations linéaires et à coefficients constants. La simplicité de la solution est telle qu'elle ne peut manquer, ce me semble, d'être favorablement accueillie par tous ceux qui redoutent la longueur et la complication des calculs, et qui attachent quelque prix à l'élégance ainsi qu'à la généralité des formules. Il y a plus : la méthode que je propose ici peut être étendue et appliquée à l'intégration d'un système d'équations linéaires aux différences partielles et à coefficients constants. Pour opérer cette extension, il suffit de recourir aux principes que j'ai développés dans le XIXe Cahier du *Journal de l'École Polytechnique*, et dans mes leçons au Collège de France. En conséquence, étant donné un système d'équations linéaires aux différences partielles et à coefficients constants entre les coordonnées, le temps et plusieurs variables principales, avec les fonctions qui représentent les valeurs initiales de ces variables principales et de leurs dérivées, on pourra immédiatement exprimer, au bout d'un temps quelconque, les variables principales en fonction des variables indépendantes, et des racines d'une certaine équation que je continuerai de nommer l'*équation caractéristique*. Ainsi, dans la Physique mathématique, on n'aura plus à s'occuper de rechercher séparément les intégrales qui représentent le mouvement du son, de la chaleur, les vibrations des corps élastiques, etc. La question devra être censée résolue dans tous les cas dès que l'on sera parvenu aux équations différentielles ou aux différences partielles. Seulement les intégrales obtenues seront, dans certains cas, réductibles à des formes plus simples que celles sous lesquelles elles se présentent d'abord. Mais, comme on le verra plus tard, et comme je l'ai déjà expliqué ailleurs, en traitant de l'intégration d'une seule équation linéaire, on peut établir, pour cette réduction même, des règles générales. C'est ainsi, par exemple, que l'intégrale définie sextuple, à l'aide de laquelle s'exprime la valeur générale de la variable principale d'une seule équation aux différences partielles, se réduit à une intégrale définie quadruple, dans le cas où cette équation devient homogène, ou même à une intégrale double, quand le premier membre de l'équation caractéristique est décomposable en facteurs du second degré. On peut consulter à ce sujet, dans le *Bulletin des Sciences* d'avril 1830, l'extrait d'un Mémoire que j'avais présenté cette même année à l'Académie.

Parmi les conséquences dignes de remarque qui se déduisent de la méthode d'intégration exposée dans le présent Mémoire, je citerai la suivante :

Étant donné un système d'équations linéaires aux différences partielles et à coefficients constants entre les coordonnées, le temps, et plusieurs variables principales avec les valeurs initiales de ces variables principales et de leurs dérivées, on peut réduire la recherche des valeurs générales des variables principales à l'évaluation d'une intégrale définie sextuple relative à six variables auxiliaires, la fonction sous le signe $\int$ étant proportionnelle à une exponentielle dont l'exposant est une fonction linéaire des variables indépendantes, et réciproquement proportionnelle au premier membre de l'équation caractéristique.

En appliquant la méthode développée dans le présent Mémoire aux équations à différences partielles qui représentent le mouvement des ondes, du son, de la chaleur, des corps élastiques, ... et généralement les vibrations d'un système de molécules sollicitées par des forces d'attraction ou de répulsion mutuelle, on retrouve les intégrales connues, dont les unes ont été données par M. Poisson, et les autres par moi-même, soit dans mes anciens Mémoires, soit dans ceux que j'ai présentés récemment à l'Académie. J'ajouterai que la même méthode, appliquée aux équations différentielles contenues dans mes derniers Mémoires, fournira généralement les intégrales des mouvements infiniment petits de deux ou de plusieurs systèmes de molécules qui se pénètrent mutuellement, dans le cas où l'on regarde comme constants les coefficients renfermés dans ces équations différentielles.

§ Ier. — *Intégration d'un système d'équations différentielles du premier ordre, linéaires et à coefficients constants.*

Considérons n équations différentielles du premier ordre linéaires et à coefficients constants, entre n variables principales

$$\xi,\quad \eta,\quad \zeta,\quad \ldots$$

considérées comme fonctions d'une seule variable indépendante t qui pourra désigner le temps. Supposons ces équations, présentées sous une forme telle qu'elles fournissent respectivement les valeurs de

$$\frac{d\xi}{dt},\quad \frac{d\eta}{dt},\quad \frac{d\zeta}{dt},\quad \ldots;$$

de sorte que, en faisant passer tous les termes dans les premiers membres, on les réduise à

$$(1)\qquad \left\{\begin{array}{l} \dfrac{d\xi}{dt} + \mathcal{L}\xi + \mathcal{M}\eta + \ldots = 0, \\ \dfrac{d\eta}{dt} + \mathcal{P}\xi + \mathcal{Q}\eta + \ldots = 0, \\ \ldots\ldots\ldots\ldots\ldots\ldots\ldots\ldots \end{array}\right.$$

ou, ce qui revient au même, à

$$(2)\qquad \left\{\begin{array}{l} (D_t + \mathcal{L})\xi + \mathcal{M}\eta + \ldots = 0, \\ \mathcal{P}\xi + (D_t + \mathcal{Q})\eta + \ldots = 0, \\ \ldots\ldots\ldots\ldots\ldots\ldots\ldots\ldots \end{array}\right.$$

$\mathcal{L}, \mathcal{M}, \ldots, \mathcal{P}, \mathcal{Q}, \ldots$ étant des coefficients constants. On vérifiera évidemment les équations (1) ou (2) si l'on prend

$$(3)\qquad \xi = \mathrm{A}e^{st},\qquad \eta = \mathrm{B}e^{st},\qquad \ldots,$$

s, A, B, ... désignant des constantes réelles ou imaginaires, choisies de manière à vérifier les formules

$$(4)\qquad \left\{\begin{array}{l} (s + \mathcal{L})\mathrm{A} + \mathcal{M}\mathrm{B} + \ldots = 0, \\ \mathcal{P}\mathrm{A} + (s + \mathcal{Q})\mathrm{B} + \ldots = 0, \\ \ldots\ldots\ldots\ldots\ldots\ldots\ldots\ldots \end{array}\right.$$

qu'on obtient en remplaçant, dans les équations (2), D_t par s, et

$$\xi,\quad \eta,\quad \dots \quad \text{par} \quad A,\quad B,\quad \dots.$$

D'ailleurs, comme l'élimination des facteurs A, B, C,... entre les formules (4), fournira une *équation caractéristique*

$$(5) \qquad \mathcal{S} = 0,$$

qui sera du degré n par rapport à s, la valeur de $\mathcal{S}$ étant

$$(6) \qquad \mathcal{S} = (s + \mathcal{L})(s + \mathcal{Q})\dots - \mathcal{M}\mathcal{P}\dots + \dots$$

on pourra, dans les formules (3), prendre pour s une quelconque des n racines de l'équation (5). Il y a plus : comme, étant donnés, pour les variables principales, deux ou plusieurs systèmes de valeurs propres à vérifier les équations (1), on obtiendra de nouvelles intégrales de ces mêmes équations en ajoutant l'une à l'autre les diverses valeurs de chaque variable principale, il est clair qu'on vérifiera encore les équations (1) en posant

$$(7) \qquad \xi = \mathcal{E}\frac{A e^{st}}{((\mathcal{S}))}, \qquad \eta = \mathcal{E}\frac{B e^{st}}{((\mathcal{S}))}, \qquad \dots,$$

pourvu que, le signe $\mathcal{E}$ du calcul des résidus étant relatif aux diverses racines de l'équation caractéristique, on prenne pour

$$A,\quad B,\quad C,\quad \dots$$

des fonctions entières de s, propres à vérifier les formules (4). Or, on obtiendra de telles valeurs, en substituant aux équations (4) les suivantes

$$(8) \qquad \left\{ \begin{array}{l} (s + \mathcal{L})A + \mathcal{M}B + \dots = \alpha\mathcal{S}, \\ \mathcal{P}A + (s + \mathcal{Q})B + \dots = \beta\mathcal{S}, \\ \dots\dots\dots\dots\dots\dots\dots \end{array} \right.$$

qui s'accordent avec elles, quand on prend pour s une racine de l'équation caractéristique, quelles que soient d'ailleurs les valeurs attribuées aux nouvelles constantes

$$\alpha,\quad \beta,\quad \gamma,\quad \dots.$$

Soient en conséquence

(9) $$\left\{\begin{array}{l} A = \mathfrak{L}\alpha + \mathfrak{M}6 + \ldots, \\ B = \mathfrak{P}\alpha + \mathfrak{Q}6 + \ldots, \\ \ldots\ldots\ldots\ldots\ldots\ldots \end{array}\right.$$

les valeurs de A, B, C, ... tirées des formules (8), ou, ce qui revient au même, les numérateurs des fractions qui représentent les valeurs de A, B, C, ... déterminées par les formules

(10) $$\left\{\begin{array}{l} (s + \mathfrak{L})A + \mathfrak{M}B + \ldots = \alpha, \\ \mathfrak{P}A - (s + \mathfrak{Q})B + \ldots = 6, \\ \ldots\ldots\ldots\ldots\ldots\ldots\ldots\ldots, \end{array}\right.$$

et qui offrent S pour commun dénominateur. On vérifiera les équations (1) en prenant

(11) $$\xi = \mathcal{L}\frac{(\mathfrak{L}\alpha + \mathfrak{M}6 + \ldots)e^{st}}{((S))}, \qquad \eta = \mathcal{L}\frac{(\mathfrak{P}\alpha + \mathfrak{Q}6 + \ldots)e^{st}}{((S))}, \qquad \ldots.$$

On remarquera maintenant que, dans les formules (9), les facteurs

$$\mathfrak{L}, \quad \mathfrak{M}, \quad \ldots, \quad \mathfrak{P}, \quad \mathfrak{Q}, \quad \ldots,$$

considérés comme fonctions de s, sont tous du degré $n - 2$, à l'exception de ceux qui servent de coefficients, dans la valeur A à α, dans la valeur de B à 6, ... c'est-à-dire à l'exception des coefficients

$$\mathfrak{L}, \quad \mathfrak{Q}, \quad \ldots,$$

qui seront du degré $n - 1$, et qui, étant développés suivant les puissances descendantes de s, donneront chacun pour premier terme

$$s^{n-1}.$$

D'ailleurs le développement de S offrira pour premier terme s^n ; et l'on aura, en vertu des principes du calcul des résidus : 1° en prenant pour m un nombre entier inférieur à $n - 1$,

(12) $$\mathcal{L}\frac{s^m}{((S))} = 0;$$

2° en prenant $m = n - 1$,

$$(13) \qquad \mathcal{E}\frac{s^{n-1}}{((s))} = 1.$$

Cela posé, on aura évidemment

$$(14) \qquad \begin{cases} \mathcal{E}\dfrac{\mathfrak{L}}{((s))} = 1, & \mathcal{E}\dfrac{\mathfrak{M}}{((s))} = 0, & \ldots, \\ \mathcal{E}\dfrac{\mathfrak{P}}{((s))} = 0, & \mathcal{E}\dfrac{\mathfrak{Q}}{((s))} = 1, & \ldots. \end{cases}$$

Donc les formules (7) donneront, pour $t = 0$,

$$(15) \qquad \xi = \alpha, \qquad \eta = 6, \qquad \ldots,$$

et réciproquement, si l'on veut que les variables principales

$$\xi, \quad \eta, \quad \zeta, \quad \ldots$$

soient assujetties à la double condition de vérifier, quel que soit t, les équations (1), et de vérifier, pour $t = 0$, les formules (15), il suffira de prendre pour ces variables les valeurs que fournissent les formules (11).

Il est bon d'observer que si l'on désigne par

$$\text{L}, \quad \text{M}, \quad \ldots, \quad \text{P}, \quad \text{Q}, \quad \ldots$$

les fonctions de la caractéristique D_t, dans lesquelles se transforment les facteurs

$$\mathfrak{L}, \quad \mathfrak{M}, \quad \ldots, \quad \mathfrak{P}, \quad \mathfrak{Q}, \quad \ldots,$$

quand on y remplace s par cette caractéristique, les formules (11) pourront s'écrire comme il suit :

$$(16) \quad \xi = (\alpha\text{L} + 6\text{M} + \ldots)\,\mathcal{E}\frac{e^{st}}{((s))}, \qquad \eta = (\alpha\text{P} + 6\text{Q} + \ldots)\,\mathcal{E}\frac{e^{st}}{((s))}, \qquad \ldots.$$

Donc, si l'on pose, pour abréger,

$$(17) \qquad \Theta = \mathcal{E}\frac{e^{st}}{((s))},$$

on aura simplement

$$(18) \quad \xi = (\alpha\text{L} + 6\text{M} + \ldots)\Theta, \qquad \eta = (\alpha\text{P} + 6\text{Q} + \ldots)\Theta, \qquad \ldots.$$

Si l'on représente par

ce que devient s, quand on y remplace la lettre s par la caractéristique D_t, la fonction Θ déterminée par la formule (17) ne sera évidemment autre chose qu'une nouvelle variable principale assujettie : 1° à vérifier, quel que soit t, l'équation différentielle de l'ordre n,

$$\nabla\Theta = 0; \tag{19}$$

2° à vérifier, pour $t = 0$, les conditions

$$\Theta = 0, \quad \frac{d\Theta}{dt} = 0, \quad \ldots, \quad \frac{d^{n-2}\Theta}{dt^{n-2}} = 0, \quad \frac{d^{n-1}\Theta}{dt^{n-1}} = 1. \tag{20}$$

Cette fonction est ce que nous appellerons la *fonction principale*. Quant aux valeurs de

$$\xi, \quad \eta, \quad \zeta,$$

déterminées par les formules (18), elles ne différeront pas de celles que l'on déduirait par élimination des équations différentielles

$$\left\{\begin{array}{l} (D_t + L)\xi + M\eta + \ldots = \alpha\nabla\Theta, \\ P\xi + (D_t + Q)\eta + \ldots = \beta\nabla\Theta, \\ \ldots\ldots\ldots\ldots\ldots\ldots\ldots\ldots \end{array}\right. \tag{21}$$

en opérant comme si D_t et ∇ étaient de véritables quantités. D'ailleurs, pour obtenir les formules (21), il suffira d'égaler le premier membre de chacune des équations différentielles données, non plus à zéro, mais au produit de $\nabla\Theta$ par ce que devient ce premier membre, quand on remplace les variables principales

$$\xi, \quad \eta, \quad \zeta, \quad \ldots$$

par zéro, et leurs dérivées par les valeurs initiales

$$\alpha, \quad \beta, \quad \gamma, \quad \ldots$$

de ces variables principales ; en d'autres termes, il suffira de remplacer, dans les équations différentielles données, les dérivées

$$D_t\xi, \quad D_t\eta, \quad \ldots$$

par les différences

$$D_t\xi - \alpha\nabla\Theta, \quad D_t\eta - \beta\nabla\Theta, \quad \ldots.$$

Enfin, il est aisé de s'assurer que, pour passer des équations différentielles données à des équations intégrales qui fournissent immédiatement les valeurs générales de $\xi, \eta, \zeta, \ldots$, on devra suivre encore la règle que nous venons d'indiquer, dans le cas même où les équations données, étant linéaires du premier ordre et à coefficients constants, ne seraient pas ramenées primitivement à la forme sous laquelle se présentent les équations (1) ou (2). On peut donc énoncer la proposition suivante :

Théorème. — *Supposons que les n variables principales*

$$\xi, \quad \eta, \quad \zeta, \quad \ldots$$

soient assujetties : 1° à vérifier n équations différentielles linéaires du premier ordre à coefficients constants, c'est-à-dire n équations dont les premiers membres soient des fonctions linéaires de ces variables principales et de leurs dérivées

$$\frac{d\xi}{dt}, \quad \frac{d\eta}{dt}, \quad \frac{d\zeta}{dt}, \quad \ldots$$

prises par rapport à la variable indépendante t, les seconds membres étant nuls ; 2° à vérifier, pour une valeur nulle de t, les équations de condition

$$\xi = \alpha, \quad \eta = \beta, \quad \zeta = \gamma, \quad \ldots.$$

Pour obtenir les valeurs générales de

$$\xi, \quad \eta, \quad \zeta, \quad \ldots,$$

on écrira les dérivées

$$\frac{d\xi}{dt}, \quad \frac{d\eta}{dt}, \quad \frac{d\zeta}{dt}, \quad \ldots,$$

sous les formes

$$D_t\xi, \quad D_t\eta, \quad D_t\zeta, \quad \ldots;$$

puis on recherchera l'équation

$$\nabla = 0.$$

qui résulterait de l'élimination des variables principales $\xi, \eta, \zeta, \ldots$ *entre les équations différentielles données si l'on considérait* D_t *comme désignant une quantité véritable ; et à cette équation* $\nabla = 0$, *dont le premier membre* ∇ *sera une fonction de* D_t, *du degré* n, *qui pourra être choisie de manière à offrir pour premier terme* D_t^n, *on substituera la formule*

$$\nabla\Theta = 0,$$

que l'on regardera comme une équation différentielle de l'ordre n *entre la variable indépendante* t, *et la fonction principale* Θ. *Enfin on déterminera cette fonction principale de telle sorte que, pour* $t = 0$, *elle s'évanouisse avec ses dérivées d'un ordre inférieur à* $n - 1$, *la dérivée de l'ordre* $n - 1$ *se réduisant à l'unité; et l'on égalera le premier membre de chacune des équations différentielles données, non plus à zéro, mais au produit de* $\nabla\Theta$ *par ce que devient ce premier membre quand on y remplace les variables principales* $\xi, \eta, \zeta, \ldots$ *par zéro, et leurs dérivées*

$$\frac{d\xi}{dt}, \quad \frac{d\eta}{dt}, \quad \frac{d\zeta}{dt}, \quad \ldots$$

par les valeurs initiales

$$\alpha, \quad \beta, \quad \gamma, \quad \ldots$$

de ces mêmes variables. Les nouvelles équations différentielles ainsi formées, étant résolues par rapport à

$$\xi, \quad \eta, \quad \zeta, \quad \ldots,$$

comme si D_t *désignait une quantité véritable, fourniront immédiatement les valeurs générales de* $\xi, \eta, \zeta, \ldots$ *exprimées au moyen de la fonction principale et de ses dérivées relatives à* t.

Ce théorème, qui ramène simplement l'intégration d'un système d'équations différentielles linéaires, à coefficients constants et du premier ordre, à la recherche de la fonction principale, devient surtout utile dans l'intégration des équations aux différences partielles, comme nous le verrons plus tard. Il est d'ailleurs facile de l'établir directement et de s'assurer qu'il fournit pour les variables principales

ξ, η, ζ, ... des valeurs qui satisfont à toutes les conditions requises. En effet, dire que les valeurs de

$$\xi, \quad \eta, \quad \zeta, \quad \ldots$$

données par les formules (18), sont celles que l'on tire des équations (21), quand on opère comme si D_t était une quantité véritable, c'est dire que l'on a

$$\begin{gathered}
(D_t + \mathcal{L})(\alpha L + 6M + \ldots) + \mathcal{M}(\alpha P + 6Q + \ldots) + \ldots = \alpha\nabla, \\
\mathcal{P}(\alpha L + 6M + \ldots) + (D_t + \mathcal{Q})(\alpha P + 6Q + \ldots) + \ldots = 6\nabla, \\
\ldots\ldots\ldots\ldots\ldots\ldots\ldots\ldots\ldots\ldots\ldots\ldots\ldots\ldots
\end{gathered}$$

quels que soient α, 6, ...; en d'autres termes, c'est dire que l'on a identiquement

$$(22)\quad \left\{\begin{array}{lll}
(D_t + \mathcal{L})L + \mathcal{M}P + \ldots = \nabla, & (D_t + \mathcal{L})M + \mathcal{M}Q + \ldots = 0, & \ldots, \\
\mathcal{P}L + (D_t + \mathcal{Q})P + \ldots = 0, & \mathcal{P}M + (D_t + \mathcal{Q})Q + \ldots = \nabla, & \ldots, \\
\ldots\ldots\ldots\ldots\ldots\ldots & \ldots\ldots\ldots\ldots\ldots\ldots & \ldots
\end{array}\right.$$

Or il est clair qu'en vertu des formules (19) et (22) on vérifiera les équations (2), si l'on y substitue les valeurs ξ, η, ζ, ... fournies par les équations (18). De plus, ∇ étant une fonction entière de D_t choisie de manière que dans cette fonction la plus haute puissance de D_t, savoir D_t^n, offre pour coefficient l'unité; si l'on regarde D_t comme une quantité véritable, on aura, pour des valeurs infiniment grandes de cette quantité,

$$\frac{\nabla}{D_t^n} = 1,$$

et par suite, en vertu des formules (22) divisées par D_t^n,

$$\begin{array}{lll}
\dfrac{L}{D_t^{n-1}} = 1, & \dfrac{M}{D_t^{n-1}} = 0, & \ldots, \\
\dfrac{P}{D_t^{n-1}} = 0, & \dfrac{Q}{D_t^{n-1}} = 1, & \ldots, \\
\ldots\ldots\ldots, & \ldots\ldots\ldots, & \ldots
\end{array}$$

Donc parmi ces fonctions entières de D_t désignées par

$$L, \quad M, \quad \ldots, \quad P, \quad Q, \quad \ldots,$$

les unes, savoir

$$L, \quad Q, \quad \ldots,$$

seront du degré $n-1$ et offriront D_t^{n-1} pour premier terme, tandis que les autres seront d'un degré inférieur à $n-1$. Donc, en vertu des formules (20), on aura, pour $t=0$,

$$\begin{array}{lll} L\Theta = 1, & M\Theta = 0, & \ldots, \\ P\Theta = 0, & Q\Theta = 1, & \ldots, \\ \ldots\ldots\ldots, & \ldots\ldots\ldots, & \ldots, \end{array}$$

D_t étant considéré non plus comme une quantité, mais comme une caractéristique, et les valeurs de

$$\xi, \quad \eta, \quad \zeta, \quad \ldots,$$

fournies par les équations (18), vérifieront les conditions (15).

§ II. — *Intégration d'un système d'équations différentielles du premier ordre, linéaires et à coefficients constants, dans le cas où les seconds membres, au lieu de se réduire à zéro, deviennent des fonctions de la variable indépendante.*

Supposons que, dans les équations (1) du paragraphe Ier, les seconds membres, d'abord nuls, se transforment en diverses fonctions

$$X, \quad Y, \quad Z, \quad \ldots$$

de la variable indépendante t, en sorte que ces équations deviennent respectivement

$$(1) \qquad \left\{ \begin{array}{l} \dfrac{d\xi}{dt} + \mathcal{L}\xi + \mathcal{M}\eta + \ldots = X, \\ \dfrac{d\eta}{dt} + \mathcal{P}\xi + \mathcal{Q}\eta + \ldots = Y, \\ \ldots\ldots\ldots\ldots \ldots\ldots\ldots\ldots \end{array} \right.$$

ou, ce qui revient au même,

$$(2) \qquad \left\{ \begin{array}{l} (D_t + \mathcal{L})\xi + \mathcal{M}\eta + \ldots = X, \\ \mathcal{P}\xi + (D_t + \mathcal{Q})\eta + \ldots = Y, \\ \ldots\ldots\ldots\ldots\ldots\ldots\ldots\ldots \end{array} \right.$$

Si l'on veut obtenir des valeurs des variables principales qui aient la double propriété de vérifier ces nouvelles équations, et de s'évanouir pour $t = 0$, il suffira évidemment de remplacer, dans les formules (11) du paragraphe précédent, les constantes

$$\alpha, \quad 6, \quad \ldots$$

par les intégrales

$$\int_0^t \mathrm{X}e^{-st}\,dt, \quad \int_0^t \mathrm{Y}e^{-st}\,dt, \quad \ldots.$$

En effet, on opérant ainsi et désignant par

$$\mathcal{X}, \quad \mathcal{Y}, \quad \ldots$$

ce que deviennent

$$\mathrm{X}, \quad \mathrm{Y}, \quad \ldots$$

quand on y remplace la variable indépendante t par une variable auxiliaire τ, on trouvera

$$(3)\quad \begin{cases} \xi = \mathcal{E}\dfrac{\displaystyle\int_0^t (\mathfrak{L}\mathcal{X} + \mathfrak{M}\mathcal{Y} + \ldots)e^{s(t-\tau)}\,d\tau}{((s))}, \\ \eta = \mathcal{E}\dfrac{\displaystyle\int_0^t (\mathfrak{P}\mathcal{X} + \mathfrak{Q}\mathcal{Y} + \ldots)e^{s(t-\tau)}\,d\tau}{((s))}, \\ \ldots\ldots\ldots\ldots\ldots\ldots\ldots\ldots \end{cases}$$

Or il est clair : 1° que les valeurs précédentes des variables principales s'évanouissent pour $t = 0$; 2° qu'elles vérifieront les équations (1), en vertu des formules (14) du paragraphe Ier, si l'on a identiquement

$$(4)\quad \begin{cases} (s + \mathcal{L})(\mathfrak{L}\mathcal{X} + \mathfrak{M}\mathcal{Y} + \ldots) + \mathcal{M}(\mathfrak{P}\mathcal{X} + \mathfrak{Q}\mathcal{Y} + \ldots) + \ldots = 0, \\ \mathcal{P}(\mathfrak{L}\mathcal{X} + \mathfrak{M}\mathcal{Y} + \ldots) + (s + \mathcal{Q})(\mathfrak{P}\mathcal{X} + \mathfrak{Q}\mathcal{Y} + \ldots) + \ldots = 0, \\ \ldots\ldots\ldots\ldots\ldots\ldots\ldots\ldots\ldots\ldots\ldots\ldots \end{cases}$$

D'ailleurs ces dernières équations seront effectivement identiques, attendu que les valeurs de A, B, C, ... fournies par les équations (9) du paragraphe Ier, vérifient les formules (4) du même paragraphe, indépendamment des valeurs attribuées aux facteurs α, 6, ... et par conséquent dans le cas même où l'on remplacerait

$$\alpha, \quad 6, \quad \ldots, \quad \text{par} \quad \mathcal{X}, \quad \mathcal{Y}, \quad \ldots.$$

Si maintenant on veut obtenir pour les variables principales

$$\xi,\quad \eta,\quad \zeta,\quad \ldots,$$

des valeurs qui aient la double propriété de vérifier, quel que soit t, les équations (1), et de se réduire aux constantes

$$\alpha,\quad 6,\quad \gamma,\quad \ldots$$

pour $t=0$, il suffira évidemment d'ajouter les valeurs $\xi, \eta, \ldots$, fournies par les équations (3), à celles que donnent les formules (11) du paragraphe Ier. On trouvera ainsi

$$(5)\quad \left\{\begin{aligned} \xi &= \mathcal{E}\frac{(\mathfrak{L}\alpha + \mathfrak{M}6 + \ldots)e^{st}}{((s))} + \mathcal{E}\frac{\displaystyle\int_0^t (\mathfrak{L}X + \mathfrak{M}Y + \ldots)e^{s(t-\tau)}\,d\tau}{((s))},\\ \eta &= \mathcal{E}\frac{(\mathfrak{P}\alpha + \mathfrak{Q}6 + \ldots)e^{st}}{((s))} + \mathcal{E}\frac{\displaystyle\int_0^t (\mathfrak{P}X + \mathfrak{Q}Y + \ldots)e^{s(t-\tau)}\,d\tau}{((s))},\\ &\ldots\ldots\ldots\ldots\ldots\ldots\ldots\ldots\ldots\ldots \end{aligned}\right.$$

Il y a plus : si l'on nomme Θ la fonction principale déterminée par la formule

$$(6)\qquad \Theta = \mathcal{E}\frac{e^{st}}{((s))},$$

et ϖ ce que devient cette fonction quand on y remplace la variable indépendante t par la différence $t-\tau$, en sorte qu'on ait

$$(7)\qquad \varpi = \mathcal{E}\frac{e^{s(t-\tau)}}{((s))};$$

si d'ailleurs, comme dans le paragraphe Ier, on désigne par

$$\mathrm{L},\quad \mathrm{M},\quad \ldots,\quad \mathrm{P},\quad \mathrm{Q},\quad \ldots$$

les fonctions de D_t dans lesquelles se transforment les facteurs

$$\mathfrak{L},\quad \mathfrak{M},\quad \ldots,\quad \mathfrak{P},\quad \mathfrak{Q},\quad \ldots$$

quand on y remplace s par D_t, les formules (5) donneront simplement

$$(8)\quad \left\{\begin{aligned} \xi &= (\alpha L + \beta M + \ldots)\Theta + \int_0^t (\mathcal{X} L + \mathcal{Y} M + \ldots)\varpi \, d\tau, \\ \eta &= (\alpha P + \beta Q + \ldots)\Theta + \int_0^t (\mathcal{X} P + \mathcal{Y} Q + \ldots)\varpi \, d\tau, \\ & \ldots\ldots\ldots\ldots\ldots\ldots\ldots\ldots\ldots\ldots\ldots\ldots \end{aligned}\right.$$

D'autre part, si l'on fait pour abréger

$$(9)\qquad \Xi = (\mathcal{X} L + \mathcal{Y} M + \ldots)\varpi, \qquad H = (\mathcal{X} P + \mathcal{Y} Q + \ldots)\varpi, \qquad \ldots,$$

Ξ, H,... représenteront de nouvelles variables assujetties : 1° à vérifier, quel que soit t, les formules

$$(10)\qquad \left\{\begin{aligned} &(D_t + \mathcal{L})\Xi + \mathcal{M} H + \ldots = 0, \\ &\mathcal{P}\Xi + (D_t + \mathcal{Q}) H + \ldots = 0, \\ &\ldots\ldots \ldots\ldots\ldots\ldots\ldots\ldots\ldots\ldots; \end{aligned}\right.$$

2° à vérifier, pour $t - \tau = 0$, ou, ce qui revient au même, pour $\tau = t$, les conditions

$$(11)\qquad \Xi = \mathcal{X} = X, \qquad H = \mathcal{Y} = Y, \qquad \ldots;$$

et les intégrales

$$\int_0^t \Xi \, d\tau, \qquad \int_0^t H \, d\tau, \qquad \ldots$$

désigneront évidemment les valeurs de ξ, η,... correspondant au cas particulier où l'on aurait

$$\alpha = 0, \qquad \beta = 0, \qquad \ldots.$$

Cela posé, on déduira immédiatement des formules (8) la proposition suivante :

THÉORÈME. — *Supposons que les n variables principales*

$$\xi, \quad \eta, \quad \ldots$$

soient assujetties : 1° à vérifier n équations différentielles dont les premiers membres se réduisent à des fonctions linéaires de ces variables et de l'une des dérivées

$$\frac{d\xi}{dt}, \quad \frac{d\eta}{dt}, \quad \ldots,$$

le coefficient de cette dérivée étant l'unité, et les seconds membres étant des fonctions

$$X, \quad Y, \quad \ldots$$

de la variable indépendante t ; 2° à vérifier, pour $t = 0$, les conditions

$$\xi = \alpha, \qquad \eta = 6, \qquad \ldots.$$

Pour obtenir les valeurs générales de

$$\xi, \quad \eta, \quad \ldots,$$

il suffira d'ajouter à celles que l'on obtiendrait si

$$X, \quad Y, \quad \ldots$$

se réduisaient à zéro, les valeurs de $\xi, \eta, \ldots$ correspondant au cas particulier où l'on aurait

$$\alpha = 0, \qquad 6 = 0, \qquad \ldots;$$

ces dernières seront d'ailleurs de la forme

$$(12) \qquad \xi = \int_0^t \Xi\, d\tau, \qquad \eta = \int_0^t \mathrm{H}\, d\tau, \qquad \ldots,$$

Ξ, $\mathrm{H}, \ldots$ *étant ce que deviennent les valeurs de $\xi, \eta, \ldots$ relatives à des valeurs nulles de X, Y, ... quand on y remplace*

$$t \quad \text{par} \quad t - \tau,$$

et

$$\alpha, \quad 6, \quad \ldots$$

par les quantités

$$\mathcal{X}, \quad \mathcal{Y}, \quad \ldots.$$

dans lesquelles se transforment

$$X, \quad Y, \quad \ldots$$

en vertu de la substitution de τ à t.

Au reste, pour établir directement ce nouveau théorème, il suffit de montrer que les valeurs de

$$\xi,\quad \eta,\quad \ldots$$

fournies par les équations (12), non seulement s'évanouissent, comme on le reconnait à la première vue, pour $t = 0$, mais encore vérifient les équations (1) ou (2). Or effectivement ces valeurs, substituées dans les équations (1) ou (2), les réduiront, en vertu des formules (11), aux suivantes

$$X + \int_0^t [\mathrm{D}_t + \mathfrak{L})\Xi + \mathfrak{M}\mathrm{H} + \ldots]\, d\tau = X,$$
$$Y + \int_0^t [\mathfrak{P}\Xi + (\mathrm{D}_t + \mathfrak{Q})\mathrm{H} + \ldots]\, d\tau = Y,$$
$$\ldots\ldots\ldots\ldots\ldots\ldots\ldots\ldots,$$

et ces dernières seront identiques, eu égard aux équations (10).

§ III. — *Intégration d'un système d'équations différentielles linéaires et à coefficients constants d'un ordre quelconque, le second membre de chaque équation pouvant être ou zéro, ou une fonction de la variable indépendante.*

Supposons que les équations différentielles données, étant par rapport à une ou plusieurs des variables principales

$$\xi,\quad \eta,\quad \ldots$$

d'un ordre supérieur au premier, contiennent avec ces variables principales les dérivées de ξ, de η, ... relatives à t, et dont l'ordre ne surpasse pas n' pour la variable ξ, n'' pour la variable de η, ...; supposons d'ailleurs que ces équations soient linéaires et à coefficients constants, les seconds membres pouvant être des fonctions de la variable indépendante t. Les premiers membres, dans le cas le plus général, seront des fonctions linéaires, à coefficients constants, des quantités

$$\begin{array}{lllll} \xi, & \xi' = \dfrac{d\xi}{dt}, & \xi'' = \dfrac{d^2\xi}{dt^2}, & \ldots, & \xi^{(n')} = \dfrac{d^{n'}\xi}{dt^{n'}}, \\ \eta, & \eta' = \dfrac{d\eta}{dt}, & \eta'' = \dfrac{d^2\eta}{dt^2}, & \ldots, & \eta^{(n'')} = \dfrac{d^{n''}\eta}{dt^{n''}}, \\ \ldots, & \ldots\ldots\ldots, & \ldots\ldots\ldots, & \ldots, & \ldots\ldots\ldots\ldots \end{array}$$

et les variables principales

$$\xi,\quad \eta,\quad \ldots$$

pourront être complètement déterminées si on les assujettit : 1° à vérifier les équations différentielles données, quel que soit t; 2° à vérifier, pour $t = 0$, des conditions de la forme

$$(1)\qquad \left\{\begin{array}{llll} \xi = \alpha, & \xi' = \alpha', & \ldots, & \xi^{(n'-1)} = \alpha^{(n'-1)}; \\ \eta = 6, & \eta' = 6', & \ldots, & \eta^{(n''-1)} = 6^{(n''-1)}; \\ \ldots\ldots, & \ldots\ldots, & \ldots, & \ldots\ldots\ldots\ldots\ldots \end{array}\right.$$

$\alpha, \alpha', \ldots, \alpha^{(n'-1)}$; $6, 6', \ldots, 6^{(n''-1)}$; ... désignant des constantes arbitraires dont le nombre n sera

$$(2)\qquad n' + n'' + \ldots = n.$$

Cela posé, les équations différentielles données pourront être considérées comme établissant entre les variables

$$\xi,\quad \xi',\quad \ldots,\quad \xi^{(n'-1)},\quad \xi^{(n')};\qquad \eta,\quad \eta',\quad \ldots,\quad \eta^{(n''-1)},\quad \eta^{(n'')};\qquad \ldots$$

des relations en vertu desquelles les dérivées des ordres les plus élevés, savoir

$$\xi^{(n')},\quad \eta^{(n'')},\quad \ldots,$$

s'exprimeront à l'aide des dérivées d'ordres inférieurs

$$\xi,\quad \xi',\quad \ldots,\quad \xi^{(n'-1)};\qquad \eta,\quad \eta',\quad \ldots,\quad \eta^{(n''-1)};\qquad \ldots;$$

et, pour ramener le système des équations différentielles données à un système d'équations différentielles du premier ordre, il suffira de les remplacer par les suivantes :

$$(3)\qquad \left\{\begin{array}{llll} D_t\xi - \xi' = 0, & D_t\xi' - \xi'' = 0, & \ldots, & D_t\xi^{(n'-1)} - \xi^{(n')} = 0, \\ D_t\eta - \eta' = 0, & D_t\eta' - \eta'' = 0, & \ldots, & D_t\eta^{(n''-1)} - \eta^{(n'')} = 0, \\ \ldots\ldots\ldots\ldots & \ldots\ldots\ldots\ldots, & \ldots, & \ldots\ldots\ldots\ldots\ldots\ldots \end{array}\right.$$

en prenant pour inconnues ou variables principales les n dérivées d'ordres inférieurs, savoir

$$\xi,\quad \xi',\quad \ldots,\quad \xi^{(n'-1)};\qquad \eta,\quad \eta',\quad \ldots,\quad \eta^{(n''-1)};\qquad \ldots.$$

et supposant, comme on vient de le dire, les dérivées d'ordres supérieurs, savoir

$$\xi^{(n')},\quad \eta^{(n'')},\quad \dots,$$

exprimées en fonction des autres et de la variable t par le moyen des équations données. Or, si les seconds membres des équations données s'évanouissent, les valeurs qu'elles fourniront pour

$$\xi^{(n')},\quad \eta^{(n'')},\quad \dots$$

se réduiront à des fonctions linéaires de

$$\xi,\ \xi',\ \dots,\ \xi^{(n'-1)};\qquad \eta,\ \eta',\ \dots,\ \eta^{(n''-1)};\qquad \dots;$$

et si, après avoir substitué ces valeurs dans les équations (3), on veut intégrer ces dernières équations, on devra, suivant ce qu'on a vu dans le paragraphe Ier, opérer de la manière suivante :

1° On éliminera les variables

$$\xi,\ \xi',\ \dots,\ \xi^{(n'-1)};\qquad \eta,\ \eta',\ \dots,\ \eta^{(n''-1)};\qquad \dots$$

entre les équations (3), ou, ce qui revient au même, on éliminera les seules variables

$$\xi,\quad \eta,\quad \dots$$

entre les équations différentielles données, en opérant comme si D_t désignait une quantité véritable ; et, après avoir ainsi trouvé une équation résultante

$$\nabla = 0,$$

dont le premier membre ∇ sera une fonction entière de D_t du degré n, on assujettira la *fonction principale* Θ à la double condition de vérifier, quel que soit t, l'équation différentielle de l'ordre n,

$$\nabla\Theta = 0, \tag{4}$$

et de vérifier, pour $t = 0$, les formules

$$\Theta = 0,\quad D_t\Theta = 0,\quad D_t^2\Theta = 0,\quad \dots,\quad D_t^{n-2}\Theta = 0,\quad D_t^{n-1}\Theta = 1. \tag{5}$$

Pour satisfaire à cette double condition, il suffira de prendre

$$(6) \qquad \Theta = \mathcal{E}\frac{e^{st}}{((s))},$$

s désignant la variable auxiliaire à laquelle le signe $\mathcal{E}$ se rapporte, et s la fonction de s en laquelle ∇ se transforme, quand on y remplace D_t par s.

2° Après avoir substitué dans les équations (3) les valeurs de

$$\xi^{(n')}, \quad \eta^{(n'')}, \quad \ldots$$

exprimées en fonctions linéaires des inconnues ou variables principales

$$\begin{array}{llll} \xi, & \xi', & \ldots, & \xi^{(n'-1)}; \\ \eta, & \eta', & \ldots, & \eta^{(n''-1)}; \\ \ldots, & \ldots, & \ldots, & \ldots\ldots, \end{array}$$

on y remplacera les dérivées de ces variables, savoir

$$\begin{array}{llll} D_t\xi, & D_t\xi', & \ldots, & D_t\xi^{(n'-1)}, \\ D_t\eta, & D_t\eta', & \ldots, & D_t\eta^{(n''-1)}, \\ \ldots, & \ldots, & \ldots, & \ldots\ldots \end{array}$$

par les différences

$$\begin{array}{llll} D_t\xi - \alpha\nabla\Theta, & D_t\xi' - \alpha'\nabla\Theta, & \ldots, & D_t\xi^{(n'-1)} - \alpha^{(n'-1)}\nabla\Theta; \\ D_t\eta - \beta\nabla\Theta, & D_t\eta' - \beta'\nabla\Theta, & \ldots, & D_t\eta^{(n''-1)} - \beta^{(n''-1)}\nabla\Theta, \\ \ldots\ldots, & \ldots\ldots, & \ldots, & \ldots\ldots, \end{array}$$

puis on résoudra, par rapport à

$$\xi, \quad \xi', \quad \ldots, \quad \xi^{(n'-1)}; \qquad \eta, \quad \eta', \quad \ldots, \quad \eta^{(n''-1)}; \qquad \ldots$$

les nouvelles équations ainsi obtenues, en opérant comme si D_t était une quantité véritable. D'ailleurs, les remplacements dont il est ici question transformeront les équations (3) en celles qui suivent :

$$(7) \quad \left\{\begin{array}{llll} D_t\xi - \xi' = \alpha\nabla\Theta, & D_t\xi' - \xi'' = \alpha'\nabla\Theta, & \ldots, & D_t\xi^{(n'-1)} - \xi^{(n')} = \alpha^{(n'-1)}\nabla\Theta, \\ D_t\eta - \eta' = \beta\nabla\Theta, & D_t\eta' - \eta'' = \beta'\nabla\Theta, & \ldots, & D_t\eta^{(n''-1)} - \eta^{(n'')} = \beta^{(n''-1)}\nabla\Theta, \\ \ldots\ldots & \ldots\ldots & \ldots & \ldots\ldots \end{array}\right.$$

et l'on tire immédiatement des formules (7)

$$(8)\quad\left\{\begin{array}{l}\xi'=\mathrm{D}_t\xi-\alpha\nabla\Theta,\qquad \xi''=\mathrm{D}_t^2\xi-(\alpha'+\alpha\mathrm{D}_t)\nabla\Theta,\qquad \ldots,\\ \xi^{(n')}=\mathrm{D}_t^{n'}\xi-(\alpha^{(n'-1)}+\ldots+\alpha'\mathrm{D}_t^{n'-2}+\alpha\mathrm{D}_t^{n'-1})\nabla\Theta;\\ \eta'=\mathrm{D}_t\eta-6\nabla\Theta,\qquad \eta''=\mathrm{D}_t^2\eta-(6'+6\mathrm{D}_t)\nabla\Theta,\qquad \ldots,\\ \eta^{(n'')}=\mathrm{D}_t^{n''}\eta-(6^{(n''-1)}+\ldots+6'\mathrm{D}_t^{n''-2}+6\mathrm{D}_t^{n''-1})\nabla\Theta;\\ \ldots\ldots\ldots\ldots\ldots\ldots\ldots\ldots\ldots\ldots\ldots\ldots\end{array}\right.$$

Donc, *pour intégrer, dans l'hypothèse admise, les équations différentielles données, il suffira de les considérer comme établissant des relations entre les quantités*

$$\xi,\quad \xi',\quad \xi'',\quad \ldots,\quad \xi^{(n')};\qquad \eta,\quad \eta',\quad \eta'',\quad \ldots,\quad \eta^{(n'')};\qquad \ldots;$$

puis d'y substituer les valeurs de

$$\xi',\quad \xi'',\quad \ldots,\quad \xi^{(n')};\qquad \eta',\quad \eta'',\quad \ldots,\quad \eta^{(n'')};\qquad \ldots$$

fournies par les équations (8), *et de les résoudre ensuite par rapport aux variables principales*

$$\xi,\quad \eta,\quad \ldots,$$

en opérant comme si D_t *était une quantité véritable.* Cette règle très simple fournira immédiatement les intégrales générales d'un système d'équations différentielles linéaires et à coefficients constants d'un ordre quelconque, lorsque les seconds membres de ces équations se réduiront à zéro.

Si les seconds membres des équations différentielles données étaient supposés, non plus égaux à zéro, mais fonctions de la variable indépendante t, il faudrait, aux valeurs de

$$\xi,\quad \eta,\quad \ldots$$

obtenues comme on vient de le dire, ajouter des accroissements représentés par des intégrales définies de la forme

$$\int_0^t \Xi\, d\tau,\qquad \int_0^t \mathrm{H}\, d\tau,\qquad \ldots.$$

Soient d'ailleurs, dans cette seconde hypothèse,

$$\mathrm{X},\quad \mathrm{Y},\quad \ldots$$

les valeurs de

$$\xi^{(n')} = \frac{d^{n'}\xi}{dt^{n'}}, \qquad \eta^{(n'')} = \frac{d^{n''}\eta}{dt^{n''}}, \qquad \cdots$$

que fournissent les équations données quand on y remplace

$$\xi, \ \xi', \ \ldots, \ \xi^{(n'-1)}; \qquad \eta, \ \eta', \ \ldots, \ \eta^{(n''-1)}; \qquad \ldots,$$

ou, ce qui revient au même,

$$\xi, \ \frac{d\xi}{dt}, \ \ldots, \ \frac{d^{n'-1}\xi}{dt^{n'-1}}; \qquad \eta, \ \eta', \ \ldots, \ \frac{d^{n''-1}\eta}{dt^{n''-1}}; \qquad \ldots,$$

par zéro ; et nommons

$$\mathfrak{X}, \ \mathfrak{Y}, \ \ldots$$

les fonctions de τ, dans lesquelles se changent

$$\mathrm{X}, \ \mathrm{Y}, \ \ldots,$$

quand on y remplace la variable indépendante t par la variable auxiliaire τ. Pour obtenir les valeurs de

$$\Xi, \ \mathrm{H}, \ \ldots,$$

il suffira, d'après ce qui a été dit dans le paragraphe II, de chercher ce que deviennent les valeurs générales de

$$\xi, \ \eta, \ \ldots,$$

relatives à la première hypothèse, quand on y remplace

$$t \ \text{ par } \ t - \tau$$

et

$$\alpha, \ \alpha', \ \ldots, \ \alpha^{(n'-2)}, \ \alpha^{(n'-1)}; \qquad \mathsf{6}, \ \mathsf{6}' \ \ldots, \ \mathsf{6}^{(n''-2)}, \ \mathsf{6}^{(n''-1)}; \qquad \ldots$$

par

$$0, \ 0, \ \ldots, \ 0, \ \mathfrak{X}; \qquad 0, \ 0, \ \ldots, \ 0, \ \mathfrak{Y}; \qquad \ldots.$$

Applications. — Pour montrer une application des principes que nous venons d'établir, proposons-nous d'abord d'intégrer une seule équation différentielle de l'ordre n et de la forme

$$\frac{d^n\xi}{dt^n} + a\frac{d^{n-1}\xi}{dt^{n-1}} + b\frac{d^{n-2}\xi}{dt^{n-2}} + \ldots + g\frac{d^2\xi}{dt^2} + h\frac{d\xi}{dt} + k\xi = \mathrm{X},$$

$a, b, \ldots g, h, k$ désignant des coefficients constants, et X une fonction quelconque de t. Si l'on suppose d'abord X réduit à zéro, l'équation donnée deviendra

$$\nabla\xi = 0,$$

la valeur de ∇ étant

$$\nabla = D_t^n + aD_t^{n-1} + bD_t^{n-2} + \ldots + gD_t^2 + hD_t + k;$$

et par suite, si l'on pose

$$\mathcal{S} = s^n + as^{n-1} + bs^{n-2} + \ldots + gs^2 + hs + k = F(s),$$

la fonction principale Θ sera déterminée par la formule

$$\Theta = \mathcal{E}\frac{e^{st}}{((\mathcal{S}))} = \mathcal{E}\frac{e^{st}}{((F(s)))}.$$

D'ailleurs, lorsqu'on regardera la proposée comme établissant une relation entre les quantités

$$\xi, \quad \xi', \quad \ldots, \quad \xi^{(n-1)}, \quad \xi^{(n)},$$

elle se présentera sous la forme

$$\xi^{(n)} + a\xi^{(n-1)} + b\xi^{(n-2)} + \ldots + g\xi'' + h\xi' + k\xi = 0;$$

et, si l'on substitue dans cette dernière formule les valeurs de

$$\xi', \quad \xi'', \quad \ldots, \quad \xi^{(n)}$$

fournies par les équations (8), on en conclura

$$\nabla\xi = \{[\alpha^{(n-1)} + \ldots + \alpha' D_t^{n-2} + \alpha D_t^{n-1}] + \ldots + g(\alpha' + \alpha D_t) + h\alpha\}\nabla\Theta;$$

puis, en opérant comme si D_t et ∇ étaient des quantités véritables,

$$\xi = \{[\alpha^{(n-1)} + \ldots + \alpha' D_t^{n-2} + \alpha D^{n-1}] + \ldots + g(\alpha' + \alpha D_t) + h\alpha\}\Theta.$$

Telle sera effectivement la valeur générale de ξ, que l'on pourra présenter sous la forme

$$\xi = \frac{F(D_t) - F(\alpha)}{D_t - \alpha}\Theta,$$

pourvu que, dans le développement du rapport

$$\frac{F(D_t) - F(\alpha)}{D_t - \alpha},$$

on remplace les puissances entières de α, savoir

$$\alpha^0 = 1, \quad \alpha^1, \quad \alpha^2, \quad \ldots, \quad \alpha^{n-1},$$

par les constantes arbitraires

$$\alpha, \quad \alpha', \quad \alpha'', \quad \ldots, \quad \alpha^{(n-1)}.$$

Si, dans la dernière valeur de ξ, on substitue la valeur trouvée de Θ, on obtiendra la formule symbolique

$$\xi = \mathcal{L}\,\frac{F(s) - F(\alpha)}{s - \alpha}\,\frac{e^{st}}{((F(s)))},$$

à laquelle nous sommes déjà parvenus dans les *Exercices de Mathématiques*.

Pour passer du cas où X s'évanouit au cas où X est fonction de t, il suffira d'ajouter à la valeur précédente de ξ l'intégrale définie

$$\int_0^t \Xi \, d\tau,$$

Ξ désignant ce que devient la valeur précédente de ξ quand on y remplace

$$t \text{ par } t - \tau, \qquad \alpha, \alpha', \ldots, \alpha^{(n-2)} \text{ par zéro},$$

et $\alpha^{(n-1)}$ la fonction $\mathcal{X}$ en laquelle se transforme X en vertu de la substitution de τ à t. Cela posé, soit

$$\varpi = \mathcal{L}\,\frac{e^{s(t-\tau)}}{((F(s)))}.$$

L'équation en ξ trouvée plus haut, savoir

$$\xi = [\alpha^{(n-1)} + \ldots]\,\Theta,$$

entraînera la suivante

$$\Xi = \mathcal{X}\varpi = \mathcal{X}\,\mathcal{L}\,\frac{e^{s(t-\tau)}}{((F(s)))};$$

et, par suite, en intégrant l'équation

$$\frac{d^n\xi}{dt^n} + a\frac{d^{n-1}\xi}{dt^{n-1}} + b\frac{d^{n-2}\xi}{dt^{n-2}} + \ldots + g\frac{d^2\xi}{dt^2} + h\frac{d\xi}{dt} + k\xi = X,$$

de manière à vérifier, pour $t = 0$, les conditions

$$\xi = \alpha, \quad \frac{d\xi}{dt} = \alpha', \quad \ldots, \quad \frac{d^{n-1}\xi}{dt^{n-1}} = \alpha^{(n-1)},$$

on trouvera

$$\xi = \frac{F(D_t) - F(\alpha)}{D_t - x}\Theta + \int_0^t \mathcal{X}\varpi\, d\tau,$$

ou, ce qui revient au même,

$$\xi = \mathcal{E}\frac{F(s) - F(\alpha)}{s - \alpha}\frac{e^{st}}{((F(s)))} + \mathcal{E}\frac{\int_0^t \mathcal{X}\, e^{s(t-\tau)}\, d\tau}{((F(s)))},$$

pourvu que, dans le développement du rapport qui renferme la lettre α, on remplace α^0, α^1, ..., α^{n-1} par α, α', ..., $\alpha^{(n-1)}$. On se trouve ainsi ramené aux résultats déjà obtenus dans les *Exercices de Mathématiques*.

Proposons-nous maintenant d'intégrer les équations simultanées

$$\frac{d^2\xi}{dt^2} = \mathcal{L}\xi + \mathcal{R}\eta + \mathcal{Q}\zeta + X,$$

$$\frac{d^2\eta}{dt^2} = \mathcal{R}\xi + \mathcal{M}\eta + \mathcal{P}\zeta + Y,$$

$$\frac{d^2\zeta}{dt^2} = \mathcal{Q}\xi + \mathcal{P}\eta + \mathcal{N}\zeta + Z,$$

$\mathcal{L}$, $\mathcal{M}$, $\mathcal{N}$, $\mathcal{P}$, $\mathcal{Q}$, $\mathcal{R}$ désignant des coefficients constants, et

$$X, \quad Y, \quad Z$$

des fonctions de la variable indépendante t. Si l'on suppose d'abord ces fonctions nulles, les équations données se réduiront aux suivantes

$$(\mathcal{L} - D_t^2)\xi + \mathcal{R}\eta + \mathcal{Q}\zeta = 0,$$

$$\mathcal{R}\xi + (\mathcal{M} - D_t^2)\eta + \mathcal{P}\zeta = 0,$$

$$\mathcal{Q}\xi + \mathcal{P}\eta + (\mathcal{N} - D_t^2)\zeta = 0.$$

En éliminant ξ, η, ζ entre ces dernières, et opérant comme si D_t était une quantité véritable, on obtiendra une équation résultante

$$\nabla = 0,$$

dont le premier membre ∇ pourra être censé déterminé par la formule

$$\nabla = (D_t^2 - \mathfrak{L})(D_t^2 - \mathfrak{M})(D_t^2 - \mathfrak{N})$$
$$- \mathfrak{P}^2(D_t^2 - \mathfrak{L}) - \mathfrak{Q}^2(D_t^2 - \mathfrak{M}) - \mathfrak{R}^2(D_t^2 - \mathfrak{N}) - 2\mathfrak{P}\mathfrak{Q}\mathfrak{R}.$$

Soit $\mathcal{S}$ ce que devient la valeur précédente de ∇ quand on y remplace D_t par s, en sorte qu'on ait

$$\mathcal{S} = (s^2 - \mathfrak{L})(s^2 - \mathfrak{M})(s^2 - \mathfrak{N})$$
$$- \mathfrak{P}^2(s^2 - \mathfrak{L}) - \mathfrak{Q}^2(s^2 - \mathfrak{M}) - \mathfrak{R}^2(s^2 - \mathfrak{N}) - 2\,\mathfrak{P}\mathfrak{Q}\mathfrak{R},$$

et posons

$$\Theta = \mathcal{E}\frac{e^{st}}{((\mathcal{S}))};$$

si l'on veut déterminer les variables principales

$$\xi, \quad \eta, \quad \zeta$$

de manière qu'elles vérifient, quel que soit t, les équations données, et pour $t = 0$, les conditions

$$\xi = \alpha, \qquad \eta = 6, \qquad \zeta = \gamma, \qquad \frac{d\xi}{dt} = \alpha', \qquad \frac{d\eta}{dt} = 6', \qquad \frac{d\zeta}{dt} = \gamma',$$

il suffira de remplacer, dans les équations données, les dérivées du second ordre

$$\xi'' = D_t^2\xi, \qquad \eta'' = D_t^2\eta, \qquad \zeta'' = D_t^2\zeta$$

par les différences

$$D_t^2\xi - (\alpha' + \alpha\,D_t)\nabla\Theta, \quad D_t^2\eta - (6' + 6\,D_t)\nabla\Theta, \quad D_t^2\zeta - (\gamma' + \gamma\,D_t)\nabla\Theta,$$

puis de résoudre par rapport à

$$\xi, \quad \eta, \quad \zeta,$$

et en opérant comme si D_t était une quantité véritable, les nouvelles équations formées comme on vient de le dire, savoir

$$(D_t^2 - \mathfrak{L})\xi - \mathfrak{R}\eta - \mathfrak{Q}\zeta = (\alpha' + \alpha\,D_t)\nabla\Theta,$$
$$- \mathfrak{R}\xi + (D_t^2 - \mathfrak{M})\eta - \mathfrak{P}\zeta = (6' + 6\,D_t)\nabla\Theta,$$
$$- \mathfrak{Q}\xi - \mathfrak{P}\eta + (D_t^2 - \mathfrak{N})\zeta = (\gamma' + \gamma\,D_t)\nabla\Theta.$$

On trouvera de cette manière

$$\begin{aligned}\xi = {} & [(D_t^2 - \mathcal{M})(D_t^2 - \mathcal{N}) - \mathcal{P}^2](\alpha' + \alpha D_t)\Theta \\ & + [\mathcal{R}(D_t^2 - \mathcal{N}) + \mathcal{P}\mathcal{Q}](\beta' + \beta D_t)\Theta \\ & + [\mathcal{Q}(D_t^2 - \mathcal{M}) + \mathcal{R}\mathcal{P}](\gamma' + \gamma D_t)\Theta, \\ & \ldots\ldots\ldots\ldots\ldots\ldots\ldots\ldots\ldots\ldots\ldots\ldots ;\end{aligned}$$

et, en posant, pour abréger,

$$\mathfrak{L} = (D_t^2 - \mathcal{M})(D_t^2 - \mathcal{N}) - \mathcal{P}^2, \qquad \mathfrak{M} = (D_t^2 - \mathcal{N})(D_t^2 = \mathcal{L}) - \mathcal{Q}^2,$$
$$\mathfrak{N} = (D_t^2 - \mathcal{L})(D_t^2 - \mathcal{M}) - \mathcal{R}^2,$$
$$\mathfrak{P} = \mathcal{P}(D_t^2 - \mathcal{L}) + \mathcal{Q}\mathcal{R}, \qquad \mathfrak{Q} = \mathcal{Q}(D_t^2 - \mathcal{M}) + \mathcal{R}\mathcal{P}, \qquad \mathfrak{R} = \mathcal{R}(D_t^2 - \mathcal{N}) + \mathcal{P}\mathcal{Q},$$

on aura simplement

$$\begin{aligned}\xi &= [(\alpha' + \alpha D_t)\,\mathfrak{L} + (\beta' + \beta D_t)\,\mathfrak{R} + (\gamma' + \gamma D_t)\,\mathfrak{Q}]\Theta, \\ \eta &= [(\alpha' + \alpha D_t)\,\mathfrak{R} + (\beta' + \beta D_t)\,\mathfrak{M} + (\gamma' + \gamma D_t)\,\mathfrak{P}]\Theta, \\ \zeta &= [(\alpha' + \alpha D_t)\,\mathfrak{Q} + (\beta' + \beta D_t)\,\mathfrak{P} + (\gamma' + \gamma D_t)\,\mathfrak{N}]\Theta.\end{aligned}$$

Si maintenant les fonctions de t désignées par

$$X, \quad Y, \quad Z$$

cessent d'être nulles, et si l'on nomme

$$\mathcal{X}, \quad \mathcal{Y}, \quad \mathcal{Z}$$

ce que deviennent ces fonctions quand on y remplace la variable indépendante t par la variable auxiliaire τ, alors, pour obtenir les valeurs générales de

$$\xi, \quad \eta, \quad \zeta,$$

il suffira d'ajouter celles qu'on vient de trouver à celles que déterminent les formules

$$\begin{aligned}\xi &= \int_0^t (\mathcal{X}\mathfrak{L} + \mathcal{Y}\mathfrak{R} + \mathcal{Z}\mathfrak{Q})\varpi\, d\tau, \\ \eta &= \int_0^t (\mathcal{X}\mathfrak{R} + \mathcal{Y}\mathfrak{M} + \mathcal{Z}\mathfrak{P})\varpi\, d\tau, \\ \zeta &= \int_0^t (\mathcal{X}\mathfrak{Q} + \mathcal{Y}\mathfrak{P} + \mathcal{Z})\mathfrak{N}\varpi\, d\tau,\end{aligned}$$

la valeur de ϖ étant

$$\varpi = \mathcal{E}\frac{e^{s(t-\tau)}}{((s))}.$$

§ IV. — *Intégration d'un système d'équations linéaires, aux différences partielles, et à coefficients constants, d'un ordre quelconque, le second membre de chaque équation pouvant être ou zéro, ou une fonction des variables indépendantes.*

Soit donné un système d'équations aux différences partielles entre plusieurs variables principales

$$\xi, \quad \eta, \quad \zeta, \quad \ldots$$

et plusieurs variables indépendantes

$$x, \quad y, \quad z, \quad \ldots, \quad t,$$

que, pour fixer les idées, nous réduirons à quatre, les trois premières x, y, z pouvant représenter trois coordonnées, et la quatrième t désignant le temps. Supposons d'ailleurs que les premiers membres de ces équations soient des fonctions linéaires, à coefficients constants, des variables principales et de leurs dérivées, l'ordre des dérivées relatives à t pouvant s'élever jusqu'au nombre n' pour la variable principale ξ, jusqu'au nombre n'' pour la variable η, jusqu'au nombre n''' pour la variable principale ζ, ... Faisons, pour abréger,

$$n = n' + n'' + n''' + \ldots. \tag{1}$$

Enfin nommons

$$\begin{array}{llll} \varphi\,(x, y, z), & \chi\,(x, y, z), & \psi\,(x, y, z), & \ldots, \\ \varphi_1(x, y, z), & \chi_1(x, y, z), & \psi_1(x, y, z), & \ldots, \\ \ldots\ldots\ldots\ldots, & \ldots\ldots\ldots\ldots, & \ldots\ldots\ldots\ldots, & \ldots, \\ \varphi_{(n'-1)}(x, y, z), & \chi_{(n''-1)}(x, y, z), & \psi_{(n'''-1)}(x, y, z), & \ldots \end{array}$$

les valeurs initiales des variables principales

$$\xi, \quad \eta, \quad \zeta, \quad \ldots$$

et de leurs dérivées d'ordres inférieurs à l'un des nombres

$$n', \quad n'', \quad n''', \quad \ldots;$$

en sorte que ces variables soient assujetties à vérifier, quel que soit t, les équations données aux différences partielles, et, pour $t=0$, les conditions

$$(2)\quad\left\{\begin{array}{llll} \xi=\varphi\,(x,y,z), & \eta=\chi\,(x,y,z), & \zeta=\psi\,(x,y,z), & \ldots, \\ D_t\xi=\varphi_1(x,y,z), & D_t\eta=\chi_1(x,y,z), & D_t\zeta=\psi_1(x,y,z), & \ldots, \\ \ldots\ldots\ldots\ldots, & \ldots\ldots\ldots\ldots, & \ldots\ldots\ldots\ldots, & \ldots, \\ D_t^{n'-1}\xi=\varphi_{n'-1}(x,y,z), & D_t^{n''-1}\eta=\chi_{n''-1}(x,y,z), & D_t^{n'''-1}\zeta=\psi_{n'''-2}(x,y,z), & \ldots. \end{array}\right.$$

Pour ramener l'intégration des équations proposées à l'intégration d'un système d'équations linéaires et à coefficients constants, il suffira de recourir à la formule connue

$$(3)\qquad \varpi(x)=\int_{-\infty}^{\infty}\int_{-\infty}^{\infty} e^{u(x-\lambda)\sqrt{-1}}\,\varpi(\lambda)\,\frac{d\lambda\,du}{2\pi},$$

de laquelle on tire, en remplaçant successivement $\varpi(x)$ par $\varpi(x,y)$ et par $\varpi(x,y,z)$,

$$\varpi(x,y)=\int_{-\infty}^{\infty}\int_{-\infty}^{\infty}\int_{-\infty}^{\infty}\int_{-\infty}^{\infty} e^{[u(x-\lambda)+v(y-\mu)]\sqrt{-1}}\,\varpi(\lambda,\mu)\,\frac{d\lambda\,du}{2\pi}\,\frac{d\mu\,dv}{2\pi},$$

$$(4)\qquad \varpi(x,y,z)=\int_{-\infty}^{\infty}\int_{-\infty}^{\infty}\int_{-\infty}^{\infty}\int_{-\infty}^{\infty}\int_{-\infty}^{\infty}\int_{-\infty}^{\infty} e^{[u(x-\lambda)+v(y-\mu)+w(z-\nu)]\sqrt{-1}}$$
$$\times\,\varpi(\lambda,\mu,\nu)\,\frac{d\lambda\,du}{2\pi}\,\frac{d\mu\,dv}{2\pi}\,\frac{d\nu\,dw}{2\pi};$$

puis, en écrivant $\varpi(x,y,z,t)$ au lieu de $\varpi(x,y,z)$,

$$(5)\qquad \varpi(x,y,z,t)=\int_{-\infty}^{\infty}\int_{-\infty}^{\infty}\int_{-\infty}^{\infty}\int_{-\infty}^{\infty}\int_{-\infty}^{\infty}\int_{-\infty}^{\infty} e^{[u(x-\lambda)+v(y-\mu)+w(z-\nu)]\sqrt{-1}}$$
$$\times\,\varpi(\lambda,\mu,\nu,t)\,\frac{d\lambda\,du}{2\pi}\,\frac{d\mu\,dv}{2\pi}\,\frac{d\nu\,dw}{2\pi}.$$

En effet, chacune des équations données sera de la forme

$$(6)\qquad R=\varpi(x,y,z,t),$$

R désignant une fonction linéaire, et à coefficients constants, des variables principales

$$\xi,\quad \eta,\quad \zeta$$

et de leurs dérivées prises par rapport à une ou plusieurs des variables indépendantes. D'autre part, en désignant par

$$f,\quad g,\quad h$$

des nombres entiers quelconques, et posant pour abréger

$$(7)\qquad u = \mathrm{u}\sqrt{-1},\qquad v = \mathrm{v}\sqrt{-1},\qquad w = \mathrm{w}\sqrt{-1},$$

on tirera généralement de la formule (4)

$$(8)\quad \mathrm{D}_x^f\,\mathrm{D}_y^g\,\mathrm{D}_z^h\,\varpi(x,y,z) = \int_{-\infty}^{\infty}\int_{-\infty}^{\infty}\int_{-\infty}^{\infty}\int_{-\infty}^{\infty}\int_{-\infty}^{\infty}\int_{-\infty}^{\infty} e^{u(x-\lambda)+v(y-\mu)+w(z-\nu)}$$
$$\times\, u^f v^g w^h\,\varpi(\lambda,\mu,\nu)\,\frac{d\lambda\,d\mathrm{u}}{2\pi}\,\frac{d\mu\,d\mathrm{v}}{2\pi}\,\frac{d\nu\,d\mathrm{w}}{2\pi}.$$

Cela posé, si l'on nomme

$$\overline{\xi},\quad \overline{\eta},\quad \overline{\zeta},\quad \ldots$$

ce que deviennent les variables principales

$$\xi,\quad \eta,\quad \zeta,\quad \ldots$$

considérées comme fonctions de x, y, z, t, quand on y remplace

$$x,\quad y,\quad z$$

par

$$\lambda,\quad \mu,\quad \nu;$$

si, de plus, après avoir exprimé R à l'aide des caractéristiques

$$\mathrm{D}_x,\quad \mathrm{D}_y,\quad \mathrm{D}_z,\quad \mathrm{D}_t,$$

on appelle $\mathcal{R}$ ce qui devient R, quand on remplace

$$\xi,\quad \eta,\quad \zeta,\quad \ldots\qquad \text{par}\qquad \overline{\xi},\quad \overline{\eta},\quad \overline{\zeta},\quad \ldots$$

et les puissances entières des caractéristiques

$$\mathrm{D}_x,\quad \mathrm{D}_y,\quad \mathrm{D}_z$$

par les puissances semblables des facteurs

$$u,\quad v,\quad w,$$

on aura évidemment

$$(9)\quad \mathrm{R} = \int_{-\infty}^{\infty}\int_{-\infty}^{\infty}\int_{-\infty}^{\infty}\int_{-\infty}^{\infty}\int_{-\infty}^{\infty}\int_{-\infty}^{\infty} e^{u(x-\lambda)+v(y-\mu)+w(z-\nu)}\,\mathcal{R}\,\frac{d\lambda\,d\mathrm{u}}{2\pi}\,\frac{d\mu\,d\mathrm{v}}{2\pi}\,\frac{d\nu\,d\mathrm{w}}{2\pi};$$

et par suite l'équation (6) pourra être présentée sous la forme

$$(10)\qquad \int_{-\infty}^{\infty}\int_{-\infty}^{\infty}\int_{-\infty}^{\infty}\int_{-\infty}^{\infty}\int_{-\infty}^{\infty}\int_{-\infty}^{\infty}[\mathfrak{R}-\varpi(\lambda,\mu,\nu,t)]$$
$$\times e^{u(x-\lambda)+v(y-\mu)+w(z-\nu)}\frac{d\lambda\, du}{2\pi}\frac{d\mu\, dv}{2\pi}\frac{d\nu\, dw}{2\pi}=0.$$

Or, pour que la formule (10) soit vérifiée, il suffira qu'on ait

$$\mathfrak{R}-\varpi(\lambda,\mu,\nu,t)=0.$$

ou, ce qui revient au même,

$$(11)\qquad \mathfrak{R}=\varpi(\lambda,\mu,\nu,t),$$

et cette dernière formule n'est autre chose qu'une équation différentielle linéaire à coefficients constants entre les inconnues

$$\bar{\xi},\quad \bar{\eta},\quad \bar{\zeta},$$

considérées comme variables principales, et t considéré comme variable indépendante. Ce n'est pas tout : pour que les conditions (2) soient vérifiées, il suffira, en vertu de la formule (4), qu'on ait, pour $t=0$,

$$(12)\qquad \begin{cases} \bar{\xi}=\varphi(\lambda,\mu,\nu), & \bar{\eta}=\chi(\lambda,\mu,\nu), & \bar{\zeta}=\psi(\lambda,\mu,\nu), & \dots,\\ D_t\bar{\xi}=\varphi_1(\lambda,\mu,\nu), & D_t\bar{\eta}=\chi_1(\lambda,\mu,\nu), & D_t\bar{\zeta}=\psi_1(\lambda,\mu,\nu), & \dots,\\ \dots\dots & \dots\dots, & \dots\dots, & \dots\\ D_t^{n'-1}\bar{\xi}=\varphi_{n'-1}(\lambda,\mu,\nu), & D_t^{n''-1}\bar{\eta}=\chi_{n''-1}(\lambda,\mu,\nu), & D_t^{n'''-1}\bar{\zeta}=\psi_{n'''-1}(\lambda,\mu,\nu), & \dots.\end{cases}$$

Donc en définitive, pour que les variables principales

$$\xi,\quad \eta,\quad \zeta$$

possèdent la double propriété de vérifier, quel que soit t, les équations données et, pour $t=0$, les conditions (2), il suffira que les variables principales auxiliaires

$$\bar{\xi},\quad \bar{\eta},\quad \bar{\zeta},\quad \dots$$

possèdent la double propriété de vérifier, quel que soit t, un système d'équations différentielles semblables à la formule (11), et, pour

$t=0$, le conditions (12). On pourra donc énoncer la proposition suivante.

Premier Théorème. — *Les variables principales*

$$\xi,\quad \eta,\quad \zeta,\quad \ldots,$$

assujetties : 1° à vérifier, quel que soit t, un système d'équations linéaires aux différences partielles, et à coefficients constants, ces équations pouvant offrir pour seconds membres ou zéro, ou des fonctions connues des variables indépendantes

$$x,\quad y,\quad z,\quad t;$$

2° à vérifier, pour $t=0$, les conditions (2), *seront, dans tous les cas, immédiatement déterminées par les formules*

$$(13)\quad \left\{\begin{aligned}
\xi &= \int_{-\infty}^{\infty}\int_{-\infty}^{\infty}\int_{-\infty}^{\infty}\int_{-\infty}^{\infty}\int_{-\infty}^{\infty}\int_{-\infty}^{\infty} e^{[u(x-\lambda)+v(y-\mu)+w(z-\nu)]\sqrt{-1}}\,\overline{\xi}\,\frac{d\lambda\,du}{2\pi}\,\frac{d\mu\,dv}{2\pi}\,\frac{d\nu\,dw}{2\pi},\\
\eta &= \int_{-\infty}^{\infty}\int_{-\infty}^{\infty}\int_{-\infty}^{\infty}\int_{-\infty}^{\infty}\int_{-\infty}^{\infty}\int_{-\infty}^{\infty} e^{[u(x-\lambda)+v(y-\mu)+w(z-\nu)]\sqrt{-1}}\,\overline{\eta}\,\frac{d\lambda\,du}{2\pi}\,\frac{d\mu\,dv}{2\pi}\,\frac{d\nu\,dw}{2\pi},\\
\zeta &= \int_{-\infty}^{\infty}\int_{-\infty}^{\infty}\int_{-\infty}^{\infty}\int_{-\infty}^{\infty}\int_{-\infty}^{\infty}\int_{-\infty}^{\infty} e^{[u(x-\lambda)+v(y-\mu)+w(z-\nu)]\sqrt{-1}}\,\overline{\zeta}\,\frac{d\lambda\,du}{2\pi}\,\frac{d\mu\,dv}{2\pi}\,\frac{d\nu\,dw}{2\pi},\\
&\ldots\ldots\ldots\ldots\ldots\ldots\ldots\ldots\ldots\ldots\ldots\ldots
\end{aligned}\right.$$

pourvu qu'on désigne par

$$\overline{\xi},\quad \overline{\eta},\quad \overline{\zeta},\quad \ldots$$

de nouvelles variables principales assujetties : 1° à vérifier, quel que soit t, certaines équations différentielles, qui seront nommées les équations auxiliaires; *2° à vérifier, pour $t=0$, les conditions* (12). *D'ailleurs, pour obtenir les équations différentielles auxiliaires, il suffira d'exprimer les dérivées de ξ, η, ζ, ..., que renferment les premiers membres des équations linéaires données, à l'aide des caractéristiques*

$$D_x,\quad D_y,\quad D_z,\quad D_t,$$

puis de remplacer dans ces premiers membres

$$\xi,\quad \eta,\quad \zeta,\quad \ldots\qquad \text{par}\qquad \overline{\xi},\quad \overline{\eta},\quad \overline{\zeta},\quad \ldots$$

et

$$D_x,\quad D_y,\quad D_z$$

par

$$u,\quad v,\quad w,$$

ou, ce qui revient au même, par

$$u\sqrt{-1},\quad v\sqrt{-1},\quad w\sqrt{-1};$$

enfin de remplacer dans les seconds membres

$$x,\quad y,\quad z\quad \text{par}\quad \lambda,\quad \mu,\quad \nu.$$

Considérons en particulier le cas où, dans les équations linéaires données, les dérivées de ξ, η, ζ, ... relatives à t se réduiraient aux dérivées du premier ordre

$$D_t\xi,\quad D_t\eta,\quad D_t\zeta,\quad \ldots$$

et se trouveraient simplement multipliées par des coefficients constants indépendants de

$$D_x,\quad D_y,\quad D_z.$$

Alors les conditions (2), qui devront être vérifiées pour $t=0$, se réduiront à

$$\xi=\varphi(x, y, z),\qquad \eta=\chi(x, y, z),\qquad \zeta=\psi(x, y, z),\quad \ldots,$$

et les équations auxiliaires seront des équations différentielles du premier ordre, linéaires et à coefficients constants, auxquelles devront satisfaire les nouvelles variables principales

$$\overline{\xi},\quad \overline{\eta},\quad \overline{\zeta},\quad \ldots$$

assujetties en outre à vérifier, pour $t=0$, les conditions

$$\overline{\xi}=\varphi(\lambda, \mu, \nu),\qquad \overline{\eta}=\chi(\lambda, \mu, \nu),\qquad \overline{\zeta}=\psi(\lambda, \mu, \nu),\quad \ldots.$$

Or, si l'on suppose d'abord que les seconds membres des équations linéaires données s'évanouissent, on pourra en dire autant des seconds membres des équations auxiliaires; et, d'après ce qu'on a vu dans le paragraphe premier, les valeurs générales de $\bar{\xi}$, $\bar{\eta}$, ... seront de la forme

$$(14)\quad \left\{\begin{array}{l}\bar{\xi}=[\varphi(\lambda,\mu,\nu)\mathfrak{L}+\chi(\lambda,\mu,\nu)\mathfrak{M}+\ldots]\Theta,\\ \bar{\eta}=[\varphi(\lambda,\mu,\nu)\mathfrak{P}+\chi(\lambda,\mu,\nu)\mathfrak{Q}+\ldots]\Theta,\\ \ldots\ldots\ldots\ldots\ldots\ldots\ldots\ldots,\end{array}\right.$$

Θ désignant la fonction principale, et

$$\mathfrak{L},\quad \mathfrak{M},\quad \ldots,\quad \mathfrak{P},\quad \mathfrak{Q},\quad \ldots$$

des fonctions entières de la fonction D_t. D'ailleurs, pour obtenir la fonction principale Θ relative aux équations auxiliaires, on devra : 1° exprimer, dans les équations auxiliaires données, les diverses dérivées de ξ, η, ζ, ... à l'aide des caractéristiques D_x, D_y, D_z, D_t; 2° éliminer ξ, η, ζ, ... entre ces équations, comme si

$$D_x,\quad D_y,\quad D_z\quad D_t$$

désignaient des quantités véritables; 3° remplacer, dans le premier membre ∇ de l'équation résultante

$$(15)\qquad \nabla=0,$$

les caractéristiques D_x, D_y, D_z par u, v, w, ce qui réduira ∇ à une fonction de la seule caractéristique D_t, puis choisir Θ de manière à vérifier, quel que soit t, l'équation différentielle

$$\nabla\Theta=0,$$

et, pour $t=0$, les conditions

$$\Theta=0,\qquad D_t\Theta=0,\qquad \ldots,\qquad D_t^{n-2}\Theta=0,\qquad D_t^{n-1}\Theta=1.$$

Si l'on nomme s ce que devient le premier membre ∇ de l'équation (15) quand on y remplace, non seulement

$$D_x,\quad D_y,\quad D_z\qquad \text{par}\qquad u,\quad v,\quad w,$$

mais encore D_t par s,

$$(16) \qquad s = 0$$

sera ce que nous appelons l'*équation caractéristique;* et la valeur de la fonction principale Θ sera

$$(17) \qquad \Theta = \mathcal{E} \frac{e^{st}}{((s))},$$

si l'on a choisi la fonction ∇ de manière que le coefficient de D_t^n s'y réduise à l'unité. Cela posé, pour obtenir les valeurs générales de

$$\bar{\xi}, \quad \bar{\eta}, \quad \bar{\zeta}, \quad \ldots,$$

c'est-à-dire pour obtenir les formules (14), il suffira, en vertu des principes établis dans le paragraphe Ier, de remplacer, dans les équations différentielles auxiliaires, les variables

$$D_t\bar{\xi}, \quad D_t\bar{\eta}, \quad \ldots$$

par les différences

$$D_t\bar{\xi} - \varphi(\lambda, \mu, \nu)\nabla\Theta, \qquad D_t\bar{\eta} - \chi(\lambda, \mu, \nu)\nabla\Theta, \qquad \ldots,$$

∇ étant considéré comme une fonction de

$$u, \quad v, \quad w, \quad D_t,$$

puis de résoudre par rapport à

$$\bar{\xi}, \quad \bar{\eta}, \quad \ldots$$

les nouvelles équations ainsi formées en opérant comme si D_t était une quantité véritable.

Concevons maintenant que, dans les équations (13), présentées sous les formes

$$(18) \quad \left\{ \begin{array}{l} \xi = \displaystyle\int_{-\infty}^{\infty}\int_{-\infty}^{\infty}\int_{-\infty}^{\infty}\int_{-\infty}^{\infty}\int_{-\infty}^{\infty}\int_{-\infty}^{\infty} e^{u(x-\lambda)+v(y-\mu)+w(z-\nu)}\,\bar{\xi}\,\frac{d\lambda\,du}{2\pi}\,\frac{d\mu\,dv}{2\pi}\,\frac{d\nu\,dw}{2\pi}, \\ \eta = \displaystyle\int_{-\infty}^{\infty}\int_{-\infty}^{\infty}\int_{-\infty}^{\infty}\int_{-\infty}^{\infty}\int_{-\infty}^{\infty}\int_{-\infty}^{\infty} e^{u(x-\lambda)+v(y-\mu)+w(z-\nu)}\,\bar{\eta}\,\frac{d\lambda\,du}{2\pi}\,\frac{d\mu\,dv}{2\pi}\,\frac{d\nu\,dw}{2\pi}, \\ \ldots\ldots\ldots\ldots\ldots\ldots\ldots\ldots\ldots\ldots\ldots\ldots\ldots\ldots, \end{array} \right.$$

on substitue les valeurs de $\bar{\xi}$, $\bar{\eta}$, ... tirées des formules (14) et (17), savoir

$$(20)\quad \left\{\begin{aligned} \bar{\xi} &= \mathcal{E}\left[\varphi(\lambda,\mu,\nu)\,\mathfrak{L}+\chi(\lambda,\mu,\nu)\,\mathfrak{M}+\ldots\right]\frac{e^{st}}{((S))},\\ \bar{\eta} &= \mathcal{E}\left[\varphi(\lambda,\mu,\nu)\,\mathfrak{P}+\chi(\lambda,\mu,\nu)\,\mathfrak{Q}+\ldots\right]\frac{e^{st}}{((S))},\\ &\ldots\ldots\ldots\ldots\ldots\ldots\ldots\ldots\ldots \end{aligned}\right.$$

Supposons d'ailleurs qu'à chaque forme particulière d'une fonction

$$\varpi(x, y, z)$$

des trois coordonnées

$$x,\quad y,\quad z,$$

on fasse correspondre une fonction de x, y, z, t, désignée par la seule lettre ϖ et déterminée par la formule

$$(21)\quad \begin{aligned}\varpi = \mathcal{E}\int_{-\infty}^{\infty}\int_{-\infty}^{\infty}\int_{-\infty}^{\infty}\int_{-\infty}^{\infty}\int_{-\infty}^{\infty}\int_{-\infty}^{\infty}\frac{e^{\mathrm{u}(x-\lambda)+\mathrm{v}(y-\mu)+\mathrm{w}(z-\nu)+st}}{((S))}\\ \times\varpi(\lambda,\mu,\nu)\frac{d\lambda\,d\mathrm{u}}{2\pi}\frac{d\mu\,d\mathrm{v}}{2\pi}\frac{d\nu\,d\mathrm{w}}{2\pi}.\end{aligned}$$

Enfin nommons

$$\varphi,\quad \chi,\quad \ldots$$

les fonctions de x, y, z, t dans lesquelles ϖ se transforme quand on y remplace $\varpi(\lambda, \mu, \nu)$ par

$$\varphi(\lambda,\mu,\nu),\quad \chi(\lambda,\mu,\nu),\quad \ldots,$$

de sorte qu'on ait

$$\begin{aligned}\varphi = \mathcal{E}\int_{-\infty}^{\infty}\int_{-\infty}^{\infty}\int_{-\infty}^{\infty}\int_{-\infty}^{\infty}\int_{-\infty}^{\infty}\int_{-\infty}^{\infty}\frac{e^{\mathrm{u}(x-\lambda)+\mathrm{v}(y-\mu)+\mathrm{w}(z-\nu)+st}}{((S))}\\ \times\varphi(\lambda,\mu,\nu)\frac{d\lambda\,d\mathrm{u}}{2\pi}\frac{d\mu\,d\mathrm{v}}{2\pi}\frac{d\nu\,d\mathrm{w}}{2\pi},\end{aligned}$$

$$\begin{aligned}\chi = \mathcal{E}\int_{-\infty}^{\infty}\int_{-\infty}^{\infty}\int_{-\infty}^{\infty}\int_{-\infty}^{\infty}\int_{-\infty}^{\infty}\int_{-\infty}^{\infty}\frac{e^{\mathrm{u}(x-\lambda)+\mathrm{v}(y-\mu)+\mathrm{w}(z-\nu)+st}}{((S))}\\ \times\chi(\lambda,\mu,\nu)\frac{d\lambda\,d\mathrm{u}}{2\pi}\frac{d\mu\,d\mathrm{v}}{2\pi}\frac{d\nu\,d\mathrm{w}}{2\pi},\end{aligned}$$

$$\ldots\ldots\ldots\ldots\ldots\ldots\ldots\ldots\ldots\ldots,$$

et désignons par

$$\mathrm{L},\quad \mathrm{M},\quad \ldots,\quad \mathrm{P},\quad \mathrm{Q},\quad \ldots$$

ce que deviennent

$$\mathfrak{L},\quad \mathfrak{M},\quad \ldots,\quad \mathfrak{P},\quad \mathfrak{Q},\quad \ldots$$

quand on y remplace

$$u,\quad v,\quad w$$

par les caractéristiques

$$D_x,\quad D_y,\quad D_z.$$

Les valeurs de ξ, η, ... fournies par les équations (18) et (20) pourront évidemment s'écrire comme il suit

$$(22)\qquad \begin{cases} \xi = L\varphi + M\chi + \ldots, \\ \eta = P\varphi + Q\chi + \ldots, \\ \ldots\ldots\ldots\ldots\ldots\ldots \end{cases}$$

En d'autres termes, on aura

$$(23)\qquad \begin{cases} \xi = \mathfrak{L}\varphi + \mathfrak{M}\chi + \ldots, \\ \eta = \mathfrak{P}\varphi + \mathfrak{Q}\chi + \ldots, \\ \ldots\ldots\ldots\ldots\ldots\ldots, \end{cases}$$

pourvu qu'on transforme les fonctions de u, v, w, D_t désignées par

$$\mathfrak{L},\quad \mathfrak{M},\quad \ldots,\quad \mathfrak{P},\quad \mathfrak{Q},\quad \ldots$$

en fonctions des caractéristiques

$$D_x,\quad D_y,\quad D_z,\quad D_t,$$

en y remplaçant u, v, w par D_x, D_y, D_z. D'ailleurs, pour déduire les formules (23) des formules (14), il suffit de remplacer, dans les formules (14), les variables auxiliaires

$$\overline{\xi},\quad \overline{\eta},\quad \ldots$$

par les variables principales

$$\xi,\quad \eta,\quad \ldots$$

et les produits

$$\Theta\varphi(\lambda, \mu, \nu),\quad \Theta\chi(\lambda, \mu, \nu),\quad \ldots$$

par les fonctions

$$\varphi,\quad \chi,\quad \ldots.$$

Donc, puisqu'on arrive directement aux formules (14), quand on résout par rapport aux variables auxiliaires $\bar{\xi}$, $\bar{\eta}$, ..., non pas les équations différentielles auxiliaires, mais celles qu'on en déduit en remplaçant

$$D_t\bar{\xi}, \quad D_t\bar{\eta}, \quad \ldots$$

par les différences

$$D_t\bar{\xi} - \nabla[\Theta\,\varphi(\lambda, \mu, \nu)], \qquad D_t\bar{\eta} - \nabla[\Theta\,\chi(\lambda, \mu, \nu)], \quad \ldots,$$

et considérant ∇ comme une fonction de

$$u, \quad v, \quad w, \quad D_t;$$

on pourra encore arriver directement aux formules (22) ou (23), en résolvant, par rapport aux variables principales

$$\xi, \quad \eta, \quad \ldots,$$

non pas les équations linéaires données, mais celles qu'on en déduit en remplaçant

$$D_t\xi, \quad D_t\eta, \quad \ldots$$

par les différences

$$D_t\xi - \nabla\varphi, \qquad D_t\eta - \nabla\chi, \quad \ldots,$$

et considérant ∇ comme une fonction de

$$D_x, \quad D_y, \quad D_z, \quad D_t.$$

Dans l'un et l'autre cas on devra opérer comme si les notations D_t et D_x, D_y, D_z étaient employées pour désigner de simples quantités, sauf à regarder, dans les équations définitives (14) ou (23), chacune de ces notations comme indiquant une différentiation relative à l'une des variables indépendantes t, x, y, z.

Si, comme nous l'avons supposé, la fonction de D_x, D_y, D_z, D_t désignée par ∇ est tellement choisie que, dans cette fonction, le coefficient de D_t^n, c'est-à-dire de la plus haute puissance de D_t, se réduise à l'unité, alors la fonction de u, v, w, s désignée par S, étant développée suivant les puissances descendantes de s, offrira pour premier terme s^n. On aura donc : 1° pour $m < n - 1$,

$$\mathcal{E}\,\frac{s^m}{((\mathrm{S}))} = 0;$$

2° pour $m = n - 1$,

$$\mathcal{E}\frac{s^{n-1}}{((8))} = 1;$$

en conséquence la fonction de x, y, z, t, désignée par ϖ et déterminée par la formule (21), vérifiera, quel que soit t, l'équation aux différences partielles

(24) $$\nabla\varpi = 0,$$

et, pour $t = 0$, les conditions

(25) $$\varpi = 0, \quad D_t\varpi = 0, \quad D_t^2\varpi = 1, \quad \ldots, \quad D_t^{n-2}\varpi = 0, \quad D_t^{n-1}\varpi = \varpi(x, y, z).$$

Cela posé, il suffira de résumer ce qui a été dit ci-dessus pour établir la proposition suivante :

Deuxième théorème. — *Soient données, entre n variables principales*

$$\xi, \quad \eta, \quad \zeta, \quad \ldots$$

et les variables indépendantes

$$x, \quad y, \quad z, \quad t,$$

n équations linéaires aux différences partielles et à coefficients constants, c'est-à-dire n équations dont les premiers membres soient des fonctions linéaires des variables principales et de leurs dérivées, les seconds membres étant nuls. Supposons d'ailleurs que, parmi les dérivées relatives au temps, celles du premier ordre, savoir

$$D_t\xi, \quad D_t\eta, \quad \ldots,$$

soient les seules qui entrent dans les premiers membres des équations données, et s'y trouvent multipliées par des facteurs constants, sans y être soumises à aucune différentiation nouvelle relative aux variables x, y, z. Nommons

$$\varphi(x, y, z), \quad \chi(x, y, z), \quad \ldots$$

les valeurs initiales des variables principales $\xi, \eta, \ldots$, ces variables étant assujetties à vérifier, pour une valeur nulle de t, les conditions

$$\xi = \varphi(x, y, z), \qquad \eta = \chi(x, y, z), \quad \ldots.$$

Soient encore

$$\nabla = 0$$

l'équation en D_x, D_y, D_z, D_t, *résultant de l'élimination de* ξ, η, ζ, ... *entre les équations données, et*

$$8 = 0$$

l'équation caractéristique en laquelle se transforme la précédente quand on y remplace

$$D_x, \quad D_y, \quad D_z, \quad D_t$$

par

$$u, \quad v, \quad w, \quad s,$$

la fonction ∇ *qui sera du degré n par rapport à* D_t, *étant d'ailleurs choisie de manière que, dans cette fonction, le coefficient de* D_t^n *se réduise à l'unité. Enfin,*

$$\varpi(x, y, z)$$

étant l'une quelconque des fonctions initiales

$$\varphi(x, y, z), \qquad \chi(x, y, z), \qquad \ldots,$$

désignons par ϖ *une fonction de* x, y, z, t, *déterminée par la formule* (21), *par conséquent assujettie* : 1° *à vérifier, quel que soit t, l'équation aux différences partielles*

$$\nabla\varpi = 0;$$

2° *à vérifier, pour une valeur nulle de t, les conditions*

$$\varpi = 0, \quad D_t\varpi = 0, \quad D_t^2\varpi = 0, \quad \ldots, \quad D_t^{n-2}\varpi = 0, \quad D_t^{n-1}\varpi = \varpi(x, y, z),$$

et nommons

$$\varphi, \quad \chi, \quad \ldots$$

ce que devient ϖ, *quand on réduit* $\varpi(x, y, z)$ *à*

$$\varphi(x, y, z), \quad \chi(x, y. z), \quad \ldots.$$

Pour intégrer les équations linéaires données, de manière à remplir les conditions requises, il suffira d'y remplacer les dérivées

$$D_t\xi, \quad D_t\eta, \quad \ldots$$

par les différences

$$D_t\xi - \nabla\varphi, \quad D_t\eta - \nabla\chi, \quad \dots,$$

puis de résoudre par rapport à ξ, η, ... *les nouvelles équations ainsi obtenues, en opérant comme si* D_x, D_y, D_z, D_t *étaient de véritables quantités.*

En raisonnant toujours de la même manière, et ayant égard aux principes développés dans le paragraphe III, on établira encore la proposition suivante :

TROISIÈME THÉORÈME. — *Soient données entre plusieurs variables principales*

$$\xi, \quad \eta, \quad \zeta, \quad \dots$$

et les variables indépendantes

$$x, \quad y, \quad z, \quad t,$$

des équations linéaires aux différences partielles et à coefficients constants, en nombre égal à celui des variables principales. Concevons d'ailleurs que l'ordre des dérivées de ξ, η, ... *relatives à* t *puisse s'élever jusqu'à* n' *pour la variable principale* ξ, *jusqu'à* n'' *pour la variable principale* η, ..., *les coefficients de*

$$D_t^{n'}\xi, \quad D_t^{n''}\eta, \quad \dots$$

étant indépendants de D_x, D_y, D_z *et se réduisant en conséquence à des quantités constantes. Faisons*

$$n = n' + n'' + \dots$$

et supposons les variables principales

$$\xi, \quad \eta, \quad \zeta, \quad \dots$$

assujetties non seulement à vérifier, quel que soit t, *les équations linéaires données, mais aussi à vérifier, pour* $t = 0$, *les conditions*

$$\begin{array}{llll}
\xi = \varphi(x, y, z), & D_t\xi = \varphi_1(x, y, z), & \dots, & D_t^{n'-1}\xi = \varphi_{n'-1}(x, y, z), \\
\eta = \chi(x, y, z), & D_t\eta = \chi_1(x, y, z), & \dots, & D_t^{n''-1}\eta = \chi_{n''-1}(x, y, z), \\
\dots\dots\dots\dots, & \dots\dots\dots\dots\dots, & \dots, & \dots\dots\dots\dots\dots\dots\dots
\end{array}$$

Soient encore

$$\nabla = 0$$

l'équation en D_x, D_y, D_z, D_t, *résultant de l'élimination de* ξ, η, ... *entre les équations données, et*

$$8 = 0$$

l'équation caractéristique en laquelle se transforme la précédente quand on y remplace

$$D_x, \quad D_y, \quad D_z, \quad D_t$$

par

$$u, \quad v, \quad w, \quad s,$$

la fonction ∇, *qui est du degré* n *par rapport à* D_t, *étant choisie de manière que, dans cette fonction, le coefficient de* D_t^n *se réduise à l'unité. Enfin, supposons la fonction* ϖ *définie, comme dans le deuxième théorème, par conséquent déterminée par la formule* (21) *et nommons*

$$\begin{array}{llll} \varphi, & \varphi_{,}, & \ldots, & \varphi_{n'-1}, \\ \chi, & \chi_{,}, & \ldots, & \chi_{n''-1}, \\ \ldots, & \ldots, & \ldots, & \ldots. \end{array}$$

ce que devient ϖ *quand on réduit* $\varpi(x, y, z)$ *à l'une des fonctions initiales*

$$\begin{array}{llll} \varphi(x, y, z), & \varphi_{,}(x, y, z), & \ldots, & \varphi_{n'-1}(x, y, z), \\ \chi(x, y, z), & \chi_{,}(x, y, z), & \ldots, & \chi_{n''-1}(x, y, z), \\ \ldots\ldots\ldots\ldots & \ldots\ldots\ldots\ldots, & \ldots, & \ldots\ldots\ldots\ldots. \end{array}$$

Pour intégrer les équations linéaires données, de manière à remplir toutes les conditions requises, il suffira d'y remplacer les dérivées

$$\begin{array}{llll} D_t \xi, & D_t^2 \xi, & \ldots, & D_t^{n'} \xi; \\ D_t \eta, & D_t^2 \eta, & \ldots, & D_t^{n''} \eta; \\ \ldots, & \ldots, & \ldots, & \ldots. \end{array}$$

par les différences

$$\begin{array}{llll} D_t \xi - \nabla \varphi, & D_t^2 \xi - \nabla(\varphi_{,} + D_t \varphi), & \ldots, & D_t^{n'} \xi - \nabla(\varphi_{n-1} + \ldots + D_t^{n'-2} \varphi_{,} + D_t^{n'-1} \varphi); \\ D_t \eta - \nabla \chi, & D_t^2 \eta - \nabla(\chi_{,} + D_t \chi), & \ldots, & D_t^{n''} \eta - \nabla(\chi_{n-1} + \ldots + D_t^{n''-2} \chi_{,} + D_t^{n''-1} \chi); \\ \ldots\ldots, & \ldots\ldots\ldots\ldots, & \ldots, & \ldots\ldots\ldots\ldots; \end{array}$$

puis de résoudre par rapport à ξ, η, ... *les nouvelles équations ainsi obtenues, en opérant comme si*

$$D_x, \quad D_y, \quad D_z, \quad D_t$$

étaient de véritables quantités.

Les deux théorèmes qui précèdent offrent cela de remarquable qu'ils font dépendre l'intégration d'un système quelconque d'équations linéaires aux différences partielles et à coefficients constants de l'évaluation de la seule fonction ϖ. Lorsque les variables indépendantes

$$x, \quad y, \quad z, \quad t$$

sont au nombre de quatre, savoir trois coordonnées et le temps, la fonction ϖ, déterminée par l'équation (21), se trouve représentée en conséquence par une intégrale définie sextuple, et la valeur initiale de

$$D_t^{n-1}\varpi,$$

désignée par $\varpi(x, y, z)$, peut être une fonction quelconque des coordonnées x, y, z. Si au contraire les variables indépendantes se réduisaient à une seule t, la valeur initiale de $D_t^{n-1}\varpi$ se réduirait à une constante, et l'on pourrait faire dépendre l'intégration des équations différentielles données de l'évaluation de ϖ, en supposant même que dans cette évaluation l'on attribuât à la constante une valeur particulière, par exemple la valeur 1, ce qui reviendrait à prendre pour ϖ la fonction principale Θ. Cela posé, en généralisant la définition que nous avons donnée de la *fonction principale*, on pourra désigner sous ce nom, pour un système d'équations linéaires aux différences partielles et à coefficients constants, la fonction ϖ déterminée par la formule (21). La fonction principale étant ainsi définie, on pourra dire que les théorèmes 2 et 3 ramènent l'intégration d'un système quelconque d'équations linéaires et à coefficients constants, à l'évaluation de l'intégrale définie qui représente la fonction principale.

Au reste, il est bon d'observer, d'une part, que le deuxième théorème peut être établi directement, comme la proposition analogue énoncée dans le premier paragraphe, et relative à un système d'équations différentielles; d'autre part, que le troisième théorème se déduit immédiatement du deuxième, par des raisonnements semblables à ceux dont nous nous sommes servi dans le paragraphe III.

Les théorèmes 2 et 3 supposent que les seconds membres des équations linéaires données se réduisent à zéro. Si ces seconds membres devenaient fonctions des variables indépendantes x, y, z, t, on pourrait appliquer à la détermination des valeurs générales de ξ, η, ... ou le premier théorème, ou la proposition suivante qu'on déduit de ce théorème combiné avec les principes établis dans le troisième paragraphe.

QUATRIÈME THÉORÈME. — *Soient données, entre plusieurs variables principales*

$$\xi, \quad \eta, \quad \ldots$$

et les variables indépendantes

$$x, \quad y, \quad z, \quad t,$$

des équations linéaires aux différences partielles et à coefficients constants, en nombre égal à celui des variables principales. Supposons d'ailleurs que, dans les premiers membres de ces équations, les dérivées des ordres les plus élevés par rapport à t soient respectivement

$$\begin{array}{l} D_t^{n'}\xi \text{ pour la variable principale } \xi, \\ D_t^{n''}\eta \text{ pour la variable principale } \eta, \\ \ldots\ldots\ldots\ldots\ldots\ldots\ldots\ldots, \end{array}$$

les coefficients de ces dérivées se réduisant à des quantités constantes, et les seconds membres des équations données pouvant être des fonctions quelconques des variables indépendantes. Enfin supposons que les valeurs initiales de

$$\begin{array}{llll} \xi, & D_t\xi, & \ldots, & D_t^{n'-1}\xi, \\ \eta, & D_t\eta, & \ldots, & D_t^{n''-1}\eta, \\ \ldots, & \ldots, & \ldots, & \ldots\ldots \end{array}$$

doivent se réduire, pour $t = 0$, à des fonctions connues de x, y, z. Pour *intégrer sous cette condition les équations linéaires données, on déterminera d'abord, à l'aide du second théorème, les valeurs générales de* ξ, η, ... *correspondantes au cas où les seconds membres des équations données s'évanouiraient; puis à ces valeurs on ajoutera celles qui auraient la propriété de vérifier, quel que soit* t, *les équations données, et de vérifier, pour* $t = 0$, *les conditions*

$$\begin{array}{lll} \xi = 0, & D_t\xi = 0, & D_t^{n'-1}\xi = 0, \\ \eta = 0, & D_t\eta = 0, & D_t^{n''-1}\eta = 0, \\ \ldots\ldots, & \ldots\ldots\ldots, & \ldots\ldots\ldots\ldots \end{array}$$

Ces dernières valeurs de ξ, η, ... seront d'ailleurs de la forme

$$\xi = \int_0^t \Xi\, d\tau, \qquad \eta = \int_0^t \mathrm{H}\, d\tau, \qquad \ldots,$$

Ξ, H, ... étant des fonctions de

$$x, \quad y, \quad z, \quad t$$

et de la variable auxiliaire τ, déterminées par la règle suivante :

Soient

$$\mathrm{X}, \quad \mathrm{Y}, \quad \ldots$$

des fonctions de x, y, z, t, propres à représenter les valeurs de

$$D_t^{n'}\xi, \quad D_t^{n''}\eta, \quad \ldots$$

qui vérifient les équations données quand on y remplace

$$\begin{array}{llll} \xi, & D_t\xi, & \ldots, & D_t^{n'-1}\xi, \\ \eta, & D_t\eta, & \ldots, & D_t^{n''-1}\eta \end{array}$$

par zéro. Soient encore

$$\mathcal{X}, \quad \mathcal{Y}, \quad \ldots$$

ce que deviennent

$$\mathrm{X}, \quad \mathrm{Y}, \quad \ldots$$

quand on y remplace la variable indépendante t par la variable auxiliaire τ. Pour obtenir les valeurs générales de

$$\Xi, \quad \mathrm{H}, \quad \ldots$$

il suffira de réduire à zéro les seconds membres des équations données et de chercher ce que deviendront alors les valeurs de

$$\xi,\quad \eta,\quad \ldots$$

fournies par le troisième théorème, quand on y remplacera

$$t \quad\text{par}\quad t-\tau,$$

et les valeurs initiales de

$$\xi,\quad D_t\xi,\quad \ldots,\quad D_t^{n'-2}\xi,\quad D_t^{n'-1}\xi;\quad \eta,\quad D_t\eta,\quad \ldots,\quad D_t^{n''-2}\eta,\quad D_t^{n''-1}\eta;\quad \ldots,$$

par

$$0,\quad 0,\quad \ldots,\quad 0,\quad \mathcal{X};\quad 0,\quad 0,\quad \ldots,\quad 0,\quad \mathcal{Y};\quad \ldots.$$

Jusqu'à présent nous avons supposé que le premier membre ∇ de l'équation produite par l'élimination de ξ, η, ... entre les équations données, dans le cas où l'on remplace leurs seconds membres par zéro, était une fonction entière de D_x, D_y, D_z, D_t dans laquelle on pouvait réduire le coefficient de D_t^n à l'unité. Cette réduction est en effet possible dans l'hypothèse que nous avions admise, savoir : lorsque, dans les équations données, les dérivées des ordres les plus élevés par rapport à t se trouvent multipliées par des quantités constantes, sans être soumises à des différentiations relatives aux variables x, y, z. Considérons maintenant le cas général où cette réduction ne pourrait s'effectuer sans que ∇ cessât d'être une fonction entière de D_x, D_y, D_z, et désignons par K la fonction de cette espèce qui représente généralement le coefficient de D_t^n, dans le développement de ∇. Si l'on nomme $\mathcal{K}$, s ce que deviennent K, ∇, quand on y remplace D_x, D_y, D_z, D_t, par u, v, w, s; si d'ailleurs on continue de nommer *fonction principale* une fonction ϖ de x, y, z, t, définie par l'équation (21), on trouvera dans le cas général : 1° pour $m < n-1$,

$$\mathcal{E}\frac{s_m}{((s))} = 0;$$

2° pour $m = n-1$,

$$\mathcal{E}\frac{s^{n-1}}{((s))} = \frac{1}{\mathcal{K}},$$

ou, ce qui revient au même,

$$\mathcal{L}\frac{\mathfrak{K}s^{n-1}}{((s))}=1;$$

et par suite la fonction principale, qui vérifiera toujours, quel que soit t, l'équation (24), vérifiera, pour une valeur nulle de t, non plus les conditions (25), mais les suivantes :

$$(26)\quad \varpi=0,\quad D_t\varpi=0,\quad D_t^2\varpi=0,\quad \dots,\quad D_t^{n-2}\varpi=0,\quad KD_t^{n-1}\varpi=\varpi(x,y,z).$$

Or, ces conditions, jointes à l'équation (24), ne suffiront pas pour déterminer complètement la fonction principale ϖ. Au reste, la seule considération de la formule (21) conduit à une conclusion du même genre. En effet, lorsque le coefficient de D_t^n dans ∇, savoir K, sera fonction de D_x, D_y, D_z, le coefficient de s^n dans s, savoir $\mathfrak{K}$, sera fonction de u, v, w, et l'intégrale sextuple, comprise dans le second membre de la formule (21), ne sera plus généralement une intégrale complètement déterminée, attendu, par exemple, que la fonction sous le signe $\int$ deviendra infinie pour les valeurs de u, v, w qui vérifieraient l'équation $\mathfrak{K}=0$. Mais on tirera de la formule (21),

$$(27)\quad K\varpi=\mathcal{L}\int_{-\infty}^{\infty}\int_{-\infty}^{\infty}\int_{-\infty}^{\infty}\int_{-\infty}^{\infty}\int_{-\infty}^{\infty}\int_{-\infty}^{\infty}e^{u(x-\lambda)+v(y-\mu)+w(z-\nu)+st}\times\varpi(\lambda,\mu,\nu)\frac{\mathfrak{K}}{((s))}\frac{d\lambda\,du}{2\pi}\frac{d\mu\,dv}{2\pi}\frac{d\nu\,dw}{2\pi},$$

et cette dernière sera propre à fournir une valeur complètement déterminée de la fonction $K\varpi$. Si, après avoir calculé la fonction Π à l'aide de l'équation

$$(28)\quad \Pi=\mathcal{L}\int_{-\infty}^{\infty}\int_{-\infty}^{\infty}\int_{-\infty}^{\infty}\int_{-\infty}^{\infty}\int_{-\infty}^{\infty}\int_{-\infty}^{\infty}e^{u(x-\lambda)+v(y-\mu)+w(z-\nu)+st}\times\varpi(\lambda,\mu,\nu)\frac{\mathfrak{K}}{((s))}\frac{d\lambda\,du}{2\pi}\frac{d\mu\,dv}{2\pi}\frac{d\nu\,dw}{2\pi},$$

on pose généralement

$$(29)\quad K\varpi=\Pi,$$

on pourra prendre, pour valeur générale de la fonction principale ϖ, l'une quelconque de celles qui vérifieront la formule (29). A chacune d'elles correspondra un système de valeurs de

$$\xi, \quad \eta, \quad \ldots$$

qu'on pourra obtenir à l'aide des théorèmes 2, 3 ou 4, et qui vérifiera toutes les conditions énoncées dans ces mêmes théorèmes.

Pour montrer une application des principes que nous venons d'exposer, concevons qu'il s'agisse d'intégrer les équations simultanées

$$\frac{d^2\xi}{dx\,dt} + \frac{d\eta}{dy} = 0, \qquad \frac{d^2\eta}{dy\,dt} - \frac{d\xi}{dx} = 0,$$

ou, ce qui revient au même, les équations

$$D_x D_t \xi + D_y \eta = 0, \qquad D_y D_t \eta - D_x \xi = 0,$$

de manière qu'on ait, pour $t = 0$,

$$\xi = \varphi(x, y), \qquad \eta = \chi(x, y).$$

On trouvera, dans ce cas,

$$\nabla = D_x D_y (D_t^2 + 1), \qquad \mathcal{S} = uv(s^2 + 1),$$
$$K = D_x D_y \qquad \mathcal{K} = uv;$$

par suite, la fonction principale ϖ, assujettie : 1° à vérifier, quel que soit t, l'équation

$$D_x D_y (D_t^2 + 1)\,\varpi = 0;$$

2° à vérifier, pour $t = 0$, les conditions

$$\varpi = 0, \qquad D_x D_y D_t \varpi = \varpi(x, y),$$

sera définie par la formule

$$\varpi = \mathcal{E} \int_{-\infty}^{\infty}\int_{-\infty}^{\infty}\int_{-\infty}^{\infty}\int_{-\infty}^{\infty} \frac{e^{u(x-\lambda)+v(y-\mu)+st}}{uv((s^2+1))}\,\varpi(\lambda, \mu)\,\frac{d\lambda\,du}{2\pi}\,\frac{d\mu\,dv}{2\pi}$$
$$= \sin t \int_{-\infty}^{\infty}\int_{-\infty}^{\infty}\int_{-\infty}^{\infty}\int_{-\infty}^{\infty} \frac{e^{[\mathrm{U}(x-\lambda)+\mathrm{V}(y-\mu)]\sqrt{-1}}}{uv}\,\varpi(\lambda, \mu)\,\frac{d\lambda\,d\mathrm{U}}{2\pi\mathrm{U}}\,\frac{d\mu\,d\mathrm{V}}{2\pi\mathrm{V}},$$

qui n'en déterminera pas complètement la valeur, et pourra être l'une quelconque de celles qui, s'évanouissant avec t, vérifient l'équation

$$\begin{aligned} \mathrm{D}_x \mathrm{D}_y \varpi &= \sin t \int_{-\infty}^{\infty}\int_{-\infty}^{\infty}\int_{-\infty}^{\infty}\int_{-\infty}^{\infty} e^{[u(x-\lambda)+v(y-\mu)]\sqrt{-1}}\,\varpi(\lambda, \mu)\,\frac{d\lambda\,du}{2\pi}\,\frac{d\mu\,dv}{2\pi} \\ &= \sin t\,\varpi(x, y). \end{aligned}$$

Soient pareillement φ, χ deux fonctions de x, y, t qui, s'évanouissant avec t, vérifient les équations

$$\mathrm{D}_x \mathrm{D}_y \varphi = \sin t\,\varphi(x, y), \qquad \mathrm{D}_x \mathrm{D}_y \chi = \sin t\,\chi(x, y).$$

Les valeurs générales de ξ, η, qu'on déduira des formules

$$\mathrm{D}_x \mathrm{D}_t \xi + \mathrm{D}_y \eta = \mathrm{D}_x \nabla\varphi, \qquad \mathrm{D}_y \mathrm{D}_t \eta - \mathrm{D}_x \xi = \mathrm{D}_y \nabla\chi$$

en opérant comme si D_x, D_y, D_t, ∇ désignaient de véritables quantités, seront

$$\xi = \mathrm{D}_y(\mathrm{D}_x \mathrm{D}_t \varphi - \mathrm{D}_y \chi), \qquad \eta = \mathrm{D}_x(\mathrm{D}_y \mathrm{D}_t \chi + \mathrm{D}_x \varphi),$$

ou, ce qui revient au même,

$$\begin{aligned} \xi &= \cos t\,\varphi(x, y) - \sin t\,\mathrm{D}_y \int \chi(x, y)\,dx - \mathrm{X}(y, t), \\ \eta &= \cos t\,\chi(x, y) + \sin t\,\mathrm{D}_x \int \varphi(x, y)\,dy + \Phi(x, t), \end{aligned}$$

les intégrations relatives aux variables x, y étant effectuées à partir de valeurs déterminées de ces variables, par exemple à partir de

$$x = 0, \qquad y = 0,$$

et $\Phi(x, t)$, $\mathrm{X}(y, t)$ désignant deux fonctions arbitraires de x, t ou de y, t, assujetties à la seule condition de s'évanouir pour une valeur nulle de t. Il est d'ailleurs facile de s'assurer que les valeurs précédentes de ξ, η vérifient les deux équations données aux différences partielles et se réduisent respectivement à

$$\varphi(x, y), \qquad \chi(x, y),$$

quand on y pose $t = 0$.

§ V. — *Application des principes exposés dans le paragraphe précédent à l'intégration des équations qui représentent les mouvements infiniment petits de divers points matériels.*

Lorsqu'on recherche les lois des mouvements infiniment petits de divers points matériels dont le nombre est limité ou illimité, les équations différentielles ou aux différences partielles que fournissent les principes de la Mécanique ne contiennent généralement d'autres dérivées relatives au temps que des dérivées du second ordre, dont les coefficients se réduisent à l'unité. Il est donc utile d'appliquer en particulier les troisième et quatrième théorèmes du paragraphe précédent, au cas où l'on aurait

$$n' = n'' = n''' = \ldots = 2.$$

Si dans ce cas on désigne par n, non plus la somme

$$n' + n'' + n''' + \ldots,$$

mais le nombre des variables principales

$$\xi, \quad \eta, \quad \zeta, \quad \ldots,$$

on obtiendra, au lieu du troisième théorème du paragraphe IV, la proposition suivante :

Théorème. — *Soient données, entre n variables principales*

$$\xi, \quad \eta, \quad \zeta, \quad \ldots$$

et les variables indépendantes

$$x, \quad y, \quad z, \quad t,$$

n équations linéaires aux différences partielles et à coefficients constants, qui renferment, avec les variables principales et leurs dérivées de divers ordres obtenues par des différentiations relatives aux coordonnées x, y, z,

les dérivées du second ordre, relatives au temps t, savoir

$$D_t^2\xi,\quad D_t^2\eta,\quad D_t^2\zeta,\quad \ldots,$$

les coefficients de ces dernières dérivées étant égaux à l'unité. Supposons d'ailleurs les variables principales $\xi, \eta, \zeta, \ldots$ *assujetties non seulement à vérifier, quel que soit t, les équations données, mais aussi à vérifier, pour* $t=0$, *les conditions*

$$(1)\quad \begin{cases} \xi=\varphi(x,y,z), & \eta=\chi(x,y,z), & \zeta=\psi(x,y,z), & \ldots,\\ D_t\xi=\Phi(x,y,z), & D_t\eta=X(x,y,z), & D_t\zeta=\Psi(x,y,z), & \ldots. \end{cases}$$

Soient encore

$$(2)\qquad \nabla=0$$

l'équation en D_x, D_y, D_z, D_t *résultant de l'élimination de* $\xi, \eta, \zeta, \ldots$ *entre les équations données et*

$$(3)\qquad \mathcal{S}=0$$

l'équation caractéristique en laquelle se transforme la précédente, quand on y remplace les notations

$$D_x,\quad D_y,\quad D_z,\quad D_t$$

par

$$u=\text{U}\sqrt{-1},\qquad v=\text{V}\sqrt{-1},\qquad w=\text{W}\sqrt{-1},\qquad s,$$

la fonction ∇ *étant du degré* $2n$ *par rapport à* D_t, *et choisie de manière que le coefficient de* D_t^{2n} *se réduise à l'unité. Enfin soit*

$$\varpi(x,y,z)$$

l'une quelconque des fonctions

$$\begin{matrix} \varphi(x,y,z), & \chi(x,y,z), & \psi(x,y,z), & \ldots,\\ \Phi(x,y,z), & X(x,y,z), & \Psi(x,y,z), & \ldots. \end{matrix}$$

Nommons ϖ *la fonction principale déterminée par la formule*

$$(4)\quad \varpi=\mathcal{E}\int_{-\infty}^{\infty}\int_{-\infty}^{\infty}\int_{-\infty}^{\infty}\int_{-\infty}^{\infty}\int_{-\infty}^{\infty}\int_{-\infty}^{\infty}\frac{e^{ux+vy+wz+st}}{((\mathcal{S}))}\varpi(\lambda,\mu,\nu)\frac{d\lambda\,d\text{U}}{2\pi}\frac{d\mu\,d\text{V}}{2\pi}\frac{d\nu\,d\text{W}}{2\pi},$$

par conséquent une fonction assujettie : 1° à vérifier, quel que soit t, l'équation aux différences partielles

$$\nabla\varpi = 0; \tag{5}$$

2° *à vérifier, pour* $t = 0$, *les conditions*

$$\varpi = 0, \quad D_t\varpi = 0, \quad D_t^2\varpi = 0, \quad \ldots, \quad D_t^{2n-2}\varpi = 0, \quad D_t^{2n-1}\varpi = \varpi(x, y, z); \tag{6}$$

et désignons par

$$\varphi, \quad \chi, \quad \psi, \quad \ldots, \quad \Phi, \quad X, \quad \Psi, \quad \ldots$$

ce que devient ϖ *quand on réduit* $\varpi(x, y, z)$ *à l'une des fonctions*

$$\varphi(x, y, z), \quad \chi(x, y, z), \quad \psi(x, y, z), \quad \ldots,$$
$$\Phi(x, y, z), \quad X(x, y, z), \quad \Psi(x, y, z), \quad \ldots.$$

Pour intégrer les équations linéaires données de manière à remplir toutes les conditions requises, il suffira d'y remplacer les dérivées du second ordre

$$D_t^2\xi, \quad D_t^2\eta, \quad D_t^2\zeta, \quad \ldots$$

par les différences

$$D_t^2\xi - \nabla(\Phi + D_t\varphi), \quad D_t^2\eta - \nabla(X + D_t\chi), \quad D_t^2\zeta - \nabla(\Psi + D_t\psi), \quad \ldots,$$

puis de résoudre par rapport à

$$\xi, \quad \eta, \quad \zeta, \quad \ldots$$

les nouvelles équations ainsi obtenues, en opérant comme si les notations

$$D_x, \quad D_y, \quad D_z, \quad D_t$$

désignaient des quantités véritables.

Applications. — Les équations qui représentent les mouvements infiniment petits d'un système homogène de molécules sont de la forme

$$(L - D_t^2)\xi + R\eta + Q\zeta = 0,$$
$$R\xi + (M - D_t^2)\eta + P\zeta = 0,$$
$$Q\xi + P\eta + (N - D_t^2)\zeta = 0,$$

ξ, η, ζ étant les déplacements d'une molécule mesurés parallèlement aux axes coordonnés, et les lettres

$$\mathrm{L},\quad \mathrm{M},\quad \mathrm{N},\quad \mathrm{P},\quad \mathrm{Q},\quad \mathrm{R}$$

désignant des fonctions entières des caractéristiques

$$\mathrm{D}_x,\quad \mathrm{D}_y,\quad \mathrm{D}_z.$$

Or concevons qu'on veuille intégrer ces équations de manière à vérifier, pour $t=0$, les six conditions

$$\begin{aligned} &\xi=\varphi(x,y,z), && \eta=\chi(x,y,z), && \zeta=\psi(x,y,z),\\ &\mathrm{D}_t\xi=\Phi(x,y,z), && \mathrm{D}_t\eta=\mathrm{X}(x,y,z), && \mathrm{D}_t\zeta=\Psi(x,y,z); \end{aligned}$$

par conséquent, en supposant connues les valeurs initiales des déplacements et des vitesses de chaque molécule suivant des directions parallèles aux axes des x, y, z. En appliquant le théorème ci-dessus énoncé à la recherche des valeurs générales de ξ, η, ζ, et nommant

$$\mathcal{L},\quad \mathcal{M},\quad \mathcal{N},\quad \mathcal{P},\quad \mathcal{Q},\quad \mathcal{R}$$

ce que deviennent

$$\mathrm{L},\quad \mathrm{M},\quad \mathrm{N},\quad \mathrm{P},\quad \mathrm{Q},\quad \mathrm{R}$$

quand on y remplace

$$\mathrm{D}_x,\quad \mathrm{D}_y,\quad \mathrm{D}_z \qquad \text{par} \qquad u,\quad v,\quad w,$$

on trouvera

$$\nabla=(\mathrm{D}_t^2-\mathrm{L})(\mathrm{D}_t^2-\mathrm{M})(\mathrm{D}_t^2-\mathrm{N})-\mathrm{P}^2(\mathrm{D}^2-\mathrm{L})-\mathrm{Q}^2(\mathrm{D}_t^2-\mathrm{M})-\mathrm{R}^2(\mathrm{D}_t^2-\mathrm{N})-2\mathrm{PQR},$$

$$\mathcal{S}=(s^2-\mathcal{L})(s^2-\mathcal{M})(s^2-\mathcal{N})-\mathcal{P}^2(s^2-\mathcal{L})-\mathcal{Q}^2(s^2-\mathcal{M})-\mathcal{R}^2(s^2-\mathcal{N})-2\mathcal{P}\mathcal{Q}\mathcal{R}.$$

Cela posé, soient

$$\varpi$$

la fonction principale, déterminée par l'équation (4), et

$$\varphi,\quad \chi,\quad \psi,\qquad \Phi,\quad \mathrm{X},\quad \Psi$$

ce que devient cette fonction principale quand on remplace

$$\varpi(x,y,z)$$

par l'une des fonctions initiales

$$\varphi(x,y,z),\quad \chi(x,y,z),\quad \psi(x,y,z),\quad \Phi(x,y,z),\quad \mathrm{X}(x,y,z),\quad \Psi(x,y,z).$$

Pour intégrer les équations données, de manière à remplir toutes les conditions requises, il suffira de résoudre par rapport à

$$\xi, \quad \eta, \quad \zeta$$

ces équations présentées sous les formes

$$\begin{gathered}(D_t^2 - L)\xi - R\eta - Q\zeta = \nabla(\Phi + D_t\varphi),\\ -R\xi + (D_t^2 - M)\eta - P\zeta = \nabla(X + D_t\chi),\\ -Q\xi - P\eta + (D_t^2 - N)\zeta = \nabla(\Psi + D_t\psi),\end{gathered}$$

en opérant comme si D_x, D_y, D_z, D_t étaient de véritables quantités. Alors, en posant pour abréger

$$\begin{aligned}\mathfrak{L} &= (D_t^2 - M)(D_t^2 - N) - P^2, & \mathfrak{P} &= P(D_t^2 - L) + QR,\\ \mathfrak{M} &= (D_t^2 - N)(D_t^2 - L) - Q^2, & \mathfrak{Q} &= Q(D_t^2 - M) + RP,\\ \mathfrak{N} &= (D_t^2 - L)(D_t^2 - M) - R^2, & \mathfrak{R} &= R(D_t^2 - N) + PQ,\end{aligned}$$

on trouvera

$$\begin{aligned}\xi &= D_t(\mathfrak{L}\varphi + \mathfrak{R}\chi + \mathfrak{Q}\psi) + (\mathfrak{L}\Phi + \mathfrak{R}X + \mathfrak{Q}\Psi),\\ \eta &= D_t(\mathfrak{R}\varphi + \mathfrak{M}\chi + \mathfrak{P}\psi) + (\mathfrak{R}\Phi + \mathfrak{M}X + \mathfrak{P}\Psi),\\ \zeta &= D_t(\mathfrak{Q}\varphi + \mathfrak{P}\chi + \mathfrak{N}\psi) + (\mathfrak{Q}\Phi + \mathfrak{P}X + \mathfrak{N}\Psi).\end{aligned}$$

Telles sont effectivement, sous leur forme la plus simple, les équations des mouvements infiniment petits d'un système homogène de molécules sollicitées par des forces d'attraction ou de répulsion mutuelle.

Considérons maintenant deux systèmes de molécules qui se pénètrent mutuellement. Les équations de leurs mouvements infiniment petits seront de la forme

$$\begin{gathered}(L - D_t^2)\xi + R\eta + Q\zeta + L_{\prime}\xi_{\prime} + R_{\prime}\eta_{\prime} + Q_{\prime}\zeta_{\prime} = 0,\\ R\xi + (M - D_t^2)\eta + P\zeta + R_{\prime}\xi_{\prime} + M_{\prime}\eta_{\prime} + P_{\prime}\zeta_{\prime} = 0,\\ Q\xi + P\eta + (N - D_t^2)\zeta + Q_{\prime}\xi_{\prime} + P_{\prime}\eta_{\prime} + N_{\prime}\zeta_{\prime} = 0,\\ L_{\prime}\xi + R_{\prime}\eta + Q_{\prime}\zeta + (L_{\prime\prime} - D_t^2)\xi_{\prime} + R_{\prime\prime}\eta_{\prime} + Q_{\prime\prime}\zeta_{\prime} = 0,\\ R_{\prime}\xi + M_{\prime}\eta + P_{\prime}\zeta + R_{\prime\prime}\xi_{\prime} + (M_{\prime\prime} - D_t^2)\eta_{\prime} + P_{\prime\prime}\zeta_{\prime} = 0,\\ Q_{\prime}\xi + P_{\prime}\eta + N_{\prime}\zeta + Q_{\prime\prime}\xi_{\prime} + P_{\prime\prime}\eta_{\prime} + (N_{\prime\prime} - D_t^2)\zeta_{\prime} = 0,\end{gathered}$$

ξ, η, ζ, ou $\xi_{\prime}$, $\eta_{\prime}$, $\zeta_{\prime}$ étant les déplacements d'une molécule du premier ou du second système mesurés parallèlement aux axes coordonnés, et les lettres

$$\mathrm{L},\ \mathrm{M},\ \mathrm{N},\ \mathrm{P},\ \mathrm{Q},\ \mathrm{R},\ \mathrm{L}_{\prime},\ \mathrm{M}_{\prime},\ \ldots$$

indiquant des fonctions entières des caractéristiques

$$\mathrm{D}_x,\ \mathrm{D}_y,\ \mathrm{D}_z.$$

Or supposons que les coefficients des différents termes proportionnels à D_x, D_y, D_z ou à leurs puissances soient, dans ces mêmes fonctions, regardés comme constants, ce qu'on peut admettre, au moins dans une première approximation, lorsque chaque système de molécules est homogène, et que le rayon de la sphère d'activité d'une molécule est très petit. Concevons d'ailleurs que l'on veuille intégrer les six équations données, dont chacune est du second ordre, de manière à vérifier, pour $t = 0$, les douze conditions

$$\begin{array}{lll}
\xi = \varphi\,(x, y, z), & \eta = \chi\,(x, y, z), & \zeta = \psi\,(x, y, z), \\
\xi_{\prime} = \varphi_{\prime}\,(x, y, z), & \eta_{\prime} = \chi_{\prime}\,(x, y, z), & \zeta_{\prime} = \psi\,(x, y, z), \\
\mathrm{D}_t\xi = \Phi\,(x, y, z), & \mathrm{D}_t\eta = \mathrm{X}\,(x, y, z), & \mathrm{D}_t\zeta = \Psi\,(x, y, z), \\
\mathrm{D}_t\xi_{\prime} = \Phi_{\prime}(x, y, z), & \mathrm{D}_t\eta_{\prime} = \mathrm{X}_{\prime}(x, y, z), & \mathrm{D}_t\zeta_{\prime} = \Psi_{\prime}(x, y, z);
\end{array}$$

par conséquent en supposant connues les valeurs initiales des déplacements et des vitesses de chaque molécule, suivant des directions parallèles aux axes des x, y, z. En appliquant le théorème ci-dessus énoncé à la recherche des valeurs générales de

$$\xi,\ \eta,\ \zeta,\ \xi_{\prime},\ \eta_{\prime},\ \zeta_{\prime},$$

et nommant

$$\mathfrak{L},\ \mathfrak{M},\ \mathfrak{N},\ \mathfrak{P},\ \mathfrak{Q},\ \mathfrak{R},\ \mathfrak{L}_{\prime},\ \mathfrak{M}_{\prime},\ \ldots,\ \mathfrak{Q}_{\prime\prime},\ \mathfrak{R}_{\prime\prime}$$

ce que deviennent

$$\mathrm{L},\ \mathrm{M},\ \mathrm{N},\ \mathrm{P},\ \mathrm{Q},\ \mathrm{R},\ \mathrm{L}_{\prime},\ \mathrm{M}_{\prime},\ \ldots,\ \mathrm{Q}_{\prime\prime},\ \mathrm{R}_{\prime\prime}$$

quand on y remplace

$$\mathrm{D}_x,\ \mathrm{D}_y,\ \mathrm{D}_z \quad \text{par} \quad u,\ v,\ w,$$

on trouvera

$$\nabla = (\mathrm{D}_t^2 - \mathrm{L})(\mathrm{D}_t^2 - \mathrm{M})\,(\mathrm{D}_t^2 - \mathrm{N})\,(\mathrm{D}_t^2 - \mathrm{L}_{\prime\prime})(\mathrm{D}_t^2 - \mathrm{M}_{\prime\prime})\,(\mathrm{D}_t^2 - \mathrm{N}_{\prime\prime}) - \ldots,$$
$$\mathrm{S} = (s^2 - \mathfrak{L})(s^2 - \mathfrak{M})(s^2 - \mathfrak{N})(s^2 - \mathfrak{L}_{\prime\prime})(s^2 - \mathfrak{M}_{\prime\prime})(s^2 - \mathfrak{N}_{\prime\prime}) - \ldots.$$

Cela posé, soient

la fonction principale, déterminée par l'équation (4), et

$$\begin{array}{cccccc} \varphi, & \chi, & \psi, & \varphi_{\prime}, & \chi_{\prime}, & \psi_{\prime}, \\ \Phi, & \mathrm{X}, & \Psi, & \Phi_{\prime}, & \mathrm{X}_{\prime}, & \Psi_{\prime} \end{array}$$

ce que devient cette fonction principale quand on remplace

$$\varpi(x, y, z)$$

par l'une des fonctions initiales

$$\begin{array}{cccccc} \varphi(x, y, z), & \chi(x, y, z), & \psi(x, y, z), & \varphi_{\prime}(x, y, z), & \chi_{\prime}(x, y, z), & \psi_{\prime}(x, y, z), \\ \Phi(x, y, z), & \mathrm{X}(x, y, z), & \Psi(x, y, z), & \Phi_{\prime}(x, y, z), & \mathrm{X}_{\prime}(x, y, z), & \Psi_{\prime}(x, y, z). \end{array}$$

Pour intégrer les équations données de manière à remplir toutes les conditions requises, il suffira de résoudre par rapport à

$$\xi, \quad \eta, \quad \zeta, \quad \xi_{\prime}, \quad \eta_{\prime}, \quad \zeta_{\prime}$$

ces équations présentées sous les formes

$$\begin{aligned}
(\mathrm{D}_t^2 - \mathrm{L})\xi - \mathrm{R}\eta - \mathrm{Q}\zeta - \mathrm{L}_{\prime}\xi_{\prime} - \mathrm{R}_{\prime}\eta_{\prime} - \mathrm{Q}_{\prime}\zeta_{\prime} &= \nabla(\Phi + \mathrm{D}_t\varphi), \\
-\mathrm{R}\xi + (\mathrm{D}_t^2 - \mathrm{M})\eta - \mathrm{P}\zeta - \mathrm{R}_{\prime}\xi_{\prime} - \mathrm{M}_{\prime}\eta_{\prime} - \mathrm{P}_{\prime}\zeta_{\prime} &= \nabla(\mathrm{X} + \mathrm{D}_t\chi), \\
-\mathrm{Q}\xi - \mathrm{P}\eta + (\mathrm{D}_t^2 - \mathrm{N})\zeta - \mathrm{Q}_{\prime}\xi_{\prime} - \mathrm{P}_{\prime}\eta_{\prime} - \mathrm{N}_{\prime}\zeta_{\prime} &= \nabla(\Psi + \mathrm{D}_t\psi), \\
-{}_{\prime}\mathrm{L}\xi - {}_{\prime}\mathrm{R}\eta - {}_{\prime}\mathrm{Q}\zeta + (\mathrm{D}_t^2 - \mathrm{L}_{\prime\prime})\xi_{\prime} - \mathrm{R}_{\prime\prime}\eta_{\prime} - \mathrm{Q}_{\prime\prime}\zeta_{\prime} &= \nabla(\Phi_{\prime} + \mathrm{D}_t\varphi_{\prime}), \\
-{}_{\prime}\mathrm{R}\xi - {}_{\prime}\mathrm{M}\eta - {}_{\prime}\mathrm{P}\zeta - \mathrm{R}_{\prime\prime}\xi_{\prime} + (\mathrm{D}_t^2 - \mathrm{M}_{\prime\prime})\eta_{\prime} - \mathrm{P}_{\prime\prime}\zeta_{\prime} &= \nabla(\mathrm{X}_{\prime} + \mathrm{D}_t\chi_{\prime}), \\
-{}_{\prime}\mathrm{Q}\xi - {}_{\prime}\mathrm{P}\eta - {}_{\prime}\mathrm{N}\zeta - \mathrm{Q}_{\prime\prime}\xi_{\prime} - \mathrm{P}_{\prime\prime}\eta_{\prime} + (\mathrm{D}_t^2 - \mathrm{N}_{\prime\prime})\zeta_{\prime} &= \nabla(\Psi_{\prime} + \mathrm{D}_t\psi_{\prime}),
\end{aligned}$$

en opérant comme si

$$\mathrm{D}_x, \quad \mathrm{D}_y, \quad \mathrm{D}_z, \quad \mathrm{D}_t$$

étaient de véritables quantités. On trouvera de cette manière

$$\begin{aligned}
\xi = {} & \mathfrak{L}(\Phi + \mathrm{D}_t\varphi) + \mathfrak{R}(\mathrm{X} + \mathrm{D}_t\chi) + \mathfrak{Q}(\Psi + \mathrm{D}_t\psi) \\
& + \mathfrak{L}_{\prime}(\Phi_{\prime} + \mathrm{D}_t\varphi_{\prime}) + \mathfrak{R}_{\prime}(\mathrm{X}_{\prime} + \mathrm{D}_t\chi_{\prime}) + \mathfrak{Q}_{\prime}(\Psi_{\prime} + \mathrm{D}_t\psi_{\prime}), \\
\eta = {} & \mathfrak{R}(\Phi + \mathrm{D}_t\varphi) + \mathfrak{M}(\mathrm{X} + \mathrm{D}_t\chi) + \mathfrak{P}(\Psi + \mathrm{D}_t\psi) \\
& + \mathfrak{R}_{\prime}(\Phi_{\prime} + \mathrm{D}_t\varphi_{\prime}) + \mathfrak{M}_{\prime}(\mathrm{X}_{\prime} + \mathrm{D}_t\chi_{\prime}) + \mathfrak{P}_{\prime}(\Psi_{\prime} + \mathrm{D}_t\psi_{\prime}), \\
\zeta = {} & \mathfrak{Q}(\Phi + \mathrm{D}_t\varphi) + \mathfrak{P}(\mathrm{X} + \mathrm{D}_t\chi) + \mathfrak{N}(\Psi + \mathrm{D}_t\psi \\
& + \mathfrak{Q}_{\prime}(\Phi_{\prime} + \mathrm{D}_t\varphi_{\prime}) + \mathfrak{P}_{\prime}(\mathrm{X}_{\prime} + \mathrm{D}_t\chi_{\prime}) + \mathfrak{N}_{\prime}(\Psi_{\prime} + \mathrm{D}_t\psi_{\prime}), \\
\xi_{\prime} = {} & {}_{\prime}\mathfrak{L}(\Phi + \mathrm{D}_t\varphi) + {}_{\prime}\mathfrak{R}(\mathrm{X} + \mathrm{D}_t\chi) + {}_{\prime}\mathfrak{Q}(\Psi + \mathrm{D}_t\psi) \\
& + \mathfrak{L}_{\prime\prime}(\Phi_{\prime} + \mathrm{D}_t\varphi_{\prime}) + \mathfrak{R}_{\prime\prime}(\mathrm{X}_{\prime} + \mathrm{D}_t\chi_{\prime}) + \mathfrak{Q}_{\prime\prime}(\Psi_{\prime} + \mathrm{D}_t\psi_{\prime}), \\
\eta_{\prime} = {} & {}_{\prime}\mathfrak{R}(\Phi + \mathrm{D}_t\varphi) + {}_{\prime}\mathfrak{M}(\mathrm{X} + \mathrm{D}_t\chi) + {}_{\prime}\mathfrak{P}(\Psi + \mathrm{D}_t\psi) \\
& + \mathfrak{R}_{\prime\prime}(\Phi_{\prime} + \mathrm{D}_t\varphi_{\prime}) + \mathfrak{M}_{\prime\prime}(\mathrm{X}_{\prime} + \mathrm{D}_t\chi_{\prime}) + \mathfrak{P}_{\prime\prime}(\Psi_{\prime} + \mathrm{D}_t\psi_{\prime}), \\
\zeta_{\prime} = {} & {}_{\prime}\mathfrak{Q}(\Phi + \mathrm{D}_t\varphi) + {}_{\prime}\mathfrak{P}(\mathrm{X} + \mathrm{D}_t\chi) + {}_{\prime}\mathfrak{N}(\Psi + \mathrm{D}_t\psi) \\
& + \mathfrak{Q}_{\prime\prime}(\Phi_{\prime} + \mathrm{D}_t\varphi_{\prime}) + \mathfrak{P}_{\prime\prime}(\mathrm{X}_{\prime} + \mathrm{D}_t\chi_{\prime}) + \mathfrak{N}_{\prime\prime}(\Psi_{\prime} + \mathrm{D}_t\psi_{\prime}),
\end{aligned}$$

les lettres

$$\mathfrak{L},\quad \mathfrak{M},\quad \mathfrak{N},\quad \mathfrak{P},\quad \mathfrak{Q},\quad \mathfrak{R},\quad \mathfrak{L}_{,},\quad \mathfrak{M}_{,},\quad \ldots,\quad \mathfrak{Q}_{,,},\quad \mathfrak{R}_{,,}$$

indiquant des fonctions entières des caractéristiques

$$D_x,\quad D_y,\quad D_z,\quad D_t,$$

et la forme de ces nouvelles fonctions se déduisant immédiatement de celle des fonctions représentées par

$$L,\quad M,\quad N,\quad P,\quad Q,\quad R,\quad L_{,},\quad M_{,},\quad \ldots,\quad Q_{,,},\quad R_{,,}.$$

Nota. — Étant donné, entre les variables principales ξ, η, ζ, ... et les variables indépendantes x, y, z, t, un système d'équations linéaires aux différences partielles et à coefficients constants, écrites à l'aide des caractéristiques D_x, D_y, D_z, D_t; si, en supposant les seconds membres de ces équations linéaires réduits à zéro, on élimine entre elles toutes les variables principales à l'exception d'une seule ξ, ou η, ou ζ, ..., on obtiendra une équation résultante de l'une des formes

$$\nabla\xi = 0,\qquad \nabla\eta = 0,\qquad \nabla\zeta = 0,\qquad \ldots,$$

∇ étant une fonction entière de D_x, D_y, D_z, D_t qui restera la même, quelle que soit la variable principale conservée, et qui sera précisément le premier membre de l'équation (15) du paragraphe IV. Ainsi chacune des variables principales devra vérifier, quel que soit t, une équation aux différences partielles semblable à celle que vérifie la fonction principale ϖ, c'est-à-dire la forme

$$\nabla\varpi = 0;$$

et il est clair qu'on pourra en dire autant d'une fonction linéaire quelconque 8 des variables principales et de leurs dérivées, en sorte qu'on devra encore avoir

$$\nabla 8 = 0.$$

Si, dans les équations linéaires données, l'ordre des dérivées relatives à t s'élève jusqu'à n' pour la variable principale ξ, jusqu'à n'' pour η, jusqu'à n''' pour ζ, ..., la plus haute puissance de D_t renfermée dans ∇

sera en général le nombre n déterminé par la formule

$$n = n' + n'' + n''' + \ldots.$$

Toutefois, il peut arriver, dans certains cas, que l'exposant de cette plus haute puissance de D_t s'abaisse au-dessous de la somme $n' + n'' + n''' + \ldots$, ou bien encore que $\nabla z = 0$ ne soit pas l'équation aux différences partielles la plus simple à laquelle satisfasse la valeur générale de z. Dans des cas semblables, les méthodes ci-dessus exposées ne cessent pas d'être applicables à l'intégration des équations linéaires données. Seulement il convient de les appliquer de manière que les valeurs générales de ξ, η, ζ, ... z se présentent sous la forme la plus simple possible. Les moyens qui peuvent conduire à ce but seront l'objet d'un autre Mémoire.

Nous remarquerons en finissant que, dans le cas où les seconds membres des équations linéaires données se réduisent, non pas à zéro, mais à des fonctions des seules variables x, y, z, en demeurant indépendants de la variable t, le quatrième théorème du paragraphe IV fournit la seconde partie de la valeur générale de chaque variable principale sous la forme à laquelle on serait conduit par une règle très simple qu'a donnée M. Liouville dans son *Journal de Mathématiques* (août 1838).

MÉMOIRE

SUR

LES MOUVEMENTS INFINIMENT PETITS

DONT

LES ÉQUATIONS PRÉSENTENT UNE FORME INDÉPENDANTE

DE

LA DIRECTION DES TROIS AXES COORDONNÉS, SUPPOSÉS RECTANGULAIRES,

OU

SEULEMENT DE DEUX DE CES AXES.

Considérations générales.

Comme on l'a vu dans les précédents Mémoires, les mouvements infiniment petits, d'un ou de plusieurs systèmes de molécules, peuvent être représentés par des équations linéaires aux différences partielles entre trois variables principales, savoir, les déplacements d'une molécule, mesurés parallèlement à trois axes coordonnés rectangulaires, et quatre variables indépendantes, savoir, les coordonnées et le temps. Il y a plus : dans ces équations, les coefficients des variables principales et de leurs dérivées deviennent constants, lorsque l'on considère un système unique et homogène de molécules, et que l'on s'arrête à une première approximation. Dans l'un ou l'autre cas, les coefficients dont il s'agit, et par conséquent la forme des équations linéaires, dépendront en général, non seulement de la nature du système ou des systèmes moléculaires, mais encore de la direction des axes coordonnés. Néanmoins il n'en est pas toujours ainsi. La constitution du système ou des systèmes de molécules donnés peut être telle que les coefficients renfermés dans les équations des mouvements infiniment petits ne soient pas altérés quand on fait tourner d'une manière quelconque les trois axes coordonnés autour de l'origine ; et alors il est clair que la propagation de ces mouvements devra s'effectuer en tous sens suivant les mêmes lois. C'est ce qui arrive, par exemple, lorsque le son se propage dans un gaz ou dans un liquide. C'est ce qui arrivera encore si, l'un des systèmes de molécules donnés étant le fluide éthéré, l'autre système compose ce que dans la théorie de la lumière nous appelons un corps *isophane*. Ce n'est pas tout : la constitution du système ou des systèmes de molécules donnés peut être telle que les coefficients renfermés dans les équations des mouvements infiniment petits ne soient pas altérés quand, l'un des axes coordonnés demeurant fixe, on fait tourner les deux autres autour du premier; et alors il est clair que la propagation du mouvement devra s'effectuer en tous sens suivant les mêmes lois, non plus autour d'un point quelconque, mais seulement autour de tout axe parallèle à l'axe fixe. C'est ce qui arrivera, par exemple, si, le premier système de molécules étant le fluide éthéré, l'autre système compose ce qu'on nomme, dans la théorie de la lumière, *un cristal à un seul axe optique*. Il est donc important d'examiner ce que deviendront les équations des mouvements infiniment petits d'un ou de deux systèmes homogènes de molécules, quand elles acquerront la propriété de ne pouvoir être altérées, tandis que l'on fera tourner les trois axes coordonnés autour de l'origine, ou bien encore deux de ces axes autour du troisième supposé fixe. J'ai déjà traité cette question, en considérant un seul système de molécules : 1° pour le cas où les équations sont homogènes, dans les *Exercices de Mathématiques;* 2° pour le cas général, dans un Mémoire relatif à la *Théorie de la Lumière*, et lithographié sous la date d'août 1836. Mais d'une part ce dernier Mémoire, tiré à un petit nombre d'exemplaires, est assez rare aujourd'hui; et d'ailleurs, en réfléchissant de nouveau sur la même question, je suis parvenu à rendre la solution plus simple. J'ai donc tout lieu d'espérer que les géomètres accueilleront encore avec intérêt ce nouveau Mémoire, qui permettra d'établir et d'exposer facilement quelques-unes des théories les plus délicates de la Physique mathématique.

Parmi les divers paragraphes dont le Mémoire se compose, le premier est consacré au développement de quelques théorèmes relatifs à la transformation des coordonnées rectangulaires, le second à la recherche des conditions nécessaires pour qu'une fonction de deux ou de trois coordonnées rectangulaires reste indépendante de la direction des axes coordonnés; et c'est la connaissance de ces conditions qui me conduit, dans les paragraphes suivants, à la solution de la question ci-dessus indiquée.

§ I. — *Sur quelques théorèmes relatifs à la transformation des coordonnées rectangulaires.*

Soient

$$x,\quad y,\quad z$$

les coordonnées rectangulaires d'un point P, relatives à trois axes rectangulaires, et

$$\mathrm{x},\quad \mathrm{y},\quad \mathrm{z}$$

ce que deviennent ces coordonnées, quand on a fait tourner d'une manière quelconque le système de ces trois axes autour de l'origine. On aura, comme on sait,

$$(1)\qquad \left\{\begin{aligned} \mathrm{x} &= ax + by + cz,\\ \mathrm{y} &= a'x + b'y + c'z,\\ \mathrm{z} &= a''x + b''y + c''z, \end{aligned}\right.$$

a, b, c; a', b', c'; a'', b'', c'' désignant neuf coefficients, dont six pourront se déduire des trois autres, attendu qu'on doit avoir, quels que soient x, y, z,

$$(2)\qquad \mathrm{x}^2 + \mathrm{y}^2 + \mathrm{z}^2 = x^2 + y^2 + z^2$$

et, par suite,

$$(3)\qquad \left\{\begin{aligned} &a^2 + a'^2 + a''^2 = 1, && b^2 + b'^2 + b''^2 = 1, && c^2 + c'^2 + c''^2 = 1,\\ &bc + b'c' + b''c'' = 0, && ca + c'a' + c''a'' = 0, && ab + a'b' + a''b'' = 0. \end{aligned}\right.$$

De plus on tire des équations (1), jointes aux formules (3),

$$(4)\quad \begin{cases} x = a\mathrm{x} + a'\mathrm{y} + a''\mathrm{z}, \\ y = b\mathrm{x} + b'\mathrm{y} + b''\mathrm{z}, \\ z = c\mathrm{x} + c'\mathrm{y} + c''\mathrm{z}; \end{cases}$$

puis de ces dernières, jointes à la formule (2),

$$(5)\quad \begin{cases} a^2 + b^2 + c^2 = 1, & a'^2 + b'^2 + c'^2 = 1, & a''^2 + b''^2 + c''^2 = 1, \\ a'a'' + b'b'' + c'c'' = 0, & a''a + b''b + c''c = 0, & aa' + bb' + cc' = 0. \end{cases}$$

Enfin, si l'on nomme

$$x_{\prime},\quad y_{\prime},\quad z_{\prime}$$

et

$$\mathrm{x}_{\prime},\quad \mathrm{y}_{\prime},\quad \mathrm{z}_{\prime}$$

les coordonnées d'un nouveau point Q, relatives au premier et au second système d'axes coordonnés, on aura

$$(6)\quad \begin{cases} \mathrm{x}_{\prime} = ax_{\prime} + by_{\prime} + cz_{\prime}, \\ \mathrm{y}_{\prime} = a'x_{\prime} + b'y_{\prime} + c'z_{\prime}, \\ \mathrm{z}_{\prime} = a''x_{\prime} + b''y_{\prime} + c''z_{\prime}; \end{cases}$$

et des formules (6), jointes aux équations (3), on tirera

$$(7)\quad \mathrm{x}\mathrm{x}_{\prime} + \mathrm{y}\mathrm{y}_{\prime} + \mathrm{z}\mathrm{z}_{\prime} = xx_{\prime} + yy_{\prime} + zz_{\prime}.$$

Donc *la transformation des coordonnées n'altère point la valeur de la somme*

$$xx_{\prime} + yy_{\prime} + zz_{\prime}.$$

Cette somme représente effectivement une quantité indépendante de la direction des axes coordonnés, savoir, le produit des rayons vecteurs, menés de l'origine aux points P, Q, par le cosinus de l'angle que ces rayons vecteurs comprennent entre eux.

Soit maintenant 8 une fonction quelconque des coordonnées primitives

$$x,\quad y,\quad z.$$

Si l'on passe du cas où ces coordonnées sont prises pour variables indépendantes au cas où l'on prend pour variables indépendantes les coordonnées nouvelles

$$\mathrm{x},\quad \mathrm{y},\quad \mathrm{z},$$

on aura, en vertu des formules (4),

$$D_{\mathrm{x}}8 = aD_x 8 + bD_y 8 + cD_z 8 = (aD_x + bD_y + cD_z)8,$$
$$\cdots\cdots\cdots\cdots\cdots\cdots\cdots\cdots\cdots\cdots\cdots\cdots\cdots\cdots\cdots$$

par conséquent,

$$(8)\qquad \begin{cases} D_{\mathrm{x}} = a\,D_x + b\,D_y + c\,D_z, \\ D_{\mathrm{y}} = a'D_x + b'D_y + c'D_z, \\ D_{\mathrm{z}} = a''D_x + b''D_y + c''D_z; \end{cases}$$

puis on tirera de ces dernières, eu égard aux formules (3),

$$(9)\qquad \begin{cases} D_x = a\,D_{\mathrm{x}} + a'D_{\mathrm{y}} + a''D_{\mathrm{z}}, \\ D_y = b\,D_{\mathrm{x}} + b'D_{\mathrm{y}} + b''D_{\mathrm{z}}, \\ D_z = c\,D_{\mathrm{x}} + c'D_{\mathrm{y}} + c''D_{\mathrm{z}}. \end{cases}$$

Enfin l'on tirera des formules (8), ou bien encore des formules (9),

$$(10)\qquad D_{\mathrm{x}}^2 + D_{\mathrm{y}}^2 + D_{\mathrm{z}}^2 = D_x^2 + D_y^2 + D_z^2.$$

Or les formules (8), (9) sont entièrement semblables aux formules (1), (4), et la formule (10) à la formule (2). Par conséquent *dans la transformation des coordonnées rectangulaires, les relations qui subsistent entre les coordonnées*

$$x,\ y,\ z \quad \text{et} \quad \mathrm{x},\ \mathrm{y},\ \mathrm{z},$$

relatives à deux systèmes d'axes, subsistent pareillement entre les caractéristiques

$$D_x,\ D_y,\ D_z \quad \text{et} \quad D_{\mathrm{x}},\ D_{\mathrm{y}},\ D_{\mathrm{z}}$$

qui indiquent des différentiations effectuées par rapport aux coordonnées

$$x,\ y,\ z \quad \text{ou} \quad \mathrm{x},\ \mathrm{y},\ \mathrm{z}$$

considérées comme variables indépendantes.

Au reste, on ne doit pas oublier que les formules (8), (9), (10), et celles qu'on peut en déduire, sont des formules symboliques, que l'on transforme en équations véritables en plaçant une fonction quelconque 8 à la suite des expressions symboliques renfermées dans chaque membre. Ainsi en particulier la formule (10) n'est autre chose que la représentation symbolique de l'équation

$$(D_x^2 + D_y^2 + D_z^2)8 = (D_x^2 + D_y^2 + D_z^2)8,$$

ou

(11) $$\frac{\partial^2 8}{\partial x^2} + \frac{\partial^2 8}{\partial y^2} + \frac{\partial^2 8}{\partial z^2} = \frac{\partial^2 8}{\partial x^2} + \frac{\partial^2 8}{\partial y^2} + \frac{\partial^2 8}{\partial z^2},$$

8 désignant une fonction quelconque des coordonnées x, y, z ou x, y, z.

Si l'on combine les équations (6), non plus avec les équations (1), mais avec les formules (8), alors, au lieu de la formule (7), on obtiendra la suivante

(12) $$x_{\prime} D_x + y_{\prime} D_y + z_{\prime} D_z = x_{\prime} D_x + y_{\prime} D_y + z_{\prime} D_z.$$

Donc *une transformation de coordonnées rectangulaires n'altérera point un produit symbolique de la forme*

$$x_{\prime} D_x + y_{\prime} D_y + z_{\prime} D_z.$$

Les équations (6), et par suite les formules (7) et (12), continueront évidemment de subsister, si, en nommant toujours

$$x, \quad y, \quad z \qquad \text{ou} \qquad \mathrm{x}, \quad \mathrm{y}, \quad \mathrm{z}$$

les coordonnées primitives ou nouvelles du point P, on désigne les coordonnées primitives ou nouvelles d'un second point Q, non plus par

$$x_{\prime}, \quad y_{\prime}, \quad z_{\prime} \qquad \text{ou par} \qquad \mathrm{x}_{\prime}, \quad \mathrm{y}_{\prime}, \quad \mathrm{z}_{\prime},$$

mais par

$$x + x_{\prime}, \quad y + y_{\prime}, \quad z + z_{\prime} \qquad \text{ou par} \qquad \mathrm{x} + \mathrm{x}_{\prime}, \quad \mathrm{y} + \mathrm{y}_{\prime}, \quad \mathrm{z} + \mathrm{z}_{\prime},$$

en sorte que

$$x_{\prime}, \quad y_{\prime}, \quad z_{\prime} \qquad \text{ou} \qquad \mathrm{x}_{\prime}, \quad \mathrm{y}_{\prime}, \quad \mathrm{z}_{\prime}$$

représentent les projections algébriques de la distance PQ sur les axes coordonnés des x, y, z ou des x, y, z. Cela posé, soient

$$8$$

une fonction quelconque des coordonnées x, y, z du point P, et

$$\Delta 8$$

l'accroissement que reçoit cette fonction, quand on passe du point P au point Q, c'est-à-dire quand on fait croître x de $x_{,}$, y de $y_{,}$, z de $z_{,}$, ou, ce qui revient au même, x de x,, y de y,, z de z,. On aura, en vertu du théorème de Taylor,

$$8 + \Delta 8 = e^{x_{,}D_x + y_{,}D_y + z_{,}D_z} 8 = e^{\mathrm{x}_{,}D_{\mathrm{x}} + \mathrm{y}_{,}D_{\mathrm{y}} + \mathrm{z}_{,}D_{\mathrm{z}}} 8,$$

par conséquent

$$(13) \qquad 1 + \Delta = e^{x_{,}D_x + y_{,}D_y + z_{,}D_z} = e^{\mathrm{x}_{,}D_{\mathrm{x}} + \mathrm{y}_{,}D_{\mathrm{y}} + \mathrm{z}_{,}D_{\mathrm{z}}}$$

et

$$(14) \qquad \Delta = e^{x_{,}D_x + y_{,}D_y + z_{,}D_z} - 1 = e^{\mathrm{x}_{,}D_{\mathrm{x}} + \mathrm{y}_{,}D_{\mathrm{y}} + \mathrm{z}_{,}D_{\mathrm{z}}} - 1.$$

Donc la caractéristique Δ, considérée successivement comme fonction des caractéristiques

$$D_x, \quad D_y, \quad D_z,$$

et comme fonction des caractéristiques

$$D_{\mathrm{x}}, \quad D_{\mathrm{y}}, \quad D_{\mathrm{z}},$$

sera représentée, dans le premier cas, par l'expression symbolique

$$e^{x_{,}D_x + y_{,}D_y + z_{,}D_z} - 1,$$

et dans le second cas par l'expression symbolique

$$e^{\mathrm{x}_{,}D_{\mathrm{x}} + \mathrm{y}_{,}D_{\mathrm{y}} + \mathrm{z}_{,}D_{\mathrm{z}}} - 1.$$

Or, il résulte de la formule (12) que, pour passer de la première expression symbolique à la seconde, il suffit de chercher ce que devient la première quand on opère la transformation des coordonnées. On peut donc énoncer la proposition suivante.

THÉORÈME. — *Soient*

$$x,\quad y,\quad z$$

les coordonnées rectangulaires d'un point mobile P, *et désignons à l'aide de la caractéristique*

$$\Delta$$

l'accroissement que reçoit une fonction de x, y, z, *quand on passe du point* P *à un autre point* Q, *en attribuant aux coordonnées du premier point certains accroissements*

$$x_{,},\quad y_{,},\quad z_{,}.$$

Soient d'ailleurs

$$\mathrm{x},\quad \mathrm{y},\quad \mathrm{z}\quad \text{et}\quad \mathrm{x}_{,},\quad \mathrm{y}_{,},\quad \mathrm{z}_{,}$$

ce que deviennent

$$x,\quad y,\quad z\quad \text{et}\quad x_{,},\quad y_{,},\quad z_{,},$$

quand on a fait tourner autour de l'origine d'une manière quelconque, le système des trois axes coordonnés. Si l'on veut déduire l'une de l'autre les deux valeurs que le théorème de Taylor fournit immédiatement pour la caractéristique Δ, *considérée d'abord comme fonction de* D_x, D_y, D_z, *puis comme fonction de* D_{x}, D_{y}, D_{z}, *il suffira d'avoir égard aux formules qui servent à opérer la transformation des coordonnées rectangulaires avec un changement simultané de variables indépendantes.*

Les diverses formules établies dans ce paragraphe s'étendent évidemment au cas où l'on passerait d'un premier système de coordonnées à un second, en faisant tourner seulement les axes des x et des y autour de l'axe des z. Alors c, c' seraient nuls ainsi que a'', b'', et les formules (1), (2), (4), (7), (8), (9), (12) pourraient s'écrire comme il suit

$$\mathrm{x} = x\cos\alpha + y\sin\alpha,\qquad \mathrm{y} = y\cos\alpha - x\sin\alpha, \tag{15}$$

$$\mathrm{x}^2 + \mathrm{y}^2 = x^2 + y^2, \tag{16}$$

$$x = \mathrm{x}\cos\alpha - \mathrm{y}\sin\alpha,\qquad y = \mathrm{y}\cos\alpha + \mathrm{x}\sin\alpha, \tag{17}$$

$$\mathrm{x}\mathrm{x}_{,} + \mathrm{y}\mathrm{y}_{,} = x x_{,} + y y_{,}, \tag{18}$$

$$D_{\mathrm{x}} = \cos\alpha\, D_x + \sin\alpha\, D_y,\qquad D_{\mathrm{y}} = \cos\alpha\, D_y - \sin\alpha\, D_x, \tag{19}$$

$$D_x = \cos\alpha\, D_{\mathrm{x}} - \sin\alpha\, D_{\mathrm{y}},\qquad D_y = \cos\alpha\, D_{\mathrm{y}} + \sin\alpha\, D_{\mathrm{x}}, \tag{20}$$

$$D_{\mathrm{x}}^2 + D_{\mathrm{y}}^2 = D_x^2 + D_y^2. \tag{21}$$

§ II. — *Condition que doit remplir une fonction de deux ou de trois coordonnées rectangulaires, pour devenir indépendante de la direction des axes coordonnés.*

Pour arriver facilement à la condition dont il s'agit, nous aurons recours à une proposition qui est évidente par elle-même, et dont voici l'énoncé.

Premier Théorème. — *Si une équation entre plusieurs variables indépendantes*

$$x,\quad y,\quad z,\quad \ldots$$

et plusieurs paramètres ou constantes arbitraires

$$\alpha,\quad \beta,\quad \ldots$$

doit subsister, quelles que soient les valeurs réelles attribuées à ces variables et à ces paramètres, elle continuera de subsister, quelles que soient les variables $x, y, z, \ldots$ *quand on établira des relations entre ces variables et les paramètres* $\alpha, \beta, \ldots$ *en transformant ces paramètres ou seulement quelques-uns d'entre eux en fonctions de* x, y, z.

On conçoit, en effet, qu'une équation qui se vérifie indépendamment de valeurs attribuées à diverses quantités, subsiste, par cela même, dans le cas où l'on établit entre ces quantités des relations quelconques.

D'ailleurs le théorème qu'on vient d'énoncer entraine évidemment la proposition suivante.

Deuxième Théorème. — *Soient*

$$x,\quad y,\quad z,\quad \ldots$$

plusieurs variables indépendantes, et

$$\mathrm{x},\quad \mathrm{y},\quad \mathrm{z},\quad \ldots$$

des fonctions qui, renfermant avec ces variables certains paramètres

$$\alpha, \quad 6, \quad \ldots,$$

se réduisent à

$$x, \quad y, \quad z, \quad \ldots$$

pour des valeurs particulières de ces paramètres. Enfin, supposons que des relations convenables, établies entre les paramètres α, $6,\ldots$ *et les variables indépendantes* x, y, $z,\ldots$ *puissent faire évanouir toutes les fonctions*

$$\mathrm{x}, \quad \mathrm{y}, \quad \mathrm{z}, \quad \ldots$$

à l'exception d'une seule, de x, *par exemple, en réduisant celle-ci à une fonction déterminée* R *de* x, y, $z,\ldots$ *Si l'expression*

$$f(\mathrm{x}, \mathrm{y}, \mathrm{z}, \ldots),$$

considérée comme fonction de x, y, $z,\ldots$, *conserve la même forme, quelles que soient les valeurs attribuées aux paramètres*

$$\alpha, \quad 6, \quad \ldots,$$

en sorte que l'équation

$$f(\mathrm{x}, \mathrm{y}, \mathrm{z}, \ldots) = f(x, y, z, \ldots)$$

soit identique, on aura encore identiquement

$$f(x, y, z, \ldots) = f(\mathrm{R}, \mathrm{o}, \mathrm{o}, \ldots).$$

Pour montrer une application de ce dernier théorème, rapportons les différents points de l'espace à trois axes rectangulaires des x, y, z, et considérons l'un des points auxquels appartiennent les deux coordonnées

$$x, \quad y.$$

Si l'on fait tourner les axes des x et des y autour de l'axe des z, les deux coordonnées

$$x, \quad y$$

se trouveront remplacées par deux coordonnées nouvelles

$$\mathrm{x}, \quad \mathrm{y}$$

liées aux deux premières par deux équations linéaires et de la forme

(1) $$\mathrm{x} = x\cos\alpha + y\sin\alpha, \qquad \mathrm{y} = y\cos\alpha - x\sin\alpha.$$

Cela posé, pour qu'une expression de la forme

$$\mathrm{f}(\mathrm{x}, \mathrm{y})$$

devienne indépendante de la direction des axes mobiles, il faudra que l'on ait constamment

(2) $$\mathrm{f}(\mathrm{x}, \mathrm{y}) = \mathrm{f}(x, y),$$

ou, en d'autres termes,

(3) $$\mathrm{f}(x\cos\alpha + y\sin\alpha,\ y\cos\alpha - x\sin\alpha) = \mathrm{f}(x, y),$$

quelles que soient les valeurs, non seulement de x et de y, mais encore de l'angle α. D'ailleurs pour faire évanouir y, il suffira d'admettre, entre α, x, et y, la relation exprimée par la formule

$$y\cos\alpha - x\sin\alpha = 0$$

de laquelle on tire

$$\frac{\cos\alpha}{x} = \frac{\sin\alpha}{y} = \pm\frac{1}{r},$$

et par suite

$$\mathrm{x} = \pm r,$$

la valeur de r étant

(4) $$r = \sqrt{x^2 + y^2}.$$

Donc l'équation (2), lorsqu'elle se vérifiera pour des valeurs quelconques de x, y, quel que soit le paramètre α, entraînera la suivante

(5) $$\mathrm{f}(x, y) = \mathrm{f}(\pm r, 0),$$

et par conséquent les deux suivantes

(6) $$\mathrm{f}(x, y) = \mathrm{f}(r, 0),$$
(7) $$\mathrm{f}(r, 0) = \mathrm{f}(-r, 0).$$

Or les formules (6), (7) comprennent évidemment le théorème que nous allons énoncer.

TROISIÈME THÉORÈME. — *Pour qu'une fonction*

$$\mathrm{f}(x, y)$$

de deux coordonnées x, y, d'un même point, relatives à deux axes rectangulaires, ne soit point altérée, tandis qu'on fait varier ces coordonnées, non en changeant la position du point, mais en faisant tourner les deux axes dans leur plan, autour de l'origine, il est nécessaire que $\mathrm{f}(x, y)$ se réduise à une fonction du rayon vecteur r mené de l'origine à la projection du point donné sur le plan des x, y, et même à une fonction de r qui ne varie pas quand on y remplace r par $-r$.

On démontrerait encore facilement le théorème qui précède, en substituant aux coordonnées rectangulaires

$$x,\ y \quad \text{ou} \quad \mathrm{x},\ \mathrm{y}$$

deux coordonnées polaires

$$r,\ p \quad \text{ou} \quad r,\ \mathrm{p}$$

dont la première r serait toujours le rayon vecteur ci-dessus mentionné, la seconde p ou p désignant l'angle formé par ce rayon vecteur avec le demi-axe des x ou des x positives. Alors en effet, on aurait entre x, y et r, p, ou x, y, et r, p, des équations de la forme

(8) $$x = r\cos p, \qquad y = r\sin p,$$

ou

(9) $$\mathrm{x} = r\cos \mathrm{p}, \qquad \mathrm{y} = r\sin \mathrm{p},$$

la valeur de p étant elle-même de la forme

(10) $$\mathrm{p} = p - \alpha;$$

et l'équation (2) deviendrait

(11) $$\mathrm{f}(r\cos \mathrm{p}, r\sin \mathrm{p}) = \mathrm{f}(r\cos p, r\sin p).$$

Or, il résulte de cette dernière formule que la fonction des variables x, y, ou r, p, représentée par

$$f(x, y) = f(r \cos p, r \sin p),$$

ne varie pas quand on fait varier p, et se réduit en conséquence à la fonction de r en laquelle elle se transforme quand on pose $p = 0$ ou $p = \pi$, c'est-à-dire à

$$f(\pm r, 0),$$

le double signe pouvant être réduit arbitrairement au signe + ou au signe —.

Supposons maintenant que l'on fasse tourner autour de l'origine, d'une manière quelconque, les trois axes rectangulaires des x, des y et des z. Les trois coordonnées

$$x, \quad y, \quad z$$

d'un point donné, se trouveront remplacées par trois coordonnées nouvelles

$$\mathrm{x}, \quad \mathrm{y}, \quad \mathrm{z}$$

liées aux trois premières par trois équations de la forme

$$(12) \qquad \begin{cases} \mathrm{x} = ax + by + cz, \\ \mathrm{y} = a'x + b'y + c'z, \\ \mathrm{z} = a''x + b''y + c''z, \end{cases}$$

dans lesquelles six des neuf coefficients

$$a, \quad b, \quad c, \qquad a', \quad b', \quad c', \qquad a'', \quad b'', \quad c''$$

pourront se déduire des trois autres, en vertu des formules (3) ou (5) du paragraphe I, en sorte qu'on aura identiquement

$$(13) \qquad \mathrm{x}^2 + \mathrm{y}^2 + \mathrm{z}^2 = x^2 + y^2 + z^2.$$

Cela posé, pour qu'une expression de la forme

$$f(\mathrm{x}, \mathrm{y}, \mathrm{z})$$

devienne indépendante de la direction des axes mobiles, il faudra que l'on ait constamment

$$(14) \qquad \mathrm{f}(\mathrm{x}, \mathrm{y}, \mathrm{z}) = \mathrm{f}(x, y, z),$$

quelles que soient les valeurs, non seulement de

$$x, \quad y, \quad z,$$

mais encore de trois des neuf coefficients

$$a, \quad b, \quad c, \qquad a', \quad b', \quad c', \qquad a'', \quad b'', \quad c''$$

dont on pourra disposer de manière à faire évanouir y et z. D'ailleurs, si l'on nomme r le rayon vecteur mené de l'origine au point donné, on aura

$$(15) \qquad r = \sqrt{x^2 + y^2 + z^2},$$

et l'équation (13), réduite à

$$(16) \qquad \mathrm{x}^2 + \mathrm{y}^2 + \mathrm{z}^2 = r^2,$$

donnera, pour des valeurs nulles de y et de z,

$$(17) \qquad \mathrm{x} = \pm r.$$

Donc la formule (14) entraînera la suivante

$$(18) \qquad \mathrm{f}(x, y, z) = \mathrm{f}(\pm r, 0, 0),$$

par conséquent les deux suivantes

$$(19) \qquad \mathrm{f}(x, y, z) = \mathrm{f}(r, 0, 0),$$

$$(20) \qquad \mathrm{f}(r, 0, 0) = \mathrm{f}(-r, 0, 0).$$

Or les formules (19), (20) comprennent évidemment le théorème que nous allons énoncer.

QUATRIÈME THÉORÈME. — *Pour qu'une fonction*

$$\mathrm{f}(x, y, z)$$

de trois coordonnées x, y, z d'un même point, relatives à trois axes rectangulaires, ne soit point altérée, tandis qu'on fait varier ces coor-

données, non en changeant la position du point, mais en faisant tourner le système des trois axes rectangulaires autour de l'origine, il est nécessaire que f (x, y, z) *se réduise à une fonction du rayon vecteur r mené de l'origine au point donné, et même à une fonction de r qui ne varie pas quand on y remplace r par* $-r$.

Au reste, on démontrerait encore facilement le théorème qui précède en substituant aux coordonnées rectangulaires

$$x,\quad y,\quad z \qquad \text{ou} \qquad \mathrm{x},\quad \mathrm{y},\quad \mathrm{z},$$

des coordonnées polaires

$$r,\quad p,\quad q \qquad \text{ou} \qquad r,\quad \mathrm{p},\quad \mathrm{q},$$

liées aux premières par des équations de la forme

$$x = r\cos p,\qquad y = r\sin p\cos q,\qquad z = r\sin p\sin q,$$

ou

$$\mathrm{x} = r\cos \mathrm{p},\qquad \mathrm{y} = r\sin \mathrm{p}\cos \mathrm{q},\qquad \mathrm{z} = r\sin \mathrm{p}\sin \mathrm{q}.$$

En effet, en vertu de cette substitution, la formule (14) deviendrait

$$f(r\cos\mathrm{p},\ r\sin\mathrm{p}\cos\mathrm{q},\ r\sin\mathrm{p}\sin\mathrm{q}) = f(r\cos p,\ r\sin p\cos q,\ r\sin p\sin q).$$

Or comme, la direction des nouveaux axes étant complètement arbitraire, on pourrait en dire autant des valeurs des variables p, q, on conclurait de la formule précédente que la fonction

$$\mathrm{f}(x, y, z) = \mathrm{f}(r\cos p,\ r\sin p\cos q,\ r\sin p\sin q)$$

ne varie pas avec p et q, mais seulement avec r, et se réduit à la valeur de

$$\mathrm{f}(r\cos p,\ r\sin p\cos q,\ r\sin p\sin q)$$

correspondante à $p = 0$ ou $p = \pi$, c'est-à-dire à

$$\mathrm{f}(\pm r, 0, 0).$$

Lorsque les fonctions de x, y ou de x, y, z désignées, dans les théorèmes 3 et 4, par

$$\mathrm{f}(x, y) \qquad \text{ou} \qquad \mathrm{f}(x, y, z)$$

sont des fonctions entières composées d'un nombre fini ou infini de termes, alors

$$\mathrm{f}(r, 0) \quad \text{ou} \quad \mathrm{f}(r, 0, 0)$$

est pareillement une fonction entière de r, et même, en vertu de la formule (7) ou (20), une fonction entière de r^2, c'est-à-dire de

$$x^2 + y^2 \quad \text{ou de} \quad x^2 + y^2 + z^2.$$

Comme d'ailleurs toute fonction entière de r ou de r^2 remplit évidemment la condition mentionnée dans le troisième ou le quatrième théorème, il en résulte qu'on peut encore énoncer les propositions suivantes.

Cinquième Théorème. — *Pour qu'une fonction entière*

$$\mathrm{f}(x, y)$$

de deux coordonnées x, y d'un même point, relatives à deux axes rectangulaires, ne soit point altérée, tandis qu'on fait varier ces coordonnées, non en changeant la position du point, mais en faisant tourner les deux axes dans leur plan autour de l'origine, il est nécessaire et il suffit que $\mathrm{f}(x, y)$ *se réduise à une fonction entière de*

$$r^2 = x^2 + y^2.$$

Sixième Théorème. — *Pour qu'une fonction entière*

$$\mathrm{f}(x, y, z)$$

des trois coordonnées x, y, z d'un même point, relatives à trois axes rectangulaires, ne soit point altérée, tandis qu'on fait varier ces coordonnées, non en changeant la position du point, mais en faisant tourner le système des trois axes coordonnés autour de l'origine, il est nécessaire et il suffit que $\mathrm{f}(x, y, z)$ *se réduise à une fonction entière de*

$$r^2 = x^2 + y^2 + z^2.$$

Nous avons vu, dans le paragraphe I, que si l'on nomme

$$x, \; y, \; z \quad \text{et} \quad \mathrm{x}, \; \mathrm{y}, \; \mathrm{z}$$

les coordonnées d'un même point, relatives à un premier et à un second système d'axes rectangulaires, les caractéristiques

$$D_{\mathrm{x}},\quad D_{\mathrm{y}},\quad D_{\mathrm{z}}$$

s'exprimeront en fonction des caractéristiques

$$D_x,\quad D_y,\quad D_z$$

de la même manière que les nouvelles coordonnées

$$\mathrm{x},\quad \mathrm{y},\quad \mathrm{z}$$

en fonction des coordonnées primitives

$$x,\quad y,\quad z.$$

En conséquence, on pourra, dans les théorèmes 5 et 6, remplacer les coordonnées x, y, z par les caractéristiques

$$D_x,\quad D_y,\quad D_z,$$

et l'on obtiendra ainsi les propositions nouvelles que nous allons énoncer.

Septième Théorème. — *x, y étant deux coordonnées rectangulaires, et*

$$D_x,\quad D_y$$

les caractéristiques qui indiquent des différentiations relatives à ces coordonnées; pour qu'une fonction entière de ces caractéristiques ne soit point altérée, tandis qu'on fait tourner, dans le plan des x, y, les axes coordonnés autour de l'origine, il est nécessaire et il suffit que cette fonction se réduise à une fonction entière de

$$D_x^2 + D_y^2.$$

Huitième Théorème. — *x, y, z étant des coordonnées relatives à trois axes rectangulaires, et*

$$D_x,\quad D_y,\quad D_z$$

les caractéristiques qui indiquent des différentiations relatives à ces coor-

données; pour qu'une fonction entière de ces caractéristiques ne soit point altérée, tandis que l'on fait tourner d'une manière quelconque les axes coordonnés autour de l'origine, il est nécessaire et il suffit que cette fonction se réduise à une fonction entière de

$$D_x^2 + D_y^2 + D_z^2.$$

§ III. — *De la forme que prennent les équations des mouvements infiniment petits d'un système homogène de molécules, dans le cas où ces équations deviennent entièrement indépendantes de la direction des axes coordonnés.*

Les équations des mouvements infiniment petits d'un système homogène de molécules renferment, avec les déplacements moléculaires ξ, η, ζ mesurés parallèlement à trois axes rectangulaires, quatre variables indépendantes, savoir, les coordonnées x, y, z, relatives aux trois axes dont il s'agit, et le temps t. Ces mêmes équations, d'après ce qu'on a vu dans un autre Mémoire, peuvent s'écrire comme il suit

$$(1) \qquad \begin{cases} (L - D_t^2)\xi + R\eta + Q\zeta = 0, \\ R\xi + (M - D_t^2)\eta + P\zeta = 0, \\ Q\xi + P\eta + (N - D_t^2)\zeta = 0, \end{cases}$$

L, M, N, P, Q, R étant des fonctions entières de

$$D_x, \quad D_y, \quad D_z;$$

et si, comme l'ont fait quelques géomètres ([1]), on emploie, pour représenter les caractéristiques

$$D_x, \quad D_y, \quad D_z$$

de simples lettres

$$u, \quad v, \quad w,$$

on aura

$$(2) \qquad \begin{cases} L = G + D_u^2 H, & M = G + D_v^2 H, & N = G + D_w^2 H, \\ P = D_v D_w H, & Q = D_w D_u H, & R = D_u D_v H, \end{cases}$$

([1]) On peut citer particulièrement à ce sujet un Mémoire de M. Poisson *Sur l'intégration de quelques équations linéaires aux différences partielles*, etc., lu à l'Académie des Sciences le 19 juillet 1819, et où cet illustre géomètre différentie et intègre des fonctions qui renferment des caractéristiques.

G, H étant deux fonctions de u, v, w, entières, mais généralement composées d'un nombre infini de termes. En conséquence, les formules (2) donneront

$$(3)\quad \begin{cases} (G - D_t^2)\xi + D_u(D_u H\xi + D_v H\eta + D_w H\zeta) = 0, \\ (G - D_t^2)\eta + D_v(D_u H\xi + D_v H\eta + D_w H\zeta) = 0, \\ (G - D^2)\zeta + D_w(D_u H\xi + D_v H\eta + D_w H\zeta) = 0, \end{cases}$$

pourvu que l'on effectue d'abord sur H, considéré comme fonction de u, v, w, les différentiations indiquées par les caractéristiques

$$D_u, \quad D_v, \quad D_w;$$

puis sur ξ, η, ζ, considérés comme fonctions de x, y, z les différentiations indiquées par les caractéristiques u, v, w. Quant aux valeurs de

$$G, \quad H,$$

considérés comme fonctions de

$$u = D_x, \qquad v = D_y, \qquad w = D_z,$$

on les obtiendra de la manière suivante.

x, y, z étant les coordonnées rectangulaires d'une molécule $\mathfrak{m}$ du système que l'on considère, nommons m une seconde molécule séparée de la première par la distance r;

$$\mathrm{x}, \quad \mathrm{y}, \quad \mathrm{z}$$

les projections algébriques de cette distance r sur les axes coordonnés, et

$$\mathfrak{m} m r f(r)$$

l'action mutuelle des deux molécules $\mathfrak{m}$, m, prise avec le signe $+$ ou le signe $-$, suivant que ces deux molécules s'attirent ou se repoussent. Enfin, 8 étant une fonction quelconque de x, y, z, désignons par

$$\Delta 8$$

l'accroissement que prend cette fonction quand on passe de la molécule $\mathfrak{m}$ à la molécule m. On aura non seulement

$$\Delta 8 = (e^{\mathrm{x}\,\mathrm{D}_x + \mathrm{y}\,\mathrm{D}_y + \mathrm{z}\,\mathrm{D}_z} - 1)8,$$

par conséquent

$$(4) \qquad \Delta = e^{\mathrm{x}\,\mathrm{D}_x + \mathrm{y}\,\mathrm{D}_y + \mathrm{z}\,\mathrm{D}_z} - 1,$$

ou, ce qui revient au même,

$$(5) \qquad \Delta = e^{\mathrm{x}u + \mathrm{y}v + \mathrm{z}w} - 1;$$

mais encore

$$\mathrm{G}8 = \mathrm{S}[m f(r)\,\Delta 8],$$

$$\mathrm{H}8 = \mathrm{S}\left\{\frac{m}{r}\frac{df(r)}{dr}\left[\Delta 8 - (\mathrm{x}u + \mathrm{y}v + \mathrm{z}w)8 - \frac{(\mathrm{x}u + \mathrm{y}v + \mathrm{z}w)^2 8}{2}\right]\right\},$$

le signe S indiquant une somme relative aux diverses molécules m voisines de $\mathfrak{m}$; par conséquent

$$(6) \qquad \mathrm{G} = \mathrm{S}[m f(r)\,\Delta],$$

$$(7) \qquad \mathrm{H} = \mathrm{S}\left\{\frac{m}{r}\frac{df(r)}{dr}\left[\Delta - (\mathrm{x}u + \mathrm{y}v + \mathrm{z}w) - \frac{(\mathrm{x}u + \mathrm{y}v + \mathrm{z}w)^2}{2}\right]\right\},$$

ou, ce qui revient au même,

$$(8) \qquad \mathrm{H} = \mathrm{S}\left\{\frac{m}{r}\frac{df(r)}{dr}\left[\Delta - (\mathrm{x}\,\mathrm{D}_x + \mathrm{y}\,\mathrm{D}_y + \mathrm{z}\,\mathrm{D}_z) - \frac{(\mathrm{x}\,\mathrm{D}_x + \mathrm{y}\,\mathrm{D}_y + \mathrm{z}\,\mathrm{D}_z)^2}{2}\right]\right\}.$$

Or, en vertu de la formule (12) du paragraphe I, dans laquelle $x_{\prime}$, $y_{\prime}$, $z_{\prime}$ sont des quantités analogues à celles que nous désignons ici par x, y, z, les valeurs de G, H, fournies par les équations (6), (7), seront, aussi bien que la valeur de Δ (*voir* le théorème placé vers la fin du paragraphe I), indépendantes de la direction des axes coordonnés. Seulement, dans les développements de G, H suivant les puissances ascendantes de

$$\mathrm{D}_x, \quad \mathrm{D}_y, \quad \mathrm{D}_z,$$

les coefficients de ces caractéristiques pourront varier, en même temps qu'elles, avec la direction des axes; et

$$\mathrm{G}, \quad \mathrm{H},$$

considérés comme fonction de

$$\mathrm{D}_x, \quad \mathrm{D}_y, \quad \mathrm{D}_z,$$

pourront alors prendre successivement diverses formes, sans néanmoins changer de valeurs.

Considérons maintenant le cas particulier où, la direction des axes coordonnés venant à varier, G, H, qui ne changeront pas de valeurs, ne changeraient pas non plus de forme. Il est clair que, dans ce cas particulier, la forme des équations des mouvements infiniment petits resterait elle-même invariable et indépendante de la direction des axes coordonnés. Il y a plus : pour que la forme des équations du mouvement reste invariable, il est nécessaire qu'en développant les valeurs de

$$\mathrm{L},\quad \mathrm{M},\quad \mathrm{N},\quad \mathrm{P},\quad \mathrm{Q},\quad \mathrm{R},$$

fournies par les équations (2), suivant les puissances ascendantes des caractéristiques

$$u = \mathrm{D}_x,\qquad v = \mathrm{D}_y,\qquad w = \mathrm{D}_z,$$

on trouve pour coefficients de ces puissances des quantités indépendantes de la direction des axes coordonnés. Or, si cette dernière condition est remplie, non seulement

$$\mathrm{L},\quad \mathrm{M},\quad \mathrm{N},\quad \mathrm{P},\quad \mathrm{Q},\quad \mathrm{R},$$

considérés comme fonctions de u, v, w, présenteront une forme invariable, mais on pourra encore en dire autant des expressions

$$\begin{aligned} \mathrm{D}_u \mathrm{G} &= \mathrm{D}_u \mathrm{M} - \mathrm{D}_v \mathrm{R} = \mathrm{D}_u \mathrm{N} - \mathrm{D}_w \mathrm{Q},\\ \mathrm{D}_v \mathrm{G} &= \mathrm{D}_v \mathrm{N} - \mathrm{D}_w \mathrm{P} = \mathrm{D}_v \mathrm{L} - \mathrm{D}_u \mathrm{R},\\ \mathrm{D}_w \mathrm{G} &= \mathrm{D}_w \mathrm{L} - \mathrm{D}_u \mathrm{Q} = \mathrm{D}_w \mathrm{M} - \mathrm{D}_v \mathrm{P}, \end{aligned}$$

c'est-à-dire des dérivées partielles de la fonction G, relatives à u, v, w, par conséquent de sa différentielle totale, et de cette fonction elle-même qui, en vertu des formules (5) et (6), devra s'évanouir avec Δ, quand on y remplacera u, v, w par zéro. Ce n'est pas tout : la forme de la fonction G étant invariable, en même temps que les formes de

$$\mathrm{L},\quad \mathrm{M},\quad \mathrm{N},\quad \mathrm{P},\quad \mathrm{Q},\quad \mathrm{R},$$

on conclura des formules (2) que les six dérivées partielles du second ordre de la fonction H, savoir

$$D_u^2 H,\quad D_v^2 H,\quad D_w^2 H,\quad D_v D_w H,\quad D_w D_u H,\quad D_u D_v H,$$

présenteront elles-mêmes dans l'hypothèse admise des formes invariables. Donc on pourra en dire autant de la différentielle totale du second ordre de H considéré comme fonction de u, v, w; et puisque, en vertu des formules (5) et (7), la fonction H s'évanouit avec sa différentielle totale du premier ordre, pour des valeurs nulles de u, v, w, nous devons conclure que, dans l'hypothèse admise, cette fonction H offrira elle-même une forme invariable.

Ainsi, en résumé, pour que les équations des mouvements infiniment petits d'un système homogène de molécules offrent une forme indépendante de la direction des axes coordonnés, c'est-à-dire, en d'autres termes, pour que les valeurs de

$$D_t^2 \xi,\quad D_t^2 \eta,\quad D_t^2 \zeta,$$

fournies par ces équations, soient des fonctions invariables des déplacements ξ, η, ζ et de leurs dérivées de divers ordres, prises par rapport à x, y, z, il est nécessaire et il suffit que les fonctions de D_x, D_y, D_z, représentées par G, H, et déterminées par les formules (6) et (7) ou (6) et (8), conservent non seulement, comme il arrive toujours, la même valeur, mais aussi la même forme, après un changement de variables indépendantes correspondant à une transformation de coordonnées rectangulaires. D'ailleurs, pour que cette dernière condition soit remplie, il sera nécessaire et il suffira, en vertu du huitième théorème du paragraphe II, que G, H se réduisent à des fonctions de la somme

$$D_x^2 + D_y^2 + D_z^2.$$

On peut donc énoncer la proposition suivante.

Théorème. — *Pour que les équations des mouvements infiniment petits d'un système homogène de molécules soient indépendantes, dans leur forme, de la direction attribuée aux axes coordonnés, il est nécessaire et il suffit que les fonctions de*

$$u = D_x, \qquad v = D_y, \qquad w = D_z,$$

représentées par

$$G, \quad H,$$

et déterminées par les formules (6) *et* (7) *ou* (6) *et* (8), *se réduisent à des fonctions de*

$$u^2 + v^2 + w^2 = D_x^2 + D_y^2 + D_z^2.$$

Posons maintenant, pour abréger,

$$(9) \qquad k^2 = u^2 + v^2 + w^2 = D_x^2 + D_y^2 + D_z^2.$$

Lorsque G, H se réduiront à des fonctions de $u^2 + v^2 + w^2$, par conséquent de k^2, alors, en prenant

$$(10) \qquad E = G + \frac{1}{k}\frac{dH}{dk}, \qquad F = \frac{1}{k}\frac{d\left(\frac{1}{k}\frac{dH}{dk}\right)}{dk},$$

on tirera des formules (2),

$$(11) \qquad \begin{cases} L = E + F u^2, & M = E + F v^2 & N = E + F w^2, \\ P = F v w, & Q = F w u, & R = F u v, \end{cases}$$

ou, ce qui revient au même,

$$(12) \qquad \begin{cases} L = E + F D_x^2, & M = E + F D_y^2, & N = E + F D_z^2, \\ P = F D_y D_z, & Q = F D_z D_x, & R = F D_x D_y, \end{cases}$$

Donc alors les formules (1) se réduiront aux suivantes

$$(13) \qquad \begin{cases} (E - D_t^2)\xi + F D_x(D_x\xi + D_y\eta + D_z\zeta) = 0, \\ (E - D_t^2)\eta + F D_y(D_x\xi + D_y\eta + D_z\zeta) = 0, \\ (E - D_t^2)\zeta + F D_z(D_x\xi + D_y\eta + D_z\zeta) = 0. \end{cases}$$

Au reste, à l'aide des principes établis dans le paragraphe II, on s'assurera sans peine qu'effectivement les équations (13) ne changent pas de forme quand on change la direction des axes coordonnés.

Il est bon d'observer que, si l'on pose

$$(14) \qquad \upsilon = D_x\xi + D_y\eta + D_z\zeta,$$

la nouvelle variable υ représentera toujours, abstraction faite du signe, la dilatation ou la condensation du volume, mesurée au point (x, y, z), dans le système de molécules donné. Cela posé, les équations (13) pourront être présentées sous la forme

$$(15)\qquad (D_t^2 - E)\xi = F D_x \upsilon, \qquad (D_t^2 - E)\eta = F D_y \upsilon, \qquad (D_t^2 - E)\zeta = F D_z \upsilon,$$

et l'on tirera de ces mêmes équations, respectivement multipliées par

$$D_x, \quad D_y, \quad D_z,$$

puis combinées entre elles par voie d'addition,

$$(16)\qquad [D_t^2 - E - F(D_x^2 + D_y^2 + D_z^2)]\upsilon = 0.$$

Lorsque dans un système homogène de molécules, les équations des mouvements infiniment petits prennent une forme indépendante de la direction des axes coordonnés, ce système est évidemment du nombre de ceux où la propagation du mouvement s'effectue en tous sens suivant les mêmes lois. Or, d'après ce qu'on vient de dire, les mouvements infiniment petits d'un semblable système peuvent être représentés par les équations (13), dans lesquelles

$$E \text{ et } F$$

sont deux fonctions déterminées de

$$D_x^2 + D_y^2 + D_z^2,$$

ou bien encore, par les formules (15) jointes à l'équation (16). D'ailleurs il est important d'observer : 1° que la dilatation du volume peut se déduire immédiatement de l'intégration de la seule équation (16); 2° que, cette dilatation une fois connue, les valeurs de ξ, de η et de ζ, se trouveront déterminées chacune séparément par les trois formules (15).

Nous observerons encore que des formules (15), combinées entre elles, on tire

$$(17)\qquad \begin{cases} (D_t^2 - E)(D_z\eta - D_y\zeta) = 0, \\ (D_t^2 - E)(D_x\zeta - D_z\xi) = 0, \\ (D_t^2 - E)(D_y\xi - D_x\eta) = 0. \end{cases}$$

§ IV. — *De la forme que prennent les équations des mouvements infiniment petits d'un système homogène de molécules, dans le cas où elles deviennent indépendantes de la direction assignée à deux des trois axes coordonnés.*

Après avoir réduit les équations des mouvements infiniment petits d'un système homogène de molécules aux équations (1) du paragraphe III, concevons qu'on fasse tourner deux des axes coordonnés autour du troisième, par exemple les axes des x et des y autour de l'axe des z, et considérons en particulier le cas où, pendant cette rotation, G, H, qui ne changeront pas de valeur, ne changeraient pas non plus de forme. Il est clair que, dans ce cas, la forme des équations des mouvements infiniment petits restera elle-même invariable, pendant la rotation des axes des x et des y. Il y a plus : pour que cette rotation ne fasse pas varier la forme des équations du mouvement, il sera nécessaire qu'elle laisse invariables les formes de

$$L, \quad M, \quad N, \quad P, \quad Q, \quad R,$$

exprimées en fonction des caractéristiques

$$u = D_x, \qquad v = D_y, \qquad w = D_z,$$

à l'aide des formules (2) du paragraphe III, jointes aux formules (5), (6) et (7) du même paragraphe; par conséquent il sera nécessaire qu'elle laisse invariable la forme des fonctions de D_x, D_y, D_z, représentées par G, H. C'est du moins ce qu'on démontrera sans peine, par des raisonnements entièrement semblables à ceux dont nous avons fait usage dans le troisième paragraphe.

Ainsi, en résumé, pour que les équations des mouvements infiniment petits d'un système homogène de molécules offrent une forme indépendante de la direction assignée, dans le plan des x, y, aux axes rectangulaires des x et des y, il sera nécessaire et il suffira que les fonctions

$$D_x, \quad D_y, \quad D_z,$$

représentées par

$$G, \quad H,$$

et déterminées par les formules (6), (7) du paragraphe III, conservent non seulement, comme il arrive toujours, la même valeur, mais aussi la même forme, après le changement de deux variables indépendantes, correspondant au déplacement de deux des trois axes coordonnés. D'ailleurs, pour que cette dernière condition soit remplie, il sera nécessaire, et il suffira, en vertu du septième théorème du paragraphe III, que G, H se réduisent à des fonctions de la somme

$$D_x^2 + D_y^2,$$

si les axes déplacés sont ceux des x et des y, par conséquent à des fonctions de la somme

$$D_y^2 + D_z^2,$$

si les axes déplacés sont au contraire ceux des y et des z. On peut donc énoncer la proposition suivante.

Théorème. — *Pour que les équations des mouvements infiniment petits d'un système homogène de molécules offrent une forme indépendante de la direction assignée, dans le plan des y, z, aux axes coordonnés rectangulaires des y et des z, il est nécessaire et il suffit que les fonctions de*

$$u = D_x, \qquad v = D_y, \qquad w = D_z,$$

représentées par G, H, *et déterminées par les formules* (6), (7) *du paragraphe III, se réduisent à des fonctions de*

$$v^2 + w^2 = D_y^2 + D_z^2.$$

Posons maintenant, pour abréger,

$$(1) \qquad h^2 = v^2 + w^2 = D_y^2 + D_z^2.$$

Lorsque G, H se réduiront à des fonctions de u^2 et de $v^2 + w^2$, par conséquent à des fonctions de u et de h, alors, en prenant

$$(2) \qquad E = G + \frac{1}{h}\frac{\partial H}{\partial h}, \qquad F = \frac{1}{h}\frac{\partial\left(\frac{1}{h}\frac{\partial H}{\partial h}\right)}{\partial h}, \qquad K = \frac{\partial\left(\frac{1}{h}\frac{\partial H}{\partial h}\right)}{\partial u},$$

on tirera des formules (2) du paragraphe III

$$(3)\quad \left\{\begin{array}{lll} & M = E + F v^2, & N = E + F w^2, \\ P = F v w, & Q = K w, & R = K v; \end{array}\right.$$

ou, ce qui revient au même,

$$(4)\quad \left\{\begin{array}{lll} & M = E + F D_y^2, & N = E + F D_z^2, \\ P = F D_y D_z, & Q = K D_z, & R = K D_y. \end{array}\right.$$

Donc alors les formules (1) du paragraphe III se réduiront aux suivantes

$$(5)\quad (D_t^2 - L)\xi - K(D_y \eta + D_z \zeta) = 0,$$

$$(6)\quad \left\{\begin{array}{l} (D_t^2 - E)\eta - D_y[K\xi + F(D_y\eta + D_z\zeta)] = 0, \\ (D_t^2 - E)\zeta - D_z[K\xi + F(D_y\eta + D_z\zeta)] = 0. \end{array}\right.$$

D'ailleurs on tire des formules (6), non seulement

$$(7)\quad [D_t^2 - E - F(D_y^2 + D_z^2)](D_y\eta + D_z\zeta) - K(D_y^2 + D_z^2)\xi = 0,$$

mais encore

$$(8)\quad (D_t^2 - E)(D_z\eta - D_y\zeta) = 0;$$

puis des formules (5) et (7), combinées entre elles,

$$(9)\quad \{[D_t^2 - E - F(D_y^2 + D_z^2)](D_t^2 - E) - K^2(D_y^2 + D_z^2)\}\xi = 0.$$

Lorsque, dans un système homogène de molécules, les équations des mouvements infiniment petits prennent une forme indépendante de la direction attribuée aux axes rectangulaires des y et des z, ce système est évidemment du nombre de ceux dans lesquels la propagation du mouvement s'effectue de la même manière en tous sens autour d'un axe quelconque parallèle à l'axe des x. Or, d'après ce qu'on vient de dire, les équations des mouvements infiniment petits d'un semblable système peuvent être représentées par les équations (5) et (6), dans lesquelles

$$E,\quad F,\quad K,\quad L$$

sont des fonctions déterminées de

$$D_y^2 + D_z^2.$$

Observons d'ailleurs que les deux variables

$$\xi \quad \text{et} \quad D_y\eta + D_z\zeta,$$

dont la seconde représente la dilatation superficielle du système moléculaire dans un plan parallèle au plan des y, z, se trouvent simultanément déterminées par les formules (5), (7), tandis que la variable

$$D_z\eta - D_y\zeta$$

se trouve déterminée par la seule formule (8).

§ V. — *De la forme que prennent les équations des mouvements infiniment petits de deux systèmes homogènes de molécules qui se pénètrent mutuellement, dans le cas où ces équations deviennent indépendantes de la direction des axes coordonnés.*

Les équations des mouvements infiniment petits de deux systèmes de molécules, qui se pénètrent mutuellement, renferment avec les déplacements moléculaires

$$\xi, \quad \eta, \quad \zeta \qquad \text{ou} \qquad \xi_{,}, \quad \eta_{,}, \quad \zeta_{,},$$

mesurés dans le premier ou dans le second système, parallèlement à trois axes rectangulaires, quatre variables indépendantes, savoir, les coordonnées x, y, z, relatives aux trois axes dont il s'agit, et le temps t. Ces mêmes équations, d'après ce qu'on a vu dans un précédent Mémoire, peuvent s'écrire comme il suit

$$(1)\quad \left\{\begin{array}{l}(L - D_t^2)\xi + R\eta + Q\zeta + L_{,}\xi_{,} + R_{,}\eta_{,} + Q_{,}\zeta_{,} = 0,\\ R\xi + (M - D_t^2)\eta + P\zeta + R_{,}\xi_{,} + M_{,}\eta_{,} + P_{,}\zeta_{,} = 0,\\ Q\xi + P\eta + (N - D_t^2)\zeta + Q_{,}\xi_{,} + P_{,}\eta_{,} + N_{,}\zeta_{,} = 0;\end{array}\right.$$

$$(2)\quad \left\{\begin{array}{l}{}_{,}L\xi + {}_{,}R\eta + {}_{,}Q\zeta + (L_{,,} - D_t^2)\xi_{,} + R_{,,}\eta_{,} + Q_{,,}\zeta_{,} = 0,\\ {}_{,}R\xi + {}_{,}M\eta + {}_{,}P\zeta + R_{,,}\xi_{,} + (M_{,,} - D_t^2)\eta_{,} + P_{,,}\zeta_{,} = 0,\\ {}_{,}Q\xi + {}_{,}P\eta + {}_{,}N\zeta + Q_{,,}\xi_{,} + P_{,,}\eta_{,} + (N_{,,} - D_t^2)\zeta_{,} = 0,\end{array}\right.$$

$L, M, N, P, Q, R, L_{,}, M_{,}, \ldots, Q_{,,}, R_{,,}$ désignant des fonctions des caractéristiques

$$D_x, \quad D_y, \quad D_z.$$

D'ailleurs comme on l'a prouvé, si l'on développe ces fonctions suivant les puissances entières de D_x, D_y, D_z, les coefficients de ces puissances ou de leurs produits pourront, dans beaucoup de cas, être, sans erreur sensible, considérés comme constants. C'est ce qui pourra en effet arriver si, le second système de molécules étant homogène, le rapprochement des molécules est beaucoup plus considérable dans le premier système que dans le second. Alors les sommes qui représenteront les coefficients dont il s'agit seront les unes constantes, les autres variables, et, pour qu'on puisse, sans erreur sensible, substituer aux sommes variables leurs valeurs moyennes, il suffira que ces sommes reprennent périodiquement les mêmes valeurs, quand on fera croître en progression arithmétique chacune des trois coordonnées x, y, z, et que les produits de ces sommes par les rapports des trois progressions arithmétiques correspondantes aux trois coordonnées soient très petits.

Les coefficients que renferment les fonctions

$$L,\ M,\ N,\ P,\ Q,\ R;\quad L_{,},\ M_{,},\ \ldots,\ Q_{,,},\ R_{,,},$$

étant regardés comme constants ; si, pour représenter les caractéristiques

$$D_x,\quad D_y,\quad D_z,$$

on emploie de simples lettres

$$u,\quad v,\quad w,$$

on aura

$$(3)\quad \begin{cases} L = G + D_u^2 H, & M = G + D_v^2 H, & N = G + D_w^2 H, \\ P = D_v D_w H, & Q = D_w D_u H, & R = D_u D_v H; \end{cases}$$

$$(4)\quad \begin{cases} L_{,} = G_{,} + D_u^2 H_{,}, & M_{,} = G_{,} + D_v^2 H_{,}, & N_{,} = G_{,} + D_w^2 H_{,}, \\ P_{,} = D_v D_w H_{,}, & Q_{,} = D_w D_u H_{,}, & R_{,} = D_u D_v H_{,}; \end{cases}$$

$$(5)\quad \begin{cases} {}_{,}L = {}_{,}G + D_{u_{,}}^2 H, & {}_{,}M = {}_{,}G + D_{v_{,}}^2 H, & {}_{,}N = {}_{,}G + D_{w_{,}}^2 H, \\ {}_{,}P = D_v D_{w_{,}} H, & {}_{,}Q = D_w D_{u_{,}} H, & {}_{,}R = D_u D_{v_{,}} H; \end{cases}$$

$$(6)\quad \begin{cases} L_{,,} = G_{,,} + D_u^2 H_{,,}, & M_{,,} = G_{,,} + D_v^2 H_{,,}, & N_{,,} = G_{,,} + D_w^2 H_{,,}, \\ P_{,,} = D_v D_w H_{,,}, & Q_{,,} = D_w D_u H_{,,}, & R_{,,} = D_u D_v H_{,,}; \end{cases}$$

G, H, $G_{,}$, $H_{,}$, ${}_{,}G$, ${}_{,}H$, $G_{,,}$, $H_{,,}$ désignant huit fonctions entières de D_x,

D_y, D_z, composées chacune généralement d'un nombre infini de termes.

Si l'on nomme

$$x, \quad y, \quad z$$

les coordonnées rectangulaires d'une molécule

$$\mathfrak{m} \quad \text{ou} \quad \mathfrak{m}_{,}$$

du premier ou du second système;

$$p$$

la distance de cette molécule $\mathfrak{m}$ ou $\mathfrak{m}_{,}$ à une molécule voisine m ou $m_{,}$;

$$\mathrm{x}, \quad \mathrm{y}, \quad \mathrm{z}$$

les projections algébriques de la distance r;

$$\mathfrak{m} m r f(r)$$

l'action mutuelle de deux molécules $\mathfrak{m}$, m du premier système, prise avec le signe $+$ ou avec le signe $-$ suivant que ces molécules s'attirent ou se repoussent;

$$\mathfrak{m} m_{,} r f_{,}(r) \quad \text{et} \quad \mathfrak{m}_{,} m r f_{,}(r)$$

l'action mutuelle d'une molécule $\mathfrak{m}$ ou m du premier système et d'une molécule $\mathfrak{m}_{,}$ ou $m_{,}$ du second; enfin

$$\mathfrak{m}_{,} m_{,} f_{,,}(r)$$

l'action mutuelle de deux molécules $\mathfrak{m}_{,}$ et $m_{,}$ du second système; alors en posant, pour abréger,

$$\Delta = e^{\mathrm{x}u + \mathrm{y}v + \mathrm{z}w} - 1, \tag{7}$$

on trouvera

$$(8)\quad \begin{cases} \mathrm{G} = \mathrm{S}\,[m f(r)\Delta] - \mathrm{S}[m_{,} f_{,}(r)], \\ \mathrm{H} = \mathrm{S}\left\{\dfrac{m}{r}\,\dfrac{df(r)}{dr}\left[\Delta - (\mathrm{x}u + \mathrm{y}v + \mathrm{z}w) - \dfrac{(\mathrm{x}u + \mathrm{y}v + \mathrm{z}w)^2}{2}\right]\right\} \\ \qquad - \mathrm{S}\left[\dfrac{m_{,}}{r}\,\dfrac{df_{,}(r)}{dr}\,\dfrac{(u\mathrm{x} + v\mathrm{y} + w\mathrm{z})^2}{2}\right] \end{cases}$$

$$(9)\quad \begin{cases} \mathrm{G}_{,} = \mathrm{S}\,[m_{,} f_{,}(r)(1 + \Delta)], \\ \mathrm{H}_{,} = \mathrm{S}\left[\dfrac{m_{,}}{r}\,\dfrac{df_{,}(r)}{dr}(1 + \Delta)\right]; \end{cases}$$

$$(10)\quad \begin{cases} {}_{,}\mathrm{G} = \mathrm{S}\,[m f_{,}(r)(1 + \Delta)], \\ {}_{,}\mathrm{H} = \mathrm{S}\left[\dfrac{m}{r}\,\dfrac{df_{,}(r)}{dr}(1 + \Delta)\right]; \end{cases}$$

$$(11)\quad \begin{cases} \mathrm{G}_{,,} = \mathrm{S}\,[m_{,} f_{,,}(r)\Delta] - \mathrm{S}[m f_{,}(r)], \\ \mathrm{H}_{,,} = \mathrm{S}\left\{\dfrac{m_{,}}{r}\,\dfrac{df_{,,}(r)}{dr}\left[\Delta - (\mathrm{x}u + \mathrm{y}v + \mathrm{z}w) - \dfrac{(\mathrm{x}u + \mathrm{y}v + \mathrm{z}w)^2}{2}\right]\right\} \\ \qquad - \mathrm{S}\left[\dfrac{m}{r}\,\dfrac{df_{,}(r)}{dr}\,\dfrac{(u\mathrm{x} + v\mathrm{y} + w\mathrm{z})^2}{2}\right], \end{cases}$$

le signe S indiquant une somme de termes semblables entre eux, et relatifs aux diverses molécules m ou $m_{,}$, voisines de $\mathfrak{m}$ ou de $\mathfrak{m}_{,}$.

Concevons maintenant que, pour opérer un changement de variables indépendantes, on fasse tourner ou les trois axes coordonnés d'une manière quelconque autour de l'origine, ou les axes des y et z autour de l'axe des x. Il suit évidemment des formules (3), (4), (5), (6), que la rotation dont il s'agit ne changera pas la forme des équations des mouvements infiniment petits, si elle ne change pas les formes de

$$\mathrm{G},\quad \mathrm{H},\quad \mathrm{G}_{,},\quad \mathrm{H}_{,},\quad {}_{,}\mathrm{G},\quad {}_{,}\mathrm{H},\quad \mathrm{G}_{,,},\quad \mathrm{H}_{,,}.$$

De plus, par des raisonnements semblables à ceux dont nous nous sommes servis dans les paragraphes III et IV, on démontrera sans peine que, si le déplacement des axes coordonnés laisse invariable la forme des équations du mouvement, il laissera pareillement invariables les formes des différentielles totales du second ordre de

$$\mathrm{G},\quad \mathrm{G}_{,},\quad {}_{,}\mathrm{G},\quad \mathrm{G}_{,,},$$

considérées comme fonctions de u, v, w, et les formes des différentielles totales du second ordre de

$$H, \quad H_{,}, \quad {}_{,}H, \quad H_{,,}.$$

Donc alors les fonctions

$$G, \quad G_{,}, \quad {}_{,}G. \quad G_{,,},$$

qui se réduisent respectivement à

$$-S[m_{,}f_{,}(r)], \quad S[m_{,}f_{,}(r)], \quad S[m f_{,}(r)], \quad -S[m f_{,}'(r)],$$

quand on y remplace u, v, w par zéro, ne changeront pas de forme; et l'on pourra encore en dire autant : 1° des fonctions

$$H, \quad H_{,,},$$

qui s'évanouiront avec leurs différentielles totales du premier ordre, quand on y remplacera u, v, w par zéro; 2° de la somme des termes qui, dans chacune des fonctions

$$H_{,}, \quad {}_{,}H,$$

seront par rapport à u, v, w d'un ordre supérieur au premier.

Ainsi, en résumé, pour que la rotation des trois axes coordonnés autour de l'origine, ou des axes des y et des z autour de l'axe des x, n'altère pas la forme des équations (1), (2), il sera nécessaire et il suffira que cette rotation n'altère ni les formes de

$$G, \quad G_{,}, \quad {}_{,}G, \quad G_{,,}, \quad H, \quad H_{,,},$$

considérées comme fonctions de u, v, w, ni les formes des expressions auxquelles se réduisent les deux fonctions

$$H_{,}, \quad {}_{,}H,$$

lorsque, dans ces dernières, on conserve seulement les termes d'un degré supérieur au premier. D'ailleurs, pour que ces dernières conditions soient remplies, il suffira, en vertu des théorèmes 7 ou 8 du paragraphe II, que les six fonctions

$$G, \quad G_{,}, \quad {}_{,}G, \quad G_{,,}, \quad H, \quad H_{,,},$$

et les parties conservées des deux fonctions

$$H_{,}, \quad {}_{,}H,$$

se réduisent à des fonctions de la somme

$$D_x^2 + D_y^2 + D_z^2 = u^2 + v^2 + w^2,$$

ou de la somme

$$D_y^2 + D_z^2 = v^2 + w^2.$$

On peut donc énoncer les propositions suivantes.

Premier Théorème. — *Pour que les équations* (1) *et* (2) *soient indépendantes, dans leur forme, de la direction des axes coordonnés, supposés rectangulaires entre eux, il est nécessaire et il suffit que les six fonctions de u, v, w, représentées par*

$$G, \quad G_{,}, \quad {}_{,}G, \quad G_{,,}, \quad H, \quad H_{,,},$$

et les sommes des termes du second degré ou d'un degré plus élevé, renfermées dans chacune des fonctions

$$H_{,}, \quad {}_{,}H,$$

se réduisent à des fonctions de la somme

$$u^2 + v^2 + w^2 = D_x^2 + D_y^2 + D_z^2.$$

Deuxième Théorème. — *Pour que les équations* (1) *et* (2) *offrent une forme indépendante de la position assignée, dans le plan des y, z, aux axes coordonnés rectangulaires des y et des z, il est nécessaire et il suffit que les six fonctions de u, v, w, représentées par*

$$G, \quad G_{,}, \quad {}_{,}G, \quad G_{,,}, \quad H, \quad H_{,,},$$

et les sommes des termes du second degré, ou d'un degré plus élevé, renfermées dans chacune des fonctions

$$H_{,} \quad \text{et} \quad {}_{,}H,$$

se réduisent à des fonctions de u et de la somme

$$v^2 + w^2 = D_y^2 + D_z^2.$$

Posons maintenant, pour abréger,

$$k^2 = u^2 + v^2 + w^2 = D_x^2 + D_y^2 + D_z^2.$$

Lorsque les six fonctions

$$G, \quad G_{,}, \quad {}_{,}G, \quad G_{,,}, \quad H, \quad H_{,,}$$

et les sommes des termes du second degré ou d'un degré supérieur dans les fonctions

$$H_{,}, \quad {}_{,}H,$$

se réduiront à des fonctions de $u^2 + v^2 + w^2$, par conséquent à des fonctions de k; alors, en raisonnant comme dans le paragraphe III, on trouvera

$$(12) \quad \begin{cases} L = E + F\,D_x^2, & M = E + F\,D_y^2, & N = E + F\,D_z^2, \\ P = F\,D_y D_z, & Q = F\,D_z D_x, & R = F\,D_x D_y; \end{cases}$$

$$(13) \quad \begin{cases} L_{,} = E_{,} + F_{,} D_x^2, & M_{,} = E_{,} + F_{,} D_y^2, & N_{,} = E_{,} + F_{,} D_z^2, \\ P_{,} = F_{,} D_y D_z, & Q_{,} = F_{,} D_z D_x, & R_{,} = F_{,} D_x D_y; \end{cases}$$

$$(14) \quad \begin{cases} {}_{,}L = {}_{,}E + {}_{,}F\,D_x^2, & {}_{,}M = {}_{,}E + {}_{,}F\,D_y^2, & {}_{,}N = {}_{,}E + {}_{,}F\,D_z^2, \\ {}_{,}P = {}_{,}F\,D_y D_z, & {}_{,}Q = {}_{,}F\,D_z D_x, & {}_{,}R = {}_{,}F\,D_x D_y; \end{cases}$$

$$(15) \quad \begin{cases} L_{,,} = E_{,,} + F_{,,} D_x^2, & M_{,,} = E_{,,} + F_{,,} D_y^2, & N_{,,} = E_{,,} + F_{,,} D_z^2, \\ P_{,,} = F_{,,} D_y D_z, & Q_{,,} = F_{,,} D_z D_x, & R_{,,} = F_{,,} D_x D_y, \end{cases}$$

E, F, $E_{,}$, $F_{,}$, ${}_{,}E$, ${}_{,}F$, $E_{,,}$, $F_{,,}$ désignant des fonctions entières de la somme

$$D_x^2 + D_y^2 + D_z^2,$$

mais généralement composées d'un nombre infini de termes; et par suite, si l'on pose, pour abréger,

$$(16) \quad \begin{cases} \upsilon = D_x \xi + D_y \eta + D_z \zeta, \\ \upsilon_{,} = D_x \xi_{,} + D_y \eta_{,} + D_z \zeta_{,}, \end{cases}$$

les équations (1) et (2) deviendront

$$(17) \quad \begin{cases} (D_t^2 - E\,)\xi - E_{,}\xi_{,} = D_x(\,F\upsilon + F_{,}\upsilon_{,}), \\ (D_t^2 - E\,)\eta - E_{,}\eta_{,} = D_y(\,F\upsilon + F_{,}\upsilon_{,}), \\ (D_t^2 - E\,)\zeta - E_{,}\zeta_{,} = D_z(\,F\upsilon + F_{,}\upsilon_{,}). \end{cases}$$

$$(18) \quad \begin{cases} (D_t^2 - E_{,,})\xi_{,} - {}_{,}E\,\xi = D_x({}_{,}F\upsilon + F_{,,}\upsilon_{,}), \\ (D_t^2 - E_{,,})\eta_{,} - {}_{,}E\,\eta = D_y({}_{,}F\upsilon + F_{,,}\upsilon_{,}), \\ (D_t^2 - E_{,,})\zeta_{,} - {}_{,}E\,\zeta = D_z({}_{,}F\upsilon + F_{,,}\upsilon_{,}). \end{cases}$$

On tire d'ailleurs des équations (17) ou (18), respectivement multipliées par

$$D_x, \quad D_y, \quad D_z,$$

puis combinées entre elles par voie d'addition,

$$(19) \quad \begin{cases} [D_t^2 - E - F\,(D_x^2 + D_y^2 + D_z^2)]\upsilon - [\,E_{,} + F_{,}(D_x^2 + D_y + D_z^2)]\upsilon_{,} = 0, \\ [D_t^2 - E_{,,} - F_{,,}(D_x^2 + D_y^2 + D_z^2)]\upsilon_{,} - [{}_{,}E + {}_{,}F\,(D_x^2 + D_y^2 + D_z^2)]\upsilon = 0. \end{cases}$$

Les nouvelles variables qui sont ici représentées par $\upsilon, \upsilon_{,}$, et qui peuvent être séparément déterminées à l'aide des formules (19), ne sont autre chose que les dilatations de volume mesurées, au point (x, y, z), dans les deux systèmes de molécules qu'on considère. Ces dilatations étant calculées, si l'on nomme

$$a, \quad b, \quad c$$

les cosinus des angles formés par un axe fixe avec les demi-axes des coordonnées positives et

$$8, \quad 8_{,}$$

les déplacements moléculaires, mesurés dans les deux systèmes de molécules parallèlement à cet axe; alors des formules

$$(20) \quad \begin{cases} 8 = a\xi + b\eta + c\zeta, \\ 8_{,} = a\xi_{,} + b\eta_{,} + c\zeta_{,}, \end{cases}$$

combinées avec les équations (17) et (18), on tirera les suivantes

$$(21) \quad \begin{cases} (D_t^2 - E\,)8 - E_{,}8_{,} = (aD_x + bD_y + cD_z)\,(\,F\upsilon + F_{,}\upsilon_{,}), \\ (D_t^2 - E_{,,})8_{,} - {}_{,}E\,8 = (aD_x + bD_y + cD_z)\,({}_{,}F\upsilon + F_{,,}\upsilon_{,}), \end{cases}$$

et l'on pourra déduire immédiatement de ces dernières les valeurs des déplacements $8, 8_{,}$.

Si l'on élimine $\upsilon_{,}$ ou υ entre les formules (19), et $8_{,}$ ou 8 entre les formules (21), alors, en posant pour abréger

$$(22) \quad \nabla' = (D_t^2 - E)\,(D_t^2 - E_{,,}) - {}_{,}EE_{,},$$

$$(23) \quad \begin{cases} \nabla'' = [D_t^2 - E - F(D_x^2 + D_y^2 + D_z^2)]\,[D_t^2 - E_{,,} - F_{,,}(D_x^2 + D_y^2 + D_z^2)] \\ \qquad - [E_{,} + F_{,}(D_x^2 + D_y^2 + D_z^2)]\,[{}_{,}E + {}_{,}F(D_x^2 + D_y^2 + D_z^2)], \end{cases}$$

et

$$(24)\quad \left\{\begin{array}{ll} \square = F(D_t^2 - E_{\prime\prime}) + {}_{\prime}FE_{\prime}, & \square_{\prime} = F_{\prime}(D_t^2 - E_{\prime\prime}) + F_{\prime\prime}E_{\prime}, \\ {}_{\prime}\square = {}_{\prime}F(D_t^2 - E\ ) + {}_{\prime}EF, & \square_{\prime\prime} = F_{\prime\prime}(D_t^2 - E\ ) + {}_{\prime}EF_{\prime}, \end{array}\right.$$

on trouvera

$$(25)\qquad \nabla''\upsilon = 0, \qquad \nabla''\upsilon_{\prime} = 0,$$

et de plus

$$(26)\quad \left\{\begin{array}{l} \nabla'8 = (a\,D_x + b\,D_y + c\,D_z)(\square\upsilon + \square_{\prime}\upsilon_{\prime}), \\ \nabla'8_{\prime} = (a\,D_x + b\,D_y + c\,D_z)({}_{\prime}\square\upsilon + \square_{\prime\prime}\upsilon_{\prime}). \end{array}\right.$$

Enfin, si l'on pose

$$(27)\qquad \nabla'\nabla'' = \nabla,$$

on tirera des formules (25) et (26)

$$(28)\qquad \nabla 8 = 0, \qquad \nabla 8_{\prime} = 0,$$

et par conséquent

$$(29)\quad \left\{\begin{array}{lll} \nabla\xi = 0, & \nabla\eta = 0, & \nabla\zeta = 0, \\ \nabla\xi_{\prime} = 0, & \nabla\eta_{\prime} = 0, & \nabla\zeta_{\prime} = 0. \end{array}\right.$$

Lorsque, dans un double système de molécules, les équations des mouvements infiniment petits, prenant une forme indépendante de la direction des axes coordonnés, se réduisent aux formules (17) ou (18), ce double système est évidemment du nombre de ceux dans lesquels la propagation du mouvement s'effectue en tous sens suivant les mêmes lois. Alors, après avoir déterminé les dilatations de volume

$$\upsilon, \quad \upsilon_{\prime},$$

à l'aide des formules (25), on pourra obtenir les valeurs des déplacements

$$8, \quad 8_{\prime},$$

en intégrant les seules formules (21) ou (26). Au reste, les déplacements

$$8, \quad 8_{\prime}$$

et

$$\xi, \quad \eta, \quad \zeta, \quad \xi_{\prime}, \quad \eta_{\prime}, \quad \zeta_{\prime}$$

sont, en vertu des formules (28), (29), des intégrales d'une même équation aux différences partielles, dont la forme dépend de la caractéristique ∇.

Nous observerons encore que des formules (17) ou (18), combinées entre elles, on tire

$$(30) \quad \begin{cases} (D_t^2 - E\ )(D_z\eta - D_y\zeta\ ) = E_{\prime}(D_z\eta_{\prime} - D_y\zeta_{\prime}), \\ (D_t^2 - E\ )(D_x\zeta - D_z\xi\ ) = E_{\prime}(D_x\zeta_{\prime} - D_z\xi_{\prime}), \\ (D_t^2 - E\ )(D_y\xi - D_x\eta\ ) = E_{\prime}(D_y\xi_{\prime} - D_x\eta_{\prime}), \end{cases}$$

$$(31) \quad \begin{cases} (D_t^2 - E_{\prime\prime})(D_z\eta_{\prime} - D_y\zeta_{\prime}) = {}_{\prime}E\ (D_z\eta - D_y\zeta\ ), \\ (D_t^2 - E_{\prime\prime})(D_x\zeta_{\prime} - D_z\xi_{\prime}) = {}_{\prime}E\ (D_x\zeta - D_z\xi\ ), \\ (D_t^2 - E_{\prime\prime})(D_y\xi_{\prime} - D_x\eta_{\prime}) = {}_{\prime}E\ (D_y\xi - D_x\eta\ ); \end{cases}$$

et par suite

$$(32) \quad \begin{cases} \nabla'(D_z\eta - D_y\zeta) = 0, \quad \nabla'(D_x\zeta - D_z\xi) = 0, \quad \nabla'(D_y\xi - D_x\eta) = 0, \\ \nabla'(D_z\eta_{\prime} - D_y\zeta_{\prime}) = 0, \quad \nabla'(D_x\zeta_{\prime} - D_z\xi_{\prime}) = 0, \quad \nabla'(D_y\xi_{\prime} - D_x\eta_{\prime}) = 0. \end{cases}$$

Considérons maintenant le cas où les six fonctions

$$G, \quad G_{\prime}, \quad {}_{\prime}G, \quad G_{\prime\prime}, \quad H, \quad H_{\prime\prime}$$

et les sommes des termes du second degré ou d'un degré supérieur, renfermées dans les fonctions

$$H_{\prime}, \quad H,$$

se réduisent à des fonctions de u et de $v^2 + w^2$; alors, en raisonnant comme dans le paragraphe IV, on trouve

$$(33) \quad \begin{cases} \quad M = E + F\,D_y^2, \quad N = E + F\,D_z^2, \\ P = F\,D_y\,D_z, \quad Q = K\,D_z, \quad R = K\,D_y; \end{cases}$$

$$(34) \quad \begin{cases} \quad M_{\prime} = E_{\prime} + F_{\prime}D_y^2, \quad N_{\prime} = E_{\prime} + F_{\prime}D_z^2, \\ P_{\prime} = F_{\prime}D_y\,D_z, \quad Q_{\prime} = K_{\prime}D_z, \quad R_{\prime} = K_{\prime}D_y; \end{cases}$$

$$(35) \quad \begin{cases} \quad {}_{\prime}M = {}_{\prime}E + {}_{\prime}F\,D_y^2, \quad {}_{\prime}N = {}_{\prime}E + {}_{\prime}F\,D_z^2, \\ {}_{\prime}P = {}_{\prime}F\,D_y\,D_z, \quad {}_{\prime}Q = {}_{\prime}K\,D_z, \quad {}_{\prime}R = {}_{\prime}K\,D_y; \end{cases}$$

$$(36) \quad \begin{cases} \quad M_{\prime\prime} = E_{\prime\prime} + F_{\prime\prime}D_y^2, \quad N_{\prime\prime} = E_{\prime\prime} + F_{\prime\prime}D_z^2, \\ {}_{\prime\prime}P = F_{\prime\prime}D_y\,D_z, \quad Q_{\prime\prime} = K_{\prime\prime}D_z, \quad R_{\prime\prime} = K_{\prime\prime}D_y; \end{cases}$$

et par suite

$$(37)\qquad (\mathrm{L} - \mathrm{D}_t^2)\xi + \mathrm{K}\,(\mathrm{D}_y\eta + \mathrm{D}_z\zeta) \quad + \quad \mathrm{L}_{\prime}\xi_{\prime} + \mathrm{K}_{\prime}(\mathrm{D}_y\eta_{\prime} + \mathrm{D}_z\zeta_{\prime}) = 0,$$

$$(38)\quad \begin{cases} (\mathrm{E} - \mathrm{D}_t^2)\eta + \mathrm{D}_y[\mathrm{K}\,\xi + \mathrm{F}\,(\mathrm{D}_y\eta + \mathrm{D}_z\zeta)] + \mathrm{E}_{\prime}\eta_{\prime} + \mathrm{D}_y[\,\mathrm{K}_{\prime}\xi_{\prime} + \mathrm{F}_{\prime}(\mathrm{D}_y\eta_{\prime} + \mathrm{D}_z\zeta_{\prime})] = 0, \\ (\mathrm{E} - \mathrm{D}_t^2)\zeta + \mathrm{D}_z[\mathrm{K}\,\xi + \mathrm{F}\,(\mathrm{D}_y\eta + \mathrm{D}_z\zeta)] + \mathrm{E}_{\prime}\zeta_{\prime} + \mathrm{D}_z[\,\mathrm{K}_{\prime}\xi_{\prime} + \mathrm{F}_{\prime}(\mathrm{D}_y\eta_{\prime} + \mathrm{D}_z\zeta_{\prime})] = 0; \end{cases}$$

$$(39)\qquad (\mathrm{L}_{\prime\prime} - \mathrm{D}_t^2)\xi_{\prime} + \mathrm{K}_{\prime\prime}(\mathrm{D}_y\eta_{\prime} + \mathrm{D}_z\zeta_{\prime}) \quad + \quad {}_{\prime}\mathrm{L}\,\xi + {}_{\prime}\mathrm{K}\,(\mathrm{D}_y\eta + \mathrm{D}_z\zeta) = 0,$$

$$(40)\quad \begin{cases} (\mathrm{E}_{\prime\prime} - \mathrm{D}_t^2)\eta_{\prime} + \mathrm{D}_y[\mathrm{K}_{\prime\prime}\xi_{\prime} + \mathrm{F}_{\prime\prime}(\mathrm{D}_y\eta_{\prime} + \mathrm{D}_z\zeta_{\prime})] + {}_{\prime}\mathrm{E}\eta + \mathrm{D}_y[\,{}_{\prime}\mathrm{K}\xi + {}_{\prime}\mathrm{F}\,(\mathrm{D}_y\eta + \mathrm{D}_z\zeta)] = 0, \\ (\mathrm{E}_{\prime\prime} - \mathrm{D}_t^2)\zeta_{\prime} + \mathrm{D}_z[\mathrm{K}_{\prime\prime}\xi_{\prime} + \mathrm{F}_{\prime\prime}(\mathrm{D}_y\eta_{\prime} + \mathrm{D}_z\zeta_{\prime})] + {}_{\prime}\mathrm{E}\zeta + \mathrm{D}_z[\,{}_{\prime}\mathrm{K}\xi + {}_{\prime}\mathrm{F}\,(\mathrm{D}_y\eta + \mathrm{D}_z\zeta)] = 0; \end{cases}$$

$\mathrm{E}, \mathrm{F}, \mathrm{K}, \mathrm{L}$; $\mathrm{E}_{\prime}, \mathrm{F}_{\prime}, \mathrm{K}_{\prime}, \mathrm{L}_{\prime}$; ${}_{\prime}\mathrm{E}, {}_{\prime}\mathrm{F}, {}_{\prime}\mathrm{K}, {}_{\prime}\mathrm{L}$; $\mathrm{E}_{\prime\prime}, \mathrm{F}_{\prime\prime}, \mathrm{K}_{\prime\prime}, \mathrm{L}_{\prime\prime}$ désignant des fonctions entières de $u = \mathrm{D}_x$, et de la somme

$$v^2 + w^2 = \mathrm{D}_y^2 + \mathrm{D}_z^2,$$

mais généralement composées chacune d'un nombre infini de termes. D'ailleurs on tire des formules (38) et (40), non seulement

$$(41)\quad \begin{cases} [\mathrm{D}_t^2 - \mathrm{E} - \mathrm{F}\,(\mathrm{D}_y^2 + \mathrm{D}_z^2)]\,(\mathrm{D}_y\eta + \mathrm{D}_z\zeta) - \mathrm{K}\,(\mathrm{D}_y^2 + \mathrm{D}_z^2)\xi \\ \qquad - [\mathrm{E}_{\prime} + \mathrm{F}_{\prime}(\mathrm{D}_y^2 + \mathrm{D}_z^2)]\,(\mathrm{D}_y\eta_{\prime} + \mathrm{D}_z\zeta_{\prime}) - \mathrm{K}_{\prime}(\mathrm{D}_y^2 + \mathrm{D}_z^2)\xi_{\prime} = 0, \\ [\mathrm{D}_t^2 - \mathrm{E}_{\prime\prime} - \mathrm{F}_{\prime\prime}(\mathrm{D}_y^2 + \mathrm{D}_z^2)]\,(\mathrm{D}_y\eta_{\prime} + \mathrm{D}_z\zeta_{\prime}) - \mathrm{K}_{\prime\prime}(\mathrm{D}_y^2 + \mathrm{D}_z^2)\xi_{\prime} \\ \qquad - [\,{}_{\prime}\mathrm{E} + {}_{\prime}\mathrm{F}\,(\mathrm{D}_y^2 + \mathrm{D}_z^2)]\,(\mathrm{D}_y\eta + \mathrm{D}_z\zeta) - {}_{\prime}\mathrm{K}\,(\mathrm{D}_y^2 + \mathrm{D}_z^2)\xi = 0, \end{cases}$$

mais encore

$$(42)\quad \begin{cases} (\mathrm{D}_t^2 - \mathrm{E})\,(\mathrm{D}_z\eta - \mathrm{D}_y\zeta) - \mathrm{E}_{\prime}(\mathrm{D}_z\eta_{\prime} - \mathrm{D}_y\zeta_{\prime}) = 0, \\ (\mathrm{D}_t^2 - \mathrm{E}_{\prime\prime})\,(\mathrm{D}_z\eta_{\prime} - \mathrm{D}_y\zeta_{\prime}) - {}_{\prime}\mathrm{E}\,(\mathrm{D}_z\eta - \mathrm{D}_y\zeta) = 0; \end{cases}$$

puis des formules (42), combinées entre elles,

$$(43)\quad \begin{cases} [\mathrm{D}_t^2 - \mathrm{E})\,(\mathrm{D}_t^2 - \mathrm{E}_{\prime\prime}) - {}_{\prime}\mathrm{E}\mathrm{E}_{\prime}]\,(\mathrm{D}_z\eta - \mathrm{D}_y\zeta) = 0, \\ [\mathrm{D}_t^2 - \mathrm{E})\,(\mathrm{D}_t^2 - \mathrm{E}_{\prime\prime}) - {}_{\prime}\mathrm{E}\mathrm{E}_{\prime}]\,(\mathrm{D}_z\eta_{\prime} - \mathrm{D}_y\zeta_{\prime}) = 0. \end{cases}$$

Lorsque, dans un double système de molécules, les équations des mouvements infiniment petits, prenant une forme indépendante de la direction assignée aux axes rectangulaires des y et z, se réduisent aux formules (37), (38), (39), (40), ce double système est évidemment du nombre de ceux dans lesquels la propagation du mouvement s'effectue en tous sens suivant les mêmes lois autour d'un axe quelconque parallèle à l'axe des x. Alors les sommes

$$D_y\eta + D_z\zeta, \quad D_y\eta_\prime + D_z\zeta_\prime$$

représentent les dilatations en surface, mesurées, pour les deux systèmes de molécules, dans un plan parallèle au plan des y, z; et les équations (37), (39), (41) déterminent séparément ces dilatations, avec les déplacements moléculaires

$$\xi, \quad \xi_\prime$$

mesurés parallèlement au même plan.

Quant aux équations (43), elles déterminent séparément les deux différences

$$D_z\eta - D_y\zeta, \quad D_z\eta_\prime - D_y\zeta_\prime,$$

et se confondent avec la première et la seconde des formules (32).

Les diverses formules, rappelées ou obtenues dans ce paragraphe, paraissent spécialement applicables à la recherche des lois suivant lesquelles les ondulations de l'éther se propagent à travers les différents corps solides ou fluides. Dans cette recherche, les équations (17), (18) doivent correspondre aux corps isophanes, les équations (37), (38), (39), (40), aux cristaux qui offrent un seul axe optique, et les équations (1), (2), aux cristaux qui présentent deux axes optiques distincts l'un de l'autre.

MÉMOIRE

SUR

LA RÉFLEXION ET LA RÉFRACTION

D'UN MOUVEMENT SIMPLE

TRANSMIS

D'UN SYSTÈME DE MOLÉCULES A UN AUTRE,

CHACUN DE CES DEUX SYSTÈMES ÉTANT SUPPOSÉ HOMOGÈNE ET TELLEMENT CONSTITUÉ QUE LA PROPAGATION DES MOUVEMENTS INFINIMENT PETITS S'Y EFFECTUE EN TOUS SENS SUIVANT LES MÊMES LOIS.

Considérations générales.

Pour résoudre un grand nombre de problèmes de Physique mathématique, et en particulier le problème de la réflexion ou de la réfraction d'un mouvement simple, il fallait d'abord trouver un moyen d'obtenir les équations de condition relatives aux limites des corps considérés comme des systèmes de molécules. Tel est l'objet d'un Mémoire que j'ai publié il y a quelques mois, et qui a pour titre *Méthode générale propre à fournir les équations de condition relatives aux limites des corps, etc.* (*voir* les *Comptes rendus* des séances de l'Académie pour le premier semestre de l'année 1839 (¹), et aussi l'Ouvrage intitulé *Recueil de Mémoires sur divers points de Physique mathématique*). Je me propose maintenant d'appliquer la méthode générale, exposée dans le Mémoire que je viens de rappeler, à la recherche des lois suivant lesquelles un mouvement simple, propagé dans un système homogène de

(¹) *Œuvres de Cauchy*, série I, t. IV, extraits 33, 34, 35, p. 193, 199, 214.

molécules, se trouve réfléchi ou réfracté par la surface qui sépare ce premier système d'un second. Pour fixer les idées, je considère spécialement ici le cas où chacun des systèmes donnés est du nombre de ceux dans lesquels les équations des mouvements infiniment petits prennent une forme indépendante de la direction des axes coordonnés, et dans lesquels, en conséquence, la propagation du mouvement s'effectue en tous sens suivant les mêmes lois. Je suppose encore qu'on peut, sans erreur possible, réduire les équations dont il s'agit, à des équations homogènes, comme on le fait dans la théorie de la lumière, lorsqu'on néglige la dispersion. Enfin, je considère un mouvement simple dans lequel la densité reste invariable. Cela posé, en joignant aux équations des mouvements infiniment petits les équations de condition relatives à la surface de séparation des deux systèmes, j'établis les lois de la réflexion et de la réfraction des mouvements infiniment petits. Ces lois sont de deux espèces. Les unes, indépendantes de la forme des équations de condition, ont été déjà développées dans un Mémoire antérieur sur la réflexion et la réfraction de la lumière. Elles sont relatives aux changements qu'éprouvent les épaisseurs des ondes planes et les directions de leurs plans, quand on passe des ondes incidentes aux ondes réfléchies ou réfractées. Les autres lois dépendent de la forme des équations de condition, et se rapportent aux changements que les amplitudes des vibrations des molécules, et les paramètres angulaires, propres à déterminer les positions des plans qui terminent ces ondes, éprouvent en vertu de la réflexion et de la réfraction. Elles sont exprimées par des équations finies qui renferment avec les angles d'incidence et de réfraction, non seulement les amplitudes et les paramètres angulaires relatifs à chaque espèce d'ondes, mais encore deux constantes correspondant à chaque milieu. Lorsqu'on suppose ces équations finies applicables à la théorie de la lumière, il suffit de réduire à l'unité la seconde des deux constantes dont nous venons de parler, et d'attribuer à l'autre une valeur réelle pour obtenir les formules de Fresnel, relatives à la réflexion et à la réfraction opérées par la première ou la seconde surface des corps transparents; et alors il existe toujours un angle de polarisation complète, c'est-à-dire un angle d'incidence pour lequel la lumière est complètement polarisée dans le plan de réflexion. Lorsqu'en réduisant la seconde constante à l'unité, on attribue à la première une valeur imaginaire, on obtient les formules dont il est question dans une lettre que j'ai adressée de Prague à M. Libri, et qui a été insérée dans les *Comptes rendus* des séances de l'Académie des Sciences en l'année 1836 (*voir* la séance du 2 mars) (1); formules dont plusieurs ne diffèrent pas au fond de celles que M. Mac-Cullagh a données dans un article publié sous la date du 24 octobre de la même année. Enfin, lorsqu'en supposant la première constante réelle ou imaginaire, on suppose la seconde différente de l'unité, alors, en considérant les formules auxquelles on arrive comme applicables à la théorie de la lumière, on trouve, dans la réflexion opérée sur la surface d'un corps transparent, une polarisation qui demeure incomplète sous tous les angles d'incidence, comme l'est effectivement la polarisation produite par le diamant, et l'on obtient, pour représenter les rayons réfléchis ou réfractés par un corps opaque, des formules distinctes de celles que j'avais trouvées en 1836. Des expériences faites avec beaucoup de soin pourront seules nous apprendre si les phénomènes, déjà représentés avec une assez grande précision par les anciennes formules, le seront mieux encore par les autres.

La bienveillance avec laquelle les géomètres et les physiciens ont accueilli mes précédents Mémoires, m'encourage à leur présenter avec confiance ce nouveau travail, dans lequel se trouve traité, pour la première fois, par des méthodes rigoureuses substituées à des formules empiriques ou à des hypothèses plus ou moins gratuites, le problème de la réflexion et de la réfraction des mouvements infiniment petits.

(1) *Œuvres de Cauchy*, série I, t. IV, extrait 4, p. 11.

§ 1. — *Équations des mouvements infiniment petits d'un système homogène de molécules. Réduction de ces équations, dans le cas où elles deviennent indépendantes de la direction des axes coordonnés.*

Pour obtenir, sous la forme la plus simple, les équations des mouvements infiniment petits d'un système homogène de molécules, il suffit de réduire à zéro les variables $\xi_{,}$, $\eta_{,}$, $\zeta_{,}$, dans les équations (6) de la page 59 qui deviennent alors

$$(1)\qquad \begin{cases} (\mathrm{L}-\mathrm{D}_t^2)\xi+\mathrm{R}\eta+\mathrm{Q}\zeta=0,\\ \mathrm{R}\xi-(\mathrm{M}-\mathrm{D}_t^2)\eta+\mathrm{P}\zeta=0,\\ \mathrm{Q}\xi-\mathrm{P}\eta+(\mathrm{N}-\mathrm{D}_t^2)\zeta=0.\end{cases}$$

Dans ces équations,

$$\xi,\quad \eta,\quad \zeta$$

sont les trois déplacements d'une molécule, considérés comme fonctions du temps t et des coordonnées rectangulaires x, y, z; tandis que

$$\mathrm{L},\quad \mathrm{M},\quad \mathrm{N},\quad \mathrm{P},\quad \mathrm{Q},\quad \mathrm{R}$$

peuvent être censés représenter des fonctions entières des caractéristiques

$$\mathrm{D}_x,\quad \mathrm{D}_y,\quad \mathrm{D}_z.$$

Seulement, dans le cas général, ces fonctions entières, développées suivant les puissances ascendantes de D_x, D_y, D_z, sont composées d'un nombre infini de termes.

Dans le cas où les équations (1) prennent une forme indépendante de la direction des axes coordonnés (*voir* les pages 134 et suivantes, et aussi le Mémoire sur la théorie de la lumière, lithographié sous la date d'août 1836, page 55 et 59) ([1]), on a

$$\mathrm{L}=\mathrm{E}+\mathrm{F}\,\mathrm{D}_x^2,\qquad \mathrm{M}=\mathrm{E}+\mathrm{F}\,\mathrm{D}_y^2,\qquad \mathrm{N}=\mathrm{E}+\mathrm{F}\,\mathrm{D}_z^2,$$
$$\mathrm{P}=\mathrm{F}\,\mathrm{D}_y\mathrm{D}_z,\qquad \mathrm{Q}=\mathrm{F}\,\mathrm{D}_z\mathrm{D}_x,\qquad \mathrm{R}=\mathrm{F}\,\mathrm{D}_x\mathrm{D}_y,$$

([1]) *Œuvres de Cauchy*, série II, t. XV.

E, F, désignant deux fonctions entières du trinome

$$D_x^2 + D_y^2 + D_z^2;$$

et par suite,

$$(2)\quad (D_t^2 - E)\xi = F\,D_x\upsilon,\qquad (D_t^2 - E)\eta = F\,D_y\upsilon,\qquad (D_t^2 - E)\zeta = F\,D_z\upsilon,$$

υ désignant, pour le point (x, y, z), la dilatation du volume déterminée par la formule

$$(3)\qquad \upsilon = D_x\xi + D_y\eta + D_z\zeta,$$

de laquelle on tire, en la combinant avec les équations (2),

$$(4)\qquad [D_t^2 - E - (D_x^2 + D_y^2 + D_z^2)F]\upsilon = 0.$$

Soient d'ailleurs

$$a,\quad b,\quad c$$

les cosinus des angles formés par un axe fixe, prolongé dans un certain sens, avec les demi-axes des x, y, z positives; et 8 le déplacement d'une molécule, mesuré parallèlement à cet axe. On aura

$$(5)\qquad 8 = a\xi + b\eta + c\zeta,$$

et l'on tirera des formules (2)

$$(6)\qquad (D_t^2 - E)8 = (a\,D_x + b\,D_y + c\,D_z)F\upsilon,$$

puis de celle-ci, combinée avec la formule (4),

$$(7)\qquad (D_t^2 - E)[D_t^2 - E - (D_x^2 + D_y^2 + D_z^2)F]8 = 0.$$

Lorsque la dilatation υ, et sa dérivée du premier ordre, relative à t, savoir $D_t\upsilon$, sont nulles à l'origine du mouvement, elles sont toujours nulles, en vertu de la formule (4). Alors la densité du système de molécules donné reste invariable pendant la durée du mouvement; et c'est ce qui paraît avoir lieu à l'égard des mouvements infiniment petits de l'éther qui, dans des corps isophanes, occasionnent la sensation de la lumière. Alors aussi la formule (3) donne

$$(8)\qquad D_x\xi + D_y\eta + D_z\zeta = 0,$$

et les formules (2) se réduisent à

$$(9)\qquad (D_t^2 - E)\xi = 0, \qquad (D_t^2 - E)\eta = 0, \qquad (D_t^2 - E)\zeta = 0.$$

Lorsque les équations des mouvements infiniment petits sont homogènes, E devient proportionnel à $D_x^2 + D_y^2 + D_z^2$, et F se réduit à une constante. On peut donc alors supposer

$$(10)\qquad E = \iota(D_x^2 + D_y^2 + D_z^2)$$

et

$$(11)\qquad F = \iota f,$$

ι, f désignant deux constantes réelles. Cela posé, les formules (2), (4) et (7) donneront

$$(12)\qquad \begin{cases} [D_t^2 - \iota(D_x^2 + D_y^2 + D_z^2)]\xi = \iota f D_x \upsilon, \\ [D_t^2 - \iota(D_x^2 + D_y^2 + D_z^2)]\eta = \iota f D_y \upsilon, \\ [D_t^2 - \iota(D_x^2 + D_y^2 + D_z^2)]\zeta = \iota f D_z \upsilon; \end{cases}$$

$$(13)\qquad [D_t^2 - \iota(1 + f)(D_x^2 + D_y^2 + D_z^2)]\upsilon = 0,$$

$$(14)\qquad [D_t^2 - \iota(D_x^2 + D_y^2 + D_z^2)][D_t^2 - \iota(1 + f)(D_x^2 + D_y^2 + D_z^2)]8 = 0.$$

§ II. — *Équations symboliques des mouvements infiniment petits. Mouvements simples.*

Les équations (1), (2), (3), (4), (7), ... du paragraphe précédent se trouveront vérifiées, si l'on prend pour

$$\xi, \quad \eta, \quad \zeta, \quad 8, \quad \upsilon$$

les parties réelles de variables imaginaires

$$\bar{\xi}, \quad \bar{\eta}, \quad \bar{\zeta}, \quad \bar{8}, \quad \bar{\upsilon}$$

propres à vérifier des équations de même forme. Ces nouvelles variables sont ce qu'on peut appeler les *déplacements symboliques*, mesurés parallèlement aux axes coordonnés ou à un axe fixe, et la *dilatation symbolique* du volume. Les nouvelles équations dont il s'agit peuvent être pareillement désignées sous le nom d'*équations symboliques*. Dans le cas où les équations des mouvements infiniment petits deviendront indépendantes de la direction des axes coordonnés, on aura, en vertu des formules (2) et (3) du paragraphe I,

$$(1)\quad (D_t^2-E)\bar{\xi}=F\,D_x\bar{\upsilon},\qquad (D_t^2-E)\bar{\eta}=F\,D_y\bar{\upsilon},\qquad (D_t^2-E)\bar{\zeta}=F\,D_z\bar{\upsilon},$$

la valeur de $\bar{\upsilon}$ étant

$$(2)\qquad \bar{\upsilon}=D_x\bar{\xi}+D_y\bar{\eta}+D_z\bar{\zeta},$$

ou, ce qui revient au même,

$$(3)\qquad \begin{cases}(D_t^2-E)\bar{\xi}=F\,D_x(D_x\bar{\xi}+D_y\bar{\eta}+D_z\bar{\zeta}),\\ (D_t^2-E)\bar{\eta}=F\,D_y(D_x\bar{\xi}+D_y\bar{\eta}+D_z\bar{\zeta}),\\ (D_t^2-E)\bar{\zeta}=F\,D_z(D_z\bar{\xi}+D_y\bar{\eta}+D_z\bar{\zeta}).\end{cases}$$

Un moyen fort simple d'obtenir un système d'intégrales particulières des équations (3), ou, ce qui revient au même, des équations (1) et (2), est de supposer

$$(4)\quad \bar{\xi}=A\,e^{ux+vy+wz-st},\qquad \bar{\eta}=B\,e^{ux+vy+wz-st},\qquad \bar{\zeta}=C\,e^{ux+vy+wz-st};$$

et par suite

$$(5)\qquad \bar{\upsilon}=(uA+vB+wC)e^{ux+vy+wz-st},$$

u, v, w, s, A, B, C étant des constantes réelles ou imaginaires propres à vérifier les formules

$$(6)\qquad \begin{cases}(s^2-\mathcal{E})A=\mathcal{F}u\,(uA+vB+wC),\\ (s^2-\mathcal{E})B=\mathcal{F}v\,(uA+vB+wC),\\ (s^2-\mathcal{E})C=\mathcal{F}w\,(uA+vB+wC)\end{cases}$$

dans lesquelles

$$\mathcal{E},\quad \mathcal{F}$$

représentent ce que deviennent

$$E,\quad F$$

quand on y remplace les lettres caractéristiques

$$D_x,\quad D_y,\quad D_z,\quad D_t$$

par les coefficients

$$u, \quad v, \quad w, \quad s.$$

D'ailleurs on pourra toujours supposer que, dans les formules (4), la partie imaginaire de la constante s est le produit de $\sqrt{-1}$ par une quantité positive.

En posant pour abréger

$$(7) \qquad u^2 + v^2 + w^2 = k^2,$$

on tire des équations (6), respectivement multipliées par u, v, w, puis combinées entre elles par voie d'addition

$$(8) \qquad (s^2 - \mathcal{E} - \mathcal{F}k^2)(u\mathrm{A} + v\mathrm{B} + w\mathrm{C}) = 0;$$

et à l'aide de cette dernière formule, on reconnaît facilement que, pour satisfaire aux équations (6), on devra supposer ou

$$(9) \qquad s^2 = \mathcal{E}, \qquad u\mathrm{A} + v\mathrm{B} + w\mathrm{C} = 0;$$

ou

$$(10) \qquad s^2 = \mathcal{E} + \mathcal{F}k^2, \qquad \frac{\mathrm{A}}{u} = \frac{\mathrm{B}}{v} = \frac{\mathrm{C}}{w}.$$

On arriverait aux mêmes conclusions en observant que, si l'on nomme

$$a, \quad b, \quad c$$

les cosinus des angles formés par un axe fixe avec les demi-axes des x, y, z positives, 8 le déplacement mesuré parallèlement à cet axe, et $\bar{8}$ le déplacement symbolique correspondant, on aura, en vertu des formules (5), (7) du paragraphe I,

$$(11) \qquad \bar{8} = a\bar{\xi} + b\bar{\eta} + c\bar{\zeta},$$

$$(12) \qquad (\mathrm{D}_t^2 - \mathrm{E})[\mathrm{D}_t^2 - \mathrm{E} - (\mathrm{D}_x^2 + \mathrm{D}_y^2 + \mathrm{D}_z^2)\mathrm{F}]\bar{8} = 0,$$

et que de ces dernières, combinées avec les formules (4), on tirera

$$(13) \qquad (s^2 - \mathcal{E})(s^2 - \mathcal{E} - \mathcal{F}k^2) = 0.$$

Le système d'intégrales particulières des équations (3), représenté par les équations (4) jointes aux formules (9) ou (10), est ce que nous appelons un système d'*intégrales simples ;* et le mouvement représenté par ces intégrales simples est un *mouvement simple.* Dans un semblable mouvement, si l'on pose pour abréger

(14) $$aA + bB + cC = O,$$

la valeur de $\bar{8}$ déterminée par la formule (11) sera

(15) $$\bar{8} = O\, e^{ux+vy+wz-st}.$$

Cela posé, soient

(16) $$u = U + \mathrm{u}\sqrt{-1}, \qquad v = V + \mathrm{v}\sqrt{-1}, \qquad w = W + \mathrm{w}\sqrt{-1},$$

(17) $$s = S + \mathrm{s}\sqrt{-1},$$

(18) $$O = \mathrm{h}\, e^{\varpi\sqrt{-1}},$$

u, v, w, s, U, V, W, S, h, ϖ désignant des constantes réelles, parmi lesquelles

$$\mathrm{s}, \quad \mathrm{h}$$

peuvent être censées positives, et prenons encore

(19) $$\mathrm{k} = \sqrt{\mathrm{u}^2 + \mathrm{v}^2 + \mathrm{w}^2}, \qquad \mathrm{K} = \sqrt{\mathrm{U}^2 + \mathrm{V}^2 + \mathrm{W}^2},$$

(20) $$\mathrm{k}\imath = \mathrm{u}x + \mathrm{v}y + \mathrm{w}z, \qquad \mathrm{K}\mathrm{R} = \mathrm{U}x + \mathrm{V}y + \mathrm{W}z.$$

Les valeurs numériques de

$$\imath, \quad \mathrm{R}$$

exprimeront les distances d'une molécule aux deux *plans invariables* représentés par les équations

(21) $$\mathrm{u}x + \mathrm{v}y + \mathrm{w}z = 0,$$

(22) $$\mathrm{U}x + \mathrm{V}y + \mathrm{W}z = 0,$$

et la formule (14) donnera

(23) $$\bar{8} = \mathrm{h}\, e^{\mathrm{KR}-\mathrm{S}t}\, e^{(\mathrm{k}\imath - \mathrm{s}t + \varpi)\sqrt{-1}},$$

puis on en conclura

(24) $$8 = \mathrm{h}\, e^{\mathrm{KR}-\mathrm{S}t} \cos(\mathrm{k}\imath - \mathrm{s}t + \varpi).$$

En vertu de cette dernière formule, le déplacement $\mathrm{8}$ s'évanouit : 1° pour une molécule donnée, à des instants séparés les uns des autres par des intervalles dont le double

$$(25) \qquad \mathrm{T} = \frac{2\pi}{\mathrm{s}}$$

est la *durée d'une vibration* moléculaire ; 2° à un instant donné, pour toutes les molécules comprises dans des plans équidistants, parallèles au plan invariable que représente l'équation (21), et séparés les uns des autres par des intervalles dont le double

$$(26) \qquad \mathrm{l} = \frac{2\pi}{\mathrm{k}}$$

est la *longueur d'une ondulation*, ou l'épaisseur d'une *onde plane*. L'exponentielle

$$e^{\mathrm{KR}-\mathrm{S}t}$$

représente le *module* du mouvement simple,

$$\mathrm{K}, \quad \mathrm{S}$$

étant les *coefficients d'extinction* relatifs à l'espace et au temps ; ϖ désigne le *paramètre angulaire* relatif à l'axe fixe que l'on considère,

$$\mathrm{h}\, e^{\mathrm{KR}-\mathrm{S}t}$$

la *demi-amplitude* des vibrations relatives au même axe, et

$$\mathrm{h}$$

la valeur initiale de cette demi-amplitude en chaque point du plan invariable représenté par l'équation (22). Enfin la vitesse de propagation Ω des ondes planes est déterminée par la formule

$$(27) \qquad \Omega = \frac{\mathrm{s}}{\mathrm{k}} = \frac{\mathrm{l}}{\mathrm{T}}.$$

Dans un mouvement simple, déterminé par le système des formules (4) et (9), l'équation (5) donne

$$(28) \qquad \bar{\upsilon} = 0,$$

par conséquent

$$\upsilon = 0. \tag{29}$$

Donc, dans un semblable mouvement, la dilatation du volume est nulle, ou, en d'autres termes, la densité demeure constante. Tels paraissent être, dans les corps isophanes, les mouvements de l'éther qui donnent naissance aux phénomènes lumineux.

De la seconde des formules (9) ou (10) jointe aux formules (4) on tire

$$u\bar{\xi} + v\bar{\eta} + w\bar{\zeta} = 0 \tag{30}$$

ou

$$\frac{\bar{\xi}}{u} = \frac{\bar{\eta}}{v} = \frac{\bar{\zeta}}{w}. \tag{31}$$

D'ailleurs la formule (30) ou (31) entraîne la suivante :

$$u\xi + v\eta + w\zeta = 0 \tag{32}$$

ou

$$\frac{\xi}{u} = \frac{\eta}{v} = \frac{\zeta}{w}, \tag{33}$$

1° lorsque les coefficients u, v, w sont réels ; 2° lorsque ces coefficients n'offrent pas de parties réelles. Dans le premier cas, les formules (32) et (33) donneront

$$\mathbf{U}\xi + \mathbf{V}\eta + \mathbf{W}\zeta = 0, \tag{34}$$

ou

$$\frac{\xi}{\mathbf{U}} = \frac{\eta}{\mathbf{V}} = \frac{\zeta}{\mathbf{W}}; \tag{35}$$

dans le second cas elles donneront

$$\mathrm{u}\xi + \mathrm{v}\eta + \mathrm{w}\zeta = 0 \tag{36}$$

ou

$$\frac{\xi}{\mathrm{u}} = \frac{\eta}{\mathrm{v}} = \frac{\zeta}{\mathrm{w}}. \tag{37}$$

En conséquence les vibrations moléculaires, représentées par les équations (4) jointes aux formules (9) ou (10), seront, dans le premier cas, parallèles ou perpendiculaires au plan invariable représenté par l'équation (22), et dans le second cas parallèles ou perpendiculaires au plan invariable représenté par l'équation (21).

Si les équations des mouvements infiniment petits deviennent homogènes, on aura, en vertu des formules (10), (11) du paragraphe I,

$$\mathcal{E} = \iota k^2, \qquad \mathcal{F} = \iota \mathrm{f}, \tag{38}$$

ι, f désignant des constantes réelles, et par conséquent les valeurs de s^2 que fournissent les équations (9), (10) deviendront

$$s^2 = \iota k^2, \qquad s^2 = \iota(1 + \mathrm{f})k^2, \tag{39}$$

ou, ce qui revient au même,

$$s^2 = \iota(u^2 + v^2 + w^2), \qquad s^2 = \iota(1 + \mathrm{f})(u^2 + v^2 + w^2). \tag{40}$$

§ III. — *Sur les perturbations qu'éprouvent les mouvements simples, lorsque les équations des mouvements infiniment petits sont altérées dans le voisinage d'une surface plane.*

Concevons que, les molécules qui composent le système donné étant toutes situées d'un même côté d'un plan fixe, la constitution du système, et par suite les équations des mouvements infiniment petits se trouvent altérées dans le voisinage de ce plan. Supposons, par exemple, que toutes les molécules étant situées du côté des x positives, les équations des mouvements infiniment petits conservent constamment la même forme pour des valeurs de x positives et sensiblement différentes de zéro, mais que, dans le voisinage du plan des y, z, ces équations changent de forme sans cesser d'être linéaires, et de telle sorte que les coefficients des variables principales

$$\xi, \quad \eta, \quad \zeta$$

et de leurs dérivées, devenus fonctions de la coordonnée x, varient très rapidement avec elle entre les limites très rapprochées

$$x = 0, \qquad x = \varepsilon.$$

Supposons d'ailleurs que, dans ces mêmes équations, transformées d'abord en équations différentielles par la méthode développée dans un précédent Mémoire, puis ramenées au premier ordre, et résolues par rapport à

$$\frac{d\xi}{dx}, \quad \frac{d\eta}{dy}, \quad \ldots,$$

les produits des coefficients ou plutôt des variations par la distance ε restent très petits. Alors un ou plusieurs mouvements simples, propagés séparément ou simultanément dans le système donné, éprouveront dans le voisinage du plan fixe des y, z des perturbations en vertu desquelles les valeurs des déplacements effectifs

$$\xi, \quad \eta, \quad \zeta$$

et par suite des déplacements symboliques

$$\bar{\xi}, \quad \bar{\eta}, \quad \bar{\zeta}$$

se trouveront altérées pour de très petites valeurs positives de x; mais, à l'aide des principes établis dans le Mémoire dont il s'agit, on prouvera que les valeurs altérées et les valeurs non altérées sont liées entre elles par certaines équations de condition qui subsistent dans le voisinage du plan fixe, et spécialement pour une valeur nulle de la coordonnée x. Entrons à ce sujet dans quelques détails.

Considérons, pour fixer les idées, le cas où, avant d'être altérées, les équations des mouvements infiniment petits sont homogènes et indépendantes de la direction des axes coordonnés. Alors les équations symboliques de ces mouvements, c'est-à-dire les équations (3) du paragraphe II, seront, pour des valeurs de x positives et sensiblement différentes de zéro, déterminées par des équations de la forme

$$(1) \qquad \left\{ \begin{aligned} &[D_t^2 - \iota(D_x^2 + D_y^2 + D_z^2)]\bar{\xi} = \iota f D_x(D_x\bar{\xi} + D_y\bar{\eta} + D_z\bar{\zeta}), \\ &[D_t^2 - \iota(D_x^2 + D_y^2 + D_z^2)]\bar{\eta} = \iota f D_y(D_x\bar{\xi} + D_y\bar{\eta} + D_z\bar{\zeta}), \\ &[D_t^2 - \iota(D_x^2 + D_y^2 + D_z^2)]\bar{\zeta} = \iota f D_z(D_x\bar{\xi} + D_y\bar{\eta} + D_z\bar{\zeta}). \end{aligned} \right.$$

Alors aussi les déplacements symboliques, correspondants à un mouvement simple, seront, pour les valeurs de x positives et sensiblement différentes de zéro, déterminées par des équations de la forme

$$(2)\qquad \bar{\xi} = A\, e^{ux+vy+wz-st}, \qquad \bar{\eta} = B\, e^{ux+vy+wz-st}, \qquad \bar{\zeta} = C\, e^{ux+vy+wz-st},$$

les constantes

$$u, \quad v, \quad w, \quad s, \qquad A, \quad B, \quad C$$

étant assujetties à vérifier l'un des deux systèmes d'équations

$$(3)\qquad s^2 = \iota(u^2 + v^2 + w^2), \qquad uA + vB + wC = 0,$$

$$(4)\qquad s^2 = \iota(1 + f)(u^2 + v^2 + w^2), \qquad \frac{A}{u} = \frac{B}{v} = \frac{C}{w},$$

dans lesquels ι, f représentent deux quantités réelles. Le mouvement simple dont il s'agit sera du nombre de ceux qui ne s'éteignent point en se propageant, si les coefficients d'extinction relatifs à l'espace et au temps s'évanouissent, c'est-à-dire, en d'autres termes, si les coefficients

$$u, \quad v, \quad w, \quad s$$

des variables indépendantes dans l'exponentielle

$$e^{ux+vy+wz-st}$$

n'offrent pas de parties réelles, par conséquent si l'on a

$$(5)\qquad u = \mathrm{U}\sqrt{-1}, \qquad v = \mathrm{V}\sqrt{-1}, \qquad w = \mathrm{W}\sqrt{-1}, \qquad s = \mathrm{S}\sqrt{-1},$$

U, V, W, S étant des quantités réelles. Le même mouvement simple sera du nombre de ceux dans lesquels la densité de l'éther reste invariable, si les valeurs précédentes de

$$u, \quad v, \quad w, \quad s$$

vérifient la première des équations (3), réduite à

$$(6)\qquad \mathrm{S}^2 = \iota(\mathrm{U}^2 + \mathrm{V}^2 + \mathrm{W}^2),$$

ce qui suppose la constante ι positive. C'est ce qui aura lieu, par exemple, si en posant pour abréger

$$(7)\qquad \mathrm{k} = \sqrt{\mathrm{U}^2 + \mathrm{V}^2 + \mathrm{W}^2}, \qquad \Omega = \sqrt{\iota},$$

on prend

(8) $$s = \Omega k.$$

Alors, le mouvement simple sera représenté par le système des équations

(9) $$\left\{\begin{aligned} \bar{\xi} &= A\, e^{(ux+vy+wz-st)\sqrt{-1}}, \\ \bar{\eta} &= B\, e^{(ux+vy+wz-st)\sqrt{-1}}, \\ \bar{\zeta} &= C\, e^{(ux+vy+wz-st)\sqrt{-1}}, \end{aligned}\right.$$

jointes à la formule (8) et à la seconde des formules (3), ou, ce qui revient au même, à la suivante

(10) $$uA + vB + wC = 0.$$

Si d'ailleurs on pose

(11) $$ux + vy + wz = k\imath$$

et

(12) $$A = a\, e^{\lambda\sqrt{-1}}, \qquad B = b\, e^{\mu\sqrt{-1}}, \qquad C = c\, e^{\nu\sqrt{-1}},$$

a, b, c désignant des quantités positives et λ, μ, ν des arcs réels, les formules (9) deviendront

(13) $$\bar{\xi} = a\, e^{(k\imath - st + \lambda)\sqrt{-1}}, \qquad \bar{\eta} = b\, e^{(k\imath - st + \mu)\sqrt{-1}}, \qquad \bar{\zeta} = c\, e^{(k\imath - st + \nu)\sqrt{-1}},$$

et l'on en conclura

(14) $$\xi = a\cos(k\imath - st + \lambda), \quad \eta = b\cos(k\imath - st + \mu), \quad \zeta = c\cos(k\imath - st + \nu).$$

Soient maintenant

(15) $$\frac{\partial \xi}{\partial x} = \varphi, \qquad \frac{\partial \eta}{\partial x} = \chi, \qquad \frac{\partial \zeta}{\partial x} = \psi,$$

et

(16) $$\frac{\partial \bar{\xi}}{\partial x} = \bar{\varphi}, \qquad \frac{\partial \bar{\eta}}{\partial x} = \bar{\chi}, \qquad \frac{\partial \bar{\zeta}}{\partial x} = \bar{\psi},$$

et nommons

$$\xi_0, \quad \eta_0, \quad \zeta_0, \quad \varphi_0, \quad \chi_0, \quad \psi_0$$

ou

$$\bar{\xi}_0, \quad \bar{\eta}_0, \quad \bar{\zeta}_0, \quad \bar{\varphi}_0, \quad \bar{\chi}_0, \quad \bar{\psi}_0$$

ce que deviennent, pour $x = 0$, les valeurs des variables principales

$$\xi,\quad \eta,\quad \zeta,\quad \varphi,\quad \chi,\quad \psi$$

ou

$$\bar{\xi},\quad \bar{\eta},\quad \bar{\zeta},\quad \bar{\varphi},\quad \bar{\chi},\quad \bar{\psi}$$

déterminées par le système des formules (14) et (15), ou (13) et (16), quand on commence par modifier ces valeurs, de manière qu'elles vérifient non plus les équations (1), mais ces équations altérées par la variation que subissent les coefficients des variables principales et de leurs dérivées dans le voisinage du plan des y, z. En vertu des principes établis dans le Mémoire ci-dessus mentionné, les différences

$$\bar{\xi} - \bar{\xi}_0,\quad \bar{\eta} - \bar{\eta}_0,\quad \bar{\zeta} - \bar{\zeta}_0,\quad \bar{\varphi} - \bar{\varphi}_0,\quad \bar{\chi} - \bar{\chi}_0,\quad \bar{\psi} - \bar{\psi}_0$$

vérifieront certaines équations de condition, et, pour obtenir celles-ci, on devra d'abord chercher les divers systèmes d'intégrales simples que peuvent représenter les équations (2), jointes aux formules (3) ou (4), quand on y regarde les coefficients

$$v,\quad w,\quad s$$

comme invariables, et devant acquérir, dans chaque système d'intégrales simples, les valeurs fournies par les trois dernières des équations (5). Or, dans cette hypothèse, on tirera des équations (3) ou (4), jointes à la formule (6) et à la première des formules (7),

$$(17)\qquad u^2 = -\mathrm{u}^2,\qquad u\mathrm{A} + (\mathrm{vB} + \mathrm{wC})\sqrt{-1} = 0$$

ou

$$(18)\qquad u^2 = \mathrm{v}^2 + \mathrm{w}^2 - \frac{\mathrm{k}^2}{1+\mathrm{f}},\qquad \frac{\mathrm{A}}{u} = \frac{\mathrm{B}}{\mathrm{v}\sqrt{-1}} = \frac{\mathrm{C}}{\mathrm{w}\sqrt{-1}}.$$

Il en résulte que, dans un mouvement simple correspondant aux valeurs imaginaires données de v, w, s, le coefficient u peut acquérir quatre valeurs distinctes, puisqu'on peut satisfaire à la première des équations (17), en prenant non seulement

$$(19)\qquad u = \mathrm{u}\sqrt{-1}$$

mais encore

(20) $$u = -\mathrm{u}\sqrt{-1},$$

puis à la première des équations (18), en prenant

(21) $$u = \left(\frac{\mathrm{k}^2}{1+\mathrm{f}} - \mathrm{v}^2 - \mathrm{w}^2\right)^{\frac{1}{2}}\sqrt{-1}, \quad \text{ou} \quad u = -\left(\frac{\mathrm{k}^2}{1+\mathrm{f}} - \mathrm{v}^2 - \mathrm{w}^2\right)^{\frac{1}{2}}\sqrt{-1},$$

si l'on a

(22) $$\frac{\mathrm{k}^2}{1+\mathrm{f}} > \mathrm{v}^2 + \mathrm{w}^2,$$

et en prenant au contraire

(23) $$u = \left(\mathrm{v}^2 + \mathrm{w}^2 - \frac{\mathrm{k}^2}{1+\mathrm{f}}\right)^{\frac{1}{2}}, \quad \text{ou} \quad u = -\left(\mathrm{v}^2 + \mathrm{w}^2 - \frac{\mathrm{k}^2}{1+\mathrm{f}}\right)^{\frac{1}{2}},$$

si l'on a

(24) $$\mathrm{v}^2 + \mathrm{w}^2 > \frac{\mathrm{k}^2}{1+\mathrm{f}}.$$

Observons à présent que, si la formule (22) se vérifie, aucune des quatre valeurs de u n'offrira de partie réelle, et qu'en conséquence aucune d'elles n'offrira de partie réelle négative, ou, en d'autres termes, inférieure à celle de

$$u = \mathrm{u}\sqrt{-1}.$$

Donc alors, en vertu des principes établis dans le Mémoire ci-dessus rappelé, les valeurs de

$$\bar{\xi}, \quad \bar{\eta}, \quad \bar{\zeta}, \quad \bar{\varphi}, \quad \bar{\chi}, \quad \bar{\psi},$$

relatives au mouvement simple qui correspond à la valeur précédente de u, vérifieront pour $x = 0$ les équations de condition

(25) $$\bar{\xi} = \bar{\xi}_0, \quad \bar{\eta} = \bar{\eta}_0, \quad \bar{\zeta} = \bar{\zeta}_0, \quad \bar{\varphi} = \bar{\varphi}_0, \quad \bar{\chi} = \bar{\chi}_0, \quad \bar{\psi} = \bar{\psi}_0.$$

Si, au contraire, la formule (24) se vérifie, alors des quatre valeurs de u, celle que détermine la seconde des équations (23) offrira seule une partie réelle négative. Donc alors les valeurs de $\bar{\xi}$, $\bar{\eta}$, ... relatives au mouvement simple dont il s'agit vérifieront pour $x = 0$ les équations de condition qu'on obtiendra en supposant dans la formule

$$\frac{\bar{\xi} - \bar{\xi}_0}{A} = \frac{\bar{\eta} - \bar{\eta}_0}{B} = \frac{\bar{\zeta} - \bar{\zeta}_0}{C} = \frac{\bar{\varphi} - \bar{\varphi}_0}{uA} = \frac{\bar{\chi} - \bar{\chi}_0}{vB} = \frac{\bar{\psi} - \bar{\psi}_0}{wC},$$

les constantes

$$u, \quad v, \quad w, \qquad A, \quad B, \quad C$$

choisies de manière qu'on ait

$$u = -\mathfrak{v}, \qquad v = \mathrm{v}\sqrt{-1}, \qquad w = \mathrm{w}\sqrt{-1}, \qquad \frac{A}{u} = \frac{B}{\mathrm{v}\sqrt{-1}} = \frac{C}{\mathrm{w}\sqrt{-1}};$$

la valeur de $\mathfrak{v}$ étant

$$(26) \qquad \mathfrak{v} = \left(\mathrm{v}^2 + \mathrm{w}^2 - \frac{\mathrm{k}^2}{1 + \mathrm{f}}\right)^{\frac{1}{2}},$$

on aura, dans ce cas, pour $x = 0$,

$$(27) \qquad \frac{\bar{\xi} - \bar{\xi}_0}{-\mathfrak{v}} = \frac{\bar{\eta} - \bar{\eta}_0}{\mathrm{v}\sqrt{-1}} = \frac{\bar{\zeta} - \bar{\zeta}_0}{\mathrm{w}\sqrt{-1}} = \frac{\bar{\varphi} - \bar{\varphi}_0}{\mathfrak{v}^2} = \frac{\bar{\chi} - \bar{\chi}_0}{-\mathrm{v}\mathfrak{v}\sqrt{-1}} = \frac{\bar{\psi} - \bar{\psi}_0}{-\mathrm{w}\mathfrak{v}\sqrt{-1}}.$$

Avant d'aller plus loin, cherchons à reconnaître, d'une manière précise, dans quels cas subsistent les diverses formules ci-dessus établies.

Pour y parvenir, nous remarquerons d'abord que les diverses puissances des caractéristiques

$$D_x, \quad D_y, \quad D_z$$

renfermées dans les équations symboliques des mouvements infiniment petits se transforment en puissances, de mêmes degrés, des coefficients

$$u, \quad v, \quad w,$$

quand on suppose ces mouvements infiniment petits réduits à des mouvements simples, c'est-à-dire quand on suppose les déplacements symboliques proportionnels à une seule exponentielle de la forme

$$e^{ux+vy+wz-st}.$$

Alors les fonctions de D_x, D_y, D_z, représentées par

$$L, \quad M, \quad N, \quad P, \quad Q, \quad R$$

dans les équations (1) du paragraphe I, se transforment en des fonctions de u, v, w, désignées par

$$\mathfrak{L}, \quad \mathfrak{M}, \quad \mathfrak{N}, \quad \mathfrak{P}, \quad \mathfrak{Q}, \quad \mathfrak{R}$$

dans les précédents Mémoires. Dans cette hypothèse, réduire, comme nous l'avons fait, les équations des mouvements infiniment petits à des équations du second ordre, ou, en d'autres termes, réduire

$$L, \quad M, \quad N, \quad P, \quad Q, \quad R$$

à des fonctions qui soient du second degré par rapport au système des caractéristiques D_x, D_y, D_z, c'est évidemment réduire

$$\mathfrak{L}, \quad \mathfrak{M}, \quad \mathfrak{N}, \quad \mathfrak{P}, \quad \mathfrak{Q}, \quad \mathfrak{R}$$

à des fonctions qui soient du second degré par rapport au système des coefficients u, v, w. D'ailleurs, comme on l'a vu dans le Mémoire sur les mouvements infiniment petits d'un système de molécules, si l'on nomme

$$x, \quad y, \quad z$$

les coordonnées d'une molécule $\mathfrak{m}$ du système donné, et

$$x + \mathrm{x}, \quad y + \mathrm{y}, \quad z + \mathrm{z}$$

les coordonnées d'une autre molécule m, les valeurs de

$$\mathfrak{L}, \quad \mathfrak{M}, \quad \mathfrak{N}, \quad \mathfrak{P}, \quad \mathfrak{Q}, \quad \mathfrak{R}$$

seront représentées par des sommes de termes correspondant aux diverses molécules m voisines de $\mathfrak{m}$, et dont chacun, considéré comme fonction de u, v, w, sera proportionnel à la différence

$$e^{u\mathrm{x}+v\mathrm{y}+w\mathrm{z}} - 1,$$

mais s'évanouira sensiblement hors de la sphère d'activité de la molécule $\mathfrak{m}$. Donc réduire les équations des mouvements infiniment petits au second ordre, c'est négliger dans le développement de cette différence, c'est-à-dire dans la somme

$$u\text{x} + v\text{y} + w\text{z} + \frac{(u\text{x} + v\text{y} + w\text{z})^2}{1.2} + \frac{(u\text{x} + v\text{y} + w\text{z})^3}{1.2.3} + \ldots,$$

les puissances du trinome

$$u\text{x} + v\text{y} + w\text{z}$$

d'un degré supérieur au second. Or, il sera généralement permis de négliger ces puissances, au moins dans une première approximation, si le module du trinome

$$u\text{x} + v\text{y} + w\text{z}$$

reste très petit pour tous les points situés dans l'intérieur de la sphère d'activité sensible d'une molécule ; et cette dernière condition sera remplie elle-même, si le rayon de la sphère dont il s'agit est très petit par rapport aux longueurs d'ondulations mesurées dans un mouvement simple qui ne s'éteigne pas en se propageant. En effet, dans un semblable mouvement, u, v, w seront de la forme

$$u = \text{u}\sqrt{-1}, \qquad v = \text{v}\sqrt{-1}, \qquad w = \text{w}\sqrt{-1},$$

u, v, w désignant des constantes réelles ; et le plan d'une onde, parallèle au plan invariable représenté par l'équation

$$\text{u}x + \text{v}y + \text{w}z = 0,$$

formera avec les demi-axes des coordonnées positives des angles dont les cosinus seront respectivement proportionnels à

$$\text{u}, \quad \text{v}, \quad \text{w},$$

tandis que l'épaisseur d'une onde sera représentée par

$$\text{l} = \frac{2\pi}{\text{k}},$$

la valeur de k étant

$$\text{k} = \sqrt{\text{u}^2 + \text{v}^2 + \text{w}^2}.$$

D'autre part, si l'on nomme r le rayon vecteur mené de la molécule m à la molécule m, et δ l'angle formé par le rayon vecteur r avec la perpendiculaire au plan d'une onde, on aura

$$r = \sqrt{x^2 + y^2 + z^2},$$
$$ux + vy + wz = k r \cos\delta = 2\pi \frac{r}{l} \cos\delta;$$

et il est clair que le produit

$$2\pi \frac{r}{l} \cos\delta$$

deviendra très petit en même temps que le rapport

$$\frac{r}{l}.$$

Donc le module du trinome

$$ux + vy + wz,$$

représenté dans le mouvement simple que l'on considère par la valeur numérique de la somme

$$ux + vy + wz = 2\pi \frac{r}{l} \cos\delta,$$

restera très petit, si le rayon vecteur r, supposé inférieur ou égal au rayon de la sphère d'activité sensible d'une molécule, est très petit par rapport à la longueur d'une ondulation.

Lorsque la condition ici énoncée sera remplie, et qu'en conséquence les équations des mouvements infiniment petits pourront être, sans erreur sensible, réduites à des équations du second ordre, ces dernières renfermeront généralement des termes du premier ordre et des termes du second ordre. Il semblerait au premier abord que ceux-ci devraient encore être considérés comme très petits par rapport aux autres. Mais on doit observer que les coefficients des dérivées du premier ordre seront des sommes composées de parties, les unes positives, les autres négatives, et qui, dans beaucoup de cas, se détruiront réciproquement. C'est ce qui arrive, en particulier, quand le système de molécules est constitué de telle manière, que la propagation du mouvement s'effectue en tous sens suivant les mêmes lois. Il en résulte que, loin de négliger les termes du second ordre vis-à-vis des termes du premier ordre, on devra plus généralement négliger ceux-ci vis-à-vis des termes du second ordre, ce qui suffira pour rendre homogènes les équations du second ordre auxquelles on sera parvenu.

Considérons maintenant en particulier les conditions relatives aux points situés dans le plan fixe des y, z. D'après ce qu'on a dit, ces conditions supposent qu'on obtient des produits très petits en multipliant la constante ε, c'est-à-dire la distance au plan fixe, en-deçà de laquelle les perturbations des mouvements infiniment petits deviennent sensibles, par certains coefficients renfermés dans ces mêmes équations. D'ailleurs, en vertu des principes développés dans le Mémoire qui a pour titre *Méthode générale propre à fournir les équations de condition relatives aux limites des corps*, les coefficients dont il s'agit seront généralement ceux par lesquels se trouveront multipliées les variables principales

$$\bar{\xi},\quad \bar{\eta},\quad \bar{\zeta},\quad \bar{\varphi},\quad \bar{\chi},\quad \bar{\psi}$$

dans les équations symboliques des mouvements infiniment petits, transformées d'abord en équations différentielles par la substitution des constantes

$$v,\quad w,\quad s$$

aux caractéristiques

$$D_y,\quad D_z,\quad D_t,$$

puis ramenées au premier ordre par l'adjonction des variables principales $\bar{\varphi}$, $\bar{\chi}$, $\bar{\psi}$ aux variables principales $\bar{\xi}$, $\bar{\eta}$, $\bar{\zeta}$, et résolues par rapport à

$$\frac{\partial\bar{\xi}}{\partial x},\quad \frac{\partial\bar{\eta}}{\partial x},\quad \frac{\partial\bar{\zeta}}{\partial x},\quad \frac{\partial\bar{\varphi}}{\partial x},\quad \frac{\partial\bar{\chi}}{\partial x},\quad \frac{\partial\bar{\psi}}{\partial x}.$$

Mais il est important d'observer que, si, dans un mouvement simple, l'épaisseur l des ondes planes devient très petite, les constantes

$$u,\quad v,\quad w$$

offriront de très grands modules comparables à la quantité

$$\mathrm{k} = \frac{2\pi}{\mathrm{l}}.$$

Alors les dérivées

$$\bar{\varphi} = \mathrm{D}_x \bar{\xi} = u \bar{\xi}, \qquad \bar{\chi} = \mathrm{D}_x \bar{\eta} = u \bar{\eta}, \qquad \bar{\psi} = \mathrm{D}_x \bar{\zeta} = u \bar{\zeta}$$

seront elles-mêmes comparables aux produits

$$\mathrm{k}\bar{\xi}, \quad \mathrm{k}\bar{\eta}, \quad \mathrm{k}\bar{\zeta};$$

et comme, dans les équations des mouvements infiniment petits réduites à des équations homogènes du second ordre, puis transformées en équations différentielles, les divers termes resteront tous comparables les uns aux autres, les coefficients qui, multipliés par ε, devront fournir des produits très petits seront, dans les valeurs de

$$\frac{\partial \bar{\varphi}}{\partial x}, \quad \frac{\partial \bar{\chi}}{\partial x}, \quad \frac{\partial \bar{\psi}}{\partial x},$$

exprimées en fonctions linéaires de

$$\bar{\xi}, \quad \bar{\eta}, \quad \bar{\zeta}, \quad \bar{\varphi}, \quad \bar{\chi}, \quad \bar{\psi},$$

les coefficients de

$$\bar{\varphi}, \quad \bar{\chi}, \quad \bar{\psi}$$

ou ceux de

$$\mathrm{k}\bar{\xi}, \quad \mathrm{k}\bar{\eta}, \quad \mathrm{k}\bar{\zeta}.$$

On peut ajouter que les coefficients de $\bar{\varphi}$ dans la valeur $\frac{\partial \bar{\varphi}}{\partial x}$, de $\bar{\chi}$ dans la valeur de $\frac{\partial \bar{\chi}}{\partial x}$, ... auront, dans le mouvement troublé, des valeurs comparables à celles qu'ils acquièrent dans le mouvement simple et non troublé, c'est-à-dire au coefficient u, par conséquent à la constante k. Donc, en définitive, pour que la valeur de la distance ε permette aux conditions relatives à la surface de subsister, il suffira que le produit

$$\mathrm{k}\varepsilon = 2\pi \frac{\varepsilon}{l}$$

reste très petit, ou, en d'autres termes, que la distance ε soit très petite relativement à la longueur d'une ondulation.

Cette condition étant supposée remplie, les formules (25) ou (27) subsisteront, pour $x = 0$, dans les circonstances que nous avons indiquées, si les variables

$$\bar{\xi},\quad \bar{\eta},\quad \bar{\zeta}$$

représentent les déplacements symboliques relatifs à un mouvement simple pour lequel on aurait

$$u = \mathrm{u}\sqrt{-1}.$$

Il y a plus : en vertu des principes établis dans le Mémoire déjà cité, on arrivera encore aux formules (25) ou (27), si les variables

$$\bar{\xi},\quad \bar{\eta},\quad \bar{\zeta}$$

représentent les déplacements symboliques relatifs à un mouvement simple pour lequel on aurait

$$u = -\mathrm{u}\sqrt{-1},$$

ou même les déplacements symboliques relatifs à un mouvement résultant de la superposition de deux mouvements simples, pour l'un desquels on aurait

$$u = \mathrm{u}\sqrt{-1},$$

tandis qu'on aurait pour l'autre

$$u = -\mathrm{u}\sqrt{-1}.$$

Cela posé, on pourra énoncer la proposition suivante :

THÉORÈME. — *Considérons un système homogène de molécules situé par rapport au plan des y, z du côté des x positives, et pour lequel les équations des mouvements infiniment petits, indépendantes de la direction des axes coordonnés, puissent se réduire, sans erreur sensible, à des équations homogènes du second ordre, par conséquent aux formules* (1). *Supposons en outre que, dans le voisinage du plan des y, z, et entre les limites très rapprochées*

$$x = 0, \qquad x = \varepsilon,$$

ces équations changent de forme, les coefficients des déplacements effectifs ou des déplacements symboliques et de leurs dérivées devenant alors fonctions de la coordonnée x. Nommons

$$\bar{\varphi},\quad \bar{\chi},\quad \bar{\psi}$$

les dérivées premières de

$$\bar{\xi},\quad \bar{\eta},\quad \bar{\zeta}$$

relatives à x, et

$$\bar{\xi}_0,\quad \bar{\eta}_0,\quad \bar{\zeta}_0,\quad \bar{\varphi}_0,\quad \bar{\chi}_0,\quad \bar{\psi}_0$$

ce que deviennent, pour $x = 0$, *les valeurs de*

$$\bar{\xi},\quad \bar{\eta},\quad \bar{\zeta},\quad \bar{\varphi},\quad \bar{\chi},\quad \bar{\psi},$$

correspondant à un mouvement infiniment petit, propagé dans le système de molécules donné, quand on a égard aux perturbations de ce mouvement indiquées par l'altération des équations (1) *dans le voisinage du plan des y, z. Enfin, supposons que le mouvement dont il s'agit soit un mouvement simple qui ne s'éteigne point en se propageant, ou bien encore qu'il résulte de la superposition de deux mouvements simples de cette espèce, correspondant aux mêmes valeurs imaginaires des coefficients*

$$v,\quad w,\quad s,$$

mais à des valeurs imaginaires de u, qui, étant égales au signe près, se trouvent affectées de signes contraires. Si d'ailleurs la distance ε *est très petite relativement à la longueur d'une ondulation, les valeurs de*

$$\bar{\xi},\quad \bar{\eta},\quad \bar{\zeta},\quad \bar{\varphi},\quad \bar{\chi},\quad \bar{\psi},$$

calculées comme si le mouvement simple n'éprouvait aucune perturbation dans le voisinage du plan des y, z, vérifieront, pour $x = 0$, *les conditions* (25) *ou* (27), *savoir les conditions*

$$\bar{\xi} = \bar{\xi}_0,\qquad \bar{\eta} = \bar{\eta}_0,\qquad \bar{\zeta} = \bar{\zeta}_0,\qquad \bar{\varphi} = \bar{\varphi}_0,\qquad \bar{\chi} = \bar{\chi}_0,\qquad \bar{\psi} = \bar{\psi}_0,$$

si l'on a

$$\frac{\mathrm{k}^2}{1+\mathrm{f}} > \mathrm{v}^2 + \mathrm{w}^2,$$

et les conditions

$$\frac{\bar{\xi}-\bar{\xi}_0}{-\upsilon} = \frac{\bar{\eta}-\bar{\eta}_0}{\mathrm{v}\sqrt{-1}} = \frac{\bar{\zeta}-\bar{\zeta}_0}{\mathrm{w}\sqrt{-1}} = \frac{\bar{\varphi}-\bar{\varphi}_0}{\upsilon^2} = \frac{\bar{\chi}-\bar{\chi}_0}{-\upsilon\mathrm{v}\sqrt{-1}} = \frac{\bar{\psi}-\bar{\psi}_0}{-\upsilon\mathrm{w}\sqrt{-1}},$$

si l'on a

$$\frac{k^2}{1+f} < v^2 + w^2.$$

Les mêmes principes peuvent servir encore à établir les équations de condition auxquelles devraient satisfaire, pour $x = 0$, les valeurs de

$$\bar{\xi},\quad \bar{\eta},\quad \bar{\zeta},\quad \bar{\varphi},\quad \bar{\chi},\quad \bar{\psi}$$

relatives soit à des mouvements qui s'éteindraient en se propageant, soit à des mouvements accompagnés d'un changement de densité. Mais, nous bornant pour l'instant à indiquer ces diverses applications de nos formules générales, nous allons nous occuper plus spécialement des formules particulières que nous venons de trouver et développer les conséquences qui s'en déduisent.

Les valeurs de v, w étant

$$(28) \qquad v = \mathrm{v}\sqrt{-1}, \qquad w = \mathrm{w}\sqrt{-1},$$

la formule (27) peut s'écrire comme il suit

$$(29) \qquad \frac{\bar{\xi} - \bar{\xi}_0}{-\mathfrak{v}} = \frac{\bar{\eta} - \bar{\eta}_0}{v} = \frac{\bar{\zeta} - \bar{\zeta}_0}{w} = \frac{\bar{\varphi} - \bar{\varphi}_0}{\mathfrak{v}^2} = \frac{\bar{\chi} - \bar{\chi}_0}{-\mathfrak{v} v} = \frac{\bar{\psi} - \bar{\psi}_0}{-\mathfrak{v} w}.$$

D'ailleurs on tire de cette dernière, non seulement

$$\frac{\bar{\eta} - \bar{\eta}_0}{v} = \frac{\bar{\zeta} - \bar{\zeta}_0}{w}$$

et

$$\bar{\xi} - \bar{\xi}_0 = \frac{\bar{\chi} - \bar{\chi}_0}{v} = \frac{\bar{\psi} - \bar{\psi}_0}{w},$$

par conséquent

$$(30) \qquad w\bar{\eta} - v\bar{\zeta} = w\bar{\eta}_0 - v\bar{\zeta}_0, \qquad \bar{\psi} - w\bar{\xi} = \bar{\psi}_0 - w\bar{\xi}_0, \qquad v\bar{\xi} - \bar{\chi} = v\bar{\xi}_0 - \bar{\chi}_0,$$

mais encore

$$\frac{1}{v}\bar{\eta} - \frac{1}{v}\bar{\eta}_0 = \frac{\bar{\xi} - \bar{\xi}_0}{-\mathfrak{v}} = \frac{\bar{\varphi} - \bar{\varphi}_0}{\mathfrak{v}^2} = \frac{\bar{\varphi} - \bar{\varphi}_0 + \alpha(\bar{\xi} - \bar{\xi}_0) + 6\left(\frac{1}{v}\bar{\eta} - \frac{1}{v}\bar{\eta}_0\right)}{\mathfrak{v}^2 - \alpha\mathfrak{v} + 6},$$

quels que soient les facteurs α, 6, et par suite

$$\bar{\varphi} + \alpha\bar{\xi} + \frac{6}{v}\bar{\eta} = \bar{\varphi}_0 + \alpha\bar{\xi}_0 + \frac{6}{v}\bar{\eta}_0, \tag{31}$$

si l'on choisit α, 6 de manière à vérifier la formule

$$v^2 + \alpha v + 6 = 0. \tag{32}$$

§ IV. — *Sur les conditions générales de la coexistence de mouvements simples, que l'on suppose propagés dans deux portions différentes d'un système moléculaire, diversement constituées et séparées l'une de l'autre par une surface plane.*

Considérons deux systèmes homogènes de molécules, séparés par une surface plane que nous prendrons pour plan des y, z, ces deux systèmes n'étant autre chose que deux portions différentes d'un même système dont la constitution change quand la coordonnée x passe du négatif au positif, et reste sensiblement invariable de chaque côté de la surface de séparation, excepté dans le voisinage de cette surface. Soient

$$\xi,\ \eta,\ \zeta \quad \text{et} \quad \bar{\xi},\ \bar{\eta},\ \bar{\zeta}$$

les déplacements effectifs et symboliques d'une molécule, correspondant à un ou à plusieurs mouvements simples propagés dans le premier des systèmes donnés, que nous supposerons situé du côté des x négatives ; et nommons

$$\varphi,\ \chi,\ \psi \quad \text{ou} \quad \bar{\varphi},\ \bar{\chi},\ \bar{\psi}$$

les dérivées de ces déplacements effectifs ou symboliques, prises par rapport à x. Soient pareillement

$$\xi',\ \eta',\ \zeta' \quad \text{et} \quad \bar{\xi}',\ \bar{\eta}',\ \bar{\zeta}'$$

les déplacements effectifs ou symboliques correspondant à un ou plusieurs mouvements simples propagés dans le second système, situé du côté des x positives ; et nommons encore

$$\varphi',\ \chi',\ \psi' \quad \text{ou} \quad \bar{\varphi}',\ \bar{\chi}',\ \bar{\psi}'$$

les dérivées de ces déplacements effectifs ou symboliques, prises par rapport à x. Soient enfin

$$\xi_0, \quad \eta_0, \quad \zeta_0, \quad \varphi_0, \quad \chi_0, \quad \psi_0$$

ou

$$\bar{\xi}_0, \quad \bar{\eta}_0, \quad \bar{\zeta}_0, \quad \bar{\varphi}_0, \quad \bar{\chi}_0, \quad \bar{\psi}_0$$

ce que deviennent les déplacements effectifs ou symboliques et leurs dérivées pour les points situés dans le plan des y, z. Si les deux espèces de mouvements simples qu'on suppose propagés dans les deux systèmes donnés de molécules peuvent coexister, alors, en raisonnant comme dans le paragraphe II, on obtiendra : 1° entre les différences

$$\bar{\xi}-\bar{\xi}_0, \quad \bar{\eta}-\bar{\eta}_0, \quad \bar{\zeta}-\bar{\zeta}_0, \quad \bar{\varphi}-\bar{\varphi}_0, \quad \bar{\chi}-\bar{\chi}_0, \quad \bar{\psi}-\bar{\psi}_0,$$

2° entre les différences

$$\bar{\xi}'-\bar{\xi}_0, \quad \bar{\eta}'-\bar{\eta}_0, \quad \bar{\zeta}'-\bar{\zeta}_0, \quad \bar{\varphi}'-\bar{\varphi}_0, \quad \bar{\chi}'-\bar{\chi}_0, \quad \bar{\psi}'-\bar{\psi}_0,$$

des équations de condition qui devront se vérifier pour une valeur nulle de x ; puis, en éliminant

$$\bar{\xi}_0, \quad \bar{\eta}_0, \quad \bar{\zeta}_0, \quad \bar{\varphi}_0, \quad \bar{\chi}_0, \quad \bar{\psi}_0$$

entre ces deux espèces d'équations de condition, on en obtiendra d'autres entre les seules variables

$$\bar{\xi}, \quad \bar{\eta}, \quad \bar{\zeta}, \quad \bar{\varphi}, \quad \bar{\chi}, \quad \bar{\psi}; \qquad \bar{\xi}', \quad \bar{\eta}', \quad \bar{\zeta}', \quad \bar{\varphi}', \quad \bar{\chi}', \quad \bar{\psi}'.$$

Les nouvelles équations de condition, ainsi obtenues, devront, comme les précédentes, subsister seulement pour une valeur nulle de x, et les unes comme les autres seront linéaires par rapport aux déplacements symboliques et à leurs dérivées. En conséquence, après l'élimination de

$$\bar{\xi}_0, \quad \bar{\eta}_0, \quad \bar{\zeta}_0, \quad \bar{\varphi}_0, \quad \bar{\chi}_0, \quad \bar{\psi}_0,$$

la forme la plus générale d'une équation de condition sera

$$\Gamma + \Gamma' = 0, \tag{1}$$

Γ désignant une fonction linéaire des variables

$$\bar{\xi},\quad \bar{\eta},\quad \bar{\zeta},\quad \bar{\varphi},\quad \bar{\chi},\quad \bar{\psi},$$

composée de six termes respectivement proportionnels à ces mêmes variables, et Γ' une fonction de la même espèce, mais composée avec les variables

$$\bar{\xi}',\quad \bar{\eta}',\quad \bar{\zeta}',\quad \bar{\varphi}',\quad \bar{\chi}',\quad \bar{\psi}'.$$

Si l'on suppose qu'un seul mouvement simple se propage dans le système de molécules situé du côté des x négatives, les valeurs de

$$\bar{\xi},\quad \bar{\eta},\quad \bar{\zeta},\quad \bar{\varphi},\quad \bar{\chi},\quad \bar{\psi},$$

correspondant à une valeur de x, seront de la forme

$$\bar{\xi} = \mathrm{A}\, e^{vy+wz-st},\qquad \bar{\eta} = \mathrm{B}\, e^{vy+wz-st},\qquad \bar{\zeta} = \mathrm{C}\, e^{vy+wz-st},$$
$$\bar{\varphi} = \mathrm{A}\, u\, e^{vy+wz-st},\qquad \bar{\chi} = \mathrm{B}\, u\, e^{vy+wz-st},\qquad \bar{\psi} = \mathrm{C}\, u\, e^{vy+wz-st},$$

u, v, w, s, A, B, C désignant des constantes réelles ou imaginaires; et par suite, la valeur de Γ correspondant à $x = 0$ sera de la forme

$$\Gamma = \gamma\, e^{vy+wz-st},$$

γ désignant une nouvelle constante. Si, au contraire, plusieurs mouvements simples, superposés les uns aux autres, se propagent simultanément dans le premier des systèmes donnés, et si l'on admet que les déplacements symboliques deviennent proportionnels, dans l'un de ces mouvements simples, à l'exponentielle

$$e^{ux+vy+wz-st},$$

dans un autre à l'exponentielle

$$e^{u_{,}x+v_{,}y+w_{,}z-s_{,}t},\qquad \ldots,$$

la valeur de Γ, correspondant à $x = 0$, sera de la forme

$$(2)\qquad \Gamma = \gamma\, e^{vy+wz-st} + \gamma_{,}\, e^{v_{,}y+w_{,}z-s_{,}t} + \ldots,$$

$\gamma, \gamma_{,}, \ldots$ désignant diverses constantes. Pareillement, si divers mouvements simples se propagent dans le second système de molécules, et si l'on admet que les déplacements symboliques deviennent proportionnels, dans l'un de ces mouvements simples, à l'exponentielle

$$e^{u'x+v'y+w'z-s't},$$

dans un autre à l'exponentielle

$$e^{u''x+v''y+w''z-s''t}, \qquad \ldots,$$

la valeur de Γ, correspondant à $x = 0$, sera de la forme

$$(3) \qquad \Gamma' = \gamma' e^{v'y+w'z-s't} + \ldots.$$

Cela posé, l'équation (1), réduite à

$$(4) \qquad \gamma e^{vy+wz-st} + \gamma_{,} e^{v_{,}y+w_{,}z-s_{,}t} + \ldots + \gamma' e^{v'y+w'z-s't} + \ldots = 0,$$

entraînera la formule

$$(5) \qquad \gamma + \gamma_{,} + \ldots + \gamma' + \ldots = 0,$$

à laquelle elle se réduira identiquement si l'on a

$$(6) \qquad \begin{cases} v = v_{,} = \ldots = v' = \ldots, \\ w = w_{,} = \ldots = w' = \ldots, \\ s = s_{,} = \ldots = s' = \ldots. \end{cases}$$

Il y a plus : si les constantes

$$\gamma, \quad \gamma_{,}, \quad \ldots, \qquad \gamma', \quad \ldots$$

diffèrent de zéro, l'équation (4), qui doit subsister quelles que soient les valeurs attribuées aux variables indépendantes y, z, t, entraînera toujours non seulement l'équation (5), en laquelle elle se transforme quand on réduit y, z et t à zéro, mais encore les formules (6). C'est ce qu'on démontrera sans peine à l'aide des considérations suivantes.

L'équation (4), devant subsister quels que soient y, z et t, donnera, pour $z = 0$ et $t = 0$,

$$\gamma e^{vy} + \gamma_{,} e^{v_{,}y} + \ldots + \gamma' e^{v'y} + \ldots = 0.$$

Si, dans cette dernière équation, et dans ses dérivées des divers ordres relatives à y, on pose $y = 0$, on trouvera

$$(7)\qquad \begin{cases} \gamma \ \ + \gamma_{,} \ \ + \ldots + \gamma' \ \ + \ldots = 0, \\ \gamma v \ + \gamma_{,} v_{,} + \ldots + \gamma' v' + \ldots = 0, \\ \gamma v^2 + \gamma_{,} v_{,}^2 + \ldots + \gamma' v'^2 + \ldots = 0, \\ \ldots\ldots\ldots\ldots\ldots\ldots\ldots\ldots \end{cases}$$

Or, il est facile de s'assurer que les équations (7), dont on peut supposer le nombre égal à celui des coefficients

$$\gamma, \quad \gamma_{,}, \quad \ldots, \quad \gamma', \quad \ldots,$$

entraînent la première des formules (6). En effet, admettons, par exemple, que ces coefficients se réduisent à trois

$$\gamma, \quad \gamma_{,}, \quad \gamma'.$$

Alors, en éliminant deux d'entre eux des équations (7), c'est-à-dire des formules

$$\begin{aligned} \gamma \ \ + \gamma_{,} \ \ + \gamma' \ \ &= 0, \\ \gamma v \ + \gamma_{,} v_{,} + \gamma' v' &= 0, \\ \gamma v^2 + \gamma_{,} v_{,}^2 + \gamma' v'^2 &= 0, \end{aligned}$$

on trouvera successivement

$$\gamma(v - v_{,})(v - v') = 0, \qquad \gamma_{,}(v_{,} - v')(v_{,} - v) = 0, \qquad \gamma'(v' - v)(v' - v_{,}) = 0;$$

et, par suite, si

$$\gamma, \quad \gamma_{,}, \quad \gamma'$$

diffèrent de zéro, les trois différences

$$v - v_{,}, \qquad v - v', \qquad v_{,} - v'$$

devront s'évanouir, en sorte que la première des formules (6) devra être vérifiée. Eu égard à la forme des équations (7), la même démonstration reste applicable quel que soit le nombre des coefficients γ, $\gamma_{,}$, ..., γ', ..., et d'ailleurs on pourra évidemment établir de la même manière la seconde et la troisième des formules (6).

Lorsqu'un mouvement simple propagé dans un système de molécules atteint une surface plane qui sépare ce premier système d'un second, il donne très souvent naissance à d'autres mouvements simples, les uns réfléchis, les autres réfractés, qui coexistent tous ensemble, mais qui ne pourraient plus coexister, dans le double système de molécules que l'on considère, si l'on venait à supprimer quelques-uns d'entre eux. Ainsi, par exemple, lorsque ces deux systèmes sont tels qu'un mouvement simple, propagé jusqu'à leur surface de séparation, donne naissance à deux mouvements de cette espèce, l'un réfléchi, l'autre réfracté, on ne saurait concevoir deux de ces trois mouvements propagés seuls dans le double système de molécules. Donc alors l'équation (1) ou (4) ne peut subsister, lorsqu'on supprime l'un des trois mouvements simples ; ce qui aurait lieu, toutefois, si l'une des constantes

$$\gamma, \quad \gamma_{\prime}, \quad \gamma'$$

venait à s'évanouir. Donc, si l'on applique l'équation (1) ou (4) à la réflexion et à la réfraction des mouvements simples, elle entraînera généralement les formules (6).

Supposons l'équation (4) effectivement appliquée à la réflexion et à la réfraction d'un mouvement simple ; et soient dans cette même équation

$$\gamma\, e^{vy+wz-st}$$

le terme qui correspond aux ondes incidentes,

$$\gamma_{\prime}\, e^{v_{\prime}y+w_{\prime}z-s_{\prime}t}, \quad \ldots$$

ceux qui correspondent aux ondes réfléchies ; enfin

$$\gamma'\, e^{v'y+w'z-st'}, \quad \ldots$$

ceux qui correspondent aux ondes réfractées. Si l'on pose, comme dans le paragraphe II,

$$(8) \qquad u = \mathrm{U} + \mathrm{u}\sqrt{-1}, \qquad v = \mathrm{V} + \mathrm{v}\sqrt{-1}, \qquad w = \mathrm{W} + \mathrm{w}\sqrt{-1},$$

$$(9) \qquad s = \mathrm{S} + \mathrm{s}\sqrt{-1},$$

$$(10) \qquad \mathrm{k} = \sqrt{\mathrm{u}^2 + \mathrm{v}^2 + \mathrm{w}^2}, \qquad \mathrm{K} = \sqrt{\mathrm{U}^2 + \mathrm{V}^2 + \mathrm{W}^2},$$

$$(11) \qquad \mathrm{l} = \frac{2\pi}{\mathrm{k}}, \qquad \mathrm{T} = \frac{2\pi}{\mathrm{s}},$$

$$(12) \qquad \Omega = \frac{\mathrm{s}}{\mathrm{k}} = \frac{\mathrm{l}}{\mathrm{T}},$$

u, v, w, s, U, V, W, S désignant des quantités réelles, parmi lesquelles s pourra être censée positive, les constantes réelles

$$K, \quad S$$

représenteront, dans le mouvement incident, les coefficients d'extinction relatifs à l'espace et au temps, et

$$T$$

la durée des vibrations moléculaires, tandis que

$$l$$

représentera l'épaisseur des ondes planes, et

$$\Omega$$

leur vitesse de propagation. De plus, les plans des ondes étant tous parallèles au plan invariable représenté par l'équation

$$\text{(13)} \qquad ux + vy + wz = 0,$$

et la constante u devant être positive dans le cas où, comme on doit le supposer, les ondes incidentes en se propageant se rapprochent du plan des y, z; si l'on nomme τ *l'angle d'incidence*, c'est-à-dire l'angle aigu formé par une droite perpendiculaire aux plans des ondes avec l'axe des x, on aura, dans le cas dont il s'agit,

$$\cos\tau = \frac{u}{\sqrt{u^2 + v^2 + w^2}} = \frac{u}{k},$$

et par suite

$$\sin\tau = \frac{\sqrt{v^2 + w^2}}{\sqrt{u^2 + v^2 + w^2}} = \frac{\sqrt{v^2 + w^2}}{k};$$

puis on en conclura

$$\text{(14)} \qquad u = k\cos\tau, \qquad \sqrt{v^2 + w^2} = k\sin\tau.$$

Quant au plan invariable représenté par l'équation

$$\text{(15)} \qquad Ux + Vy + Wz = 1,$$

il sera celui duquel s'éloignent de plus en plus les molécules dont les vibrations deviennent de plus en plus petites, et disparaîtra si le mouvement incident est du nombre de ceux qui ne s'éteignent point en se propageant.

Soient maintenant

$$u_{,}, \quad v_{,}, \quad w_{,}, \quad s_{,}, \quad U_{,}, \quad V_{,}, \quad W_{,}, \quad S_{,}, \quad k_{,}, \quad K_{,}, \quad l_{,}, \quad T_{,}, \quad \Omega_{,}, \quad \tau_{,}, \quad \ldots$$

ou

$$u', \quad v', \quad w', \quad s', \quad U', \quad V', \quad W', \quad S', \quad k', \quad K', \quad l', \quad T', \quad \Omega', \quad \tau', \quad \ldots$$

ce que deviennent les constantes réelles

$$u, \quad v, \quad w, \quad s, \quad U, \quad V, \quad W, \quad S, \quad k, \quad K, \quad l, \quad T, \quad \Omega, \quad \tau, \quad \ldots$$

quand on passe des ondes incidentes aux ondes réfléchies ou réfractées. Les formules (6), jointes aux équations (8), (9), (10), (11), (12), (14), entraîneront évidemment les suivantes :

(16) $$\begin{cases} v = v_{,} = \ldots = v' = \ldots, \\ w = w_{,} = \ldots = w' = \ldots, \end{cases}$$

(17) $$s = s_{,} = \ldots = s' = \ldots,$$

(18) $$\begin{cases} V = V_{,} = \ldots = V' = \ldots, \\ W = W_{,} = \ldots = W' = \ldots, \end{cases}$$

(19) $$S = S_{,} = \ldots = S' = \ldots.$$

On tirera d'ailleurs, de la formule (17),

(20) $$T = T_{,} = \ldots = T' = \ldots,$$

et, des formules (16),

$$\sqrt{v^2 + w^2} = \sqrt{v_{,}^2 + w_{,}^2} = \ldots = \sqrt{v'^2 + w'^2} = \ldots,$$

ou, ce qui revient au même,

(21) $$k \sin\tau = k_{,} \sin\tau_{,} = \ldots = k' \sin\tau' = \ldots,$$

et par suite

(22) $$\frac{\sin\tau}{l} = \frac{\sin\tau_{,}}{l_{,}} = \ldots = \frac{\sin\tau'}{l'} = \ldots.$$

Il résulte de la formule (20) que la durée des vibrations moléculaires reste la même dans les mouvements incidents, réfléchis et réfractés. Il résulte de la formule (22) que *l'angle d'incidence* τ, *l'angle de réflexion* $\tau_{\prime}$, ..., *l'angle de réfraction* τ' ... offrent des sinus respectivement proportionnels aux épaisseurs l, $l_{\prime}$, ..., l', ... des ondes incidentes réfléchies et réfractées. De plus, comme les plans invariables, représentés par les formules (13) et (15), ont pour traces, sur le plan des y, z, les droites représentées par les équations

$$(23) \qquad \mathrm{v}y + \mathrm{w}z = 0,$$

$$(24) \qquad \mathrm{V}y + \mathrm{W}z = 0,$$

il résulte des formules (16) et (18) que ces traces restent les mêmes quand on passe du mouvement incident aux mouvements réfléchis ou réfractés. Donc les plans des ondes incidentes, réfléchies et réfractées coupent le plan des y, z ou, en d'autres termes, la surface réfléchissante suivant des droites qui sont toutes parallèles les unes aux autres ; et, si par un point donné de la même surface on mène des perpendiculaires aux plans de ces différentes espèces d'ondes, ces perpendiculaires seront toutes renfermées dans un plan unique qu'on peut appeler indifféremment le *plan d'incidence* ou le *plan de réflexion* ou le *plan de réfraction*.

On tire des formules (22)

$$(25) \qquad \frac{\sin\tau}{\sin\tau_{\prime}} = \frac{l}{l_{\prime}} = \ldots \quad \text{et} \quad \frac{\sin\tau}{\sin\tau'} = \frac{l}{l'} = \ldots.$$

Donc *le rapport du sinus d'incidence au sinus de réflexion est en même temps le rapport entre les épaisseurs des ondes incidentes et réfléchies*, tandis que *le rapport entre les sinus d'incidence et de réfraction se confond avec le rapport entre les épaisseurs des ondes incidentes et réfractées*. Le premier de ces rapports est ce que nous nommerons l'*indice d'incidence*, le second est celui qu'on nomme l'*indice de réfraction*.

Lorsque le premier système de molécules sera du nombre de ceux dans lesquels la propagation du mouvement s'effectue en tous sens suivant les mêmes lois, et que pour cette raison nous appellerons *isotropes*, s deviendra fonction de la somme $u^2 + v^2 + w^2$, à laquelle s^2 sera même proportionnel si les équations des mouvements infiniment petits sont homogènes. Alors le mouvement incident, que nous supposerons simple, pourra donner naissance à un seul mouvement simple, réfléchi ; et l'équation

$$s = s_{,}$$

entraînera la suivante

$$u^2 + v^2 + w^2 = u_{,}^2 + v_{,}^2 + w_{,}^2.$$

Celle-ci, jointe aux équations

$$v = v_{,}, \qquad w = w_{,},$$

donnera

(26) $$u^2 = u_{,}^2;$$

et, comme on ne pourrait supposer à la fois

$$u = u_{,}, \qquad v = v_{,}, \qquad w = w_{,},$$

sans rendre parallèles les plans des ondes incidentes et réfléchies, ce qui ne permettrait plus de vérifier les équations de condition, et ce qui est effectivement contraire à toutes les expériences, la formule (26) entraînera l'équation

(27) $$u_{,} = -u,$$

par conséquent aussi l'équation

(28) $$\mathrm{U}_{,} = -\mathrm{U}.$$

Or de cette dernière, jointe aux formules

$$\mathrm{V}_{,} = \mathrm{V}, \qquad \mathrm{W}_{,} = \mathrm{W},$$

on tirera

$$\sqrt{\mathrm{U}_{,}^2 + \mathrm{V}_{,}^2 + \mathrm{W}_{,}^2} = \sqrt{\mathrm{U}^2 + \mathrm{V}^2 + \mathrm{W}^2}$$

ou

(29) $$\mathrm{k}_{,} = \mathrm{k},$$

et par suite

(30) $$\mathrm{l}_{,} = \mathrm{l}.$$

Cela posé, la première des formules (25) donnera $\sin\tau_{,} = \sin\tau$,

$$(31)\qquad \tau_{,} = \tau.$$

Donc, *dans un milieu isotrope, l'angle de réflexion est toujours égal à l'angle d'incidence.*

Supposons maintenant le second système de molécules isotrope, comme le premier. Alors le mouvement incident, étant simple, pourra donner naissance d'une part à un seul mouvement simple, réfléchi, d'autre part à un seul mouvement simple réfracté. Si, d'ailleurs, ces trois mouvements simples sont du nombre de ceux qui ne s'éteignent pas en se propageant, on aura

$$(32)\quad \begin{cases} u = \mathrm{U}\sqrt{-1}, & v = \mathrm{V}\sqrt{-1}, & w = \mathrm{W}\sqrt{-1}, & s = \mathrm{S}\sqrt{-1}, \\ u' = \mathrm{U}'\sqrt{-1}, & v' = \mathrm{V}'\sqrt{-1}, & w' = \mathrm{W}'\sqrt{-1}, & s' = \mathrm{S}'\sqrt{-1}. \end{cases}$$

Dans ce cas particulier, s étant fonction de

$$u^2 + v^2 + w^2 = -(\mathrm{U}^2 + \mathrm{V}^2 + \mathrm{W}^2) = -\mathrm{k}^2,$$

et s' fonction de

$$u'^2 + v'^2 + w'^2 = -(\mathrm{U}'^2 + \mathrm{V}'^2 + \mathrm{W}'^2) = -\mathrm{k}'^2,$$

à une valeur déterminée de s, et par suite de $s' = s$, correspondront des valeurs déterminées non seulement de k, mais aussi de k′, quel que soit d'ailleurs l'angle d'incidence τ. Donc alors, *l'indice de réfraction*, savoir

$$\frac{\sin\tau}{\sin\tau'} = \frac{\mathrm{l}}{\mathrm{l}'} = \frac{\mathrm{k}'}{\mathrm{k}},$$

sera indépendant de l'angle d'incidence.

§ V. — *Sur les lois de la réflexion des mouvements simples dans les milieux isotropes.*

Pour obtenir complètement les lois de la réflexion et de la réfraction des mouvements simples dans les milieux isotropes, il faut joindre aux lois générales établies dans le paragraphe précédent celles qui résultent de la forme particulière sous laquelle se présentent les équations de condition relatives à la surface de séparation de deux semblables milieux. Pour fixer les idées, nous nous bornerons ici à considérer le cas où, dans chaque système de molécules, les équations des mouvements infiniment petits peuvent être réduites sans erreur sensible à des équations homogènes du second ordre ; et nous supposerons que le mouvement incident, étant simple, donne naissance d'une part à un seul mouvement simple réfléchi, d'autre part à un mouvement simple réfracté, ces trois mouvements étant du nombre de ceux dans lesquels la densité reste invariable. Enfin nous prendrons la surface réfléchissante pour plan des y, z. Cela posé, soient pour le premier milieu, situé du côté des x négatives,

$$\bar{\xi},\quad \bar{\eta},\quad \bar{\zeta},\quad \bar{\varphi},\quad \bar{\chi},\quad \bar{\psi}$$

les déplacements symboliques d'une molécule et leurs dérivées relatives à x, dans le mouvement incident, ou dans le mouvement réfléchi, ou bien encore dans le mouvement résultant de la superposition des ondes incidentes et réfléchies. Soient, au contraire, pour le second milieu situé du côté des x positives,

$$\bar{\xi}',\quad \bar{\eta}',\quad \bar{\zeta}',\quad \bar{\varphi}',\quad \bar{\chi}',\quad \bar{\psi}'$$

les déplacements symboliques d'une molécule et leurs dérivées relatives à x dans le rayon réfracté. Les valeurs $\bar{\xi}$, $\bar{\eta}$, $\bar{\zeta}$, relatives au mouvement incident, seront de la forme

$$(1)\qquad \bar{\xi} = \mathrm{A}\, e^{ux+vy+wz-st},\qquad \bar{\eta} = \mathrm{B}\, e^{ux+vy+wz-st},\qquad \bar{\zeta} = \mathrm{C}\, e^{ux+vy+wz-st},$$

les constantes réelles ou imaginaires u, v, w, s, A, B, C étant liées entre elles par les équations

$$(2)\qquad s^2 = \iota(u^2+v^2+w^2),\qquad \mathrm{A}u+\mathrm{B}v+\mathrm{C}w = 0,$$

et la lettre ι désignant une constante réelle. Si maintenant on passe du mouvement incident au mouvement réfléchi ou réfracté, les valeurs de

$$v,\quad w,\quad s$$

resteront les mêmes, d'après ce qu'on a vu dans le paragraphe VI ; mais on ne pourra en dire autant des coefficients

$$u,\quad A,\quad B,\quad C$$

qui feront place à d'autres représentés par

$$u_{,},\quad A_{,},\quad B_{,},\quad C_{,}$$

ou par

$$u',\quad A',\quad B',\quad C',$$

la valeur de $u_{,}$ étant

$$(3)\qquad u_{,} = -u.$$

En conséquence, les valeurs de $\overline{\xi}$, $\overline{\eta}$, $\overline{\zeta}$, relatives au mouvement réfléchi, seront de la forme

$$(4)\qquad \overline{\xi} = A_{,}\, e^{-ux+vy+wz-st},\qquad \overline{\eta} = B_{,}\, e^{-ux+vy+wz-st},\qquad \overline{\zeta} = C_{,}\, e^{-ux+vy+wz-st},$$

les coefficients $A_{,}$, $B_{,}$, $C_{,}$ étant liés à u, v, w par la formule

$$(5)\qquad -A_{,}u + B_{,}v + C_{,}w = 0,$$

et pareillement les valeurs de $\overline{\xi'}$, $\overline{\eta'}$, $\overline{\zeta'}$, relatives au mouvement réfracté, seront de la forme

$$(6)\qquad \overline{\xi'} = A'\, e^{u'x+vy+wz-st},\qquad \overline{\eta'} = B'\, e^{u'x+vy+wz-st},\qquad \overline{\zeta'} = C'\, e^{u'x+vy+wz-st},$$

les constantes u', v, w, s, A', B', C' étant liées entre elles par les équations

$$(7)\qquad s^2 = \iota'(u'^2 + v^2 + w^2),\qquad A'u' + B'v + C'w = 0,$$

et ι' étant ce que devient la constante réelle ι quand on passe du premier milieu au second. Ajoutons que, si, dans le premier milieu, on considère à la fois les ondes incidentes et réfléchies, la superposition de ces ondes produira un mouvement dans lequel les valeurs de $\overline{\xi}$, $\overline{\eta}$, $\overline{\zeta}$

deviendront

$$(8)\qquad\begin{cases}\bar{\xi} = A\, e^{ux+vy+wz-st} + A_{,}\, e^{-ux+vy+wz-st},\\ \bar{\eta} = B\, e^{ux+vy+wz-st} + B_{,}\, e^{-ux+vy+wz-st},\\ \bar{\zeta} = C\, e^{ux+vy+wz-st} + C_{,}\, e^{-ux+vy+wz-st}.\end{cases}$$

C'est entre les valeurs de $\bar{\xi}$, $\bar{\eta}$, $\bar{\zeta}$, $\bar{\varphi}$, $\bar{\chi}$, $\bar{\psi}$ et de $\bar{\xi}'$, $\bar{\eta}'$, $\bar{\zeta}'$, $\bar{\varphi}'$, $\bar{\chi}'$, $\bar{\psi}'$, tirées des formules (6) et (8), que devront subsister, pour $x = 0$, les équations de condition relatives à la surface réfléchissante.

Considérons spécialement le cas où les mouvements incident, réfléchi et réfracté sont du nombre de ceux qui ne s'éteignent pas en se propageant, et où l'on a par suite

$$(9)\qquad\begin{cases}u = \mathrm{u}\sqrt{-1}, \quad v = \mathrm{v}\sqrt{-1}, \quad w = \mathrm{w}\sqrt{-1}, \quad s = \mathrm{s}\sqrt{-1},\\ u' = \mathrm{u}'\sqrt{-1},\end{cases}$$

u, v, w, s, u' désignant des quantités réelles. Posons d'ailleurs

$$(10)\qquad \mathrm{k} = \sqrt{\mathrm{u}^2 + \mathrm{v}^2 + \mathrm{w}^2}, \qquad \mathrm{k}' = \sqrt{\mathrm{u}'^2 + \mathrm{v}^2 + \mathrm{w}^2}.$$

Comme les formules (2) et (7), jointes aux formules (9) et (10), donneront

$$\iota = \frac{\mathrm{s}^2}{\mathrm{k}^2}, \qquad \iota' = \frac{\mathrm{s}^2}{\mathrm{k}'^2},$$

il est clair que les constantes réelles ι, ι' seront positives. Soient maintenant

$$\bar{\xi}_0, \quad \bar{\eta}_0, \quad \bar{\zeta}_0, \quad \bar{\varphi}_0, \quad \bar{\chi}_0, \quad \bar{\psi}_0$$

ce que deviennent les déplacements symboliques d'une molécule et leurs dérivées relatives à x, en un point de la surface réfléchissante, quand on tient compte des perturbations qu'éprouvent dans le voisinage de cette surface les mouvements infiniment petits. On obtiendra pour $x = 0$, entre les expressions

$$\bar{\xi}, \quad \bar{\eta}, \quad \bar{\zeta}, \quad \bar{\varphi}, \quad \bar{\chi}, \quad \bar{\psi}$$

et

$$\bar{\xi}_0, \quad \bar{\eta}_0, \quad \bar{\zeta}_0, \quad \bar{\varphi}_0, \quad \bar{\chi}_0, \quad \bar{\psi}_0,$$

des équations de condition représentées par les formules (25) ou (27) du paragraphe III. Donc alors, si la constante réelle que nous avons désignée par f est telle que l'on ait

$$(11)\qquad \frac{k^2}{1+f} > v^2 + w^2,$$

on trouvera

$$(12)\qquad \bar{\xi} = \bar{\xi}_0, \quad \bar{\eta} = \bar{\eta}_0, \quad \bar{\zeta} = \bar{\zeta}_0, \quad \bar{\varphi} = \bar{\varphi}_0, \quad \bar{\chi} = \bar{\chi}_0, \quad \bar{\psi} = \psi_0.$$

Si au contraire on a

$$(13)\qquad \frac{k^2}{1+f} < v^2 + w^2,$$

alors les équations de condition se trouveront comprises dans la formule

$$(14)\qquad \frac{\bar{\xi} - \bar{\xi}_0}{-\mathfrak{v}} = \frac{\bar{\eta} - \bar{\eta}_0}{v} = \frac{\bar{\zeta} - \bar{\zeta}_0}{w} = \frac{\bar{\varphi} - \bar{\varphi}_0}{\mathfrak{v}^2} = \frac{\bar{\chi} - \bar{\chi}_0}{-\mathfrak{v}v} = \frac{\bar{\psi} - \bar{\psi}_0}{-\mathfrak{v}w},$$

le valeur de $\mathfrak{v}$ étant

$$(15)\qquad \mathfrak{v} = -\left(v^2 + w^2 - \frac{k^2}{1+f}\right)^{\frac{1}{2}}.$$

Pareillement, si, en nommant f′ ce que devient f quand on passe du premier milieu au second, l'on a

$$(16)\qquad \frac{k'^2}{1+f'} > v^2 + w^2,$$

on trouvera

$$(17)\qquad \bar{\xi}' = \bar{\xi}_0, \quad \bar{\eta}' = \bar{\eta}_0, \quad \bar{\zeta}' = \bar{\zeta}_0, \quad \bar{\varphi}' = \bar{\varphi}_0, \quad \bar{\chi}' = \bar{\chi}_0, \quad \bar{\psi}' = \bar{\psi}_0.$$

Si l'on a au contraire

$$(18)\qquad \frac{k'^2}{1+f'} < v^2 + w^2,$$

on trouvera

$$(19)\qquad \frac{\bar{\xi}' - \bar{\xi}_0}{-\mathfrak{v}'} = \frac{\bar{\eta}' - \bar{\eta}_0}{v} = \frac{\bar{\zeta}' - \bar{\zeta}_0}{w} = \frac{\bar{\varphi}' - \bar{\varphi}_0}{\mathfrak{v}'^2} = \frac{\bar{\chi}' - \bar{\chi}_0}{-\mathfrak{v}'v} = \frac{\bar{\psi}' - \bar{\psi}_0}{-\mathfrak{v}'w},$$

la valeur de $\mathfrak{v}'$ étant

$$(20)\qquad \mathfrak{v}' = \left(v^2 + w^2 - \frac{k'^2}{1+f'}\right)^{\frac{1}{2}}.$$

Comme on ne connaît pas *a priori* la loi des actions moléculaires, ni par suite les valeurs des constantes f, f′, le seul moyen de savoir si ces constantes vérifient les formules (11) et (16) ou (13) et (18), est de chercher les conséquences qui se déduisent de l'une et l'autre supposition, et de les comparer aux résultats de l'expérience. Or, si l'on admet les formules (11) et (16), alors les conditions (12) jointes aux conditions (17) donneront, pour $x = 0$,

$$(21) \qquad \bar{\xi} = \bar{\xi}', \quad \bar{\eta} = \bar{\eta}', \quad \bar{\zeta} = \bar{\zeta}', \quad \bar{\varphi} = \bar{\varphi}', \quad \bar{\chi} = \bar{\chi}', \quad \bar{\psi} = \bar{\psi}'.$$

De ces dernières équations, combinées avec les formules (6), (8), on tirera

$$(22) \qquad \begin{cases} A + A_{,} = A', & B + B_{,} = B', & C + C_{,} = C', \\ u(A - A_{,}) = u'A', & u(B - B_{,}) = u'B', & u(C - C_{,}) = u'C', \end{cases}$$

et par suite

$$(23) \qquad \frac{A_{,}}{A} = \frac{B_{,}}{B} = \frac{C_{,}}{C} = \frac{u - u'}{u + u'},$$

$$(24) \qquad \frac{A'}{A} = \frac{B'}{B} = \frac{C'}{C} = \frac{2u}{u + u'};$$

puis de ces dernières, jointes aux formules (2), (5) et (7), on conclura

$$(25) \qquad \begin{cases} Au + Bv + Cw = 0, \\ -Au + Bv + Cw = 0, \\ Au' + Bv + Cw = 0. \end{cases}$$

D'ailleurs on tire des formules (25)

$$(26) \qquad Au = Au' = 0, \qquad Bv + Cw = 0,$$

puis de celles-ci, combinées avec les formules (9) et (1),

$$(27) \qquad A\mathrm{u} = A'\mathrm{u}' = 0, \qquad B\mathrm{v} + C\mathrm{w} = 0$$

et

$$(28) \qquad \mathrm{u}\bar{\xi} = \mathrm{u}'\bar{\xi} = 0, \qquad \mathrm{v}\bar{\eta} + \mathrm{w}\bar{\zeta} = 0;$$

par conséquent

$$(29) \qquad \text{u}\xi = \text{u}'\xi = 0, \qquad \text{v}\eta + \text{w}\zeta = 0.$$

Enfin, pour satisfaire à la première des équations (29), il faut supposer que l'on a

$$(30) \qquad \text{u} = \text{u}' = 0,$$

c'est-à-dire que les plans des ondes incidentes et réfractées sont parallèles au plan des y, z, ou que l'on a

$$(31) \qquad \xi = 0,$$

c'est-à-dire que les vibrations des molécules sont perpendiculaires à l'axe des x. Donc, lorsque les formules (11) ou (16) se vérifient, un mouvement incident, que nous supposons simple, ne peut donner naissance à un seul mouvement simple réfléchi, et à un seul mouvement simple réfracté, que dans des cas très particuliers, savoir, lorsque les plans des ondes ou les directions des vibrations moléculaires sont parallèles à la surface réfléchissante.

Au contraire, un mouvement simple pourra se réfléchir et se réfracter, quelle que soit la direction des plans des ondes ou des vibrations moléculaires, si l'on suppose vérifiées non plus les formules (11) et (16), mais les formules (13) et (18). Alors les variables

$$\bar{\xi}, \quad \bar{\eta}, \quad \bar{\zeta}, \quad \bar{\varphi}, \quad \bar{\chi}, \quad \bar{\psi}$$

d'une part, et les variables

$$\bar{\xi}', \quad \bar{\eta}', \quad \bar{\zeta}', \quad \bar{\varphi}', \quad \bar{\chi}', \quad \bar{\psi}'$$

d'autre part, se trouveront liées à

$$\bar{\xi}_0, \quad \bar{\eta}_0, \quad \bar{\zeta}_0, \quad \bar{\varphi}_0, \quad \bar{\chi}_0, \quad \bar{\psi}_0$$

par les formules (14), (19), dont chacune comprendra cinq équations distinctes ; et l'élimination de

$$\bar{\xi}_0, \quad \bar{\eta}_0, \quad \bar{\zeta}_0, \quad \bar{\varphi}_0, \quad \bar{\chi}_0, \quad \bar{\psi}_0$$

entre les dix équations, dont le système est représenté par ces deux formules, fournira, entre les seules variables

$$\bar{\xi},\quad \bar{\eta},\quad \bar{\zeta},\quad \bar{\varphi},\quad \bar{\chi},\quad \bar{\psi},$$
$$\bar{\xi}',\quad \bar{\eta}',\quad \bar{\zeta}',\quad \bar{\varphi}',\quad \bar{\chi}',\quad \bar{\psi}',$$

quatre équations de condition qui devront subsister pour $x = 0$. Pour obtenir ces équations de condition, on observera qu'en raisonnant comme dans le paragraphe III, on tire des formules (14) et (19) non seulement

$$w\bar{\eta} - v\bar{\zeta} = w\bar{\eta}_0 - v\bar{\zeta}_0,\qquad \bar{\psi} - w\bar{\xi} = \bar{\psi}_0 - w\bar{\xi}_0,\qquad v\bar{\xi} - \bar{\chi} = v\bar{\xi}_0 - \bar{\chi}_0$$

et

$$w\bar{\eta}' - v\bar{\zeta}' = w\bar{\eta}_0 - v\bar{\zeta}_0,\qquad \bar{\psi}' - w\bar{\xi}' = \bar{\psi}_0 - w\bar{\xi}_0,\qquad v\bar{\xi}' - \bar{\chi}' = v\bar{\xi}_0 - \bar{\chi}_0,$$

mais encore

$$\bar{\varphi} + \alpha\bar{\xi} + \frac{6}{v}\bar{\eta} = \bar{\varphi}_0 + \alpha\bar{\xi}_0 + \frac{6}{v}\bar{\eta}_0$$

et

$$\bar{\varphi}' + \alpha\bar{\xi}' + \frac{6}{v}\bar{\eta}' = \bar{\varphi}_0 + \alpha\bar{\xi}_0 + \frac{6}{v}\bar{\eta}_0,$$

pourvu que l'on choisisse α, β de manière à vérifier simultanément les deux formules

(32) $$\upsilon^2 - \alpha\upsilon + 6 = 0,\qquad \upsilon'^2 - \alpha\upsilon' + 6 = 0.$$

On devra donc avoir alors, pour $x = 0$,

(33) $$w\bar{\eta} - v\bar{\zeta} = w\bar{\eta}' - v\bar{\zeta}',\qquad \bar{\psi} - w\bar{\xi} = \bar{\psi}' - w\bar{\xi}',\qquad v\bar{\xi} - \bar{\chi} = v\bar{\xi}' - \bar{\chi}'$$

et

(34) $$\bar{\varphi} + \alpha\bar{\xi} + \frac{6}{v}\bar{\eta} = \bar{\varphi}' + \alpha\bar{\xi}' + \frac{6}{v}\bar{\eta}'.$$

De plus, comme, en vertu des équations (32), υ, υ' sontles deux racines de l'équation du second degré

$$x^2 - \alpha x + 6 = 0,$$

on aura nécessairement

$$(35) \qquad \alpha = \upsilon + \upsilon', \qquad 6 = \upsilon\upsilon',$$

et par suite la formule (34) pourra être réduite à

$$(36) \qquad \bar{\varphi} + (\upsilon + \upsilon')\bar{\xi} + \frac{\upsilon\upsilon'}{\iota}\bar{\eta} = \bar{\varphi}' + (\upsilon + \upsilon')\bar{\xi}' + \frac{\upsilon\upsilon'}{\iota}\bar{\eta}'.$$

Les formules (33) et (36) seront précisément les quatre équations de condition demandées.

Avant d'aller plus loin, il est bon d'observer qu'en vertu des formules (6), (8), les équations (33) peuvent être réduites aux trois suivantes

$$(37) \qquad \begin{cases} D_z\bar{\eta} - D_y\bar{\zeta} = D_z\bar{\eta}' - D_y\bar{\zeta}', \\ D_x\bar{\zeta} - D_z\bar{\xi} = D_x\bar{\zeta}' - D_z\bar{\xi}', \\ D_y\bar{\xi} - D_x\bar{\eta} = D_y\bar{\xi}' - D_x\bar{\eta}', \end{cases}$$

desquelles on tire évidemment

$$(38) \qquad \begin{cases} D_z\eta - D_y\zeta = D_z\eta' - D_y\zeta', \\ D_x\zeta - D_z\xi = D_x\zeta' - D_z\xi', \\ D_y\xi - D_x\eta = D_y\xi' - D_x\eta', \end{cases}$$

ou, ce qui revient au même,

$$(39) \qquad \begin{cases} \dfrac{\partial\eta}{\partial z} - \dfrac{\partial\zeta}{\partial y} = \dfrac{\partial\eta'}{\partial z} - \dfrac{\partial\zeta'}{\partial y}, \\ \dfrac{\partial\zeta}{\partial x} - \dfrac{\partial\xi}{\partial z} = \dfrac{\partial\zeta'}{\partial x} - \dfrac{\partial\xi'}{\partial z}, \\ \dfrac{\partial\xi}{\partial y} - \dfrac{\partial\eta}{\partial x} = \dfrac{\partial\xi'}{\partial y} - \dfrac{\partial\eta'}{\partial x}. \end{cases}$$

Les formules (39) sont précisément les trois premières des quatre formules que j'ai données en 1836 comme propres à représenter les équations de condition relatives à la surface réfléchissante. (Voir les *Nouveaux Exercices*, p. 203) [1].

[1] Œuvres de C. S. II, t. X, p. 425-426.

Ajoutons que l'équation (36) peut s'écrire comme il suit

(40) $$\bar{\eta} + D_y\left(\frac{1}{\upsilon} + \frac{1}{\upsilon'} + \frac{D_x}{\upsilon\upsilon'}\right)\bar{\xi} = \bar{\eta}' + D_y\left(\frac{1}{\upsilon} + \frac{1}{\upsilon'} + \frac{D_x}{\upsilon\upsilon'}\right)\bar{\xi}'.$$

Observons encore qu'en vertu des formules (1) et (2) ou (4) et (5), on vérifiera l'équation

(41) $$D_x\bar{\xi} + D_y\bar{\eta} + D_z\bar{\zeta} = 0,$$

en supposant les déplacements symboliques

$$\bar{\xi}, \quad \bar{\eta}, \quad \bar{\zeta}$$

relatifs au mouvement incident, ou au mouvement réfléchi, par conséquent aussi, en supposant ces déplacements symboliques relatifs au mouvement résultant de la superposition des ondes incidentes et réfléchies. Pareillement il suit des formules (6) et (7) que les déplacements symboliques

$$\bar{\xi}', \quad \bar{\eta}', \quad \bar{\zeta}',$$

relatifs au mouvement réfracté, vérifient la formule

(42) $$D_x\bar{\xi}' + D_y\bar{\eta}' + D_z\bar{\zeta}' = 0.$$

Au reste, les formules (41) et (42) entraînent les deux suivantes

(43) $$\begin{cases} D_x\xi + D_y\eta + D_z\zeta = 0, \\ D_x\xi' + D_y\eta' + D_z\zeta' = 0, \end{cases}$$

qui se déduisent immédiatement de l'hypothèse admise, puisqu'elles expriment que les mouvements propagés dans chaque système de molécules ont lieu sans changement de densité. On tirera d'ailleurs des formules (41), (42)

$$D_x(\bar{\xi} - \bar{\xi}') + D_y(\bar{\eta} - \bar{\eta}') + D_z(\bar{\zeta} - \bar{\zeta}') = 0,$$

ou, ce qui revient au même, eu égard aux équations (6) et (8),

$$D_x(\bar{\xi} - \bar{\xi}') + v(\bar{\eta} - \bar{\eta}') + w(\bar{\zeta} - \bar{\zeta}') = 0,$$

et par conséquent

$$(44)\qquad \begin{cases} \upsilon(\bar\eta - \bar\eta') + w(\bar\zeta - \bar\zeta') = -\mathrm{D}_x(\bar\xi - \bar\xi'), \\ \upsilon(\bar\chi - \bar\chi') + w(\bar\psi - \bar\psi') = -\mathrm{D}_x^2(\bar\xi - \bar\xi'), \end{cases}$$

quelles que soient les valeurs attribuées aux variables x, y, z.

Les quatre équations de condition (37) et (40) peuvent être remplacées par d'autres que l'on déduit aisément des formules (14) et (19) combinées avec les équations (44). En effet, les formules (14) et (19) donnent non seulement

$$\bar\xi - \bar\xi_0 = \frac{\bar\chi - \bar\chi_0}{\upsilon} = \frac{\bar\psi - \bar\psi_0}{w}, \qquad \frac{\bar\eta - \bar\eta_0}{\upsilon} = \frac{\bar\zeta - \bar\zeta_0}{w},$$

$$\bar\xi' - \bar\xi_0 = \frac{\bar\chi' - \bar\chi_0}{\upsilon} = \frac{\bar\psi' - \bar\psi_0}{w}, \qquad \frac{\bar\eta' - \bar\eta_0}{\upsilon} = \frac{\bar\zeta' - \bar\zeta_0}{w},$$

et par suite

$$(45)\qquad \bar\xi - \bar\xi' = \frac{\bar\chi - \bar\chi'}{\upsilon} = \frac{\bar\psi - \bar\psi'}{w}, \qquad \frac{\bar\eta - \bar\eta'}{\upsilon} = \frac{\bar\zeta - \bar\zeta'}{w},$$

mais encore

$$\bar\varphi + \alpha\bar\xi + \frac{6}{\upsilon}\bar\eta = \bar\varphi_0 + \alpha\bar\xi_0 + \frac{6}{\upsilon}\bar\eta_0, \qquad \bar\varphi' + \alpha\bar\xi' + \frac{6}{\upsilon}\bar\eta' = \bar\varphi_0 + \alpha\bar\xi_0 + \frac{6}{\upsilon}\bar\eta_0,$$

et par suite

$$(46)\qquad \bar\varphi - \bar\varphi' + \alpha(\bar\xi - \bar\xi') + \frac{6}{\upsilon}(\bar\eta - \bar\eta') = 0,$$

pourvu que l'on suppose

$$\alpha = \upsilon + \upsilon', \qquad 6 = \upsilon\upsilon'.$$

Or les formules (45) et (46), qui ne diffèrent pas au fond des formules (33), (34), donneront d'abord

$$(47)\qquad \frac{\eta - \eta'}{\upsilon} = \frac{\zeta - \zeta'}{w}, \qquad \frac{\chi - \chi'}{\upsilon} = \frac{\psi - \psi'}{w},$$

ou, ce qui revient au même,

$$(48)\qquad \mathrm{D}_z\bar\eta - \mathrm{D}_y\bar\zeta = \mathrm{D}_z\bar\eta' - \mathrm{D}_y\bar\zeta', \qquad \mathrm{D}_x(\mathrm{D}_z\bar\eta - \mathrm{D}_y\bar\zeta) = \mathrm{D}_x(\mathrm{D}_z\bar\eta' - \mathrm{D}_y\bar\zeta');$$

puis, eu égard aux formules (44),

$$\bar{\xi}-\bar{\xi}'=\frac{v(\bar{\chi}-\bar{\chi}')+w(\bar{\psi}-\bar{\psi}')}{v^2+w^2}=-\frac{\mathrm{D}_x^2(\bar{\xi}-\bar{\xi}')}{v^2+w^2},$$

$$\begin{aligned}(\alpha+\mathrm{D}_x)(\bar{\xi}-\bar{\xi}') &= -6\,\frac{\bar{\eta}-\bar{\eta}'}{v}\\ &= -6\,\frac{\bar{\zeta}-\bar{\zeta}'}{w}=-6\,\frac{v(\bar{\eta}-\bar{\eta}')+w(\bar{\zeta}-\bar{\zeta}')}{v^2+w^2}=6\,\frac{\mathrm{D}_x(\bar{\xi}-\bar{\xi}')}{v^2+w^2},\end{aligned}$$

et par conséquent

$$(49)\qquad \left\{\begin{aligned} &(\mathrm{D}_x^2+v^2+w^2)(\bar{\xi}-\bar{\xi}')=0,\\ &[6\,\mathrm{D}_x-(v^2+w^2)(\alpha+\mathrm{D}_x)](\bar{\xi}-\bar{\xi}')=0,\end{aligned}\right.$$

ou, ce qui revient au même, eu égard aux formules (35),

$$(50)\qquad \left\{\begin{aligned} &(\mathrm{D}_x^2+\mathrm{D}_y^2+\mathrm{D}_z^2)\bar{\xi}=(\mathrm{D}_x^2+\mathrm{D}_y^2+\mathrm{D}_z^2)\bar{\xi}',\\ &\left[\mathrm{D}_x-(\mathrm{D}_y^2+\mathrm{D}_z^2)\left(\frac{1}{\mho}+\frac{1}{\mho'}+\frac{\mathrm{D}_x}{\mho\mho'}\right)\right]\bar{\xi}\\ &=\left[\mathrm{D}_x-(\mathrm{D}_y^2+\mathrm{D}_z^2)\left(\frac{1}{\mho}+\frac{1}{\mho'}+\frac{\mathrm{D}_x}{\mho\mho'}\right)\right]\bar{\xi}'.\end{aligned}\right.$$

D'ailleurs on tirera immédiatement des formules (48) et (50)

$$(51)\qquad \mathrm{D}_z\eta-\mathrm{D}_y\zeta=\mathrm{D}_z\eta'-\mathrm{D}_y\zeta',\qquad \mathrm{D}_x(\mathrm{D}_z\eta-\mathrm{D}_y\zeta)=\mathrm{D}_x(\mathrm{D}_z\eta'-\mathrm{D}_y\zeta')$$

$$(52)\qquad \left\{\begin{aligned} &(\mathrm{D}_x^2+\mathrm{D}_y^2+\mathrm{D}_z^2)\xi=(\mathrm{D}_x^2+\mathrm{D}_y^2+\mathrm{D}_z^2)\xi',\\ &\left[\mathrm{D}_x-(\mathrm{D}_y^2+\mathrm{D}_z^2)\left(\frac{1}{\mho}+\frac{1}{\mho'}+\frac{\mathrm{D}_x}{\mho\mho'}\right)\right]\xi\\ &=\left[\mathrm{D}_x-(\mathrm{D}_y^2+\mathrm{D}_z^2)\left(\frac{1}{\mho}+\frac{1}{\mho'}+\frac{\mathrm{D}_x}{\mho\mho'}\right)\right]\xi'.\end{aligned}\right.$$

Les équations de condition (51) et (52) offrent cela de remarquable, que les deux dernières renferment seulement les déplacements ξ, ξ' mesurés, dans l'un et l'autre milieu, suivant des droites perpendiculaires à la surface réfléchissante, tandis que les deux premières renferment seulement les déplacements η, ζ, ou η', ζ', mesurés suivant des droites parallèles à cette surface.

Posons maintenant pour abréger

$$(53)\qquad k^2 = u^2 + v^2 + w^2 = -\mathrm{k}^2 \quad \text{et} \quad k'^2 = u'^2 + v^2 + w^2 = -\mathrm{k}'^2.$$

Les conditions (48), (50), qui doivent subsister pour $x = 0$, étant jointes aux formules (6), (8), donneront

$$\mathrm{B}w - \mathrm{C}v + \mathrm{B}_{,}w - \mathrm{C}_{,}v = \mathrm{B}'w - \mathrm{C}'v,$$

$$u[(\mathrm{B}w - \mathrm{C}v) - (\mathrm{B}_{,}w - \mathrm{C}_{,}v)] = u'(\mathrm{B}'w - \mathrm{C}'v),$$

et

$$k^2(\mathrm{A} + \mathrm{A}_{,}) = k'^2\mathrm{A}',$$

$$u\left(1 - \frac{v^2 + w^2}{\mho\mho'}\right)(\mathrm{A} - \mathrm{A}_{,}) - \left(\frac{1}{\mho} + \frac{1}{\mho'}\right)(v^2 + w^2)(\mathrm{A} + \mathrm{A}_{,})$$
$$= \left[u' - (v^2 + w^2)\left(\frac{1}{\mho} + \frac{1}{\mho'} + \frac{u'}{\mho\mho'}\right)\right]\mathrm{A}',$$

ou, ce qui revient au même,

$$\frac{\mathrm{B}'w - \mathrm{C}'v}{u} = \frac{(\mathrm{B}w - \mathrm{C}v) + (\mathrm{B}_{,}w - \mathrm{C}_{,}v)}{u} = \frac{(\mathrm{B}w - \mathrm{C}v) - (\mathrm{B}_{,}w - \mathrm{C}_{,}v)}{u'},$$

$$\frac{\mathrm{A}'}{k^2 u\left(1 - \dfrac{v^2 + w^2}{\mho\mho'}\right)} = \frac{\mathrm{A} + \mathrm{A}_{,}}{k'^2 u\left(1 - \dfrac{v^2 + w^2}{\mho\mho'}\right)}$$
$$= \frac{\mathrm{A} - \mathrm{A}_{,}}{k^2 u'\left(1 - \dfrac{v^2 + w^2}{\mho\mho'}\right) + (k'^2 - k^2)(v^2 + w^2)\left(\dfrac{1}{\mho} + \dfrac{1}{\mho'}\right)};$$

par conséquent

$$(54)\qquad \begin{cases} \mathrm{B}_{,}w - \mathrm{C}_{,}v = \dfrac{u - u'}{u + u'}(\mathrm{B}w - \mathrm{C}v), \\[2ex] \mathrm{B}'w - \mathrm{C}'v = \dfrac{2u}{u + u'}(\mathrm{B}w - \mathrm{C}v). \end{cases}$$

$$(55)\qquad \begin{cases} \mathrm{A}_{,} = \dfrac{(k'^2 u - k^2 u')\left(1 - \dfrac{v^2 + w^2}{\mho\mho'}\right) - (k'^2 - k^2)(v^2 + w^2)\left(\dfrac{1}{\mho} + \dfrac{1}{\mho'}\right)}{(k'^2 u + k^2 u')\left(1 - \dfrac{v^2 + w^2}{\mho\mho'}\right) + (k'^2 - k^2)(v^2 + w^2)\left(\dfrac{1}{\mho} + \dfrac{1}{\mho'}\right)}\mathrm{A}, \\[4ex] \mathrm{A}' = \dfrac{2k^2 u\left(1 - \dfrac{v^2 + w^2}{\mho\mho'}\right)}{(k'^2 u + k^2 u')\left(1 - \dfrac{v^2 + w^2}{\mho\mho'}\right) + (k'^2 - k^2)(v^2 + w^2)\left(\dfrac{1}{\mho} + \dfrac{1}{\mho'}\right)}\mathrm{A}. \end{cases}$$

Comme, en vertu des formules (53), on a

$$k'^2 - k^2 = (u' - u)(u' + u),$$
$$k'^2 u - k^2 u' = (v^2 + w^2 - uu')(u - u'),$$
$$k'^2 u + k^2 u' = (v^2 + w^2 + uu')(u + u'),$$

il est clair que les équations (55) peuvent s'écrire comme il suit

$$(56)\quad \left\{\begin{aligned} \frac{A_{,}}{A} &= \frac{(v^2+w^2-uu')\left(1-\dfrac{v^2+w^2}{\mathfrak{v}\mathfrak{v}'}\right)+(u'+u)(v^2+w^2)\left(\dfrac{1}{\mathfrak{v}}+\dfrac{1}{\mathfrak{v}'}\right)}{(v^2+w^2+uu')\left(1-\dfrac{v^2+w^2}{\mathfrak{v}\mathfrak{v}'}\right)+(u'-u)(v^2+w^2)\left(\dfrac{1}{\mathfrak{v}}+\dfrac{1}{\mathfrak{v}'}\right)}\,\frac{u-u'}{u+u'},\\ \frac{A'}{A} &= \frac{k^2\left(1-\dfrac{v^2+w^2}{\mathfrak{v}\mathfrak{v}'}\right)}{(v^2+w^2+uu')\left(1-\dfrac{v^2+w^2}{\mathfrak{v}\mathfrak{v}'}\right)+(u'-u)(v^2+w^2)\left(\dfrac{1}{\mathfrak{v}}+\dfrac{1}{\mathfrak{v}'}\right)}\,\frac{2u}{u+u'}.\end{aligned}\right.$$

Les équations (54) et (55) ou (56), jointes aux formules (5) et (7), suffisent pour déterminer complètement les valeurs des constantes

$$A_{,},\quad B_{,},\quad C_{,}.\qquad \text{et}\qquad u',\quad A'\quad B'\quad C'$$

relatives aux mouvements réfléchi et réfracté, quand on connait les valeurs des constantes

$$u,\quad v,\quad w,\quad s,\quad A,\quad B,\quad C$$

relatives au mouvement incident.

Si l'on veut, dans les valeurs de

$$A,\quad B,\quad C,\quad A',\quad B',\quad C',$$

introduire les coefficients réels

$$\mathrm{u},\quad \mathrm{v},\quad \mathrm{w},\quad \mathrm{u}',$$

à la place des coefficients imaginaires

$$u,\quad v.\quad w,\quad u'.$$

il suffira d'avoir égard aux formules (9). Alors les formules (54) et (56), jointes aux formules (5) et (7), donneront

$$(57)\quad \left\{\begin{aligned} &\frac{B_{,}w - C_{,}v}{Bw - Cv} = \frac{\mathrm{u} - \mathrm{u}'}{\mathrm{u} + \mathrm{u}'},\\ &\frac{B'w - C'v}{Bw - Cv} = \frac{2\mathrm{u}}{\mathrm{u} + \mathrm{u}'},\end{aligned}\right.$$

$$(58)\quad \left\{\begin{aligned} &\frac{A_{,}}{A} = \frac{(v^2 + w^2 - \mathrm{u}\mathrm{u}')\left(1 - \frac{v^2 + w^2}{\mho\mho'}\right) + (\mathrm{u}' + \mathrm{u})(v^2 + w^2)\left(\frac{1}{\mho} + \frac{1}{\mho'}\right)\sqrt{-1}}{(v^2 + w^2 + \mathrm{u}\mathrm{u}')\left(1 - \frac{v^2 + w^2}{\mho\mho'}\right) + (\mathrm{u}' - \mathrm{u})(v^2 + w^2)\left(\frac{1}{\mho} + \frac{1}{\mho'}\right)\sqrt{-1}}\,\frac{\mathrm{u} - \mathrm{u}'}{\mathrm{u} + \mathrm{u}'},\\ &\frac{A'}{A} = \frac{k^2\left(1 - \frac{v^2 + w^2}{\mho\mho'}\right)}{(v^2 + w^2 + \mathrm{u}\mathrm{u}')\left(1 - \frac{v^2 + w^2}{\mho\mho'}\right) + (\mathrm{u}' - \mathrm{u})(v^2 + w^2)\left(\frac{1}{\mho} + \frac{1}{\mho'}\right)\sqrt{-1}}\,\frac{\mathrm{u} - \mathrm{u}'}{\mathrm{u} + \mathrm{u}'}.\end{aligned}\right.$$

et

$$(59)\quad \left\{\begin{aligned} &-A_{,}\mathrm{u} + B_{,}v + C_{,}w = 0,\\ &A'\mathrm{u}' + B'v + C'w = 0.\end{aligned}\right.$$

Les calculs se simplifient lorsqu'on suppose l'axe des z parallèle aux traces des plans des ondes sur la surface réfléchissante. Alors, la formule (23) du paragraphe IV devant se réduire à

$$y = 0,$$

on aura nécessairement

$$w = 0, \qquad w = w\sqrt{-1} = 0,$$

et par suite les formules (1), (4), (6) deviendront

$$(60)\quad \bar{\xi} = A\,e^{ux+vy-st}, \qquad \bar{\eta} = B\,e^{ux+vy-st}, \qquad \bar{\zeta} = C\,e^{ux+vy-st},$$

$$(61)\quad \bar{\xi} = A_{,}\,e^{-ux+vy-st}, \qquad \bar{\eta} = B_{,}\,e^{-ux+vy-st}, \qquad \bar{\zeta} = C_{,}\,e^{-ux+vy-st},$$

$$(62)\quad \bar{\xi}' = A'\,e^{u'x+vy-st}, \qquad \bar{\eta}' = B'\,e^{u'x+vy-st}, \qquad \bar{\zeta}' = C'\,e^{u'x+vy-st}.$$

Alors aussi, les valeurs des déplacements symboliques étant indépendantes de z, dans chacun des mouvements incident, réfléchi et réfracté, les dérivées de ces déplacements, relatives à z, s'évanouiront dans les formules (48) et (50) qui se réduiront aux suivantes

$$(63)\quad D_y\bar{\zeta} = D_y\bar{\zeta}', \qquad D_xD_y\bar{\zeta} = D_xD_y\bar{\zeta}',$$

$$(64)\quad \left\{\begin{aligned} &(D_x^2 + D_y^2)\bar{\xi} = (D_x^2 + D_y^2)\bar{\xi}',\\ &\left[D_x - D_y^2\left(\frac{1}{\mho} + \frac{1}{\mho'} + \frac{D_x}{\mho\mho'}\right)\right]\bar{\xi} = \left[D_x - D_y^2\left(\frac{1}{\mho} + \frac{1}{\mho'} + \frac{D_x}{\mho\mho'}\right)\right]\bar{\xi}'.\end{aligned}\right.$$

Comme on pourra d'ailleurs, dans celles-ci, remplacer D_y par v, les formules (63) donneront

$$\bar{\zeta}=\bar{\zeta}', \qquad D_x\bar{\zeta}=D_x\bar{\zeta}',$$

ou, ce qui revient au même,

$$\bar{\zeta}=\bar{\zeta}', \qquad \bar{\psi}=\bar{\psi}'.$$

Ces dernières, qui se trouvent déjà comprises parmi les conditions (21), donneront encore

$$C+C_{,}=C', \qquad u(C-C_{,})=u'C',$$

par conséquent

$$(65) \qquad \frac{C_{,}}{C}=\frac{u-u'}{u+u'}, \qquad \frac{C'}{C}=\frac{2u}{u+u'};$$

et l'on tirera des formules (64)

$$(66) \quad \begin{cases} \dfrac{A_{,}}{A}=\dfrac{(v^2-uu')\left(1-\dfrac{v^2}{\upsilon\upsilon'}\right)+(u'+u)v^2\left(\dfrac{1}{\upsilon}+\dfrac{1}{\upsilon'}\right)}{(v^2+uu')\left(1-\dfrac{v^2}{\upsilon\upsilon'}\right)+(u'-u)v^2\left(\dfrac{1}{\upsilon}+\dfrac{1}{\upsilon'}\right)}\,\dfrac{u-u'}{u+u'}, \\[2ex] \dfrac{A'}{A}=\dfrac{k^2\left(1-\dfrac{v^2}{\upsilon\upsilon'}\right)}{(v^2+uu')\left(1-\dfrac{v^2}{\upsilon\upsilon'}\right)+(u'-u)v^2\left(\dfrac{1}{\upsilon}+\dfrac{1}{\upsilon'}\right)}\,\dfrac{2u}{u+u'}. \end{cases}$$

D'autre part, en vertu des formules (2), (5), (7) et (53), on aura non seulement

$$(67) \qquad Au+Bv=0$$

et

$$(68) \qquad -A_{,}u+B_{,}v=0, \qquad A'u'+B'v=0,$$

mais encore

$$(69) \qquad k^2=u^2+v^2=\frac{s^2}{\iota}, \qquad k'^2=u'^2+v^2=\frac{s^2}{\iota'}.$$

Nous avons supposé, dans ce qui précède, que les mouvements

incident, réfléchi et réfracté sont du nombre de ceux qui ne s'éteignent pas en se propageant. Alors les valeurs de u, v, s, u' sont de la forme

$$(70)\qquad u = \mathrm{U}\sqrt{-1}, \qquad v = \mathrm{V}\sqrt{-1}, \qquad s = \mathrm{S}\sqrt{-1}, \qquad u' = \mathrm{U}'\sqrt{-1},$$

et par suite la partie réelle de u' s'évanouit, aussi bien que la partie réelle de u. Mais les formules trouvées s'étendent à des cas mêmes où cette condition ne serait pas remplie. Ainsi, en particulier, si l'on a

$$\mathrm{k}' < \mathrm{k},$$

la valeur de u'^2, déterminée par l'équation $u'^2 + v^2 + w^2 = k'^2$, ou

$$(71)\qquad u'^2 = \mathrm{v}^2 + \mathrm{w}^2 - \mathrm{k}'^2,$$

pourra s'écrire comme il suit,

$$u'^2 = \mathrm{k}^2 - \mathrm{k}'^2 - \mathrm{u}^2,$$

et cette valeur deviendra positive quand on aura

$$u^2 < \mathrm{k}^2 - \mathrm{k}'^2.$$

Donc alors l'équation (71) fournira pour u' deux valeurs réelles qui ne s'évanouiront pas, savoir

$$(72)\qquad u' = -\sqrt{\mathrm{v}^2 + \mathrm{w}^2 - \mathrm{k}'^2}, \qquad u' = \sqrt{\mathrm{v}^2 + \mathrm{w}^2 - \mathrm{k}'^2};$$

et, comme de ces deux valeurs réelles la première sera négative, elle indiquera un mouvement réfracté qui s'éteindra en se propageant dans le second milieu. Cela posé, si l'on a

$$(73)\qquad \frac{1}{1 + \mathrm{f}'} < 1,$$

et par suite

$$\frac{\mathrm{k}'^2}{1 + \mathrm{f}'} < \mathrm{k}'^2,$$

il est clair que des valeurs de u', fournies par l'équation (71) et par la suivante

$$(74)\qquad u'^2 = \mathrm{v}^2 + \mathrm{w}^2 - \frac{\mathrm{k}'^2}{1 + \mathrm{f}'},$$

une seule, savoir la racine négative de l'équation (74), sera inférieure à la racine négative de l'équation (71), c'est-à-dire à la valeur de u' fournie par la première des formules (72). Donc alors, en vertu des principes établis dans le Mémoire sur les équations de condition relatives aux limites des corps, les valeurs de

$$A, \ B, \ C, \quad A_{\prime}, \ B_{\prime}, \ C_{\prime}, \quad A', \ B', \ C',$$

correspondant aux mouvements incident, réfléchi, réfracté, seront encore liées entre elles par les formules (54) et (56).

MÉMOIRE

SUR

LA TRANSFORMATION ET LA RÉDUCTION DES INTÉGRALES GÉNÉRALES

D'UN

SYSTÈME D'ÉQUATIONS LINÉAIRES

AUX DIFFÉRENCES PARTIELLES.

Considérations générales.

Considérons un système d'équations linéaires aux différences partielles entre plusieurs variables principales

$$\xi, \quad \eta, \quad \zeta, \quad \ldots$$

et des variables indépendantes

$$x, \quad y, \quad z, \quad t$$

qui, dans les problèmes de Mécanique, représenteront, par exemple, trois coordonnées rectangulaires et le temps. Comme je l'ai prouvé dans un précédent Mémoire, on pourra, en supposant connues les valeurs initiales des variables principales et de quelques-unes de leurs dérivées, réduire la recherche des intégrales générales des équations proposées à l'évaluation d'une seule fonction des variables indépendantes, que j'ai nommée la *fonction principale*. Cette fonction principale n'est autre chose qu'une intégrale particulière de l'équation unique aux différences partielles, à laquelle doit satisfaire chacune des variables principales, ou même une fonction linéaire quelconque de ces variables; et, si, dans tous les termes de cette équation aux différences partielles, on efface la lettre employée pour représenter la fonction principale, on obtiendra entre les puissances des signes de différentiation

$$D_x, \quad D_y, \quad D_z, \quad D_t,$$

ce qu'on peut appeler l'*équation caractéristique*. Ajoutons : 1° que l'ordre n de cette équation caractéristique est généralement la somme des nombres qui, dans les équations données, représentent les ordres des dérivées les plus élevées des variables principales, différentiées par rapport au temps t; 2° que la fonction principale, assujettie à s'évanouir au premier instant, c'est-à-dire pour $t = 0$, avec ses dérivées relatives au temps et d'un ordre inférieur à $n - 1$, doit fournir une dérivée de l'ordre $n - 1$, qui se réduise alors à une fonction de x, y, z choisie arbitrairement. Ainsi déterminée, la fonction principale peut toujours être représentée par une intégrale définie sextuple, relative à six variables auxiliaires, et qui renferme sous le signe $\int$ une exponentielle trigonométrique dont l'exposant est une fonction linéaire des variables indépendantes.

Observons maintenant que, dans beaucoup de cas, on peut abaisser l'ordre de l'équation caractéristique. De plus, l'intégrale définie sextuple, qui représente la fonction principale, peut souvent être remplacée par des intégrales d'un ordre moindre, ou se réduire même à une expression en termes finis. En conséquence, les intégrales générales d'un système d'équations linéaires peuvent admettre des transformations et des réductions qu'il est bon de connaître, et dont nous allons maintenant nous occuper.

I. — *Sur la réduction de l'équation caractéristique.*

Concevons, comme dans le Mémoire ci-dessus mentionné, que les variables indépendantes

$$x, \quad y, \quad z, \quad t$$

représentent trois coordonnées et le temps ; et considérons en particulier le cas où, dans les équations données, les dérivées des ordres les plus élevés par rapport au temps t se trouvent multipliées par des quantités constantes, sans être soumises à des différentiations relatives aux coordonnées x, y, z. Si l'on nomme 8 l'une quelconque des variables principales, et si l'on élimine toutes les autres entre les équations linéaires données, en supposant les seconds membres réduits à zéro, on obtiendra une équation résultante

$$\nabla 8 = 0, \tag{1}$$

dans laquelle ∇ sera une fonction entière des caractéristiques

$$D_x, \quad D_y, \quad D_z, \quad D_t;$$

et l'on vérifiera l'équation (1) en prenant pour 8, non seulement l'une quelconque des variables principales, mais encore une fonction linéaire quelconque de ces variables.

Cela posé, nous appellerons *équation caractéristique* la formule symbolique

$$\nabla = 0 \tag{2}$$

à laquelle on parvient en effaçant la variable principale 8 dans le premier membre de l'équation (1); ou bien encore, l'équation

$$S = 0 \tag{3}$$

qu'on obtient en remplaçant dans la formule (1),

$$D_x, \quad D_y, \quad D_z, \quad D_t$$

par de simples lettres

$$u, \quad v, \quad w, \quad s.$$

Si la fonction symbolique ∇ est du degré n par rapport à D_t, on pourra y supposer le coefficient de D_t^n réduit à l'unité, et le nombre n représentera l'*ordre* ou le degré de l'équation caractéristique. Si d'ailleurs on nomme

$$\varpi(x, y, z)$$

une fonction quelconque des trois coordonnées x, y, z;

$$\lambda, \quad \mu, \quad \nu, \quad \text{u}, \quad \text{v}, \quad \text{w}$$

des variables auxiliaires et réelles;

$$u, \quad v, \quad w$$

des variables imaginaires liées à u, v, w par les formules

$$u = \mathrm{u}\sqrt{-1}, \qquad v = \mathrm{v}\sqrt{-1}, \qquad w = \mathrm{w}\sqrt{-1};$$

et ϖ la fonction principale, on trouvera

$$(4) \qquad \varpi = \mathcal{E} \int_{-\infty}^{+\infty} \int_{-\infty}^{+\infty} \int_{-\infty}^{+\infty} \int_{-\infty}^{+\infty} \int_{-\infty}^{+\infty} \int_{-\infty}^{+\infty} \frac{e^{u(x-\lambda)+v(y-\mu)+w(z-\nu)+st}}{((\mathrm{S}))} \times \varpi(\lambda, \mu, \nu) \frac{d\lambda\, d\mathrm{u}}{2\pi} \frac{d\mu\, d\mathrm{v}}{2\pi} \frac{d\nu\, d\mathrm{w}}{2\pi},$$

le signe $\mathcal{E}$ du calcul des résidus étant relatif à la variable s considérée comme racine de l'équation

$$\mathrm{S} = 0.$$

Ajoutons que la fonction principale ϖ, dont la formule (4) fournit la valeur, sera complètement déterminée par la double condition de vérifier, quel que soit t, l'équation aux différences partielles

$$(5) \qquad \nabla\varpi = 0,$$

et, pour une valeur nulle de t, les formules

$$(6) \quad \varpi = 0, \quad D_t\varpi = 0, \quad \ldots, \quad D_t^{n-2}\varpi = 0, \quad D_t^{n-1}\varpi = \varpi(x, y, z).$$

Cela posé, nous allons indiquer les avantages que peut offrir la réduction de l'équation caractéristique

$$\nabla = 0$$

à une autre plus simple et de la même forme.

Admettons d'abord que chacune des équations linéaires données ait zéro pour second membre. Alors, les valeurs initiales des variables principales ξ, η, ζ, ... et d'un nombre suffisant de leurs dérivées relatives à t, étant supposées connues, les valeurs générales de

$$\xi, \quad \eta, \quad \zeta, \quad \ldots,$$

par conséquent aussi la valeur générale d'une fonction linéaire 8 de ces variables et de leurs dérivées, se composeront de termes de la forme

$$\Box\varpi,$$

$\square$ désignant une fonction entière de

$$D_x, \quad D_y, \quad D_z, \quad D_t,$$

et $\varpi(x, y, z)$ l'une des valeurs initiales données des variables principales ou de leurs dérivées relatives à t. Or le terme

$$\square\varpi$$

pourra être réduit à une forme plus simple, si $\square$ et ∇ ont un commun diviseur algébrique. C'est ce que l'on prouvera sans peine, en cherchant l'intégrale définie sextuple qui, eu égard à la formule (4), devra représenter $\square\varpi$, ou bien encore, en raisonnant comme il suit.

Soit $\mathfrak{D}$ un commun diviseur algébrique de ∇ et de $\square$, représenté par une fonction entière des caractéristiques

$$D_x, \quad D_y, \quad D_z, \quad D_t,$$

en sorte qu'on ait

$$\nabla = \mathfrak{D}\nabla_{\prime} \qquad \text{et} \qquad \square = \mathfrak{D}\square_{\prime},$$

$\nabla_{\prime}$, $\square_{\prime}$ désignant encore deux fonctions entières des mêmes caractéristiques. Si l'on nomme $n_{\prime}$ le degré de $\nabla_{\prime}$ par rapport à D_t, $n - n_{\prime}$ sera celui de $\mathfrak{D}$, et l'on pourra, dans les fonctions symboliques $\mathfrak{D}$, $\nabla_{\prime}$, comme dans la fonction ∇, supposer les coefficients des puissances de D_t les plus élevées réduits à l'unité. Cela posé, il est clair d'une part que l'équation (5) prendra la forme

$$(7) \qquad \nabla_{\prime}\mathfrak{D}\varpi = 0,$$

et que les conditions (6) relatives à une valeur nulle de t entraîneront les suivantes

$$(8) \quad \mathfrak{D}\varpi = 0, \quad D_t\mathfrak{D}\varpi = 0, \quad \ldots, \quad D_t^{n_{\prime}-2}\mathfrak{D}\varpi = 0, \quad D_t^{n_{\prime}-1}\mathfrak{D}\varpi = \varpi(x, y, z);$$

d'autre part, que l'on aura identiquement

$$\square\varpi = \square_{\prime}\mathfrak{D}\varpi.$$

Faisons maintenant, pour abréger,

$$\mathfrak{D}\varpi = \varpi_{\prime}.$$

l'équation (7) deviendra

$$(9) \qquad \nabla_{\!\prime}\varpi_{\prime} = 0,$$

et, en vertu des conditions (8), on aura, pour une valeur nulle de t,

$$(10) \quad \varpi_{\prime} = 0, \quad D_t\varpi_{\prime} = 0, \quad \ldots, \quad D_t^{n_{\prime}-2}\varpi_{\prime} = 0, \quad D_t^{n_{\prime}-1}\varpi_{\prime} = \varpi(x, y, z);$$

tandis que la formule

$$\Box\varpi = \Box_{\prime}\mathfrak{D}\varpi$$

donnera

$$(11) \qquad \Box\varpi = \Box_{\prime}\varpi_{\prime}.$$

D'ailleurs les formules (9), (10), qui suffisent pour déterminer complètement la fonction $\varpi_{\prime}$, sont entièrement semblables aux formules (5), (6), qui déterminent la fonction ϖ; et, pour passer des unes aux autres, il suffit de réduire, dans la recherche de la fonction principale ϖ ou $\varpi_{\prime}$, l'équation caractéristique

$$\nabla = 0$$

à l'équation caractéristique plus simple

$$\nabla_{\prime} = 0,$$

dont le premier membre est par rapport à D_t, non plus du degré n, mais seulement du degré $n_{\prime}$. En conséquence, la formule (11) entraînera la proposition suivante :

Premier Théorème. — *Soit donné entre les variables principales*

$$\xi, \quad \eta, \quad \zeta, \quad \ldots$$

et les variables indépendantes

$$x, \quad y, \quad z, \quad t,$$

un système d'équations linéaires aux différences partielles et à coefficients constants, dans lesquelles les dérivées des ordres les plus élevés par rapport à t se trouvent multipliées par des constantes, sans être soumises à des différentiations relatives aux coordonnées x, y, z; on pourra sup-

poser, dans le premier membre de l'équation caractéristique, le coefficient de la puissance de D_t *la plus élevée réduit à l'unité. Cela posé, soit*

$$\square\varpi$$

l'un des termes dont se composera la valeur générale de l'une des variables principales, ou d'une fonction linéaire $\mathfrak{z}$ *de ces variables et de leurs dérivées, la lettre* ϖ *désignant dans ce même terme la fonction principale. S'il existe un commun diviseur algébrique* $\mathfrak{D}$ *entre le premier membre de l'équation caractéristique et la fonction de*

$$D_x,\quad D_y,\quad D_z,\quad D_t,$$

désignée par $\square$, *on pourra, dans la recherche de la fonction principale* ϖ, *qui correspond au terme* $\square\varpi$, *réduire l'équation caractéristique à une forme plus simple, en divisant par* $\mathfrak{D}$ *le premier membre de cette équation, pourvu que l'on divise aussi par* $\mathfrak{D}$ *la valeur trouvée de* $\square$.

Corollaire. — Si $\mathfrak{D}$, étant diviseur de ∇, c'est-à-dire du premier membre de l'équation caractéristique, est aussi diviseur de $\square$ dans chacun des termes

$$\square\varpi$$

dont se compose la valeur générale d'une fonction linéaire $\mathfrak{z}$ des variables principales et de leurs dérivées ; alors, dans la recherche de la fonction principale correspondant à chaque terme de la valeur générale de $\mathfrak{z}$, on pourra réduire le premier membre ∇ de l'équation caractéristique au rapport

$$\frac{\nabla}{\mathfrak{D}} = \nabla_{\!,},$$

pourvu que l'on divise aussi par $\mathfrak{D}$, dans chaque terme $\square\varpi$, la valeur de $\square$. Mais alors $\mathfrak{z}$ pourra être représenté par une somme de termes de la forme

$$\square_{,}\varpi_{,},$$

pour chacun desquels la fonction principale $\varpi_{,}$ vérifiera la formule

$$\nabla_{\!,}\varpi_{,} = 0;$$

et par suite on aura encore, quel que soit t,

$$\nabla_{,}8 = 0.$$

Le cas où la réduction indiquée s'appliquerait à tous les termes compris dans la valeur de 8 est donc précisément le cas où, des équations linéaires données, jointes à la formule qui détermine 8 en fonction de ξ, η, ζ, ..., on pourrait déduire par élimination, non seulement l'équation

$$\nabla 8 = 0,$$

mais encore une équation plus simple

$$\nabla_{,}8 = 0,$$

$\nabla_{,}$ étant le quotient de ∇ par un diviseur algébrique $\mathfrak{D}$. Réciproquement, si la variable 8 satisfait en général non seulement à l'équation

$$\nabla 8 = 0,$$

mais encore à une équation plus simple

$$\nabla_{,}8 = 0,$$

dans laquelle on ait

$$\nabla_{,} = \frac{\nabla}{\mathfrak{D}},$$

le troisième théorème du paragraphe IV du Mémoire sur l'intégration des équations linéaires pourra être appliqué à la détermination des variables principales ξ, η, ζ, ... et par suite à la détermination de la variable 8, de telle sorte que chaque terme de 8 se présente successivement sous la forme

$$\frac{\square}{\nabla}\nabla\varpi = \square\varpi,$$

puis sous la forme plus simple

$$\frac{\square_{,}}{\nabla_{,}}\nabla\varpi = \square_{,}\mathfrak{D}\varpi = \square_{,}\varpi_{,}.$$

Il en résulte évidemment qu'on pourra substituer au théorème dont il s'agit la proposition suivante :

DEUXIÈME THÉORÈME. — *Soient données entre plusieurs variables principales*

$$\xi, \quad \eta, \quad \zeta, \quad \ldots$$

et les variables indépendantes

$$x, \quad y, \quad z, \quad t$$

des équations linéaires aux différences partielles et à coefficients constants, en nombre égal à celui des variables principales. Concevons d'ailleurs que l'ordre des dérivées de ξ, η, ζ, ..., *relatives à* t, *puisse s'élever jusqu'à* n' *pour la variable principale* ξ, *jusqu'à* n'' *pour la variable principale* η, ..., *les coefficients de*

$$D_t^{n'}\xi, \quad D_t^{n''}\eta, \quad \ldots$$

étant indépendants de D_x, D_y, D_z, *et se réduisant en conséquence à des quantités constantes. Supposons les variables principales*

$$\xi, \quad \eta, \quad \zeta, \quad \ldots$$

assujetties non seulement à vérifier, quel que soit t, *les équations linéaires données, mais aussi à vérifier, pour* $t = 0$, *les conditions*

$$\begin{array}{llll}
\xi = \varphi(x, y, z), & D_t\xi = \varphi_1(x, y, z), & \ldots, & D_t^{n'-1}\xi = \varphi_{n'-1}(x, y, z), \\
\eta = \chi(x, y, z), & D_t\eta = \chi_1(x, y, z), & \ldots, & D_t^{n''-1}\eta = \chi_{n''-1}(x, y, z), \\
\ldots\ldots\ldots, & \ldots\ldots\ldots\ldots, & \ldots, & \ldots\ldots\ldots\ldots\ldots
\end{array}$$

Soient encore

$$8$$

une fonction linéaire des variables principales ζ, η, ζ, ... *et de leurs dérivées de divers ordres, et*

$$\nabla 8 = 0$$

l'équation différentielle la plus simple à laquelle 8 *doive généralement satisfaire en vertu des équations données,* ∇ *étant une fonction entière des caractéristiques*

$$D_x, \quad D_y, \quad D_z, \quad D_t,$$

tellement choisie que le coefficient de la puissance de D_t *la plus élevée s'y réduise à l'unité. Enfin, supposons la fonction principale* ϖ *déterminée de manière qu'on ait :* 1° *quel que soit* t,

$$\nabla\varpi = 0;$$

2° *pour* $t = 0$,

$$\varpi = 0, \quad D_t\varpi = 0, \quad \ldots, \quad D_t^{i-2}\varpi = 0, \quad D_t^{i-1}\varpi = \varpi(x, y, z),$$

i *désignant le degré de* ∇ *par rapport à* D_t ; *et nommons*

$$\begin{array}{llll} \varphi, & \varphi_{\prime}, & \ldots, & \varphi_{n'-1}, \\ \chi, & \chi_{\prime}, & \ldots, & \chi_{n''-1}, \\ ., & .., & \ldots, & \ldots\ldots, \end{array}$$

ce que devient ϖ *quand on réduit* $\varpi(x, y, z)$ *à l'une des fonctions*

$$\begin{array}{llll} \varphi(x, y, z), & \varphi_{\prime}(x, y, z), & \ldots, & \varphi_{n'-1}(x, y, z), \\ \chi(x, y, z), & \chi_{\prime}(x, y, z), & \ldots, & \chi_{n''-1}(x, y, z), \\ \ldots\ldots\ldots, & \ldots\ldots\ldots, & \ldots, & \ldots\ldots\ldots\ldots \end{array}$$

Pour obtenir, dans l'hypothèse admise, la valeur générale de 8, *il suffira de remplacer, dans les équations linéaires données, les dérivées*

$$\begin{array}{llll} D_t\xi, & D_t^2\xi, & \ldots, & D_t^{n'-1}\xi, \\ D_t\eta, & D_t^2\eta, & \ldots, & D_t^{n''-1}\eta, \\ \ldots, & \ldots, & \ldots, & \ldots\ldots \end{array}$$

par les différences

$$D_t\xi - \nabla\varphi, \quad D_t^2\xi - \nabla(\varphi_{\prime} + D_t\varphi), \quad \ldots,$$
$$D_t^{n'-1}\xi - \nabla(\varphi_{n'-1} + \ldots + D_t^{n'-2}\varphi_{\prime} + D_t^{n'-1}\varphi),$$
$$D_t\eta - \nabla\chi, \quad D_t^2\eta - \nabla(\chi_{\prime} + D_t\chi), \quad \ldots,$$
$$D_t^{n''-1}\eta - \nabla(\chi_{n''-1} + \ldots + D_t^{n''-2}\chi_{\prime} + D_t^{n''-1}\chi),$$
$$\ldots\ldots\ldots\ldots\ldots\ldots\ldots\ldots\ldots\ldots\ldots\ldots,$$

puis d'éliminer $\xi, \eta, \zeta, \ldots$ *entre les nouvelles équations ainsi obtenues et celle qui fournit la valeur de* 8, *en opérant comme si*

$$D_x, \quad D_y, \quad D_z, \quad D_t$$

étaient de véritables quantités.

COROLLAIRE. — Le théorème précédent offre le moyen d'obtenir sous une forme plus simple les valeurs générales des variables principales elles-mêmes, lorsque l'équation aux différences partielles la plus simple, à laquelle chacune de ces variables puisse satisfaire, est, par rapport à t, d'un ordre inférieur à la somme

$$n = n' + n'' + \ldots.$$

Si, comme il arrive ordinairement dans la Mécanique, les équations linéaires données ne contiennent d'autres dérivées relatives au temps que des dérivées du second ordre dont les coefficients se réduisent à l'unité, alors, au lieu du deuxième théorème, on obtiendra la proposition suivante :

TROISIÈME THÉORÈME. — *Soient données, entre n variables principales*

$$\xi, \quad \eta, \quad \zeta, \quad \ldots$$

et les variables indépendantes

$$x, \quad y, \quad z, \quad t,$$

n équations linéaires aux différences partielles et à coefficients constants, qui renferment, avec les variables principales et leurs dérivées de divers ordres obtenues par des différentiations relatives aux coordonnées x, y, z, *les dérivées du second ordre relatives au temps, savoir*

$$D_t^2\xi, \quad D_t^2\eta, \quad D_t^2\zeta, \quad \ldots,$$

les coefficients de ces dernières dérivées étant égaux à l'unité. Supposons d'ailleurs les variables principales

$$\xi, \quad \eta, \quad \zeta, \quad \ldots$$

assujetties non seulement à vérifier, quel que soit t, les équations données, mais aussi à vérifier, pour $t = 0$, *les conditions*

$$\begin{array}{llll} \xi = \varphi(x, y, z), & \eta = \chi(x, y, z), & \zeta = \psi(x, y, z), & \ldots, \\ D_t\xi = \Phi(x, y, z), & D_t\eta = X(x, y, z), & D_t\zeta = \Psi(x, y, z), & \ldots. \end{array}$$

Soient encore

$$8$$

l'une quelconque des variables principales

$$\xi, \quad \eta, \quad \zeta, \quad \ldots$$

ou bien une fonction linéaire de ces variables et de leurs dérivées de divers ordres, et

$$\nabla 8 = 0$$

l'équation aux différences partielles la plus simple à laquelle 8 *doive généralement satisfaire, en vertu des équations données,* ∇ *étant une fonction entière des caractéristiques*

$$D_x, \quad D_y, \quad D_z, \quad D_t$$

tellement choisie que le coefficient de la puissance de D_t *la plus élevée s'y réduise à l'unité. Enfin, soit i le degré de cette puissance, qui pourra être ou égal ou inférieur à* $2n$; *supposons la fonction principale* ϖ *déterminée de manière que l'on ait :* 1° *quel que soit* t,

$$\nabla \varpi = 0,$$

2° *pour* $t = 0$,

$$\varpi = 0, \qquad D_t \varpi = 0, \qquad \ldots, \qquad D_t^{i-2} \varpi = 0, \qquad D_t^{i-1} \varpi = \varpi(x, y, z),$$

et nommons

$$\varphi, \quad \chi, \quad \psi, \quad \ldots, \quad \Phi, \quad X, \quad \Psi, \quad \ldots$$

ce que devient ϖ *quand on réduit* $\varpi(x, y, z)$ *à l'une des fonctions*

$$\begin{array}{llll} \varphi(x, y, z), & \chi(x, y, z), & \psi(x, y, z), & \ldots, \\ \Phi(x, y, z), & X(x, y, z), & \Psi(x, y, z), & \ldots. \end{array}$$

Pour obtenir, dans l'hypothèse admise, la valeur générale de 8, *il suffira de remplacer, dans les équations linéaires données, les dérivées du second ordre*

$$D_t^2 \xi, \quad D_t^2 \eta, \quad D_t^2 \zeta, \quad \ldots$$

par les différences

$$D_t^2 \xi - \nabla(\Phi + D_t \varphi), \quad D_t^2 \eta - \nabla(X + D_t \chi), \quad D_t^2 \zeta - \nabla(\Psi + D_t \psi), \quad \ldots,$$

puis d'éliminer ξ, η, ζ, ... *entre les nouvelles équations ainsi obtenues et celle qui fournit la valeur de* $\mathcal{S}$, *en opérant comme si*

$$D_x, \quad D_y, \quad D_z, \quad D_t$$

étaient de véritables quantités.

Les théorèmes deuxième et troisième supposent que les seconds membres des équations linéaires données se réduisent à zéro. Si ces seconds membres devenaient fonctions des variables indépendantes

$$x, \quad y, \quad z, \quad t,$$

on pourrait appliquer à la détermination des valeurs générales de

$$\xi, \quad \eta, \quad \zeta, \quad \ldots$$

le théorème IV du paragraphe IV du Mémoire sur l'intégration des équations linéaires, en combinant ce théorème avec les propositions nouvelles que nous venons d'établir.

II. — *Sur la décomposition de la fonction principale.*

La fonction principale ϖ, relative à un système d'équations linéaires aux différences partielles, peut être, comme on l'a dit, représentée par une intégrale définie sextuple, savoir, par celle qui constitue le second membre de l'équation (4) du paragraphe I. Dans cette intégrale, la fraction rationnelle

$$\frac{1}{\mathcal{S}}$$

dépend des variables auxiliaires

$$u, \quad v, \quad w, \quad s$$

et se décompose en fractions plus simples, lorsque le polynome $\mathcal{S}$, considéré comme fonction de s, est lui-même décomposé en facteurs de degré moindre. Or, la décomposition de la fraction rationnelle

$$\frac{1}{\mathcal{S}}$$

en plusieurs autres, entraîne évidemment la décomposition correspondante de l'intégrale sextuple qui représente ou la fonction principale ϖ, ou l'une de ses dérivées prises par rapport au temps, en d'autres intégrales de même espèce. Il peut d'ailleurs arriver que ces dernières représentent de nouvelles fonctions principales correspondant à de nouvelles équations caractéristiques, ou que, sans les représenter, elles leur soient respectivement proportionnelles. C'est ce qui aura lieu, par exemple, si, le degré n de l'équation caractéristique étant un nombre pair, le premier membre ∇ de cette équation se présente sous la forme

$$\nabla = (D_t^2 - G)(D_t^2 - H)\ldots, \tag{1}$$

G, H, ... désignant des fonctions qui renferment seulement

$$D_x, \quad D_y, \quad D_z,$$

et qui soient entre elles dans des rapports constants. En effet, supposons que, m étant un nombre entier quelconque, on différentie m fois par rapport à t, la fonction principale ϖ déterminée par l'équation (4) du paragraphe I. On trouvera

$$\left\{\begin{aligned} D_t^m \varpi = \mathcal{E} \int_{-\infty}^{\infty}\int_{-\infty}^{\infty}\int_{-\infty}^{\infty}\int_{-\infty}^{\infty}\int_{-\infty}^{\infty}\int_{-\infty}^{\infty} \frac{s^m \varpi(\lambda, \mu, \nu)}{((\mathfrak{s}))} \\ \times e^{u(x-\lambda)+v(y-\mu)+w(z-\nu)+st} \frac{d\lambda\, d\mathrm{u}}{2\pi} \frac{d\mu\, d\mathrm{v}}{2\pi} \frac{d\nu\, d\mathrm{w}}{2\pi}, \end{aligned}\right. \tag{2}$$

le signe $\mathcal{E}$ du calcul des résidus étant relatif aux diverses racines de l'équation

$$\mathfrak{s} = 0.$$

D'autre part, si l'on nomme

$$\mathcal{G}, \quad \mathfrak{H}, \quad \ldots$$

ce que deviennent

$$G, \quad H, \quad \ldots$$

quand on y remplace

$$D_x, \quad D_y, \quad D_z \quad \text{par} \quad u, \quad v, \quad w,$$

on aura, en vertu de la formule (1),

$$\mathfrak{s} = (s^2 - \mathcal{G})(s^2 - \mathfrak{H})\ldots, \tag{3}$$

et par conséquent

$$(4)\qquad \frac{s^m}{\mathfrak{S}} = \frac{g}{s^2 - \mathfrak{G}} + \frac{h}{s^2 - \mathfrak{H}} + \ldots,$$

les numérateurs g, h, ... désignant, en général, ainsi que $\mathfrak{G}$, $\mathfrak{H}$, ..., des fonctions des seules variables u, v, w. Mais ce qu'il importe de remarquer c'est que, dans l'hypothèse admise, où les fonctions G, H, ... et par suite les fonctions $\mathfrak{G}$, $\mathfrak{H}$, ... sont entre elles dans des rapports constants, le numérateur g, ou la véritable valeur acquise par la fraction

$$\frac{s^m(s^2 - \mathfrak{G})}{\mathfrak{S}} = \frac{s^m}{(s^2 - \mathfrak{H})\ldots},$$

quand on pose $s^2 = \mathfrak{G}$, se réduira simplement à une constante si l'on prend

$$m = n - 2,$$

attendu qu'alors

$$s^m \quad \text{et} \quad (s^2 - \mathfrak{H})\ldots = \frac{\mathfrak{S}}{s^2 - \mathfrak{G}}$$

deviendront proportionnels à $\mathfrak{G}^{\frac{n}{2}-1}$. La même remarque étant applicable à chacun des numérateurs

$$g, \quad h, \quad \ldots,$$

il est clair que, si, dans les équations (2) et (4), on pose $m = n - 2$, on en tirera

$$(5)\qquad \left\{\begin{aligned} \mathrm{D}_t^{n-2}\varpi = {} & g \mathcal{E} \int_{-\infty}^{\infty}\int_{-\infty}^{\infty}\int_{-\infty}^{\infty}\int_{-\infty}^{\infty}\int_{-\infty}^{\infty}\int_{-\infty}^{\infty} \frac{\varpi(\lambda, \mu, \nu)}{((s^2 - \mathfrak{G}))} \\ & \times e^{u(x-\lambda)+v(y-\mu)+w(z-\nu)+st} \frac{d\lambda\, d\mathrm{u}}{2\pi} \frac{d\mu\, d\mathrm{v}}{2\pi} \frac{d\nu\, d\mathrm{w}}{2\pi} \\ & + h \mathcal{E} \int_{-\infty}^{\infty}\int_{-\infty}^{\infty}\int_{-\infty}^{\infty}\int_{-\infty}^{\infty}\int_{-\infty}^{\infty}\int_{-\infty}^{\infty} \frac{\varpi(\lambda, \mu, \nu)}{((s^2 - \mathfrak{H}))} \\ & \times e^{u(x-\lambda)+v(y-\mu)+w(z-\nu)+st} \frac{d\lambda\, d\mathrm{u}}{2\pi} \frac{d\mu\, d\mathrm{v}}{2\pi} \frac{d\nu\, d\mathrm{w}}{2\pi} \\ & + \ldots\ldots\ldots\ldots\ldots\ldots\ldots\ldots \end{aligned}\right.$$

Soient d'ailleurs

$$\varpi_1, \quad \varpi_2, \quad \ldots$$

les fonctions principales correspondant, non plus à l'équation caractéristique

$$\nabla = 0,$$

mais aux suivantes

$$D_t^2 - G = 0, \qquad D_t^2 - H = 0, \qquad \ldots.$$

Il est clair que, pour obtenir les valeurs de

$$\varpi_1, \quad \varpi_2, \quad \ldots,$$

exprimées par des intégrales définies, il suffira de remplacer successivement dans la formule (4) du paragraphe I, la fonction

$$s$$

par chacun des binomes

$$s^2 - \mathcal{G}, \qquad s^2 - \mathfrak{H}, \qquad \ldots.$$

On aura donc encore

$$(6)\quad \left\{\begin{aligned} \varpi_1 &= \mathcal{E}\int_{-\infty}^{\infty}\int_{-\infty}^{\infty}\int_{-\infty}^{\infty}\int_{-\infty}^{\infty}\int_{-\infty}^{\infty}\int_{-\infty}^{\infty} \frac{\varpi(\lambda, \mu, \nu)}{((s^2 - \mathcal{G}))} \\ &\quad \times e^{u(x-\lambda)+v(y-\mu)+w(z-\nu)+st} \frac{d\lambda\, du}{2\pi} \frac{d\mu\, dv}{2\pi} \frac{d\nu\, dw}{2\pi}, \\ \varpi_2 &= \mathcal{E}\int_{-\infty}^{\infty}\int_{-\infty}^{\infty}\int_{-\infty}^{\infty}\int_{-\infty}^{\infty}\int_{-\infty}^{\infty}\int_{-\infty}^{\infty} \frac{\varpi(\lambda, \mu, \nu)}{((s^2 - \mathfrak{H}))} \\ &\quad \times e^{u(x-\lambda)+v(y-\mu)+w(z-\nu)+st} \frac{d\lambda\, du}{2\pi} \frac{d\mu\, dv}{2\pi} \frac{d\nu\, dw}{2\pi}, \\ &\ldots\ldots\ldots\ldots\ldots\ldots\ldots\ldots; \end{aligned}\right.$$

et par suite la formule (5) donnera

$$(7)\qquad D_t^{n-2}\varpi = g\varpi_1 + h\varpi_2 + \ldots.$$

Donc, si l'on différentie $n - 2$ fois, par rapport à t, la fonction principale ϖ correspondant à l'équation caractéristique

$$\nabla = 0,$$

la dérivée ainsi obtenue se composera de plusieurs termes respectivement proportionnels aux fonctions principales

$$\varpi_1, \quad \varpi_2, \quad \ldots.$$

Observons d'ailleurs : 1° que la fonction principale ϖ est complètement déterminée par la double condition de vérifier, quel que soit t, l'équation

$$\nabla\varpi = 0, \tag{8}$$

et pour $t = 0$, les formules

$$\varpi = 0, \qquad D_t\varpi = 0, \qquad \ldots, \qquad D_t^{n-2}\varpi = 0, \qquad D_t^{n-1}\varpi = \varpi(x, y, z); \tag{9}$$

2° que pareillement les fonctions principales ϖ_1, ϖ_2, ... sont complètement déterminées par la double condition de vérifier, quel que soit t, les équations

$$(D_t^2 - G)\varpi_1 = 0, \qquad (D_t^2 - H)\varpi_2 = 0, \qquad \ldots, \tag{10}$$

et pour $t = 0$, les formules

$$\left\{\begin{array}{l} \varpi_1 = 0, \qquad \varpi_2 = 0, \qquad \ldots, \\ D_t\varpi_1 = D_t\varpi_2 = \ldots = \varpi(x, y, z). \end{array}\right. \tag{11}$$

Cela posé, si l'on indique à l'aide des caractéristiques

$$D_t^{-1}, \quad D_t^{-2}, \quad D_t^{-3}, \quad \ldots$$

une, deux, trois ... intégrations effectuées par rapport à t, à partir de l'origine $t = 0$, on tirera évidemment de la formule (7)

$$\varpi = D_t^{-(n-2)}(g\varpi_1 + h\varpi_2 + \ldots). \tag{12}$$

Il est bon de remarquer encore que, dans le cas où, m étant égal à $n - 2$, les numérateurs g, h deviennent constants dans la formule (4), cette formule entraîne la suivante

$$\frac{D_t^{n-2}}{\nabla} = \frac{g}{D_t^2 - G} + \frac{h}{D_t^2 - H} + \ldots. \tag{13}$$

Effectivement, lorsque les fonctions

$$D_x, \quad D_y, \quad D_z,$$

représentées par $g, h, \ldots$, sont entre elles dans des rapports constants, il résulte de la formule (1) qu'on peut satisfaire à l'équation (13), en attribuant à g, h des valeurs constantes. Ces valeurs sont précisément celles qu'il convient d'employer dans la formule (7) ou (12).

Au reste, sans recourir à la transformation de la fonction principale ϖ en intégrale définie, on peut établir directement la formule (7) ou (12), en prouvant que la valeur de ϖ, déterminée par la formule (12), vérifie non seulement les conditions (9), mais encore l'équation (8); et d'abord il est clair que cette valeur et ses dérivées, prises par rapport au temps, mais d'un ordre inférieur à $n-1$, s'évanouiront pour $t=0$. De plus, on tirera de la formule (12) : 1° quel que soit t,

$$D_t^{n-1}\varpi = g D_t \varpi_1 + h D_t \varpi_2 + \ldots;$$

2° pour $t=0$, ayant égard aux formules (11),

$$D_t^{n-1}\varpi = (g+h+\ldots)\varpi(x, y, z);$$

et, comme d'autre part on conclura de l'équation (13), en réduisant les deux membres au même dénominateur,

$$g+h+\ldots = 1,$$

on peut affirmer que la valeur de ϖ, déterminée par l'équation (12), vérifiera encore la dernière des conditions (9). Il reste à prouver que la même valeur vérifiera, quel que soit t, l'équation (8). Or considérons, par exemple, le cas où l'on aurait $n=4$. Dans ce cas, la formule (13), réduite à

$$\frac{D_t^2}{(D_t^2-G)(D_t^2-H)} = \frac{g}{D_t^2-G} + \frac{h}{D_t^2-H},$$

donnera, non seulement

$$g+h=1,$$

mais encore

$$gH + hG = 0, \qquad hG = -gH;$$

et de l'équation (7), réduite à la forme

(14) $$D_t^2\varpi = g\varpi_1 + h\varpi_2,$$

on tirera

$$GD_t^2\varpi = G(g\varpi_1 + h\varpi_2) = gG\varpi_1 - gH\varpi_2;$$

puis, en ayant égard aux formules (10),

$$D_t^2 G\varpi = D_t^2 g(\varpi_1 - \varpi_2),$$

et, en intégrant deux fois de suite, à partir de $t = 0$,

$$(15) \qquad G\varpi = g(\varpi_1 - \varpi_2).$$

Si maintenant on combine entre elles les formules (14), (15), on en conclura

$$(D_t^2 - G)\varpi = (g + h)\varpi_2,$$

et par suite, eu égard à la seconde des formules (10),

$$(16) \qquad (D_t^2 - G)(D_t^2 - H)\varpi = 0.$$

Or l'équation (16) est précisément celle à laquelle se réduit l'équation (8), dans le cas où l'on suppose $n = 4$: par conséquent

$$\nabla = (D_t^2 - G)(D_t^2 - H);$$

et il est aisé de s'assurer que des raisonnements semblables suffiraient pour déduire l'équation (8) de l'équation (12) dans le cas même où le nombre n deviendrait supérieur à 4.

Ajoutons que la proposition contenue dans la formule (12) peut être généralisée ; et, en effet, on peut établir, à l'aide des mêmes raisonnements, celle que nous allons énoncer.

THÉORÈME. — *Supposons que, dans l'équation caractéristique*

$$\nabla = 0,$$

la plus haute puissance de D_t *ait pour coefficient l'unité, et que le premier membre* ∇ *de cette équation soit décomposable en facteurs de même forme, en sorte qu'on ait*

$$\nabla = \nabla' \nabla'' \ldots.$$

Soient d'ailleurs

$$\varpi, \quad \varpi_1, \quad \varpi_2, \quad \ldots$$

les fonctions principales correspondant aux équations caractéristiques

$$\nabla = 0, \qquad \nabla' = 0, \qquad \nabla'' = 0, \qquad \ldots.$$

Si l'on a identiquement

(17) $$\frac{D_t^m}{\nabla} = \frac{g}{\nabla'} + \frac{h}{\nabla''} + \ldots,$$

g, h, … désignant des quantités constantes, on en conclura

$$D_t^m \varpi = g\varpi_1 + h\varpi_2 + \ldots,$$

et par conséquent

(18) $$\varpi = D_t^{-m}(g\varpi_1 + h\varpi_2 + \ldots).$$

III. — *Transformation de la fonction principale.*

Soit

$$\nabla = F(D_x, D_y, D_z, D_t)$$

le premier membre de l'équation caractéristique correspondant à un système d'équations linéaires qui renferment les variables indépendantes x, y, z, t. Soit encore n l'ordre de cette équation, dans laquelle nous supposerons le coefficient de D_t^n réduit à l'unité ; et nommons

(1) $$\mathcal{S} = F(u, v, w, s)$$

ce que devient le premier membre ∇, quand on y remplace

$$D_x, \quad D_y, \quad D_z, \quad D_t$$

par de simples lettres

$$u, \quad v, \quad w, \quad s.$$

Enfin, représentons par

$$\mathrm{u}, \quad \mathrm{v}, \quad \mathrm{w}, \quad \lambda, \quad \mu, \quad \nu$$

six variables auxiliaires, dont les trois premières soient liées avec u, v, w par les formules

(2) $$u = \mathrm{u}\sqrt{-1}, \qquad v = \mathrm{v}\sqrt{-1}, \qquad w = \mathrm{w}\sqrt{-1};$$

et considérons s comme une fonction de u, v, w déterminée par l'équation

$$(3)\qquad S = 0.$$

Ainsi que nous l'avons déjà dit, la fonction principale ϖ, assujettie à vérifier, quel que soit t, l'équation linéaire

$$\nabla\varpi = 0,$$

et, pour $t = 0$, les conditions

$$\varpi = 0, \quad D_t\varpi = 0, \quad \ldots, \quad D_t^{n-2}\varpi = 0, \quad D_t^{n-1}\varpi = \varpi(x, y, z),$$

sera déterminée par la formule

$$(4)\qquad \left\{\begin{aligned} \varpi = \mathcal{E}\int_{-\infty}^{\infty}\int_{-\infty}^{\infty}\int_{-\infty}^{\infty}\int_{-\infty}^{\infty}\int_{-\infty}^{\infty}\int_{-\infty}^{\infty}\frac{\varpi(\lambda, \mu, \nu)}{((S))} \\ \times e^{u(x-\lambda)+v(y-\mu)+w(z-\nu)+st}\frac{d\lambda\, d\mathrm{u}}{2\pi}\frac{d\mu\, d\mathrm{v}}{2\pi}\frac{d\nu\, d\mathrm{w}}{2\pi}, \end{aligned}\right.$$

le signe $\mathcal{E}$ du calcul des résidus étant relatif aux différentes valeurs de s qui vérifient l'équation (3). Par suite, si l'on nomme m un nombre entier quelconque, on trouvera

$$(5)\qquad \left\{\begin{aligned} D_t^m\varpi = \mathcal{E}\int_{-\infty}^{\infty}\int_{-\infty}^{\infty}\int_{-\infty}^{\infty}\int_{-\infty}^{\infty}\int_{-\infty}^{\infty}\int_{-\infty}^{\infty}\frac{s^m\varpi(\lambda, \mu, \nu)}{((S))} \\ \times e^{u(x-\lambda)+v(y-\mu)+w(z-\nu)+st}\frac{d\lambda\, d\mathrm{u}}{2\pi}\frac{d\mu\, d\mathrm{v}}{2\pi}\frac{d\nu\, d\mathrm{w}}{2\pi}. \end{aligned}\right.$$

Or les valeurs précédentes de la fonction principale ϖ et de sa dérivée de l'ordre m, c'est-à-dire de $D_t^m\varpi$, peuvent subir des transformations diverses que nous allons indiquer.

Si l'on considère les trois variables auxiliaires

$$\mathrm{u}, \quad \mathrm{v}, \quad \mathrm{w}$$

comme représentant des coordonnées rectangulaires, on pourra les transformer en trois coordonnées polaires, dont la première sera le rayon vecteur k mené de l'origine au point (u, v, w), c'est-à-dire au point qui a pour coordonnées rectangulaires u, v, w, à l'aide d'équations de la forme

$$(6)\qquad u = k\cos p, \qquad v = k\sin p\cos q, \qquad w = k\sin p\sin q.$$

Pareillement, si l'on considère les trois variables auxiliaires

$$\lambda, \quad \mu, \quad \nu,$$

ou plutôt les trois différences

$$\lambda - x, \quad \mu - y, \quad \nu - z,$$

comme représentant des coordonnées rectangulaires, on pourra les transformer en trois coordonnées polaires, dont la première soit le rayon vecteur ρ mené du point (x, y, z) au point (λ, μ, ν), ou plutôt de l'origine au point $(\lambda - x, \mu - y, \nu - z)$, à l'aide d'équations de la forme

$$(7)\qquad \lambda - x = \rho\cos\theta, \qquad \mu - y = \rho\sin\theta\cos\tau, \qquad \nu - z = \rho\sin\theta\sin\tau.$$

Soit d'ailleurs δ l'angle compris entre les rayons vecteurs k, ρ; on aura

$$\cos\delta = \frac{u(\lambda - x) + v(\mu - y) + w(\nu - z)}{k\rho}$$

ou, ce qui revient au même,

$$(8)\qquad \cos\delta = \cos p\cos\theta + \sin p\cos q\sin\theta\cos\tau + \sin p\sin q\sin\theta\sin\tau.$$

Cela posé, comme, en désignant par

$$f(x, y, z)$$

une fonction quelconque des trois variables x, y, z, on aura généralement, eu égard aux formules (6),

$$\int_{-\infty}^{\infty}\int_{-\infty}^{\infty}\int_{-\infty}^{\infty} f(u, v, w)\,du\,dv\,dw = \int_0^{\pi}\int_0^{2\pi}\int_0^{\infty} f(u, v, w)\,k^2\sin p\,dp\,dq\,dk$$
$$= \frac{1}{2}\int_0^{\pi}\int_0^{2\pi}\int_{-\infty}^{\infty} f(u, v, w)\,k^2\sin p\,dp\,dq\,dk,$$

et, eu égard aux formules (7),

$$\begin{aligned}\int_{-\infty}^{\infty}\int_{-\infty}^{\infty}\int_{-\infty}^{\infty} & f(\lambda-x,\mu-y,\nu-z)\,d\lambda\,d\mu\,d\nu\\ &= \int_0^{\pi}\int_0^{2\pi}\int_0^{\infty} f(\lambda-x,\mu-y,\nu-z)\,\rho^2\sin\theta\,d\theta\,d\tau\,d\rho\\ &= \tfrac{1}{2}\int_0^{\pi}\int_0^{2\pi}\int_{-\infty}^{\infty} f(\lambda-x,\mu-y,\nu-z)\,\rho^2\sin\theta\,d\theta\,d\tau\,d\rho,\end{aligned}$$

l'équation (4) donnera

$$(9)\qquad \left\{\begin{aligned}\varpi = \frac{1}{4}\,\mathcal{E}\int_0^{\pi}\int_0^{2\pi}\int_{-\infty}^{\infty}\int_0^{\pi}\int_0^{2\pi}\int_{-\infty}^{\infty} & \frac{\varpi(\lambda,\mu,\nu)}{((\mathcal{S}))}\\ & \times e^{st-\mathrm{k}\rho\cos\delta\sqrt{-1}}\,\mathrm{k}^2\rho^2\sin\mathrm{p}\sin\theta\,\frac{d\mathrm{p}\,d\mathrm{q}\,d\mathrm{k}\,d\theta\,d\tau\,d\rho}{(2\pi)^3},\end{aligned}\right.$$

le signe $\mathcal{E}$ du calcul des résidus étant toujours relatif aux diverses valeurs de s qui vérifient l'équation (3).

On tirera pareillement de la formule (5)

$$(10)\qquad \left\{\begin{aligned}\mathrm{D}_t^m\varpi = \frac{1}{4}\,\mathcal{E}\int_0^{\pi}\int_0^{2\pi}\int_{-\infty}^{\infty}\int_0^{\pi}\int_0^{2\pi}\int_{-\infty}^{\infty} & \frac{s^m\varpi(\lambda,\mu,\nu)}{((\mathcal{S}))}\\ & \times e^{st-\mathrm{k}\rho\cos\delta\sqrt{-1}}\,\mathrm{k}^2\rho^2\sin\mathrm{p}\sin\theta\,\frac{d\mathrm{p}\,d\mathrm{q}\,d\mathrm{k}\,d\theta\,d\tau\,d\rho}{(2\pi)^3}.\end{aligned}\right.$$

Admettons maintenant que

$$\mathrm{F}(\mathrm{D}_x, \mathrm{D}_y, \mathrm{D}_z, \mathrm{D}_t)$$

soit une fonction homogène de

$$\mathrm{D}_x,\quad \mathrm{D}_y,\quad \mathrm{D}_z,\quad \mathrm{D}_t.$$

Alors, si l'on pose

$$(11)\qquad s = \mathrm{k}\omega\sqrt{-1},$$

la formule (1), jointe aux équations (2), (6) et (11), donnera

$$\mathcal{S} = (\mathrm{k}\sqrt{-1})^n\,\mathrm{F}(\cos\mathrm{p}, \sin\mathrm{p}\cos\mathrm{q}, \sin\mathrm{p}\sin\mathrm{q}, \omega);$$

et, par suite, l'expression

$$\mathcal{E}\frac{s^m}{((\mathcal{S}))}e^{st}$$

se transformera dans la suivante

$$\mathcal{E}\frac{s^m}{((s))}e^{st}\frac{ds}{d\omega}=\mathcal{E}\frac{\omega^m(\mathrm{k}\sqrt{-1})^{m-n+1}}{((\mathrm{F}(\cos\mathrm{p},\sin\mathrm{p}\cos\mathrm{q},\sin\mathrm{p}\sin\mathrm{q},\omega)))}e^{\mathrm{k}\omega t\sqrt{-1}},$$

lorsqu'on supposera le signe $\mathcal{E}$ relatif, non plus à la variable s, mais à ω considéré comme racine de l'équation

$$\mathrm{F}(\cos\mathrm{p},\sin\mathrm{p}\cos\mathrm{q},\sin\mathrm{p}\sin\mathrm{q},\omega)=0 \tag{12}$$

(*voir* le Tome I des *Exercices de Mathématiques*, p. 171) [1]. Cela posé, la formule (10) donnera

$$(13)\quad \left\{\begin{aligned}\mathrm{D}_t^m\varpi=&-\frac{1}{2^5\pi^3}\mathcal{E}\int_0^{\pi}\int_0^{2\pi}\int_{-\infty}^{\infty}\int_0^{\pi}\int_0^{2\pi}\int_{-\infty}^{\infty}(\mathrm{k}\sqrt{-1})^{m-n+3}\\&\times e^{\mathrm{k}(\omega t-\rho\cos\delta)\sqrt{-1}}\frac{\omega^m\rho^2\sin\mathrm{p}\sin\theta\,\varpi(\lambda,\mu,\nu)\,d\mathrm{p}\,d\mathrm{q}\,d\mathrm{k}\,d\theta\,d\tau\,d\rho}{((\mathrm{F}(\cos\mathrm{p},\sin\mathrm{p}\cos\mathrm{q},\sin\mathrm{p}\sin\mathrm{q},\omega)))}.\end{aligned}\right.$$

Si, dans cette dernière équation, on prend

$$m=n-3,$$

afin de réduire à zéro l'exposant de $\mathrm{k}\sqrt{-1}$, on trouvera simplement

$$(14)\quad \left\{\begin{aligned}\mathrm{D}_t^{n-3}\varpi=&-\frac{1}{2^5\pi^3}\mathcal{E}\int_0^{\pi}\int_0^{2\pi}\int_{-\infty}^{\infty}\int_0^{\pi}\int_0^{2\pi}\int_{-\infty}^{\infty}\\&\times e^{\mathrm{k}(\omega t-\rho\cos\delta)\sqrt{-1}}\frac{\omega^{n-3}\rho^2\sin\mathrm{p}\sin\theta\,\varpi(\lambda,\mu,\nu)\,d\mathrm{p}\,d\mathrm{q}\,d\mathrm{k}\,d\theta\,d\tau\,d\rho}{((\mathrm{F}(\cos\mathrm{p},\sin\mathrm{p}\cos\mathrm{q},\sin\mathrm{p}\sin\mathrm{q},\omega)))};\end{aligned}\right.$$

et si, dans la formule (14), on remplace

$$\mathrm{k}\quad\text{par}\quad\frac{\mathrm{k}}{\cos\delta},$$

on devra en même temps, pour que les limites de l'intégration relatives à k ne soient pas interverties quand cos δ changera de signe, remplacer

$$d\mathrm{k}\quad\text{par}\quad\frac{d\mathrm{k}}{\sqrt{\cos^2\delta}}.$$

[1] *Œuvres de Cauchy*, série II, t. VI, p. 214, 215.

En conséquence, la formule (14) donnera encore

$$(15)\quad \left\{\begin{aligned} D_t^{n-3}\varpi = &-\frac{1}{2^5\pi^3}\mathcal{E}\int_0^{\pi}\int_0^{2\pi}\int_{-\infty}^{\infty}\int_0^{\pi}\int_0^{2\pi}\int_{-\infty}^{\infty} e^{k\left(\frac{\omega t}{\cos\delta}-\rho\right)\sqrt{-1}} \\ &\times\frac{\omega^{n-3}\rho^2\sin p\sin\theta\,\varpi(\lambda,\mu,\nu)}{((F(\cos p,\sin p\cos q,\sin p\sin q,\omega)))}\frac{dp\,dq\,dk\,d\theta\,d\tau\,d\rho}{\sqrt{\cos^2\delta}}.\end{aligned}\right.$$

D'autre part, si l'on désigne par r une quantité quelconque, et par $f(r)$ une fonction quelconque de r, on aura, en vertu d'une formule connue,

$$\int_{-\infty}^{\infty}\int_{-\infty}^{\infty} f(\rho)\,e^{k(r-\rho)\sqrt{-1}}\,dk\,d\rho = 2\pi f(r);$$

et par suite, en ayant égard aux équations

$$(16)\quad \lambda = x+\rho\cos\theta,\qquad \mu = y+\rho\sin\theta\cos\tau,\qquad \nu = z+\rho\sin\theta\sin\tau,$$

qui se déduisent immédiatement des formules (7), on trouvera

$$\begin{aligned}&\int_{-\infty}^{\infty}\int_{-\infty}^{\infty} e^{k\left(\frac{\omega t}{\cos\delta}-\rho\right)\sqrt{-1}}\rho^2\,\varpi(\lambda,\mu,\nu)\,dk\,d\rho \\ &= 2\pi\frac{\omega^2 t^2}{\cos^2\delta}\varpi\left(x+\frac{\omega t}{\cos\delta}\cos\theta,\ y+\frac{\omega t}{\cos\delta}\sin\theta\cos\tau,\ z+\frac{\omega t}{\cos\delta}\sin\theta\sin\tau\right).\end{aligned}$$

Donc l'équation (15) entraînera la suivante

$$(17)\quad \left\{\begin{aligned} D_t^{n-3}\varpi = &-\frac{1}{2^4\pi^2}\mathcal{E}\int_0^{\pi}\int_0^{2\pi}\int_0^{\pi}\int_0^{2\pi} \\ &\times\frac{\omega^{n-1}t^2\sin p\sin\theta\,\varpi(\lambda,\mu,\nu)}{((F(\cos p,\sin p\cos q,\sin p\sin q,\omega)))}\frac{dp\,dq\,d\theta\,d\tau}{\cos^2\delta\sqrt{\cos^2\delta}},\end{aligned}\right.$$

le signe $\mathcal{E}$ étant relatif aux diverses valeurs de ω qui vérifient l'équation (12), et les valeurs de λ, μ, ν étant données, non plus par les formules (16), mais par celles-ci

$$(18)\quad \lambda = x+\frac{\omega t}{\cos\delta}\cos\theta,\quad \mu = y+\frac{\omega t}{\cos\delta}\sin\theta\cos\tau,\quad \nu = z+\frac{\omega t}{\cos\delta}\sin\theta\sin\tau.$$

On tirera d'ailleurs de l'équation (17),

$$(19)\quad \left\{ \begin{aligned} \varpi = & -\frac{D_t^{-(n-3)}}{2^4\pi^2} \mathcal{E} \int_0^{\pi} \int_0^{2\pi} \int_0^{\pi} \int_0^{2\pi} \\ & \times \frac{\omega^{n-1} t^2 \sin p \sin \theta\, \varpi(\lambda, \mu, \nu)}{((F(\cos p, \sin p \cos q, \sin p \sin q, \omega)))} \frac{dp\, dq\, d\theta\, d\tau}{\cos^2\delta \sqrt{\cos^2\delta}}, \end{aligned} \right.$$

la caractéristique

$$D_t^{-(n-3)}$$

devant être remplacée par l'unité dans le cas où l'on aurait

$$n = 3,$$

et indiquant, lorsqu'on suppose

$$n > 3,$$

$n - 3$ intégrations effectuées par rapport à t, à partir de l'origine $t = 0$. Si l'on supposait

$$n < 3,$$

par conséquent,

$$n = 1 \quad \text{ou} \quad n = 2,$$

l'équation (14), réduite à la forme

$$(20)\quad \left\{ \begin{aligned} \varpi = & -\frac{D_t^{-(n-3)}}{2^4\pi^2} \mathcal{E} \int_0^{\pi} \int_0^{2\pi} \int_0^{\pi} \int_0^{2\pi} \\ & \times \frac{\omega^{n-1} t^2 \sin p \sin \theta\, \varpi(\lambda, \mu, \nu)}{((F(\cos p, \sin p \cos q, \sin p \sin q, \omega)))} \frac{dp\, dq\, d\theta\, d\tau}{\cos^2\delta \sqrt{\cos^2\delta}}, \end{aligned} \right.$$

continuerait de subsister, et se déduirait directement, à l'aide des raisonnements dont nous avons fait usage, non plus de l'équation (10), mais de la formule (5).

IV. — *De la fonction principale qui correspond à une équation caractéristique homogène et du second ordre.*

Considérons en particulier le cas où, l'équation caractéristique étant homogène et du second ordre, la formule

$$\nabla \varpi = 0$$

se réduit à

$$(1)\qquad D_t^2\varpi = (aD_x^2 + bD_y^2 + cD_z^2 + 2dD_yD_z + 2eD_zD_x + 2fD_xD_y)\varpi,$$

a, b, c, d, e, f désignant des quantités constantes. On aura, dans ce cas,

$$\begin{aligned}\nabla &= F(D_x, D_y, D_z, D_t)\\ &= D_t^2 - (aD_x^2 + bD_y^2 + cD_z^2 + 2dD_yD_z + 2eD_zD_x + 2fD_xD_y);\end{aligned}$$

par conséquent

$$F(x, y, z, t) = t^2 - (ax^2 + by^2 + cz^2 + 2dyz + 2ezx + 2fxy);$$

et comme on devra poser $n = 2$ dans la formule (19) du paragraphe III, cette formule donnera

$$(2)\qquad \left\{\begin{aligned}\varpi = &-\frac{D_t}{2^4\pi^2}\,\mathcal{E}\int_0^\pi\int_0^{2\pi}\int_0^\pi\int_0^{2\pi}\\ &\times\frac{\omega t^2 \sin p \sin\theta\,\varpi(\lambda, \mu, \nu)}{((F(\cos p, \sin p\cos q, \sin p \sin q, \omega)))}\,\frac{dp\,dq\,d\theta\,d\tau}{\cos^2\delta\sqrt{\cos^2\delta}},\end{aligned}\right.$$

les valeurs de λ, μ, ν et de $\cos\delta$ étant

$$(3)\qquad \lambda = x + \frac{\omega t}{\cos\delta}\cos\theta,\quad \mu = y + \frac{\omega t}{\cos\delta}\sin\theta\cos\tau,\quad \nu = z + \frac{\omega t}{\cos\delta}\sin\theta\sin\tau,$$

$$(4)\qquad \cos\delta = \cos p\cos\theta + \sin p\cos q\sin\theta\cos\tau + \sin p\sin q\sin\theta\sin\tau,$$

le signe $\mathcal{E}$ étant relatif aux deux valeurs de ω qui vérifient la formule

$$(5)\qquad F(\cos p, \sin p\cos q, \sin p\sin q, \omega) = 0.$$

Lorsque le polynome

$$ax^2 + by^2 + cz^2 + 2dyz + 2ezx + 2fxy$$

conserve une valeur positive pour des valeurs réelles quelconques de x, y, z, les deux valeurs de ω fournies par l'équation (5) sont réelles. Alors, si l'on désigne par Ω celle des deux valeurs qui est positive, la valeur négative sera $-\Omega$; et, comme on aura

$$F(\cos p, \sin p\cos q, \sin p\sin q, \omega) = \omega^2 - \Omega^2,$$

on trouvera

$$(6)\quad\left\{\begin{aligned}&\mathcal{E}\frac{\omega}{((\mathrm{F}(\cos\mathrm{p},\ \sin\mathrm{p}\cos\mathrm{q},\ \sin\mathrm{p}\sin\mathrm{q},\ \omega)))}\varpi(\lambda,\mu,\nu)\\&=\mathcal{E}\frac{\omega}{((\omega^2-\Omega^2))}\varpi\left(x+\frac{\omega t}{\cos\delta}\cos\theta,\ y+\frac{\omega t}{\cos\delta}\sin\theta\cos\tau,\ z+\frac{\varpi t}{\cos\delta}\sin\theta\sin\tau\right)\\&=\quad\frac{1}{2}\varpi\left(x+\frac{\Omega t}{\cos\delta}\cos\theta,\ y+\frac{\Omega t}{\cos\delta}\sin\theta\cos\tau,\ z+\frac{\Omega t}{\cos\delta}\sin\theta\sin\tau\right)\\&\quad+\frac{1}{2}\varpi\left(x-\frac{\Omega t}{\cos\delta}\cos\theta,\ y-\frac{\Omega t}{\cos\delta}\sin\theta\cos\tau,\ z-\frac{\Omega t}{\cos\delta}\sin\theta\sin\tau\right),\end{aligned}\right.$$

D'ailleurs, si les quantités

$$\cos\mathrm{p},\quad \sin\mathrm{p}\cos\mathrm{q},\quad \sin\mathrm{p}\sin\mathrm{q}$$

viennent à changer de signe, $\cos\delta$ changera de signe, mais Ω ne variera pas; et comme, en supposant les intégrations effectuées par rapport aux angles p, q entre les limites

$$\mathrm{p}=0,\qquad \mathrm{p}=\pi,\qquad \mathrm{q}=0,\qquad \mathrm{q}=2\pi,$$

on a généralement, quelle que soit la fonction $\mathrm{f}(x, y, z)$,

$$\begin{aligned}&\int_0^{\pi}\int_0^{2\pi}\mathrm{f}(\cos\mathrm{p},\ \sin\mathrm{p}\cos\mathrm{q},\ \sin\mathrm{p}\sin\mathrm{q})\sin\mathrm{p}\,d\mathrm{p}\,d\mathrm{q}\\&=\int_0^{\pi}\int_0^{2\pi}\mathrm{f}(-\cos\mathrm{p},\ -\sin\mathrm{p}\cos\mathrm{q},\ -\sin\mathrm{p}\sin\mathrm{q})\sin\mathrm{p}\,d\mathrm{p}\,d\mathrm{q},\end{aligned}$$

on trouvera encore

$$\begin{aligned}&\int_0^{\pi}\int_0^{2\pi}\varpi\left(x+\frac{\Omega t}{\cos\delta}\cos\theta,\ y+\frac{\Omega t}{\cos\delta}\sin\theta\cos\tau,\right.\\&\qquad\qquad\left.z+\frac{\Omega t}{\cos\delta}\sin\theta\sin\tau\right)\frac{\sin\mathrm{p}\,d\mathrm{p}\,d\mathrm{q}}{\cos^2\delta\sqrt{\cos^2\delta}}\\&=\int_0^{\pi}\int_0^{2\pi}\varpi\left(x-\frac{\Omega t}{\cos\delta}\cos\theta,\ y-\frac{\Omega t}{\cos\delta}\sin\theta\cos\tau,\right.\\&\qquad\qquad\left.z-\frac{\Omega t}{\cos\delta}\sin\theta\sin\tau\right)\frac{\sin\mathrm{p}\,d\mathrm{p}\,d\mathrm{q}}{\cos^2\delta\sqrt{\cos^2\delta}}.\end{aligned}$$

Cela posé, on tirera évidemment de l'équation (2), jointe à la formule (6)

$$(7) \qquad \varpi = -\frac{D_t}{2^4\pi^2}\int_0^{\pi}\int_0^{2\pi}\int_0^{\pi}\int_0^{2\pi} t^2 \sin p \sin\theta\, \varpi(\lambda, \mu, \nu)\frac{dp\, dq\, d\theta\, d\tau}{\cos^2\delta\sqrt{\cos^2\delta}},$$

les valeurs de λ, μ, ν étant

$$(8) \quad \lambda = x + \frac{\Omega t}{\cos\delta}\cos\theta, \quad \mu = y + \frac{\Omega t}{\cos\delta}\sin\theta\cos\tau, \quad \nu = z + \frac{\Omega t}{\cos\delta}\sin\theta\sin\tau.$$

Concevons maintenant que les formules

$$\mathrm{x} = ax + fy + ez,$$
$$\mathrm{y} = fx + by + dz,$$
$$\mathrm{z} = ex + dy + cz,$$

en vertu desquelles x, y, z sont des fonctions linéaires de x, y, z, étant résolues par rapport à x, y, z, on en tire

$$x = \mathrm{a}\mathrm{x} + \mathrm{f}\mathrm{y} + \mathrm{e}\mathrm{z},$$
$$y = \mathrm{f}\mathrm{x} + \mathrm{b}\mathrm{y} + \mathrm{d}\mathrm{z},$$
$$z = \mathrm{e}\mathrm{x} + \mathrm{d}\mathrm{y} + \mathrm{c}\mathrm{z};$$

et posons pour plus de commodité

$$\mathcal{F}(\mathrm{x}, \mathrm{y}, \mathrm{z}, \mathrm{t}) = t^2 - (\mathrm{a}\mathrm{x}^2 + \mathrm{b}\mathrm{y}^2 + \mathrm{c}\mathrm{z}^2 + 2\mathrm{d}\mathrm{y}\mathrm{z} + 2\mathrm{e}\mathrm{z}\mathrm{x} + 2\mathrm{f}\mathrm{x}\mathrm{y}).$$

Si l'on fait pour abréger

$$(9) \qquad \omega = (abc - ad^2 - be^2 - cf^2 + 2def)^{\frac{1}{2}},$$

les coefficients

a, b, c, d, e, f,

contenus dans la fonction $\mathcal{F}(\mathrm{x}, \mathrm{y}, \mathrm{z}, \mathrm{t})$, se déduiront des coefficients

a, b, c, d, e, f,

contenus dans la fonction $F(x, y, z, t)$, à l'aide des formules

$$(10) \quad \begin{cases} \mathrm{a} = \dfrac{bc - d^2}{\omega^2}, & \mathrm{b} = \dfrac{ca - e^2}{\omega^2}, & \mathrm{c} = \dfrac{ab - f^2}{\omega^2}, \\ \mathrm{d} = \dfrac{ef - ad}{\omega^2}, & \mathrm{e} = \dfrac{fd - be}{\omega^2}, & \mathrm{f} = \dfrac{de - cf}{\omega^2}; \end{cases}$$

et, comme les deux polynomes

$$ax^2+by^2+cz^2+2dyz+2ezx+2fxy,$$
$$\mathrm{a}\mathrm{x}^2+\mathrm{b}\mathrm{y}^2+\mathrm{c}\mathrm{z}^2+2\mathrm{d}\mathrm{y}\mathrm{z}+2\mathrm{e}\mathrm{z}\mathrm{x}+2\mathrm{f}\mathrm{x}\mathrm{y}$$

seront égaux l'un et l'autre à la somme

$$x\mathrm{x}+y\mathrm{y}+z\mathrm{z},$$

il est clair qu'ils seront égaux entre eux, et que, si le premier reste positif pour des valeurs réelles quelconques des variables qu'il renferme, on pourra en dire autant du second. Cela posé, on pourra satisfaire à la formule

$$\mathfrak{F}(\cos\theta, \sin\theta\cos\tau, \sin\theta\sin\tau, \Theta)=0 \tag{11}$$

par une valeur réelle et positive de Θ. Si l'on adopte cette valeur, et si l'on observe d'ailleurs qu'en vertu de l'équation (4) et de la suivante

$$\mathrm{F}(\cos\mathrm{p}, \sin\mathrm{p}\cos\mathrm{q}, \sin\mathrm{p}\sin\mathrm{q}, \Omega)=0, \tag{12}$$

$\cos\delta$ et Ω^2 sont deux fonctions homogènes des monomes

$$\cos\mathrm{p}, \quad \sin\mathrm{p}\cos\mathrm{q}, \quad \sin\mathrm{p}\sin\mathrm{q},$$

l'une du premier degré, l'autre du second; alors, en désignant par $\mathrm{f}(x)$ une fonction quelconque de x, on tirera d'une formule établie dans la 49e livraison des *Exercices de Mathématiques* [*voir* la 5e année, p. 16, formule (47)] (¹)

$$\int_0^{\pi}\int_0^{2\pi}\mathrm{f}\left(\frac{\cos\delta}{\Omega}\right)\frac{\sin\mathrm{p}\,d\mathrm{p}\,d\mathrm{q}}{\Omega^3}=\frac{2\pi}{\Theta}\int_0^{\pi}\mathrm{f}(\Theta\cos\mathrm{p})\sin\mathrm{p}\,d\mathrm{p}; \tag{13}$$

puis, en remplaçant

$$\mathrm{f}(x) \quad \text{par} \quad \frac{1}{x^2\sqrt{x^2}}\mathrm{f}\left(\frac{t}{x}\right),$$

on trouvera

$$\int_0^{\pi}\int_0^{2\pi}\mathrm{f}\left(\frac{\Omega t}{\cos\delta}\right)\frac{\sin\mathrm{p}\,d\mathrm{p}\,d\mathrm{q}}{\cos^2\delta\sqrt{\cos^2\delta}}=\frac{2\pi}{\Theta}\int_0^{\pi}\mathrm{f}\left(\frac{t}{\Theta\cos\mathrm{p}}\right)\frac{\sin\mathrm{p}\,d\mathrm{p}}{\Theta^3\cos^2\mathrm{p}\sqrt{\cos^2\mathrm{p}}}, \tag{14}$$

(¹) *Œuvres de Cauchy*, série II, t. IX, p. 388.

et par suite l'équation (7) donnera

$$(15)\qquad \varpi = -\frac{D_t}{2^3\pi\Theta}\int_0^{\pi}\int_0^{\pi}\int_0^{2\pi} t^2 \sin p \sin\theta\, \varpi(\lambda, \mu, \nu)\,\frac{dp\, d\theta\, d\tau}{\Theta^3 \cos^2 p\sqrt{\cos^2 p}},$$

les valeurs de λ, μ, ν étant

$$(16)\qquad \lambda = x + \frac{1}{\Theta\cos p}\cos\theta,\quad \mu = y + \frac{1}{\Theta\cos p}\sin\theta\cos\tau,\quad \nu = z + \frac{1}{\Theta\cos p}\sin\theta\sin\tau.$$

D'autre part, on aura encore

$$D_t\int_0^{\pi} f\left(\frac{t}{\cos p}\right)\frac{\sin p\, dp}{\sqrt{\cos^2 p}} = \int_0^{\pi} f'\left(\frac{t}{\cos p}\right)\frac{\sin p\, dp}{\cos p\sqrt{\cos^2 p}}$$
$$= \int_0^{\frac{\pi}{2}}\left[f'\left(\frac{t}{\cos p}\right) - f'\left(-\frac{t}{\cos p}\right)\right]\frac{\sin p\, dp}{\cos^2 p}$$
$$= \frac{1}{t}\left[f\left(\frac{t}{0}\right) + f\left(-\frac{t}{0}\right)\right] - \frac{f(t) + f(-t)}{t}.$$

Donc si la fonction $f(x)$ s'évanouit pour des valeurs infinies de x, ou si du moins elle acquiert pour $x = -\infty$ et pour $x = \infty$ deux valeurs égales au signe près, mais affectées de signes contraires, on aura

$$(17)\qquad D_t\int_0^{\pi} f\left(\frac{t}{\cos p}\right)\frac{\sin p\, dp}{\sqrt{\cos^2 p}} = -\frac{f(t) + f(-t)}{t}.$$

Si dans cette dernière formule on remplace

$$f(x) \quad\text{par}\quad x^2 f\left(\frac{x}{\Theta}\right),$$

on trouvera

$$D_t\int_0^{\pi} t^2 f\left(\frac{t}{\Theta\cos p}\right)\frac{\sin p\, dp}{\cos^2 p\sqrt{\cos^2 p}} = -t\left[f\left(\frac{t}{\Theta}\right) + f\left(-\frac{t}{\Theta}\right)\right].$$

Donc la formule (14) entraînera la suivante

$$(18)\qquad D_t\int_0^{\pi}\int_0^{2\pi} t^2 f\left(\frac{\Omega t}{\cos\delta}\right)\frac{\sin p\, dp\, dq}{\cos^2\delta\sqrt{\cos^2\delta}} = -\frac{2\pi}{\Theta}\,\frac{t}{\Theta^3}\left[f\left(\frac{t}{\Theta}\right) + f\left(-\frac{t}{\Theta}\right)\right],$$

pourvu que le produit

$$x^2 f(x)$$

s'évanouisse quand x devient infini, ou du moins change alors de signe avec x, en conservant au signe près la même valeur. Donc, par suite, si le produit

$$t^2\,\varpi(x + t\cos\theta,\, y + t\sin\theta\cos\tau,\, z + t\sin\theta\sin\tau)$$

s'évanouit pour des valeurs infinies de t, ou si du moins il acquiert pour $t = -\infty$ et pour $t = \infty$ deux valeurs égales au signe près, mais affectées de signes contraires, la formule (7) donnera

$$(19)\quad \left\{\begin{aligned} \varpi = {} & \frac{1}{2^3\pi\omega}\int_0^{\pi}\int_0^{2\pi} t\sin\theta\,\varpi\Big(x + \frac{t}{\Theta}\cos\theta,\, y + \frac{t}{\Theta}\sin\theta\cos\tau, \\ & \qquad z + \frac{t}{\Theta}\sin\theta\sin\tau\Big)\frac{d\theta\,d\tau}{\Theta^3} \\ & + \frac{1}{2^3\pi\omega}\int_0^{\pi}\int_0^{2\pi} t\sin\theta\,\varpi\Big(x - \frac{t}{\Theta}\cos\theta,\, y - \frac{t}{\Theta}\sin\theta\cos\tau, \\ & \qquad z - \frac{t}{\Theta}\sin\theta\sin\tau\Big)\frac{d\theta\,d\tau}{\Theta^3}; \end{aligned}\right.$$

et, comme les deux termes compris dans le second membre de la formule (19) seront évidemment égaux entre eux, on pourra réduire simplement cette formule à la suivante

$$(20)\qquad \varpi = \frac{1}{4\pi\omega}\int_0^{\pi}\int_0^{2\pi} t\sin\theta\,\varpi(\lambda, \mu, \nu)\frac{d\theta\,d\tau}{\Theta^3},$$

les valeurs de λ, μ, ν étant

$$(21)\qquad \lambda = x + \frac{t}{\Theta}\cos\theta, \qquad \mu = y + \frac{t}{\Theta}\sin\theta\cos\tau, \qquad \nu = z + \frac{t}{\Theta}\sin\theta\sin\tau.$$

Les méthodes dont j'ai fait usage, dans le précédent paragraphe et dans celui-ci, pour réduire l'intégrale sextuple qui représente la fonction principale d'abord à une intégrale quadruple, quand l'équation caractéristique est homogène, puis à une intégrale double, quand cette équation homogène est du second ordre, sont précisément les méthodes qui déjà se trouvaient appliquées à de semblables réductions, dans un Mémoire présenté à l'Académie en l'année 1830, et dans un article que renferme le *Bulletin des Sciences* du mois d'avril de la même année. J'ai d'ailleurs indiqué dans cet article les conséquences remarquables qu'entraînent les réductions dont il s'agit, et le parti qu'on peut en tirer pour déterminer la forme des ondes sonores, lumineuses, etc., qui se propagent dans l'espace, sans laisser de traces de leur passage, quand l'équation caractéristique, étant homogène, se rapporte à une question de physique mathématique. Au reste, c'est là un sujet que je me propose de traiter avec plus de détail dans un nouveau Mémoire.

Observons encore que la formule (20) est analogue à celle par laquelle je suis parvenu à représenter l'intégrale de l'équation (1), dans le 20e cahier du *Journal de l'École Polytechnique*.

Dans le cas particulier où les constantes a, b, c, d, e, f vérifient les conditions

$$a = b = c, \qquad d = e = f = 0,$$

le polynome

$$ax^2 + by^2 + cz^2 + 2dyz + 2ezx + 2fxy,$$

réduit à la forme

$$a(x^2 + y^2 + z^2),$$

ne peut obtenir une valeur constamment positive qu'autant que la constante a est elle-même positive. Alors aussi la formule (12) donnera

$$\Omega^2 = a, \qquad \Omega = a^{\frac{1}{2}};$$

en sorte que l'équation (1) deviendra

$$(22) \qquad D_t^2 \varpi = \Omega^2 (D_x^2 + D_y^2 + D_z^2) \varpi;$$

et comme on trouvera

$$\mathrm{a} = \mathrm{b} = \mathrm{c} = \frac{1}{a}, \qquad \mathrm{d} = \mathrm{e} = \mathrm{f} = 0, \qquad \mathfrak{O} = a^{\frac{3}{2}} = \Omega^3,$$

par conséquent

$$\mathrm{F}(\mathrm{x}, \mathrm{y}, \mathrm{z}, \mathrm{t}) = t^2 - \frac{1}{a}(\mathrm{x}^2 + \mathrm{y}^2 + \mathrm{z}^2),$$

$$\Theta^2 = \frac{1}{a}, \qquad \Theta = \frac{1}{\Omega},$$

$$\mathfrak{O}\,\Theta^3 = 1,$$

il est clair qu'à l'équation caractéristique (22) correspondra une valeur de la fonction principale ϖ déterminée, non plus par l'équation (20), mais par la suivante

$$(23) \qquad \varpi = \frac{1}{4\pi}\int_0^{\pi}\int_0^{2\pi} t \sin\theta\, \varpi(\lambda, \mu, \nu)\, d\theta\, d\tau,$$

les valeurs de λ, μ, ν étant

$$(24) \qquad \lambda = x + \Omega t \cos\theta, \qquad \mu = y + \Omega t \sin\theta \cos\tau, \qquad \nu = z + \Omega t \sin\theta \sin\tau.$$

La valeur précédente de la fonction principale ϖ conduit immédiatement à la forme sous laquelle M. Poisson a obtenu, en 1819, l'intégrale de l'équation linéaire aux différences partielles, généralement considérée comme propre à représenter le mouvement des fluides élastiques (*voir* le Tome III des *Mémoires de l'Académie des Sciences*).

V. — *Application des principes établis dans les paragraphes précédents à l'intégration des équations linéaires qui représentent les mouvements infiniment petits d'un système isotrope.*

Comme nous l'avons prouvé dans un précédent Mémoire (p. 156), les équations qui représentent les mouvements infiniment petits d'un système isotrope de molécules sollicitées par des forces d'attraction ou de répulsion mutuelle, sont de la forme

$$(1) \qquad \begin{cases} (\mathrm{E} - \mathrm{D}_t^2)\xi + \mathrm{F}\mathrm{D}_x(\mathrm{D}_x\xi + \mathrm{D}_y\eta + \mathrm{D}_z\zeta) = 0, \\ (\mathrm{E} - \mathrm{D}_t^2)\eta + \mathrm{F}\mathrm{D}_y(\mathrm{D}_x\xi + \mathrm{D}_y\eta + \mathrm{D}_z\zeta) = 0, \\ (\mathrm{E} - \mathrm{D}_t^2)\zeta + \mathrm{F}\mathrm{D}_z(\mathrm{D}_x\xi + \mathrm{D}_y\eta + \mathrm{D}_z\zeta) = 0, \end{cases}$$

ξ, η, ζ désignant les déplacements d'une molécule, mesurés parallèlement aux axes des x, y, z au bout du temps t, et

$$\mathrm{E}, \quad \mathrm{F}$$

étant deux fonctions de

$$\mathrm{D}_x^2 + \mathrm{D}_y^2 + \mathrm{D}_z^2$$

entières, mais généralement composées d'un nombre infini de termes.

Cela posé, le premier membre ∇ de l'équation caractéristique sera de la forme

$$\nabla = \nabla' \nabla'',$$

les valeurs de ∇', ∇'' étant

$$\nabla' = (D_t^2 - E), \qquad \nabla'' = D_t^2 - E - (D_x^2 + D_y^2 + D_z^2) F.$$

Soit d'ailleurs

$$\varpi$$

la fonction principale correspondant à l'équation caractéristique

$$\nabla = 0.$$

Désignons par

$$(2) \quad \varphi(x, y, z), \quad \chi(x, y, z), \quad \psi(x, y, z), \quad \Phi(x, y, z), \quad X(x, y, z), \quad \Psi(x, y, z)$$

les valeurs initiales de

$$\xi, \quad \eta, \quad \zeta, \quad D_t\xi, \quad D_t\eta, \quad D_t\zeta,$$

et par

$$\varphi, \quad \chi, \quad \psi, \quad \Phi, \quad X, \quad \Psi$$

ce que devient la fonction principale ϖ, quand on y remplace successivement la fonction arbitraire

$$\varpi(x, y, z)$$

par chacune des fonctions (2). Pour obtenir les valeurs générales des variables principales ξ, η, ζ, il suffira de résoudre, par rapport à ces variables, les équations (1), après avoir remplacé les seconds membres par

$$\nabla(\Phi + D_t\varphi), \qquad \nabla(X + D_t\chi), \qquad \nabla(\Psi + D_t\psi).$$

En opérant ainsi, l'on trouvera, pour intégrales générales d'un système isotrope, les équations suivantes :

$$(3) \quad \begin{cases} \xi = \nabla''(\Phi + D_t\varphi) + F D_x \Pi, \\ \eta = \nabla''(X + D_t\chi) + F D_y \Pi, \\ \zeta = \nabla''(\Psi + D_t\psi) + F D_z \Pi, \end{cases}$$

la valeur de Π étant

$$(4) \quad \Pi = D_x(\Phi + D_t\varphi) + D_y(X + D_t\chi) + D_z(\Psi + D_t\Psi).$$

Si, pour abréger, on désigne par

$$\varpi_1, \quad \varpi_2$$

les fonctions principales qui correspondraient séparément aux deux équations caractéristiques

$$\nabla' = 0, \qquad \nabla'' = 0,$$

on aura

$$\nabla''\varpi = \varpi_1, \qquad \nabla'\varpi = \varpi_2;$$

et, en nommant

$$\varphi_1, \quad \chi_1, \quad \psi_1, \quad \Phi_1, \quad X_1, \quad \Psi_1$$

ou

$$\varphi_2, \quad \chi_2, \quad \psi_2, \quad \Phi_2, \quad X_2 \quad \Psi_2$$

ce que devient la fonction principale

$$\varpi_1 \quad \text{ou} \quad \varpi_2$$

quand on remplace successivement la fonction arbitraire

$$\varpi(x, y, z)$$

par chacune des fonctions (2), on verra les formules (3) se réduire aux suivantes

$$(5)\qquad \begin{cases} \xi = \Phi_t + D_t\varphi_t + F\, D_y\Pi, \\ \eta = X_t + D_t\chi_t + F\, D_x\Pi, \\ \zeta = \Psi_t + D_t\psi_t + F\, D_z\Pi. \end{cases}$$

Si les équations des mouvements infiniment petits deviennent homogènes, on aura (p. 178)

$$E = \iota(D_x^2 + D_y^2 + D_z^2), \qquad F = \iota\, f,$$

ι, f désignant deux constantes réelles, et par suite

$$\frac{D_t^2}{\nabla} = \frac{1+f}{f}\,\frac{1}{\nabla''} - \frac{1}{f}\,\frac{1}{\nabla'}.$$

Donc alors la formule (12) du paragraphe II donnera

$$(6)\qquad \varpi = D_t^{-2}\,\frac{(1+f)\varpi_2 - \varpi_1}{f},$$

et la valeur de ϖ se déduira immédiatement de celles des fonctions

$$\varpi_1, \quad \varpi_2,$$

dont chacune, en vertu de la formule (8) du paragraphe IV, se trouvera représentée par une intégrale double. Cela posé, les intégrales (5), dans le cas particulier que nous considérons ici, deviendront analogues à celles qu'a données M. Poisson dans les Tomes VIII et X des *Mémoires de l'Académie*. Si l'on y pose $f = 2$, elles coïncideront précisément avec celles que j'avais moi-même obtenues à l'époque où je m'occupais de la théorie des corps élastiques, et qui ne diffèrent qu'en apparence des intégrales données par M. Ostrogradsky. Mais, si l'on admet la supposition $f = -1$, la formule (6) donnera simplement

$$\varpi = D_t^{-2}\varpi_1 = \int_0^t \int_0^t \varpi_1 \, dt \, dt, \tag{7}$$

et se déduira immédiatement de l'équation

$$\nabla'' \varpi = \varpi_1,$$

puisqu'on aura, dans cette supposition,

$$\nabla = D_t^2.$$

Remarque.

En vertu des principes établis dans ce Mémoire, on peut souvent transformer la fonction principale correspondant à un système d'équations aux différences partielles et, par suite les intégrales de ce système, en leur faisant subir des réductions qui ne diminuent en rien leur généralité. Mais, outre ces réductions, il en est d'autres qui tiennent à des formes spéciales des fonctions arbitraires introduites par l'intégration. Lorsqu'on adopte ces formes spéciales, on obtient non plus les intégrales générales des équations données, mais des intégrales particulières qui peuvent quelquefois se présenter sous une forme très simple, et même s'exprimer en termes finis. Telles sont, par exemple, les intégrales qui représentent ce que nous avons nommé les mouvements simples d'un ou de plusieurs systèmes de molécules. Au reste, les mouvements simples, et par ondes planes, ne sont pas les seuls dans lesquels les variables principales puissent être exprimées par des fonctions finies des variables indépendantes. Il existe d'autres cas où cette condition se trouve pareillement remplie. Ainsi, en particulier, lorsque dans un système isotrope les équations des mouvements infiniment petits deviennent homogènes, des intégrales en termes finis peuvent représenter des ondes sphériques du genre de celles que j'ai mentionnées dans le n° 19 des *Comptes rendus* des séances de l'Académie des Sciences pour l'année 1836 (1er semestre), savoir, des ondes dans lesquelles les vibrations moléculaires soient dirigées suivant les éléments de circonférences de cercles parallèles tracées sur des surfaces sphériques, ces vibrations étant semblables entre elles, et isochrones pour tous les points d'une même circonférence. De plus, si ce qu'on appelle la *surface des ondes* est un ellipsoïde, des intégrales en termes finis représenteront encore des ondes ellipsoïdales dans lesquelles les vibrations moléculaires resteront les mêmes pour tous les points situés sur une même surface d'ellipsoïde, ces vibrations étant alors dirigées suivant des droites parallèles. Au reste, je reviendrai plus en détail dans un autre Mémoire sur ces diverses espèces d'ondes qui se propagent en conservant constamment les mêmes épaisseurs.

MÉMOIRE

SUR

LES RAYONS SIMPLES QUI SE PROPAGENT

DANS

UN SYSTÈME ISOTROPE DE MOLÉCULES

ET

SUR CEUX QUI SE TROUVENT RÉFLÉCHIS OU RÉFRACTÉS

PAR

LA SURFACE DE SÉPARATION DE DEUX SEMBLABLES SYSTÈMES.

I. — *Rayons simples. Polarisation de ces rayons.*

Dans un système de molécules sollicitées par des forces d'attraction ou de répulsion mutuelle, un *mouvement simple* est, comme on l'a prouvé, un *mouvement par ondes planes*, les plans qui terminent les ondes étant des plans parallèles qui renferment à un instant donné les molécules dont les déplacements, mesurés parallèlement à un axe fixe, s'évanouissent et l'*épaisseur d'une onde plane* ou la *longueur d'une ondulation* étant le double de la distance qui sépare deux plans consécutifs de cette espèce. Dans un mouvement simple, lorsqu'il est durable et persistant, chaque molécule décrit une droite, un cercle ou une ellipse, et la *durée d'une vibration moléculaire* reste la même, non seulement à toutes les époques, mais encore pour toutes les molécules du système que l'on considère. En divisant la longueur d'une ondulation par cette durée, on obtient pour quotient la *vitesse de propagation* d'une onde plane. De plus, lorsque chaque molécule décrit une courbe plane, savoir un cercle ou une ellipse, le rayon vecteur mené du centre de la courbe à la molécule trace des aires proportionnelles au temps. Alors aussi les plans des courbes décrites par les diverses molécules sont tous parallèles à un certain *plan invariable*, mené par l'origine des coordonnées, et généralement distinct d'un *second plan invariable*, qui serait parallèle à ceux par lesquels se terminent les ondes. Quant à l'*amplitude des vibrations moléculaires*, mesurée par la portion de droite que parcourt une molécule ou par le grand axe de l'ellipse décrite, elle ne reste la même, pour les différentes molécules, que dans le cas où le mouvement simple se propage sans s'affaiblir. Dans le cas contraire, cette amplitude décroît en raison inverse de la distance des molécules à un *troisième plan invariable*.

Il est essentiel d'observer que, une droite étant menée par les deux points qui indiquent la position initiale d'une molécule quelconque et la position de la même molécule à un instant donné, le déplacement de la molécule, mesuré à cet instant, parallèlement à un axe fixe, s'évanouira si cet axe est perpendiculaire à la droite dont il s'agit. Il en résulte que, dans un mouvement simple d'un système de molécules, un plan mené par un point quelconque parallèlement au premier plan invariable, peut être considéré à chaque instant comme le plan qui termine une certaine onde. On peut donc nommer *plans des ondes* tous les plans parallèles au premier plan invariable.

Lorsque le système de molécules devient *isotrope*, alors, dans un mouvement simple qui se propage sans s'affaiblir, les vibrations moléculaires sont toujours, ou comprises dans les plans des ondes, ou perpendiculaires à ces mêmes plans. Alors aussi nous nommerons *rayon simple* une file de molécules originairement situées sur une droite perpendiculaire aux plans des ondes, l'*axe* de ce rayon n'étant autre chose que la droite même dont il s'agit. Cela posé, il est clair que, si, dans un système isotrope, un mouvement simple se propage sans s'affaiblir, les vibrations de chaque molécule pourront être, ou dirigées suivant le rayon dont elle fait partie, ou comprises dans un plan perpendiculaire à ce même rayon. Ainsi l'hypothèse admise par Fresnel, des vibrations transversales, c'est-à-dire perpendiculaires aux rayons, devient une réalité ; et il reste prouvé, comme j'en ai fait le premier la remarque dans les Tomes IX et X des *Mémoires de l'Académie*, que les vibrations transversales sont compatibles avec la constitution d'un système isotrope de molécules qui s'attirent ou se repoussent mutuellement. A la vérité les idées de Fresnel sur cet objet ont été vivement combattues par un illustre académicien, dans plusieurs articles que renferment les *Annales de Physique et de Chimie*, et dont l'un est relatif au mouvement de deux fluides superposés. Mais l'auteur de ces articles, en discutant les intégrales des équations considérées par M. Navier et par lui-même, comme propres à représenter les mouvements infiniment petits d'un système isotrope, a finalement reconnu qu'au moment où les ondes, occasionnées par un ébranlement d'abord circonscrit dans un très petit espace, parviennent à une distance du centre d'ébranlement assez grande pour que les surfaces qui les terminent deviennent sensiblement planes, il ne reste, en effet, que deux espèces de vibrations moléculaires dirigées les unes suivant les rayons, les autres perpendiculairement à ces mêmes rayons. Quant aux différences qui subsistent encore entre les résultats obtenus par M. Poisson et ceux auxquels j'arrive, elles tiennent à ce que M. Poisson est parti des équations aux différences partielles indiquées en 1821 par M. Navier, équations qui me paraissent propres à représenter seulement dans un cas particulier, et dans une première approximation, les mouvements infiniment petits d'un système isotrope de molécules. Dans le cas général, les équations de ces mouvements ne sont pas homogènes comme celles que M. Poisson a intégrées, et si on les rend homogènes, en négligeant les termes d'un ordre supérieur au second, le rapport entre les vitesses de propagation des deux espèces d'ondes pourra différer notablement du rapport obtenu par M. Poisson, c'est-à-dire de la racine carrée de 3. Il pourra même, comme on le verra dans ce Mémoire, devenir supérieur à toute limite et acquérir une valeur infinie.

Parlons maintenant des phénomènes qui se rapportent à ce que, dans la théorie de la lumière, on a nommé la *polarisation*. Si dans un rayon simple, défini comme ci-dessus, les vibrations moléculaires sont transversales, ce qui constituera le mode de *polarisation*, ce sera la nature de la ligne droite ou courbe décrite par chaque molécule. Le rayon sera *polarisé rectilignement*, si chaque molécule décrit une droite. Alors on pourra le désigner encore sous le nom de *rayon plan*, puisqu'à un instant quelconque la série des molécules qui feront partie de ce rayon figurera dans l'espace une courbe plane. Au contraire, le rayon sera polarisé *circulairement* ou *elliptiquement*, si chaque molécule décrit un cercle ou une ellipse. Alors la série des molécules qui font partie du rayon figure, à un instant quelconque, une hélice tracée sur un cylindre à base circulaire ou elliptique, qui a pour axe l'axe même de ce rayon. Lorsque la base est un cercle, le rayon vecteur, mené du centre du cercle au point de la circonférence occupé par la molécule que l'on considère, décrit en temps égaux, non seulement des aires égales, mais encore des angles égaux, et par suite chaque molécule se meut, sur la circonférence qu'elle parcourt, avec une vitesse constante égale au rapport de cette circonférence à la durée d'une vibration moléculaire. Donc, pour se faire une idée des vibrations des molécules dans un rayon polarisé circulairement, il suffira, comme l'a dit Fresnel, de faire tourner l'hélice, qui représente un tel rayon, avec le cylindre qui la porte, en imprimant à ce dernier une vitesse angulaire constante autour de son axe.

Quant au rayon plan, ou polarisé en ligne droite, il présente une courbe, plane et sinueuse, composée d'arcs alternativement situés de part et d'autre de la direction primitive du rayon; et, pour obtenir cette courbe, il suffit, comme on le verra ci-après, de projeter sur le plan qui la renferme une hélice propre à représenter un rayon doué de la polarisation circulaire. Dans un rayon plan, considéré à une époque quelconque du mouvement, quelques molécules conservent leurs positions primitives, c'est-à-dire les positions qu'elles occupaient dans l'état d'équilibre: les autres s'en écartent à droite ou à gauche. Les *nœuds* du rayon, comme ceux d'une corde vibrante, sont à chaque instant les points où les molécules conservent ou reprennent leurs positions initiales. Seulement, ces nœuds, qui sont fixes dans une corde vibrante, se déplacent d'un moment à l'autre dans le rayon lumineux. Ces nœuds sont, d'ailleurs, de deux espèces différentes, chaque nœud étant de *première* ou de *seconde espèce*, suivant que les molécules desquelles il s'approche en se déplaçant dans l'espace se trouvent situées d'un côté ou de l'autre par rapport à la direction primitive du rayon. Enfin, les distances qui séparent les nœuds de même espèce sont toutes équivalentes à l'épaisseur d'une onde plane, ou, en d'autres termes, à la longueur d'une ondulation ; et pareillement la vitesse de propagation avec laquelle chaque nœud se déplace, en passant d'une molécule à une autre, n'est autre chose que la vitesse de propagation des ondes planes.

Observons encore que, dans un rayon polarisé en ligne droite, on doit soigneusement distinguer le *plan du rayon*, c'est-à-dire le *plan qui le renferme*, et le *plan suivant lequel le rayon est polarisé*, ou ce qu'on nomme le *plan de polarisation*, ce dernier plan étant toujours perpendiculaire à l'autre et passant de même par l'axe du rayon.

Si, dans un mouvement simple d'un système de molécules, on désigne au bout du temps t par

$$\xi, \quad \eta, \quad \zeta$$

les déplacements d'une molécule $\mathfrak{m}$ mesurés parallèlement à trois axes rectangulaires de x, y, z, et par

$$\bar{\xi}, \quad \bar{\eta}, \quad \bar{\zeta}$$

les déplacements symboliques correspondants, c'est-à-dire trois variables dont les déplacements effectifs soient les parties réelles; ces derniers, en vertu de la définition même des mouvements simples, seront proportionnels à une seule exponentielle népérienne dont l'exposant sera une fonction linéaire des variables indépendantes. On aura donc

$$(1) \qquad \bar{\xi} = \mathrm{A}e^{ux+vy+wz-st}, \qquad \bar{\eta} = \mathrm{B}e^{ux+vy+wz-st}, \qquad \bar{\zeta} = \mathrm{C}e^{ux+vy+wz-st},$$

u, v, w, s, A, B, C désignant des constantes réelles ou imaginaires. Si le mouvement simple dont il s'agit est du nombre de ceux qui se propagent sans s'affaiblir,

$$u, \quad v, \quad w, \quad s$$

seront de la forme

$$\mathrm{u}\sqrt{-1}, \quad \mathrm{v}\sqrt{-1}, \quad \mathrm{w}\sqrt{-1}, \quad \mathrm{s}\sqrt{-1},$$

u, v, w, s désignant des constantes réelles dont la dernière pourra être censée positive. Si, d'ailleurs, en nommant

$$\mathrm{a}, \quad \mathrm{b}, \quad \mathrm{c}$$

les modules de

$$\mathrm{A}, \quad \mathrm{B}, \quad \mathrm{C},$$

et λ, μ, ν des arcs réels, on pose

$$\mathrm{A} = \mathrm{a}e^{\lambda\sqrt{-1}}, \qquad \mathrm{B} = \mathrm{b}e^{\mu\sqrt{-1}}, \qquad \mathrm{C} = \mathrm{c}e^{\nu\sqrt{-1}},$$

alors, en faisant pour abréger

$$\mathrm{k} = \sqrt{\mathrm{u}^2 + \mathrm{v}^2 + \mathrm{w}^2}, \qquad \mathrm{k}\imath = \mathrm{u}x + \mathrm{v}y + \mathrm{w}z,$$

on tirera des formules (1)

$$(2) \quad \xi = \mathrm{a}\cos(\mathrm{k}\imath - \mathrm{s}t + \lambda), \quad \eta = \mathrm{b}\cos(\mathrm{k}\imath - \mathrm{s}t + \mu), \quad \zeta = \mathrm{c}\cos(\mathrm{k}\imath - \mathrm{s}t + \nu).$$

Alors aussi les plans des ondes seront parallèles au plan invariable représenté par l'équation

$$(3) \qquad \mathrm{u}x + \mathrm{v}y + \mathrm{w}z = 0;$$

$\imath$ sera la distance d'une molécule à ce plan, ou, ce qui revient au même, la distance de l'origine des coordonnées au plan d'une onde mené par le point (x, y, z); la longueur l d'une ondulation, la durée T d'une vibration moléculaire, et la vitesse de propagation Ω des ondes planes, seront respectivement

$$\mathrm{l} = \frac{2\pi}{\mathrm{k}}, \qquad \mathrm{T} = \frac{2\pi}{\mathrm{s}}, \qquad \Omega = \frac{\mathrm{l}}{\mathrm{T}};$$

enfin,

$$\mathrm{a}, \quad \mathrm{b}, \quad \mathrm{c}$$

représenteront les *demi-amplitudes* des vibrations moléculaires, mesurées parallèlement aux axes des x, y, z, et la *phase* du mouvement simple projeté sur chacun de ces axes deviendra successivement égale à chacun des trois angles

$$\mathrm{k}\iota - \mathrm{s}t + \lambda, \quad \mathrm{k}\iota - \mathrm{s}t + \mu, \quad \mathrm{k}\iota - \mathrm{s}t + \nu,$$

dans lesquels la partie variable

$$\mathrm{k}\iota - \mathrm{s}t$$

représentera l'*argument du mouvement simple*, tandis que la constante

$$\lambda, \quad \text{ou} \quad \mu, \quad \text{ou} \quad \nu$$

représentera le *paramètre angulaire*, correspondant à l'axe des x, ou des y, ou des z. Cela posé, comme le cosinus d'un angle ne varie pas, lorsque l'angle est augmenté ou diminué d'une ou de plusieurs circonférences, il est clair qu'on pourra, sans inconvénient, augmenter ou diminuer chaque phase et par suite chaque paramètre angulaire d'un multiple du nombre 2π.

Si chaque molécule se meut en ligne droite, les déplacements

$$\xi, \quad \eta, \quad \zeta$$

devront conserver entre eux des rapports constants, ce qui suppose remplies les conditions

$$(4) \qquad \sin(\mu - \nu) = 0, \qquad \sin(\nu - \lambda) = 0, \qquad \sin(\lambda - \mu) = 0,$$

dont deux entraînent la troisième et réduisent les équations (2) aux suivantes

$$(5) \qquad \begin{cases} \xi = \, \mathrm{a}\cos(\mathrm{k}\iota - \mathrm{s}t + \lambda), \\ \eta = \pm\, \mathrm{b}\cos(\mathrm{k}\iota - \mathrm{s}t + \lambda), \\ \zeta = \pm\, \mathrm{c}\cos(\mathrm{k}\iota - \mathrm{s}t + \lambda). \end{cases}$$

Mais, si chaque molécule décrit un cercle ou une ellipse, le plan de ce cercle ou de cette ellipse sera parallèle au plan invariable représenté par l'équation

$$(6) \qquad \frac{x}{\mathrm{a}}\sin(\mu - \nu) + \frac{y}{\mathrm{b}}\sin(\nu - \lambda) + \frac{z}{\mathrm{c}}\sin(\lambda - \mu) = 0.$$

Lorsque le système de molécules donné sera isotrope, les vibrations des molécules seront comprises dans les plans des ondes. Donc alors le second plan invariable, représenté par l'équation (3), devra coïncider avec le premier, représenté par l'équation (6), et l'on aura

$$(7)\qquad \frac{\mathrm{au}}{\sin(\mu-\nu)} = \frac{\mathrm{bv}}{\sin(\nu-\lambda)} = \frac{\mathrm{cw}}{\sin(\lambda-\mu)}.$$

Alors aussi les équations (2) représenteront un rayon simple qui sera polarisé rectilignement, si les conditions (4) sont remplies, et circulairement ou elliptiquement dans le cas contraire.

Pour que la polarisation soit circulaire, il est nécessaire et il suffit que le déplacement absolu d'une molécule, c'est-à-dire le radical

$$\sqrt{\xi^2+\eta^2+\zeta^2},$$

se réduise à une quantité constante. Or, comme on aura généralement

$$\cos^2(\mathrm{k}\mathrm{r}-\mathrm{s}t+\lambda) = \frac{1}{2}+\frac{1}{2}\cos 2(\mathrm{k}\mathrm{r}-\mathrm{s}t+\lambda), \qquad \ldots,$$

il est clair que le radical dont il s'agit deviendra constant ou variable avec la somme

$$\xi^2+\eta^2+\zeta^2,$$

suivant que le trinome

$$(8)\qquad \mathrm{a}^2\cos 2(\mathrm{k}\mathrm{r}-\mathrm{s}t+\lambda)+\mathrm{b}^2\cos 2(\mathrm{k}\mathrm{r}-\mathrm{s}t+\mu)+\mathrm{c}^2\cos 2(\mathrm{k}\mathrm{r}-\mathrm{s}t+\nu)$$

offrira lui-même une valeur constante ou variable. D'ailleurs, ce trinome étant une fonction continue de l'arc $\mathrm{k}\mathrm{r}-\mathrm{s}t$, et changeant toujours de signe quand cet arc reçoit un accroissement égal à $\frac{\pi}{2}$, s'évanouira nécessairement pour une certaine valeur de t qu'on pourra supposer comprise, par exemple, entre les limites

$$0 \quad \text{et} \quad \frac{\pi}{2\mathrm{s}} = \frac{1}{4}\mathrm{T}.$$

Donc, pour qu'il offre une valeur constante, il sera nécessaire et il suffira qu'il se réduise constamment à zéro. Dans cette hypothèse, en attribuant à $k\mathrm{r}-\mathrm{s}t$ les deux valeurs

$$0 \quad \text{et} \quad \frac{\pi}{2},$$

on trouvera successivement

$$(9)\qquad \begin{cases} a^2\cos 2\lambda + b^2\cos 2\mu + c^2\cos 2\nu = 0, \\ a^2\sin 2\lambda + b^2\sin 2\mu + c^2\sin 2\nu = 0, \end{cases}$$

et par suite

$$(10)\qquad \frac{a^2}{\sin 2(\mu-\nu)} = \frac{b^2}{\sin 2(\nu-\lambda)} = \frac{c^2}{\sin 2(\lambda-\mu)}.$$

Réciproquement, si les conditions (9), dont le système équivaut à la formule (10), se vérifient, le trinome (8) sera constamment nul; et, comme on aura par suite

$$(11)\qquad \xi^2+\eta^2+\zeta^2 = \frac{a^2+b^2+c^2}{2},$$

il est clair que chaque molécule décrira une circonférence de cercle inscrite au carré qui aura pour diagonale le double de la longueur

$$\sqrt{a^2+b^2+c^2}.$$

Les formules qui précèdent se simplifient dans le cas où l'on fait coïncider le plan des x, y avec le second plan invariable, ou, ce qui revient au même, l'axe des z avec une droite perpendiculaire aux plans des ondes. Alors, l'équation (3) devant se réduire à

$$z = 0,$$

on a nécessairement

$$u = 0, \qquad v = 0, \qquad w = \pm k$$

et, par suite, en vertu de la formule (7),

$$c = 0.$$

Donc alors, comme on devait s'y attendre, la dernière des équations (2) se réduit à

$$\zeta = 0,$$

et les vibrations de chaque molécule, comprises dans un plan perpendiculaire à l'axe des z, se trouvent déterminées dans ce plan par le système des deux équations

$$(12)\qquad \xi = a\cos(k\iota - st + \lambda), \qquad \eta = b\cos(k\iota - st + \mu).$$

qui, eu égard à la formule

$$k\iota = w z, \qquad \text{où} \qquad \iota = \pm z,$$

pourront s'écrire comme il suit :

$$(13) \qquad \xi = a\cos(wz - st + \lambda), \qquad \eta = b\cos(wz - st + \mu).$$

Si la polarisation est rectiligne, la dernière des conditions (4), savoir

$$(14) \qquad \sin(\lambda - \mu) = 0,$$

réduira les équations (12) à la forme

$$(15) \qquad \xi = a\cos(k\iota - st + \lambda), \qquad \eta = \pm b\cos(k\iota - st + \lambda);$$

et, si le plan du rayon simple devient parallèle au plan des x, z, alors, η étant constamment nul aussi bien que ζ, on pourra représenter ce rayon par la seule formule

$$(16) \qquad \xi = a\cos(k\iota - st + \lambda).$$

Si, au contraire, le plan du rayon simple devenait parallèle au plan des y, z, alors ξ étant constamment nul aussi bien que η, on pourrait représenter ce rayon par la seule formule

$$(17) \qquad \eta = b\cos(k\iota - st + \mu).$$

Si la polarisation devient circulaire, les conditions (9), réduites aux suivantes

$$b^2\cos 2\mu = -a^2\cos 2\lambda, \qquad b^2\sin 2\mu = -a^2\sin 2\lambda,$$

donneront

$$b^4 = a^4, \qquad b = a$$

et

$$\cos 2\mu = -\cos 2\lambda, \qquad \sin 2\mu = -\sin 2\lambda;$$

par conséquent,

$$2\mu = 2\lambda + (2n+1)\pi$$

et

$$(18) \qquad \mu = \lambda + (2n+1)\frac{\pi}{2},$$

n désignant, au signe près, un nombre entier. Donc alors les formules (12) deviendront

$$(19) \qquad \xi = \mathrm{a}\cos(\mathrm{k}\imath - \mathrm{s}t + \lambda), \qquad \eta = \pm\,\mathrm{a}\sin(\mathrm{k}\imath - \mathrm{s}t + \lambda).$$

Dans la seconde des formules (19), le double signe doit se réduire au signe + ou au signe − suivant que, pour décrire l'hélice propre à représenter à un instant donné le rayon simple, un point mobile doit tourner dans un sens ou dans un autre, en s'éloignant du plan des x, y.

Dans le rayon simple représenté généralement par le système des équations (12), les déplacements d'une molécule, mesurés parallèlement à l'axe des x, sont les mêmes que dans le rayon plan représenté par la seule équation (16), et les déplacements parallèles à l'axe des y, les mêmes que dans le rayon plan représenté par la seule équation (17). C'est ce qu'on exprime en disant que le premier rayon *résulte de la superposition* des deux autres. D'ailleurs, les plans de ces deux derniers peuvent coïncider avec deux plans rectangulaires menés par l'axe du premier. Donc un rayon quelconque, doué de la polarisation rectiligne, ou circulaire, ou elliptique, peut toujours être censé résulter de la superposition de deux rayons polarisés rectilignement, et renfermés, le premier dans un plan fixe donné, le second dans un plan perpendiculaire. Ces deux derniers rayons, appelés *rayons composants*, offriront en général des phases distinctes, représentées, dans les formules (12), par les angles

$$\mathrm{k}\imath - \mathrm{s}t + \lambda, \qquad \mathrm{k}\imath - \mathrm{s}t + \mu.$$

La différence entre ces deux phases a été elle-même désignée par quelques auteurs sous le nom de *phase:* mais, pour éviter toute équivoque, nous l'appellerons l'*anomalie* du rayon résultant. Cette anomalie, comme chacune des phases, peut être, sans inconvénient, augmentée ou diminuée d'un multiple du nombre 2π; par conséquent, elle peut être réduite à zéro ou au nombre π, en vertu de la formule (14), lorsque la polarisation est rectiligne, et à $\frac{1}{2}\pi$ ou à $-\frac{1}{2}\pi$, en vertu de la formule (18), lorsque la polarisation est circulaire. Mais lorsque la polarisation devient elliptique, l'anomalie peut varier avec la direction du plan fixe que l'on considère. Concevons d'ailleurs que, dans chacun des deux rayons composants, on nomme ***nœuds de première espèce*** ceux qui précèdent des molécules dont les déplacements sont représentés par des quantités positives. Alors, le rapport de l'anomalie à la constante k représentera, au signe près, la distance entre un nœud de l'un des rayons composants et un nœud de même espèce de l'autre. Ainsi, en particulier, si l'on prend pour plan fixe le plan des x, z, les nœuds de première espèce du premier rayon composant pourront être censés correspondre aux valeurs de ι pour lesquelles le déplacement

$$\xi = \mathrm{a}\cos(\mathrm{k}\iota - \mathrm{s}t + \lambda)$$

s'évanouit, en passant, lorsque ι vient à croître, du négatif au positif; en d'autres termes, les nœuds de première espèce du premier rayon composant correspondront aux valeurs de ι comprises dans la formule

$$\mathrm{k}\iota - \mathrm{s}t + \lambda = 2n\pi = \frac{(4n+1)\pi}{2} \quad 2n\pi + \frac{3\pi}{2} = \frac{4n+3}{2}\pi$$

ou

$$(20) \qquad \iota = \frac{2n\pi + \mathrm{s}t - \lambda}{\mathrm{k}} = \frac{(4n+1)\frac{\pi}{2} + \mathrm{s}t - \lambda}{\mathrm{k}} \quad \frac{\left(2n + \frac{3}{2}\right)\pi + \mathrm{s}t - \lambda}{\mathrm{k}},$$

n désignant, au signe près, un nombre entier. Pareillement les nœuds de première espèce du second rayon composant pourront être censés correspondre aux valeurs de ι pour lesquelles le déplacement

$$\eta = \mathrm{b}\cos(\mathrm{k}\iota - \mathrm{s}t + \mu)$$

s'évanouit, en passant, lorsque ι vient à croître, du négatif au positif, par conséquent aux valeurs de ι comprises dans la formule

$$(21) \qquad \iota = \frac{2n\pi + \mathrm{s}t - \mu}{\mathrm{k}} = \frac{(4n+1)\frac{\pi}{2} + \mathrm{s}t - \mu}{\mathrm{k}}.$$

Donc, pour passer d'un nœud de première espèce du premier rayon composant à un nœud de première espèce du second rayon, il suffira de parcourir, sur l'axe commun des deux rayons, une longueur représentée, au signe près, par le rapport

$$\frac{\mu-\lambda}{k},$$

qui est précisément la différence entre les valeurs de ι fournies par les formules (20) et (21). Cela posé, faire croître ou diminuer l'anomalie d'un multiple de 2π, revient évidemment à faire croître ou diminuer la première ou la seconde valeur de ι d'une ou de plusieurs épaisseurs d'ondes, par conséquent à remplacer, pour l'un des rayons composants, un nœud de première espèce par un autre nœud de même espèce. Alors aussi, quand le rayon résultant sera polarisé en ligne droite, l'anomalie pourra être réduite à zéro, ou au nombre π, suivant qu'un nœud donné de l'un des rayons composants viendra se placer sur un nœud de même espèce, ou sur un nœud d'espèce différente, appartenant à l'autre.

Il est bon d'observer qu'on tire des formules (19), non seulement

$$\xi^2+\eta^2=a^2,$$

et par suite

$$a=\sqrt{\xi^2+\eta^2},$$

mais encore

$$\cos(k\iota-st+\lambda)=\frac{\xi}{\sqrt{\xi^2+\eta^2}},\qquad \sin(k\iota-st+\lambda)=\pm\frac{\eta}{\sqrt{\xi^2+\eta^2}}.$$

Donc, dans un rayon doué de la polarisation circulaire, la phase du mouvement projeté sur l'axe des x, savoir

$$k\iota-st+\lambda,$$

peut être censée se confondre, au signe près, avec l'un quelconque des angles qui ont pour cosinus et sinus les rapports

$$\frac{\xi}{\sqrt{\xi^2+\eta^2}},\quad \frac{\eta}{\sqrt{\xi^2+\eta^2}},$$

par conséquent avec l'angle compris entre le demi-axe des x positives et le rayon vecteur mené du centre du cercle à la molécule déplacée. En d'autres termes, la phase relative à un axe fixe peut alors être censée se confondre, au signe près, avec la distance angulaire de la molécule à cet axe fixe.

Observons encore que si l'on décompose un rayon quelconque, représenté par les équations (12), en deux rayons renfermés dans deux plans rectangulaires, tels que les rayons représentés par l'équation (16) et par l'équation (17), ces deux derniers seront précisément les projections du premier sur les deux plans rectangulaires. Comme, d'ailleurs, rien n'empêche de supposer le premier rayon doué de la polarisation circulaire, il en résulte qu'un rayon plan, par exemple le rayon représenté par l'équation (16), se réduit toujours à la projection orthogonale d'un rayon polarisé circulairement sur un plan mené par l'axe de celui-ci. On en conclut que, pour obtenir à un instant quelconque la phase d'un rayon plan, correspondant à un point donné de son axe, il suffit de construire une circonférence de cercle qui ait pour diamètre l'amplitude des vibrations exécutées par la molécule dont ce point était la position initiale; puis de chercher la distance angulaire entre ce diamètre, prolongé du côté où se mesurent les déplacements positifs, et le point de la circonférence qui, étant projeté sur le même diamètre, offre pour projection la position de la molécule à l'instant donné.

On appelle souvent *azimut* l'angle formé par un plan variable avec un plan fixe : par exemple, en Astronomie, l'angle formé par le méridien d'un lieu avec le plan d'un cercle vertical. Nous conformant sur ce point à l'usage établi, lorsqu'un rayon simple sera polarisé en ligne droite, nous appellerons *azimut de ce rayon* l'angle aigu formé par le plan qui le renferme avec un plan fixe. Si d'ailleurs le plan fixe passe, comme nous le supposerons généralement, par l'axe du rayon simple, et si ce rayon est considéré comme résultant de la superposition de deux autres, polarisés l'un suivant le plan fixe, l'autre perpendiculairement à ce plan, l'azimut du rayon résultant et l'azimut de son plan de polarisation seront les deux angles complémentaires l'un de l'autre, qui auront pour tangentes trigonométriques les rapports direct et inverse des amplitudes des vibrations moléculaires dans les deux rayons composants. Ainsi, en particulier, si, en supposant un rayon plan représenté par les équations (13) ou (15), on nomme ϖ l'azimut de ce rayon par rapport au plan des x, z, on aura

$$\tag{22} \operatorname{tang}\varpi = \frac{\mathrm{b}}{\mathrm{a}}.$$

Si un rayon simple cesse d'être polarisé rectilignement, rien n'empêchera d'appeller encore *azimut* de ce rayon, relativement à un plan fixe, l'azimut qu'on obtiendrait dans le cas où, après avoir décomposé ce rayon en deux autres polarisés, l'un suivant le plan fixe, l'autre perpendiculairement à ce plan, on ferait varier l'un des paramètres angulaires, sans changer les amplitudes, et de manière à replacer les nœuds de l'un des rayons composants sur les nœuds de l'autre. Ainsi défini, l'*azimut d'un rayon simple*, par rapport à un plan fixe, sera toujours l'angle aigu qui a pour tangente trigonométrique le rapport entre les amplitudes des vibrations moléculaires du rayon composant, polarisé suivant le plan fixe, et du rayon polarisé perpendiculairement à ce plan; de sorte que, dans un rayon représenté par les équations (13), l'azimut ϖ, relatif au plan des x, z sera toujours déterminé par la formule (22). Cela posé, lorsque le rayon résultant sera doué de la polarisation circulaire, son azimut sera la moitié d'un angle droit, quelle que soit d'ailleurs la direction du plan fixe auquel cet azimut se rapporte. Mais, si le rayon résultant est doué de la polarisation elliptique, l'azimut dépendra de la position du plan fixe, et changera de valeur avec cette position en même temps que l'anomalie.

II. — *Rayons réfléchis ou réfractés par la surface de séparation de deux milieux isotropes.*

Supposons deux systèmes isotropes de molécules séparés par une surface plane que nous prendrons pour plan des y, z; et concevons qu'un mouvement simple ou par ondes planes, mais sans changement de densité, se propage dans le premier milieu situé du côté des x

négatives. Si le mouvement simple dont il s'agit, à l'instant où il atteint la surface de séparation, donne toujours naissance à un seul mouvement simple réfléchi et à un seul mouvement simple réfracté, les lois de la réflexion et de la réfraction se déduiront sans peine des formules que nous avons données dans un précédent Mémoire. Entrons à ce sujet dans quelques détails.

Soient au bout du temps t, et pour le point (x, y, z),

$$\xi,\quad \eta,\quad \zeta \quad \text{et} \quad \bar{\xi},\quad \bar{\eta},\quad \bar{\zeta},$$

ou

$$\xi_{,},\quad \eta_{,},\quad \zeta_{,} \quad \text{et} \quad \bar{\xi}_{,},\quad \bar{\eta}_{,},\quad \bar{\zeta}_{,},$$

ou enfin

$$\xi',\quad \eta',\quad \zeta' \quad \text{et} \quad \bar{\xi}',\quad \bar{\eta}',\quad \bar{\zeta}',$$

les déplacements effectifs d'une molécule, mesurés parallèlement aux axes rectangulaires des x, y, z, et les déplacements symboliques correspondants, c'est-à-dire les variables imaginaires dont les déplacements effectifs sont les parties réelles : 1° dans un rayon incident, qui rencontre la surface de séparation de deux milieux isotropes; 2° dans le rayon réfléchi par cette surface; 3° dans le rayon réfracté. Si l'on prend pour axe des z une droite parallèle aux traces des ondes incidentes sur la surface de séparation des deux milieux, les trois rayons seront représentés par trois systèmes d'équations symboliques de la forme

$$(1) \qquad \bar{\xi} = \mathrm{A}\, e^{ux+vy-st}, \qquad \bar{\eta} = \mathrm{B}\, e^{ux+vy-st}, \qquad \bar{\zeta} = \mathrm{C}\, e^{ux+vy-st},$$

$$(2) \qquad \bar{\xi}_{,} = \mathrm{A}_{,} e^{-ux+vy-st}, \qquad \bar{\eta}_{,} = \mathrm{B}_{,} e^{-ux+vy-st}, \qquad \bar{\zeta}_{,} = \mathrm{C}_{,} e^{-ux+vy-st},$$

$$(3) \qquad \bar{\xi}' = \mathrm{A}' e^{u'x+vy-st}, \qquad \bar{\eta}' = \mathrm{B}' e^{u'x+vy-st}, \qquad \bar{\zeta}' = \mathrm{C}' e^{u'x+vy-st},$$

u, v, u', s, $\mathrm{A}_{,}$, $\mathrm{B}_{,}$, $\mathrm{C}_{,}$, A, B, C, A', B', C' désignant des constantes qui pourront être imaginaires. Si les trois rayons, comme nous le supposerons dans ce paragraphe, se propagent sans s'affaiblir, on aura nécessairement

$$(4) \qquad \begin{cases} u = \mathrm{u}\sqrt{-1}, \qquad v = \mathrm{v}\sqrt{-1}, \qquad s = \mathrm{s}\sqrt{-1}, \\ u' = \mathrm{u}'\sqrt{-1}, \end{cases}$$

u, v, s, u' désignant des constantes réelles. On pourra même supposer toutes ces constantes réelles, positives. En effet, chaque déplacement symbolique pouvant être l'une quelconque de deux expressions imaginaires conjuguées, qui ne diffèrent entre elles que par le signe de $\sqrt{-1}$, on pourra toujours admettre que, dans l'exponentielle népérienne à laquelle chaque déplacement symbolique est proportionnel, le coefficient de $t\sqrt{-1}$, représenté par la quantité s, est positif. De plus, pour que le coefficient v de y soit positif, ainsi que s, il suffira de choisir convenablement le demi-axe suivant lequel se compteront les y positives. Enfin, le rayon incident qui passera par l'origine des coordonnées étant perpendiculaire au plan invariable représenté par l'équation

$$\text{u}x + \text{v}y = 0,$$

on aura pour ce rayon

$$\frac{x}{\text{u}} = \frac{y}{\text{v}},$$

et par suite les nœuds de ce rayon, qui correspondront à des valeurs constantes de l'argument

$$\text{u}x + \text{v}y - \text{s}t = \frac{\text{u}^2 + \text{v}^2}{\text{u}}x - \text{s}t,$$

se déplaceront dans l'espace avec une vitesse dont la projection algébrique sur l'axe des x sera le rapport entre des accroissements Δx, Δt de x et de t, choisis de manière que l'accroissement de l'argument s'évanouisse. Cette projection algébrique, déterminée par la formule

$$\frac{\text{u}^2 + \text{v}^2}{\text{u}}\Delta x - \text{s}\Delta t = 0,$$

sera donc

$$\frac{\Delta x}{\Delta t} = \text{u}\frac{\text{s}}{\text{u}^2 + \text{v}^2};$$

et pour qu'elle soit positive, ou, en d'autres termes, pour que les ondes planes incidentes se meuvent dans le sens des x positives, comme elles devront le faire en approchant de la surface de séparation des deux milieux, il sera nécessaire que le coefficient u soit positif. Pour la même raison, le coefficient u′ devra encore être positif, les ondes réfractées devant évidemment s'éloigner de la surface de séparation des deux milieux, en se mouvant elles-mêmes dans le sens des x positives.

Considérons en particulier le cas où les mouvements simples propagés dans les deux milieux sont du nombre de ceux dans lesquels la densité reste invariable, c'est-à-dire, en d'autres termes, le cas où, dans les rayons incident, réfléchi, réfracté, les vibrations des molécules sont transversales. Alors les coefficients

$$\mathrm{A},\quad \mathrm{B},\quad \mathrm{A}_{,},\quad \mathrm{B}_{,},\quad \mathrm{A}',\quad \mathrm{B}'$$

se trouveront liés entre eux, et avec les constantes imaginaires

$$u,\quad v,\quad u',$$

par les formules

(5) $$\mathrm{A}u + \mathrm{B}v = 0.$$

(6) $$-\mathrm{A}_{,}u + \mathrm{B}_{,}v = 0,\qquad \mathrm{A}'u' + \mathrm{B}'v = 0.$$

Soient maintenant

(7) $$\mathrm{k} = \sqrt{\mathrm{u}^2 + \mathrm{v}^2},\qquad \mathrm{k}' = \sqrt{\mathrm{u}'^2 + \mathrm{v}^2};$$

et faisons, pour abréger,

(8) $$k = \mathrm{k}\sqrt{-1},\qquad k' = \mathrm{k}'\sqrt{-1}.$$

On aura non seulement

(9) $$k^2 = u^2 + v^2,\qquad k'^2 = u'^2 + v^2,$$

mais encore, en supposant les équations des mouvements infiniment petits des deux milieux réduites à des équations homogènes, et désignant par ι, ι' deux constantes qui dépendront de la nature de ces milieux,

(10) $$\mathrm{k}^2 = \frac{\mathrm{s}^2}{\iota},\qquad \mathrm{k}'^2 = \frac{\mathrm{s}^2}{\iota'}.$$

Or, après avoir déterminé k', à l'aide de la seconde des deux formules (10), on déduira facilement de la seconde des équations (7) la valeur de

(11) $$\mathrm{u}' = \sqrt{\mathrm{k}'^2 - \mathrm{v}^2}.$$

Si d'ailleurs il existe un rayon réfléchi et un rayon réfracté, quels que soient la direction et le mode de polarisation du rayon incident;

alors, en vertu des principes développés dans un précédent Mémoire (*voir* la page 224), on pourra, des valeurs de

$$\mathrm{u},\quad \mathrm{v},\quad \mathrm{s},\quad \mathrm{A},\quad \mathrm{B},\quad \mathrm{C}$$

supposées connues, déduire les valeurs de

$$\mathrm{A}_{,},\quad \mathrm{B}_{,},\quad \mathrm{C}_{,},\quad \mathrm{A}',\quad \mathrm{B}',\quad \mathrm{C}'$$

à l'aide des formules (6), jointes aux formules (4), (11) et aux suivantes :

$$(12)\qquad \frac{\mathrm{C}_{,}}{\mathrm{C}} = \frac{u-u'}{u+u'},\qquad \frac{\mathrm{C}'}{\mathrm{C}} = \frac{2u}{u+u'},$$

$$(13)\qquad \left\{\begin{aligned} \frac{\mathrm{A}_{,}}{\mathrm{A}} &= \frac{(v^2-uu')\left(1-\dfrac{v^2}{\upsilon\upsilon'}\right)+(u'+u)v^2\left(\dfrac{1}{\upsilon}+\dfrac{1}{\upsilon'}\right)}{(v^2+uu')\left(1-\dfrac{v^2}{\upsilon\upsilon'}\right)+(u'-u)v^2\left(\dfrac{1}{\upsilon}+\dfrac{1}{\upsilon'}\right)}\,\frac{u-u'}{u+u'},\\ \frac{\mathrm{A}'}{\mathrm{A}} &= \frac{k^2\left(1-\dfrac{v^2}{\upsilon\upsilon'}\right)}{(v^2+uu')\left(1-\dfrac{v^2}{\upsilon\upsilon'}\right)+(u'-u)v^2\left(\dfrac{1}{\upsilon}+\dfrac{1}{\upsilon'}\right)}\,\frac{2u}{u+u'}; \end{aligned}\right.$$

les valeurs de υ, υ' étant données par les équations

$$(14)\qquad -\upsilon = \left(\mathrm{v}^2-\frac{\mathrm{k}^2}{1+\mathrm{f}}\right)^{\frac{1}{2}},\qquad \upsilon' = \left(\mathrm{v}^2-\frac{\mathrm{k}'^2}{1+\mathrm{f}}\right)^{\frac{1}{2}},$$

dans lesquelles υ, υ' désignent encore deux constantes réelles qui dépendent de la nature du premier et du second milieu.

Si dans les formules (12) et (13), on substitue aux constantes imaginaires

$$u,\quad v,\quad k,\quad u'$$

leurs valeurs tirées des équations (4) et (8), on aura simplement

$$(15)\qquad \frac{\mathrm{C}_{,}}{\mathrm{C}} = \frac{\mathrm{u}-\mathrm{u}'}{\mathrm{u}+\mathrm{u}'},\qquad \frac{\mathrm{C}'}{\mathrm{C}} = \frac{2\mathrm{u}}{\mathrm{u}+\mathrm{u}'},$$

$$(16)\qquad \left\{\begin{aligned} \frac{\mathrm{A}_{,}}{\mathrm{A}} &= \frac{(\mathrm{v}^2-\mathrm{uu}')\left(1+\dfrac{\mathrm{v}^2}{\upsilon\upsilon'}\right)+(\mathrm{u}'+\mathrm{u})\mathrm{v}^2\left(\dfrac{1}{\upsilon}+\dfrac{1}{\upsilon'}\right)\sqrt{-1}}{(\mathrm{v}^2+\mathrm{uu}')\left(1+\dfrac{\mathrm{v}^2}{\upsilon\upsilon'}\right)+(\mathrm{u}'-\mathrm{u})\mathrm{v}^2\left(\dfrac{1}{\upsilon}+\dfrac{1}{\upsilon'}\right)\sqrt{-1}}\,\frac{\mathrm{u}-\mathrm{u}'}{\mathrm{u}+\mathrm{u}'},\\ \frac{\mathrm{A}'}{\mathrm{A}} &= \frac{\mathrm{k}^2\left(1+\dfrac{\mathrm{v}^2}{\upsilon\upsilon'}\right)}{(\mathrm{v}^2+\mathrm{uu}')\left(1+\dfrac{\mathrm{v}^2}{\upsilon\upsilon'}\right)+(\mathrm{u}'-\mathrm{u})\mathrm{v}^2\left(\dfrac{1}{\upsilon}+\dfrac{1}{\upsilon'}\right)\sqrt{-1}}\,\frac{2\mathrm{u}}{\mathrm{u}+\mathrm{u}'}. \end{aligned}\right.$$

La constante s, comprise dans les formules (4) et (10), est, comme on sait, liée à *la durée* T des vibrations moléculaires par la formule

$$T = \frac{2\pi}{s};$$

et l'on a pareillement

$$l = \frac{2\pi}{k}, \qquad l' = \frac{2\pi}{k'},$$

l, l' désignant les *longueurs d'ondulation* ou les plus courtes distances entre deux nœuds de même espèce : 1° dans le rayon incident ou réfléchi ; 2° dans le rayon réfracté. Si d'ailleurs on nomme

$$\Omega, \quad \Omega'$$

les vitesses de propagation des nœuds ou des ondes planes dans le premier et le second milieu, on aura

$$\Omega = \frac{s}{k} = \frac{l}{T}, \qquad \Omega' = \frac{s}{k'} = \frac{l'}{T},$$

et, par suite,

$$\Omega^2 = \iota, \qquad \Omega'^2 = \iota'.$$

Enfin, si l'on nomme τ, τ' les angles d'incidence et de réfraction, c'est-à-dire les angles aigus formés par les directions des rayons incident et réfracté avec la normale à la surface de séparation des deux milieux, on aura

$$(17) \qquad \begin{cases} u = k\cos\tau, & v = k\sin\tau, \\ u' = k'\cos\tau', & v' = v = k'\sin\tau', \end{cases}$$

puis on en conclura

$$uu' - v^2 = kk'\cos(\tau + \tau'), \qquad uu' + v^2 = kk'\cos(\tau - \tau'),$$
$$(u' + u)v = kk'\sin(\tau + \tau'), \qquad (u' - u)v = kk'\sin(\tau - \tau'),$$

et par suite, en posant pour abréger

$$(18) \qquad -\mathfrak{T} = \left[1 - \frac{1}{(1+f)\sin^2\tau}\right]^{-\frac{1}{2}}, \qquad \mathfrak{T}' = \left[1 - \frac{1}{(1+f')\sin^2\tau'}\right]^{-\frac{1}{2}},$$

on tirera des formules (15), (16), jointes aux équations (14),

$$(19)\qquad \frac{C_{,}}{C}=\frac{\sin(\tau'-\tau)}{\sin(\tau'+\tau)},\qquad \frac{C'}{C}=\frac{2\sin\tau'\cos\tau}{\sin(\tau'+\tau)},$$

$$(20)\qquad \left\{\begin{aligned} \frac{A_{,}}{A}&=\frac{-(1+\mathfrak{E}\mathfrak{E}')\cos(\tau+\tau')+(\mathfrak{E}+\mathfrak{E}')\sin(\tau+\tau')\sqrt{-1}}{(1+\mathfrak{E}\mathfrak{E}')\cos(\tau+\tau')+(\mathfrak{E}+\mathfrak{E}')\sin(\tau-\tau')\sqrt{-1}}\,\frac{C_{,}}{C},\\ \frac{A'}{A}&=\frac{k}{k'}\,\frac{1+\mathfrak{E}\mathfrak{E}'}{(1+\mathfrak{E}\mathfrak{E}')\cos(\tau-\tau')+(\mathfrak{E}+\mathfrak{E}')\sin(\tau-\tau')\sqrt{-1}}\,\frac{C'}{C}.\end{aligned}\right.$$

Soient maintenant

$$8,\quad 8_{,},\quad 8'$$

les déplacements d'une molécule mesurés dans les rayons incident, réfléchi et réfracté, parallèlement au plan d'incidence, et

$$\bar{8},\quad \bar{8}_{,},\quad \bar{8}'$$

les déplacements symboliques correspondants, chacun des déplacements effectifs 8, $8_{,}$, $8'$ étant positif ou négatif, suivant que la molécule déplacée est transportée du côté des x positives ou du côté des x négatives. Comme les déplacements

$$8,\quad 8_{,},\quad 8',$$

lorsqu'ils seront positifs, auront pour projections algébriques sur l'axe des x

$$\xi,\quad \xi_{,},\quad \xi',$$

on aura nécessairement

$$\xi=8\sin\tau,\qquad \xi_{,}=8_{,}\sin\tau,\qquad \xi'=8'\sin\tau',$$

ou, ce qui revient au même,

$$\xi=\frac{v}{k}8,\qquad \xi_{,}=\frac{v}{k}8_{,},\qquad \xi'=\frac{v}{k'}8',$$

et, par suite,

$$8=\frac{k}{v}\xi,\qquad 8_{,}=\frac{k}{v}\xi_{,},\qquad 8'=\frac{k'}{v}\xi'.$$

On pourra donc prendre

$$\bar{8}=\frac{k}{v}\bar{\xi},\qquad \bar{8}_{,}=\frac{k}{v}\bar{\xi}_{,},\qquad \bar{8}'=\frac{k'}{v}\bar{\xi}';$$

de sorte qu'en posant, pour abréger,

$$(21)\qquad \mathrm{H}=\frac{\mathrm{k}}{\mathrm{v}}\mathrm{A},\qquad \mathrm{H}_{,}=\frac{\mathrm{k}}{\mathrm{v}}\mathrm{A}_{,},\qquad \mathrm{H}'=\frac{\mathrm{k}'}{\mathrm{v}}\mathrm{A}',$$

on tirera des équations (1), (2), (3)

$$(22)\qquad \bar{\text{ȣ}}=\mathrm{H}\,e^{ux+vy-st},\qquad \bar{\zeta}=\mathrm{C}\,e^{ux+vy-st},$$

$$(23)\qquad \bar{\text{ȣ}}_{,}=\mathrm{H}_{,}e^{-ux+vy-st},\qquad \bar{\zeta}_{,}=\mathrm{C}_{,}e^{-ux+vy-st},$$

$$(24)\qquad \bar{\text{ȣ}}'=\mathrm{H}'e^{u'x+vy-st},\qquad \bar{\zeta}'=\mathrm{C}'e^{u'x+vy-st}.$$

Si, maintenant, on nomme

$$\mathrm{h},\quad \mathrm{c},\quad \mathrm{h}_{,},\quad \mathrm{c}_{,},\quad \mathrm{h}',\quad \mathrm{c}'$$

les modules des expressions imaginaires

$$\mathrm{H},\quad \mathrm{C},\quad \mathrm{H}_{,},\quad \mathrm{C}_{,},\quad \mathrm{H}',\quad \mathrm{C}',$$

et si l'on pose en conséquence

$$(25)\qquad \begin{cases} \mathrm{H}=\mathrm{h}\,e^{\mu\sqrt{-1}}, & \mathrm{H}_{,}=\mathrm{h}_{,}e^{\mu_{,}\sqrt{-1}}, & \mathrm{H}'=\mathrm{h}'e^{\mu'\sqrt{-1}}, \\ \mathrm{C}=\mathrm{c}\,e^{\nu\sqrt{-1}}, & \mathrm{C}_{,}=\mathrm{c}_{,}e^{\nu_{,}\sqrt{-1}}, & \mathrm{C}'=\mathrm{c}'e^{\nu'\sqrt{-1}}, \end{cases}$$

μ, ν, $\mu_{,}$, $\nu_{,}$, μ', ν' désignant des arcs réels, les formules (22), (23), (24) donneront

$$(26)\qquad \text{ȣ}=\mathrm{h}\cos(\mathrm{u}x+\mathrm{v}y-\mathrm{s}t+\mu),\qquad \zeta=\mathrm{c}\cos(\mathrm{u}x+\mathrm{v}y-\mathrm{s}t+\nu),$$

$$(27)\qquad \text{ȣ}_{,}=\mathrm{h}_{,}\cos(-\mathrm{u}x+\mathrm{v}y-\mathrm{s}t+\mu_{,}),\qquad \zeta_{,}=\mathrm{c}_{,}\cos(-\mathrm{u}x+\mathrm{v}y-\mathrm{s}t+\nu_{,}),$$

$$(28)\qquad \text{ȣ}'=\mathrm{h}'\cos(\mathrm{u}'x+\mathrm{v}y-\mathrm{s}t+\mu'),\qquad \zeta'=\mathrm{c}'\cos(\mathrm{u}'x+\mathrm{v}y-\mathrm{s}t+\nu').$$

Le système des formules (26) représente le rayon incident; ȣ et ζ désignant, dans ce rayon, les déplacements d'une molécule mesurés parallèlement au plan d'incidence et perpendiculairement à ce plan. Si l'un de ces déplacements venait à s'évanouir, le rayon incident deviendrait un rayon plan renfermé dans le plan d'incidence, ou polarisé suivant ce même plan, et qui pourrait être représenté, dans le premier cas, par la seule formule

$$(29)\qquad \text{ȣ}=\mathrm{h}\cos(\mathrm{u}x+\mathrm{v}y-\mathrm{s}t+\mu),$$

dans le second cas, par la seule formule

$$\zeta = \mathrm{c}\cos(\mathrm{u}x + \mathrm{v}y - \mathrm{s}t + \nu). \tag{30}$$

Comme le rayon représenté par le système des formules (26) offre tout à la fois les deux espèces de déplacements moléculaires, observés dans les rayons plans que représentent les formules (29) et (30) prises chacune à part, on peut dire que le premier rayon *résulte* de la *superposition* des deux autres. Chacun des rayons réfléchi et réfracté peut, d'ailleurs, aussi bien que le rayon incident, être considéré comme résultant de la superposition de deux rayons plans; l'un de ces derniers étant renfermé dans le plan d'incidence, ou, ce qui revient au même, polarisé perpendiculairement à ce plan, et l'autre étant, au contraire, polarisé suivant ce même plan. Cela posé, après la réflexion ou la réfraction, le rayon plan, renfermé dans le plan d'incidence, sera représenté par la première des formules (27) ou (28), et le rayon polarisé suivant le plan d'incidence par la seconde.

Observons encore que, dans les formules (26), (27), (28), les *demi-amplitudes des vibrations* et les *paramètres angulaires* se trouvent représentés par

$$\mathrm{h},\ \mathrm{h}_{\prime},\ \mathrm{h}' \quad \text{et} \quad \mu,\ \mu_{\prime},\ \mu'$$

pour les rayons renfermés dans le plan d'incidence, et par

$$\mathrm{c},\ \mathrm{c}_{\prime},\ \mathrm{c}' \quad \text{et} \quad \nu,\ \nu_{\prime},\ \nu'$$

pour les rayons polarisés suivant le même plan.

Au point où le rayon incident rencontre la surface réfléchissante, on a

$$x = 0,$$

ce qui réduit les formules (22), (23), (24) aux suivantes :

$$\bar{8} = \mathrm{H}\, e^{vy-st}, \qquad \bar{\zeta} = \mathrm{C}\, e^{vy-st}, \tag{31}$$

$$\bar{8}_{\prime} = \mathrm{H}_{\prime} e^{vy-st}, \qquad \bar{\zeta}_{\prime} = \mathrm{C}_{\prime} e^{vy-st}, \tag{32}$$

$$\bar{8}' = \mathrm{H}' e^{vy-st}, \qquad \bar{\zeta}' = \mathrm{C}' e^{vy-st}, \tag{33}$$

et les formules (26), (27), (28) aux suivantes :

$$(34) \qquad \mathfrak{z} = \mathrm{h}\cos(\mathrm{v}y - \mathrm{s}t + \mu), \qquad \xi = \mathrm{c}\cos(\mathrm{v}y - \mathrm{s}t + \nu),$$

$$(35) \qquad \mathfrak{z}_{,} = \mathrm{h}_{,}\cos(\mathrm{v}y - \mathrm{s}t + \mu_{,}), \qquad \zeta_{,} = \mathrm{c}_{,}\cos(\mathrm{v}y - \mathrm{s}t + \nu_{,}),$$

$$(36) \qquad \mathfrak{z}' = \mathrm{h}'\cos(\mathrm{v}y - \mathrm{s}t + \mu'), \qquad \zeta' = \mathrm{c}'\cos(\mathrm{v}y - \mathrm{s}t + \nu').$$

Il suit des formules (31), (32), (33) que la réflexion ou la réfraction d'un rayon simple renfermé dans le plan d'incidence, ou polarisé suivant ce plan, fait varier dans ce rayon le déplacement symbolique

$$\bar{\mathfrak{z}} \quad \text{ou} \quad \bar{\zeta},$$

dans un rapport constant. Ce rapport, qui sera d'ailleurs imaginaire, est ce que nous nommerons le *coefficient de réflexion* ou *de réfraction*. Si on le désigne par

$$\bar{\mathrm{I}} \quad \text{ou} \quad \bar{\mathrm{I}}'$$

pour le rayon plan renfermé dans le plan d'incidence, et par

$$\bar{\mathrm{J}} \quad \text{ou} \quad \bar{\mathrm{J}}'$$

pour le rayon polarisé suivant ce plan, on aura

$$(37) \qquad \left\{ \begin{aligned} &\bar{\mathrm{J}} = \frac{\mathrm{C}_{,}}{\mathrm{C}}, &&\bar{\mathrm{J}}' = \frac{\mathrm{C}'}{\mathrm{C}}, \\ &\bar{\mathrm{I}} = \frac{\mathrm{H}_{,}}{\mathrm{H}} = \frac{\mathrm{A}_{,}}{\mathrm{A}}, &&\bar{\mathrm{I}}' = \frac{\mathrm{H}'}{\mathrm{H}} = \frac{\mathrm{k}'\mathrm{A}'}{\mathrm{kA}}, \end{aligned} \right.$$

et par suite, eu égard aux formules (19), (20),

$$(38) \qquad \bar{\mathrm{J}} = \frac{\sin(\tau' - \tau)}{\sin(\tau' + \tau)}, \qquad \bar{\mathrm{J}}' = \frac{2\sin\tau'\cos\tau}{\sin(\tau' + \tau)},$$

$$(39) \qquad \left\{ \begin{aligned} &\bar{\mathrm{I}} = \frac{-(1 + \mathfrak{T}\mathfrak{T}')\cos(\tau + \tau') + (\mathfrak{T} + \mathfrak{T}')\sin(\tau + \tau')\sqrt{-1}}{(1 + \mathfrak{T}\mathfrak{T}')\cos(\tau - \tau') + (\mathfrak{T} + \mathfrak{T}')\sin(\tau + \tau')\sqrt{-1}}\,\bar{\mathrm{J}}, \\ &\bar{\mathrm{I}}' = \frac{1 + \mathfrak{T}\mathfrak{T}'}{(1 + \mathfrak{T}\mathfrak{T}')\cos(\tau - \tau') + (\mathfrak{T} + \mathfrak{T}')\sin(\tau - \tau')\sqrt{-1}}\,\bar{\mathrm{J}}', \end{aligned} \right.$$

les valeurs de $\mathfrak{T}$, $\mathfrak{T}'$ étant toujours données par les équations [1]

$$(18) \qquad \mathfrak{T} = -\left(1 - \frac{1}{(1 + \mathrm{f})\sin^2\tau}\right)^{-\frac{1}{2}}, \qquad \mathfrak{T}' = \left(1 - \frac{1}{(1 + \mathrm{f}')\sin^2\tau'}\right)^{-\frac{1}{2}}.$$

[1] Il est bon d'expliquer comment il arrive que les valeurs de $\mathfrak{V}$, $\mathfrak{V}'$ ou de $\mathfrak{T}$, $\mathfrak{T}'$,

Il suit des formules (34), (35), (36) que la réflexion ou la réfraction d'un rayon simple, renfermé dans le plan d'incidence ou polarisé suivant ce plan, fait varier, dans ce rayon, l'amplitude des vibrations moléculaires dans un certain rapport donné, et ajoute en même temps au paramètre angulaire un certain angle. Ce rapport et cet angle sont ce que nous nommerons le *module et l'argument de réflexion ou de réfraction*. Si l'on désigne le module et l'argument de réflexion ou de réfraction par

$$\mathrm{I} \quad \text{et} \quad i \qquad \text{ou par} \qquad \mathrm{I}' \quad \text{et} \quad i'$$

pour le rayon renfermé dans le plan d'incidence, et par

$$\mathrm{J} \quad \text{et} \quad j \qquad \text{ou par} \qquad \mathrm{J}' \quad \text{et} \quad j'$$

fournies par les équations (14) ou (18), sont affectées de signes contraires, les valeurs de $\mathfrak{V}'$, $\mathfrak{T}'$ étant positives et celles de $\mathfrak{V}$, $\mathfrak{T}$ négatives. En voici la raison.

En vertu des principes établis dans le Mémoire qui a pour titre *Méthode générale propre à fournir les équations de condition relatives aux limites des corps* [1], on doit, dans la formule (27) de la page 190, supposer la valeur de $\mathfrak{V}$ positive et déterminée par l'équation (26) [*ibidem*], lorsque l'on considère un système de molécules situé, par rapport au plan des y, z, du côté des x positives. Dire alors qu'on doit avoir

$$\mathfrak{V} > 0$$

c'est dire, en d'autres termes, que l'exponentielle

$$e^{-\mathfrak{V}x}$$

doit devenir sensiblement nulle, dans ce système, à de grandes distances du plan des y, z; et cette dernière condition est effectivement l'une de celles que, suivant la théorie développée dans le Mémoire, il importe de vérifier. Mais, pour que la même exponentielle

$$e^{-\mathfrak{V}x}$$

devienne sensiblement nulle, à de grandes distances du plan des y, z, dans un système de molécules situé du côté des x négatives, il faudra au contraire qu'on ait

$$\mathfrak{V} < 0.$$

Cela posé, en considérant deux milieux au lieu d'un seul, et posant d'ailleurs $w = 0$, on doit évidemment à l'équation (26) de la page 190 substituer les formules (14). Par la même raison on devra, dans la formule (15) de la page 213, remplacer $\mathfrak{V}$ par $-\mathfrak{V}$.

(1) *Œuvres de Cauchy*, 1re série, t. IV, *Extraits* 33, 34, 35.

pour le rayon polarisé suivant ce même plan, les constantes positives

$$(40) \qquad \mathrm{I} = \frac{\mathrm{h}_{\prime}}{\mathrm{h}}, \qquad \mathrm{I}' = \frac{\mathrm{h}'}{\mathrm{h}}, \qquad \mathrm{J} = \frac{\mathrm{c}_{\prime}}{\mathrm{c}} \qquad \mathrm{J}' = \frac{\mathrm{c}'}{\mathrm{c}}$$

seront, en vertu des formules (37), les modules des expressions imaginaires

$$\bar{\mathrm{I}}, \quad \bar{\mathrm{I}}', \quad \bar{\mathrm{J}}, \quad \bar{\mathrm{J}}',$$

tandis que les arcs réels

$$(41) \qquad i = \mu_{\prime} - \mu, \qquad i' = \mu' - \mu, \qquad j = \nu_{\prime} - \nu, \qquad j' = \nu' - \nu$$

représenteront les arguments de ces mêmes expressions. On aura donc

$$(42) \qquad \begin{cases} \bar{\mathrm{J}} = \mathrm{J} e^{j\sqrt{-1}}, & \bar{\mathrm{J}}' = \mathrm{J}' e^{j'\sqrt{-1}}, \\ \bar{\mathrm{I}} = \mathrm{I} e^{i\sqrt{-1}}, & \bar{\mathrm{I}}' = \mathrm{I}' e^{i'\sqrt{-1}}. \end{cases}$$

Ces dernières formules, jointes aux équations (38) et (39), suffiront pour déterminer complètement les valeurs des modules et des arguments de réflexion et de réfraction.

Si l'on compte à partir du plan d'incidence l'azimut du rayon incident, ou réfléchi, ou réfracté, la tangente de cet azimut sera le rapport entre les amplitudes de vibration mesurées dans les deux rayons composants et polarisés, l'un suivant le plan d'incidence, l'autre perpendiculairement à ce plan, tandis que l'anomalie sera la différence entre les paramètres angulaires de ces mêmes rayons composants. Donc alors, dans le rayon incident, ou réfléchi, ou réfracté, la tangente de l'azimut se trouvera représentée, en vertu des notations ci-dessus admises, par le rapport

$$\frac{c}{h}, \qquad \text{ou} \qquad \frac{c_{\prime}}{h_{\prime}}, \qquad \text{ou} \qquad \frac{c'}{h'},$$

et l'anomalie par la différence

$$\nu - \mu, \qquad \text{ou} \qquad \nu_{\prime} - \mu_{\prime}, \qquad \text{ou} \qquad \nu' - \mu'.$$

Cela posé, la tangente de l'azimut et l'anomalie, mesurées dans le rayon réfléchi ou réfracté, se déduiront aisément de la tangente de l'azimut et de l'anomalie mesurées dans le rayon incident. On tirera en effet des formules (40) et (41)

$$(43)\qquad \frac{c_{\prime}}{h_{\prime}} = \frac{J}{I}\frac{c}{h}, \qquad \frac{c'}{h'} = \frac{J'}{I'}\frac{c}{h},$$

et

$$(44)\qquad \nu_{\prime} - \mu_{\prime} = (j - i) + (\nu - \mu), \qquad \nu' - \mu' = (j' - i') + (\nu - \mu).$$

On doit surtout remarquer le cas où l'anomalie du rayon incident se réduit à zéro, et la tangente de son azimut à l'unité, en sorte que ce rayon soit non seulement doué de la polarisation rectiligne, mais de plus renfermé dans un plan qui forme avec le plan d'incidence un angle égal à la moitié d'un angle droit. Nous appellerons *anomalie* et *azimut de réflexion* ou *de réfraction* ce que deviennent, dans ce cas particulier, l'anomalie et l'azimut du rayon réfléchi ou réfracté. Si l'on désigne par

$$\varpi, \quad \varpi'$$

les azimuts et par

$$\delta, \quad \delta'$$

les anomalies de réflexion et de réfraction; alors, en posant dans les formules (43) et (44)

$$\frac{c}{h} = 1, \qquad \nu - \mu = 0,$$

on en tirera

$$(45)\qquad \begin{cases} \tan\varpi = \dfrac{J}{I}, & \tan\varpi' = \dfrac{J'}{I'}; \\ \delta = j - i, & \delta' = j' - i'; \end{cases}$$

et, en vertu de ces dernières, on réduira les équations (43), (44) à la forme

$$(46)\qquad \begin{cases} \dfrac{c_{\prime}}{h_{\prime}} = \dfrac{c}{h}\tan\varpi, & \dfrac{c'}{h'} = \dfrac{c}{h}\tan\varpi, \\ \nu_{\prime} - \mu_{\prime} = \nu - \mu + \delta, & \nu' - \mu' = \nu - \mu + \delta'. \end{cases}$$

Observons encore qu'en vertu des formules (42) et (45) on aura

$$(47)\qquad \frac{\bar{J}}{\bar{I}} = \tan\varpi\, e^{\delta\sqrt{-1}}, \qquad \frac{\bar{J}'}{\bar{I}'} = \tan\varpi'\, e^{\delta'\sqrt{-1}};$$

et que, pour déterminer à l'aide des formules (47) les valeurs de

$$\varpi, \quad \varpi', \quad \partial, \quad \partial',$$

il suffira d'y substituer les valeurs des rapports

$$\frac{\mathrm{J}}{\mathrm{I}}, \quad \frac{\mathrm{J}'}{\mathrm{I}'},$$

tirées des équations (39).

Avant de terminer ce paragraphe, nous ferons une remarque importante. Nous avons déjà observé que chacun des rayons incident, réfléchi, réfracté peut être censé résulter de la superposition de deux rayons polarisés rectilignement, dont l'un est renfermé dans le plan d'incidence, et l'autre dans un second plan perpendiculaire au premier. Or, parmi les formules (31), (32), (33) ou (34), (35), (36), ainsi que parmi les formules (37), (38), (39), (40), (41), (42), les unes se rapportent exclusivement aux rayons composants renfermés dans le premier plan, c'est-à-dire dans le plan d'incidence, les autres aux rayons composants renfermés dans le second plan. Il y a plus : les amplitudes de vibration et les paramètres angulaires des rayons renfermés dans l'un de ces plans, entrent uniquement dans les formules relatives à ces rayons. Donc les modifications qu'éprouvent, en vertu de la réflexion ou de la réfraction, les rayons renfermés dans l'un des plans dont il s'agit, sont entièrement indépendantes des modifications qu'éprouvent les rayons renfermés dans l'autre, et de la nature de ces derniers rayons. On peut donc énoncer la proposition suivante :

Théorème. — *Supposons qu'un mouvement simple et par ondes planes rencontre la surface de séparation de deux milieux isotropes, et considérons le rayon incident, dont l'axe aboutit à un point donné de la surface, comme résultant de la superposition de deux rayons plans, l'un renfermé dans le plan d'incidence, l'autre polarisé suivant ce même plan. Ces deux derniers rayons se trouveront réfléchis et réfractés indépendamment l'un de l'autre.*

Nous observerons encore qu'en vertu des équations (38), (39) *et* (42), *jointes aux formules* (18), *les quantités*

$$\mathrm{I} \text{ et } i, \qquad \mathrm{J} \text{ et } j,$$

ou

$$\mathrm{I}' \text{ et } i', \qquad \mathrm{J}' \text{ et } j',$$

c'est-à-dire les modules et les arguments de réflexion ou de réfraction, relatifs à chacun des rayons composants, dépendent uniquement de l'angle d'incidence τ, *de l'angle de réfraction* τ' *et des deux constantes*

$$\mathrm{f}, \quad \mathrm{f}'.$$

Ces dernières constantes dépendent elles-mêmes, ainsi que les constantes

$$\mathrm{k}, \quad \mathrm{k}',$$

comprises dans les formules (17), *de la nature des deux milieux que l'on considère. Comme on a, d'ailleurs, en vertu des formules* (17),

$$\mathrm{k} \sin\tau = k' \sin\tau',$$

et par suite

$$\frac{\sin\tau}{\sin\tau'} = \frac{\mathrm{k}'}{\mathrm{k}}, \tag{48}$$

l'angle de réfraction sera complètement déterminé quand on connaîtra l'angle d'incidence et le rapport constant

$$\frac{\mathrm{k}'}{\mathrm{k}} = \frac{1}{\mathrm{I}'},$$

qui s'appelle, comme on sait, l'indice de réfraction. Donc, en définitive, les modules et les arguments de réflexion ou de réfraction, et par suite les amplitudes ainsi que les paramètres angulaires des rayons réfléchis ou réfractés, pourront être considérés comme dépendant uniquement de l'angle d'incidence et des valeurs que prendront les trois constantes

$$\frac{\mathrm{k}'}{\mathrm{k}}, \quad \mathrm{f}, \quad \mathrm{f}'.$$

Les formules établies dans ce paragraphe comprennent, comme cas particulier, celles que Fresnel a données pour représenter les lois de la réflexion et de la réfraction de la lumière à la première et à la seconde surface des corps transparents, lorsqu'il existe un angle d'incidence pour lequel un rayon simple est toujours après la réflexion complètement polarisé dans le plan d'incidence. Elles montrent aussi les modifications que doivent subir ces mêmes lois, dans la supposition contraire. C'est là en effet ce qui résulte des considérations qui seront développées dans les paragraphes suivants et dans d'autres Mémoires.

§ III. — *Sur les deux espèces de mouvements simples qui, dans un milieu isotrope, peuvent se propager sans s'affaiblir.*

Avant de développer les conséquences des principes établis dans le paragraphe précédent, il sera bon d'examiner de nouveau la nature des mouvements simples qui, dans un système de points matériels homogène et isotrope, peuvent se propager sans s'affaiblir.

D'après ce qui a été dit dans un autre Mémoire, si l'on nomme

$$\xi,\quad \eta,\quad \zeta$$

les déplacements d'une molécule mesurés, au point (x, y, z), parallèlement aux axes coordonnés et rectangulaires des x, y et z, les équations des mouvements infiniment petits d'un milieu homogène et isotrope seront de la forme

$$(1)\qquad (D_t^2 - E)\xi = FD_x\upsilon, \qquad (D_t^2 - E)\eta = FD_y\upsilon, \qquad (D_t^2 - E)\zeta = FD_z\upsilon,$$

E, F désignant deux fonctions entières du trinome

$$D_x^2 + D_y^2 + D_z^2,$$

et υ la dilatation du volume, déterminée au point (x, y, z) par la formule

$$(2)\qquad \upsilon = D_x\xi + D_y\eta + D_z\zeta.$$

En d'autres termes, on aura

$$(3)\qquad \begin{cases} (D_t^2 - E)\xi = FD_x(D_x\xi + D_y\eta + D_z\zeta), \\ (D_t^2 - E)\eta = FD_y(D_x\xi + D_y\eta + D_z\zeta), \\ (D_t^2 - E)\zeta = FD_z(D_x\xi + D_y\eta + D_z\zeta). \end{cases}$$

Soit d'ailleurs 8 le déplacement d'une molécule mesuré parallèlement à un axe fixe quelconque. On tirera des équations (1) et (2), ou, ce qui revient au même, des formules (3), non seulement

$$(4)\qquad [D_t^2 - E - (D_x^2 + D_y^2 + D_z^2)F]\upsilon = 0,$$

mais encore

$$(5)\qquad (D_t^2 - E)[D_t^2 - E - (D_x^2 + D_y^2 + D_z^2)F]8 = 0.$$

Soient maintenant

$$\bar{\xi},\quad \bar{\eta},\quad \bar{\zeta}$$

les déplacements symboliques d'une molécule. Ces déplacements symboliques, dont les déplacements effectifs

$$\xi,\quad \eta,\quad \zeta$$

représenteront les parties réelles, seront déterminés, dans un mouvement simple (*voir* les pages 179 et 180), par des équations de la forme

$$(6)\qquad \bar{\xi} = Ae^{ux+vy+wz-st},\qquad \bar{\eta} = Be^{ux+vy+wz-st},\qquad \bar{\zeta} = Ce^{ux+vy+wz-st},$$

les constantes réelles ou imaginaires

$$u,\quad v,\quad w,\quad s,\quad A,\quad B,\quad C$$

étant assujetties à vérifier l'un des deux systèmes d'équations

$$(7)\qquad s^2 = \mathcal{E},\qquad uA + vB + wC = 0,$$

$$(8)\qquad s^2 = \mathcal{E} + \mathcal{F}k^2,\qquad \frac{A}{u} = \frac{B}{v} = \frac{C}{w},$$

dans lesquels on représente par k^2 la somme $u^2 + v^2 + v^2$, et par

$$\mathcal{E},\quad \mathcal{F}$$

ce que deviennent

$$\mathrm{E},\quad \mathrm{F}$$

quand on y substitue à D_x, D_y, D_z les lettres u, v, w, par conséquent à

$$D_x^2 + D_y^2 + D_z^2$$

la somme

(9) $$u^2 + v^2 + w^2 = k^2.$$

Lorsque les équations des mouvements infiniment petits du système de molécules deviennent homogènes, E devient proportionnel à $D_x^2 + D_y^2 + D_z^2$, et F se réduit à une quantité constante. On peut donc alors supposer

(10) $$\mathrm{E} = \iota(D_x^2 + D_y^2 + D_z^2), \qquad \mathrm{F} = \iota \mathrm{f},$$

ι, f désignant deux constantes réelles; et par suite les formules (3), (4), (5) se réduisent à celles-ci :

(11) $$\begin{cases} [D_t^2 - \iota(D_x^2 + D_y^2 + D_z^2)]\xi = \iota \mathrm{f} D_x \upsilon, \\ [D_t^2 - \iota(D_x^2 + D_y^2 + D_z^2)]\eta = \iota \mathrm{f} D_y \upsilon, \\ [D_t^2 - \iota(D_x^2 + D_y^2 + D_z^2)]\zeta = \iota \mathrm{f} D_z \upsilon; \end{cases}$$

(12) $$[D_t^2 - \iota(1 + \mathrm{f})(D_x^2 + D_y^2 + D_z^2)]\upsilon = 0;$$

(13) $$[D_t^2 - \iota(D_x^2 + D_y^2 + D_z^2)][D_t^2 - \iota(1 + \mathrm{f})(D_x^2 + D_y^2 + D_z^2)]8 = 0.$$

Alors aussi, les formules (10) entraînent les suivantes :

(14) $$\mathcal{E} = \iota k^2, \qquad \mathcal{F} = \iota \mathrm{f},$$

la première des équations (7) se réduit à

(15) $$s^2 = \iota k^2,$$

et la première des équations (8) à

(16) $$s^2 = \iota(1 + \mathrm{f}) k^2.$$

Considérons maintenant un mouvement simple qui, dans un système homogène de molécules, se propage sans s'affaiblir. Alors, dans les équations (6), (7), (8), les constantes imaginaires

$$u, \quad v, \quad w, \quad s$$

devront perdre leurs parties réelles, de manière à se présenter sous les formes

(17) $u = \mathrm{u}\sqrt{-1}, \qquad v = \mathrm{v}\sqrt{-1}, \qquad w = \mathrm{w}\sqrt{-1}, \qquad s = \mathrm{s}\sqrt{-1},$

u, v, w, s désignant des quantités réelles; et l'équation du second plan invariable, c'est-à-dire du plan mené par l'origine parallèlement aux plans des ondes, sera

(18) $$\mathrm{u}x + \mathrm{v}y + \mathrm{w}z = 0.$$

Or, comme, en joignant les formules (6) et (17) à la seconde des équations (7), ou à la seconde des équations (8), on en tire dans le premier cas

$$\mathrm{u}\bar{\xi} + \mathrm{v}\bar{\eta} + \mathrm{w}\bar{\zeta} = 0,$$

par conséquent

(19) $$\mathrm{u}\xi + \mathrm{v}\eta + \mathrm{w}\zeta = 0,$$

et dans le second cas

$$\frac{\bar{\xi}}{\mathrm{u}} = \frac{\bar{\eta}}{\mathrm{v}} = \frac{\bar{\zeta}}{\mathrm{w}},$$

par conséquent

(20) $$\frac{\xi}{\mathrm{u}} = \frac{\eta}{\mathrm{v}} = \frac{\zeta}{\mathrm{w}},$$

il résulte des formules (19) et (20), comparées à l'équation (18), que les vibrations moléculaires, représentées symboliquement par les équations (6), sont, dans le premier cas, parallèles aux plans des ondes, ou *transversales* par rapport aux rayons simples, et dans le second cas perpendiculaires aux plans de ces ondes, ou *longitudinales*, c'est-à-dire dirigées dans le sens des rayons. Si d'ailleurs on prend

(21) $$\mathrm{k} = \sqrt{\mathrm{u}^2 + \mathrm{v}^2 + \mathrm{w}^2},$$

et de plus

(22) $$\mathrm{l} = \frac{2\pi}{\mathrm{k}}, \qquad \mathrm{T} = \frac{2\pi}{\mathrm{s}}, \qquad \Omega = \frac{\mathrm{s}}{\mathrm{k}} = \frac{\mathrm{l}}{\mathrm{T}},$$

l représentera la longueur d'une ondulation, T la durée d'une vibration moléculaire, Ω la vitesse de propagation d'une onde plane; et l'on pourra supposer, dans la formule (9),

$$k = \mathrm{k}\sqrt{-1}. \tag{23}$$

Cela posé, la première des formules (7) ou (8) établira généralement une relation entre $\dot{\mathrm{s}}$ et k ou, ce qui revient au même, entre l et T, c'est-à-dire entre la longueur d'ondulation et la durée des vibrations moléculaires. Cette relation est précisément celle qui, dans la théorie de la lumière, fournit l'explication et les lois du phénomène de la dispersion (*voir* le Mémoire *Sur la Dispersion* dans les *Nouveaux Exercices de Mathématiques*).

Dans le cas particulier où les équations des mouvements infiniment petits deviennent homogènes, la première des équations (7) ou (8) se trouve remplacée par la formule (15) ou (16), de laquelle on tire, eu égard aux équations (17), (21), (22),

$$\mathrm{s}^2 = \iota \mathrm{k}^2, \qquad \Omega^2 = \iota$$

ou

$$\mathrm{s}^2 = \iota(1+\mathrm{f})\mathrm{k}^2, \qquad \Omega^2 = \iota(1+\mathrm{f}).$$

Donc alors la vitesse de propagation des vibrations transversales se réduit à

$$\Omega = \sqrt{\iota} \tag{24}$$

et la vitesse de propagation des vibrations longitudinales à

$$\Omega = \sqrt{\iota(1+\mathrm{f})}. \tag{25}$$

Ces deux vitesses étant alors indépendantes de la durée des vibrations moléculaires et de la longueur d'ondulation, cette longueur et cette durée sont proportionnelles l'une à l'autre, en vertu de la formule

$$\frac{\mathrm{l}}{\mathrm{T}} = \Omega,$$

et le phénomène de la dispersion n'a plus lieu. Alors aussi le rapport entre la vitesse de propagation des vibrations longitudinales et la vitesse de propagation des vibrations transversales sera, en vertu des formules (24) et (25), la racine carrée de

$$1 + \mathrm{f}.$$

Donc ce rapport deviendra nul ou infini, avec la vitesse de propagation des ondes longitudinales, si l'on suppose

$$\mathrm{f} = -1 \tag{26}$$

ou

$$\mathrm{f} = \frac{1}{0}. \tag{27}$$

Dans la première supposition, les formules (11), (12), (13) donneraient

$$\left\{\begin{aligned} &[\mathrm{D}_t^2 - \iota(\mathrm{D}_x^2 + \mathrm{D}_y^2 + \mathrm{D}_z^2)]\xi + \iota\mathrm{D}_x\upsilon = 0, \\ &[\mathrm{D}_t^2 - \iota(\mathrm{D}_x^2 + \mathrm{D}_y^2 + \mathrm{D}_z^2)]\eta + \iota\mathrm{D}_y\upsilon = 0, \\ &[\mathrm{D}_t^2 - \iota(\mathrm{D}_x^2 + \mathrm{D}_y^2 + \mathrm{D}_z^2)]\zeta + \iota\mathrm{D}_z\upsilon = 0, \end{aligned}\right. \tag{28}$$

$$\mathrm{D}_t^2\upsilon = 0, \tag{29}$$

$$[\mathrm{D}_t^2 - \iota(\mathrm{D}_x^2 + \mathrm{D}_y^2 + \mathrm{D}_z^2)]\mathrm{D}_t^2 8 = 0. \tag{30}$$

Ajoutons que les vibrations transversales disparaîtraient, au moins à de grandes distances des centres d'ébranlement, si la constante ι devenait négative, et les vibrations longitudinales, si le produit $\iota(1 + \mathrm{f})$ devenait négatif.

§ IV. — *Des milieux dont les surfaces de séparation polarisent, suivant le plan d'incidence, les rayons réfléchis sous un certain angle.*

Considérons, comme dans le second paragraphe, deux systèmes de molécules homogènes et isotropes, séparés par une surface plane que nous prendrons pour plan des y, z. Concevons encore qu'un mouvement simple, mais sans changement de densité, se propage dans le premier milieu situé du côté des x négatives, et qu'à l'instant où ce mouvement atteint la surface de séparation, il donne généralement naissance à un seul mouvement simple réfléchi, et à un seul mouvement simple réfracté. Enfin, prenons pour axe des z une droite parallèle aux traces des plans des ondes sur la surface réfléchissante; nommons τ l'angle d'incidence, τ' l'angle de réfraction; et regardons le rayon incident comme résultant de la superposition de deux rayons polarisés rectilignement, l'un suivant le plan d'incidence, l'autre perpendiculairement à ce plan. Ces deux derniers rayons se trouveront réfléchis et réfractés indépendamment l'un de l'autre. Si l'on considère en particulier celui des rayons composants qui se trouve polarisé suivant le plan d'incidence, ou, en d'autres termes, le rayon dans lequel les vibrations des molécules sont parallèles à la surface réfléchissante; si d'ailleurs, pour ce rayon, l'on nomme

$$J \quad \text{ou} \quad J'$$

le *module de réflexion* ou *de réfraction*, c'est-à-dire le rapport suivant lequel la réflexion ou la réfraction fait varier l'amplitude des vibrations moléculaires, et

$$j \quad \text{ou} \quad j'$$

l'argument de réflexion ou *de réfraction*, c'est-à-dire l'angle que la réflexion ou la réfraction ajoute au paramètre angulaire; les valeurs des quantités

$$J \text{ et } j \quad \text{ou} \quad J' \text{ et } j'$$

se déduiront de l'équation

$$J e^{j\sqrt{-1}} = \bar{J} \tag{1}$$

ou

$$J' e^{j'\sqrt{-1}} = J', \tag{2}$$

dans laquelle le *coefficient de réflexion* $\bar{J}$ ou le *coefficient de réfraction* $\bar{J}'$ sera déterminé par la formule

$$\bar{J} = \frac{\sin(\tau' - \tau)}{\sin(\tau' + \tau)} \tag{3}$$

ou

$$\bar{J}' = \frac{2 \sin\tau' \cos\tau}{\sin(\tau' + \tau)}. \tag{4}$$

Si, au contraire, on considère celui des rayons composants qui se trouve renfermé dans le plan d'incidence, et si l'on nomme pour ce rayon,

$$\mathrm{I} \text{ et } i \quad \text{ou} \quad \mathrm{I}' \text{ et } i'$$

le module et l'argument de réflexion ou de réfraction, on aura

$$(5) \qquad \mathrm{I}e^{i\sqrt{-1}} = \bar{\mathrm{I}}$$

ou

$$(6) \qquad \mathrm{I}'e^{i'\sqrt{-1}} = \bar{\mathrm{I}}',$$

le coefficient de réflexion $\bar{\mathrm{I}}$ ou le coefficient de réfraction $\bar{\mathrm{I}}'$ étant déterminé par la formule

$$(7) \qquad \bar{\mathrm{I}} = \frac{-(1+\mathfrak{G}\mathfrak{G}')\cos(\tau+\tau') + (\mathfrak{G}+\mathfrak{G}')\sin(\tau+\tau')\sqrt{-1}}{(1+\mathfrak{G}\mathfrak{G}')\cos(\tau-\tau') + (\mathfrak{G}+\mathfrak{G}')\sin(\tau-\tau')\sqrt{-1}}\bar{\mathrm{J}},$$

ou

$$(8) \qquad \bar{\mathrm{I}}' = \frac{1+\mathfrak{G}\mathfrak{G}'}{(1+\mathfrak{G}\mathfrak{G}')\cos(\tau-\tau') + (\mathfrak{G}+\mathfrak{G}')\sin(\tau-\tau')\sqrt{-1}}\bar{\mathrm{J}}',$$

et les valeurs de $\mathfrak{G}$, $\mathfrak{G}'$ étant de la forme

$$(9) \qquad \mathfrak{G} = -\left[1 - \frac{1}{(1+\mathrm{f})\sin^2\tau}\right]^{-\frac{1}{2}}, \qquad \mathfrak{G}' = \left[1 - \frac{1}{(1+\mathrm{f}')\sin^2\tau'}\right]^{-\frac{1}{2}}.$$

Ajoutons que l'angle de réflexion τ et l'angle de réfraction τ' se trouveront liés l'un à l'autre, conformément à la loi de Descartes, par la formule (48) du paragraphe II, ou, ce qui revient au même, par la suivante :

$$(10) \qquad \frac{\sin\tau}{\sin\tau'} = \theta,$$

θ désignant l'*indice de réfraction*, dont la valeur sera

$$(11) \qquad \theta = \frac{\mathrm{k}'}{\mathrm{k}}.$$

Dans les formules qui précèdent, les trois constantes réelles

$$\theta, \quad \mathrm{f}, \quad \mathrm{f}'$$

dépendent de la nature des deux systèmes de molécules proposés.

Pour que la réflexion fasse disparaître le rayon polarisé suivant le plan d'incidence, ou le rayon polarisé perpendiculairement à ce plan, il est nécessaire et il suffit que, dans ce rayon, la demi-amplitude des vibrations moléculaires se réduise à zéro après réflexion et, par suite, que le module de réflexion

$$\mathrm{J} \quad \text{ou} \quad \mathrm{I}$$

s'évanouisse avec le coefficient de réflexion

$$\bar{\mathrm{J}} \quad \text{ou} \quad \bar{\mathrm{I}}.$$

Pour que l'un de ces mêmes rayons ne se trouve point modifié par la réfraction, il est nécessaire et il suffit que l'amplitude des vibrations et le paramètre angulaire, ou du moins le sinus et le cosinus de ce paramètre, restent les mêmes avant et après la réfraction; par conséquent, il est nécessaire et il suffit que le module de réfraction

$$\mathrm{J}' \quad \text{ou} \quad \mathrm{I}'$$

se réduise à l'unité, et l'argument de réfraction

$$j' \quad \text{ou} \quad i'$$

à zéro ou à un multiple de circonférence 2π. Au reste cette double condition peut être remplacée par une seule, savoir que le coefficient de réfraction

$$\bar{\mathrm{J}}' \quad \text{ou} \quad \bar{\mathrm{I}}'$$

soit équivalent à l'unité.

Lorsqu'on suppose l'indice de réfraction réduit à l'unité, c'est-à-dire lorsqu'on a

$$\theta = 1, \tag{12}$$

et par suite

$$\mathrm{k}' = \mathrm{k},$$

la formule (10) donne

$$\tau' = \tau; \tag{13}$$

et alors, le coefficient de réflexion

$$\bar{\mathrm{J}} \quad \text{ou} \quad \bar{\mathrm{I}}$$

se réduisant à zéro, en vertu de la formule (3) ou (7), on voit complètement disparaître le rayon réfléchi. Alors aussi le coefficient de réfraction

$$\bar{J}' \quad \text{ou} \quad I'$$

se réduit à l'unité, en vertu de la formule (4) ou (8), et par suite le rayon réfracté ne diffère point du rayon incident. La supposition que nous venons de faire comprend évidemment le cas où les deux systèmes proposés seraient de même nature. Dans ce cas, on aurait non seulement

$$k' = k,$$

mais encore

$$f' = f;$$

et, puisque les deux systèmes proposés pourraient être considérés comme n'en formant plus qu'un seul, il serait tout naturel que le rayon réfléchi disparût, et que le rayon incident ne fût pas altéré par la réfraction.

Si la condition (12) n'est pas remplie, la condition (13) ne le sera pas non plus, à moins que τ ne s'évanouisse, et par suite l'équation (3) fournira généralement pour le coefficient de réflexion $\bar{J}$ une valeur différente de zéro. On ne doit pas même excepter le cas où l'angle τ s'évanouirait, attendu que, dans ce cas, on tirerait des formules (3) et (10)

$$(14) \qquad \frac{\tau}{\tau'} = 0, \qquad \bar{J} = \frac{\tau' - \tau}{\tau' + \tau} = \frac{1 - \theta}{1 + \theta}.$$

Donc, lorsque l'indice de réfraction θ diffère de l'unité, un rayon incident, polarisé suivant le plan d'incidence, se trouve toujours réfléchi par la surface de séparation des deux milieux. S'agit-il au contraire d'un rayon incident renfermé dans le plan d'incidence ? Il ne pourra disparaître après la réflexion que pour des valeurs de

$$f, \quad f', \quad \tau$$

propres à faire évanouir le coefficient de réflexion $\bar{I}$, et par conséquent à vérifier l'équation

$$(1 + \mathfrak{E}\mathfrak{E}')\cos(\tau + \tau') + (\mathfrak{E} + \mathfrak{E}')\sin(\tau + \tau')\sqrt{-1} = 0,$$

de laquelle on tire

$$(15) \qquad (1 + \mathfrak{E}\mathfrak{E}')\cos(\tau + \tau') = 0, \qquad (\mathfrak{E} + \mathfrak{E}')\sin(\tau + \tau') = 0.$$

Il y a plus : comme des deux rapports

$$\frac{\mathfrak{E} + \mathfrak{E}'}{1 + \mathfrak{E}\mathfrak{E}'}, \qquad \frac{1 + \mathfrak{E}\mathfrak{E}'}{\mathfrak{E} + \mathfrak{E}'}$$

l'un ne peut devenir infini sans que l'autre s'évanouisse, il est clair que, pour chaque valeur de τ, l'un d'eux, au moins, conservera une valeur finie; et par suite l'expression imaginaire $\bar{\mathrm{I}}$, qui, en vertu de l'équation (7), peut être présentée à volonté sous l'une ou l'autre des formes

$$\bar{\mathrm{I}} = \frac{-\cos(\tau + \tau') + \dfrac{\mathfrak{E} + \mathfrak{E}'}{1 + \mathfrak{E}\mathfrak{E}'}\sin(\tau + \tau')\sqrt{-1}}{\cos(\tau - \tau') + \dfrac{\mathfrak{E} + \mathfrak{E}'}{1 + \mathfrak{E}\mathfrak{E}'}\sin(\tau - \tau')\sqrt{-1}}\,\bar{\mathrm{J}},$$

$$\bar{\mathrm{I}} = \frac{-\dfrac{1 + \mathfrak{E}\mathfrak{E}'}{\mathfrak{E} + \mathfrak{E}'}\cos(\tau + \tau') + \sin(\tau + \tau')\sqrt{-1}}{\dfrac{1 + \mathfrak{E}\mathfrak{E}'}{\mathfrak{E} + \mathfrak{E}'}\cos(\tau - \tau') + \sin(\tau - \tau')\sqrt{-1}}\,\bar{\mathrm{J}},$$

ne pourra s'évanouir, sans que τ, τ' vérifient l'une des deux conditions

$$(16) \qquad \cos(\tau + \tau') = 0, \qquad \sin(\tau + \tau') = 0.$$

D'ailleurs, θ étant différent de l'unité, $\bar{\mathrm{I}}$ ne se réduirait point à zéro si l'on supposait

$$\sin(\tau + \tau') = 0.$$

Car de cette supposition, jointe à la formule (10), on conclurait

$$\sin\tau' = \pm\sin\tau, \qquad (1 \pm \theta)\sin\tau = 0, \qquad \sin\tau = 0, \qquad \tau = \tau' = 0,$$

et par suite

$$\mathfrak{E} = \mathfrak{E}' = 0, \qquad \bar{\mathrm{I}} = -\bar{\mathrm{J}} = \frac{\theta - 1}{\theta + 1}.$$

Donc, si la condition (12) n'est pas remplie, les angles τ, τ' vérifieront, non la seconde, mais la première des formules (16), de laquelle on tirera

$$\tau + \tau' = \frac{\pi}{2}, \tag{17}$$

tandis que la seconde des équations (15) donnera

$$\mathfrak{G} + \mathfrak{G}' = 0,$$

ou, ce qui revient au même, eu égard aux formules (9) et (10),

$$\theta^2 = \frac{1 + \mathrm{f}'}{1 + \mathrm{f}}, \tag{18}$$

et, en vertu de la formule (11),

$$\frac{\mathrm{k}^2}{1 + \mathrm{f}} = \frac{\mathrm{k}'^2}{1 + \mathrm{f}'}. \tag{19}$$

La condition (17) peut toujours être remplie pour une certaine valeur de τ, que l'on déduira sans peine des formules (17) et (10), en vertu desquelles on aura non seulement

$$\sin \tau' = \cos \tau,$$

mais encore

$$\tan\mathrm{g}\, \tau = \theta. \tag{20}$$

On peut remarquer d'ailleurs qu'au moment où l'angle d'incidence τ vérifiera la formule (20), l'angle

$$\pi - \tau - \tau',$$

compris entre les rayons incident et réfracté, deviendra précisément égal à $\frac{\pi}{2}$. Donc la formule (17) sera vérifiée au moment où le rayon réfracté deviendra perpendiculaire au rayon incident.

Quant à la condition (19), elle peut être ou n'être pas remplie suivant la nature des deux systèmes. Si elle se trouve effectivement vérifiée, alors, sous l'incidence τ déterminée par la formule (20), un rayon, renfermé dans le plan d'incidence et polarisé perpendiculairement à ce plan, disparaîtra toujours après la réflexion, et par suite un rayon incident quelconque sera transformé par la réflexion en un rayon complètement polarisé suivant le plan d'incidence. Pour cette raison, l'on nomme, dans le cas dont il s'agit, *angle de polarisation complète*, ou simplement *angle de polarisation*, l'angle τ déterminé par la formule (20). Si l'on désigne par φ ce même angle, on aura, en vertu de la formule (20),

$$\varphi = \text{arc tang}\,\theta. \tag{21}$$

Lorsque la condition (19) se vérifie, alors

$$\mathfrak{T}, \quad \mathfrak{T}'$$

étant nuls, les équations (7) et (8) se réduisent aux suivantes:

$$\bar{\text{I}} = -\frac{\cos(\tau+\tau')}{\cos(\tau-\tau')}\bar{\text{J}}, \tag{22}$$

$$\bar{\text{I}}' = \frac{1}{\cos(\tau-\tau')}\bar{\text{J}}', \tag{23}$$

Alors aussi les modules et les arguments de réflexion ou de réfraction sont donnés immédiatement par les formules (1) et (2) jointes aux formules (3), (4), (22) et (23). Seulement il convient ici de distinguer deux cas différents, savoir: le cas où, l'indice de réfraction θ étant supérieur à l'unité, on a, par suite, en vertu de la formule (10),

$$\tau > \tau',$$

et le cas où, l'indice de réfraction θ étant inférieur à l'unité, on a, par suite, en vertu de la formule (10),

$$\tau < \tau'.$$

Or, supposons d'abord

$$\theta > 1, \qquad \tau > \tau'. \tag{24}$$

Dans ce cas, en vertu de la formule (1), jointe aux équations (3) et (22), le module et l'argument de réflexion pourront être réduits, pour le rayon polarisé suivant le plan d'incidence, aux deux quantités

$$(25) \qquad J = \frac{\sin(\tau - \tau')}{\sin(\tau + \tau')}, \qquad j = \pi,$$

et, pour le rayon renfermé dans le plan d'incidence : 1° lorsque τ sera compris entre les limites o, φ, aux deux quantités

$$(26) \qquad I = \frac{\operatorname{tang}(\tau - \tau')}{\operatorname{tang}(\tau + \tau')}, \qquad i = 0;$$

2° lorsque τ surpassera l'angle φ, aux deux quantités

$$(27) \qquad I = \frac{\operatorname{tang}(\tau - \tau')}{\operatorname{tang}(\pi - \tau - \tau')}, \qquad i = \pi.$$

Considérons maintenant le cas où l'on aurait

$$(28) \qquad \theta < 1, \qquad \tau < \tau'.$$

Dans ce cas, le module et l'argument de réflexion pourront être réduits, pour le rayon polarisé suivant le plan d'incidence, aux deux quantités

$$(29) \qquad J = \frac{\sin(\tau' - \tau)}{\sin(\tau' + \tau)}, \qquad j = 0$$

et, pour le rayon renfermé dans le plan d'incidence : 1° lorsque τ sera compris entre les limites o, φ, aux deux quantités

$$(30) \qquad I = \frac{\operatorname{tang}(\tau' - \tau)}{\operatorname{tang}(\tau' + \tau)}, \qquad i = \pi;$$

2° lorsque τ surpassera l'angle φ, aux deux quantités

$$(31) \qquad I = \frac{\operatorname{tang}(\tau' - \tau)}{\operatorname{tang}(\pi - \tau - \tau')}, \qquad i = 0.$$

Dans l'un et l'autre cas, en vertu de la formule (2), jointe aux équations (4) et (23), le module et l'argument de réfraction pourront être réduits, pour le rayon polarisé suivant le plan d'incidence, aux deux quantités

$$(32) \qquad J' = \frac{2 \sin\tau' \cos\tau}{\sin(\tau + \tau')}, \qquad j' = 0$$

et, pour le rayon renfermé dans le plan d'incidence, aux deux quantités

$$(33)\qquad I' = \frac{2\sin\tau'\cos\tau}{\sin(\tau+\tau')\cos(\tau-\tau')}, \qquad i' = 0.$$

On peut observer que, dans les formules précédentes, l'argument de réfraction se réduit toujours à zéro. Donc, si, dans un rayon incident polarisé suivant le plan d'incidence ou perpendiculairement à ce plan, on considère un nœud quelconque de première ou de seconde espèce, à l'instant où ce nœud, en vertu de son mouvement de propagation, atteindra la surface réfringente, il passera immédiatement, sans changer d'espèce, dans le rayon réfracté. Il passera aussi, sans changer d'espèce, dans le rayon réfléchi si, l'indice de réfraction étant supérieur à l'unité, le rayon incident est polarisé suivant le plan d'incidence et tombe sur la surface réfléchissante, sous une incidence inférieure à l'angle de polarisation complète, ou si, ces deux conditions n'étant pas simultanément remplies, l'indice de réfraction devient supérieur à l'unité. Dans les autres hypothèses, l'argument de réflexion se réduisant à la demi-circonférence ou au nombre π, on peut affirmer qu'à l'instant où un nœud du rayon incident atteindra la surface réfléchissante, il changera d'espèce en passant dans le rayon réfléchi. C'est au reste ce que l'on peut encore exprimer en disant qu'alors un nœud d'espèce donnée se trouvera déplacé par la réflexion, et transporté en avant de la position qu'il occupait, à une distance égale à la moitié de la longueur d'une ondulation.

Nous ajouterons que, pour passer des formules (25), (26), (27), qui supposent $\theta > 1$, aux formules (29), (30), (31), qui supposent $\theta < 1$, il suffit évidemment d'écrire, dans les valeurs des modules de réflexion I et J,

$$\tau' - \tau \quad \text{au lieu de} \quad \tau - \tau',$$

et de faire croître ou diminuer les arguments de réflexion i et j d'un angle égal à la demi-circonférence π.

Les modules et les arguments de réflexion ou de réfraction étant déterminés comme ci-dessus, les azimuts

$$\varpi, \quad \varpi'$$

et les anomalies

$$\delta, \quad \delta'$$

de réflexion ou de réfraction, se déduiront immédiatement (*voir* la page 291) des formules

$$(34) \qquad \operatorname{tang}\varpi = \frac{\mathrm{J}}{\mathrm{I}}, \qquad \operatorname{tang}\varpi' = \frac{\mathrm{J}'}{\mathrm{I}'},$$

$$(35) \qquad \delta = j - i, \qquad \delta' = j' - i',$$

ou, ce qui revient au même, des formules

$$(36) \qquad \operatorname{tang}\varpi\, e^{\delta\sqrt{-1}} = \frac{\overline{\mathrm{J}}}{\overline{\mathrm{I}}}, \qquad \operatorname{tang}\varpi'\, e^{\delta'\sqrt{-1}} = \frac{\overline{\mathrm{J}'}}{\overline{\mathrm{I}'}}.$$

De ces dernières, jointes aux formules (22), (23), on tirera

$$(37) \qquad \operatorname{tang}\varpi\, e^{\delta\sqrt{-1}} = -\frac{\cos(\tau - \tau')}{\cos(\tau + \tau')},$$

$$(38) \qquad \operatorname{tang}\varpi'\, e^{\delta'\sqrt{-1}} = \cos(\tau - \tau').$$

Or on vérifiera la formule (37): 1° lorsque l'angle d'incidence τ sera compris entre les limites 0, φ, en supposant

$$(39) \qquad \operatorname{tang}\varpi = \frac{\cos(\tau - \tau')}{\cos(\tau + \tau')}, \qquad \delta = \pm\pi;$$

2° lorsque l'angle d'incidence τ surpassera l'angle de polarisation φ, en supposant

$$(40) \qquad \operatorname{tang}\varpi = \frac{\cos(\tau - \tau')}{\cos(\pi - \tau - \tau')}, \qquad \delta = 0.$$

Quant à la formule (38), on la vérifiera, dans tous les cas, en prenant

$$(41) \qquad \operatorname{tang}\varpi' = \cos(\tau - \tau'), \qquad \delta' = 0.$$

Ainsi, *l'anomalie de réfraction* δ' *pourra toujours être censée réduite à zéro*, et *l'anomalie de réflexion* δ *pourra être censée réduite à zéro ou à* π, *suivant que l'angle d'incidence sera supérieur ou inférieur à l'angle de polarisation*. Il en résulte qu'*un rayon plan, mais polarisé suivant un plan quelconque, sera encore doué de la polarisation rectiligne, lorsqu'il aura été réfléchi ou réfracté par la surface de séparation des deux milieux que l'on considère*. Ajoutons qu'en vertu des formules (41) et (39) ou (40), *les azimuts de réfraction et de réflexion*, ϖ' *et* ϖ, *offriront des tangentes respectivement égales, l'une au cosinus de la différence entre les angles d'incidence et de réfraction, l'autre à la valeur numérique du rapport de ce cosinus au cosinus de la somme des mêmes angles*. La détermination de ces azimuts fera connaître immédiatement les variations que la réfraction et la réflexion occasionnent dans l'azimut du rayon incident, ou, si celui-ci est doué de la polarisation rectiligne, ce qu'on nomme le *mouvement du plan de polarisation*.

Une remarque importante à faire, c'est que, dans le cas où l'indice de réfraction deviendra inférieur à l'unité, l'équation (10), ou

$$\sin\tau' = \frac{\sin\tau}{\theta}, \tag{42}$$

ne pourra fournir une valeur réelle de τ' si l'angle d'incidence τ n'a pas une valeur inférieure à celle que détermine la formule

$$\sin\tau = \theta. \tag{43}$$

Nommons ψ cette dernière valeur, et prenons en conséquence

$$\psi = \arcsin\theta. \tag{44}$$

Pour que les formules ci-dessus établies soient applicables, il faudra que l'on ait

$$\tau < \psi. \tag{45}$$

Suivant que la condition (45) sera ou ne sera pas remplie, le mouvement incident pourra ou non donner naissance à un mouvement réfracté qui se propagera dans le second milieu sans s'affaiblir. Le rayon simple, correspondant à ce mouvement réfracté, sera donc un rayon réfracté qui pourra ou non se propager dans le second milieu sans s'affaiblir, suivant que l'angle d'incidence sera inférieur ou supérieur à la limite ψ. Ce rayon réfracté, qui ne subsistera que pour certaines incidences, du moins à une grande distance de la surface réfléchissante, est ce que nous nommons le *rayon émergent*. L'angle ψ, ou la limite que ne peut dépasser l'angle d'incidence sans que le rayon émergent vienne à s'éteindre, sera l'*angle d'émersion*. Cet angle surpasse nécessairement l'angle de polarisation auquel répond toujours une valeur réelle de τ', donnée par la formule (17), savoir:

$$\tau' = \frac{\pi}{2} - \varphi.$$

C'est d'ailleurs ce que l'on démontrera sans peine à l'aide des formules (21) et (44), desquelles on tire

$$\operatorname{tang}\varphi = \theta, \qquad \operatorname{tang}\psi = \frac{\theta}{\sqrt{1-\theta^2}} > \operatorname{tang}\varphi,$$

et par suite

$$\psi > \varphi.$$

Les formules que nous avons établies dans ce paragraphe, en supposant la condition (19) vérifiée, ne diffèrent pas au fond de celles que Fresnel a données pour représenter les lois de la réflexion et de la réfraction des rayons lumineux à la première et à la seconde surface des corps transparents. La formule (20) ou (21) fournit immédiatement la loi découverte par M. Brewster, et suivant laquelle l'*angle de polarisation complète des rayons lumineux, réfléchis par la surface de la séparation de deux milieux transparents et isophanes, a généralement pour tangente l'indice de réfraction*. La détermination des quantités

$$J, \quad I, \qquad J', \quad I',$$

c'est-à-dire des modules de réflexion et de réfraction, conduit, comme on le sait, et comme nous l'expliquerons dans un autre Mémoire, à la détermination de l'intensité de la lumière dans les rayons réfléchis et réfractés. Enfin, dans la réflexion et la réfraction des rayons lumineux doués de la polarisation rectiligne, le mouvement du plan de polarisation, déterminé à l'aide des formules (39) ou (40), et (41), s'accorde d'une manière très remarquable avec les nombreuses observations relatives à ce plan, et publiées par divers physiciens, surtout par Fresnel et par M. Brewster.

Dans les diverses applications que l'on peut faire des formules ci-dessus établies, il importe de ne jamais perdre de vue la signification des quantités qu'elles renferment. On devra se rappeler en particulier que le module de réflexion

$$\text{I} \quad \text{ou} \quad \text{J}$$

représente le rapport

$$\frac{\text{h}_{,}}{\text{h}} \quad \text{ou} \quad \frac{\text{c}_{,}}{\text{c}}$$

entre les amplitudes des vibrations moléculaires, mesurées dans les rayons réfléchi et incident, qui se trouvent polarisés ou suivant le plan d'incidence, ou perpendiculairement à ce plan. On devra se rappeler encore que l'argument de réflexion

$$i \quad \text{ou} \quad j$$

représente la différence

$$\mu_{,} - \mu \quad \text{ou} \quad \nu_{,} - \nu$$

entre les paramètres angulaires, mesurés dans ces mêmes rayons. Cela posé, on conclura immédiatement des formules (34), (35) du second paragraphe, qu'en chaque point de la surface réfléchissante les déplacements moléculaires

$$\eta \text{ et } \eta_{,} \quad \text{ou} \quad \zeta \text{ et } \zeta_{,}$$

sont, dans les rayons incident et réfléchi, affectés du même signe quand on a

$$(46) \qquad i = 0 \quad \text{ou} \quad j = 0,$$

et affectés de signes contraires quand on a

$$(47) \qquad i = \pi \quad \text{ou} \quad j = \pi.$$

D'ailleurs les déplacements

$$\zeta, \quad \zeta_{,},$$

mesurés perpendiculairement au plan d'incidence, seront affectés du même signe ou de signes contraires, suivant qu'ils se compteront dans le même sens ou en sens contraires, à partir de ce plan. Quant aux déplacements

$$8, \quad 8_{,},$$

mesurés dans le plan d'incidence, et liés aux déplacements

$$\xi, \quad \xi_{,}$$

(*voir* la page 285) par les deux formules

$$\xi = 8 \sin\tau, \qquad \xi_{,} = 8_{,} \sin\tau,$$

ils seront, comme ξ et $\xi_{,}$, affectés du même signe ou de signes contraires, suivant qu'ils feront passer les molécules primitivement situées en un point de la surface réfléchissante, d'un même côté de cette surface ou de deux côtés opposés. Il y a plus : comme, en adoptant les notations du second paragraphe, on trouvera

$$\eta = 8 \cos\tau, \qquad \eta_{,} = -8_{,} \cos\tau,$$

il est clair que les déplacements

$$8, \quad 8_{,}$$

seront encore affectés du même signe, ou de signes contraires, suivant que les déplacements

$$\eta, \quad \eta_{,},$$

mesurés dans le plan d'incidence à partir d'une droite normale à la surface réfléchissante, se compteront en sens opposés ou dans le même sens. En conséquence, il deviendra facile, dans tous les cas, d'interpréter celles des formules (25), (26), (27), (29), (30), (31) qui renferment les arguments de réflexion

$$i \quad \text{ou} \quad j.$$

Ainsi, en particulier, on conclura des formules (25) et (29) que, dans les rayons incident et réfléchi, les déplacements moléculaires, mesurés sur la surface réfléchissante perpendiculairement au plan d'incidence, se compteront de deux côtés opposés à partir de ce plan, si l'indice de réfraction θ surpasse l'unité, et du même côté si l'on a $\theta < 1$. Pareillement on conclura des formules (26) et (27), ou (30) et (31), que, dans les rayons incident et réfléchi, les déplacements moléculaires mesurés perpendiculairement à la surface réfléchissante, pour une molécule située sur la surface, se compteront de deux côtés opposés à partir de cette même surface, si l'on suppose

$$\theta > 1, \quad \tau > \varphi \quad \text{ou} \quad \theta < 1, \quad \tau < \varphi,$$

et du même côté si l'on suppose

$$\theta > 1, \quad \tau < \varphi \quad \text{ou} \quad \theta < 1, \quad \tau > \varphi.$$

Au contraire les déplacements moléculaires mesurés dans le plan d'incidence et sur la surface réfléchissante, à partir d'une droite normale à cette surface, se compteront du même côté, pour les rayons incident et réfléchi, dans les deux premières suppositions, et de côtés opposés dans les deux dernières.

Observons maintenant qu'on devra réduire à zéro les déplacements mesurés sur la normale à la surface réfléchissante, si le rayon incident devient perpendiculaire à cette surface, et les déplacements mesurés sur la surface dans le plan d'incidence, si le rayon incident rase la surface dont il s'agit. De cette observation, jointes aux conclusions précédentes, il résulte immédiatement que les déplacements moléculaires, mesurés sur un axe quelconque, se compteront en sens opposés, dans les rayons incident et réfléchi, si, l'indice de réfraction étant supérieur à l'unité, le rayon incident devient perpendiculaire à la surface réfléchissante ou rase cette surface; tandis qu'ils devront se compter dans le même sens, si, le rayon incident étant perpendiculaire à la surface, l'indice de réfraction devient inférieur à l'unité.

Observons encore que, si le rayon incident est perpendiculaire à la surface réfléchissante, on pourra prendre pour plan d'incidence un plan quelconque mené arbitrairement par l'axe du rayon. Si d'ailleurs ce rayon est doué de la polarisation rectiligne, alors, en vertu des principes que nous venons d'établir, les déplacements absolus d'une molécule, mesurés sur la surface réfléchissante, d'une part dans ce rayon, d'autre part dans le rayon réfléchi, se compteront en sens opposés ou dans le même sens, suivant que l'on aura

$$\theta > 1 \qquad \text{ou} \qquad \theta < 1.$$

Si l'on suppose en particulier

$$\theta > 1,$$

les déplacements absolus dont il s'agit se compteront en sens opposés, et cette circonstance pourra être indiquée, ou par la seule formule

$$i = 0,$$

si l'on prend pour plan d'incidence le plan même du rayon, ou par la seule formule

$$j = \pi,$$

si l'on prend pour plan d'incidence le plan de polarisation. La différence qui existe entre les arguments de réflexion i et j, déterminés par ces deux formules, peut sembler d'autant plus singulière au premier abord que, dans l'hypothèse admise, on reste complètement libre de prendre pour plan d'incidence un plan parallèle ou un plan perpendiculaire aux directions des vibrations des molécules. Toutefois, pour se rendre compte de cette différence, et de la réduction de i à zéro, il suffit de considérer le cas où le rayon incident, polarisé dans le plan d'incidence, serait, non plus rigoureusement, mais sensiblement perpendiculaire à la surface réfléchissante. En effet, dans ce cas, les paramètres angulaires

$$\mu, \quad \mu_{\prime},$$

liés à i par la formule

$$i = \mu_{\prime} - \mu,$$

se rapporteront aux déplacements

$$\xi, \quad \xi_{\prime},$$

mesurés parallèlement à la surface, et, comme, en vertu des deux formules

$$\xi = 8 \sin\tau, \qquad \xi_{,} = \quad 8_{,} \sin\tau,$$
$$\eta = 8 \cos\tau, \qquad \eta_{,} = - 8_{,} \cos\tau,$$

on aura

$$\frac{\xi_{,}}{\xi} = -\frac{\eta_{,}}{\eta},$$

il est clair que les déplacements

$$\xi, \quad \xi_{,}$$

seront affectés du même signe si les déplacements

$$\eta, \quad \eta_{,}$$

sont affectés de signes contraires. Or cette dernière condition sera certainement remplie si l'on a

$$\theta > 1;$$

et alors, en supposant le rayon incident sensiblement perpendiculaire à la surface réfléchissante, on trouvera, pour chaque point de cette surface,

$$\frac{\eta_{,}}{\eta} < 0, \qquad \frac{\zeta_{,}}{\zeta} < 0, \qquad j = \pi.$$

Donc alors aussi l'on aura, en chaque point de la surface réfléchissante,

$$\frac{\xi_{,}}{\xi} > 0 \qquad \text{et par suite} \qquad i = 0.$$

Les arguments de réflexion j et i étant connus pour les rayons polarisés suivant le plan d'incidence et perpendiculairement à ce plan, on pourra en déduire immédiatement, en vertu de la première des formules (35), l'anomalie de réflexion, telle que la donne la seconde des équations (39) ou (40). Cette anomalie pouvant d'ailleurs être augmentée ou diminuée d'un multiple de la circonférence 2π, on peut, lorsqu'elle est représentée par π, la représenter aussi par

$$\pi - 2\pi = -\pi;$$

et il en résulte que, dans la seconde des formules (39), on peut indifféremment réduire le double signe soit au signe $+$, soit au signe $-$.

Si du rayon réfléchi l'on passe au rayon réfracté, alors aux formules (46) ou (47) on devra substituer la seconde des formules (32) ou (33), savoir :

$$(48)\qquad i' = 0 \quad \text{ou} \quad j' = 0.$$

Or il résulte de ces dernières qu'en chaque point de la surface réfringente les déplacements d'une molécule, mesurés dans le plan d'incidence ou perpendiculairement à ce plan, se compteront dans le même sens, soit avant, soit après la réfraction. Par suite, l'anomalie de réfraction sera nulle, comme on en a déjà fait la remarque, et comme l'indique la seconde des formules (41).

Il nous reste à déduire des formules obtenues les valeurs des arguments et des azimuts de réflexion ou de réfraction, pour certaines incidences qui méritent une attention spéciale.

Lorsque le rayon incident sera perpendiculaire à la surface réfléchissante, on pourra en dire autant du rayon réfléchi ou réfracté, et l'on aura

$$(49)\qquad \tau = 0, \qquad \tau' = 0, \qquad \frac{\tau}{\tau'} = \frac{\sin\tau}{\sin\tau'} = \theta.$$

Donc alors, en vertu des formules (25), (26) ou (28), (29), on trouvera : 1° en supposant l'indice de réfraction θ supérieur à l'unité,

$$(50)\qquad I = J = \frac{\theta - 1}{\theta + 1} = \operatorname{tang}\left(\varphi - \frac{\pi}{4}\right);$$

2° en supposant l'indice de réfraction θ inférieur à l'unité,

$$(51)\qquad I = J = \frac{1 - \theta}{1 + \theta} = \operatorname{tang}\left(\frac{\pi}{4} - \varphi\right);$$

et l'on aura, dans l'une ou l'autre supposition, non seulement, en vertu des formules (32), (33),

$$(52)\qquad I' = J' = \frac{2}{1 + \theta} = 1 - \operatorname{tang}\left(\varphi - \frac{\pi}{4}\right),$$

mais encore, en vertu des formules (39) ou (40),

$$(53)\qquad \operatorname{tang}\varpi = 1, \qquad \varpi = \frac{\pi}{4},$$

$$(54)\qquad \operatorname{tang}\varpi' = 1, \qquad \varpi' = \frac{\pi}{4};$$

en sorte que l'azimut de réflexion ou de réfraction se trouvera réduit à la moitié d'un angle droit. Les formules (50), (51), (52) coïncident avec celles que M. Young a données pour le cas de l'incidence perpendiculaire.

Lorsque l'angle d'incidence sera précisément l'angle de polarisation, l'on aura

$$(55)\qquad \tau = \varphi, \qquad \tau' = \frac{\pi}{2} - \varphi, \qquad \sin\tau' = \cos\tau, \qquad \cos\tau' = \sin\tau.$$

Donc alors on trouvera : 1° en supposant l'indice de réfraction θ supérieur à l'unité,

$$(56)\qquad I = 0, \qquad J = \frac{\theta^2 - 1}{\theta^2 + 1} = \sin\left(2\varphi - \frac{\pi}{2}\right) = -\cos 2\varphi;$$

2° en supposant l'indice de réfraction inférieur à l'unité,

$$(57)\qquad I = 0, \qquad J = \frac{1 - \theta^2}{1 + \theta^2} = \cos 2\varphi,$$

et l'on aura, dans l'une ou l'autre supposition, non seulement

$$(58)\qquad I' = \frac{1}{\theta} = \cot\varphi, \qquad J' = \frac{2}{1 + \theta^2} = 2\cos^2\varphi,$$

mais encore

$$(59)\qquad \operatorname{tang}\varpi = \frac{1}{0}, \qquad \varpi = \frac{\pi}{2},$$

$$(60)\qquad \operatorname{tang}\varpi' = \frac{2\theta}{1 + \theta^2} = \sin 2\varphi.$$

Lorsque, l'indice de réfraction étant inférieur à l'unité, l'angle d'incidence τ sera précisément l'angle d'émersion, l'on aura

$$(61)\qquad \tau = \psi, \qquad \tau' = \frac{\pi}{2}, \qquad \sin\tau' = 1, \qquad \cos\tau' = 0.$$

Donc alors on tirera des formules (29) et (31)

(62) $$I = J = 1,$$

et des formules (32), (33), (34)

(63) $$I' = \frac{2}{\theta} = \frac{2}{\sin\psi}, \qquad J' = 2,$$

(64) $$\operatorname{tang}\varpi = 1, \qquad \varpi = \frac{\pi}{4},$$

(65) $$\operatorname{tang}\varpi' = \theta' = \sin\psi.$$

Enfin, lorsque, l'indice de réfraction θ étant supérieur à l'unité, le rayon incident rasera la surface réfléchissante, on aura

$$\tau = \frac{\pi}{2}, \qquad \sin\tau' = \frac{1}{\theta}.$$

Donc alors les formules (25), (27) entraîneront de nouveau les équations (62) et (64); mais on tirera des formules (32), (33) et (41)

(66) $$I' = J' = 0,$$

(67) $$\operatorname{tang}\varpi' = \sin\tau' = \frac{1}{\theta} = \cot\varphi.$$

SUR LES

RELATIONS QUI EXISTENT ENTRE L'AZIMUT

ET

L'ANOMALIE D'UN RAYON SIMPLE

DOUÉ DE LA POLARISATION ELLIPTIQUE.

Considérons, dans un système isotrope de molécules, un mouvement simple, ou par ondes planes, qui se propage sans s'affaiblir. Prenons pour plan des x, y un plan invariable parallèle aux plans des ondes. Une molécule quelconque $\mathfrak{m}$ fera toujours partie d'un rayon simple perpendiculaire au plan invariable. Cela posé, soient, au bout du temps t :

ξ, η les déplacements de la molécule mesurés parallèlement aux axes rectangulaires des x, y;

$\mathfrak{r}$ la distance mesurée sur le rayon simple entre le plan invariable et la molécule $\mathfrak{m}$, cette distance étant regardée comme positive quand elle se compte dans le sens de la vitesse de propagation des ondes planes.

Si l'on nomme T la durée des vibrations moléculaires, et I la longueur d'une ondulation, le mouvement de la molécule sera représenté par des équations de la forme

$$(1) \qquad \xi = \mathrm{a}\cos(\mathrm{k}\mathfrak{r} - \mathrm{s}t + \lambda), \qquad \eta = \mathrm{b}\cos(\mathrm{k}\mathfrak{r} - \mathrm{s}t + \mu),$$

dans lesquelles on aura

$$\mathrm{k} = \frac{2\pi}{\mathrm{I}}, \qquad \mathrm{s} = \frac{2\pi}{\mathrm{T}};$$

tandis que les constantes positives a, b désigneront les demi-amplitudes des vibrations d'une molécule, mesurées parallèlement à l'axe des x, ou à l'axe des y, et λ, μ les paramètres angulaires relatifs aux mêmes axes. Comme d'ailleurs les équations (1) donneront

$$\frac{\xi}{a} = \cos(k\imath - st)\cos\lambda - \sin(k\imath - st)\sin\lambda,$$

$$\frac{\eta}{b} = \cos(k\imath - st)\cos\mu - \sin(k\imath - st)\sin\mu,$$

on en tirera, moyennant l'élimination de l'une des lignes trigonométriques $\sin(k\imath - st)$, $\cos(k\imath - st)$,

$$\frac{\xi}{a}\cos\mu - \frac{\eta}{b}\cos\lambda = \sin(k\imath - st)\sin(\mu - \lambda),$$

$$\frac{\xi}{a}\sin\mu - \frac{\eta}{b}\sin\lambda = \cos(k\imath - st)\sin(\mu - \lambda);$$

puis, en combinant ces dernières formules par voie d'addition, après avoir élevé chaque membre au carré, et posant, pour abréger,

$$\delta = \mu - \lambda,$$

on trouvera

$$(2)\qquad \left(\frac{\xi}{a}\right)^2 - 2\frac{\xi}{a}\frac{\eta}{b}\cos\delta + \left(\frac{\eta}{b}\right)^2 = \sin^2\delta.$$

L'équation (2) représente généralement une ellipse et, comme cette ellipse se transformera : 1° en ligne droite, si l'on a

$$(3)\qquad \sin\delta = 0,$$

2° en circonférence de cercle, si l'on a

$$(4)\qquad \cos\delta = 0, \qquad b = a,$$

il est clair que la polarisation, généralement elliptique, deviendra rectiligne dans le premier cas et circulaire dans le second.

Le rayon représenté par le système des équations (18) peut être censé résulter de la superposition de deux rayons plans, représentés séparément par chacune d'elles. L'*anomalie* du rayon résultant et son *azimut*, relatifs au plan des x, z, sont, d'une part, la différence

$$\delta = \mu - \lambda \tag{5}$$

entre les paramètres angulaires μ, λ des rayons composants, renfermés dans les plans des y, z et des x, z; d'autre part, l'angle

$$\varpi = \operatorname{arc\,tang} \frac{\mathrm{b}}{\mathrm{a}}, \tag{6}$$

qui a pour tangente le rapport entre les amplitudes des vibrations 2b, 2a, correspondant à ces mêmes rayons. Comme, dans les équations (1), chacun des paramètres angulaires λ, μ peut être sans inconvénient augmenté ou diminué d'un multiple de la circonférence 2π, on doit en dire autant de l'anomalie δ, qui, en vertu des formules (3), (4), pourra être réduite à zéro ou à π dans un rayon plan, et à $\pm\frac{\pi}{2}$ dans un rayon doué de la polarisation circulaire. Quant à l'azimut ϖ, il sera toujours compris entre les limites o, $\frac{\pi}{2}$, et, en vertu des formules (4), (6), il se réduira, pour un rayon polarisé circulairement, à $\frac{\pi}{4}$, c'est-à-dire, en d'autres termes, à la moitié d'un angle droit.

On tire de l'équation (6)

$$\frac{\mathrm{b}}{\mathrm{a}} = \operatorname{tang}\varpi = \frac{\sin\varpi}{\cos\varpi}, \qquad \frac{\cos\varpi}{\mathrm{a}} = \frac{\sin\varpi}{\mathrm{b}} = \frac{1}{\sqrt{\mathrm{a}^2 + \mathrm{b}^2}},$$

et par suite

$$\mathrm{a} = \mathrm{h}\cos\varpi, \qquad \mathrm{b} = \mathrm{h}\sin\varpi, \tag{7}$$

la valeur de h étant

$$\mathrm{h} = \sqrt{\mathrm{a}^2 + \mathrm{b}^2}. \tag{8}$$

Le double de la longueur h, déterminée par l'équation (8), est, pour une valeur nulle de l'anomalie, l'amplitude du rayon représenté par les équations (1), et, dans tous les cas, 2h exprime ce que nous appelons l'*amplitude quadratique* de ce même rayon.

Si l'on nomme r le rayon vecteur mené du centre de l'ellipse décrite par une molécule au point avec lequel cette molécule coïncide au bout du temps t, et p l'angle polaire formé par le rayon vecteur avec l'axe des x, on aura

$$(9) \qquad \xi = r\cos p, \qquad \eta = r\sin p,$$

$$(10) \qquad r^2 = \xi^2 + \eta^2, \qquad \operatorname{tang} p = \frac{\eta}{\xi}.$$

Si d'ailleurs le demi-axe des y positives est tellement choisi que le mouvement de la molécule m, autour du centre de l'ellipse qu'elle décrit, soit un mouvement de rotation direct, la vitesse angulaire de cette molécule sera

$$(11) \qquad \frac{dp}{dt} = \frac{\xi\frac{d\eta}{dt} - \eta\frac{d\xi}{dt}}{\xi^2 + \eta^2} = \frac{\text{ab}\sin\delta}{r^2}s,$$

et $\sin\delta$ devra être une quantité positive. Alors aussi l'aire décrite par le rayon vecteur r pendant le temps t, ayant pour différentielle

$$\frac{1}{2}r^2\,dp = \frac{1}{2}\text{abs}\sin\delta\,dt,$$

sera proportionnelle au temps, et représentée par le produit

$$\frac{1}{2}\text{abs}t\sin\delta = \pi\text{ab}\frac{t}{\text{T}}\sin\delta.$$

Donc l'aire décrite pendant la durée T d'une vibration moléculaire, ou la surface entière $\mathcal{S}$ de l'ellipse, aura pour valeur

$$(12) \qquad \mathcal{S} = \pi\text{ab}\sin\delta,$$

et chacune des quatre parties, dans lesquelles cette aire est divisée par les deux axes de l'ellipse, sera décrite pendant un temps égal au quart de la durée d'une vibration.

Observons maintenant que si l'on nomme

$$\xi', \quad \eta', \quad r'$$

ce que deviennent

$$\xi, \quad \eta, \quad r$$

quand on fait croître le temps t de $\frac{1}{4}$T, ou st de $\frac{\pi}{2}$, on aura non seulement

$$(13)\quad \begin{cases} \xi' = \mathrm{a}\sin(\mathrm{k}\iota - \mathrm{s}t + \lambda), \qquad \eta' = \mathrm{b}\sin(\mathrm{k}\iota - \mathrm{s}t + \mu), \\ r'^2 = \xi'^2 + \eta'^2, \end{cases}$$

et par suite

$$(14)\quad \xi^2 + \xi'^2 = \mathrm{a}^2, \qquad \eta^2 + \eta'^2 = \mathrm{b}^2,$$

$$(15)\quad r^2 + r'^2 = \mathrm{a}^2 + \mathrm{b}^2 = \mathrm{h}^2,$$

mais encore

$$(16)\quad \xi\eta' - \xi'\eta = \mathrm{ab}\sin\delta.$$

Chacune des formules (14) se rapportant à l'un des rayons plans dont la superposition produit le rayon simple donné, on conclura généralement de ces formules que, *dans un rayon plan, les déplacements absolus d'une molécule, mesurés :* 1° *à un instant donné,* 2° *à un second instant séparé du premier par le quart de la durée d'une vibration moléculaire, fournissent des carrés dont la somme est le carré de la demi-amplitude.* On conclura au contraire de la formule (15) que, *dans tout rayon simple, la demi-amplitude quadratique a pour carré la somme des carrés des rayons vecteurs, qui joignent une molécule au centre de l'ellipse qu'elle décrit, à deux instants séparés l'un de l'autre par un intervalle égal au quart de la durée d'une vibration moléculaire.* Donc *cette demi-amplitude quadratique a pour carré la somme des carrés des deux demi-axes de l'ellipse* et ne dépend nullement de la position des axes rectangulaires des x et y. Enfin, en vertu de l'équation (16), comparée à la formule (12), *les rayons vecteurs qui joignent une molécule au centre de l'ellipse qu'elle décrit, à deux instants séparés l'un de l'autre par un intervalle du quart de la durée d'une vibration, sont les deux côtés d'un triangle dont la surface doublée est à la surface entière de l'ellipse dans le rapport de* 1 à π.

Il est bon d'observer encore qu'en ayant égard aux formules (7), on tirera de la formule (12)

$$(17)\quad S = \frac{\pi}{2}\mathrm{h}^2 \sin 2\varpi \sin\delta.$$

Nous avons dit que, dans un rayon simple, l'amplitude quadratique h demeure indépendante de la position des axes coordonnés. Il n'en est pas de même de l'azimut ϖ et de l'anomalie δ, qui varient lorsqu'on fait tourner, dans le plan de l'ellipse décrite, les axes rectangulaires des x et y. Cela posé, si l'on nomme *plan principal* un plan qui renferme avec l'axe du rayon simple un des axes de l'ellipse décrite, et *azimut principal*, ou *anomalie principale*, un azimut ou une anomalie qui corresponde à un plan principal, on reconnaîtra aisément qu'*une anomalie principale peut toujours être réduite, au signe près, à un angle droit*. En effet, pour que l'équation (2) soit celle d'une ellipse rapportée à ses axes, il faut que l'on ait

$$\cos\delta = 0.$$

Donc, en nommant Δ l'anomalie principale, on aura

$$\Delta = \pm \frac{\pi}{2},$$

si l'on suppose, comme on a droit de le faire, δ toujours renfermé entre les limites $-\pi$, $+\pi$. On aura en particulier

$$\Delta = \frac{\pi}{2},$$

si l'on admet, comme ci-dessus, que la quantité $\sin\delta$ sera positive, et alors, en nommant Π l'azimut principal, on tirera de la formule (17)

$$(18) \qquad s = \frac{\pi}{2} h^2 \sin 2\Pi.$$

Or de la formule (18), jointe à la formule (17), on conclut

$$(19) \qquad \sin 2\varpi \sin\delta = \sin 2\Pi.$$

En laissant le signe de $\sin\delta$ arbitraire, on aurait trouvé plus généralement, au lieu de l'équation (17), la suivante :

$$\pm s = \frac{\pi}{2} h^2 \sin 2\varpi \sin\delta,$$

et, au lieu de l'équation (19), la suivante :

$$\sin 2\varpi \sin \delta = \sin 2\Pi \sin \Delta. \tag{20}$$

Cette dernière, dont le second membre se réduit à $\sin 2\Pi$, ou à $-\sin 2\Pi$, suivant que l'on a $\Delta = \frac{\pi}{2}$ ou $\Delta = -\frac{\pi}{2}$, entraîne évidemment le théorème que nous allons énoncer.

Théorème I. — *Dans un rayon doué de la polarisation elliptique, le double de l'azimut relatif à un plan fixe, et le double d'un azimut principal, c'est-à-dire de l'azimut relatif à l'un des plans principaux, offrent des sinus dont le rapport est le sinus de l'anomalie relative au plan fixe, ou ce sinus pris en signe contraire, suivant que l'anomalie principale est réductible à* $+\frac{\pi}{2}$ *ou à* $-\frac{\pi}{2}$.

Au reste, l'azimut et l'anomalie relatifs à un plan fixe, dans un rayon simple doué de la polarisation elliptique, satisfont encore à d'autres théorèmes qu'on peut établir à l'aide des considérations suivantes :

On tire des équations (1) jointes aux formules (7)

$$\xi = \mathrm{h}\cos\varpi\cos(\mathrm{k}\iota - \mathrm{s}t + \lambda), \qquad \eta = \mathrm{h}\sin\varpi\cos(\mathrm{k}\iota - \mathrm{s}t + \mu). \tag{21}$$

Si d'ailleurs on prend pour axes coordonnés des x, y les axes de l'ellipse décrite par une molécule située dans le plan invariable, et si l'on choisit le demi-axe des y positives de manière que le mouvement de la molécule autour du centre de l'ellipse soit un mouvement de rotation direct, l'anomalie $\delta = \mu - \nu$ sera réductible à l'anomalie principale $\Delta = \frac{\pi}{2}$, et, comme on aura par suite

$$\varpi = \Pi, \qquad \mu = \lambda + \frac{\pi}{2},$$

les équations (21) donneront

$$\xi = \mathrm{h}\cos\Pi\cos(\mathrm{s}t - \mathrm{k}\iota - \lambda), \qquad \eta = \mathrm{h}\sin\Pi\sin(\mathrm{s}t - \mathrm{k}\iota - \lambda). \tag{22}$$

Enfin, si l'on considère une molécule située, non plus dans le plan invariable, mais à une distance $\mathfrak{r}$ de ce plan déterminée par la formule

$$\mathrm{k}\mathfrak{r} + \lambda = 0,$$

les équations (22) deviendront simplement

$$(23) \qquad \xi = \mathrm{h}\cos\Pi\cos\mathrm{s}t, \qquad \eta = \mathrm{h}\sin\Pi\sin\mathrm{s}t.$$

Au reste, la nouvelle molécule dont il s'agit sera évidemment l'une de celles qui, à l'origine du mouvement, c'est-à-dire pour une valeur nulle de t, se trouvaient situées sur l'axe des x et du côté des x positives. On peut d'ailleurs disposer du plan des x, y de manière qu'il renferme cette molécule, et par conséquent de manière qu'elle corresponde à une valeur nulle de $\mathfrak{r}$.

Supposons maintenant que, dans le plan invariable des x, y, on imprime un mouvement direct de rotation aux axes coordonnés, en faisant décrire à l'axe des x un certain angle, désigné par ι. En nommant $\xi_{,}$, $\eta_{,}$ ce que deviendront, après la rotation effectuée, les variables ξ, η, l'on trouvera, au lieu des formules (9),

$$(24) \qquad \xi_{,} = r\cos(p-\iota), \qquad \eta_{,} = r\sin(p-\iota);$$

et, comme on aura d'ailleurs

$$\cos(p-\iota) = \cos p\cos\iota + \sin p\sin\iota, \qquad \sin(p-\iota) = \sin p\cos\iota - \cos p\sin\iota,$$

les formules (24), jointes aux équations (9), donneront

$$(25) \qquad \xi_{,} = \xi\cos\iota + \eta\sin\iota, \qquad \eta_{,} = \eta\cos\iota - \xi\sin\iota,$$

ou, ce qui revient au même, eu égard aux formules (23),

$$(26) \qquad \begin{cases} \xi_{,} = \mathrm{h}(\cos\iota\cos\Pi\cos\mathrm{s}t + \sin\iota\sin\Pi\sin\mathrm{s}t), \\ \eta_{,} = \mathrm{h}(\cos\iota\sin\Pi\sin\mathrm{s}t - \sin\iota\cos\Pi\cos\mathrm{s}t). \end{cases}$$

Or, comme les valeurs de $\xi_{,}$, $\eta_{,}$, données par les équations (26), représentent les déplacements d'une molécule mesurés parallèlement à deux axes rectangulaires tracés arbitrairement dans le plan invariable, ces valeurs doivent être de la même forme que les valeurs de ξ, η fournies par les équations (21). Donc les paramètres angulaires λ, μ, relatifs à ces nouveaux axes, et l'azimut ϖ relatif au nouvel axe des x, vérifieront les formules

$$\cos\varpi\cos(\mathrm{k}\mathfrak{r} - \mathrm{s}t + \lambda) = \cos\iota\cos\Pi\cos\mathrm{s}t + \sin\iota\sin\Pi\sin\mathrm{s}t,$$
$$\sin\varpi\cos(\mathrm{k}\mathfrak{r} - \mathrm{s}t + \mu) = \cos\iota\sin\Pi\sin\mathrm{s}t - \sin\iota\cos\Pi\cos\mathrm{s}t,$$

que l'on pourra réduire à

$$(27)\qquad \left\{\begin{array}{l} \cos\varpi\cos(\mathrm{s}t - \lambda) = \cos\iota\cos\Pi\cos\mathrm{s}t + \sin\iota\sin\Pi\sin\mathrm{s}t, \\ \sin\varpi\cos(\mathrm{s}t - \mu) = \cos\iota\sin\Pi\sin\mathrm{s}t - \sin\iota\cos\Pi\cos\mathrm{s}t, \end{array}\right.$$

en choisissant le plan des x, y de manière à faire évanouir la distance $\mathfrak{r}$. Or, en posant successivement

$$t = 0, \qquad t = \frac{\pi}{2\mathrm{s}} = \frac{1}{4}\mathrm{T},$$

on tirera des formules (27)

$$(28)\qquad \left\{\begin{array}{ll} \cos\varpi\cos\lambda = \cos\iota\cos\Pi, & \cos\varpi\sin\lambda = \sin\iota\sin\Pi, \\ \sin\varpi\cos\mu = -\sin\iota\cos\Pi, & \sin\varpi\sin\mu = \cos\iota\sin\Pi; \end{array}\right.$$

et comme, en nommant δ l'anomalie relative aux nouveaux axes, on aura

$$\delta = \mu - \nu,$$
$$\cos\delta = \cos\lambda\cos\mu + \sin\lambda\sin\mu, \qquad \sin\delta = \sin\mu\cos\lambda - \sin\lambda\cos\mu,$$

on trouvera définitivement

$$\cos\delta = \sin\iota\cos\iota\frac{\sin^2\Pi - \cos^2\Pi}{\sin\varpi\cos\varpi}, \qquad \sin\delta = \frac{\sin\Pi\cos\Pi}{\sin\varpi\cos\varpi},$$

ou, ce qui revient au même,

$$(29)\qquad \sin 2\varpi\cos\delta = -\sin 2\iota\cos 2\Pi, \qquad \sin 2\varpi\sin\delta = \sin 2\Pi.$$

On tirera encore des formules (28)

$$\cos^2\varpi = \cos^2\iota\cos^2\Pi + \sin^2\iota\sin^2\Pi,$$
$$\sin^2\varpi = \sin^2\iota\cos^2\Pi + \cos^2\iota\sin^2\Pi,$$

et par suite

$$\cos^2\varpi - \sin^2\varpi = (\cos^2\iota - \sin^2\iota)(\cos^2\Pi - \sin^2\Pi),$$

ou, ce qui revient au même,

$$\cos 2\varpi = \cos 2\iota \cos 2\Pi. \tag{30}$$

Enfin on tirera des formules (29)

$$\cot\delta = -\sin 2\iota \cot 2\Pi. \tag{31}$$

Les formules (27) et celles que nous en avons déduites supposent le demi-axe des y positives choisi de manière que le mouvement de la molécule m, autour du centre de l'ellipse décrite, soit un mouvement de rotation direct; en d'autres termes, elles supposent la valeur de l'anomalie principale Δ réductible à celle que donne la formule $\Delta = \frac{\pi}{2}$. Si l'on supposait au contraire

$$\Delta = -\frac{\pi}{2},$$

alors, en raisonnant toujours de la même manière, on se trouverait conduit à remplacer $\sin st$ par $-\sin st$ dans la seconde des formules (23); par conséquent à changer, dans les seconds membres des formules (27), le signe du produit $\sin\Pi \sin st$, et à remplacer $\sin\Pi$ par $-\sin\Pi$ dans les formules (28). Comme on a d'ailleurs, pour $\Delta = \frac{\pi}{2}$,

$$\sin\Delta = 1$$

et, pour $\Delta = -\frac{\pi}{2}$,

$$\sin\Delta = -1,$$

il suit, de ce qu'on vient de dire, qu'en laissant arbitraire le signe de Δ et posant en conséquence

$$\Delta = \pm\frac{\pi}{2},$$

on devra, dans les formules (28), remplacer $\sin\Pi$ par le produit $\sin\Pi \sin\Delta$. On trouvera ainsi généralement

$$\left\{\begin{aligned} \cos\varpi\cos\lambda &= \cos\iota\cos\Pi, & \cos\varpi\sin\lambda &= \sin\iota\sin\Pi\sin\Delta,\\ \sin\varpi\cos\mu &= -\sin\iota\cos\Pi, & \sin\varpi\sin\mu &= \cos\iota\sin\Pi\sin\Delta. \end{aligned}\right. \tag{32}$$

Or, de ces dernières équations, jointes à la formule $\sin\Delta = \pm 1$, on déduira encore la première des formules (29) et l'équation (30). Mais, au lieu de la seconde des équations (29), on obtiendra l'équation (20), et au lieu de la formule (31) la suivante

$$(33)\qquad \cot\delta = -\sin 2\iota \cot 2\Pi \sin\Delta.$$

Nous avons déjà énoncé le théorème que renferme la seconde des équations (29) ou plutôt l'équation (20). Quant aux formules (30) et (33), elles renferment encore deux propositions remarquables, dont nous avons donné d'autres démonstrations dans le Mémoire sur la réflexion et la réfraction de la lumière (*voir* le Recueil de *Mémoires sur divers points de Physique mathématique*) et dont voici les énoncés :

Théorème II. — *Dans un rayon doué de la polarisation elliptique, le double de l'azimut relatif à un plan fixe et le double d'un azimut principal offrent des cosinus dont le rapport est le cosinus du double de l'angle formé par le plan fixe avec le plan principal que l'on considère.*

Théorème III. — *La cotangente de l'anomalie relative à un plan fixe est proportionnelle au sinus du double de l'angle formé par le plan fixe avec l'un des plans principaux, et se réduit, au signe près, au produit de ce sinus par la cotangente du double de l'azimut principal relatif au dernier de ces plans.*

CONSIDÉRATIONS NOUVELLES

SUR

LA THÉORIE DES SUITES

ET SUR

LES LOIS DE LEUR CONVERGENCE.

Parmi les théorèmes nouveaux, que contiennent mes Mémoires de 1831 et 1832 sur la Mécanique céleste, l'un des plus singuliers et, en même temps, l'un de ceux auxquels les géomètres paraissent attacher le plus de prix, est celui qui donne immédiatement les règles de la convergence des séries fournies par le développement des fonctions explicites et réduit simplement la loi de convergence à la loi de continuité, la définition des fonctions continues n'étant pas celle qui a été longtemps admise par les auteurs des Traités d'Algèbre, mais bien celle que j'ai adoptée dans mon *Analyse algébrique*, et suivant laquelle une fonction est continue entre des limites données de la variable, lorsque, entre ces limites, elle conserve constamment une valeur finie et déterminée, et qu'à un accroissement infiniment petit de la variable correspond un accroissement infiniment petit de la fonction elle-même. Comme le remarquait dernièrement un savant, que je m'honore d'avoir vu assister autrefois à mes leçons, M. l'abbé Moigno, le théorème que je viens de rappeler est si fécond en résultats utiles pour le progrès des sciences mathématiques, et il est d'ailleurs d'une application si facile, qu'il y aurait de grands avantages à le faire passer dans le calcul différentiel et à débarrasser sa démonstration des signes d'intégration qui ne paraissent pas devoir y entrer nécessairement. Ayant cherché les moyens d'atteindre ce but, j'ai eu la satisfaction de reconnaître qu'on pouvait effectivement y parvenir, à l'aide des principes établis dans mon *Calcul différentiel* et dans le Résumé des leçons que j'ai données, à l'École Polytechnique, sur le Calcul infinitésimal. En effet, à l'aide de ces principes, on démontre aisément, comme on le verra dans le premier paragraphe de ce Mémoire, diverses propositions parmi lesquelles se trouve le théorème que je viens de citer, et l'on peut alors, non seulement reconnaître dans quels cas les fonctions sont développables en séries convergentes ordonnées suivant les puissances ascendantes des variables qu'elles renferment, mais encore assigner des limites aux erreurs que l'on commet en négligeant, dans ces mêmes séries, les termes dont le rang surpasse un nombre donné.

Le second paragraphe du Mémoire se rapporte plus spécialement au développement des fonctions implicites. Pour développer ces sortes de fonctions, on a souvent fait usage de la méthode des coefficients indéterminés. Mais cette méthode, qui suppose l'existence d'un développement et même sa forme déjà connues, ne peut servir à constater ni cette forme, ni cette existence, et détermine seulement les coefficients que les développements peuvent contenir, sans indiquer les valeurs entre lesquelles les variables doivent se renfermer pour que les fonctions restent développables. Il est clair, par ce motif, que beaucoup de démonstrations, admises autrefois sans contestation, doivent être regardées comme insuffisantes. Telle est, en particulier, la démonstration que M. Laplace a donnée de la formule de Lagrange et que Lagrange a insérée dans la *Théorie des fonctions analytiques*. Des démonstrations plus rigoureuses de la même formule sont celles où l'on commence par faire voir que la multiplication de deux séries semblables à la série de Lagrange reproduit une série de même forme et celle que j'ai donnée dans le Mémoire sur la Mécanique céleste, publié en 1832 (¹). Mais, de ces deux démonstrations, la première est assez longue et la seconde exige l'emploi des intégrales définies. Or, comme

(¹) *Œuvres de Cauchy*, 2e série, t. XV.

la formule de Lagrange et d'autres formules analogues servent à la solution d'un grand nombre de problèmes, j'ai pensé qu'il serait utile d'en donner une démonstration très simple, et en quelque sorte élémentaire. Tel est l'objet que je me suis proposé dans le second paragraphe du présent Mémoire.

ANALYSE.

§ I. — *Développement des fonctions en séries convergentes. Règles sur la convergence de ces développements et limites des restes.*

La théorie du développement des fonctions en séries ordonnées, suivant les puissances ascendantes des variables, est une conséquence immédiate de deux théorèmes, dont la démonstration se déduit, comme on va le voir, des principes établis dans mon *Calcul différentiel* et des propriétés connues des racines de l'unité.

Théorème I. — *Soit*

$$x = re^{p\sqrt{-1}}$$

une variable imaginaire dont le module soit r *et l'argument* p. *Soit encore*

$$\varpi(x)$$

une fonction de la variable x *qui reste finie et continue, ainsi que sa dérivée* $\varpi'(x)$, *pour des valeurs du module* r *comprises entre certaines limites,*

$$r = r_0, \qquad r = \mathrm{R}.$$

Enfin, nommons n *un nombre entier susceptible de croître indéfiniment, et prenons*

$$\theta = e^{\frac{2\pi}{n}\sqrt{-1}},$$

θ *représentera une racine primitive de l'équation*

$$x^n = 1;$$

et si, en attribuant à r *l'une quelconque des valeurs comprises entre les limites* r_0, R, *on pose*

$$(1)\qquad \frac{\varpi'(r)+\theta\varpi'(\theta r)+\theta^2\varpi'(\theta^2 r)+\ldots+\theta^{n-1}\varpi'(\theta^{n-1}r)}{n}=\delta,$$

δ *s'évanouira sensiblement pour de très grandes valeurs de* n; *par conséquent la moyenne arithmétique entre les diverses valeurs du produit*

$$\theta^m\varpi'(\theta^m r),$$

correspondant aux valeurs

$$0,\quad 1,\quad 2,\quad \ldots,\quad n-1$$

du nombre m, *se réduira sensiblement à zéro, en même temps que* $\frac{1}{n}$.

Démonstration. — En effet, si l'on nomme i un accroissement attribué à une valeur de x dans le voisinage de laquelle la fonction $\varpi(x)$ et sa dérivée $\varpi'(x)$ restent finies et continues, on aura, pour les valeurs de i peu différentes de zéro (*voir* le *Calcul différentiel*),

$$\varpi(x+i)-\varpi(x)=i[\varpi'(x)+j],$$

j devant s'évanouir avec i. On aura donc par suite

$$(2)\qquad \left\{\begin{array}{lll} \varpi(\theta r)-\varpi(r) & = (\theta-1)r[\varpi'(r) & +\delta_0], \\ \varpi(\theta^2 r)-\varpi(\theta r) & = (\theta-1)r[\theta\varpi'(\theta r) & +\delta_1], \\ \ldots\ldots\ldots\ldots & \ldots\ldots\ldots\ldots, & \\ \varpi(\theta^n r)-\varpi(\theta^{n-1}r) & = (\theta-1)r[\theta^{n-1}\varpi'(\theta^{n-1}r) & +\delta_{n-1}], \end{array}\right.$$

$\delta_0, \delta_1, \ldots, \delta_{n-1}$ devant s'évanouir avec $\theta-1$, ou, ce qui revient au même, avec $\frac{1}{n}$; puis, en posant pour abréger

$$\frac{\delta_0+\delta_1+\ldots+\delta_{n-1}}{n}=-\delta,$$

c'est-à-dire en représentant par $-\delta$ la moyenne arithmétique entre les expressions imaginaires,

$$\delta_0,\quad \delta_1,\quad \ldots,\quad \delta_{n-1},$$

on tirera des équations (2)

$$(3)\qquad \frac{\varpi(\theta^n r)-\varpi(r)}{(\theta-1)r}=\varpi'(r)+\theta\varpi'(\theta r)+\ldots+\theta^{n-1}\varpi'(\theta^{n-1}r)-n\delta.$$

Enfin, comme on aura précisément

$$\theta^n = 1, \qquad \varpi(\theta^n r) = \varpi(r),$$

l'équation (3) se réduira simplement à l'équation (1). D'autre part, comme la somme de plusieurs expressions imaginaires offre un module inférieur à la somme de leurs modules, la moyenne $-\delta$ offrira un module inférieur au plus grand des modules de

$$\delta_0, \quad \delta_1, \quad \ldots, \quad \delta_{n-1}.$$

Donc δ s'évanouira en même temps que chacun d'eux, c'est-à-dire en même temps que $\frac{1}{n}$; ce qui démontre l'exactitude du théorème I.

Théorème II. — *Les mêmes choses étant posées que dans le théorème I, si l'on fait, pour abréger,*

$$\Pi(r) = \frac{\varpi(r) + \varpi(\theta r) + \ldots + \varpi(\theta^{n-1} r)}{n}, \tag{4}$$

c'est-à-dire si l'on représente par $\Pi(r)$ *la moyenne arithmétique entre les diverses valeurs de*

$$\varpi(\theta^m r)$$

correspondant aux valeurs

$$0, \quad 1, \quad 2, \quad 3, \quad \ldots, \quad n-1$$

du nombre m; alors, pour de grandes valeurs de n, la fonction $\Pi(r)$ *restera sensiblement invariable entre les limites* $r = r_0$, $r = \mathrm{R}$.

Démonstration. — Supposons qu'à une valeur de r comprise entre les limites r_0, R, on attribue un accroissement ρ assez petit pour que $r+\rho$ soit encore compris entre ces limites. Les accroissements correspondants des divers termes de la suite

$$\varpi(r), \quad \varpi(\theta r), \quad \ldots, \quad \varpi(\theta^{n-1} r)$$

seront de la forme

$$(5)\quad \left\{\begin{array}{lll} \varpi(r+\rho) & -\varpi(r) & = \rho[\varpi'(r) + \varepsilon_0], \\ \varpi[\theta(r+\rho)] & -\varpi(\theta r) & = \rho[\theta\varpi'(\theta r) + \varepsilon_1], \\ \multicolumn{3}{l}{\ldots\ldots\ldots\ldots\ldots\ldots\ldots\ldots\ldots\ldots\ldots\ldots,} \\ \varpi[\theta^{n-1}(r+\rho)] & -\varpi(\theta^{n-1} r) & = \rho[\theta^{n-1}\varpi'(\theta^{n-1} r) + \varepsilon_{n-1}], \end{array}\right.$$

$\varepsilon_0, \varepsilon_1, \ldots, \varepsilon_{n-1}$ désignant des expressions imaginaires qui s'évanouiront avec $\frac{1}{n}$; et par suite la moyenne arithmétique entre ces mêmes accroissements ou la différence

$$\Pi(r+\rho)-\Pi(r)$$

se trouvera déterminée par la formule

$$(6)\quad \Pi(r+\rho)-\Pi(r)=\rho\left[\frac{\varpi'(r)+\theta\varpi'(\theta r)+\ldots+\theta^{n-1}\varpi'(\theta^{n-1}r)}{n}+\varepsilon\right],$$

la valeur de ε étant

$$(7)\quad \varepsilon=\frac{\varepsilon_0+\varepsilon_1+\ldots+\varepsilon_{n-1}}{n}.$$

On aura donc, eu égard à la formule (1),

$$\Pi(r+\rho)-\Pi(r)=\rho(\varepsilon-\delta),$$

ou, ce qui revient au même,

$$(8)\quad \Pi(r+\rho)-\Pi(r)=\iota\rho,$$

ι représentant la différence $\varepsilon-\delta$ et devant, comme ε et δ, s'évanouir avec $\frac{1}{n}$.

On conclura facilement de la formule (8) que, pour de grandes valeurs de n, la fonction $\Pi(r)$ reste sensiblement invariable entre les limites $r=r_0$, $r=R$, en sorte qu'on a, par exemple, sans erreur sensible,

$$(9)\quad \Pi(R)=\Pi(r_0).$$

Effectivement, pour établir cette dernière équation, il suffira de partager la différence

$$R-r_0$$

en éléments très petits égaux entre eux, et la différence

$$\Pi(R)-\Pi(r_0)$$

en éléments correspondants, puis d'observer que, si l'on prend pour ρ un des éléments de la première différence, la seconde différence sera, en vertu de la formule (8), le produit de ρ par la somme des valeurs de ι, ou, ce qui revient au même, le produit de $R - r_0$ par une moyenne arithmétique entre les diverses valeurs de ι. Soit I cette moyenne arithmétique, on aura

$$\Pi(R) - \Pi(r_0) = I(R - r_0);$$

et, comme le module de I ne pourra surpasser le plus grand des modules de ι, il est clair que I, tout comme ι, devra s'évanouir avec $\frac{1}{n}$. Donc le produit

$$I(R - r_0)$$

devra lui-même s'évanouir sensiblement pour de grandes valeurs de n, du moins tant que R conservera une valeur finie. On prouverait de la même manière que, si la valeur de r est comprise entre les limites r_0, R, on aura sensiblement, pour de grandes valeurs de n,

$$\Pi(r) = \Pi(r_0). \tag{10}$$

Nota. — Le second membre de la formule (4) n'est autre chose que la moyenne arithmétique entre les diverses valeurs de la fonction

$$\varpi(x)$$

qui correspondent à un même module r de la variable x, et à des valeurs de $\frac{x}{r}$ représentées par les diverses racines de l'unité du degré n. La limite vers laquelle converge cette moyenne arithmétique, tandis que le nombre n croît indéfiniment, est ce qu'on pourrait appeler la *valeur moyenne* de la fonction $\varpi(x)$, pour le module donné r de la variable x. Lorsqu'on admet cette définition, le théorème II peut s'énoncer de la manière suivante :

Si la fonction $\varpi(x)$ et sa dérivée $\varpi'(x)$ restent finies et continues pour un module r de x renfermé entre les limites r_0, R, *la valeur moyenne de $\varpi(x)$ correspondant au module r, supposé compris entre les limites r_0*, R, *sera indépendante de ce module.*

Corollaire I. — Les mêmes choses étant posées que dans les théorèmes I et II, si la fonction $\varpi(x)$ et sa dérivée restent encore continues, pour un module r de x renfermé entre les limites o, R, on aura sensiblement, pour un semblable module et pour de grandes valeurs de n,

$$\Pi(r) = \Pi(0). \tag{11}$$

Corollaire II. — Les mêmes choses étant posées que dans le corollaire I, si la fonction $\varpi(x)$ s'évanouit avec x, on pourra en dire autant de la fonction $\Pi(x)$, et par suite on aura sensiblement, pour de grandes valeurs de n,

$$\Pi(r) = 0. \tag{12}$$

Corollaire III. — Concevons maintenant que l'on pose

$$\varpi(z) = \frac{f(z) - f(x)}{z - x} z, \tag{13}$$

$f(z)$ désignant une fonction de z qui reste finie et continue avec sa dérivée $f'(z)$, pour un module r de z compris entre les limites o, R. $\Pi(z)$, ainsi que $\varpi(z)$, s'évanouira pour une valeur nulle de z, et si, en posant pour abréger

$$\varphi(z) = \frac{z}{z - x} f(z), \qquad \psi(z) = \frac{z}{z - x} f(x), \tag{14}$$

on nomme

$$\Phi(z), \quad \Psi(z)$$

ce que devient $\Pi(z)$ quand on remplace $\varpi(z)$ par $\varphi(z)$ ou par $\psi(z)$, alors, en vertu de la formule (12), on aura sensiblement, pour de grandes valeurs de n et pour un module r de z inférieur à R,

$$\Phi(r) - \Psi(r) = 0. \tag{15}$$

D'autre part, si l'on suppose le module r de z supérieur au module de x, on aura

$$\frac{z}{z - x} = 1 + z^{-1}x + z^{-2}x^2 + \ldots = \Sigma z^{-m} x^m,$$

et par suite, en vertu de la formule (4),

$$\Psi(r) = f(x)\,\Sigma\,\frac{1+\theta^{-m}+\theta^{-2m}+\ldots+\theta^{-(n-1)m}}{n}\,r^{-m}x^{m},$$

le signe Σ s'étendant à toutes les valeurs entières, nulles ou positives de m. D'ailleurs, comme le rapport

$$\frac{1+\theta^{-m}+\theta^{-2m}+\ldots+\theta^{-(n-1)m}}{n} = \frac{1}{n}\,\frac{1-\theta^{-nm}}{1-\theta^{-m}}$$

se réduira toujours évidemment ou à l'unité ou à zéro, suivant que m sera ou ne sera pas divisible par n, la valeur précédente de $\Psi(r)$ deviendra

$$\Psi(r) = \left[1+\left(\frac{x}{r}\right)^{n}+\left(\frac{x}{r}\right)^{2n}+\ldots\right]f(x) = \frac{1}{1-\left(\frac{x}{r}\right)^{n}}\,f(x).$$

Donc, le module de $\frac{x}{r}$ étant inférieur à l'unité, on aura sensiblement, pour de grandes valeurs de n,

$$\Psi(r) = f(x),$$

et par suite, en vertu de la formule (15),

(16) $$f(x) = \Phi(r),$$

ou, ce qui revient au même,

(17) $$f(x) = \frac{1}{n}\left[\frac{r}{r-x}f(r)+\frac{\theta r}{\theta r - x}f(\theta r)+\ldots+\frac{\theta^{n-1}r}{\theta^{n-1}r-x}f(\theta^{n-1}r)\right].$$

En vertu de cette dernière équation, qui devient rigoureuse quand n devient infini, la fonction $f(x)$ pourra être généralement représentée par la valeur moyenne du produit

(18) $$\frac{z}{z-x}f(z)$$

correspondant au module r de la variable z, si, le module de x étant inférieur au module r de z, la fonction $f(z)$ et sa dérivée $f'(z)$ restent finies et continues pour ce module de z ou pour un module plus petit.

D'ailleurs la fraction

$$\frac{z}{z-x},$$

et par suite le produit (18), seront, pour un module de x inférieur au module r de z, développables en séries convergentes ordonnées suivant les puissances ascendantes de x. On pourra donc en dire autant du second membre de la formule (17) et de la fonction $f(x)$, quand le module de x sera inférieur au plus petit des modules de z pour lesquels la fonction $f(z)$ cesse d'être finie et continue. On peut donc énoncer la proposition suivante :

Théorème III. — *Si l'on attribue à la variable x un module inférieur au plus petit de ceux pour lesquels une des deux fonctions $f(x)$, $f'(x)$ cesse d'être finie et continue, la fonction $f(x)$ pourra être représentée par la valeur moyenne du produit*

$$\frac{z}{z-x}f(z),$$

correspondant à un module r de z, qui surpasse le module donné de x; et sera par conséquent développable en série convergente, ordonnée suivant les puissances ascendantes de la variable x.

Nota. — Comme en supposant la fonction $f(x)$ développable suivant les puissances ascendantes de x, et de la forme

$$f(x) = a_0 + a_1 x + a_2 x^3 + \dots, \tag{19}$$

on tirera de l'équation (19) et de ses dérivées relatives à x

$$a_0 = f(0), \qquad a_1 = \frac{f'(0)}{1}, \qquad a_2 = \frac{f''(0)}{1.2}, \qquad \dots,$$

il est clair que le développement de $f(x)$, déduit du théorème II, ne différera pas de celui que fournirait la formule de Taylor. On arrive encore aux mêmes conclusions en observant que le produit

$$\frac{z}{z-x}f(z),$$

développé suivant les puissances ascendantes de x, donne pour développement la série

$$f(z), \quad x\frac{f(z)}{z}, \quad x^2\frac{f(z)}{z^2}, \quad \dots$$

Donc, dans le développement de $f(x)$, le terme constant devra se réduire à la valeur moyenne de $f(z)$, laquelle, en vertu du théorème II, est précisément $f(o)$; le coefficient de x, à la valeur moyenne du rapport $\frac{f(z)}{z}$ ou, ce qui revient au même, du rapport

$$\frac{f(z)-f(o)}{z},$$

et par conséquent à la valeur commune $f'(o)$, que prennent ce rapport et la fonction $f'(z)$, pour $z=o$, etc.

Quant au reste qui devra compléter la série de Taylor, réduite à ses n premiers termes, il se déduira encore facilement des principes que nous venons d'établir. En effet, puisqu'on aura

$$\frac{z}{z-x}=1+\frac{x}{z}+\frac{x^2}{z^2}+\dots+\frac{x^{n-1}}{z^{n-1}}+\frac{x^n}{z^{n-1}(z-x)},$$

et, par suite,

$$\frac{z}{z-x}f(z)=f(z)+\frac{x}{z}f(z)+\frac{x^2}{z^2}f(z)+\dots+\frac{x^{n-1}}{z^{n-1}}f(z)+\frac{x^n}{z^{n-1}(z-x)}f(z),$$

il est clair que le reste dont il s'agit sera la valeur moyenne du produit

$$\frac{x^n}{z^{n-1}(z-x)}f(z),$$

considéré comme fonction de z, pour un module r de z supérieur au module donné de x. Donc, si l'on nomme $\mathcal{R}$ le plus grand des modules de $f(z)$ correspondant au module r de z, et X le module attribué à la variable x, le reste de la série de Taylor aura pour module un nombre inférieur au produit

$$\frac{X^n}{r^{n-1}(r-X)}\mathcal{R},$$

par conséquent inférieur au reste de la progression géométrique que l'on obtient, en développant suivant les puissances ascendantes de x, le rapport

$$\frac{r\mathcal{R}}{r - \mathrm{X}}.$$

On peut donc énoncer encore la proposition suivante :

THÉORÈME IV. — *Les mêmes choses étant posées que dans le théorème III, si l'on arrête le développement de la fonction* $\mathrm{f}(x)$ *après le* $n^{\text{ième}}$ *terme, le reste qui devra compléter le développement sera la valeur moyenne du produit*

$$\left(\frac{x}{z}\right)^{n-1} \frac{x\,\mathrm{f}(z)}{z - x},$$

pour un module r de z supérieur au module donné de x. Si d'ailleurs on nomme $\mathcal{R}$ *le plus grand des modules de* $\mathrm{f}(z)$ *correspondant au module r de z, et* X *le module attribué à x, le module du reste ne surpassera pas le produit*

$$\left(\frac{\mathrm{X}}{r}\right)^{n-1} \frac{\mathrm{X}\mathcal{R}}{r - \mathrm{X}}.$$

Les principes ci-dessus exposés, particulièrement les notions des valeurs moyennes des fonctions pour des modules donnés des variables et les divers théorèmes que nous venons d'établir peuvent être immédiatement étendus et appliqués à des fonctions de plusieurs variables. On obtiendra de cette manière de nouveaux énoncés des propositions que renferme le Mémoire sur la *Mécanique céleste*, publié en 1832, et l'on arrivera, par exemple, au théorème suivant :

THÉORÈME V. — *Soient x, y, z, ... plusieurs variables réelles ou imaginaires. La fonction* $\mathrm{f}(x, y, z, \ldots)$ *sera développable par la formule de Maclaurin, étendue au cas de plusieurs variables, en une série convergente ordonnée suivant les puissances ascendantes de x, y, z, ... si les modules* X, Y, Z, ... *des variables x, y, z, ... conservent des valeurs inférieures à celles pour lesquelles la fonction reste finie et continue. Soient r, r', r'', ... ces dernières valeurs ou des valeurs plus petites, et* $\mathcal{R}$ *le plus* *grand des modules de* $f(x, y, z, \ldots)$ *correspondant au module* r *de* x, *au module* r' *de* y, *au module* r'' *de* z.... *Les modules du terme général et du reste de la série en question seront respectivement inférieurs aux modules du terme général et du reste de la série qui a pour somme le produit*

$$\frac{r}{r-X}\frac{r'}{r'-Y}\frac{r''}{r''-Z}\cdots\mathfrak{R}.$$

§ II. — *Développement des fonctions implicites. Formule de Lagrange.*

Les principes établis dans le paragraphe précédent peuvent être appliqués non seulement au développement des fonctions explicites, mais encore au développement des fonctions implicites, par exemple de celles qui représentent les racines des équations algébriques et transcendantes. Alors la loi de convergence se réduit encore à la loi de continuité. Concevons, pour fixer les idées, que la variable x soit déterminée en fonction de la variable ε par une équation algébrique ou transcendante de la forme

$$x = \varepsilon\varpi(x), \tag{1}$$

$\varpi(x)$ étant une fonction explicite et donnée de x qui ne renferme point ε, et ne devienne point nulle ni infinie pour $x = 0$. Parmi les racines de l'équation (1), il en existera une qui s'évanouira en même temps que ε. Or cette racine, si l'on fait croître le module de ε par degrés insensibles, variera elle-même insensiblement, ainsi que sa dérivée relative à ε, en restant fonction continue de la variable ε, jusqu'à ce que cette variable acquière une valeur pour laquelle deux racines de l'équation (1) deviennent égales [1], pourvu toutefois que dans l'intervalle

[1] Lorsque la variable ε acquiert une valeur pour laquelle la plus petite racine de l'équation (1) cesse d'être une racine simple, la dérivée de cette racine, relative à ε, devient infinie et par conséquent discontinue. En effet, on tire généralement de l'équation (1)

$$D_\varepsilon x = \frac{\varepsilon\varpi(x)}{1-\varepsilon\varpi'(x)},$$

et il est clair que cette valeur $D_\varepsilon x$ se présente sous la forme $\frac{1}{0}$, quand on choisit ε de manière à vérifier l'équation (2).

la valeur de $\varpi(x)$, correspondant à la racine dont il s'agit, ne cesse pas d'être continue. Donc, si la fonction $\varpi(x)$ reste continue pour des valeurs quelconques de x, celles des racines de l'équation (1) qui s'évanouit avec ε sera développable en série convergente ordonnée suivant les puissances ascendantes de ε, pour tout module de la variable ε inférieur au plus petit de ceux qui introduisent des racines égales dans l'équation (1), et rendent ces racines communes à l'équation (1) et à sa dérivée

$$(2) \qquad 1 = \varepsilon\,\varpi'(x),$$

par conséquent, pour tout module de ε inférieur au plus petit de ceux qui répondent aux équations simultanées

$$(3) \qquad \varepsilon = \frac{x}{\varpi(x)}, \qquad \frac{\varpi(x)}{x} = \varpi'(x).$$

Ainsi, par exemple, la plus petite racine x de l'équation

$$(4) \qquad x = \varepsilon \cos x$$

sera développable en série convergente ordonnée suivant les puissances ascendantes de ε, pour tout module de ε inférieur au plus petit de ceux qui répondent aux équations simultanées

$$(5) \qquad \varepsilon = \frac{x}{\cos x}, \qquad \frac{\cos x}{x} = -\sin x,$$

dont la seconde peut être réduite à

$$(6) \qquad \cot x = -x,$$

ou bien encore remplacée par la formule

$$\cos x + x \sin x = 0,$$

qui, lorsqu'on développe $\sin x$ et $\cos x$, devient

$$(7) \qquad 1 + \frac{x^2}{2} - \frac{1}{1.2}\frac{x^4}{4} + \frac{1}{1.2.3.4}\frac{x^6}{6} - \ldots = 0.$$

Or, si l'on nomme X le module de la variable réelle ou imaginaire x, le module du polynome

$$\frac{x^2}{2} - \frac{1}{1.2}\frac{x^4}{4} + \frac{1}{1.2.3.4}\frac{x^6}{6} - \ldots$$

ne pourra surpasser la somme des modules de ses divers termes, savoir

$$\frac{X^2}{2} + \frac{1}{1.2}\frac{X^4}{4} + \frac{1}{1.2.3.4}\frac{X^6}{6} + \ldots;$$

d'où il résulte que l'équation (6) ou (7) n'admettra point de racines réelles ou imaginaires, dont les modules soient inférieurs à la racine positive unique de l'équation

$$(8) \qquad \frac{X^2}{2} + \frac{1}{1.2}\frac{X^4}{4} + \frac{1}{1.2.3.4}\frac{X^6}{6} + \ldots = 1$$

ou, ce qui revient au même, de l'équation

$$(9) \qquad \frac{e^X + e^{-X}}{2} - X\frac{e^X - e^{-X}}{2} = 0,$$

qu'on peut encore présenter sous l'une ou l'autre des deux formes

$$(10) \qquad X = 1 + \frac{2}{e^{2X} - 1},$$

$$(11) \qquad 2X - l(X+1) + l(X-1) = 0,$$

la lettre l indiquant un logarithme népérien. D'ailleurs cette racine X, supérieure à l'unité en vertu de la formule (10), sera, en vertu de la formule (8), inférieure à la racine positive de l'équation

$$\frac{X^2}{2} + \frac{1}{1.2}\frac{X^4}{4} = 1,$$

c'est-à-dire au nombre

$$\sqrt{-2+\sqrt{12}} = 1,2100\ldots$$

et si l'on pose, dans l'équation (8) ou (11),

$$X = 1,2 + i,$$

i sera renfermé entre les limites $-0,2$ et $0,1$. Cela posé, en considérant 1,2 comme une première valeur approchée de la racine positive X de l'équation (8), on obtiendra facilement par la méthode de Newton, ou par l'emploi de la formule de Taylor, de nouvelles valeurs de plus en plus approchées, et l'on trouvera ([1]), en poussant l'approximation jusqu'aux millionièmes inclusivement

$$X = 1,199678\ldots.$$

Cette dernière valeur de X représente donc une limite inférieure que ne peuvent dépasser les modules des valeurs de x qui vérifient l'équation (6) ou (7). Mais ces modules peuvent atteindre la limite dont il

(*) Si l'on désigne par $F(X)$ le premier membre de l'équation (11), par a la valeur approchée 1,2 de la racine X et par $a+i$ sa valeur exacte, on aura

$$F(X) = F(a+i) = F(a) + iF'(a+\theta i),$$

θ désignant un nombre inférieur à l'unité, et les valeurs de $F'(X)$, $F'(a+\theta i)$ étant

$$F'(X) = \frac{2}{1 - X^{-2}}, \qquad F'(a+\theta i) = \frac{2}{1-(a+\theta i)^{-2}}.$$

Cela posé, l'équation

$$F(X) = 0$$

donnera

$$i = -\frac{1-(a+\theta i)^{-2}}{2} F(a).$$

et, comme on aura encore

$$a = 1,2, \quad F(a) = 2a - 1\left(\frac{a+1}{a-1}\right) = 2,4 - 1(11) = 0,002105,$$

on trouvera définitivement

$$i = -0,002105 \frac{1-(1,2+\theta i)^{-2}}{2}.$$

En vertu de cette dernière équation, non seulement i sera négatif, mais de plus sa valeur numérique sera inférieure au produit

$$0,002105 \frac{1-(1,2)^{-2}}{2} = 0,0003216,$$

et par suite supérieure au produit

$$0,002105 \frac{1-(1,2-0,0003216)^{-2}}{2} = 0,0003212\ldots.$$

Donc, en poussant l'approximation jusqu'aux millionièmes, on aura $i = -0,000321\ldots$

$$X = 1,2 - 0,000321\ldots = 1,199678\ldots.$$

s'agit, puisqu'on satisfait à l'équation (7) en supposant

$$x = \mathrm{X}\sqrt{-1} = 1,199\,678\ldots\sqrt{-1}$$

et prenant pour X la valeur positive de l'équation (8). Ce n'est pas tout : comme, en vertu des formules (5), on aura

$$\varepsilon = \frac{x}{\cos x} = \frac{-1}{\sin x},$$

on en conclura

$$\varepsilon^2 = \frac{x^2}{\cos^2 x} = \frac{1}{\sin^2 x} = \frac{x^2+1}{\cos^2 x + \sin^2 x};$$

par conséquent

$$\varepsilon^2 = x^2 + 1. \tag{12}$$

Or, si l'on suppose le module X de x égal ou supérieur au nombre

$$1,199\,678,\quad\ldots$$

alors, en vertu de la formule (12), le module correspondant de ε^2 sera égal ou supérieur à la différence

$$\mathrm{X}^2 - 1$$

et le module de ε sera égal ou supérieur à

$$\sqrt{\mathrm{X}^2 - 1},$$

par conséquent à la limite

$$\sqrt{(1,199\,678\ldots)^2 - 1} = 0,662\,742,\ldots$$

qu'il atteindra si l'on suppose

$$x = 1,199\,678\ldots\sqrt{-1}.$$

Donc le plus petit des modules de ε qui répondent aux équations (5) sera

$$0,662\,742,\quad\ldots$$

et par conséquent la plus petite racine de l'équation

$$x = \varepsilon\cos x$$

sera développable en série convergente ordonnée suivant les puissances ascendantes de ε, pour tout module de ε inférieur au nombre 0,662742 .... On se trouve ainsi ramené immédiatement à un résultat auquel M. Laplace est parvenu par des calculs assez longs dans son Mémoire sur la convergence de la série que fournit le développement du rayon vecteur d'une planète suivant les puissances ascendantes de l'excentricité.

Il nous reste à indiquer une méthode très simple, à l'aide de laquelle on peut souvent construire avec une grande facilité les développements des fonctions implicites. Pour ne pas trop allonger ce Mémoire, nous nous contenterons ici d'appliquer cette méthode au développement de la plus petite racine x de l'équation (1), ou d'une fonction de cette racine.

Nommons α celle des racines de l'équation (1) qui s'évanouit avec ε, et que nous supposerons être une racine simple. On aura identiquement

$$x - \varepsilon\varpi(x) = (x - \alpha)\,\Pi(x), \tag{13}$$

$\Pi(x)$ désignant une fonction de x qui ne deviendra point nulle ni infinie pour $x = 0$. Or, de l'équation (13), jointe à sa dérivée, on déduira la suivante

$$\frac{1 - \varepsilon\varpi'(x)}{x - \varepsilon\varpi(x)} = \frac{1}{x - \alpha} + \frac{\Pi'(x)}{\Pi(x)}, \tag{14}$$

qu'on obtiendrait immédiatement en prenant les dérivées logarithmiques des deux membres de l'équation (13). On aura donc, par suite,

$$\frac{\Pi'(x)}{\Pi(x)} = \frac{1 - \varepsilon\varpi'(x)}{x - \varepsilon\varpi(x)} - \frac{1}{x - \alpha}. \tag{15}$$

D'ailleurs, pour des valeurs de x suffisamment rapprochées de zéro, la fonction

$$\frac{\Pi'(x)}{\Pi(x)}$$

sera généralement développable en une série convergente ordonnée suivant les puissances ascendantes, entières et positives de x. Ainsi, en particulier, si $\Pi(x)$ est une fonction de x, et si l'on nomme $\beta, \gamma, \ldots$ les racines de l'équation

$$\Pi(x) = 0, \tag{16}$$

on aura identiquement

$$\Pi(x) = k(x-\beta)(x-\gamma)\ldots, \tag{17}$$

k désignant un coefficient indépendant de x, et par suite

$$\frac{\Pi'(x)}{\Pi(x)} = \frac{1}{x-\beta} + \frac{1}{x-\gamma} + \ldots. \tag{18}$$

Donc alors on aura, pour tout module de x inférieur aux modules des racines $\beta, \gamma, \ldots,$

$$\frac{\Pi'(x)}{\Pi(x)} = -\left(\frac{1}{\beta} + \frac{1}{\gamma} + \ldots\right) - \left(\frac{1}{\beta^2} + \frac{1}{\gamma^2} + \ldots\right)x - \ldots. \tag{19}$$

Donc aussi le second membre de l'équation (15) devra être développable, pour des modules de x qui ne dépasseront pas certaines limites, en une série convergente ordonnée suivant les puissances ascendantes, entières et positives de x. Or il semble au premier abord que, pour de très petits modules de ε ou, ce qui revient au même, pour de très petits modules de α, ce développement ne puisse s'effectuer. Car, si le module de α devient inférieur à celui de x et le module de ε à celui de $\frac{x}{\varpi(x)}$, alors, en posant, pour abréger,

$$\varpi(x) = \mathfrak{X},$$

on trouvera

$$\frac{1}{x-\alpha} = \frac{1}{x} + \frac{\alpha}{x^2} + \frac{\alpha^2}{x^3} + \ldots, \tag{20}$$

$$\frac{1-\varepsilon\varpi'(x)}{x-\varepsilon\varpi(x)} = \frac{1}{x} - \varepsilon \mathrm{D}_x\left(\frac{\mathfrak{X}}{x}\right) - \frac{\varepsilon^2}{2}\mathrm{D}_x\left(\frac{\mathfrak{X}^2}{x^2}\right) - \frac{\varepsilon^3}{3}\mathrm{D}_x\left(\frac{\mathfrak{X}^3}{x^3}\right) - \ldots. \tag{21}$$

De plus, en désignant par ι un nombre infiniment petit qu'on devra réduire à zéro, après les différentiations effectuées, et par $\mathfrak{I}$ ce que devient $\mathfrak{X}$ quand on remplace x par ι, on aura encore, en vertu de la formule de Maclaurin,

$$(22)\quad \left\{\begin{aligned} &\mathcal{X} = \mathfrak{J} + \frac{x}{1} D_t \mathfrak{J} + \frac{x^2}{1.2} D_t^2 \mathfrak{J} + \ldots \\ &\mathcal{X}^2 = \mathfrak{J}^2 + \frac{x}{1} D_t \mathfrak{J}^2 + \frac{x^2}{1.2} D_t^2 \mathfrak{J}^2 + \ldots, \\ &\ldots\ldots\ldots\ldots\ldots\ldots\ldots\ldots\ldots \end{aligned}\right.$$

et

$$(23)\quad \left\{\begin{aligned} &D_x \frac{\mathcal{X}}{x} = - \frac{\mathfrak{J}}{x^2} + \frac{1}{1.2} D_t^2 \mathfrak{J} + \ldots, \\ &D_x \frac{\mathcal{X}^2}{x^2} = -2 \frac{\mathfrak{J}^2}{x^2} - \frac{1}{1} \frac{D_t \mathfrak{J}^2}{x^2} + \frac{1}{1.2.3} D_t^3 \mathfrak{J}^2 + \ldots, \\ &\ldots\ldots\ldots\ldots\ldots\ldots\ldots\ldots\ldots\ldots, \end{aligned}\right.$$

et par suite le second membre de la formule (15), développé suivant les puissances ascendantes de x, renfermera en apparence non seulement des puissances positives, mais encore des puissances négatives de x, ces dernières même étant, à ce qu'il semble, en nombre infini. Toutefois, il importe d'observer qu'en supposant le module de α très petit, on pourra développer ε, ε^2, ... et par suite les seconds membres des formules (21) et (15), suivant les puissances ascendantes de α. Alors le second membre de la formule (15), développé suivant les puissances ascendantes de x et de α, offrira, il est vrai, des puissances positives et des puissances négatives de x, mais seulement des puissances positives de α, et le coefficient d'une puissance quelconque de α, par exemple de α^m, dans ce second membre, sera la somme u_m d'une série qui renfermera un nombre infini de puissances positives de x, avec les seules puissances négatives

$$\frac{1}{x^m}, \quad \frac{1}{x^{m-1}}, \quad \ldots, \quad \frac{1}{x}.$$

D'autre part, en vertu des principes établis dans le paragraphe précédent (théorème V), la fonction $\frac{\Pi'(x)}{\Pi(x)}$ sera développable en une série convergente ordonnée suivant les puissances ascendantes, entières et positives de x et de α, tant que les modules de x et de α ne dépasseront pas les limites au delà desquelles cette fonction cesse d'être continue, et le coefficient de α^m dans le développement sera la somme v_m d'une série qui renfermera seulement les puissances entières et positives de x. Donc, puisque deux développements ordonnés suivant les puissances ascendantes, entières et positives de x, ne peuvent devenir égaux sans qu'il y ait égalité entre les coefficients des mêmes puissances, les deux coefficients de α^m que nous avons désignés par u_m, v_m, et qui représentent les sommes de deux séries ordonnées suivant les puissances ascendantes de x, seront égaux; d'où il résulte que, dans la première de ces deux séries, chacun des m premiers termes, proportionnels à des puissances négatives de x, devra s'évanouir. Donc le terme proportionnel à $\frac{1}{x^2}$, en particulier, s'évanouira dans la série dont la somme u_m sert de coefficient à α^m, quel que soit d'ailleurs le nombre m; d'où il résulte que la somme des termes proportionnels à $\frac{1}{x^2}$ s'évanouira elle-même, dans le développement du second membre de la formule (15) suivant les puissances ascendantes de x et de α. Or, cette somme, en vertu des formules (19), (20), (23), sera évidemment

$$\varepsilon\mathfrak{I} + \frac{\varepsilon^2}{1.2} D_\iota \mathfrak{I}^2 + \frac{\varepsilon^3}{1.2.3} D_\iota^2 \mathfrak{I}^3 + \ldots - \alpha.$$

On aura donc

$$\alpha = \varepsilon\mathfrak{I} + \frac{\varepsilon^2}{1.2} D_\iota \mathfrak{I}^2 + \frac{\varepsilon^3}{1.2.3} D_\iota^2 \mathfrak{I}^3 + \ldots, \tag{24}$$

la valeur de ι devant être réduite à zéro, après les différentiations effectuées. La formule (24), qui subsiste tant que α et sa dérivée relative à ε restent fonctions continues de ε, est précisément la formule donnée par Lagrange pour le développement de α suivant les puissances ascendantes de ε. Si l'on égalait à zéro, dans le développement du second membre de la formule (15), non plus le coefficient de $\frac{1}{x^2}$, mais ceux de $\frac{1}{x^3}$, de $\frac{1}{x^4}$, etc., on obtiendrait immédiatement les formules données par Lagrange pour le développement de α^2, α^3, etc., suivant les puissances ascendantes de ε. Enfin, si l'on égalait les coefficients des puissances positives

$$x,\quad x^2,\quad \ldots$$

à ceux qui affectent les mêmes puissances dans le second membre de la formule (19), on obtiendrait les valeurs des sommes

$$\frac{1}{6} + \frac{1}{\gamma} + \ldots,\qquad \frac{1}{6^2} + \frac{1}{\gamma^2} + \ldots,$$

développées encore suivant les puissances ascendantes entières et positives de ε.

Soit maintenant $\mathrm{f}(x)$ une fonction qui ne devienne pas infinie pour $x = 0$. Après avoir multiplié par le rapport

$$\frac{\mathrm{f}(x) - \mathrm{f}(0)}{x}$$

les deux membres de la formule (15), on pourra, tant que la fonction $\mathrm{f}(x)$ ne deviendra pas discontinue, développer le second membre suivant les puissances ascendantes de x, et, comme, dans ce développement effectué à l'aide des équations (20), (21), (23) ou de formules analogues, le coefficient de $\frac{1}{x^2}$ devra disparaître, on en conclura facilement

$$(25)\quad \mathrm{f}(\alpha) - \mathrm{f}(0) = \varepsilon \mathfrak{X}\, \mathrm{f}'(\iota) + \frac{\varepsilon^2}{1.2} \mathrm{D}_\iota[\mathfrak{X}^2\, \mathrm{f}'(\iota)] + \frac{\varepsilon^3}{1.2.3} \mathrm{D}_\iota^2[\mathfrak{X}^3\, \mathrm{f}'(\iota)] + \ldots,$$

la valeur de ι devant être réduite à zéro après les différentiations effectuées. On retrouve encore ici la formule donnée par Lagrange pour le développement de $\mathrm{f}(\alpha)$. Il est bon d'observer que, dans cette formule, le coefficient de $\frac{\varepsilon^n}{n}$, déterminé par la méthode qu'on vient d'exposer, sera le coefficient de $\frac{1}{x^2}$ dans le développement du produit

$$\frac{\mathrm{f}(x) - \mathrm{f}(0)}{x} \mathrm{D}_x\left(\frac{\mathfrak{X}^n}{x^n}\right),$$

ou, ce qui revient au même, le coefficient $\frac{1}{x^2}$ dans le développement de la fonction

$$(26) \qquad -\mathrm{D}_x\left\{[f(x)-f(0)]\,\mathrm{D}_x\left(\frac{\mathfrak{X}}{x}\right)^n\right\}.$$

Mais, comme la dérivée du second ordre d'un développement ordonné suivant les puissances ascendantes et entières de x, ne peut renfermer la puissance négative $\frac{1}{x^2}$, cette puissance disparaîtra dans le développement de

$$\mathrm{D}_x^2\left[\frac{f(x)-f(0)}{x^n}\mathfrak{X}^n\right]=\mathrm{D}_x\left\{[f(x)-f(0)]\,\mathrm{D}_x\left(\frac{\mathfrak{X}}{x}\right)^n\right\}+\mathrm{D}_x\frac{\mathfrak{X}^n f'(x)}{x^n},$$

d'où il suit qu'elle sera multipliée par un même coefficient dans les développements de l'expression (26) et de la suivante

$$\mathrm{D}_x\frac{\mathfrak{X}^n f'(x)}{x^n}.$$

Donc, dans le second membre de la formule (25), le coefficient de $\frac{\varepsilon^n}{n}$ devra se réduire, comme nous l'avons admis, à

$$\frac{1}{1.2\ldots(n-1)}\mathrm{D}_\iota^{n-1}[\mathfrak{I}^n f'(\iota)],$$

ι devant être remplacé par zéro après les différentiations.

La même méthode, comme je l'expliquerai plus en détail dans un autre article, peut servir à développer, suivant les puissances ascendantes d'un paramètre contenu dans une équation algébrique ou transcendante, la somme des racines qui ne deviennent pas infinies quand le paramètre s'évanouit, ou plus généralement la somme des fonctions semblables de ces racines. On retrouve alors les résultats obtenus dans le Mémoire de 1831.

On pourrait, au reste, démontrer rigoureusement la formule de Lagrange, en combinant la méthode que M. Laplace a suivie avec la théorie que nous avons exposée dans le premier paragraphe.

MÉMOIRE

SUR

LES DEUX ESPÈCES D'ONDES PLANES

QUI PEUVENT SE PROPAGER

DANS UN SYSTÈME ISOTROPE DE POINTS MATÉRIELS.

Considérations générales.

J'ai donné le premier, dans les *Exercices de Mathématiques*, les équations générales aux différences partielles qui représentent les mouvements infiniment petits d'un système de points matériels sollicités par des forces d'attraction et de répulsion mutuelle. De plus, dans divers Mémoires que j'ai publiés, les uns par extraits, les autres en totalité, dans les années 1829 et 1830, j'ai donné des intégrales particulières ou générales de ces mêmes équations, et j'ai conclu de mes calculs que les équations du mouvement de la lumière sont renfermées dans celles dont je viens de parler. D'ailleurs, parmi les mouvements infiniment petits que peut acquérir un système de molécules, ceux qu'il importait surtout de connaître étaient les mouvements simples et par ondes planes, qui peuvent être considérés comme les éléments de tous les autres. Or, ayant recherché directement, dans les *Exercices de Mathématiques*, les lois des mouvements simples propagés dans un système de molécules, j'ai trouvé, pour chaque système, trois mouvements de cette espèce et j'ai remarqué que, dans le cas où le système devient isotrope, ces trois mouvements se réduisent à deux, les vibrations des molécules étant transversales pour l'un, c'est-à-dire comprises dans les plans des ondes, et longitudinales pour l'autre, c'est-à-dire perpendiculaires aux plans des ondes. Enfin, comme les vibrations transversales correspondent à deux systèmes d'ondes planes, qui se confondent en un seul ou se séparent, suivant que le système de points matériels est isotrope ou non isotrope, je suis arrivé, dans les Mémoires publiés en 1829 et 1830, à cette conclusion définitive que, dans la propagation de la lumière à l'intérieur des corps isophanes, les vitesses des molécules éthérées sont transversales, c'est-à-dire perpendiculaires aux directions des rayons lumineux. Je me crus dès lors autorisé à soutenir et à considérer comme seule admissible cette hypothèse proposée par Fresnel, et à l'aide de laquelle s'expliquent si facilement les phénomènes de polarisation et d'interférences.

Le Mémoire qu'on va lire est relatif aux deux espèces d'ondes planes qui peuvent se propager dans un système isotrope de points matériels et aux vitesses de propagation de ces mêmes ondes. Ce qu'il importe surtout de remarquer, c'est qu'à l'aide des méthodes exposées dans les *Nouveaux Exercices de Mathématiques* et le Mémoire lithographié sous la date d'août 1836, on peut, sans réduire au second ordre les équations des mouvements infiniment petits, et en laissant au contraire à ces équations toute leur généralité, parvenir à déterminer complètement les vitesses dont il s'agit et à les exprimer, non par des sommes ou intégrales triples, mais par des sommes ou intégrales simples aux différences finies. Si l'on transforme ces mêmes sommes en intégrales aux différences infiniment petites, la première, celle qui représente la vitesse de propagation des vibrations transversales, s'évanouira lorsqu'on supposera l'action mutuelle de deux molécules réciproquement proportionnelle au cube de leur distance r, ou plus généralement à une puissance de r intermédiaire entre la seconde et la quatrième puissance. Mais cette vitesse cessera de s'évanouir, en offrant une valeur réelle, si l'action moléculaire est une force attractive réciproquement proportionnelle au carré de la distance r, ou une force répulsive réciproquement proportionnelle, au moins dans le voisinage du contact, au bicarré de r, et alors la propagation de vibrations, excitées en un point donné du système que l'on considère, sera due principalement, dans la première hypothèse, aux molécules très éloignées, dans la seconde hypothèse, aux molécules très voisines de ce même point. Ajoutons que, pour un mouvement simple, la vitesse de propagation de vibrations transversales sera, dans la première hypothèse, proportionnelle à l'épaisseur des ondes planes, et, dans la seconde hypothèse, indépendante de cette épaisseur. Quant aux vibrations longitudinales, elles ne pourront, dans la première hypothèse, se propager sans s'affaiblir. Enfin, dans la seconde hypothèse, le rapport entre les vitesses de propagation des vibrations longitudinales et des vibrations transversales se présentera sous la forme infinie $\frac{1}{0}$, à moins que l'on ne prenne, pour origine de l'intégrale relative à r, non une valeur nulle, mais la distance entre deux molécules voisines.

Observons encore que, supposer la vitesse de propagation des ondes planes indépendante de leur épaisseur, c'est, dans la théorie de la lumière, supposer que la dispersion des couleurs devient insensible, comme elle paraît l'être, quand les rayons lumineux traversent le vide. Donc la nullité de la dispersion dans le vide semble indiquer que, dans le voisinage du contact, l'action mutuelle de deux molécules d'éther est répulsive et réciproquement proportionnelle au bicarré de la distance. Au reste, cette indication se trouve confirmée par les considérations suivantes.

Supposons que, l'action mutuelle de deux molécules étant répulsive et réciproquement proportionnelle, au moins dans le voisinage du contact, au bicarré de la distance, les vitesses de propagation des vibrations transversales et des vibrations longitudinales puissent être, sans erreur sensible, exprimées par des intégrales aux différences infiniment petites. Alors, d'après ce qui a été dit ci-dessus, la seconde de ces deux vitesses deviendra infinie, ou du moins très considérable par rapport à la première, et c'est même en ayant égard à cette circonstance que, d'une méthode exposée dans la première Partie du Mémoire lithographié de 1836, j'avais déduit les conditions relatives à la surface de séparation de deux milieux, telles qu'on les trouve dans la septième livraison des *Nouveaux Exercices de Mathématiques* ([1]), publiée vers la même époque. M. Airy a donc eu raison de dire que mes formules donnent, pour la vitesse de propagation des vibrations longitudinales, une valeur infinie, et cette conséquence est conforme aux remarques que j'ai consignées, non seulement dans une lettre adressée à M. l'abbé Moigno le 6 octobre 1837, mais même dans une lettre antérieure adressée de Prague à M. Ampère, le 12 février 1836, et insérée dans les *Comptes rendus* de cette même année. Or, lorsque la vitesse de propagation des vibrations longitudinales devient infinie pour deux milieux séparés l'un de l'autre par une surface plane, les vibrations transversales peuvent être réfléchies sous un angle tel que le rayon résultant de la réflexion soit complètement polarisé dans le plan d'incidence, et l'angle dont il s'agit a pour tangente le rapport du sinus d'incidence au sinus de réfraction. D'ailleurs, la polarisation des rayons lumineux sous ce même angle est précisément un fait constaté par l'expérience, et c'est en cela que consiste, comme l'on sait, la belle loi découverte par M. Brewster. Par conséquent, notre théorie établit un rapport intime entre les deux propriétés que possèdent les rayons lumineux de se propager, sans dispersion des couleurs, dans le vide, c'est-à-dire dans l'éther considéré isolément, et de se polariser complètement sous l'angle indiqué par M. Brewster, quand ils sont réfléchis par la surface de certains corps; en sorte que, le premier phénomène étant donné, l'autre s'en déduit immédiatement par le calcul.

Au reste, comme je l'ai dit, c'est en supposant les sommes aux différences finies, transformées en intégrales aux différences infiniment petites, que j'ai pu déduire de la théorie la propriété que l'éther isolé paraît offrir de transmettre avec la même vitesse de propagation les rayons diversement colorés. La possibilité d'une semblable transformation résulte de la loi de répulsion que j'ai indiquée et du rapprochement considérable qui existe entre deux molé-

([1]) *Œuvres de Cauchy*, 2e série, t. X.

cules voisines dans le fluide éthéré. Mais quelque grand que soit ce rapprochement, comme on ne peut supposer la distance de deux molécules voisines réduite absolument à zéro, il est naturel de penser que, dans le vide, la dispersion n'est pas non plus rigoureusement nulle, qu'elle est seulement assez petite pour avoir, jusqu'à ce jour, échappé aux observateurs. S'il y avait possibilité de la mesurer, ce serait, par exemple, à l'aide d'observations faites sur les étoiles périodiques, particulièrement sur celles qui paraissent et disparaissent, et sur les étoiles temporaires. En effet, dans l'hypothèse de la dispersion, les rayons colorés qui, en partant d'une étoile, suivent la même route, se propageraient avec des vitesses inégales, et par suite des vibrations, excitées au même instant dans le voisinage de l'étoile, pourraient parvenir à notre œil à des époques séparées entre elles par des intervalles de temps d'autant plus considérables que l'étoile serait plus éloignée. Ainsi, dans l'hypothèse dont il s'agit, la clarté d'une étoile venant à varier dans un temps peu considérable, cette variation devrait, à des distances suffisamment grandes, occasionner un changement de couleur qui aurait lieu dans un sens ou dans un autre, suivant que l'étoile deviendrait plus ou moins brillante, une même partie du spectre devant s'ajouter, dans le premier cas, à la lumière propre de l'étoile dont elle devrait être soustraite, au contraire, dans le second cas. Il était donc important d'examiner sous ce point de vue les étoiles périodiques, et en particulier Algol, qui passe dans un temps assez court de la seconde grandeur à la quatrième : c'est ce qu'a fait M. Arago dans le but que nous venons d'indiquer. Mais les observations qu'il a entreprises sur Algol, comme celles qui avaient pour objet l'ombre portée sur Jupiter par ses satellites, n'ont laissé apercevoir aucune trace de la dispersion des couleurs.

Aux considérations qui précèdent, je joindrai une remarque assez curieuse. Si l'on parvenait à mesurer la dispersion des couleurs dans le vide et si l'on admettait comme rigoureuse la loi du bicarré de la distance, la théorie que nous exposons dans ce Mémoire fournirait le moyen de calculer approximativement la distance qui sépare deux molécules voisines dans le fluide éthéré. Déjà même, en partant de la loi dont il s'agit, nous pouvons calculer une limite supérieure à cette distance. En effet, comme la lumière d'Algol perd en moins de 4 heures plus de la moitié de son intensité, nous pouvons admettre, sans crainte de nous tromper, que les observations faites sur cette étoile parviendraient à rendre sensible la dispersion des couleurs dans le vide, si l'intervalle de temps, renfermé entre les deux instants qui nous laissent apercevoir des rayons rouges et violets partis simultanément de l'étoile, s'élevait seulement à un quart d'heure. D'ailleurs, vu la distance considérable qui sépare de la Terre les étoiles les plus voisines, distance que la lumière ne peut franchir en moins de 3 ou 4 années, le quart d'heure dont il s'agit n'équivaut pas assurément à la $\frac{1}{100000}$ partie du temps que la lumière emploie pour venir d'Algol jusqu'à nous, et par conséquent il indiquerait, entre les vitesses de propagation des rayons violets et rouges, un rapport qui surpasserait l'unité au plus de $\frac{1}{100000}$. Enfin, en admettant ce rapport, on trouverait, pour la distance entre deux molécules voisines du fluide éthéré, environ $\frac{3}{1000000}$ de millimètre, ou, ce qui revient au même, environ $\frac{1}{200}$ de la longueur moyenne d'une ondulation lumineuse. Donc la longueur d'une ondulation lumineuse doit être considérable à l'égard de la distance qui sépare deux molécules voisines. Cette conclusion s'accorde au reste avec les remarques déjà faites dans un autre Mémoire. (*Voir* les pages 193 et 195.)

§ I. — *Vibrations transversales ou longitudinales des molécules, dans un système isotrope.*

Considérons un système isotrope de points matériels, et soient, dans l'état d'équilibre :

x, y, z les coordonnées rectangulaires d'une première molécule $\mathfrak{m}$;

$x + \mathrm{x}, y + \mathrm{y}, z + \mathrm{z}$ les coordonnées d'une seconde molécule m ;

$r = \sqrt{\mathrm{x}^2 + \mathrm{y}^2 + \mathrm{z}^2}$ la distance qui sépare les deux molécules $\mathfrak{m}$, m ;

$\mathfrak{m} m r f(r)$, l'action mutuelle des deux molécules $\mathfrak{m}$, m, prise avec le signe + ou avec le signe —, suivant que ces deux molécules s'attirent ou se repoussent;

enfin, 8 étant une fonction quelconque des coordonnées x, y, z, désignons par

$$\Delta 8$$

l'accroissement que prend cette fonction quand on passe de la molécule $\mathfrak{m}$ à la molécule m, c'est-à-dire, en d'autres termes, quand on attribue aux coordonnées

$$x, \quad y, \quad z$$

les accroissements

$$\Delta x = \mathrm{x}, \qquad \Delta y = \mathrm{y}, \qquad \Delta z = \mathrm{z}.$$

On aura généralement

$$\Delta 8 = (e^{\mathrm{x} D_x + \mathrm{y} D_y + \mathrm{z} D_z} - 1) 8.$$

par conséquent

$$\Delta = e^{\mathrm{x} D_x + \mathrm{y} D_y + \mathrm{z} D_z} - 1.$$

Donc, en représentant, comme on l'a fait quelquefois, chacune des caractéristiques

$$D_x, \quad D_y, \quad D_z$$

par une seule lettre, et posant en conséquence

$$u = D_x, \qquad v = D_y, \qquad w = D_z,$$

on aura simplement

(1) $$\Delta = e^{u\mathrm{x} + v\mathrm{y} + w\mathrm{z}} - 1.$$

Concevons maintenant que le système des molécules $\mathfrak{m}$, m, m', ... vienne à se mouvoir, et soient, au bout du temps t,

$$\xi, \quad \eta, \quad \zeta$$

les déplacements de la molécule $\mathfrak{m}$ mesurés parallèlement aux axes coordonnés. D'après ce qui a été dit précédemment (p. 156), les équations des mouvements infiniment petits du système supposé isotrope seront de la forme

$$(2)\qquad \begin{cases} (E - D_t^2)\xi + FD_x(D_x\xi + D_y\eta + D_z\zeta) = 0, \\ (E - D_t^2)\eta + FD_y(D_x\xi + D_y\eta + D_z\zeta) = 0, \\ (E - D_t^2)\zeta + FD_z(D_x\xi + D_y\eta + D_z\zeta) = 0, \end{cases}$$

E, F étant deux fonctions déterminées du trinome

$$D_x^2 + D_y^2 + D_z^2$$

que nous désignerons pour abréger par k^2, en sorte qu'on aura

$$(3)\qquad k^2 = u^2 + v^2 + w^2.$$

Ajoutons que, si, en indiquant par le signe S une sommation relative aux molécules m, m', ..., on pose

$$(4)\qquad \begin{cases} G = S[m f(r)\Delta], \\ H = S\left\{\dfrac{m}{r}\dfrac{df(r)}{dr}\left[\Delta - (xu + yv + zw) - \dfrac{(xu + yv + zw)^2}{2}\right]\right\}, \end{cases}$$

G, H se réduiront, dans l'hypothèse admise, à deux fonctions de k^2, desquelles on déduira E, F à l'aide des formules

$$(5)\qquad E = G + \frac{1}{k}\frac{dH}{dk}, \qquad F = \frac{1}{k}\frac{d\left(\dfrac{1}{k}\dfrac{dH}{dk}\right)}{dk}.$$

Soient maintenant

$$\alpha, \quad \beta, \quad \gamma$$

les angles que forme le rayon vecteur r avec les demi-axes des coordonnées positives. On aura

$$x = r\cos\alpha, \qquad y = r\cos\beta, \qquad z = r\cos\gamma;$$

par conséquent, le trinome

$$xu + yv + zw,$$

dont G, H représentent des fonctions en vertu des formules (1) et (4), sera équivalent au produit

$$r(u\cos\alpha + v\cos\beta + w\cos\gamma).$$

D'ailleurs, G, H devant se réduire identiquement à des fonctions de

$$u^2 + v^2 + w^2,$$

on pourra opérer généralement cette réduction, et dans cette opération il importe peu que l'on considère u, v, w comme des caractéristiques ou comme des quantités véritables. Seulement, dans le dernier cas, on devra laisser les valeurs de u, v, w entièrement arbitraires. Or, lorsque l'on considère

$$u, \quad v, \quad w$$

comme des quantités véritables, alors, en supposant

$$k = \sqrt{u^2 + v^2 + w^2}$$

et nommant δ un certain angle formé par le rayon vecteur r avec une droite OA menée par l'origine O des coordonnées perpendiculairement au plan que représente l'équation

$$ux + vy + wz = 0,$$

on a

$$(6) \qquad u\cos\alpha + v\cos\beta + w\cos\gamma = k\cos\delta;$$

par conséquent

$$u\mathrm{x} + v\mathrm{y} + w\mathrm{z} = kr\cos\delta.$$

Donc alors, en vertu des formules (1), (4), les sommes G, H, réduites à

$$(7) \qquad \begin{cases} \mathrm{G} = \mathrm{S}[m\,f(r)(e^{kr\cos\delta} - 1)], \\ \mathrm{H} = \mathrm{S}\left[\dfrac{m}{r}\dfrac{d\,f(r)}{dr}\left(e^{kr\cos\delta} - 1 - kr\cos\delta - \dfrac{k^2r^2\cos^2\delta}{2}\right)\right], \end{cases}$$

sont l'une et l'autre de la forme

$$\mathrm{S}\mathcal{F}(k\cos\delta),$$

et dire qu'elles doivent se réduire à des fonctions de k^2, c'est dire qu'elles demeurent constantes, tandis que l'on fait varier dans chaque terme l'angle δ, en faisant tourner d'une manière quelconque l'axe OA autour du point O. D'ailleurs lorsqu'une somme de la forme

$$(8) \qquad \mathcal{K} = \mathrm{S}\mathcal{F}(k\cos\delta)$$

remplit la condition que nous venons d'énoncer, on a, en vertu d'un théorème précédemment démontré (p. 38),

$$\mathcal{K} = \frac{1}{2} \mathrm{S} \int_0^{\pi} \mathcal{F}(k \cos\delta) \sin\delta \, d\delta,$$

ou, ce qui revient au même,

(9) $$\mathcal{K} = \frac{1}{2} \mathrm{S} \int_{-1}^{1} \mathcal{F}(k\theta) \, d\theta,$$

la valeur de θ étant

$$\theta = \cos\delta.$$

Donc, en remplaçant successivement la fonction $\mathcal{F}(k\theta)$ par les deux suivantes,

$$m f(r) (e^{kr\theta} - 1), \qquad \frac{m}{r} \frac{d f(r)}{dr} \left(e^{kr\theta} - 1 - kr\theta - \frac{k^2 r^2 \theta^2}{2} \right),$$

et ayant égard aux formules

$$\frac{1}{2} \int_{-1}^{1} (e^{kr\theta} - 1) \, d\theta = \frac{e^{kr} - e^{-kr}}{2kr} - 1,$$

$$\frac{1}{2} \int_{-1}^{1} \left(e^{kr\theta} - 1 - kr\theta - \frac{k^2 r^2 \theta^2}{2} \right) d\theta = \frac{e^{kr} - e^{-kr}}{2kr} - 1 - \frac{1}{6} k^2 r^2,$$

on tirera des équations (7)

(10) $$\begin{cases} \mathrm{G} = \mathrm{S} \left[m f(r) \left(\dfrac{e^{kr} - e^{-kr}}{2kr} - 1 \right) \right], \\ \mathrm{H} = \mathrm{S} \left[\dfrac{m}{r} \dfrac{d f(r)}{dr} \left(\dfrac{e^{kr} - e^{-kr}}{2kr} - 1 - \dfrac{1}{6} k^2 r^2 \right) \right]. \end{cases}$$

Les équations (10), jointes aux formules (5) et à la suivante,

(11) $$\frac{e^{kr} - e^{-kr}}{2kr} = 1 + \frac{k^2 r^2}{1.2.3} + \frac{k^4 r^4}{1.2.3.4.5} + \ldots,$$

suffisent pour déterminer complètement les valeurs des caractéristiques E, F que renferment les formules (2), en fonction de la caractéristique

$$k^2 = \mathrm{D}_x^2 + \mathrm{D}_y^2 + \mathrm{D}_z^2.$$

En effectuant les différentiations relatives à k, l'on trouve

$$(12)\quad \left\{\begin{aligned} E &= S\left[\;m f(r)\left(\frac{k^2 r^2}{1.2.3} + \frac{k^4 r^4}{1.2.3.4.5} + \ldots\right)\right] \\ &\quad + S\left[mr\frac{df(r)}{dr}\left(\frac{1}{5}\frac{k^2 r^2}{1.2.3} + \frac{1}{7}\frac{k^4 r^4}{1.2.3.4.5} + \ldots\right)\right], \\ F &= \frac{1}{k^2} S\left[mr\frac{df(r)}{dr}\left(\frac{1}{3.5}\frac{k^2 r^2}{1} + \frac{1}{5.7}\frac{k^4 r^4}{1.2.3} + \ldots\right)\right]. \end{aligned}\right.$$

Si d'ailleurs on pose, pour abréger,

$$r f(r) = \mathrm{f}(r),$$

en sorte que l'action mutuelle de deux molécules $\mathfrak{m}$, m soit représentée simplement par

$$\mathfrak{m} m\, \mathrm{f}(r),$$

la première des équations (12) pourra encore être présentée sous la forme

$$(13)\quad E = \frac{1}{5}\frac{k^2}{1.2.3} S\left\{\frac{m}{r^2} D_r[r^4\, \mathrm{f}(r)]\right\} + \frac{1}{7}\frac{k^4}{1.2.3.4.5} S\left\{\frac{m}{r^2} D_r[r^6\, \mathrm{f}(r)]\right\} + \ldots.$$

Si, au lieu de développer E, F en séries, on se borne à substituer dans les formules (5) les valeurs de G, H fournies par les équations (10), on trouvera

$$(14)\quad \left\{\begin{aligned} E &= S\left\{\frac{m}{k^2 r^2} D_r\left[\left(\frac{e^{kr} + e^{-kr}}{2} - \frac{e^{kr} - e^{-kr}}{2kr} - \frac{1}{3}k^2 r^2\right)\mathrm{f}(r)\right]\right\}, \\ F &= \frac{1}{k^2} S\left[mr\frac{df(r)}{dr}\left(\frac{e^{kr} - e^{-kr}}{2kr} - 3\frac{e^{kr} + e^{-kr}}{2k^2 r^2} + 3\frac{e^{kr} - e^{-kr}}{2k^3 r^3}\right)\right]. \end{aligned}\right.$$

Ces dernières formules, comme on devait s'y attendre, s'accordent avec les équations (12) et (13).

Soient maintenant

$$\bar{\xi},\quad \bar{\eta},\quad \bar{\zeta}$$

les déplacements symboliques des molécules dans un mouvement simple ou par ondes planes. Ces déplacements symboliques seront de la forme

$$(15)\quad \bar{\xi} = A\, e^{ux + vy + wz - st}, \qquad \bar{\eta} = B\, e^{ux + vy + wz - st}, \qquad \bar{\zeta} = C\, e^{ux + vy + wz - st},$$

pourvu que les lettres

$$u, \quad v, \quad w,$$

cessant de représenter les caractéristiques

$$D_x, \quad D_y, \quad D_z,$$

désignent avec les lettres

$$A, \quad B, \quad C, \quad s$$

des constantes réelles ou imaginaires, et les équations (2), qui devront encore être vérifiées, quand on y remplacera

$$\xi, \quad \eta, \quad \zeta$$

par

$$\bar{\xi}, \quad \bar{\eta}, \quad \bar{\zeta},$$

donneront, ou

(16) $$s^2 = E, \qquad uA + vB + wC = 0$$

ou

(17) $$s^2 = E + k^2 F, \qquad \frac{A}{u} = \frac{B}{v} = \frac{C}{w},$$

E, F désignant encore des fonctions de u, v, w, déterminées par les formules (14), et la valeur de k dans ces formules étant toujours choisie de manière que l'on ait

$$k^2 = u^2 + v^2 + w^2.$$

Si le mouvement simple que l'on considère est du nombre de ceux qui se propagent sans s'affaiblir, on aura

$$u = \mathrm{u}\sqrt{-1}, \qquad v = \mathrm{v}\sqrt{-1}, \qquad w = \mathrm{w}\sqrt{-1}, \qquad s = \mathrm{s}\sqrt{-1},$$

u, v, w, s désignant des quantités réelles; et, si l'on pose encore

$$k = \mathrm{k}\sqrt{-1},$$

k sera lui-même une quantité réelle liée à u, v, w par la formule

(18) $$\mathrm{k}^2 = \mathrm{u}^2 + \mathrm{v}^2 + \mathrm{w}^2.$$

Ajoutons que, dans le cas dont il s'agit, la durée T d'une vibration, la longueur l d'une ondulation et la vitesse de propagation Ω des ondes planes seront respectivement

$$(19)\qquad \mathrm{T}=\frac{2\pi}{\mathrm{s}},\qquad \mathrm{l}=\frac{2\pi}{\mathrm{k}}\qquad \Omega=\frac{\mathrm{s}}{\mathrm{k}}=\frac{\mathrm{l}}{\mathrm{T}},$$

et que le plan invariable parallèle aux plans des ondes sera représenté par la formule

$$\mathrm{u}x+\mathrm{v}y+\mathrm{w}z=0.$$

Comme d'ailleurs la seconde des formules (16) ou (17), jointe aux équations (15) et (18), donnera, ou

$$\mathrm{u}\bar{\xi}+\mathrm{v}\bar{\eta}+\mathrm{w}\bar{\zeta}=0,\qquad \mathrm{u}\xi+\mathrm{v}\eta+\mathrm{w}\zeta=0,$$

ou

$$\frac{\bar{\xi}}{\mathrm{u}}=\frac{\bar{\eta}}{\mathrm{v}}=\frac{\bar{\zeta}}{\mathrm{w}},\qquad \frac{\xi}{\mathrm{u}}=\frac{\eta}{\mathrm{v}}=\frac{\zeta}{\mathrm{w}},$$

il est clair que les vibrations moléculaires seront ou transversales, c'est-à-dire comprises dans le plan des ondes, ou longitudinales, c'est-à-dire perpendiculaires à ces mêmes plans. Enfin de la première des formules (16) ou (17), jointe aux équations (14) et aux formules

$$(20)\qquad s=\mathrm{s}\sqrt{-1},\qquad k=\mathrm{k}\sqrt{-1},\qquad \Omega=\frac{\mathrm{s}}{\mathrm{k}}=\frac{s}{k},$$

on conclura que le carré de la vitesse de propagation Ω est, pour les vibrations transversales,

$$(21)\qquad \Omega^2=\frac{1}{\mathrm{k}^4}\,\mathrm{S}\left\{\frac{m}{r^2}\,\mathrm{D}_r\left[\left(\cos \mathrm{k}r-\frac{\sin \mathrm{k}r}{\mathrm{k}r}+\frac{1}{3}\mathrm{k}^2r^2\right)\mathrm{f}(r)\right]\right\},$$

et pour les vibrations longitudinales,

$$(22)\qquad \left\{\begin{aligned} \Omega^2=&\frac{1}{\mathrm{k}^4}\,\mathrm{S}\left\{\frac{m}{r^2}\,\mathrm{D}_r\left[\left(2\,\frac{\sin \mathrm{k}r}{\mathrm{k}r}-2\cos \mathrm{k}r-\mathrm{k}r\sin \mathrm{k}r+\frac{1}{3}\mathrm{k}^2r^2\right)\mathrm{f}(r)\right]\right\}\\ &+\frac{1}{\mathrm{k}^2}\,\mathrm{S}\left[m\left(\cos \mathrm{k}r-\frac{\sin \mathrm{k}r}{\mathrm{k}r}\right)\frac{\mathrm{f}(r)}{r}\right].\end{aligned}\right.$$

Les valeurs de Ω, fournies par les équations (21), (22), sont précisément les deux vitesses de propagation relatives aux deux espèces d'ondes planes qui peuvent être propagées par un milieu isotrope. Si, dans ces équations, on remplace Ω par $\frac{\mathrm{s}}{\mathrm{k}}$, elles se réduiront aux formules (66) et (74) du septième paragraphe du Mémoire lithographié, sous la date d'août 1836 ([1]). Enfin, si l'on développe en séries les seconds membres des équations (20) et (21), on trouvera, pour les vibrations transversales,

$$(23)\quad \Omega^2 = \frac{1}{5}\,\frac{1}{1.2.3}\,\mathrm{S}\left\{\frac{m}{r^2}\,\mathrm{D}_r[r^4\,\mathrm{f}(r)]\right\} - \frac{1}{7}\,\frac{k^2}{1.2.3.4.5}\,\mathrm{S}\left\{\frac{m}{r^2}\,\mathrm{D}_r[r^6\,\mathrm{f}(r)]\right\} + \cdots,$$

et, pour les vibrations longitudinales,

$$(24)\quad \Omega^2 = \frac{1}{1.2.3}\,\mathrm{S}\left[mr\,\frac{2\,\mathrm{f}(r)+3r\mathrm{f}'(r)}{5}\right] - \frac{k^2}{1.2.3.4.5}\,\mathrm{S}\left[mr^3\,\frac{2\mathrm{f}(r)+5r\mathrm{f}'(r)}{7}\right] + \ldots;$$

ce qu'on pourrait aussi conclure des formules (12) et (13) jointes aux équations (16), (17), (19), et ce qui s'accorde avec les formules données dans les *Nouveaux Exercices de Mathématiques*.

Il importe d'examiner ce que deviennent les formules précédentes, dans le cas particulier où les sommes indiquées par le signe S peuvent être, sans erreur sensible, remplacées par des intégrales aux différences infiniment petites. Or, en désignant toujours par r le rayon vecteur mené de la molécule $\mathfrak{m}$ à la molécule m, nommons p l'angle compris entre le rayon vecteur r et l'axe des x, q l'angle formé par le plan de ces deux droites avec le plan des x, y, et $\mathfrak{A}$ une quantité réelle ou une expression imaginaire dont la valeur change avec la position de la molécule m. Enfin, soit $\mathfrak{D}$ la densité, supposée constante, du système de molécules que l'on considère, $\mathfrak{A}$ pourra être regardée comme une fonction des trois coordonnées rectangulaires x, y, z, ou bien encore comme une fonction des trois coordonnées polaires

$$p,\quad q,\quad r,$$

liées aux trois angles α, β, γ par les équations

$$\cos\alpha = \cos p,\qquad \cos\beta = \sin p\cos q,\qquad \cos\gamma = \sin p\sin q;$$

([1]) *Œuvres de Cauchy*, 2e série, t. XV.

et si l'on suppose que la sommation indiquée par le signe S s'étende à toutes les molécules

$$m, \quad m', \quad \ldots$$

distinctes de $\mathfrak{m}$, on aura sensiblement, dans le cas particulier dont il s'agit (en vertu des formules bien connues),

$$S(m\mathcal{R}) = \int\int\int \mathfrak{D}\mathcal{R}\, r^2 \sin p\, dp\, dq\, dr,$$

les intégrations étant effectuées, par rapport aux angles p, q, entre les limites

$$p = 0, \qquad p = \pi, \qquad q = 0, \qquad q = 2\pi,$$

et par rapport à r entre deux limites

$$r_0, \quad r_\infty,$$

dont la première soit nulle ou bien équivalente à la plus petite distance qui sépare deux molécules voisines, la seconde infinie ou du moins assez grande pour que dans l'expression

$$S(m\mathcal{R})$$

la somme des termes correspondant à des valeurs plus considérables de r puisse être négligée sans erreur sensible. Par suite, en indiquant les limites des intégrations et plaçant le facteur constant $\mathfrak{D}$ avant les signes $\int$, on trouvera

$$(25) \qquad S(m\mathcal{R}) = \mathfrak{D}\int_0^{\pi}\int_0^{2\pi}\int_{r_0}^{r_\infty} \mathcal{R}\, r^2 \sin p\, dp\, dq\, dr.$$

Si la fonction $\mathcal{R}$ devient indépendante des variables p, q, c'est-à-dire, en d'autres termes, si $\mathcal{R}$ est simplement fonction de r, alors, en ayant égard aux deux formules

$$\int_0^{\pi} \sin p\, dp = 2, \qquad \int_0^{2\pi} dq = 2\pi,$$

on tirera de l'équation (25)

$$(26)\qquad S(m\mathcal{R}) = 4\pi\mathfrak{D}\int_{r_0}^{r_\infty} \mathcal{R}\, r^2\, dr.$$

Donc, en vertu des formules (20) et (21), le carré de la vitesse de propagation Ω se réduira, pour les vibrations transversales, à

$$(27)\qquad \Omega^2 = \frac{4\pi\mathfrak{D}}{k^4}\int_{r_0}^{r_\infty} D_r\left[\left(\cos kr - \frac{\sin kr}{kr} + \frac{1}{3}k^2r^2\right)f(r)\right]dr,$$

et, pour les vibrations longitudinales, à

$$(28)\qquad \begin{cases} \Omega^2 = \dfrac{4\pi\mathfrak{D}}{k^4}\displaystyle\int_{r_0}^{r_\infty} D_r\left[\left(2\frac{\sin kr}{kr} - 2\cos kr - kr\sin kr + \frac{1}{3}k^2r^2\right)f(r)\right]dr \\ \qquad + \dfrac{4\pi\mathfrak{D}}{k^2}\displaystyle\int_{r_0}^{r_\infty}\left(\cos kr - \frac{\sin kr}{kr}\right)r\,f(r)\,dr. \end{cases}$$

Les formules (27), (28) supposent : 1° que le système de molécules donné est isotrope ; 2° que, dans ce système, les mouvements simples se propagent sans s'affaiblir ; 3° que, dans la détermination des vitesses de propagation des mouvements simples, on peut, sans erreur sensible, substituer aux sommations indiquées par le signe S des intégrations aux différences infiniment petites. Or il est bon d'observer que, de ces trois suppositions, les deux dernières entraînent toujours la première et conduisent directement aux formules (27), (28), sans l'intermédiaire de la formule (9). En effet, lorsque les mouvements simples se propagent sans s'affaiblir, on a, dans les équations (15), (16) et (17),

$$u = \mathrm{u}\sqrt{-1},\qquad v = \mathrm{v}\sqrt{-1},\qquad w = \mathrm{w}\sqrt{-1},\qquad k = \mathrm{k}\sqrt{-1},$$

u, v, w, k désignant des quantités réelles qui vérifient la formule (18) ; et par suite le carré de la vitesse de propagation Ω est, en vertu des formules (16), (17) et (20), pour les vibrations transversales,

$$(29)\qquad \Omega^2 = -\frac{E}{k^2},$$

et, pour les vibrations longitudinales,

$$\Omega^2 = -\frac{E}{k^2} + F, \tag{30}$$

les valeurs de E, F, G, H étant données par les équations (5) et (7), desquelles on tire

$$E = G - \frac{1}{k}\frac{dH}{dk}, \qquad F = \frac{1}{k}\frac{d\left(\frac{1}{k}\frac{dH}{dk}\right)}{dk} \tag{31}$$

et

$$\left\{\begin{aligned} G &= S\left[m f(r)\left(e^{kr\cos\delta\sqrt{-1}} - 1\right)\right], \\ H &= S\left[\frac{m}{r}\frac{df(r)}{dr}\left(e^{kr\cos\delta\sqrt{-1}} - 1 - kr\cos\delta\sqrt{-1} + \frac{k^2 r^2 \cos^2\delta}{2}\right)\right]. \end{aligned}\right. \tag{32}$$

Dans les deux dernières formules, l'angle δ est lié aux angles α, β, γ par l'équation (6), de laquelle on tire

$$k\cos\delta = u\cos\alpha + v\cos\beta + w\cos\gamma,$$

ou, ce qui revient au même,

$$k\cos\delta = u\cos p + v\sin p\cos q + w\sin p\sin q. \tag{33}$$

Si d'ailleurs on peut substituer aux sommations indiquées par le signe S des intégrations aux différences infiniment petites, les formules (32), jointes à l'équation (25), donneront

$$\left\{\begin{aligned} G &= \text{Ꝺ}\int_0^{\pi}\int_0^{2\pi}\int_{r_0}^{r_\infty}\left(e^{kr\cos\delta\sqrt{-1}} - 1\right) r^2 f(r)\sin p\,dp\,dq\,dr, \\ H &= \text{Ꝺ}\int_0^{\pi}\int_0^{2\pi}\int_{r_0}^{r_\infty} \\ &\quad\times\left(e^{kr\cos\delta\sqrt{-1}} - 1 - kr\cos\delta\sqrt{-1} + \frac{k^2 r^2\cos^2\delta}{2}\right) r\frac{df(r)}{dr}\sin p\,dp\,dq\,dr. \end{aligned}\right. \tag{34}$$

Mais, en supposant l'angle δ lié aux angles p, q, par la formule (33), on a, en vertu d'un théorème donné par M. Poisson (*voir* la 49e livraison des *Exercices de Mathématiques*, p. 17) (¹),

$$\int_0^{\pi}\int_0^{2\pi}\mathcal{F}(k\cos\delta)\sin p\,dp\,dq = 2\pi\int_0^{\pi}\mathcal{F}(k\cos\delta)\sin\delta\,d\delta$$

(¹) *Œuvres de Cauchy*, 2e série, t. IX, p. 387, 388.

ou, ce qui revient au même,

$$(35)\qquad \int_0^{\pi}\int_0^{2\pi} \mathfrak{F}(\mathrm{k}\cos\delta)\sin p\, dp\, dq = 2\pi\int_{-1}^{1}\mathfrak{F}(\mathrm{k}\theta)\,d\theta,$$

la valeur de θ étant

$$\theta = \cos\delta.$$

Donc, en remplaçant successivement la fonction $\mathfrak{F}(\mathrm{k}\theta)$ par les deux suivantes

$$e^{\mathrm{k}r\theta\sqrt{-1}} - 1,\qquad e^{\mathrm{k}r\theta\sqrt{-1}} - 1 - \mathrm{k}r\theta\sqrt{-1} + \frac{\mathrm{k}^2 r^2\theta^2}{2},$$

et ayant égard aux formules

$$\int_{-1}^{1}\left(e^{\mathrm{k}r\theta\sqrt{-1}} - 1\right)d\theta = 2\left(\frac{\sin \mathrm{k}r}{\mathrm{k}r} - 1\right),$$

$$\int_{-1}^{1}\left(e^{\mathrm{k}r\theta\sqrt{-1}} - 1 - \mathrm{k}r\theta\sqrt{-1} + \frac{\mathrm{k}^2 r^2\theta^2}{2}\right)d\theta = 2\left(\frac{\sin \mathrm{k}r}{\mathrm{k}r} - 1 + \frac{1}{6}\mathrm{k}^2 r^2\right),$$

on tirera des équations (34)

$$(36)\qquad \left\{\begin{aligned} \mathrm{G} &= 4\pi\mathbb{D}\int_{r_0}^{r_\infty}\left(\frac{\sin \mathrm{k}r}{\mathrm{k}r} - 1\right)r^2 f(r)\,dr,\\ \mathrm{H} &= 4\pi\mathbb{D}\int_{r_0}^{r_\infty}\left(\frac{\sin \mathrm{k}r}{\mathrm{k}r} - 1 + \frac{1}{6}\mathrm{k}^2 r^2\right)r\frac{df(r)}{dr}\,dr.\end{aligned}\right.$$

A ces dernières valeurs de G, H correspondront, en vertu des formules (31), des valeurs de E, F qui, substituées dans les équations (29) et (30), feront coïncider celles-ci avec les équations (27) et (28). D'ailleurs les seconds membres des formules (36) sont, ainsi que le second membre de la formule (35), des fonctions de la seule quantité k, qui changent de signe avec elle, par conséquent des fonctions de la seule quantité k^2; ce qui ne peut avoir lieu que pour un système isotrope de molécules.

Il nous reste à discuter les valeurs de Ω^2 fournies par les équations (27) et (28).

La première de ces valeurs, ou celle qui correspond aux vibrations transversales, est, en vertu de l'équation (27), le produit de

$$4\pi \mathfrak{G}$$

par la différence entre les deux valeurs qu'acquiert l'expression

$$\frac{1}{k^4}\left(\cos kr - \frac{\sin kr}{kr} + \frac{1}{3}k^2r^2\right)f(r),$$

quand on y pose successivement $r = r_\infty$, $r = r_0$. D'ailleurs le produit

$$\frac{1}{k^4}\left(\cos kr - \frac{\sin kr}{kr} + \frac{1}{3}k^2r^2\right) = \frac{1}{5}\frac{r^4}{1.2.3} - \frac{1}{7}\frac{k^2r^6}{1.2.3.4.5} + \ldots$$

se réduit sensiblement, pour de très grandes valeurs de r, à

$$\frac{1}{3}\frac{r^2}{k^2},$$

et, pour de très petites valeurs de r, à

$$\frac{1}{5}\frac{r^4}{1.2.3} = \frac{1}{30}r^4.$$

Donc, r_0 désignant une très petite et r_∞ une très grande valeur de r, la formule (27) donnera sensiblement

(37) $$\Omega^2 = \frac{4\pi\mathfrak{G}}{3}\left[\frac{1}{k^2}r_\infty^2 f(r_\infty) - \frac{1}{10}r_0^4 f(r_0)\right].$$

L'équation (37) fournit pour Ω^2 une valeur finie, positive et différente de zéro, dans deux cas dignes de remarque, savoir : 1° quand le produit $r^2 f(r)$ se réduit, pour une valeur infiniment grande de la distance r, à une constante finie, mais positive; 2° quand le produit $r^4 f(r)$ se réduit pour une valeur infiniment petite de r, à une constante finie, mais négative. Le premier cas aura lieu, par exemple, si l'action mutuelle de deux molécules est une force attractive, réciproquement proportionnelle au carré de la distance. Alors $f(r)$ serait de la forme

(38) $$f(r) = \frac{g}{r^2},$$

g désignant une constante positive; et, comme de la formule (37), jointe à l'équation

$$s = \Omega k,$$

on tirerait sensiblement

$$(39) \qquad \Omega^2 = \frac{4\pi \varpi}{3} \frac{g}{k^2}, \qquad s^2 = \frac{4\pi \varpi}{3} g,$$

la durée

$$T = \frac{2\pi}{s}$$

des vibrations moléculaires deviendrait, ainsi que s, indépendante des quantités

$$k \quad \text{et} \quad l = \frac{2\pi}{k},$$

par conséquent de la longueur des ondulations. Pareillement, le second cas aura lieu si l'action mutuelle de deux molécules est une force répulsive, réciproquement proportionnelle au bicarré de la distance. Alors f (r) sera de la forme

$$(40) \qquad f(r) = -\frac{h}{r^4},$$

h désignant encore une constante positive, et, en vertu de l'équation (37), on aura sensiblement

$$(41) \qquad \Omega^2 = \frac{4\pi \varpi}{30} h.$$

Donc alors la vitesse de propagation Ω des vibrations moléculaires deviendra indépendante de k et de s, ou, ce qui revient au même, de T et de l, c'est-à-dire de la durée de ces vibrations et de l'épaisseur des ondes planes. Alors aussi l'on conclura de la formule

$$\Omega = \frac{s}{k} = \frac{l}{T},$$

que cette épaisseur et cette durée conservent toujours entre elles le même rapport.

Au reste, pour obtenir la formule (39), il n'est pas absolument nécessaire d'attribuer à la fonction f(r) la forme que présente l'équation (38); il suffirait de supposer

$$(42) \qquad \mathrm{f}(r) = \frac{\mathfrak{F}(r)}{r^2},$$

$\mathfrak{F}(r)$ étant une nouvelle fonction de r, qui se réduise à la constante positive g pour une valeur infinie de r, sans devenir infinie pour $r = 0$. Pareillement, pour obtenir la formule (41), il suffirait de supposer

$$(43) \qquad \mathrm{f}(r) = -\frac{\mathfrak{F}(r)}{r^4},$$

$\mathfrak{F}(r)$ étant une fonction de r, qui se réduise pour $r = 0$, à la constante positive h, sans devenir infinie pour $r = \infty$. C'est ce qui arriverait en particulier, si l'on posait

$$\mathfrak{F}(r) = \mathrm{h}e^{-ar} \quad \text{ou} \quad \mathfrak{F}(r) = \mathrm{h}e^{-ar}\cos br, \quad \ldots$$

et par suite

$$(44) \qquad \mathrm{f}(r) = -\frac{\mathrm{h}e^{-ar}}{r^4} \quad \text{ou} \quad \mathrm{f}(r) = -\frac{\mathrm{h}e^{-ar}\cos br}{r^4}, \quad \ldots,$$

a, b désignant des constantes réelles dont la première serait positive.

Il importe d'observer que, la formule (37) pouvant s'écrire comme il suit

$$(45) \qquad \Omega^2 = \frac{4\pi\mathbb{G}}{3\mathrm{k}^2} r_\infty^2 \,\mathrm{f}(r_\infty) - \frac{4\pi\mathbb{G}}{30} r_0^4 \,\mathrm{f}(r_0),$$

la valeur de Ω^2, donnée par cette formule et relative aux vibrations transversales, est la différence entre les deux termes

$$\frac{4\pi\mathbb{G}}{3\mathrm{k}^2} r_\infty^2 \,\mathrm{f}(r_\infty), \qquad \frac{4\pi\mathbb{G}}{30} r_0^4 \,\mathrm{f}(r_0),$$

respectivement proportionnels aux deux quantités

$$r_\infty^2 \,\mathrm{f}(r_\infty), \qquad r_0^4 \,\mathrm{f}(r_0),$$

dont la première dépend de l'action mutuelle de molécules situées à de grandes distances les unes des autres et la seconde de l'action mutuelle de deux molécules très voisines. Ces deux termes s'évanouiraient simultanément, si l'on supposait

$$(46) \qquad f(r) = \frac{c}{r^m},$$

c désignant une quantité positive ou négative, et m un exposant renfermé entre les limites 2 et 4. Par conséquent, la vitesse de propagation des vibrations transversales se réduirait à zéro, si l'action mutuelle de deux molécules était réciproquement proportionnelle au cube de la distance r, ou plus généralement à une puissance de r intermédiaire entre la seconde et la quatrième puissance. Mais cette vitesse cessera de s'évanouir, en offrant une valeur réelle, si l'on suppose $m = 2$, c étant positif, ou $m = 4$, c étant négatif, c'est-à-dire si l'action moléculaire est une force attractive réciproquement proportionnelle au carré de r, ou une force répulsive réciproquement proportionnelle au bicarré de r; et alors, en vertu de l'observation que nous faisions tout à l'heure, la propagation de vibrations excitées en un point donné du système que l'on considère, sera due principalement, dans la première hypothèse aux molécules très éloignées, dans la seconde hypothèse aux molécules très voisines de ce même point. Au reste, la différence si marquante qui existe, sous ce rapport, entre les deux hypothèses n'a rien qui nous doive étonner. En effet, divisons le système de molécules en tranches très minces et d'égale épaisseur, par des surfaces sphériques équidistantes qui aient pour centre commun une molécule donnée $\mathfrak{m}$. Les portions élémentaires de ces tranches, interceptées par la surface extérieure d'un cône ou d'une pyramide qui aurait pour sommet la molécule $\mathfrak{m}$, offriront des volumes dont chacun sera sensiblement représenté par un produit de la forme

$$\alpha r^2 \Delta r,$$

r, $r + \Delta r$ étant les rayons des deux surfaces sphériques entre lesquelles la tranche se trouve comprise, et αr^2 la portion de la première surface interceptée par le cône dont il s'agit. Concevons maintenant que ce cône devienne très étroit, ou, ce qui revient au même, que la constante α soit très petite. La portion de tranche, dont le volume est sensiblement égal au produit

$$\alpha r^2 \Delta r,$$

et la masse au produit

$$\alpha \mathfrak{D} r^2 \Delta r,$$

$\mathfrak{D}$ étant la densité du système, exercera sur la molécule $\mathfrak{m}$ une action représentée à très peu près par l'expression

$$(47) \qquad \alpha \mathfrak{m} \mathfrak{D} r^2 \mathrm{f}(r) \Delta r,$$

qui varie, avec la distance r, dans le même rapport que le produit $r^2 \mathrm{f}(r)$. Or, ce produit décroîtra rapidement avec $\frac{1}{r^2}$, pour des valeurs croissantes de r, si l'on suppose $\mathrm{f}(r)$ réciproquement proportionnel au bicarré de r. Donc alors les actions exercées sur la molécule $\mathfrak{m}$, et dans une même direction, par des portions élémentaires et correspondantes de tranches d'égale épaisseur, deviendront de plus en plus faibles, à mesure que l'on s'éloignera de la molécule ; en sorte que l'action des tranches situées à des distances considérables pourra être négligée sans erreur sensible. Mais si l'on suppose, au contraire, $\mathrm{f}(r)$ réciproquement proportionnel au carré de r, alors, le produit

$$r^2 \mathrm{f}(r)$$

se réduisant à une constante, l'expression (47) deviendra indépendante de la distance r, et, comme par suite la même action sera exercée sur la molécule m, dans une direction donnée, par les portions élémentaires des diverses tranches, celles qui se trouveront plus éloignées seront, en raison de leur nombre très considérable et même infiniment grand, celles qui contribueront principalement à la production des phénomènes.

Concevons maintenant que Ω désigne la vitesse de propagation, non plus des vibrations transversales, mais des vibrations longitudinales. Le carré de Ω sera déterminé par l'équation (28), que l'on peut encore écrire comme il suit :

$$(48)\quad \left\{\begin{aligned} \Omega^2 = {} & \frac{4\pi\text{Ꝺ}}{\mathrm{k}^4}\int_{r_0}^{r_\infty} \mathrm{D}_r\left[r^2 \mathrm{f}(r)\,\mathrm{D}_r \frac{\cos \mathrm{k}r - \dfrac{\sin \mathrm{k}r}{\mathrm{k}r} + \dfrac{1}{3}\mathrm{k}^2 r^2}{r}\right] dr \\ & + \frac{4\pi\text{Ꝺ}}{\mathrm{k}^4}\int_{r_0}^{r_\infty} r^2 \mathrm{f}(r)\,\mathrm{D}_r\left(\frac{\sin \mathrm{k}r}{\mathrm{k}r}\right) dr. \end{aligned}\right.$$

Or, dans la formule (28) ou (48), le premier terme du second membre est le produit de $4\pi\text{Ꝺ}$ par la différence entre les deux valeurs qu'acquiert l'expression

$$\frac{1}{\mathrm{k}^4}\left(2\frac{\sin \mathrm{k}r}{\mathrm{k}r} - 2\cos \mathrm{k}r - \mathrm{k}r \sin \mathrm{k}r + \frac{1}{3}\mathrm{k}^2 r^2\right)\mathrm{f}(r),$$

quand on y pose successivement $r = r_\infty$, $r = r_0$. De plus, le produit

$$\frac{1}{\mathrm{k}^4}\left(2\frac{\sin \mathrm{k}r}{\mathrm{k}r} - 2\cos \mathrm{k}r - \mathrm{k}r \sin \mathrm{k}r + \frac{1}{3}\mathrm{k}^2 r^2\right) = \frac{r^2}{\mathrm{k}^4}\mathrm{D}_r \frac{\cos \mathrm{k}r - \dfrac{\sin \mathrm{k}r}{\mathrm{k}r} + \dfrac{1}{3}\mathrm{k}^2 r^2}{r},$$

que l'on peut encore présenter sous la forme

$$r^2 \mathrm{D}_r\left(\frac{1}{5}\frac{r^3}{1.2.3} - \frac{1}{7}\frac{\mathrm{k}^2 r^5}{1.2.3.4.5} + \ldots\right) = \frac{1}{5}\frac{r^4}{1.2} - \frac{1}{7}\frac{\mathrm{k}^2 r^6}{1.2.3.4} + \ldots,$$

se réduit sensiblement, pour de très grandes valeurs de r, à

$$\frac{1}{3}\frac{r^2}{\mathrm{k}^2}$$

et, pour de très petites valeurs de r, à

$$\frac{1}{5}\frac{r^4}{1.2} = \frac{1}{10}r^4.$$

Donc, r_0 désignant une très petite, et r_∞ une très grande valeur de r, la formule (48) donne à très peu près

$$(49)\quad \left\{\begin{aligned} \Omega^2 = {} & 4\pi\text{Ꝺ}\left[\frac{1}{3\mathrm{k}^2}r_\infty^2\,\mathrm{f}(r_\infty) - \frac{1}{10}r_0^4\,\mathrm{f}(r_0)\right] \\ & + \frac{4\pi\text{Ꝺ}}{\mathrm{k}^2}\int_{r_0}^{r_\infty} r^2 \mathrm{f}(r)\,\mathrm{D}_r\left(\frac{\sin \mathrm{k}r}{\mathrm{k}r}\right) dr. \end{aligned}\right.$$

Cherchons en particulier ce que devient la valeur de Ω^2, fournie par l'équation (49), dans les deux hypothèses que nous avons précédemment considérées. Si d'abord nous supposons l'action mutuelle de deux molécules réciproquement proportionnelle au carré de la distance r, alors, la valeur de $f(r)$ étant donnée par la formule (38), on tirera sensiblement de la formule (49)

$$\Omega^2 = \frac{4\pi\mathfrak{G}}{k^2} g \left[\frac{1}{3} + \int_{r_0}^{r_\infty} D_r\left(\frac{\sin kr}{kr}\right) dr \right]. \tag{50}$$

D'un autre côté, comme le rapport

$$\frac{\sin kr}{kr}$$

se réduit à l'unité pour une valeur nulle, et à zéro pour une valeur infinie de r, on aura encore à très peu près

$$\int_{r_0}^{r_\infty} D_r\left(\frac{\sin kr}{kr}\right) dr = \int_0^\infty D_r\left(\frac{\sin kr}{kr}\right) dr = -1,$$

et, par suite, la formule (50) donnera

$$\Omega^2 = -\frac{8\pi\mathfrak{G}}{3k^2} g. \tag{51}$$

Enfin, pour que les vibrations longitudinales puissent se propager sans s'affaiblir, il est nécessaire que l'équation (51) fournisse une valeur réelle de Ω, par conséquent une valeur positive de Ω^2; ce qui exige que g soit négatif et l'action mutuelle de deux molécules répulsives. Donc, lorsque cette action est une force attractive réciproquement proportionnelle au carré de la distance, il devient impossible d'admettre que des vibrations longitudinales se propagent sans s'affaiblir.

Passons maintenant au cas où l'action mutuelle de deux molécules est une force répulsive réciproquement proportionnelle au bicarré de la distance. Alors la valeur de $f(r)$ sera déterminée par la formule (40), la constante h étant positive, et l'équation (49) donnera sensiblement

$$(52) \qquad \Omega^2 = \frac{4}{10}\pi \text{Ⓓ} \text{h} - \frac{4\pi\text{Ⓓ}}{\text{k}^2}\text{h}\int_{r_0}^{r_\infty} \text{D}_r\left(\frac{\sin \text{k} r}{\text{k} r}\right)\frac{dr}{r^2}.$$

On aura d'ailleurs

$$\int \text{D}_r\left(\frac{\sin \text{k} r}{\text{k} r}\right)\frac{dr}{r^2} = \int\left(\cos \text{k} r - \frac{\sin \text{k} r}{\text{k} r}\right)\frac{dr}{r^3};$$

et comme, en intégrant par parties plusieurs fois de suite, on trouvera

$$\int \frac{\sin \text{k} r}{r^4}dr = -\frac{\sin \text{k} r}{3r^3} + \frac{\text{k}}{3}\int\frac{\cos \text{k} r}{r^3}dr,$$

$$\int \frac{\cos \text{k} r}{r^3}dr = -\frac{\cos \text{k} r}{2r^2} - \frac{\text{k}}{2}\int\frac{\sin \text{k} r}{r^2}dr,$$

$$\int \frac{\sin \text{k} r}{r^2}dr = -\frac{\sin \text{k} r}{r} + \text{k}\int\frac{\cos \text{k} r}{r}dr,$$

par conséquent

$$\int \frac{\cos \text{k} r}{r^3}dr = -\frac{\cos \text{k} r}{2r^2} + \frac{\text{k}\sin \text{k} r}{2r} - \frac{\text{k}^2}{2}\int\frac{\cos \text{k} r}{r}dr,$$

on aura encore

$$\begin{aligned}\int \text{D}_r\left(\frac{\sin \text{k} r}{\text{k} r}\right)\frac{dr}{r^2} &= \frac{\sin \text{k} r}{3\text{k} r^3} + \frac{2}{3}\int\frac{\cos \text{k} r}{r^3}dr \\ &= \frac{\text{k}^2}{3}\left(\frac{\sin \text{k} r}{\text{k} r} - \frac{\cos \text{k} r}{\text{k}^2 r^2} + \frac{\sin \text{k} r}{\text{k}^3 r^3} - \int\frac{\cos \text{k} r}{r}dr\right).\end{aligned}$$

D'autre part, le trinome

$$\frac{\sin \text{k} r}{\text{k} r} - \frac{\cos \text{k} r}{\text{k}^2 r^2} + \frac{\sin \text{k} r}{\text{k}^3 r^3}$$

devient nul, à très peu près, pour une très grande valeur r_∞, attribuée à la variable r, tandis que, pour une très petite valeur r_0 de cette même variable, il se réduit sensiblement à

$$1 + \frac{1}{2} - \frac{1}{6} = \frac{4}{3}.$$

Donc, si l'on effectue l'intégration relative à la variable r, entre les limites r_0, r_∞ de cette variable, on trouvera, sans erreur sensible,

$$\int_{r_0}^{r_\infty} \mathrm{D}_r\left(\frac{\sin \mathrm{k} r}{k r}\right)\frac{dr}{r^3} = -\frac{\mathrm{k}^2}{3}\left(\frac{4}{3} + \int_{r_0}^{r_\infty} \frac{\cos \mathrm{k} r}{r} dr\right),$$

et par suite la formule (52) donnera

$$(53) \qquad \Omega^2 = \frac{4}{3}\pi \mathbb{D} h\left(\frac{49}{30} + \int_{r_0}^{r_\infty} \frac{\cos \mathrm{k} r}{r} dr\right).$$

Il est aisé de s'assurer que l'intégration renfermée dans le second membre de l'équation (53) a une valeur très considérable. En effet, quand on pose $r_0 = 0$, $r_\infty = \infty$, cette intégrale devient

$$\int_0^\infty \frac{\cos \mathrm{k} r}{r} dr.$$

Or, en désignant par ε un nombre positif, on a généralement

$$\int_0^\infty e^{-(\varepsilon + \mathrm{k}\sqrt{-1})r} dr = \frac{1}{1 + \mathrm{k}\sqrt{-1}},$$

et par suite

$$\int_0^\infty e^{-\varepsilon r} \sin \mathrm{k} r \, dr = \frac{\mathrm{k}}{\mathrm{k}^2 + \varepsilon^2};$$

puis on en conclut, en intégrant par rapport à k et à partir de l'origine $\mathrm{k} = 0$,

$$\int_0^\infty e^{-\varepsilon r} \frac{1 - \cos \mathrm{k} r}{r} dr = \frac{1}{2} \mathrm{l}\left(1 + \frac{\varepsilon^2}{\mathrm{k}^2}\right).$$

On aura donc

$$\int_0^\infty e^{-\varepsilon r} \frac{\cos \mathrm{k} r}{r} dr = \int_0^\infty e^{-\varepsilon r} \frac{dr}{r} - \frac{1}{2} \mathrm{l}\left(1 + \frac{\varepsilon^2}{k^2}\right).$$

Si maintenant on réduit ε à zéro, on tirera de la dernière formule

$$\int_0^\infty \frac{\cos \mathrm{k} r}{r} dr = \int_0^\infty \frac{dr}{r} = \infty.$$

Donc, puisque l'intégrale

$$\int_0^\infty \frac{\cos \mathrm{k} r}{r} dr$$

offre une valeur infinie, l'intégrale

$$\int_{r_0}^{r_\infty} \frac{\cos \mathrm{k} r}{r} dr$$

deviendra infiniment grande quand on attribuera, comme on le suppose, une valeur très petite à r_0 et une valeur très considérable à r_∞.

Pour déduire directement les mêmes conclusions de l'équation (49), il suffirait de recourir à la considération des intégrales singulières et aux principes établis dans le *Résumé des leçons données à l'École Polytechnique sur le Calcul infinitésimal* (*voir* la 25e leçon) (1). En effet, en vertu de ces principes, si le produit

$$r^2 \mathrm{f}(r)$$

ne devient pas infini pour une valeur infinie de r, l'intégrale comprise dans le second membre de l'équation (49), savoir

$$\int_0^{r_\infty} r^2 \mathrm{f}(r) \mathrm{D}_r\left(\frac{\sin \mathrm{k} r}{\mathrm{k} r}\right) dr,$$

sera finie ou infiniment grande, suivant que l'intégrale singulière

$$\int_0^{\varepsilon} r^2 \mathrm{f}(r) \mathrm{D}_r\left(\frac{\sin \mathrm{k} r}{\mathrm{k} r}\right) dr = \int_0^{\varepsilon}\left(\cos \mathrm{k} r - \frac{\sin \mathrm{k} r}{\mathrm{k} r}\right) r \mathrm{f}(r)\, dr,$$

dans laquelle ε désigne un nombre infiniment petit, sera elle-même finie ou infinie. D'ailleurs, pour de très petites valeurs de r, le binome

$$\cos \mathrm{k} r - \frac{\sin \mathrm{k} r}{\mathrm{k} r}$$

est le produit de

$$-\frac{1}{3} r^2$$

par un facteur très peu différent de l'unité, et en conséquence l'intégrale

$$\int_0^{\varepsilon}\left(\cos \mathrm{k} r - \frac{\sin \mathrm{k} r}{\mathrm{k} r}\right) r \mathrm{f}(r)\, dr$$

(1) *Œuvres de Cauchy*, 2e série, t. IV, p. 145.

est le produit d'un semblable facteur par la suivante :

$$-\frac{1}{3}\int_0^\varepsilon r^3\,\mathrm{f}(r)\,dr,$$

pourvu que la fonction $\mathrm{f}(r)$, étant toujours continue pour des valeurs positives de r, ne s'évanouisse pas avec r. Donc, si la fonction $\mathrm{f}(r)$, supposée continue, remplit la double condition de fournir une valeur finie du produit $r^2\,\mathrm{f}(r)$ pour une valeur infinie de r, et de ne pas s'évanouir pour $r = 0$, la valeur de Ω^2 déterminée par l'équation (49) sera finie ou non en même temps que l'intégrale singulière

$$\int_0^\varepsilon r^3\,\mathrm{f}(r)\,dr \tag{54}$$

et affectée d'un signe contraire au signe de cette intégrale. Donc, puisqu'en supposant

$$\mathrm{f}(r) = -\frac{\mathrm{h}}{r^4},$$

on trouve, pour $r = \infty$,

$$r^2\,\mathrm{f}(r) = 0;$$

pour $r = 0$,

$$\mathrm{f}(r) = -\frac{\mathrm{h}}{0},$$

et, de plus,

$$\int_0^\varepsilon r^3\,\mathrm{f}(r)\,dr = -\mathrm{h}\int_0^\varepsilon \frac{dr}{r} = -\mathrm{h}\times\infty,$$

nous devons conclure que, dans cette hypothèse, et pour des valeurs positives de h, la valeur de Ω^2, fournie par l'équation (49), sera une quantité positive qui deviendra infinie quand on posera $r_0 = 0$, et par conséquent infiniment grande quand on attribuera simplement à r_0 une valeur très petite.

Les mêmes raisonnements et les mêmes conclusions seraient encore évidemment applicables au cas où la fonction $\mathrm{f}(r)$ se trouverait déterminée, non plus par la formule (40), mais par la formule (43), par exemple au cas où la valeur de $\mathrm{f}(r)$ serait l'une de celles que fournissent les équations (44).

II. — *Sur la relation qui existe, dans les vibrations transversales d'un système isotrope de molécules, entre la longueur des ondulations et la vitesse de propagation des ondes planes.*

Soient, comme dans le paragraphe I,

$\mathfrak{m}$ une molécule donnée d'un système isotrope,
m l'une quelconque des autres molécules
et $\mathfrak{m}m\,\mathrm{f}(r)$ l'action mutuelle des deux molécules $\mathfrak{m}$, m, prise avec le signe + ou avec le signe −, suivant que ces deux molécules s'attirent ou se repoussent.

Concevons d'ailleurs que, des vibrations transversales étant propagées dans le système dont il s'agit, on nomme

l la longueur d'ondulation ou, ce qui revient au même, l'épaisseur commune de toutes les ondes planes
et Ω leur vitesse de propagation.

Si l'on pose, pour abréger,

$$\mathrm{k} = \frac{2\pi}{\mathrm{l}}, \tag{1}$$

les deux quantités Ω et l ou k se trouveront liées entre elles par l'équation (21) du paragraphe I, c'est-à-dire par la formule

$$\Omega^2 = \frac{1}{\mathrm{k}^4}\,\mathrm{S}\left\{\frac{m}{r^2}\mathrm{D}_r\left[\left(\cos\mathrm{k}r - \frac{\sin\mathrm{k}r}{\mathrm{k}r} + \frac{1}{3}\mathrm{k}^2r^2\right)\mathrm{f}(r)\right]\right\}, \tag{2}$$

le signe S indiquant une somme de termes semblables relatifs aux diverses molécules m, m', ...; de sorte qu'on aura

$$\Omega^2 = \mathrm{S}\left[\frac{m}{r^2}\mathrm{F}'(r)\right], \tag{3}$$

$\mathrm{F}'(r)$ désignant la dérivée de la fonction $\mathrm{F}(r)$ déterminée par la formule

$$\mathrm{F}(r) = \frac{1}{\mathrm{k}^4}\left(\cos\mathrm{k}r - \frac{\sin\mathrm{k}r}{\mathrm{k}r} + \frac{1}{3}\mathrm{k}^2r^2\right)\mathrm{f}(r). \tag{4}$$

Concevons maintenant que l'on décompose le système de molécules en couches infiniment minces, terminées par des surfaces de sphères qui aient pour centre commun la molécule $\mathfrak{m}$. Si l'on nomme

$\mathfrak{D}$ la densité du système supposé homogène

et Δr un accroissement infiniment petit attribué à la variable r, les molécules comprises dans la couche renfermée entre les deux surfaces sphériques, qui auront pour rayons r et $r+\Delta r$, offriront une somme de masses représentée à très peu près par le produit

$$4\pi\mathfrak{D}\, r^2\, \Delta r,$$

et par suite les termes correspondants à ces molécules, dans la somme

$$S\left[\frac{m}{r^2}F'(r)\right],$$

fourniront une somme partielle qui sera généralement peu différente du produit

$$4\pi\mathfrak{D}\, r^2\, F'(r)\,\Delta r.$$

Or, si l'on admet que l'on puisse, sans erreur sensible, substituer généralement ce dernier produit à la somme des termes dont il s'agit dans le second membre de l'équation (3), cette équation deviendra

$$\Omega^2 = 4\pi\mathfrak{D}\, S[F'(r)\,\Delta r]. \tag{5}$$

D'autre part, comme on aura, en vertu de la formule de Taylor,

$$F(r+\Delta r) - F(r) = F'(r)\,\Delta r + \frac{1}{2}F''(r)\,\Delta r^2 + \ldots,$$

on en conclura

$$S[F(r+\Delta r) - F(r)] = S[F'(r)\Delta r] + \frac{1}{2}S[F''(r)\,\Delta r^2] + \ldots.$$

Donc, en supposant le signe S étendu à toutes les valeurs de r, et désignant une très petite valeur de r par r_0, une très grande par r_∞, on aura sensiblement

$$F(r_\infty) - F(r_0) = S[F'(r)\Delta r] + \frac{1}{2}S[F''(r)\,\Delta r^2] + \ldots. \tag{6}$$

Si dans cette dernière formule on néglige les termes qui renferment des puissances de Δr supérieures à la seconde, elle donnera pour valeur approchée de la somme

$$S[F'(r)\Delta r]$$

l'expression

$$F(r_\infty) - F(r_0) - \frac{1}{2}S[F''(r)\Delta r^2],$$

et, par suite, la formule (5) deviendra

$$(7) \qquad \Omega^2 = 4\pi\mathbb{G}[F(r_\infty) - F(r_0)] - 2\pi\mathbb{G}S[F''(r)\Delta r^2].$$

Pour montrer une application des formules qui précèdent, considérons en particulier le cas où l'action mutuelle des deux molécules $\mathfrak{m}$, m serait une action répulsive, réciproquement proportionnelle au bicarré de la distance. Alors la fonction $f(r)$, déterminée par l'équation (40) du paragraphe I, serait de la forme

$$(8) \qquad f(r) = -\frac{h}{r^4},$$

h désignant une constante positive, et l'équation (4) donnerait

$$(9) \qquad \begin{cases} F(r) = -\dfrac{h}{k^4 r^4}\left(\cos kr - \dfrac{\sin kr}{kr} + \dfrac{1}{3}k^2 r^2\right) \\ \quad = -\dfrac{1}{5}\dfrac{1}{1.2.3} + \dfrac{1}{7}\dfrac{k^2 r^2}{1.2.3.4.5} - \ldots. \end{cases}$$

On aurait donc, en réduisant r_0 à zéro et r_∞ à l'infini positif,

$$F(r_\infty) = 0, \qquad F(r_0) = -\frac{1}{5}\frac{1}{1.2.3}.$$

De plus, comme, dans ce même cas, $F(r)$ deviendrait fonction du produit kr, on aurait encore

$$r^2 D_r^2 F(r) = k^2 D_k^2 F(r),$$

et par suite

$$F''(r) = D_r^2 F(r) = \frac{k^2}{r^2} D_k^2 F(r).$$

Donc la formule (7) donnerait

$$(10)\qquad \Omega^2 = \frac{4\pi\text{Ⓓ}}{30}\mathrm{h} - 2\pi\text{Ⓓ}\,\mathrm{k}^2\,\mathrm{D}_\mathrm{k}^2\,\mathrm{S}\left[\mathrm{F}(r)\left(\frac{\Delta r}{r}\right)^2\right].$$

Si maintenant on suppose les diverses valeurs de Δr égales entre elles et à la distance ε qui sépare deux molécules voisines, les diverses valeurs de r, dans la somme indiquée à l'aide du signe S, pourront être censées réduites aux divers termes de la progression arithmétique

$$(11)\qquad \varepsilon,\quad 2\varepsilon,\quad 3\varepsilon,\quad 4\varepsilon,\quad \ldots.$$

et, en posant, pour abréger,

$$(12)\qquad \mathrm{K} = \mathrm{S}\left[\left(\mathrm{k}\cos\mathrm{k}r - \frac{\sin\mathrm{k}r}{r} + \frac{1}{3}\mathrm{k}^3 r^2\right)\frac{1}{r^6}\right],$$

on tirera de la formule (9)

$$(13)\qquad \frac{1}{r^2}\mathrm{F}(r) = -\frac{\mathrm{h}}{\mathrm{k}^5}\mathrm{K},$$

puis de la formule (10)

$$(14)\qquad \Omega^2 = \frac{4\pi\text{Ⓓ}}{30}\mathrm{h} + 2\pi\text{Ⓓ}\,\mathrm{h}\mathrm{k}^2\varepsilon^2\mathrm{D}_\mathrm{k}^2\left(\frac{\mathrm{K}}{\mathrm{k}^5}\right).$$

Il ne reste plus maintenant qu'à déterminer la valeur de la quantité K en fonction de k. Or, on tire de l'équation (12)

$$\mathrm{D}_\mathrm{k}\mathrm{K} = \mathrm{S}\left[(\mathrm{k}r - \sin\mathrm{k}r)\frac{\mathrm{k}}{r^5}\right],$$

par conséquent

$$(15)\qquad \mathrm{k}^{-1}\mathrm{D}_\mathrm{k}\mathrm{K} = \mathrm{S}\left(\frac{\mathrm{k}r - \sin\mathrm{k}r}{r^5}\right);$$

puis, en différentiant trois fois de suite cette dernière formule par rapport à k, on en conclut

$$(16)\qquad \mathrm{D}_\mathrm{k}^3(\mathrm{k}^{-1}\mathrm{D}_\mathrm{k}\mathrm{K}) = \mathrm{S}\left(\frac{\cos\mathrm{k}r}{r^2}\right) = \frac{1}{\varepsilon^2}\left(\cos\mathrm{k}\varepsilon + \frac{\cos2\mathrm{k}\varepsilon}{2^2} + \frac{\cos3\mathrm{k}\varepsilon}{3^2} + \ldots\right).$$

D'ailleurs, pour des valeurs de x comprises entre les limites $-\pi$,

$+\pi$, on a généralement, comme l'on sait,

$$\cos x - \frac{\cos 2x}{2^2} + \frac{\cos 3x}{3^2} + \ldots = \frac{1}{4}\left(\frac{\pi^2}{3} - x^2\right)$$

(*voir* le second Volume des *Exercices de Mathématiques*, p. 309)(¹). Donc, en remplaçant x par $\pi - k\varepsilon$, on aura encore

$$\cos k\varepsilon + \frac{\cos 2k\varepsilon}{2^2} + \frac{\cos 3k\varepsilon}{3^2} + \ldots = \frac{1}{4}\left(\frac{2\pi^2}{3} - 2\pi k\varepsilon + k^2\varepsilon^2\right),$$

et la formule (16) donnera

$$D_k^3(k^{-1}D_k K) = a - bk + ck^2, \tag{17}$$

les valeurs de a, b, c étant

$$a = \frac{\pi^2}{6\varepsilon^2}, \qquad b = \frac{\pi}{2\varepsilon}, \qquad c = \frac{1}{4}. \tag{18}$$

Pour déduire de l'équation (17) la valeur de $k^{-1}D_k K$, il suffira d'intégrer le second membre trois fois de suite par rapport à k, et à partir de $k = 0$, puisque, en vertu de l'équation (15), le produit

$$k^{-1}D_k K$$

devra être divisible par k^3, aussi bien que la différence

$$kr - \sin kr = \frac{k^3 r^3}{1.2.3} - \frac{k^5 r^5}{1.2.3.4.5} + \ldots.$$

En opérant ainsi, on trouvera

$$k^{-1}D_k K = a\frac{k^3}{1.2.3} - b\frac{k^4}{2.3.4} + c\frac{k^5}{3.4.5},$$

par conséquent

$$D_k K = a\frac{k^4}{1.2.3} - b\frac{k^5}{2.3.4} + c\frac{k^6}{3.4.5}. \tag{19}$$

Enfin, pour obtenir la valeur même de K, il suffira d'intégrer le second membre de la formule (19) par rapport à k, et à partir de $k = 0$,

(¹) *Œuvres de Cauchy*, 2ᵉ série, t. VII, p. 357.

puisque, en vertu des équations (9) et (13), la quantité K, proportionnelle au produit $k^5 F(r)$, sera, comme ce produit, divisible par k^5. On aura donc

$$K = \frac{a}{5}\frac{k^5}{1.2.3} - \frac{b}{7}\frac{k^6}{2.3.4} + \frac{c}{7}\frac{k^7}{3.4.5},$$

et par suite

$$D_k^2\left(\frac{K}{k^5}\right) = \frac{2c}{7}\frac{1}{3.4.5} = \frac{1}{2.3.4.5.7}.$$

Donc, la formule (14) donnera

$$(20) \qquad \Omega^2 = \frac{4\pi(\mathfrak{h})}{30} h(1 + \alpha k^2),$$

la valeur de α étant

$$(21) \qquad \alpha = \frac{\varepsilon^2}{56}.$$

L'équation (20) établit une relation digne de remarque entre les quantités Ω et k ou $l = \frac{2\pi}{k}$, c'est-à-dire entre la vitesse de propagation des ondes planes et l'épaisseur de ces mêmes ondes dans un système de vibrations transversales.

La distance ε qui sépare deux molécules voisines devant être généralement considérée comme très petite, on pourra en dire autant, à plus forte raison, de la quantité positive α, déterminée par la formule (21). Cela posé, on aura sensiblement

$$\frac{1}{1 + \alpha k^2} = 1 - \alpha k^2,$$

et, en divisant par $1 + \alpha k^2$ les deux membres de la formule (20),

$$(22) \qquad \Omega^2(1 - \alpha k^2) = \frac{4\pi(\mathfrak{h})}{30} h.$$

D'autre part, si, en nommant T la durée d'une vibration moléculaire, on pose

$$(23) \qquad s = \frac{2\pi}{T},$$

on aura, conformément à la dernière des formules (19) du paragraphe I,

$$(24)\qquad s = \Omega k,$$

et par suite l'équation (22) pourra être réduite à

$$(25)\qquad \Omega^2 - \alpha s^2 = \frac{4\pi\varpi}{30} h.$$

Soient maintenant

$$\Omega_{\prime} \quad \text{et} \quad s_{\prime}$$

ce que donnent

$$\Omega \quad \text{et} \quad s$$

pour un second système de vibrations transversales, distinct de celui que l'on considérait d'abord, mais toujours propagé dans le même système de molécules. On aura encore

$$\Omega_{\prime}^2 - \alpha s_{\prime}^2 = \frac{4\pi\varpi}{30} h,$$

et de cette dernière équation, jointe à la formule (25), on tirera

$$\Omega^2 - \alpha s^2 = \Omega_{\prime}^2 - \alpha s_{\prime}^2,$$

par conséquent

$$\alpha = \frac{\Omega_{\prime}^2 - \Omega^2}{s_{\prime}^2 - s^2}$$

ou, ce qui revient au même, eu égard à la valeur de α,

$$(26)\qquad \varepsilon^2 = 56 \frac{\Omega_{\prime}^2 - \Omega^2}{s_{\prime}^2 - s^2}.$$

L'équation (26) fournit le moyen de calculer approximativement la valeur de ε, quand on connaît les vitesses de propagation des ondes planes et les durées des vibrations moléculaires, dans deux systèmes de vibrations transversales.

Il est bon d'observer qu'en désignant par $T_{\prime}$ la durée des vibrations dans le second système de vibrations transversales, on aura généralement

$$\frac{\Omega_{\prime}^2 - \Omega^2}{s_{\prime}^2 - s^2} = \frac{\Omega^2}{s^2} \frac{\left(\frac{\Omega_{\prime}}{\Omega} - 1\right)\left(\frac{\Omega_{\prime}}{\Omega} + 1\right)}{\left(\frac{s_{\prime}}{s} - 1\right)\left(\frac{s_{\prime}}{s} + 1\right)} = \left(\frac{1}{2\pi}\right)^2 \frac{\left(\frac{\Omega_{\prime}}{\Omega} - 1\right)\left(\frac{\Omega_{\prime}}{\Omega} + 1\right)}{\left(\frac{T}{T_{\prime}} - 1\right)\left(\frac{T}{T_{\prime}} + 1\right)},$$

et qu'en conséquence l'équation (26) peut s'écrire comme il suit

$$\left(\frac{\varepsilon}{l}\right)^2 = \frac{14}{\pi^2}\,\frac{\left(\frac{\Omega_{,}}{\Omega}-1\right)\left(\frac{\Omega_{,}}{\Omega}+1\right)}{\left(\frac{T}{T_{,}}-1\right)\left(\frac{T}{T_{,}}+1\right)}.$$

On aura donc

$$\frac{\varepsilon}{l} = \frac{1}{\pi}\left[14\,\frac{\left(\frac{\Omega_{,}}{\Omega}-1\right)\left(\frac{\Omega_{,}}{\Omega}+1\right)}{\left(\frac{T}{T_{,}}-1\right)\left(\frac{T}{T_{,}}+1\right)}\right]^{\frac{1}{2}}. \tag{27}$$

A l'aide de cette dernière formule, étant données les valeurs de Ω et T, correspondant à deux systèmes de vibrations transversales, on pourra déterminer immédiatement la valeur de $\frac{\varepsilon}{l}$, c'est-à-dire le rapport qui existe entre la distance de deux molécules voisines et la longueur d'ondulation relative à l'un de ces deux systèmes.

III. — *Sur la dispersion des couleurs dans le vide.*

Si l'on attribue les phénomènes lumineux à des vibrations transversales de l'éther et si l'on admet, comme la théorie porte à le croire, que dans le vide, c'est-à-dire dans l'éther isolé, les rayons de diverses couleurs se propagent avec des vitesses qui ne soient pas rigoureusement égales, alors il suffira que la clarté d'une étoile varie dans un temps peu considérable, pour qu'à des distances suffisamment grandes, cette variation occasionne un changement de couleur. Cette proposition remarquable est due à M. Arago. On peut l'établir, comme il l'a fait lui-même, par la méthode analytique qui, dans les éléments d'Algèbre, sert à résoudre la question connue sous le nom de *problème des deux courriers*. En effet, considérons une étoile blanche qui paraisse et disparaisse périodiquement, et, pour plus de simplicité, supposons que cette étoile, après avoir constamment brillé du même éclat pendant un certain temps ϖ, reste invisible pendant un autre temps encore égal à ϖ. Admettons d'ailleurs que ces deux phénomènes se reproduisent l'un après l'autre indéfiniment et que la couleur blanche de l'étoile résulte de la superposition de deux rayons simples dont les couleurs soient complémentaires, par exemple, d'un rayon rouge et d'un rayon vert. Enfin supposons que, les vitesses de propagation de ces deux rayons n'étant pas rigoureusement égales, la plus petite soit représentée par Ω, la plus grande par $\Omega_{,}$, en sorte qu'on ait

$$\frac{\Omega_{,}}{\Omega} = 1 + \frac{1}{n} = \frac{n+1}{n}, \tag{1}$$

n désignant un nombre très considérable. Les temps que ces deux rayons, partant simultanément de l'étoile dans une direction commune, devront employer pour se propager en ligne droite jusqu'à un point donné de l'espace, seront réciproquement proportionnels à leurs vitesses de propagation. En d'autres termes, ces temps seront entre eux dans le rapport de Ω à $\Omega_{,}$ ou de n à $n+1$. Donc, si, à partir de l'étoile, on porte, sur la direction commune des deux rayons, des longueurs égales, dont chacune soit parcourue par le rayon doué de la plus grande vitesse $\Omega_{,}$, dans un intervalle de temps représenté par

$$n\mathfrak{T},$$

et si l'on nomme

$$E_1, \quad E_2, \quad E_3, \quad E_4, \quad \ldots$$

les divers points auxquels aboutissent les extrémités de ces diverses longueurs, le rayon doué de la moindre vitesse Ω parcourra chacune de ces mêmes longueurs dans un intervalle de temps représenté par le produit

$$(n+1)\mathfrak{T} = n\mathfrak{T} + \mathfrak{T}.$$

Donc, pour des observateurs placés aux points

$$E_1, \quad E_2, \quad E_3, \quad E_4, \quad \ldots,$$

le retard d'un rayon sur l'autre se trouvera successivement exprimé par

$$\mathfrak{T}, \quad \mathfrak{T}+\mathfrak{T}, \quad \mathfrak{T}+\mathfrak{T}+\mathfrak{T}, \quad \mathfrak{T}+\mathfrak{T}+\mathfrak{T}+\mathfrak{T}, \quad \ldots$$

ou, ce qui revient au même, par les divers termes de la progression arithmétique

$$\varpi, \quad 2\varpi, \quad 3\varpi, \quad 4\varpi, \quad \ldots.$$

Cela posé, puisqu'au point de départ E les deux rayons restent simultanément visibles ou simultanément invisibles, pendant des intervalles de temps qui sont tous égaux à ϖ, on peut affirmer qu'il en sera de même, aux points où le retard de l'un des rayons sur l'autre se trouvera représenté par l'un des nombres

$$2\varpi, \quad 4\varpi, \quad \ldots,$$

c'est-à-dire aux points

$$E_2, \quad E_4, \quad \ldots,$$

séparés de l'étoile E par des distances que le rayon doué de la plus grande vitesse parcourt en temps égaux aux divers termes de la progression arithmétique

$$2n\varpi, \quad 4n\varpi, \quad \ldots.$$

Au contraire, les deux rayons se montreront successivement et toujours l'un sur l'autre, aux points où le retard de l'un à l'égard de l'autre se trouvera exprimé par l'un des nombres

$$\varpi, \quad 3\varpi, \quad \ldots,$$

c'est-à-dire aux points

$$E_1, \quad E_3, \quad \ldots$$

séparés de l'étoile E par des distances que le rayon doué de la plus grande vitesse parcourt en temps égaux aux divers termes de la progression arithmétique

$$n\varpi, \quad 3n\varpi, \quad \ldots.$$

En général, vue d'un point quelconque de l'espace, l'étoile paraîtra périodique, 2ϖ étant la durée de la période au bout de laquelle les mêmes phénomènes se reproduiront, et de plus l'aspect de ces phénomènes variera périodiquement avec la distance qui séparera le spectateur de l'étoile. Si cette distance est celle de l'un des points

$$E_2, \quad E_4, \quad \ldots,$$

c'est-à-dire celle que parcourt le rayon doué de la plus grande vitesse, dans un temps représenté par un multiple pair de $n\varpi$; alors, d'après ce qu'on vient de dire, l'étoile paraîtra blanche durant une moitié de la période au bout de laquelle les mêmes phénomènes se reproduisent et disparaîtra complètement durant l'autre moitié. Si, au contraire, la distance du spectateur à l'étoile est celle de l'un des points

$$E_1, \quad E_3, \quad \ldots,$$

c'est-à-dire celle que parcourt le rayon doué de la plus grande vitesse, dans un temps représenté par un multiple impair de $n\varpi$, l'étoile restera toujours visible, mais elle paraîtra rouge durant une moitié de la période et verte durant l'autre moitié. Enfin, si la distance du spectateur à l'étoile n'est celle d'aucun des points

$$E_1, \quad E_2, \quad E_3, \quad E_4, \quad \ldots,$$

l'étoile, visible et blanche durant une partie de la période, disparaîtra durant une autre partie, et ces deux parties égales entre elles, mais dont chacune sera inférieure à la demi-période, se trouveront séparées l'une de l'autre par des intervalles de temps égaux, pendant lesquels l'étoile se montrera colorée tantôt en rouge et tantôt en vert.

Dans l'hypothèse que nous venons de considérer, les points d'où l'on observe les mêmes phénomènes, par exemple les points pour lesquels l'étoile reste invisible durant une moitié de la période et brille de tout son éclat durant l'autre moitié, sont évidemment situés sur des surfaces de sphères concentriques, qui, ayant l'étoile pour centre commun, renferment entre elles des couches dont l'épaisseur est la distance que parcourt le rayon doué de la plus grande vitesse durant un temps

$$2n\varpi,$$

égal au produit de la période 2ϖ par le nombre n. En d'autres termes, pour obtenir la distance mesurée sur la direction d'un rayon, et au bout de laquelle les mêmes phénomènes se reproduisent, il suffit de multiplier le nombre

$$n = \frac{\Omega}{\Omega_1 - \Omega} \tag{2}$$

par la distance à laquelle se propage, durant le temps même de la période, le rayon doué de la plus grande vitesse. Cette dernière distance sera toujours très considérable, et déjà elle s'élèverait à plus de six mille millions de lieues, si la durée de la période se réduisait à un seul jour. La distance au bout de laquelle les phénomènes se reproduiront sera beaucoup plus considérable encore, puisqu'elle sera le produit de l'autre distance par le nombre n, dont la valeur, en vertu de la formule (2), deviendra d'autant plus grande que la différence entre les vitesses Ω et Ω_1 deviendra plus petite.

On arriverait encore à des résultats semblables, si, la durée de la période restant égale à 2τ, les deux rayons simples, dont la superposition est censée produire la couleur blanche de l'étoile, s'éteignaient périodiquement, durant des intervalles de temps égaux entre eux, mais inférieurs ou supérieurs à la moitié de la période, ou si ces deux rayons, sans s'éteindre complètement, perdaient périodiquement une partie de leur éclat. Alors la distance, au bout de laquelle se reproduiraient les mêmes phénomènes, serait toujours celle que nous venons de calculer. Alors aussi, vue de certains points, l'étoile à certaines époques paraîtrait colorée, tandis que, pour des observateurs placés en d'autres points, elle se montrerait toujours blanche lorsqu'elle ne serait pas invisible. Seulement, dans la nouvelle hypothèse, les deux couleurs pourraient être mêlées de blanc, et les intervalles de temps, pendant lesquels l'étoile paraîtrait blanche ou colorée, seraient plus longs ou plus courts que dans la première supposition.

On arriverait toujours à des conclusions du même genre, si la lumière blanche de l'étoile résultait de la superposition de plus de deux rayons simples, et, dans ce cas encore, comme dans les hypothèses ci-dessus admises, l'étoile, vue de loin, devrait le plus ordinairement paraître colorée. Il y a plus, il faudrait alors supposer remplies certaines conditions particulières, pour qu'à de très grandes distances les phénomènes observés dans le voisinage de l'étoile parvinssent à se reproduire exactement. Admettons, pour fixer les idées, que la lumière blanche de l'étoile résulte de la superposition de trois rayons qui se propagent avec des vitesses représentées par

$$\Omega, \quad \Omega_{,}, \quad \Omega_{,,};$$

soit toujours 2ϖ la durée de la période, et posons

$$(3) \qquad \frac{\Omega_{,}}{\Omega} = 1 + \frac{1}{n}, \qquad \frac{\Omega_{,,}}{\Omega} = 1 + \frac{1}{n'}.$$

Si les nombres n, n', qu'on doit supposer très grand l'un et l'autre, sont commensurables entre eux, c'est-à-dire, en d'autres termes, si le rapport $\frac{n'}{n}$ est rationnel, on pourra déterminer une distance au bout de laquelle se reproduiront exactement les mêmes phénomènes, et cette distance sera celle que parcourt le rayon doué de la vitesse Ω, dans un temps égal au plus petit des multiples de

$$2n\varpi,$$

qui soit aussi un multiple de $2n'\varpi$. Mais, si le rapport $\frac{n'}{n}$ devient irrationnel, il deviendra impossible de trouver un multiple de $2n\varpi$ qui soit en même temps un multiple de $2n'\varpi$, et il deviendra pareillement impossible de trouver une distance au bout de laquelle les mêmes phénomènes se reproduisent exactement pendant toute la durée de la période 2ϖ. Alors, par exemple, les phénomènes que l'on observe dans le voisinage de l'étoile ne pourront plus se reproduire en d'autres points de l'espace, et pour un observateur placé loin de l'étoile, celle-ci ne pourra demeurer constamment blanche tant qu'elle sera visible.

En résumé, si dans le vide les vitesses de propagation de rayons diversement colorés ne sont pas rigoureusement égales, un changement périodique de clarté dans une étoile suffira pour occasionner à de grandes distances des changements de couleur. Or, parmi les astres dont la clarté varie périodiquement, on doit surtout distinguer Algol ou β de Persée, dont l'éclat ordinaire, étant celui d'une étoile de deuxième grandeur, reste tel pendant 2 jours 14 heures, puis décroît soudain, de telle sorte qu'au bout d'environ 3 heures et demie, l'étoile se trouve réduite à la quatrième grandeur, sa lumière ayant alors perdu plus de la moitié de son intensité. Alors, aussi, l'étoile recommence à croître, pour reprendre au bout de 3 heures et demie son éclat habituel, l'étendue entière de sa période étant d'environ 2 jours 20 heures 48 minutes. Cela posé, concevons que l'on observe attentivement la couleur d'Algol, tandis que son éclat diminue. Si l'intervalle de temps, renfermé entre les deux instants qui nous laissent apercevoir des rayons rouge et violet partis simultanément de l'étoile, s'élevait seulement à un quart d'heure, elle changerait de couleur d'une manière assez notable pour que le changement pût être remarqué. En effet, puisque l'astre aura perdu plus de la moitié de sa lumière en 3 heures et demie, la perte moyenne de lumière en un quart d'heure surpassera le rapport $\frac{(\frac{1}{4})}{3\frac{1}{2}}$ ou $\frac{1}{14}$; et il n'est pas douteux que cette perte subie, dans l'hypothèse admise, par un seul des deux rayons rouge et violet occasionnât une variation appréciable dans la couleur. Toutefois cette variation est demeurée insensible dans les expériences entreprises par M. Arago pour la constater. Cherchons maintenant ce que l'on peut en conclure relativement à l'intervalle qui sépare deux molécules voisines du fluide éthéré.

Vu la distance considérable qui sépare de la Terre les étoiles les plus rapprochées, distance que la lumière ne peut franchir en moins de trois ou quatre années, un quart d'heure n'équivaut pas, comme on l'a déjà dit, à la $\frac{1}{100000}$ partie du temps que la lumière emploie pour venir d'Algol jusqu'à nous. Donc, en admettant que deux rayons, l'un rouge, l'autre violet, partis simultanément de cette étoile, se suivent d'assez près pour que l'un ne soit pas de 15 minutes en retard sur l'autre, nous admettons par cela même, non seulement que le rapport entre les vitesses de propagation de ces deux rayons diffère très peu de l'unité, mais encore que la différence est au-dessous de $\frac{1}{100000}$. Cela posé, si l'on adopte comme rigoureuse, pour l'éther considéré isolément, la loi de répulsion précédemment énoncée, c'est-à-dire si l'on suppose que l'action mutuelle de deux molécules d'éther soit répulsive et réciproquement proportionnelle au bicarré de la distance, la formule (27) du paragraphe II fournira le moyen de calculer une limite supérieure à l'intervalle qui sépare deux molécules voisines du fluide éthéré. En effet, désignons par

$$\mathrm{l},\ \mathrm{l}_{,};\ \mathrm{T},\ \mathrm{T}_{,}$$

les longueurs d'ondulation et les durées des vibrations moléculaires dans les rayons rouge et violet; et par

$$\Omega,\ \Omega_{,}$$

les vitesses de propagation de ces rayons dans le vide. Les rapports entre les durées T, T′ et l'intervalle de temps qui résulte de la division d'une seconde sexagésimale en mille millions de millions de parties égales, seront représentés à très peu près par les nombres

$$2 \quad \text{et} \quad 1,36,$$

en sorte qu'on aura sensiblement

$$\frac{\mathrm{T}}{\mathrm{T}_{,}} = \frac{2}{1,36} = 1,47, \qquad \left(\frac{\mathrm{T}}{\mathrm{T}_{,}}\right)^2 = 2,16.$$

Cela posé, la formule (27) du paragraphe II donnera, pour le rapport entre la distance ε de deux molécules d'éther voisines et la longueur l,

$$\frac{\varepsilon}{\mathrm{l}} = \frac{1}{\pi}\left[\frac{14\left(\frac{\Omega_{,}}{\Omega}-1\right)\left(\frac{\Omega_{,}}{\Omega}+1\right)}{1,16}\right]^{\frac{1}{2}},$$

ou à très peu près, puisque $\frac{\Omega_{,}}{\Omega}$ diffère très peu de l'unité,

$$(4) \qquad \frac{\varepsilon}{\mathrm{l}} = \frac{2}{\pi}\left[\frac{7}{1,16}\left(\frac{\Omega_{,}}{\Omega}-1\right)\right]^{\frac{1}{2}}.$$

Pour que la valeur de ε reste réelle, on devra évidemment, dans la formule (4), supposer le rapport

$$\frac{\Omega_{,}}{\Omega}$$

supérieur à l'unité. Si d'ailleurs on suppose la différence entre ce rapport et l'unité réduite à $\frac{1}{1000000}$, alors de l'équation (4), jointe à la formule

$$(5) \qquad \frac{\Omega_{\prime}}{\Omega} = 1 + \frac{1}{100000},$$

on conclura

$$(6) \qquad \frac{\varepsilon}{l} = \frac{2}{100}\frac{1}{\pi}\sqrt{\left(\frac{70}{116}\right)} = 0{,}005\ldots$$

En vertu de cette dernière formule, ε serait environ 5 millièmes ou $\frac{1}{200}$ de la longueur d'ondulation des rayons rouges, c'est-à-dire environ 3 millionièmes de millimètre. On voit ainsi quelle est la petitesse de la limite supérieure à la distance qui sépare deux molécules voisines d'éther, lorsqu'en adoptant la loi d'une répulsion réciproquement proportionnelle au bicarré de la distance, on part de ce fait, que l'observation d'Algol ne fournit point de traces de la dispersion des couleurs dans le vide.

Il est bon de remarquer qu'en vertu de la formule (5), la vitesse de propagation des rayons violets surpasserait celle des rayons rouges, en sorte que les rayons qui se propagent plus rapidement dans les corps se propageraient au contraire avec plus de lenteur dans le vide.

MÉMOIRE SUR L'INTÉGRATION

DES

ÉQUATIONS DIFFÉRENTIELLES[1].

I.

Le nombre des équations différentielles que l'on peut intégrer en termes finis étant très peu considérable, on a depuis longtemps essayé de substituer, pour de semblables équations, l'intégration par série à l'intégration directe. Ainsi, par exemple, étant donnée une équation différentielle du premier ordre entre x et y considéré comme fonction de x, avec la valeur particulière y_0 de la fonction y, correspondant à la valeur particulière x_0 de la variable x, on a supposé la fonction y développée par la formule de Maclaurin, en une série ordonnée suivant les puissances ascendantes et entières de la variable x; et, comme on pouvait facilement déterminer les coefficients des diverses puissances de x dans cette série, en les déduisant des valeurs connues des quantités x_0, y_0, à l'aide de l'équation donnée et de ses dérivées des divers ordres, et en laissant d'ailleurs arbitraire la constante y_0, on en a conclu que toute équation différentielle du premier ordre entre x et y admettait une intégrale générale, et que cette intégrale se trouvait représentée par la série de Maclaurin, c'est-à-dire par la somme de cette série, les coefficients étant déterminés, comme on vient de l'expliquer, en fonction de x_0 et de la constante arbitraire y_0. Toutefois,

(1) Ce Mémoire, déjà lithographié en 1835, n'a été tiré la première fois qu'à un petit nombre d'exemplaires; c'est ce qui nous engage à le reproduire ici tel qu'il a été rédigé à cette époque.

les considérations précédentes ne donnaient nulle certitude que l'on eût effectivement intégré l'équation proposée, ni même que cette équation admît une intégrale. Car, d'une part, rien ne prouvait que la série obtenue fût convergente, et l'on sait que les séries divergentes n'ont pas de sommes; d'autre part, une série même convergente, qui provient du développement d'une fonction effectué à l'aide de la formule de Maclaurin, ne représente pas toujours la fonction dont il s'agit. Ainsi, en particulier, si l'on applique la formule de Maclaurin à la fonction

$$e^{-x^2} + e^{-\frac{1}{x^2}},$$

on obtiendra pour développement la série convergente

$$1 - \frac{x^2}{1} + \frac{x^4}{1.2} - \frac{x^6}{1.2.3} + \ldots$$

qui représente, non la fonction donnée, mais seulement son premier terme. L'intégration par série des équations différentielles était donc illusoire, tant qu'on ne fournissait aucun moyen de s'assurer que les séries obtenues étaient convergentes, et que leurs sommes étaient des fonctions propres à vérifier les équations proposées; en sorte qu'il fallait nécessairement ou trouver un tel moyen, ou chercher une autre méthode à l'aide de laquelle on pût établir généralement l'existence de fonctions propres à vérifier les équations différentielles et calculer des valeurs indéfiniment approchées de ces mêmes fonctions. La première et peut-être jusqu'à présent la seule méthode qui remplisse ce double but, pour un système quelconque d'équations différentielles, me paraît être celle que j'ai publiée dans mes *Leçons de seconde année pour l'École royale Polytechnique*. Suivant cette méthode, étant donnée, pour $x = x_0$, la valeur y_0 de la fonction y déterminée par une équation différentielle de la forme

$$(1) \qquad dx = f(x, y)\, dx,$$

si la supposition

$$x = x_0, \qquad y = y_0$$

ne rend infinie aucune des deux fonctions

$$(2)\qquad f(x,y),\quad \frac{\partial f(x,y)}{\partial y},$$

alors, pour calculer approximativement une autre valeur Y de y, correspondant à une autre valeur X de x, on interposera entre les limites

$$x_0,\quad X$$

une série croissante ou décroissante de nouvelles valeurs de x, puis on leur fera correspondre une série de nouvelles valeurs de y tellement calculées que, deux valeurs consécutives de x étant représentées par

$$x,\quad x+\Delta x$$

et les valeurs correspondantes de y par

$$y,\quad y+\Delta y,$$

on ait généralement

$$(3)\qquad \Delta y = f(x,y)\,\Delta x.$$

On démontre que la dernière des valeurs de y ainsi calculées, ou celle qui correspond à la valeur X de x, converge, lorsqu'on fait décroître indéfiniment les valeurs numériques de Δx, vers une limite fixe qui est fonction continue de y_0 et de X, pourvu toutefois que la valeur numérique de la différence

$$X - x_0$$

ne devienne pas trop considérable et supérieure à celle qu'une certaine condition détermine. Cela posé, en nommant

$$\mathcal{F}(X)$$

la limite dont il s'agit, on prouvera aisément que la fonction

$$(4)\qquad y = \mathcal{F}(x)$$

a la double propriété de vérifier l'équation (1) et de se réduire à y_0 pour $x = x_0$. Il y a plus, on déterminera sans peine les limites des erreurs que l'on peut commettre en prenant pour $\mathcal{F}(X)$ la dernière des valeurs de y calculées à l'aide de la formule (3), dans le cas où chacune des valeurs de Δx est inférieure, abstraction faite du signe, à un très petit nombre donné δ.

Si l'on désigne par

$$A, \quad C$$

deux nombres respectivement supérieurs aux valeurs numériques des fonctions (2); si, de plus, on désigne par

$$a$$

une quantité positive ou négative, choisie de telle manière que, pour des valeurs de x renfermées entre les limites

$$x_0, \quad x_0 + a$$

et pour des valeurs de y renfermées entre les limites

$$y_0 - Aa, \quad y_0 + Aa,$$

les fonctions (2) restent continues par rapport aux variables x, y, et renfermées, la première entre les limites

$$-A, \quad +A,$$

la seconde entre les limites

$$-C, \quad +C;$$

la condition ci-dessus mentionnée, et à laquelle devra satisfaire la différence $X - x_0$, sera que cette différence demeure comprise entre les limites o, a, ou, en d'autres termes, que la valeur X de x demeure elle-même comprise entre les limites

$$x_0, \quad x_0 + a.$$

Alors, si l'on nomme H la valeur numérique de $X - x_0$ et ω la plus grande valeur numérique que puisse recevoir la quantité

$$f(x \pm \theta\delta, y \pm \Theta A\delta) - f(x, y),$$

tandis que l'on fait varier θ et Θ entre les limites o, a; x et $x \pm \theta\delta$ entre les limites x_0, $x_0 + a$; enfin y et $y \pm \Theta A\delta$ entre les limites y_0,

$y_0 \pm Aa$; l'erreur que l'on commettra, en supposant chacune des valeurs numériques de Δx inférieure à δ, et prenant pour $\mathfrak{F}(X)$ la dernière des valeurs de y calculées à l'aide de la formule (3), sera plus petite que le produit

$$(5) \qquad He^{CH}\,\omega,$$

e désignant la base des logarithmes népériens. Ajoutons que, si, pour toutes les valeurs de x, y, comprises entre les limites

$$x_0, \quad x_0 + a; \quad y_0 - Aa, \quad y_0 + Aa,$$

la fonction

$$(6) \qquad \frac{\partial f(x, y)}{\partial x}$$

reste finie, continue et inférieure, abstraction faite du signe, au nombre

$$B,$$

le facteur ω ne pourra surpasser le produit

$$(7) \qquad (B + AC)\delta.$$

La valeur de y que la formule (4) détermine étant fonction continue, non seulement de la variable x, mais encore de la constante y_0, devient, lorsque cette constante est considérée comme arbitraire, ce qu'on appelle l'intégrale générale de l'équation (1). La méthode précédente fournit donc le moyen non seulement d'établir l'existence de l'intégrale générale d'une équation différentielle du premier ordre, mais encore de calculer, avec tel degré d'approximation qu'on le désire, la valeur Y de y correspondant à une valeur donnée X de la variable x, en supposant déjà connue une première valeur x_0 de x. Ce calcul s'étend même à des valeurs de X non renfermées entre les limites

$$x_0, \quad x_0 + a.$$

Car, après avoir déduit, de la première valeur de y représentée par y_0, une seconde valeur Y, on peut de celle-ci en déduire une troisième et continuer de la sorte jusqu'à ce que la valeur de y devienne infiniment grande ou rende infinie l'une des fonctions (2).

La méthode que je viens de rappeler se trouve rigoureusement établie et rendue plus sensible par des exemples numériques dans les Leçons déjà citées. J'ai montré dans les mêmes Leçons comment on pouvait étendre cette méthode à l'intégration d'équations différentielles simultanées du premier ordre, quel que fût le nombre des variables, et comment on pouvait obtenir, non seulement les intégrales générales et particulières de ces équations, mais encore leurs intégrales singulières. On sait d'ailleurs que l'intégration d'équations différentielles d'un ordre quelconque peut toujours être ramenée à l'intégration d'équations différentielles simultanées du premier ordre.

II.

Les avantages qu'offre la méthode ci-dessus rappelée se retrouvent avec d'autres encore dans celle que je vais maintenant exposer.

Le beau Mémoire où M. Hamilton a fait dépendre l'intégration des équations différentielles que l'on rencontre en Dynamique, de la détermination d'une seule fonction, représentée par une intégrale définie qui satisfait à deux équations du second ordre aux différences partielles, a reporté mes idées vers un point qui m'avait paru depuis longtemps digne d'être examiné avec une attention particulière. J'avais pensé qu'il y aurait peut-être quelque avantage à réduire l'intégration d'un système d'équations différentielles à l'intégration d'une seule équation aux différences partielles du premier ordre. Or cette réduction peut toujours être facilement effectuée, comme on va le voir.

Soient $x, y, z, \ldots$ des fonctions inconnues de la variable t, déterminées par des équations différentielles du premier ordre, en vertu desquelles les différentielles

$$dx, \quad dy, \quad dz, \quad \ldots, \quad dt,$$

des variables

$$x, \quad y, \quad z, \quad \ldots, \quad t$$

soient respectivement proportionnelles à des fonctions connues

$$\mathfrak{X}, \quad \mathfrak{Y}, \quad \mathfrak{Z}, \quad \ldots, \quad \mathfrak{T}$$

de ces mêmes variables. Les équations différentielles dont il s'agit seront comprises dans la formule

$$(1) \qquad \frac{dx}{\mathfrak{X}} = \frac{dy}{\mathfrak{Y}} = \frac{dz}{\mathfrak{Z}} = \ldots = \frac{dt}{\mathfrak{T}}$$

et se réduiront aux suivantes

$$(2) \qquad dx = \frac{\mathfrak{X}}{\mathfrak{T}}dt, \qquad dy = \frac{\mathfrak{Y}}{\mathfrak{T}}dt, \qquad dz = \frac{\mathfrak{Z}}{\mathfrak{T}}dt, \qquad \ldots,$$

qui ne perdront rien de leur généralité, si l'on fait disparaître le dénominateur $\mathfrak{T}$, en prenant simplement $\mathfrak{T} = 1$. Or supposer que les équations (2) sont intégrables, c'est admettre que x, y, z, ..., t peuvent varier simultanément de manière à les vérifier. Dans cette hypothèse, $x, y, z, \ldots$ variant avec t, si t prend une nouvelle valeur τ, x, y, z recevront des valeurs correspondantes ξ, η, ζ, ... qui ne pourront dépendre que de τ et des valeurs primitivement attribuées à $x, y, z, \ldots, t$; par conséquent, ξ, η, ζ, ... seront des fonctions de x, y, z, ..., t, τ, qui se réduiront, pour $\tau = t$, à $x, y, z, \ldots$, en sorte qu'on aura

$$(3) \qquad \begin{cases} \xi = \varphi(x, y, z, \ldots, t, \tau), \\ \eta = \chi(x, y, z, \ldots, t, \tau), \\ \zeta = \psi(x, y, z, \ldots, t, \tau), \\ \ldots\ldots\ldots\ldots\ldots\ldots\ldots, \end{cases}$$

les lettres caractéristiques φ, χ, ψ, ... désignant des fonctions déterminées qui vérifieront les conditions

$$(4) \qquad \begin{cases} \varphi(x, y, z, \ldots, t, t) = x, \\ \chi(x, y, z, \ldots, t, t) = y, \\ \psi(x, y, z, \ldots, t, t) = z, \\ \ldots\ldots\ldots\ldots\ldots\ldots\ldots, \end{cases}$$

Les équations (2) ne sont censées intégrées généralement qu'autant qu'on est parvenu à exprimer ξ, η, ζ, ... en fonction de τ, par des équations de la forme (3), quelles que soient d'ailleurs les valeurs primitivement attribuées à

$$x, \quad y, \quad z, \quad \ldots, \quad t.$$

Alors les équations (3), ou des équations équivalentes, c'est-à-dire propres à fournir les mêmes valeurs de

$$\xi, \quad \eta, \quad \zeta, \quad \ldots$$

sont ce qu'on appelle les intégrales générales des équations différentielles données. A l'aide de ces intégrales, on peut déterminer, pour une valeur τ de la variable indépendante renfermée dans les équations (2), les valeurs correspondantes ξ, η, ζ, ... des variables dépendantes que contiennent les mêmes équations, quand on connaît un autre système de valeurs $x, y, z, \ldots$ de ces dernières correspondant à une autre valeur t de la première ; et comme, en partant des valeurs ξ, η, ζ, ... qui correspondent à la valeur τ de la variable indépendante, on devrait retrouver, pour la valeur t de cette variable, les valeurs des variables dépendantes représentées par $x, y, z, \ldots$, il est clair que les équations (3) continueront de subsister, si l'on y échange entre eux les deux systèmes de valeurs des variables dépendantes et indépendantes, représentés par

$$\begin{array}{ccccc} x, & y, & z, & \ldots, & t, \\ \xi, & \eta, & \zeta, & \ldots, & \tau. \end{array}$$

Donc les intégrales des équations (2) pourront encore se produire sous la forme

$$(5)\qquad \left\{ \begin{array}{l} x = \varphi(\xi, \eta, \zeta, \ldots, \tau, t), \qquad y = \chi(\xi, \eta, \zeta, \ldots, \tau, t), \\ \qquad z = \psi(\xi, \eta, \zeta, \ldots, \tau, t), \qquad \ldots \end{array} \right.$$

D'ailleurs les formules (4), étant identiques pour des valeurs quelconques de $x, y, z, \ldots, t$, entraîneront les suivantes :

$$(6)\qquad \left\{ \begin{array}{l} \varphi(\xi, \eta, \zeta, \ldots, \tau, \tau) = \xi, \qquad \chi(\xi, \eta, \zeta, \ldots, \tau, \tau) = \eta, \\ \qquad \psi(\xi, \eta, \zeta, \ldots, \tau, \tau) = \zeta, \qquad \ldots, \end{array} \right.$$

en sorte que les valeurs de $x, y, z, \ldots$ fournies par les équations (5) se réduiront, comme on devait s'y attendre, à ξ, η, ζ, ... quand on supposera

$$t = \tau.$$

Lorsqu'on attribue à τ une valeur constante,

$$\xi, \quad \eta, \quad \zeta, \quad \ldots$$

deviennent, dans les intégrales générales (3) ou (5), d'autres constantes que l'on peut choisir arbitrairement, et que l'on nomme pour cette raison constantes *arbitraires*. Si l'on fait d'ailleurs, pour abréger,

$$(7) \quad \begin{cases} \varphi(x, y, z, \ldots, t, \tau) = \mathrm{X}, \quad \chi(x, y, z, \ldots, t, \tau) = \mathrm{Y}, \\ \psi(x, y, z, \ldots, t, \tau) = \mathrm{Z}, \quad \ldots, \end{cases}$$

les équations (3) deviendront

$$(8) \qquad \xi = \mathrm{X}, \quad \eta = \mathrm{Y}, \quad \zeta = \mathrm{Z}, \quad \ldots,$$

X, Y, Z, ... étant des fonctions de $x, y, z, \ldots, t$, qui se réduiront, la première à x, la deuxième à y, la troisième à z, ... pour $t = \tau$, et qui ne renfermeront aucune des constantes arbitraires $\xi, \eta, \zeta, \ldots$. Enfin si l'on désigne par

$$(9) \qquad u = f(x, y, z, \ldots)$$

une fonction déterminée des seules variables $x, y, z, \ldots$, et par

$$(10) \qquad \upsilon = f(\xi, \eta, \zeta, \ldots)$$

$$(11) \qquad \mathrm{U} = f(\mathrm{X}, \mathrm{Y}, \mathrm{Z}, \ldots),$$

ce que devient la fonction u quand on y remplace les variables $x, y, z, \ldots$: 1° par les constantes arbitraires $\xi, \eta, \zeta, \ldots$; 2° par les fonctions X, Y, Z, ...;

$$\mathrm{U},$$

ainsi que X, Y, Z, ..., dépendra uniquement des quantités

$$x, \quad y, \quad z, \quad \ldots, \quad t, \quad \tau,$$

et se réduira, pour $t = \tau$, à la nouvelle constante arbitraire désignée par υ. De plus, les intégrales générales des équations (2) ou les formules (8) entraîneront évidemment la suivante

$$(12) \qquad f(\xi, \eta, \zeta, \ldots) = f(\mathrm{X}, \mathrm{Y}, \mathrm{Z}, \ldots)$$

ou

$$\upsilon = \mathrm{U}, \tag{13}$$

qui sera une nouvelle intégrale générale et comprendra comme cas particuliers les formules (8), avec lesquelles on la ferait coïncider en posant successivement

$$f(x, y, z, \ldots) = x, \qquad f(x, y, z, \ldots) = y, \qquad f(x, y, z, \ldots) = z, \qquad \ldots.$$

Concevons maintenant que,

$$\mathrm{U}$$

désignant une fonction quelconque des quantités

$$x, \quad y, \quad z, \quad \ldots, \quad t \quad \text{et} \quad \tau,$$

mais une fonction qui ne renferme aucune des constantes arbitraires

$$\xi, \quad \eta, \quad \zeta, \quad \ldots,$$

il s'agisse de savoir si les équations (2) admettent une intégrale générale de la forme

$$\mathrm{U} = \text{const.} \tag{14}$$

Cela revient à savoir si les valeurs de x, y, z, ..., tirées des équations (5) ou (8), réduisent U à une fonction de t ou à une constante arbitraire. Or la différentielle de cette fonction ou de cette constante sera, eu égard aux équations (2), ce que devient l'expression

$$d\mathrm{U} = \left(\frac{\partial \mathrm{U}}{\partial t} + \frac{\mathfrak{X}}{\mathfrak{T}} \frac{\partial \mathrm{U}}{\partial x} + \frac{\mathfrak{Y}}{\mathfrak{T}} \frac{\partial \mathrm{U}}{\partial y} + \frac{\mathfrak{Z}}{\mathfrak{T}} \frac{\partial \mathrm{U}}{\partial z} + \ldots \right) dt, \tag{15}$$

quand on y substitue pour $x, y, z, \ldots$ leurs valeurs tirées des équations (5) ou (8). Donc ces valeurs vérifieront ou non, quel que soit t, la formule

$$\frac{\partial \mathrm{U}}{\partial t} + \frac{\mathfrak{X}}{\mathfrak{T}} \frac{\partial \mathrm{U}}{\partial x} + \frac{\mathfrak{Y}}{\mathfrak{T}} \frac{\partial \mathrm{U}}{\partial y} + \frac{\mathfrak{Z}}{\mathfrak{T}} \frac{\partial \mathrm{U}}{\partial z} + \ldots = 0, \tag{16}$$

suivant que les équations différentielles proposées admettront ou non une intégrale générale de la forme (14). D'ailleurs, si la formule (16) n'était pas identique, elle établirait entre les seules quantités renfermées dans les fonctions

$$\mathfrak{X},\quad \mathfrak{Y},\quad \mathfrak{Z},\quad \ldots,\quad \mathfrak{T},\quad \mathrm{U},$$

c'est-à dire entre les quantités

$$x,\quad y,\quad z,\quad \ldots,\quad t \quad \text{et} \quad \tau,$$

une relation qui devrait être une conséquence nécessaire des équations (8). Or cette dernière hypothèse ne saurait être admise; car on vérifie les équations (8) par des valeurs de $x, y, z, \ldots, t$ et τ, arbitrairement choisies, et par des valeurs de

$$\xi,\quad \eta,\quad \zeta,\quad \ldots$$

déduites, à l'aide de ces mêmes équations, des valeurs attribuées à

$$x,\quad y,\quad z,\quad \ldots,\quad t \quad \text{et} \quad \tau,$$

La formule (16) ne peut donc être qu'une équation identique, exprimant que

$$s = \mathrm{U} \tag{17}$$

est une intégrale particulière de l'équation aux différences partielles

$$\mathfrak{T}\frac{\partial s}{\partial t} + \mathfrak{X}\frac{\partial s}{\partial x} + \mathfrak{Y}\frac{\partial s}{\partial y} + \mathfrak{Z}\frac{\partial s}{\partial z} + \ldots = 0. \tag{18}$$

Ajoutons que, si l'on nomme υ la valeur particulière que prend la fonction U quand on y pose

$$x = \xi,\qquad y = \eta,\qquad z = \zeta,\qquad \ldots,\qquad t = \tau,$$

celle des intégrales générales des équations (2), qui sera de la forme (14), se réduira nécessairement à

$$\mathrm{U} = \upsilon. \tag{19}$$

Alors, aussi la forme

$$s = \mathrm{U} - \upsilon \tag{20}$$

sera, en même temps que la formule (17), une intégrale particulière de l'équation (18). En conséquence, on peut énoncer la proposition suivante:

Premier théorème. — *Les équations* (2) *étant supposées généralement intégrables, et* U *désignant une fonction qui ne renferme que les seules variables*

$$x,\ y,\ z,\ \ldots,\ t,$$

ou ces variables avec une valeur particulière τ *de la variable* t; *pour savoir si les équations* (2) *admettent ou n'admettent pas une intégrale générale de la forme* (19), *il suffira d'examiner si la formule* (17) *ou* (20) *fournit ou non une intégrale particulière de l'équation* (18).

Cela posé, veut-on obtenir celle des intégrales générales qui serait de la forme (19), υ désignant une constante arbitraire et U une fonction des variables $x, y, z, \ldots, t$, qui aurait la propriété de se réduire pour une valeur particulière τ de la variable t, à une fonction donnée de $x, y, z, \ldots$, savoir à

$$u = f(x, y, z, \ldots),$$

il suffira d'égaler à zéro la valeur de s qui a la double propriété de représenter une intégrale de l'équation (18) et de se réduire à

$$u = \upsilon$$

pour $t = \tau$; ou bien encore, il suffira d'égaler à υ celle des intégrales de l'équation (18) qui a la propriété de se réduire à u pour $t = \tau$.

Si, pour fixer les idées, on veut obtenir les intégrales générales des équations (2) sous la forme (8), de sorte qu'étant donné un système de valeurs des variables

$$x, y, z, \ldots, t,$$

ces intégrales fournissent immédiatement les nouvelles valeurs

$$\xi,\ \eta,\ \zeta,\ \ldots$$

que prennent les variables dépendantes pour une nouvelle valeur

$$\tau$$

de la variable indépendante, il suffira de chercher les diverses intégrales particulières de l'équation (18), qui ont la propriété de se réduire, pour $t=\tau$, à l'une des variables

$$x,\quad y,\quad z,\quad \ldots.$$

Si l'on désigne par

$$s=\mathrm{X},\qquad s=\mathrm{Y},\qquad s=\mathrm{Z},\qquad \ldots, \tag{21}$$

ces intégrales particulières dans lesquelles X, Y, Z, ... ne peuvent renfermer que les seules quantités

$$x,\quad y,\quad z,\quad \ldots,\quad t\quad \text{et}\quad \tau,$$

on vérifiera encore l'équation (18), en attribuant à s l'une des valeurs

$$s=\mathrm{X}-\xi,\qquad s=\mathrm{Y}-\eta,\qquad s=\mathrm{Z}-\zeta,\qquad \ldots; \tag{22}$$

et, en égalant à zéro ces dernières valeurs de s, on obtiendra sous la forme (8) les intégrales générales des équations (2).

Jusqu'à présent nous avons supposé, sans le démontrer, que les équations (2) étaient généralement intégrables. Mais, sans admettre *a priori* cette supposition, on peut faire voir que l'intégration générale de l'équation (18) entraîne l'intégration générale des équations (2), et même que, pour obtenir les intégrales générales de ces dernières équations, il suffit d'égaler à des constantes arbitraires

$$\xi,\quad \eta,\quad \zeta,\quad \ldots$$

les valeurs

$$\mathrm{X},\quad \mathrm{Y},\quad \mathrm{Z},\quad \ldots$$

de u, qui ont la double propriété de vérifier l'équation (18) et de se réduire à $x, y, z, \ldots$ pour $t=\tau$. Effectivement on obtiendra de cette manière les équations (8), en vertu desquelles

$$x,\quad y,\quad z,\quad \ldots$$

seront des fonctions de t qui se réduiront respectivement à

$$\xi,\quad \eta,\quad \zeta,\quad \ldots$$

pour $t=\tau$. Or, en faisant varier $x, y, z, \ldots$ avec t, en observant d'ailleurs que X est une intégrale particulière de l'équation (18) et vérifie en conséquence la formule

$$(23)\qquad \frac{\partial X}{\partial t} + \frac{\mathfrak{X}}{\mathfrak{T}}\frac{\partial X}{\partial x} + \frac{\mathfrak{Y}}{\mathfrak{T}}\frac{\partial X}{\partial y} + \frac{\mathfrak{Z}}{\mathfrak{T}}\frac{\partial X}{\partial z} + \ldots = 0,$$

on tirera de la première des équations (8)

$$\frac{\partial X}{\partial t} + \frac{\partial X}{\partial x}\frac{dx}{dt} + \frac{\partial X}{\partial y}\frac{dy}{dt} + \frac{\partial X}{\partial z}\frac{dz}{dt} + \ldots = 0;$$

puis en éliminant de cette dernière

$$\frac{\partial X}{\partial t},$$

à l'aide de la formule (23), et opérant de la même manière pour chacune des équations (8), on trouvera

$$(24)\qquad \left\{\begin{aligned} &\frac{\partial X}{\partial x}\left(\frac{dx}{dt} - \frac{\mathfrak{X}}{\mathfrak{T}}\right) + \frac{\partial X}{\partial y}\left(\frac{dy}{dt} - \frac{\mathfrak{Y}}{\mathfrak{T}}\right) + \frac{\partial X}{\partial z}\left(\frac{dz}{dt} - \frac{\mathfrak{Z}}{\mathfrak{T}}\right) + \ldots = 0,\\ &\frac{\partial Y}{\partial x}\left(\frac{dx}{dt} - \frac{\mathfrak{X}}{\mathfrak{T}}\right) + \frac{\partial Y}{\partial y}\left(\frac{dy}{dt} - \frac{\mathfrak{Y}}{\mathfrak{T}}\right) + \frac{\partial Y}{\partial z}\left(\frac{dz}{dt} - \frac{\mathfrak{Z}}{\mathfrak{T}}\right) + \ldots = 0,\\ &\frac{\partial Z}{\partial x}\left(\frac{dx}{dt} - \frac{\mathfrak{X}}{\mathfrak{T}}\right) + \frac{\partial Z}{\partial y}\left(\frac{dy}{dt} - \frac{\mathfrak{Y}}{\mathfrak{T}}\right) + \frac{\partial Z}{\partial z}\left(\frac{dz}{dt} - \frac{\mathfrak{Z}}{\mathfrak{T}}\right) + \ldots = 0,\\ &\ldots\ldots\ldots\ldots\ldots\ldots\ldots\ldots\ldots\ldots\ldots\ldots\ldots\ldots \end{aligned}\right.$$

Supposons maintenant que l'on combine entre elles par voie d'addition les formules (24), après les avoir multipliées par des facteurs choisis de manière que toutes les différences

$$\frac{dx}{dt} - \frac{\mathfrak{X}}{\mathfrak{T}},\quad \frac{dy}{dt} - \frac{\mathfrak{Y}}{\mathfrak{T}},\quad \frac{dz}{dt} - \frac{\mathfrak{Z}}{\mathfrak{T}},\quad \ldots$$

se trouvent éliminées à l'exception d'une seule. On substituera ainsi aux équations (24) d'autres équations de la forme

$$(25)\qquad K\left(\frac{dx}{dt} - \frac{\mathfrak{X}}{\mathfrak{T}}\right) = 0,\qquad K\left(\frac{dy}{dt} - \frac{\mathfrak{Y}}{\mathfrak{T}}\right) = 0,\qquad K\left(\frac{dz}{dt} - \frac{\mathfrak{Z}}{\mathfrak{T}}\right) = 0,\qquad \ldots,$$

la valeur de K étant

$$(26)\qquad K = \frac{\partial X}{\partial x}\frac{\partial Y}{\partial y}\frac{\partial Z}{\partial z}\cdots - \frac{\partial X}{\partial y}\frac{\partial Y}{\partial x}\frac{\partial Z}{\partial z}\cdots + \ldots;$$

et, comme la fonction de $x, y, z, \ldots, t$, représentée ici par K, ne saurait être généralement nulle, puisqu'elle se réduit à l'unité, ainsi que

$$\frac{\partial X}{\partial x}, \quad \frac{\partial Y}{\partial y}, \quad \frac{\partial Z}{\partial z}, \quad \ldots$$

pour $t = \tau$, les formules (25) entraîneront les équations (2). Donc celles-ci auront pour intégrales générales les équations (8), et l'on peut énoncer la proposition suivante :

Deuxième théorème. — *L'intégration de l'équation* (18) *entraîne celle des équations* (2), *et, pour obtenir les intégrales générales de ces dernières, il suffit d'égaler à des constantes arbitraires* $\xi, \eta, \zeta, \ldots$ *les intégrales particulières*

$$s = X, \qquad s = Y, \qquad s = Z, \qquad \ldots$$

de l'équation (18), *qui ont la propriété de se réduire respectivement à* x, $y, z, \ldots$ *pour* $t = \tau$.

Les intégrales générales des équations (2) étant obtenues comme on vient de le dire et représentées par les formules (8), la formule (19), dans laquelle

$$U = f(X, Y, Z, \ldots)$$

désigne une fonction quelconque de X, Y, Z,..., représentera une nouvelle intégrale générale des équations (2); et, pour obtenir cette nouvelle intégrale, il suffira (*voyez* le premier théorème) d'égaler à une constante arbitraire υ celle des intégrales particulières de l'équation (18) qui a la propriété de se réduire à

$$u = f(x, y, z, \ldots)$$

pour $t = \tau$. Ajoutons que, si l'on se sert du signe caractéristique

pour indiquer un système d'opérations effectuées sur une fonction quelconque s de $x, y, z, \ldots, t$, et définies par la formule

$$(27) \qquad \nabla s = -\int_{\tau}^{t} \left(\frac{\mathfrak{X}}{\mathfrak{T}} \frac{\partial s}{\partial x} + \frac{\mathfrak{Y}}{\mathfrak{T}} \frac{\partial s}{\partial y} + \frac{\mathfrak{Z}}{\mathfrak{T}} \frac{\partial s}{\partial z} + \ldots \right) dt,$$

on tirera de l'équation (16), intégrée par rapport à t, et à partir de $t = \tau$,

$$(28) \qquad \text{U} - u - \nabla\text{U} = 0$$

ou, ce qui revient au même,

$$(29) \qquad \text{U} = u + \nabla\text{U}.$$

Si dans le second membre de l'équation (29) on substitue une ou plusieurs fois de suite à la fonction U sa valeur tirée de cette équation même, alors, en écrivant pour abréger

$$\nabla^2\text{U}, \quad \nabla^3\text{U}, \quad \ldots$$

au lieu de

$$\nabla\nabla\text{U}, \quad \nabla\nabla\nabla\text{U}, \quad \ldots,$$

on trouvera

$$\begin{aligned} \text{U} &= u + \nabla u + \nabla^2\text{U} \\ &= u + \nabla u + \nabla^2 u + \nabla^3\text{U} \\ &= \ldots\ldots\ldots\ldots\ldots\ldots; \end{aligned}$$

et généralement

$$(30) \qquad \text{U} = u + \nabla u + \nabla^2 u + \nabla^3 u + \ldots + \nabla^{n-1} u + \nabla^n\text{U},$$

n étant un nombre entier quelconque. Si, dans l'équation (30), le terme

$$\nabla^n\text{U}$$

décroît indéfiniment pour des valeurs croissantes de n, la série

$$(31) \qquad u, \quad \nabla u, \quad \nabla^2 u, \quad \nabla^3 u, \quad \ldots$$

sera convergente, et cette équation donnera

$$(32) \qquad \text{U} = u + \nabla u + \nabla^2 u + \nabla^3 u + \ldots;$$

par suite, la formule (19), propre à représenter une intégrale générale quelconque des équations (2), deviendra

$$(33) \qquad u + \nabla u + \nabla^2 u + \nabla^3 u + \ldots = \upsilon;$$

et comme, dans le cas où ∇ désignerait non plus un système d'opérations à effectuer sur une fonction donnée, mais une quantité véritable, on aurait

$$(34)\qquad 1+\nabla+\nabla^2+\nabla^3+\ldots=\frac{1}{1-\nabla},$$

l'intégrale générale dont il s'agit pourra être présentée sous la forme symbolique

$$(35)\qquad \frac{u}{1-\nabla}=v.$$

D'ailleurs, comme on tire de l'équation (32)

$$\nabla \mathrm{U}=\nabla(u+\nabla u+\nabla^2 u+\ldots)=\nabla u+\nabla^2 u+\nabla^3 u+\ldots=\mathrm{U}-u,$$

il est clair que la valeur de U fournie par cette équation vérifiera la formule (28), par conséquent la formule (18), tant que la série (31) sera convergente. On peut donc énoncer encore le théorème suivant :

Troisième théorème. — *Tant que la série* (31) *est convergente, la formule* (33) *ou* (35) *est propre à représenter l'une quelconque des intégrales générales des équations* (2).

Si l'on pose, pour abréger,

$$(36)\qquad \frac{\mathcal{X}}{\mathcal{T}}\frac{\partial s}{\partial x}+\frac{\mathcal{Y}}{\mathcal{T}}\frac{\partial s}{\partial y}+\frac{\mathcal{Z}}{\mathcal{T}}\frac{\partial s}{\partial z}+\ldots=\Box s,$$

l'équation (27) donnera

$$(37)\qquad \nabla s=-\int_\tau^t \Box s\,dt.$$

Lorsque $\mathcal{X}$, $\mathcal{Y}$, $\mathcal{Z}$, …, $\mathcal{T}$ ne renferment pas explicitement la variable indépendante t, mais seulement les variables dépendantes $x, y, z, \ldots$, alors, en substituant à s, dans l'équation (37), la fonction u qui ne renferme pas non plus la variable t, on tire successivement de cette équation

$$\nabla u=-\int_\tau^t \Box u\,dt=-\Box u\int_\tau^t dt=(\tau-t)\Box u,$$

$$\nabla^2 u=-\int_\tau^t (\tau-t)\Box^2 u\,dt=-\Box^2 u\int_\tau^t(\tau-t)\,dt=\frac{(\tau-t)^2}{1.2}\Box^2 u,$$

. . . . , et généralement

(38) $$\nabla^n u = \frac{(\tau - t)^n}{1.2\ldots n} \square^n u.$$

En vertu de cette dernière formule, l'équation (33) deviendra

(39) $$u + \frac{\tau - t}{1} \square u + \frac{(\tau - t)^2}{1.2} \square^2 u + \ldots = \upsilon;$$

et comme, dans le cas où $\square$ représenterait non plus un système d'opérations à effectuer sur une fonction donnée, mais une quantité véritable, on aurait

(40) $$1 + \frac{\tau - t}{1} \square + \frac{(\tau - t)^2}{1.2} \square^2 + \ldots = e^{(\tau - t)\square},$$

l'équation (39) pourra encore être présentée sous la forme symbolique

(41) $$e^{(\tau - t)\square} u = \upsilon.$$

Ainsi le troisième théorème entraîne le suivant :

QUATRIÈME THÉORÈME. — *Lorsque les fonctions*

$$\mathfrak{X}, \quad \mathfrak{Y}, \quad \mathfrak{Z}, \quad \ldots, \quad \mathfrak{T}$$

ne renferment pas explicitement la variable indépendante t, l'équation (39) *ou* (41) *est propre à représenter l'une quelconque des intégrales générales des équations* (2), *tant que la série*

(42) $$u, \quad \frac{\tau - t}{1} \square u, \quad \frac{(\tau - t)^2}{1.2} \square^2 u, \quad \ldots$$

est convergente.

Si des formules (35) ou (41) on veut déduire les intégrales générales des équations (2) présentées sous la forme (8), ou, en d'autres termes, les valeurs des quantités ξ, η, ζ, ... qui sont ce que deviennent x, y, z,... considérées comme fonctions de la variable indépendante t, quand cette variable indépendante reçoit une nouvelle valeur τ, il suffira de poser successivement dans la formule (35) ou (41)

$$u = x, \qquad \upsilon = \xi,$$

puis

$$u = y, \qquad v = \eta,$$

puis

$$u = z, \qquad v = \zeta,$$

$$\ldots\ldots, \qquad \ldots\ldots$$

En conséquence, les intégrales générales des équations (2), étant réduites à la forme (8), seront représentées dans tous les cas par les formules

$$(43) \qquad \xi = \frac{x}{1 - \nabla}, \qquad \eta = \frac{y}{1 - \nabla}, \qquad \zeta = \frac{z}{1 - \nabla}, \qquad \ldots,$$

et, dans le cas où $\mathfrak{X}$, $\mathfrak{Y}$, $\mathfrak{Z}$, ..., $\mathfrak{T}$ ne renfermeraient pas explicitement la variable t, par les formules

$$(44) \qquad \xi = e^{(\tau - t)\Box} x, \qquad \eta = e^{(\tau - t)\Box} y, \qquad \zeta = e^{(\tau - t)\Box} z, \qquad \ldots.$$

Si, pour fixer les idées, on suppose que les équations (2) se réduisent à

$$(45) \qquad dx = x\,dt, \qquad dy = y\,dt, \qquad dz = z\,dt, \qquad \ldots,$$

en sorte qu'on ait

$$\frac{\mathfrak{X}}{\mathfrak{T}} = x, \qquad \frac{\mathfrak{Y}}{\mathfrak{T}} = y, \qquad \frac{\mathfrak{Z}}{\mathfrak{T}} = z, \qquad \ldots,$$

on tirera de la formule (36), en y remplaçant s par u,

$$(46) \qquad x\frac{\partial u}{\partial x} + y\frac{\partial u}{\partial y} + z\frac{\partial u}{\partial z} + \ldots = \Box u.$$

Si d'ailleurs on prend pour u une fonction homogène du premier degré en x, y, z, ..., on aura identiquement

$$x\frac{\partial u}{\partial x} + y\frac{\partial u}{\partial y} + z\frac{\partial u}{\partial z} = \ldots = u;$$

par conséquent, l'équation (46) donnera

$$\Box u = u,$$

et l'on pourra poser simplement $\Box = 1$ dans les formules (41), (44), qui deviendront respectivement

$$(47)\qquad \upsilon = u\, e^{\tau - t},$$

$$(48)\qquad \xi = x\, e^{\tau - t},\qquad \eta = y\, e^{\tau - t},\qquad \zeta = z\, e^{\tau - t},\qquad \ldots.$$

Telles sont en effet les intégrales générales des équations (45), intégrales qu'on peut encore écrire comme il suit

$$(49)\qquad x = \xi\, e^{t-\tau},\qquad y = \eta\, e^{t-\tau},\qquad z = \zeta\, e^{t-\tau},\qquad \ldots,$$

et dans lesquelles ξ, η, ζ, ... peuvent être considérées comme représentant les constantes arbitraires introduites par l'intégration.

Lorsqu'on remplace s par u dans la formule (36), on en tire

$$(50)\qquad \frac{\mathfrak{X}}{\mathfrak{T}}\frac{\partial u}{\partial x} + \frac{\mathfrak{Y}}{\mathfrak{T}}\frac{\partial u}{\partial y} + \frac{\mathfrak{Z}}{\mathfrak{T}}\frac{\partial u}{\partial z} + \ldots = \Box u.$$

Si $\mathfrak{X}$, $\mathfrak{Y}$, $\mathfrak{Z}$,..., $\mathfrak{T}$ ne renferment pas explicitement la variable t, alors, en désignant par k une quantité constante et choisissant la fonction u de manière à vérifier l'équation

$$(51)\qquad \frac{\mathfrak{X}}{\mathfrak{T}}\frac{\partial u}{\partial x} + \frac{\mathfrak{Y}}{\mathfrak{T}}\frac{\partial u}{\partial y} + \frac{\mathfrak{Z}}{\mathfrak{T}}\frac{\partial u}{\partial z} + \ldots = ku,$$

on aura identiquement

$$(52)\qquad \Box u = ku,$$

et la formule (41), réduite à

$$\upsilon = u\, e^{k(\tau - t)}$$

ou, ce qui revient au même, à

$$(53)\qquad u = \upsilon\, e^{k(t-\tau)},$$

sera propre à représenter une intégrale générale des équations (2).

Pour montrer une application des formules (51) et (53), supposons que les équations (2) soient de la forme

$$(54)\qquad \left\{\begin{aligned} dx &= (a_1 x + b_1 y + c_1 z + \ldots)\, dt,\\ dy &= (a_2 x + b_2 y + c_2 z + \ldots)\, dt,\\ dz &= (a_3 x + b_3 y + c_3 z + \ldots)\, dt,\\ &\ldots\ldots\ldots\ldots\ldots\ldots\ldots\ldots\ldots \end{aligned}\right.$$

$a_1, b_1, c_1, \ldots, a_2, b_2, c_2, \ldots, a_3, b_3, c_3, \ldots, \ldots$ étant des quantités constantes. L'équation (51) deviendra

$$(55)\quad \left\{\begin{aligned} &(a_1 x + b_1 y + c_1 z + \ldots)\frac{\partial u}{\partial x} \\ &+ (a_2 x + b_2 y + c_2 z + \ldots)\frac{\partial u}{\partial y} \\ &+ (a_3 x + b_3 y + c_3 z + \ldots)\frac{\partial u}{\partial z} \\ &+ \ldots\ldots\ldots\ldots\ldots = ku, \end{aligned}\right.$$

et on la vérifiera en posant

$$(56)\quad u = \lambda x + \mu y + \nu z + \ldots,$$

pourvu que $\lambda, \mu, \nu, \ldots$ désignent des facteurs constants propres à remplir les conditions

$$(57)\quad \left\{\begin{aligned} &a_1\lambda + a_2\mu + a_3\nu + \ldots = k\lambda, \\ &b_1\lambda + b_2\mu + b_3\nu + \ldots = k\mu, \\ &c_1\lambda + c_2\mu + c_3\nu + \ldots = k\nu, \\ &\ldots\ldots\ldots\ldots\ldots \end{aligned}\right.$$

ou

$$(58)\quad \left\{\begin{aligned} &(a_1 - k)\lambda + a_2\mu + a_3\nu + \ldots = 0, \\ &b_1\lambda + (b_2 - k)\mu + b_3\nu + \ldots = 0, \\ &c_1\lambda + c_2\mu + (c_3 - k)\nu + \ldots = 0, \\ &\ldots\ldots\ldots\ldots\ldots\ldots, \end{aligned}\right.$$

desquelles on déduit, par l'élimination de $\lambda, \mu, \nu, \ldots$, l'équation

$$(59)\quad (a_1 - k)(b_2 - k)(c_3 - k)\ldots - a_2 b_1 (c_3 - k)\ldots + \ldots = 0,$$

qui renferme la seule inconnue k et dont le degré est égal au nombre des variables $x, y, z, \ldots$. Les diverses racines de l'équation (59) fourniront le système des intégrales générales des équations (54), et ces intégrales générales se trouveront toutes comprises dans la formule (53) ou

$$(60)\quad \lambda x + \mu y + \nu z + \ldots = (\lambda\xi + \mu\eta + \nu\zeta + \ldots)e^{k(\tau - t)}.$$

Si aux équations (54) on substitue les suivantes

$$(61)\qquad \begin{cases} dx = [a_1 x + b_1 y + c_1 z + \ldots + \mathrm{f}_1(t)]\,dt, \\ dy = [a_2 x + b_2 y + c_2 z + \ldots + \mathrm{f}_2(t)]\,dt, \\ dz = [a_3 x + b_3 y + c_3 z + \ldots + \mathrm{f}_3(t)]\,dt, \\ \ldots\ldots\ldots\ldots\ldots\ldots\ldots\ldots\ldots, \end{cases}$$

$\mathrm{f}_1(t)$, $\mathrm{f}_2(t)$, $\mathrm{f}_3(t)$, ... étant des fonctions quelconques de la variable t; alors, en supposant toujours la fonction u déterminée par la formule (56), choisissant les quantités

$$\lambda, \quad \mu, \quad \nu, \quad \ldots, \quad k$$

de manière à vérifier les conditions (58) (59), et faisant, pour abréger,

$$(62)\qquad \lambda \mathrm{f}_1(t) + \mu f_2(t) + \nu \mathrm{f}_3(t) + \ldots = \mathrm{f}(t),$$

on tirera des formules (36), (37)

$$\Box u = ku + \mathrm{f}(t),$$

par conséquent

$$\nabla u = -\int_\tau^t \Box u\,dt = k(\tau - t)u - \int_\tau^t \mathrm{f}(t)\,dt,$$

$$\nabla^2 u = -\int_\tau^t k(\tau - t)\Box u\,dt = \frac{k^2(\tau - t)^2}{1.2}u - \int_\tau^t k\,(\tau - t)\,\mathrm{f}(t)\,dt.$$

$$\nabla^3 u = -\int_\tau^t \frac{k^2(\tau - t)^2}{1.2}\Box u\,dt = \frac{k^3(\tau - t)^3}{1.2.3}u - \int_\tau^t \frac{k^2(\tau - t)^2}{1.2}\mathrm{f}(t)\,dt,$$

$$\ldots\ldots\ldots\ldots\ldots\ldots\ldots\ldots\ldots\ldots\ldots\ldots\ldots\ldots$$

Donc l'équation (33) donnera

$$(63)\qquad \begin{aligned} v = u&\left[1 + k(\tau - t) + \frac{k^2(\tau - t)^2}{1.2} + \ldots\right] \\ &- \int_\tau^t \left[1 + k(\tau - t) + \frac{k^2(\tau - t)^2}{1.2} + \ldots\right]\mathrm{f}(t)\,dt \end{aligned}$$

ou, ce qui revient au même,

$$(64)\qquad v = u\,e^{k(\tau - t)} - \int_\tau^t e^{k(\tau - t)}\,\mathrm{f}(t)\,dt.$$

La formule (64) peut encore s'écrire comme il suit

$$(65)\qquad u\,e^{-k\tau} - v\,e^{-k} = \int_\tau^t e^{-kt}\,\mathrm{f}(t)\,dt$$

et donne, quand on y transporte les valeurs de u et de $\mathrm{f}(t)$, tirées des équations (56) et (62),

$$(66)\qquad \lambda x + \mu y + \nu z + \ldots = (\lambda\xi + \mu\eta + \nu\zeta + \ldots)\,e^{k(t-\tau)}$$
$$+ e^{kt}\int_\tau^t e^{-kt}[\lambda \mathrm{f}_1(t) + \mu \mathrm{f}_2(t) + \nu \mathrm{f}_3(t) + \ldots]\,dt.$$

Les diverses équations que comprend la formule (66), eu égard aux diverses valeurs qu'on peut attribuer à la constante k, présentent le système des intégrales générales des équations (61). Si, après avoir substitué dans la même formule, les valeurs des quantités λ, μ, ν, ... ou plutôt de leurs rapports exprimées en fonctions de k, on suppose que deux, trois, ... racines de l'équation (59) deviennent égales entre elles; les deux, trois,... équations correspondantes à ces racines coïncideront et devront être remplacées, comme il est facile de le prouver, par l'une d'entre elles, jointe à l'équation dérivée du premier ordre, ou aux deux équations dérivées du premier et du second ordre, ..., qu'on obtiendra en différentiant une ou plusieurs fois de suite les deux membres de l'équation conservée par rapport à la seule quantité k.

Pour montrer une dernière application de la formule (33), supposons les équations (2) réduites à une seule qui soit du premier degré par rapport à x, ou de la forme

$$(67)\qquad dx = [\mathrm{f}(t) + x\,\mathrm{F}(t)]\,dt,$$

$\mathrm{f}(t)$, $\mathrm{F}(t)$ étant deux fonctions quelconques de t. Alors la formule (27) donnera

$$\nabla u = -\int_\tau^t [\mathrm{f}(t) + x\,\mathrm{F}(t)]\frac{\partial u}{\partial x}\,dt.$$

et par suite on tirera de la formule (33), en y posant $u = x$,

$$(68)\quad \xi = x\left[1 - \int_\tau^t F(t)\,dt + \int_\tau^t F(t)\int_\tau^t F(t)\,dt\,dt - \ldots\right] - \int_\tau^t f(t)\left[1 - \int_\tau^t F(t)\,dt + \int_\tau^t F(t)\int_\tau^t F(t)\,dt\,dt - \ldots\right]dt.$$

D'autre part, $F(t)$ étant la dérivée de $\int_\tau^t F(t)\,dt$, on aura

$$\int_\tau^t F(t)\int_\tau^t F(t)\,dt\,dt = \frac{1}{2}\left[\int_\tau^t F(t)\,dt\right]^2,$$
$$\int_\tau^t F(t)\int_\tau^t F(t)\int_\tau^t F(t)\,dt\,dt\,dt = \frac{1}{2.3}\left[\int_\tau^t F(t)\,dt\right]^3,$$
$$\ldots\ldots\ldots\ldots\ldots\ldots\ldots\ldots\ldots$$

et par suite

$$1 - \int_\tau^t F(t)\,dt + \int_\tau^t F(t)\int_\tau^t F(t)\,dt\,dt - \ldots$$
$$= 1 - \int_\tau^t F(t)\,dt + \frac{1}{2}\left[\int_\tau^t F(t)\,dt\right]^2 - \ldots = e^{-\int_\tau^t F(t)\,dt}$$

Donc la formule (68), qui représente l'intégrale générale de l'équation (67), pourra être réduite à

$$(69)\quad \xi = x\,e^{-\int_\tau^t F(t)\,dt} - \int_\tau^t f(t)\,e^{-\int_\tau^t F(t)\,dt}\,dt.$$

Dans les divers exemples que nous venons de passer en revue, la formule (33) fournit, pour les équations différentielles proposées, les mêmes intégrales qui étaient déjà connues, et auxquelles on avait été conduit par diverses méthodes que nous nous dispenserons de rappeler.

Il est facile de prouver que la formule (39) ou (41) continuera de représenter une intégrale générale des équations (2), si, u devenant une fonction explicite de toutes les variables $x, y, z, \ldots, t$, on détermine $\square u$ non plus à l'aide de l'équation (50), mais à l'aide de la suivante

(70) $$\square u = \frac{\partial u}{\partial t} + \frac{\mathfrak{X}}{\mathfrak{T}}\frac{\partial u}{\partial x} + \frac{\mathfrak{Y}}{\mathfrak{T}}\frac{\partial u}{\partial y} + \frac{\mathfrak{Z}}{\mathfrak{T}}\frac{\partial u}{\partial z} + \ldots,$$

pourvu toutefois que la série (42) reste convergente et qu'on désigne par υ la valeur de u correspondant aux valeurs

$$\xi,\quad \eta,\quad \zeta,\quad \ldots,\quad \tau,$$

des variables

$$x,\quad y,\quad z,\quad \ldots,\quad t.$$

Effectivement, si dans cette dernière hypothèse, on pose

(71) $$\mathrm{U} = u + \frac{\tau - t}{1}\square u + \frac{(\tau - t)^2}{1.2}\square^2 u + \ldots,$$

comme on aura généralement

$$\square\left[\frac{(\tau - t)^n}{1.2\ldots n}\square^n u\right] = \frac{(\tau - t)^n}{1.2\ldots n}\square^{n+1} u - \frac{(\tau - t)^{n-1}}{1.2\ldots(n-1)}\square^n u,$$

on en conclura

(72) $$\square \mathrm{U} = 0$$

ou, ce qui revient au même,

(73) $$\frac{\partial \mathrm{U}}{\partial t} + \frac{\mathfrak{X}}{\mathfrak{T}}\frac{\partial \mathrm{U}}{\partial x} + \frac{\mathfrak{Y}}{\mathfrak{T}}\frac{\partial \mathrm{U}}{\partial y} + \frac{\mathfrak{Z}}{\mathfrak{T}}\frac{\partial \mathrm{U}}{\partial z} + \ldots = 0.$$

Donc, dans l'hypothèse admise,

$$s = \mathrm{U}$$

sera une intégrale particulière de l'équation (18); et la formule (19), qui coïncidera, en vertu de l'équation (71), avec la formule (39) ou (41), sera [*voyez* le premier théorème] une intégrale générale des équations (2). Au reste on peut, dans la même hypothèse, déduire directement des équations (2) la formule (39) ou (41), à l'aide de la formule de Taylor. Effectivement, u étant une fonction quelconque de la variable indépendante t et des variables x, y, z, ... liées à t par les équations (2), on aura, en vertu de ces équations jointes à la formule (70),

$$du = \square u\, dt.$$

On trouvera de même

$$d\square u = \square^2 u\, dt,$$
$$d\square^2 u = \square^3 u\, dt,$$
$$\dots\dots\dots\dots\dots;$$

et l'on aura par suite

$$(74)\qquad du = \square u\, dt,\qquad d^2 u = \square^2 u\, dt^2,\qquad d^3 u = \square^3 u\, dt^3,\qquad \dots$$

D'ailleurs, si l'on nomme υ une nouvelle valeur de u, correspondant à une nouvelle valeur τ de la variable indépendante t, la formule de Taylor donnera, pour les valeurs de la différence $\tau - t$ qui permettront de développer υ en une série ordonnée suivant les puissances ascendantes et entières de cette différence,

$$(75)\qquad \upsilon = u + \frac{\tau - t}{dt} du + \frac{(\tau - t)^2}{1.2\, dt^2} d^2 u + \frac{(\tau - t)^3}{1.2.3\, dt^3} d^3 u + \dots$$

Or, en substituant dans l'équation (75) les valeurs de

$$du,\quad d^2 u,\quad d^3 u,\quad \dots$$

tirées des formules (74), on retrouvera précisément la formule (39).

Pour vérifier sur un exemple très simple la formule (39), dans le cas où l'on y suppose $\square u$ déterminé par la formule (70), concevons que les équations (2) se réduisent à

$$(76)\qquad dx = \frac{x}{t} dt,\qquad dy = \frac{y}{t} dt,\qquad dz = \frac{z}{t} dt,\qquad \dots,$$

on aura

$$(77)\qquad \square u = \frac{1}{t}\left(t\frac{\partial u}{\partial t} + x\frac{\partial u}{\partial x} + y\frac{\partial u}{\partial y} + z\frac{\partial u}{\partial z} + \dots\right);$$

et par conséquent

$$(78)\qquad \square u = \frac{u}{t},$$

lorsque u deviendra une fonction homogène du premier degré en x, y, z, ..., t. Mais alors, $\square u$ étant une fonction homogène d'un degré nul, on tirera de l'équation (77), en y remplaçant u par $\square u$,

$$(79)\qquad \square^2 u = 0;$$

donc, par suite,

$$\square^3 u = 0, \qquad \square^4 u = 0, \qquad \ldots .$$

Cela posé, la formule (39) donnera simplement

$$\upsilon = u + \frac{\tau - t}{1}\,\frac{u}{t} = \frac{\tau}{t}\,u$$

ou, ce qui revient au même,

(80) $$\frac{u}{\upsilon} = \frac{t}{\tau}.$$

Si, dans cette dernière formule, on réduit successivement la fonction u aux variables $x, y, z, \ldots$, il faudra en même temps attribuer à la constante arbitraire υ l'une des valeurs ξ, η, ζ, ..., et l'on obtiendra ainsi les intégrales des équations (76) sous la forme

(81) $$\frac{x}{\xi} = \frac{t}{\tau}, \qquad \frac{y}{\eta} = \frac{t}{\tau}, \qquad \frac{z}{\zeta} = \frac{t}{\tau}, \qquad \ldots .$$

On arriverait directement à ces dernières en intégrant les deux membres de chacune des équations (76) présentées sous la forme

$$\frac{dx}{x} = \frac{dt}{t}, \qquad \frac{dy}{y} = \frac{dt}{t}, \qquad \frac{dz}{z} = \frac{dt}{t}, \qquad \ldots .$$

On pourrait généraliser encore la formule (39), en y remplaçant la variable indépendante t, et la quantité τ, par une fonction donnée r des variables $x, y, z, \ldots, t$, et par la valeur particulière ρ de r correspondant à $t = \tau$. Effectivement, r et u étant deux fonctions quelconques de $x, y, z, \ldots, t$, les équations différentielles (2), qui se trouvent comprises dans la formule (1), obligent

$$x, \quad y, \quad z, \quad \ldots, \quad t,$$

par conséquent aussi les fonctions

$$r \quad \text{et} \quad u,$$

à varier simultanément; et, si l'on nomme

$$\rho \quad \text{et} \quad \upsilon$$

deux valeurs correspondantes de ces fonctions, υ sera ce que devient la fonction u quand la variable r reçoit l'accroissement $\rho - r$. Or, en admettant que υ soit développable par la formule de Taylor en une série ordonnée suivant les puissances ascendantes de cet accroissement, on aura

$$\upsilon = u + \frac{\rho - r}{1}\frac{du}{dr} + \frac{(\rho - r)^2}{1.2}\frac{d\left(\frac{du}{dr}\right)}{dr} + \ldots, \tag{82}$$

$\frac{du}{dr}, \frac{d\left(\frac{du}{dr}\right)}{dr}, \ldots$ représentant les rapports entre les différentielles totales des fonctions

$$u, \quad \frac{du}{dr}, \quad \ldots$$

et la différentielle totale de r. D'autre part, en se servant des notations

$$\frac{\partial r}{\partial x}, \quad \frac{\partial r}{\partial y}, \quad \ldots, \quad \frac{\partial r}{\partial t}, \qquad \frac{\partial u}{\partial x}, \quad \frac{\partial u}{\partial y}, \quad \ldots, \quad \frac{\partial u}{\partial t}$$

pour désigner les dérivées partielles de r et de u considérées comme fonctions de

$$x, \quad y, \quad z, \quad \ldots, \quad t,$$

on aura identiquement

$$\left\{\begin{aligned} dr &= \frac{\partial r}{\partial x}dx + \frac{\partial r}{\partial y}dy + \ldots + \frac{\partial r}{\partial t}dt, \\ du &= \frac{\partial u}{\partial x}dx + \frac{\partial u}{\partial y}dy + \ldots + \frac{\partial u}{\partial t}dt. \end{aligned}\right. \tag{83}$$

et l'on tirera de la formule (1)

$$\begin{aligned} \frac{dx}{\mathfrak{X}} = \frac{dy}{\mathfrak{Y}} = \frac{dz}{\mathfrak{Z}} = \ldots = \frac{dt}{\mathfrak{T}} &= \frac{dr}{\mathfrak{X}\frac{\partial r}{\partial x} + \mathfrak{Y}\frac{\partial r}{\partial y} + \mathfrak{Z}\frac{\partial r}{\partial z} + \ldots + \mathfrak{T}\frac{\partial r}{\partial t}} \\ &= \frac{du}{\mathfrak{X}\frac{\partial u}{\partial x} + \mathfrak{Y}\frac{\partial u}{\partial y} + \mathfrak{Z}\frac{\partial u}{\partial z} + \ldots + \mathfrak{T}\frac{\partial u}{\partial t}}, \end{aligned}$$

par conséquent

$$\frac{du}{dr} = \frac{\mathfrak{X}\frac{\partial u}{\partial x} + \mathfrak{Y}\frac{\partial u}{\partial y} + \mathfrak{Z}\frac{\partial u}{\partial z} + \ldots + \mathfrak{T}\frac{\partial u}{\partial t}}{\mathfrak{X}\frac{\partial r}{\partial x} + \mathfrak{Y}\frac{\partial r}{\partial y} + \mathfrak{Z}\frac{\partial r}{\partial z} + \ldots + \mathfrak{T}\frac{\partial r}{\partial t}}. \tag{84}$$

Donc, si l'on fait pour abréger

$$(85) \qquad \square u = \frac{\mathfrak{X}\frac{\partial u}{\partial x} + \mathfrak{Y}\frac{\partial u}{\partial y} + \mathfrak{Z}\frac{\partial u}{\partial z} + \ldots + \mathfrak{T}\frac{\partial u}{\partial t}}{\mathfrak{X}\frac{\partial r}{\partial x} + \mathfrak{Y}\frac{\partial r}{\partial y} + \mathfrak{Z}\frac{\partial r}{\partial z} + \ldots + \mathfrak{T}\frac{\partial r}{\partial t}},$$

on aura simplement

$$\frac{du}{dr} = \square u.$$

On en conclura

$$\frac{d\left(\frac{du}{dr}\right)}{dr} = \frac{d\square u}{dr} = \square^2 u, \qquad \ldots,$$

et par suite l'équation (82) donnera

$$(86) \qquad \upsilon = u + \frac{\rho - r}{1}\square u + \frac{(\rho - r)^2}{1.2}\square^2 u + \ldots$$

ou, si l'on emploie la forme symbolique,

$$(87) \qquad \upsilon = e^{(\rho - r)\square} u.$$

J'ajoute que l'équation (86) représentera une intégrale générale des équations différentielles proposées, tant que la série

$$(88) \qquad u, \quad \frac{\rho - r}{1}\square u, \quad \frac{(\rho - r)^2}{1.2}\square^2 u, \quad \ldots$$

sera convergente. Effectivement, si, dans cette hypothèse, on fait pour abréger

$$(89) \qquad \mathrm{U} = u + \frac{\rho - r}{1}\square u + \frac{(\rho - r)^2}{1.2}\square^2 u + \ldots,$$

comme on aura, en vertu de l'équation (85),

$$\square r = 1,$$

et par suite

$$\square\left[\frac{(\rho - r)^n}{1.2\ldots n}\square^n u\right] = \frac{(\rho - r)^n}{1.2\ldots n}\square^{n+1} u - \frac{(\rho - r)^{n-1}}{1.2\ldots(n-1)}\square^n u,$$

on trouvera

$$(90) \qquad \square \mathrm{U} = 0,$$

par conséquent

$$\mathfrak{X}\frac{\partial U}{\partial x} + \mathfrak{Y}\frac{\partial U}{\partial y} + \mathfrak{Z}\frac{\partial U}{\partial z} + \ldots + \mathfrak{T}\frac{\partial U}{\partial t} = 0. \tag{91}$$

Donc

$$s = U$$

sera une intégrale particulière de l'équation (18), et la formule (19), qui coïncidera, en vertu de l'équation (89), avec la formule (86), sera (*voyez* le premier théorème) une intégrale générale des équations (2). On peut donc énoncer la proposition suivante :

Cinquième théorème. — *Tant que la série* (88) *est convergente, l'équation* (86) *est propre à représenter une intégrale générale des équations* (2).

La formule (86), ainsi que la formule (33) ou (39), ne cesse pas de représenter une intégrale générale des équations (2), lorsqu'on y change entre eux les deux systèmes de quantités

$$x, \quad y, \quad z, \quad \ldots, \quad t,$$
$$\xi, \quad \eta, \quad \zeta, \quad \ldots, \quad \tau.$$

Quelquefois l'échange dont il s'agit reproduit précisément la même formule. C'est ce qui arrive en particulier relativement aux équations (48), (60), (66), (80), (81).

Il ne sera pas inutile d'indiquer ici une forme digne de remarque, sous laquelle on peut offrir l'équation (33). Si, en supposant u fonction des seules variables $x, y, z, \ldots$, et l'expression $\square u$ définie par la formule (36), on nomme

$$\square' u, \quad \square'' u, \quad \square''' u, \quad \ldots$$

ce que devient $\square u$ lorsque, dans les quantités

$$\mathfrak{X}, \quad \mathfrak{Y}, \quad \mathfrak{Z}, \quad \ldots, \quad \mathfrak{T},$$

considérées comme fonctions de

$$x, \quad y, \quad z, \quad \ldots, \quad t,$$

on remplace la seule variable t par des nouvelles variables

$$t', \quad t'', \quad t''', \quad \ldots,$$

on aura évidemment, en vertu des formules (36) et (37),

$$\begin{aligned}
\nabla u &= -\int_\tau^t \Box u\, dt = -\int_\tau^{t'=t} \Box' u\, dt' = -\int_\tau^{t''=t'=t} \Box'' u\, dt'' = \ldots,\\
\nabla^2 u &= \int_\tau^t \Box' \int_\tau^{t'} \Box'' u\, dt'\, dt'' = \int_\tau^t \int_\tau^{t'} \Box' \Box'' u\, dt'\, dt'',\\
\nabla^3 u &= -\int_\tau^t \Box' \int_\tau^{t'} \Box'' \int_\tau^{t''} \Box''' u\, dt'\, dt''\, dt''' = -\int_\tau^t \int_\tau^{t'} \int_\tau^{t''} \Box' \Box'' \Box''' u\, dt'\, dt''\, dt''',\\
&\ldots\ldots\ldots\ldots\ldots\ldots\ldots\ldots\ldots\ldots\ldots\ldots\ldots\ldots
\end{aligned}$$

et par suite la formule (33) deviendra

$$(92) \quad \left\{ \begin{aligned}
\upsilon = u &- \int_\tau^t \Box' u\, dt' + \int_\tau^t \int_\tau^{t'} \Box' \Box'' u\, dt'\, dt''\\
&- \int_\tau^t \int_\tau^{t'} \int_\tau^{t''} \Box' \Box'' \Box''' u\, dt'\, dt''\, dt''' + \ldots.
\end{aligned} \right.$$

Lorsque les fonctions $\mathfrak{X}$, $\mathfrak{Y}$, $\mathfrak{Z}$, ..., $\mathfrak{S}$ ne renferment pas explicitement la variable t, on a

$$\Box u = \Box' u = \Box'' u = \Box''' u = \ldots,$$

par conséquent

$$\Box' u = \Box u, \qquad \Box' \Box'' u = \Box^2 u, \qquad \Box' \Box'' \Box''' u = \Box^3 u, \qquad \ldots,$$

et de plus

$$(93) \quad \left\{ \begin{aligned}
&-\int_\tau^t dt = \frac{\tau - t}{1}, \qquad \int_\tau^t \int_\tau^{t'} dt'\, dt'' = \frac{(\tau - t)^2}{1.2},\\
&-\int_\tau^t \int_\tau^{t'} \int_\tau^{t''} dt'\, dt''\, dt''' = \frac{(\tau - t)^3}{1.2.3}, \qquad \ldots.
\end{aligned} \right.$$

Donc, alors la formule (92) se trouve réduite, comme on devait s'y attendre, à la formule (39).

La formule (92) fournit le moyen d'écrire sous une forme très simple les intégrales générales des équations différentielles qui représentent les mouvements simultanés du Soleil, des planètes et de leurs satellites.

Il est bon d'observer que, dans le cas où l'on considère seulement deux variables x et t, et où l'équation (16) devient

$$(94) \qquad \frac{\partial U}{\partial t} + \frac{\mathfrak{X}}{\mathfrak{T}} \frac{\partial U}{\partial x} = 0.$$

la différentielle complète de la fonction U, savoir

$$dU = \frac{\partial U}{\partial t} dt + \frac{\partial U}{\partial x} dx,$$

se réduit, quand on y substitue pour $\frac{dU}{dt}$ sa valeur tirée de la formule (94), à un produit de la forme

$$(95) \qquad V\left(dx - \frac{\mathfrak{X}}{\mathfrak{T}} dt\right),$$

la valeur de V étant

$$(96) \qquad V = \frac{\partial U}{\partial x}.$$

Donc, la fonction U étant déterminée par l'une des formules (32) ou (89), le facteur $V = \frac{\partial U}{\partial x}$ sera propre à rendre intégrable le premier membre d'une équation différentielle entre x et t, présentée sous la forme

$$(97) \qquad dx - \frac{\mathfrak{X}}{\mathfrak{T}} dt = 0.$$

Effectivement l'équation (94), différentiée par rapport à x, donne

$$(98) \qquad \frac{\partial V}{\partial t} = \frac{\partial\left(-\frac{\mathfrak{X}}{\mathfrak{T}} V\right)}{\partial x},$$

et la formule (98) exprime la condition d'intégrabilité du produit (95). Cette formule peut d'ailleurs être considérée comme une équation aux différences partielles, propre à déterminer le facteur V en fonction des variables x et t.

Si, à la place des équations (2) qui sont du premier ordre, l'on considérait une ou plusieurs équations différentielles d'ordres supérieurs, pour réduire celles-ci à n'être plus que des équations différentielles du premier ordre, il suffirait de leur adjoindre quelques-unes des formules

$$(99)\qquad \begin{cases} \dfrac{dx}{dt} = x', & \dfrac{dx'}{dt} = x'', & \ldots, \\ \dfrac{dy}{dt} = y', & \dfrac{dy'}{dt} = y'', & \ldots, \\ \dfrac{dz}{dt} = z', & \dfrac{dz'}{dt} = z'', & \ldots, \\ \ldots\ldots\ldots, & \ldots\ldots\ldots, & \ldots, \end{cases}$$

c'est-à-dire de nouvelles équations différentielles, qui seraient elles-mêmes du premier ordre dans le cas où l'on prendrait pour inconnues non seulement $x, y, z, \ldots$, mais encore quelques-unes des fonctions dérivées

$$x',\ x'',\ \ldots,\quad y',\ y'',\ \ldots,\quad z',\ z'',\ \ldots,\quad \ldots.$$

A l'aide de cet artifice, on déduira sans peine de la formule (66) l'intégrale générale sous forme finie d'une équation linéaire de l'ordre n à coefficients constants avec un second membre variable, c'est-à-dire d'une équation de la forme

$$(100)\qquad \frac{d^n x}{dt^n} + \mathrm{a}\frac{d^{n-1}x}{dt^{n-1}} + \mathrm{b}\frac{d^{n-2}x}{dt^{n-2}} + \ldots + \mathrm{g}\frac{dx}{dt} + \mathrm{h}x = \mathrm{f}(t).$$

III.

Il nous reste à faire voir comment on peut s'assurer généralement que les séries (31), (42), (88) du paragraphe précédent sont convergentes, du moins pour des valeurs de la différence $t - \tau$ ou $\tau - t$ suffisamment rapprochées de zéro, et comment on peut alors fixer des limites supérieures aux erreurs que l'on commet en conservant seulement dans chaque série les n premiers termes. Le nouveau calcul que j'ai désigné sous le nom de *calcul des limites* dans un Mémoire sur la Mécanique céleste, lithographié à Turin, et traduit en langue italienne par les savants éditeurs des *Opuscoli mathematici e fisici* qui se publient à Milan, fournit diverses méthodes à l'aide desquelles on peut atteindre ce double but. Je me bornerai pour le moment à indiquer l'une de ces méthodes, me proposant de revenir sur cet objet dans un autre Mémoire.

Soient r une quantité positive, p un arc réel, π le rapport de la circonférence au diamètre et $f(x)$ une fonction quelconque de la variable réelle ou imaginaire x. Dans l'expression imaginaire

$$r\, e^{p\sqrt{-1}} = r(\cos p + \sqrt{-1}\sin p),$$

r, ou la racine carrée de la somme qu'on obtient en ajoutant les carrés de la partie réelle et du coefficient de $\sqrt{-1}$, sera ce qu'on nomme le *module;* et l'on aura évidemment

$$\frac{\partial f(x + r\, e^{p\sqrt{-1}})}{\partial r} = \frac{1}{r\sqrt{-1}} \frac{\partial f(x + r\, e^{p\sqrt{-1}})}{\partial p}. \tag{1}$$

Or, si l'on intègre les deux membres de l'équation précédente : 1° par rapport à r et à partir de $r = 0$; 2° par rapport à p entre les limites $p = -\pi$, $p = \pi$; et si l'on suppose que la fonction de x, r et p, représentée par

$$f(x + r\, e^{p\sqrt{-1}}), \tag{2}$$

reste finie et continue, quel que soit p, pour la valeur attribuée à r et pour une valeur plus petite, on trouvera

$$\int_{-\pi}^{\pi}\int_{0}^{r} \frac{\partial f(x + r\, e^{p\sqrt{-1}})}{\partial r}\, dp\, dr = 0$$

ou, ce qui revient au même,

$$\int_{-\pi}^{\pi} f(x + r\, e^{p\sqrt{-1}})\, dp = \int_{-\pi}^{\pi} f(x)\, dp = 2\pi f(x);$$

puis on en conclura

$$f(x) = \frac{1}{2\pi}\int_{-\pi}^{\pi} f(x + r\, e^{p\sqrt{-1}})\, dp. \tag{3}$$

Si l'on différentie la formule (3) n fois de suite par rapport à x, on en tirera

$$f^{(n)}(x) = \frac{1}{2\pi}\int_{-\pi}^{\pi} f^{(n)}(x + r e^{p\sqrt{-1}})\,dp;$$

puis, en intégrant par parties le second membre de cette dernière n fois de suite, on aura

$$(4) \qquad f^{(n)}(x) = \frac{1.2.3\ldots n}{2\pi}\int_{-\pi}^{\pi} r^{-n}\,e^{-np\sqrt{-1}}\,f(x + r e^{p\sqrt{-1}})\,dp.$$

Concevons maintenant qu'ayant posé

$$(5) \qquad r e^{p\sqrt{-1}} = \overline{x},$$

on adopte les notations du calcul des limites, et que l'on désigne en conséquence par

$$(6) \qquad \Lambda f(x + \overline{x})$$

la plus grande valeur que puisse acquérir le module de la fonction imaginaire $f(x + \overline{x})$, lorsque dans

$$\overline{x} = r e^{p\sqrt{-1}}$$

on fait varier l'angle p sans changer le module r. Dans l'intégrale que renferme le second membre de l'équation (4), la fonction sous le signe $\int$ offrira toujours un module inférieur ou tout au plus égal au produit

$$r^{-n}\Lambda f(x + \overline{x});$$

et, en multipliant ce produit par

$$\int_{-\pi}^{\pi} dp = 2\pi,$$

on en obtiendra un autre qui sera supérieur au module ou à la valeur numérique de l'intégrale elle-même. Par suite, si l'on indique le module ou la valeur numérique d'une expression imaginaire ou réelle à l'aide de l'abréviation

mod

placée devant l'expression dont il s'agit, on tirera de la formule (4)

(7) $$\operatorname{mod} f^{(n)}(x) < 1.2.3\ldots n\, r^{-n}\Lambda f(x+\overline{x}).$$

D'ailleurs, comme on aura généralement

$$1.2.3\ldots n\, r^{-n} = (-1)^n r \frac{d^n(r^{-1})}{dr^n},$$

l'équation (7) pourra encore s'écrire comme il suit :

(8) $$\operatorname{mod} f^{(n)}(x) < (-1)^n \frac{d^n(r^{-1})}{dr^n} r \Lambda f(x+\overline{x});$$

et, sous cette forme, elle subsistera même pour $n = 0$, de sorte qu'on aura encore

(9) $$\operatorname{mod} f(x) < \Lambda f(x+\overline{x}).$$

comme on peut le conclure directement de l'équation (3). Il est bon de rappeler que, dans les seconds membres des formules (8) et (9), la valeur de r devra toujours être telle que la fonction

$$f(x+\overline{x}) = f(x + r e^{p\sqrt{-1}})$$

reste finie et continue, quel que soit p, pour cette même valeur de r et pour une valeur plus petite.

Cela posé, considérons d'abord l'une des séries qui représentent l'intégrale d'une seule équation différentielle de la forme

(10) $$dx = \mathfrak{X}\, dt.$$

Si,

(11) $$u = f(x)$$

étant une fonction de x seule, on peut en dire autant de la fonction $\mathfrak{X}$, en sorte qu'on ait

(12) $$\mathfrak{X} = \mathfrak{F}(x),$$

l'intégrale de l'équation (10) sera fournie par la formule (39) du paragraphe II, c'est-à-dire par l'équation

(13) $$f(\xi) = f(x) + (\tau - t)\,\Box f(x) + \frac{(\tau-t)^2}{1.2}\Box^2 f(x) + \frac{(\tau-t)^3}{1.2.3}\Box^3 f(x) + \ldots,$$

dans laquelle on aura

$$(14)\qquad \square f(x) = \mathcal{F}(x)\frac{d\,f(x)}{dx}$$

ou, ce qui revient au même,

$$(15)\qquad \begin{cases} \square\, f(x) = \mathcal{F}(x)\ f'(x), \\ \text{et par suite} \\ \square^2 f(x) = [\mathcal{F}(x)]^2 f''(x) + \mathcal{F}(x)\mathcal{F}'(x) f'(x), \\ \square^3 f(x) = [\mathcal{F}(x)]^3 f'''(x) + 3[\mathcal{F}(x)]^2\mathcal{F}'(x) f''(x) \\ \qquad + \{[\mathcal{F}(x)]^2\mathcal{F}''(x) + \mathcal{F}(x)[\mathcal{F}'(x)]^2\} f'(x), \\ \cdots\cdots\cdots\cdots \end{cases}$$

Or, de ces dernières équations, combinées avec les formules (8) et (9), on tirera évidemment

$$(16)\qquad \begin{cases} \operatorname{mod}\square\, f(x) < \mathfrak{R}_1\ r\Lambda\mathcal{F}(x+\overline{x})\ \ r\Lambda f(x+\overline{x}), \\ \operatorname{mod}\square^2 f(x) < \mathfrak{R}_2[r\Lambda\mathcal{F}(x+\overline{x})]^2 r\Lambda f(x+\overline{x}), \\ \operatorname{mod}\square^3 f(x) < \mathfrak{R}_3[r\Lambda\mathcal{F}(x+\overline{x})]^3 r\Lambda f(x+\overline{x}), \\ \cdots\cdots\cdots\cdots, \end{cases}$$

$\mathfrak{R}_1, \mathfrak{R}_2, \mathfrak{R}_3, \ldots$ étant des fonctions de r déterminées par les équations

$$(17)\qquad \begin{cases} -\mathfrak{R}_1 = \quad r^{-1}\ \dfrac{d(r^{-1})}{dr}, \\ \mathfrak{R}_2 = \quad (r^{-1})^2\dfrac{d^2(r^{-1})}{dr^2} + \quad r^{-1}\ \dfrac{d(r^{-1})}{dr}\ \ \dfrac{d(r^{-1})}{dr}, \\ -\mathfrak{R}_3 = \quad (r^{-1})^3\dfrac{d^3(r^{-1})}{dr^3} + 3(r^{-1})^2\dfrac{d(r^{-1})}{dr}\ \ \dfrac{d^2(r^{-1})}{dr^2}, \\ \qquad + \left\{(r^{-1})^2\dfrac{d^2(r^{-1})}{dr^2} + \quad r^{-1}\left[\dfrac{d(r^{-1})}{dr}\right]^2\right\}\dfrac{d(r^{-1})}{dr}, \\ \cdots\cdots\cdots\cdots, \end{cases}$$

et la valeur de r devant être telle que chacune des fonctions

$$(18)\qquad f(x+\overline{x}),\qquad \mathcal{F}(x+\overline{x})$$

demeure finie et continue, quel que soit p, pour cette même valeur de r et pour une valeur plus petite. D'ailleurs les valeurs de

$$-\mathfrak{R}_1, \quad \mathfrak{R}_2, \quad -\mathfrak{R}_3, \quad \ldots,$$

fournies par les équations (17), sont ce que deviennent les valeurs de $\square f(x)$, $\square^2 f(x)$, $\square^3 f(x)$, ..., fournies par les équations (15), quand, après y avoir posé

(19) $$\mathfrak{F}(x) = f(x) = x^{-1},$$

on y remplace la variable x par le module r; et il ne pouvait en être autrement, puisque, dans le second membre de la formule (8), le coefficient du produit

$$r \Lambda \mathrm{f}(x + \overline{x})$$

est, abstraction faite du signe, ce que devient $\mathrm{f}^{(n)}(x)$ quand, après avoir posé

$$\mathrm{f}(x) = x^{-1},$$

on substitue r à x. Donc les formules (16) donneront généralement

(20) $$\operatorname{mod} \square^n f(x) < \mathfrak{R}_n \left[r \Lambda \mathfrak{F}(x + \overline{x}) \right]^n r \Lambda f(x + \overline{x}),$$

$(-1)^n \mathfrak{R}_n$ étant ce que devient la valeur de

$$\square^n \mathrm{f}(x),$$

correspondant aux valeurs de $\mathfrak{F}(x)$, $f(x)$, données par la formule (19), quand on remplace x par r. Or on tire de l'équation (14), jointe à la formule (19),

$$\square f(x) = x^{-1} \frac{d(x^{-1})}{dx} = -x^{-3},$$

$$\square^2 f(x) = x^{-1} \frac{d(-x^{-3})}{dx} = 3x^{-5},$$

$$\square^3 f(x) = x^{-1} \frac{d(3x^{-5})}{dx} = -3.5x^{-7},$$

et en général

$$\square^n f(x) = (-1)^n 1.3.5\ldots(2n-1)x^{-(2n+1)}.$$

On aura donc

(21) $$\mathfrak{R}_n = 1.3.5\ldots(2n-1)r^{-(2n+1)},$$

et la formule (20) donnera

$$(22)\qquad \operatorname{mod} \square^n f(x) < 1.3.5\ldots(2n-1)r^{-n}[\Lambda \mathfrak{F}(x+\overline{x})]^n \Lambda f(x+\overline{x}).$$

Enfin, comme on a évidemment

$$\Lambda \frac{\mathfrak{F}(x+\overline{x})}{\overline{x}} = \Lambda \frac{\mathfrak{F}(x+\overline{x})}{r},$$

la formule (22) pourra encore s'écrire comme il suit :

$$(23)\qquad \operatorname{mod} \square^n f(x) < 1.3.5\ldots(2n-1)\left[\Lambda \frac{\mathfrak{F}(x+\overline{x})}{\overline{x}}\right]^n \Lambda f(x+\overline{x}).$$

Cela posé, le terme général de la série comprise dans le second membre de la formule (13), savoir

$$(24)\qquad \frac{(\tau-t)^n}{1.2\ldots n}\square^n f(x),$$

offrira une valeur numérique inférieure à celle du produit

$$(25)\qquad \frac{1.3.5\ldots(2n-1)}{1.2.3\ldots n}\left[(\tau-t)\Lambda \frac{\mathfrak{F}(x+\overline{x})}{\overline{x}}\right]^n \Lambda f(x+\overline{x}),$$

par conséquent à celle du produit

$$(26)\qquad \left[2(\tau-t)\Lambda \frac{\mathfrak{F}(x+\overline{x})}{\overline{x}}\right]^n \Lambda f(x+\overline{x}),$$

attendu que l'on a certainement

$$\frac{1.3.5\ldots(2n-1)}{1.2.3\ldots n} < \frac{2.4.6\ldots 2n}{1.2.3\ldots n} = 2^n.$$

Donc les différents termes de la série en question offriront des valeurs numériques inférieures à celles des termes correspondants de la progression géométrique qui aurait pour terme général l'expression (26). Or cette progression sera convergente, si l'on a

$$(27)\qquad \operatorname{mod}\left[2(\tau-t)\Lambda \frac{\mathfrak{F}(x+\overline{x})}{\overline{x}}\right] < 1.$$

ou, ce qui revient au même,

$$(28)\qquad \operatorname{mod}(\tau - t) < \frac{1}{2}\,\frac{1}{\Lambda\dfrac{\mathcal{F}(x+\overline{x})}{\overline{x}}};$$

et alors, si l'on remplace la somme de la série par la somme de ses n premiers termes, le reste de la série, ou l'erreur commise, sera inférieur (abstraction faite du signe) à la somme des valeurs numériques que présentent dans la progression géométrique le terme (26) et les suivants, c'est-à-dire inférieur au produit

$$(29)\qquad \frac{\left\{\operatorname{mod}\left[2(\tau-t)\Lambda\dfrac{\mathcal{F}(x+\overline{x})}{\overline{x}}\right]\right\}^n}{1-\operatorname{mod}\left[2(\tau-t)\Lambda\dfrac{\mathcal{F}(x+\overline{x})}{\overline{x}}\right]}\Lambda f(x+\overline{x}).$$

Supposons en particulier

$$f(x) = x;$$

alors l'équation (13) donnera

$$(30)\qquad \xi = x + (\tau - t)\,\Box x + \frac{(\tau-t)^2}{1.2}\Box^2 x + \frac{(\tau-t)^3}{1.2.3}\Box^3 x + \ldots,$$

et le reste de la série comprise dans le second membre de la formule (30) sera inférieur, abstraction faite du signe, à

$$(31)\qquad \frac{\left\{\operatorname{mod}\left[2(\tau-t)\Lambda\dfrac{\mathcal{F}(x+\overline{x})}{\overline{x}}\right]\right\}^n}{1-\operatorname{mod}\left[2(\tau-t)\Lambda\dfrac{\mathcal{F}(x+\overline{x})}{\overline{x}}\right]}\Lambda f(x+\overline{x}).$$

On peut donc énoncer la proposition suivante :

Premier théorème. — *Supposons que, la variable t et la fonction x de cette variable étant liées entre elles par l'équation différentielle*

$$(32)\qquad dx = \mathcal{F}(x)\,dt.$$

on nomme ξ une nouvelle valeur de la fonction x correspondant à une *nouvelle valeur* τ *de la variable* t; ξ *sera développable par la formule* (30) *en une série convergente ordonnée suivant les puissances ascendantes de la différence* $\tau - t$, *si la formule* (28) *est vérifiée, c'est-à-dire si la valeur numérique de* $\tau - t$ *est inférieure à celle qui détermine l'équation*

$$(33) \qquad \tau - t = \frac{1}{2}\,\frac{1}{\Lambda\dfrac{\mathfrak{F}(x+\overline{x})}{\overline{x}}},$$

la valeur du module r *de*

$$\overline{x} = r\,e^{p\sqrt{-1}}$$

étant assujettie à la seule condition que la fonction

$$\mathfrak{F}(x+\overline{x})$$

reste finie et continue, quel que soit l'angle p, *pour cette valeur et pour une valeur plus petite. Alors le reste de la série réduite à ses* n *premiers termes sera inférieur, abstraction faite du signe, au produit* (31). *Alors, aussi une fonction quelconque de* ξ, *désignée par* $\mathrm{f}(\xi)$, *sera elle-même développable en une série convergente ordonnée suivant les puissances ascendantes de* $\tau - t$, *et le reste de cette dernière série sera inférieur, abstraction faite du signe, au produit* (29), *si la valeur du module* r *est assujettie à la double condition que les deux fonctions*

$$f(x+\overline{x}), \qquad \mathfrak{F}(x+\overline{x})$$

demeurent finies et continues, quel que soit l'angle p, *pour cette valeur de* r *et pour une valeur plus petite.*

Il est avantageux de choisir le module r de $\overline{x}$ de telle sorte que la limite assignée par la formule (28) à la valeur numérique de $\tau - t$, et représentée par le second membre de cette formule ou de l'équation (33), devienne la plus grande possible. On y parviendra en réduisant la quantité

$$\Lambda\frac{\mathfrak{F}(x+\overline{x})}{\overline{x}}$$

à la plus petite valeur qu'elle puisse acquérir, c'est-à-dire à ce que nous avons nommé, dans un autre Mémoire, le module principal de l'expression

$$\frac{\mathcal{F}(x+\overline{x})}{\overline{x}}$$

considérée comme fonction de x.

Pour montrer sur un exemple très simple une application des formules qui précèdent, concevons que l'équation (32) se réduise à

$$(34) \qquad dx = x^i\, dt,$$

i désignant une constante positive. On aura dans ce cas

$$\mathcal{F}(x) = x^i;$$

et, si l'on suppose x positive, afin que $\mathcal{F}(x)$ soit réelle, la fonction

$$\mathcal{F}(x+\overline{x}) = (x + r\, e^{p\sqrt{-1}})^i$$

ne restera continue, pour des valeurs fractionnaires ou irrationnelles de l'exposant i, qu'autant que l'on aura

$$(35) \qquad r < x.$$

Alors on trouvera

$$\Lambda(x+\overline{x}) = x + r, \qquad \Lambda(x+\overline{x})^i = (x+r)^i$$

et par suite

$$(36) \qquad \Lambda\frac{(x+\overline{x})^i}{\overline{x}} = \frac{(x+r)^i}{r}.$$

La plus petite valeur que puisse acquérir cette dernière quantité, eu égard à la condition (35), sera : 1° si l'on suppose $i < 2$, la valeur qui correspond à $r = x$, savoir

$$(37) \qquad 2^i x^{i-1};$$

2° si l'on suppose $i > 2$, la valeur qui correspond à la formule

$$\frac{d\left[\frac{(x+r)^i}{r}\right]}{dr} = 0 \qquad \text{ou} \qquad r = \frac{x}{i-1},$$

savoir

$$(38)\qquad \frac{i^i}{(i-1)^{i-1}}x^{i-1}.$$

Donc, en vertu du premier théorème, ξ et τ désignant des valeurs qu'acquièrent simultanément les variables x et t assujetties à vérifier l'équation (34), ξ sera développable en une série convergente ordonnée suivant les puissances ascendantes de la différence $\tau - t$, tant que la valeur numérique de $\tau - t$ restera inférieure à la moitié du rapport

$$(39)\qquad \frac{1}{2^i x^{i-1}},$$

si l'on a $i < 2$, et à la moitié du rapport

$$(40)\qquad \frac{(i-1)^{i-1}}{i^i x^{i-1}},$$

si l'on a $i > 2$. Or, en effet, on tire de l'équation (34), divisée par x^i, et intégrée directement,

$$(41)\qquad \frac{\xi^{1-i} - x^{1-i}}{1-i} = \tau - t,$$

par conséquent

$$(42)\qquad \xi = x[1-(i-1)x^{i-1}(\tau - t)]^{\frac{1}{1-i}};$$

et la puissance

$$[1-(i-1)x^{i-1}(\tau - t)]^{\frac{1}{1-i}}$$

sera développable en une série convergente, ordonnée suivant les puissances ascendantes de la différence $\tau - t$, si la valeur numérique de cette différence est inférieure à celle du rapport

$$(43)\qquad \frac{1}{(i-1)x^{i-1}}.$$

D'ailleurs il est clair que ce dernier rapport surpassera toujours, abstraction faite du signe, le rapport (39) et à plus forte raison sa moitié, si l'on suppose $i < 2$, le rapport (40) et à plus forte raison sa moitié, si l'on suppose $i > 2$. En effet on aura, dans la première hypothèse,

$$\operatorname{mod} \frac{1}{i-1} > 1 > \frac{1}{2^i},$$

et dans la seconde hypothèse, $i^i > (i-1)^i$, par conséquent

$$\frac{1}{i-1} > \frac{(i-1)^{i-1}}{i^i}.$$

Donc le premier théorème se vérifie à l'égard de l'équation (34); et même de ce qu'on vient de dire il résulte que, pour une équation différentielle de cette forme, on obtiendra encore une limite supérieure à la valeur numérique que $\tau - t$ peut acquérir dans la formule (30), si à l'équation (33) on substitue la suivante

$$(44) \qquad \operatorname{mod}(\tau - t) = \frac{1}{\Lambda \frac{\mathcal{F}(x+\overline{x})}{\overline{x}}}.$$

Cette remarque s'applique pareillement aux équations différentielles

$$dx = x^{-i}\,dt, \qquad dx = e^{ix}\,dt, \qquad dx = e^{-ix}\,dt, \qquad \ldots,$$

dont il est facile de calculer directement les intégrales.

Concevons à présent que, dans le second membre de l'équation (10), la fonction $\mathfrak{X}$ renferme à la fois x et t, en sorte qu'on ait

$$(45) \qquad \mathfrak{X} = \mathcal{F}(x, t).$$

Alors l'intégrale de l'équation (10) sera fournie par la formule (33) ou (92) du paragraphe II, c'est-à-dire par l'équation

$$(46) \qquad f(\xi) = f(x) - \int_\tau^t \square' f(x)\,dt' + \int_\tau^t \int_\tau^{t'} \square' \square'' f(x)\,dt'\,dt'' - \int_\tau^t \int_\tau^{t'} \int_\tau^{t''} \square' \square'' \square''' f(x)\,dt'\,dt''\,dt''' + \ldots,$$

dans laquelle on aura : 1°

$$(47) \qquad \square' f(x) = \mathcal{F}(x, t')\, f'(x);$$

2°

$$(48)\quad \begin{cases} \square'' f(x) = \mathfrak{F}(x, t'') f'(x) \\ \text{et, par suite,} \\ \square' \square'' f(x) = \mathfrak{F}(x, t')\,\mathfrak{F}(x, t'') f''(x) + \mathfrak{F}(x, t') \dfrac{\partial \mathfrak{F}(x, t'')}{\partial x} f'(x); \end{cases}$$

3°

$$(49)\quad \begin{cases} \square''' f(x) = \mathfrak{F}(x, t''') f'(x) \\ \text{et, par suite,} \\ \square'' \square''' f(x) = \mathfrak{F}(x, t'')\,\mathfrak{F}(x, t''') f''(x) + \mathfrak{F}(x, t'') \dfrac{\partial \mathfrak{F}(x, t''')}{\partial x} f'(x), \\ \square' \square'' \square''' f(x) = \mathfrak{F}(x, t')\,\mathfrak{F}(x, t'')\,\mathfrak{F}(x, t''') f'''(x) \\ \qquad + \mathfrak{F}(x, t') \left[2\mathfrak{F}(x, t'') \dfrac{\partial \mathfrak{F}(x, t''')}{\partial x} + \dfrac{\partial \mathfrak{F}(x, t'')}{\partial x} \mathfrak{F}(x, t''') \right] f''(x) \\ \qquad + \mathfrak{F}(x, t') \left[\mathfrak{F}(x, t'') \dfrac{\partial^2 \mathfrak{F}(x, t''')}{\partial x^2} + \dfrac{\partial \mathfrak{F}(x, t'')}{\partial x} \dfrac{\partial \mathfrak{F}(x, t''')}{\partial x} \right] f'(x), \\ \ldots\ldots\ldots\ldots\ldots\ldots\ldots\ldots\ldots \end{cases}$$

D'autre part, comme, dans les intégrales définies que renferme le second membre de la formule (46), les variables

$$t', \quad t'', \quad t''', \quad \ldots$$

devront rester comprises, la première entre les limites τ et t, la seconde entre les limites τ et t', la troisième entre les limites τ et t'', ..., il est clair que ces variables resteront toutes comprises entre les limites τ et t; d'où il suit que chacune d'elles pourra être représentée par une expression de la forme

$$t + \theta(\tau - t),$$

θ désignant un nombre renfermé entre les limites o, 1. Cela posé, si, la valeur de $\overline{x}$ étant toujours celle que détermine la formule (5), on représente par

$$(50)\qquad \Lambda\mathfrak{F}[x + \overline{x},\ t + \theta(\tau - t)]$$

la plus grande valeur que puisse acquérir le module de la fonction imaginaire $\mathfrak{F}[x + \overline{x},\ t + \theta(\tau - t)]$, lorsque dans $\overline{x}$ on fait varier l'angle p, sans changer la valeur de r, ni celle de θ; si d'ailleurs on nomme Θ celle des valeurs de θ pour laquelle le module (50) devient le plus grand possible, et n un nombre entier quelconque, on tirera successivement de la formule (8)

$$(51)\quad \left\{\begin{array}{l} \bmod \dfrac{d^n \mathcal{F}(x, t')}{dx^n} < (-1)^n \dfrac{d^n (r^{-1})}{dr^n} r \Lambda \mathcal{F}[x + \overline{x}, t + \Theta(\tau - t)], \\ \bmod \dfrac{d^n \mathcal{F}(x, t'')}{dx^n} < (-1)^n \dfrac{d^n (r^{-1})}{dr^n} r \Lambda \mathcal{F}[x + \overline{x}, t + \Theta(\tau - t)], \\ \bmod \dfrac{d^n \mathcal{F}(x, t''')}{dx^n} < (-1)^n \dfrac{d^n (r^{-1})}{dr^n} r \Lambda \mathcal{F}[x + \overline{x}, t + \Theta(\tau - t)], \\ \dots\dots\dots\dots\dots\dots\dots\dots\dots\dots\dots\dots ; \end{array}\right.$$

puis de ces dernières formules combinées avec les équations (47), (48), (49), ..., on conclura

$$(52)\quad \left\{\begin{array}{l} \bmod \square' f(x) < \mathcal{R}_1 \; r \Lambda \mathcal{F}[x + \overline{x}, t + \Theta(\tau - t)] \; r \Lambda f(x + \overline{x}), \\ \bmod \square' \square'' f(x) < \mathcal{R}_2 \{ r \Lambda \mathcal{F}[x + \overline{x}, t + \Theta(\tau - t)] \} r \Lambda f(x + \overline{x}), \\ \bmod \square' \square'' \square''' f(x) < \mathcal{R}_3 \{ r \Lambda \mathcal{F}[x + \overline{x}, t + \Theta(\tau - t)] \} r \Lambda f(x + \overline{x}), \\ \dots\dots\dots\dots\dots\dots\dots\dots\dots\dots\dots\dots \end{array}\right.$$

$\mathcal{R}_1$, $\mathcal{R}_2$, $\mathcal{R}_3$, ... étant des fonctions de r qui coïncideront avec celles que fournissent les équations (17). Il ne pouvait d'ailleurs en être autrement; car lorsqu'on réduit la fonction $\mathcal{F}(x, t)$ à $\mathcal{F}(x)$, les formules (52) doivent coïncider avec les formules (16); et cela arrive effectivement, mais sous la condition que les valeurs de $\mathcal{R}_1$, $\mathcal{R}_2$, $\mathcal{R}_3$, ... restent les mêmes dans ces deux systèmes de formules. Donc, dans les formules (52), comme dans les formules (16), la valeur générale de $\mathcal{R}_n$ sera celle que fournit la formule (21), et les formules (52) donneront, pour une valeur quelconque de n,

$$(53)\quad \begin{array}{l} \bmod \square' \square'' \square''' \dots \square^{(n)} f(x) \\ \qquad < 1.3.5\dots(2n-1) r^{-n} \{ \Lambda \mathcal{F}[x + \overline{x}, t + \Theta(\tau - t)] \}^n \Lambda f(x + \overline{x}) \end{array}$$

ou, ce qui revient au même,

$$(54)\quad \begin{array}{l} \bmod \square' \square'' \square''' \dots \square^{(n)} f(x) \\ \qquad > 1.3.5\dots(2n-1) \left\{ \Lambda \dfrac{\mathcal{F}[x + \overline{x}, t + \Theta(\tau - t)]}{\overline{x}} \right\}^n \Lambda f(x + \overline{x}). \end{array}$$

Donc eu égard aux formules (93) du paragraphe II, le terme général de la série comprise dans le second membre de la formule (46) offrira une valeur numérique inférieure à celle du produit

$$(55)\qquad \frac{1.3.5\ldots(2n-1)}{1.2.3\ldots n}\left\{(\tau-t)\Lambda\frac{\mathfrak{F}[x+\overline{x},\,t+\Theta(\tau-t)]}{\overline{x}}\right\}^n \Lambda f(x+\overline{x}),$$

et à plus forte raison à celle du produit

$$(56)\qquad \left\{2(\tau-t)\Lambda\frac{\mathfrak{F}[x+\overline{x},\,t+\Theta(\tau-t)]}{\overline{x}}\right\}^n \Lambda f(x+\overline{x}).$$

Donc enfin la série en question sera convergente, si l'on a

$$(57)\qquad \operatorname{mod}\left\{2(\tau-t)\Lambda\frac{\mathfrak{F}[x+\overline{x},\,t+\Theta(\tau-t)]}{\overline{x}}\right\}<1,$$

et alors le reste de la série réduite à ses n premiers termes offrira une valeur numérique inférieure au produit

$$(58)\qquad \frac{\left\{\operatorname{mod}\left[2(\tau-t)\Lambda\frac{\mathfrak{F}[x+\overline{x},\,t+\Theta(\tau-t)]}{\overline{x}}\right]\right\}^n}{1-\operatorname{mod}\left\{2(\tau-t)\Lambda\frac{\mathfrak{F}[x+\overline{x},\,t+\Theta(\tau-t)]}{\overline{x}}\right\}}\Lambda f(x+\overline{x}).$$

Il est important d'observer que le module r de $\overline{x}$ doit être tel, que chacune des fonctions

$$(59)\qquad \mathfrak{F}[\overline{x}+x,\,t+\theta(\tau-t)],\quad f(x+\overline{x})$$

demeure finie et continue, quel que soit l'angle p, pour la valeur attribuée à ce module et pour une valeur plus petite. Il sera d'ailleurs avantageux de choisir ce même module, de telle sorte que la limite assignée par la formule (57) à la valeur numérique de $\tau-t$ soit la plus grande possible.

Si l'on pose en particulier $f(x)=x$, l'équation (46) donnera

$$(60)\qquad \begin{aligned}\xi = x &- \int_\tau^t \Box' x\,dt' + \int_\tau^t\int_\tau^{t'} \Box'\Box'' x\,dt'\,dt'' \\ &- \int_\tau^t\int_\tau^{t'}\int_\tau^{t''} \Box'\Box''\Box''' x\,dt'\,dt''\,dt''' + \ldots,\end{aligned}$$

et le reste de la série comprise dans le second membre de la formule (60) sera inférieur, abstraction faite du signe, à

$$(61)\qquad \frac{\left\{\operatorname{mod}\left[2(\tau-t)\Lambda\dfrac{\mathcal{F}[x+\overline{x},\ t+\Theta(\tau-t)]}{\overline{x}}\right]\right\}^n}{1-\operatorname{mod}\left\{2(\tau-t)\Lambda\dfrac{\mathcal{F}[x+\overline{x},\ t+\Theta(\tau-t)]}{\overline{x}}\right\}}\Lambda(x+\overline{x}).$$

On peut donc énoncer la proposition suivante :

Deuxième théorème. — *Supposons que, la variable t et la fonction x de cette valeur étant liées entre elles par l'équation différentielle*

$$(62)\qquad dx=\mathcal{F}(x,\ t)\,dt,$$

on nomme ξ une nouvelle valeur de la fonction x, correspondant à une nouvelle valeur τ de la variable t; ξ sera développable par la formule (60) *en une série convergente, si la formule* (57) *est vérifiée, c'est-à-dire si la valeur numérique de la différence $\tau-t$ est inférieure à celle que détermine l'équation*

$$(63)\qquad (\tau-t)\Lambda\frac{\mathcal{F}[x+\overline{x},\ t+\Theta(\tau-t)]}{\overline{x}}=\frac{1}{2},$$

la valeur du module r de $\overline{x}$ étant assujettie à la seule condition que la fonction

$$\mathcal{F}[x+\overline{x},\ t+\theta(\tau-t)]$$

demeure finie et continue, quel que soit l'angle p, pour cette valeur de r et pour une valeur plus petite. Alors le reste de la série réduite à ses n premiers termes sera inférieur, abstraction faite du signe, au produit (61). *Alors aussi une fonction quelconque de ξ désignée par*

$$f(\xi),$$

sera elle-même développable par la formule (46) *en une série convergente, et le reste de cette série sera inférieur, abstraction faite du signe, au produit* (58), *si le module r est assujetti à la double condition que les deux fonctions*

$$f(x+\overline{x}),\qquad \mathcal{F}[x+\overline{x},\ t+\theta(\tau-t)]$$

demeurent finies et continues, quel que soit l'angle p, pour la valeur attribuée à ce module et pour une valeur plus petite.

Pour montrer une application des formules qu'on vient d'établir, concevons que l'équation (62) se réduise à

$$(64) \qquad dx = (x+t)^i\, dt,$$

i désignant une quantité positive quelconque. On aura, dans ce cas,

$$\mathfrak{F}(x, t) = (x+t)^i.$$

Si l'on suppose $x+t$ positif, afin que $\mathfrak{F}(x, t)$ soit réelle, et

$$\tau < t,$$

la fonction

$$(65) \qquad \mathfrak{F}[x+\overline{x},\ t+\theta(\tau-t)] = [x+\overline{x}+t+\theta(\tau-t)]^i$$

ne restera continue pour $\theta = 0$, qu'autant que l'on aura

$$(66) \qquad r < x+t.$$

Alors on trouvera

$$(67) \qquad \Lambda[x+\overline{x}+t+\theta(\tau-t)]^i = [x+r+t+\theta(\tau-t)]^i,$$

et, en nommant Θ la valeur de θ pour laquelle l'expression (67) devient la plus grande possible, on aura $\Theta = 1$,

$$(68) \qquad \Lambda\frac{[x+\overline{x}+t+\Theta(\tau-t)]^i}{\overline{x}} = \frac{(x+\tau+r)^i}{r}.$$

La plus petite valeur que puisse acquérir cette dernière quantité, eu égard à la condition (66), sera celle qui correspond à $r = x+t$, savoir

$$(69) \qquad \frac{(2x+t+\tau)^i}{x+t},$$

ou celle qui correspond à $r = \frac{x+\tau}{i-1}$, savoir

$$(70) \qquad \frac{i^i}{(i-1)^{i-1}}(x+\tau)^{i-1},$$

suivant que $x+t$ sera inférieur ou supérieur à $\frac{x+\tau}{i-1}$, c'est-à-dire, en d'autres termes, suivant que le nombre i sera inférieur ou supérieur à l'expression

$$(71)\qquad 1+\frac{x+\tau}{x+t}=2+\frac{\tau-t}{x+t}.$$

Si, pour fixer les idées, on suppose le nombre i inférieur à 2, il sera inférieur, à plus forte raison, à l'expression (71); et, en remplaçant dans la formule (63) le coefficient de $\tau-t$ par le produit (69), on réduira cette formule à

$$(72)\qquad (\tau-t)(2x+t+\tau)^i=\frac{1}{2}(x+t).$$

L'équation (72) est évidemment vérifiée par une valeur positive de τ comprise entre les limites $\tau=t$, $\tau=\infty$, qui, substituées dans le premier membre, le rendent successivement nul et infini. Il y a plus : comme on a généralement

$$\frac{(2x+t+\tau)^{i+1}-(2x+2t)^{i+1}}{i+1}=\int_t^\tau(2x+t+\tau)^i\,d\tau<(\tau-t)(2x+t+\tau)^i,$$

il est clair que la valeur de τ propre à vérifier la formule (72) sera inférieure à celle qui vérifie la condition

$$\frac{(2x+t+\tau)^{i+1}-(2x+2t)^{i+1}}{i+1}=\frac{1}{2}(2x+t),$$

c'est-à-dire à la limite

$$\tau=2(x+t)\left[1+\frac{i+1}{4}2^{-i}(x+t)^{-i}\right]^{\frac{1}{i+1}}-(x+t);$$

donc elle sera comprise entre t et cette dernière limite, ce qui permettra de la calculer facilement pour chaque système de valeurs attribuées aux variables x et t. Or, pour toute valeur de τ inférieure à celle qui vérifie l'équation (72), mais supérieure à t, la série comprise dans le second membre de la formule (60) deviendra convergente et offrira un reste inférieur, abstraction faite du signe, à l'expression (61), ou, ce qui revient au même, à

$$(73)\qquad \frac{\left[\dfrac{2(\tau-t)(2x+t+\tau)^i}{x+t}\right]^n}{1-\dfrac{2(\tau-t)(2x+t+\tau)^i}{x+t}}(2x+t).$$

Donc alors la formule (60) fournira l'intégrale générale de l'équation (64), et l'on pourra dire combien de termes on doit conserver dans le second membre de cette formule, pour obtenir la valeur de ξ avec un degré donné d'approximation. Ces conclusions subsistent, quel que soit le nombre désigné par i. Toutefois, dans le cas où ce nombre devient considérable, il est avantageux de remplacer dans la formule (63) le coefficient de $\tau - t$, non par le produit (69), mais par le produit (70). En opérant ainsi, à la place de l'équation (72) on obtient la suivante

$$(74)\qquad (\tau-t)(x+\tau)^{i-1} = \frac{1}{2}\,\frac{(i-1)^{i-1}}{i^i},$$

que vérifie une valeur de τ inférieure à celle qui remplit la condition

$$\frac{(x+\tau)^i-(x+t)^i}{i} = \frac{1}{2}\,\frac{(i-1)^{i-1}}{i^i},$$

par conséquent une valeur de τ inférieure à la limite

$$\tau = (x+t)\left[1+\frac{1}{2}\left(1-\frac{1}{i}\right)^{i-1}(x+t)^{-i}\right]^{\frac{1}{i}} - x.$$

La valeur de τ en question surpassera notablement, si i devient considérable, celle qui vérifierait l'équation (72); et une valeur plus petite, mais supérieure à t, rendra convergente la série que renferme la formule (60). Ajoutons que le reste de la même série sera inférieur, abstraction faite du signe, au produit

$$(75)\qquad \frac{\left[2\dfrac{i^i}{(i-1)^{i-1}}(\tau-t)(x+\tau)^{i-1}\right]^n}{1-2\dfrac{i^i}{(i-1)^{i-1}}(\tau-t)(x+\tau)^{i-1}}\left(x+\frac{x+\tau}{i-1}\right).$$

L'application des principes ci-dessus exposés peut être facilement étendue à un système quelconque d'équations différentielles entre une variable indépendante t et des fonctions x, y, z, ... de ces mêmes variables. Effectivement, soit

$$f(x, y, z, \ldots)$$

une fonction quelconque des variables réelles ou imaginaires

Soient d'ailleurs

$$x,\ y,\ z,\ \ldots.$$
$$\bar{x},\ \bar{y},\ \bar{z},\ \ldots$$

des variables imaginaires dont les modules soient respectivement

$$r,\ r',\ r'',\ \ldots.$$

en sorte qu'on ait

$$(76)\qquad \bar{x} = r\,e^{p\sqrt{-1}},\quad \bar{y} = r'\,e^{p'\sqrt{-1}},\quad \bar{z} = r''\,e^{p''\sqrt{-1}},\quad \ldots,$$

p, p', p'', ... étant des arcs réels; et supposons les modules r, r', r'', ... choisis de manière que la fonction

$$f(x+\bar{x}, y+\bar{y}, z+\bar{z}, \ldots)$$

reste finie et continue, quels que soient les arcs p, p', p'', ..., pour les valeurs attribuées à ces modules ou pour des valeurs plus petites. On tirera successivement de la formule (3)

$$f(x, y, z, \ldots) = \frac{1}{2\pi}\int_{-\pi}^{\pi} f(x+\bar{x}, y, z, \ldots)\,dp,$$
$$f(x+\bar{x}, y, z, \ldots) = \frac{1}{2\pi}\int_{-\pi}^{\pi} f(x+\bar{x}, y+\bar{y}, z, \ldots)\,dp,$$
$$f(x+\bar{x}, y+\bar{y}, z, \ldots) = \frac{1}{2\pi}\int_{-\pi}^{\pi} f(x+\bar{x}, y+\bar{y}, z+\bar{z}, \ldots)\,dp,$$
$$\ldots\ldots\ldots\ldots\ldots\ldots\ldots\ldots\ldots\ldots,$$

par conséquent

$$(77)\qquad f(x, y, z, \ldots) = \int_{-\pi}^{\pi}\int_{-\pi}^{\pi}\int_{-\pi}^{\pi}\ldots f(x+\bar{x}, y+\bar{y}, z+\bar{z}, \ldots)\frac{dp}{2\pi}\frac{dp'}{2\pi}\frac{dp''}{2\pi}\ldots.$$

Pareillement on tirera de la formule (4), en désignant par h, k, l, ..., des nombres entiers quelconques,

$$(78)\quad \frac{\partial^{h+k+l+\ldots}f(x,y,z,\ldots)}{\partial x^h\,\partial y^k\,\partial z^l\ldots}$$
$$= \frac{1.2\ldots h}{r^h}\,\frac{1.2\ldots k}{r'^k}\,\frac{1.2\ldots l}{r''^l}\ldots\int_{-\pi}^{\pi}\int_{-\pi}^{\pi}\int_{-\pi}^{\pi}\ldots e^{-(hp+kp'+lp''\ldots)\sqrt{-1}}$$
$$\times f(x+\bar{x},\, y+\bar{y},\, z+\bar{z},\ldots)\frac{dp}{2\pi}\,\frac{dp'}{2\pi}\,\frac{dp''}{2\pi}\ldots;$$

puis en indiquant, suivant l'algorithme du calcul des limites, à l'aide de la caractéristique Λ et par la notation

$$(79)\qquad \Lambda f(x+\bar{x},\, y+\bar{y},\, z+\bar{z},\ldots),$$

la plus grande valeur que puisse acquérir le module de la fonction imaginaire

$$f(x+\bar{x},\, y+\bar{y},\, z+\bar{z},\ldots),$$

lorsque dans $\bar{x}$, $\bar{y}$, $\bar{z}$, ... on fait varier les angles p, p', p'', ... sans changer les modules r, r', r'', ..., on conclura de la formule (78)

$$(80)\quad \mathrm{mod}\,\frac{\partial^{h+k+l+\ldots}f(x,y,z,\ldots)}{\partial x^h\,\partial y^k\,\partial z^l\ldots}$$
$$< \frac{1.2\ldots h}{r^h}\,\frac{1.2\ldots k}{r'^k}\,\frac{1.2\ldots l}{r''^l}\ldots\,\Lambda f(x+\bar{x},\, y+\bar{y},\, z+\bar{z},\ldots).$$

ou, ce qui revient au même,

$$(81)\quad \mathrm{mod}\,\frac{\partial^{h+k+l+\ldots}f(x,y,z,\ldots)}{\partial x^h\,\partial y^k\,\partial z^l\ldots} < (-1)^{h+k+l\ldots}\,rr'r''\ldots$$
$$\times \frac{\partial^{h+k+l+\ldots}(rr'r''\ldots)^{-1}}{\partial r^h\,\partial r'^k\,\partial r''^l\ldots}\ldots\,\Lambda f(x+\bar{x},\, y+\bar{y},\, z+\bar{z},\ldots).$$

Cette dernière formule subsiste, lors même que les nombres entiers h, k, l,... ou quelques-uns d'entre eux se réduisent à zéro. Il est d'ailleurs une remarque importante à faire. C'est que, pour obtenir au signe près le second membre de la formule (81), il suffit de prendre

$$(82)\qquad f(x,y,z,\ldots) = \frac{rr'r''\ldots}{xyz\ldots}\,R.$$

puis d'effectuer les différentiations indiquées dans l'expression

$$\frac{\partial^{h+k+l+\dots} \mathfrak{f}(x, y, z, \dots)}{\partial x^h \, \partial y^k \, \partial z^l \dots},$$

et relatives aux variables x, y, z, ..., comme si R désignait une constante ou une quantité indépendante de ces variables, sauf à poser après les différentiations effectuées

$$(83) \qquad R = \Lambda \mathfrak{f}(x + \overline{x}, y + \overline{y}, z + \overline{z}, \dots),$$

et hors de la fonction R,

$$(84) \qquad x = r, \qquad y = r', \qquad z = r'', \qquad \dots.$$

Considérons maintenant un système d'équations différentielles de la forme

$$(85) \qquad dx = \mathfrak{X}\, dt, \qquad dy = \mathfrak{Y}\, dt, \qquad dz = \mathfrak{Z}\, dt, \qquad \dots.$$

Si,

$$(86) \qquad u = f(x, y, z, \dots)$$

étant une fonction des seules variables x, y, z, ..., on peut en dire autant des fonctions

$$\mathfrak{X}, \quad \mathfrak{Y}, \quad \mathfrak{Z}, \quad \dots,$$

en sorte qu'on ait

$$(87) \quad \mathfrak{X} = \Phi(x, y, z, \dots), \quad \mathfrak{Y} = \mathrm{X}(x, y, z, \dots), \quad \mathfrak{Z} = \Psi(x, y, z, \dots)\dots;$$

une intégrale générale des équations (85) sera fournie par la formule (39) du paragraphe II, c'est-à-dire par l'équation

$$(88) \quad f(\xi, \eta, \zeta, \dots) = f(x, y, z, \dots) + (\tau - t)\, \square f(x, y, z, \dots) + \frac{(\tau - t)^2}{1.2} \square^2 f(x, y, z, \dots) + \dots,$$

dans laquelle on aura

$$(89) \quad \square f(x, y, z, \dots) = \Phi(x, y, z, \dots) \frac{\partial f(x, y, z, \dots)}{\partial x} + \mathrm{X}(x, y, z, \dots) \frac{\partial f(x, y, z, \dots)}{\partial y} + \Psi(x, y, z, \dots) \frac{\partial f(x, y, z, \dots)}{\partial z} + \dots.$$

Cela posé, il est clair que, dans le polynome représenté par $\square^n f(x, y, z, \ldots)$, un terme quelconque sera le produit de plusieurs facteurs égaux ou inégaux dont chacun coïncidera soit avec l'une des fonctions

$$(90) \qquad f(x, y, z, \ldots), \quad \Phi(x, y, z, \ldots), \quad X(x, y, z, \ldots), \quad \Psi(x, y, z, \ldots), \quad \ldots,$$

soit avec l'une de leurs dérivées des divers ordres prises par rapport à une ou à plusieurs des variables $x, y, z, \ldots$; et, pour obtenir une limite supérieure au module de $\square^n f(x, y, z, \ldots)$, il suffira évidemment de remplacer chacun des facteurs en question par une limite supérieure à son module. On y parviendra, à l'aide de la formule (81), et en substituant successivement dans cette formule, au lieu de $f(x, y, z, \ldots)$, chacune des fonctions (89). En opérant ainsi, l'on obtiendra, pour limite supérieure au module du polynome représenté par

$$\square^n f(x, y, z, \ldots),$$

un second polynome que nous désignerons par

$$K,$$

et qui, en vertu de la remarque précédemment faite, se déduira facilement du premier. En effet, pour avoir, au signe près, la valeur K, il suffira de chercher ce que devient

$$\square^n f(x, y, z, \ldots)$$

quand on y pose, avant les différentiations relatives à $x, y, z, \ldots$,

$$(91) \qquad f(x, y, z, \ldots) = \frac{rr'r''\ldots}{xyz\ldots}\,\mathcal{R},$$

$$(92) \qquad \left\{ \begin{array}{l} \Phi(x, y, z, \ldots) = \dfrac{rr'r''\ldots}{xyz\ldots}\,\mathcal{A}, \\ X(x, y, z, \ldots) = \dfrac{rr'r''\ldots}{xyz\ldots}\,\mathcal{B}, \\ \Psi(x, y, z, \ldots) = \dfrac{rr'r''\ldots}{xyz\ldots}\,\mathcal{C}, \\ \ldots\ldots\ldots\ldots\ldots\ldots\ldots\ldots, \end{array} \right.$$

puis, après les différentiations,

$$x = r, \qquad y = r', \qquad z = r'', \qquad \ldots$$

et

(93) $$\mathfrak{K} = \Lambda f(x + \overline{x}, y + \overline{y}, z + \overline{z}, \ldots),$$

(94) $$\left\{\begin{array}{l} \mathfrak{A} = \Lambda\Phi(x + \overline{x}, y + \overline{y}, z + \overline{z}, \ldots), \\ \mathfrak{B} = \Lambda X(x + \overline{x}, y + \overline{y}, z + \overline{z}, \ldots), \\ \mathfrak{C} = \Lambda\Psi(x + \overline{x}, y + \overline{y}, z + \overline{z}, \ldots), \\ \ldots\ldots\ldots\ldots\ldots\ldots\ldots\ldots \end{array}\right.$$

D'autre part, comme, en ayant égard aux formules (91) et (92), on trouvera le polynome $\square^n f(x, y, z, \ldots)$ composé de termes tous positifs ou tous négatifs, suivant que n sera pair ou impair, il est clair qu'il suffira de multiplier par $(-1)^n$ la valeur trouvée de $\square^n f(x, y, z, \ldots)$, pour en déduire celle de K. Si, pour abréger, on pose

(95) $$s = \frac{rr'r''\ldots}{xyz\ldots},$$

on tirera de la formule (89), jointe aux équations (92),

(96) $$\square f(x, y, z, \ldots) \\ = s\left[\mathfrak{A}\frac{\partial f(x, y, z, \ldots)}{\partial x} + \mathfrak{B}\frac{\partial f(x, y, z, \ldots)}{\partial y} + \mathfrak{C}\frac{\partial f(x, y, z, \ldots)}{\partial z} + \ldots\right].$$

Alors aussi la formule (91) donnera

$$f(x, y, z, \ldots) = \mathfrak{K}s,$$

et l'on en conclura

$$\square^n f(x, y, z, \ldots) = \mathfrak{K}\,\square^n s = \Lambda f(x + \overline{x}, y + \overline{y}, z + \overline{z}, \ldots)\,\square^n s.$$

Par suite on aura

(97) $$K = s_n \Lambda f(x + \overline{x}, y + \overline{y}, z + \overline{z}, \ldots),$$

pourvu que l'on désigne par s_n ce que devient l'expression

(98) $$(-1)^n \square^n s$$

quand on a égard aux formules (96), (84), (93) et (94). Il reste à déterminer s_n. Or, si l'on représente par u, v, w,... des fonctions quelconques de x, y, z, ..., on tirera non seulement de la formule (96), mais encore de la formule (89), ou même des formules (36), (70), (85) du paragraphe II,

$$(99)\qquad \square(u+v+w+\ldots)=\square u+\square v+\square w+\ldots,$$

$$(100)\qquad \square(uv)=u\square v+v\square u,$$

et de la formule (96) en particulier

$$(101)\qquad \square s^n=-ns^{n+1}\left(\frac{\mathcal{A}}{x}+\frac{\mathcal{B}}{y}+\frac{\mathcal{C}}{z}+\ldots\right),$$

$$(102)\qquad \square\left(\frac{\mathcal{A}^n}{x^n}+\frac{\mathcal{B}^n}{y^n}+\frac{\mathcal{C}^n}{z^n}+\ldots\right)=-ns\left(\frac{\mathcal{A}^{n+1}}{x^{n+1}}+\frac{\mathcal{B}^{n+1}}{y^{n+1}}+\frac{\mathcal{C}^{n+1}}{z^{n+1}}+\ldots\right).$$

On trouvera en conséquence

$$(103)\qquad \left\{\begin{aligned}
-\square s &= s^2\left(\frac{\mathcal{A}}{x}+\frac{\mathcal{B}}{y}+\frac{\mathcal{C}}{z}+\ldots\right),\\
\square^2 s &= 2s^3\left(\frac{\mathcal{A}}{x}+\frac{\mathcal{B}}{y}+\frac{\mathcal{C}}{z}+\ldots\right)^2+s^3\left(\frac{\mathcal{A}^2}{x^2}+\frac{\mathcal{B}^2}{y^2}+\frac{\mathcal{C}^2}{z^2}+\ldots\right),\\
-\square^3 s &= 6s^4\left(\frac{\mathcal{A}}{x}+\frac{\mathcal{B}}{y}+\frac{\mathcal{C}}{z}+\ldots\right)^3+7s^4\left(\frac{\mathcal{A}}{x}+\frac{\mathcal{B}}{y}+\frac{\mathcal{C}}{z}+\ldots\right)\\
&\quad\times\left(\frac{\mathcal{A}^2}{x^2}+\frac{\mathcal{B}^2}{y^2}+\frac{\mathcal{C}^2}{z^2}+\ldots\right)+2s^4\left(\frac{\mathcal{A}^3}{x^3}+\frac{\mathcal{B}^3}{y^3}+\frac{\mathcal{C}^3}{z^3}+\ldots\right),\\
&\ldots\ldots\ldots\ldots\ldots\ldots\ldots\ldots;
\end{aligned}\right.$$

puis on en conclura, en posant, hors des fonctions $\mathcal{A}$, $\mathcal{B}$, $\mathcal{C}$, ...,

$$x=r,\qquad y=r',\qquad z=r'',\qquad \ldots,$$

et par suite $s=1$,

$$(104)\qquad \left\{\begin{aligned}
S_1 &= \frac{\mathcal{A}}{r}+\frac{\mathcal{B}}{r'}+\frac{\mathcal{C}}{r''}+\ldots.\\
S_2 &= 2\left(\frac{\mathcal{A}}{r}+\frac{\mathcal{B}}{r'}+\frac{\mathcal{C}}{r''}+\ldots\right)^2+\left(\frac{\mathcal{A}^2}{r^2}+\frac{\mathcal{B}^2}{r'^2}+\frac{\mathcal{C}^2}{r''^2}+\ldots\right),\\
S_3 &= 6\left(\frac{\mathcal{A}}{r}+\frac{\mathcal{B}}{r'}+\frac{\mathcal{C}}{r''}+\ldots\right)^3+7\left(\frac{\mathcal{A}}{r}+\frac{\mathcal{B}}{r'}+\frac{\mathcal{C}}{r''}+\ldots\right)\\
&\quad\times\left(\frac{\mathcal{A}^2}{r^2}+\frac{\mathcal{B}^2}{r'^2}+\frac{\mathcal{C}^2}{r''^2}+\ldots\right)+2\left(\frac{\mathcal{A}^3}{r^3}+\frac{\mathcal{B}^3}{r'^3}+\frac{\mathcal{C}^3}{r''^3}+\ldots\right),\\
&\ldots\ldots\ldots\ldots\ldots\ldots\ldots\ldots,
\end{aligned}\right.$$

les valeurs de $\mathcal{A}, \mathcal{B}, \mathcal{C}, \ldots$ étant déterminées par la formule (94). D'autre part, comme on aura évidemment

$$\frac{\mathcal{A}^n}{r^n} + \frac{\mathcal{B}^n}{r'^n} + \frac{\mathcal{C}^n}{r''^n} + \ldots < \left(\frac{\mathcal{A}}{r} + \frac{\mathcal{B}}{r'} + \frac{\mathcal{C}}{r''} + \ldots\right)^n, \tag{105}$$

les formules (104) donneront

$$\left\{\begin{aligned} s_1 &= \frac{\mathcal{A}}{r} + \frac{\mathcal{B}}{r'} + \frac{\mathcal{C}}{r''} + \ldots, \\ s_2 &< 3\left(\frac{\mathcal{A}}{r} + \frac{\mathcal{B}}{r'} + \frac{\mathcal{C}}{r''} + \ldots\right)^2, \\ s_3 &< 15\left(\frac{\mathcal{A}}{r} + \frac{\mathcal{B}}{r'} + \frac{\mathcal{C}}{r''} + \ldots\right)^3, \\ & \ldots\ldots\ldots\ldots\ldots\ldots \end{aligned}\right. \tag{106}$$

et généralement

$$s_n < \mathrm{N}\left(\frac{\mathcal{A}}{r} + \frac{\mathcal{B}}{r'} + \frac{\mathcal{C}}{r''} + \ldots\right)^n, \tag{107}$$

N désignant le $n^{\text{ième}}$ terme de la suite

$$1, \quad 2+1=3, \quad 6+7+2=15, \quad \ldots,$$

c'est-à-dire la somme des coefficients numériques compris dans le second membre de la $n^{\text{ième}}$ des équations (103). Or, ces coefficients conservant les mêmes valeurs, quel que soit le nombre des variables

$$x, \quad y, \quad z, \quad \ldots,$$

il suffira, pour obtenir le nombre N, de considérer le cas où les formules (95), (96) se réduisent à

$$s = \frac{r}{x}, \qquad \square f(x) = \mathcal{A}\frac{\partial f(x)}{\partial x}. \tag{108}$$

Alors la $n^{\text{ième}}$ des équations (103) donnera

$$(-1)^n \square^n s = \mathrm{N} s^{n+1}\left(\frac{\mathcal{A}}{x}\right)^n, \tag{109}$$

et, comme on tirera directement des formules (108)

$$(-1)^n \square^n s = 1.3.5\ldots(2n-1)s^{n+1}\left(\frac{\mathcal{A}}{x}\right)^n, \tag{110}$$

on conclura des formules (109), (110) comparées entre elles

$$(111) \qquad N = 1.3.5\ldots(2n-1).$$

Cela posé, la formule (107) deviendra

$$(112) \qquad S_n < 1.3.5\ldots(2n-1)\left(\frac{\mathcal{A}}{r} + \frac{\mathcal{B}}{r'} + \frac{\mathcal{C}}{r''} + \ldots\right)^n,$$

et l'on tirera de la formule (97)

$$(113) \qquad \begin{aligned} K < 1.3.5\ldots(2n-1)\left(\frac{\mathcal{A}}{r} + \frac{\mathcal{B}}{r'} + \frac{\mathcal{C}}{r''} + \ldots\right)^n \\ \times \Lambda f(x+\overline{x}, y+\overline{y}, z+\overline{z}, \ldots), \end{aligned}$$

les valeurs de $\mathcal{A}, \mathcal{B}, \mathcal{C}, \ldots$ étant toujours celles que déterminent les formules (94). Ainsi K, qui représente une limite supérieure au module de $\square^n f(x, y, z, \ldots)$, ne pourra surpasser le second membre de la formule (113), qui représentera encore une semblable limite. Il en résulte que le terme général de la série qui constitue le second membre de l'équation (88), savoir

$$(114) \qquad \frac{(\tau-t)^n}{1.2\ldots n}\,\square^n f(x, y, z, \ldots),$$

offrira une valeur numérique inférieure à celle du produit

$$(115) \qquad \begin{aligned} \frac{1.3.5\ldots(2n-1)}{1.2.3\ldots n}\left[(\tau-t)\left(\frac{\mathcal{A}}{r} + \frac{\mathcal{B}}{r'} + \frac{\mathcal{C}}{r''} + \ldots\right)\right]^n \\ \times \Lambda f(x+\overline{x}, y+\overline{y}, z+\overline{z}, \ldots), \end{aligned}$$

par conséquent à celle du produit

$$(116) \qquad \left[2(\tau-t)\left(\frac{\mathcal{A}}{r} + \frac{\mathcal{B}}{r'} + \frac{\mathcal{C}}{r''} + \ldots\right)\right]^n \Lambda f(x+\overline{x}, y+\overline{y}, z+\overline{z}, \ldots).$$

Donc les différents termes de la série en question offriront des valeurs numériques inférieures à celles des termes correspondants de la progression géométrique qui aurait pour terme général le produit (116). Or cette progression sera convergente, si l'on a

$$(117) \qquad \operatorname{mod}\left[2(\tau - t)\left(\frac{\mathcal{A}}{r} + \frac{\mathcal{B}}{r'} + \frac{\mathcal{C}}{r''} + \ldots\right)\right] < 1,$$

ou, ce qui revient au même, eu égard aux formules (94),

$$(118) \quad \operatorname{mod}(\tau - t) < \frac{\left(\frac{1}{2}\right)}{\Lambda\frac{\Phi(x+\overline{x}, y+\overline{y}, \ldots)}{\overline{x}} + \Lambda\frac{X(x+\overline{x}, y+\overline{y}, \ldots)}{\overline{y}} + \Lambda\frac{\Psi(x+\overline{x}, y+\overline{y}, \ldots)}{\overline{z}} + \ldots};$$

et alors, si l'on remplace la somme de la série par la somme de ses n premiers termes, le reste de la série, ou l'erreur commise, sera inférieur, abstraction faite du signe, au reste de la progression géométrique, c'est-à-dire à

$$(119) \qquad \frac{\left\{\operatorname{mod}\left[2(\tau - t)\left(\frac{\mathcal{A}}{r} + \frac{\mathcal{B}}{r'} + \frac{\mathcal{C}}{r''} + \ldots\right)\right]\right\}^n}{1 - \operatorname{mod}\left[2(\tau - t)\left(\frac{\mathcal{A}}{r} + \frac{\mathcal{B}}{r'} + \frac{\mathcal{C}}{r''} + \ldots\right)\right]} \Lambda f(x+\overline{x}, y+\overline{y}, z+\overline{z}, \ldots).$$

Si l'on suppose en particulier

$$f(x, y, z, \ldots) = x,$$

la formule (88), réduite à

$$(120) \qquad \xi = x + (\tau - t)\,\square x + \frac{(\tau - t)^2}{1.2}\,\square^2 x + \frac{(\tau - t)^3}{1.2.3}\,\square^3 x + \ldots,$$

deviendra semblable à la formule (30), et le reste de la série comprise dans le second membre offrira un module inférieur à

$$(121) \qquad \frac{\left\{\operatorname{mod}\left[2(\tau - t)\left(\frac{\mathcal{A}}{r} + \frac{\mathcal{B}}{r'} + \frac{\mathcal{C}}{r''} + \ldots\right)\right]\right\}^n}{1 - \operatorname{mod}\left[2(\tau - t)\left(\frac{\mathcal{A}}{r} + \frac{\mathcal{B}}{r'} + \frac{\mathcal{C}}{r''} + \ldots\right)\right]} \Lambda(x + \overline{x}).$$

On peut donc énoncer la proposition suivante :

Troisième théorème. — *Supposons que, la variable t et des fonctions*

$$x, \quad y, \quad z, \quad \ldots$$

de cette variable étant liées entre elles par les équations différentielles

$$(122)\quad \begin{cases} dx = \Phi(x, y, z, \ldots)\,dt, \\ dy = \mathrm{X}(x, y, z, \ldots)\,dt, \\ dz = \Psi(x, y, z, \ldots)\,dt, \\ \ldots\ldots\ldots\ldots\ldots\ldots\ldots \end{cases}$$

l'on nomme

$$\xi,\quad \eta,\quad \zeta,\quad \ldots$$

de nouvelles valeurs de

$$x,\quad y,\quad z,\quad \ldots$$

correspondant à une nouvelle valeur τ *de la variable indépendante* t:

$$\xi,\quad \eta,\quad \zeta,\quad \ldots$$

seront développables par la formule (120) *et autres semblables en séries convergentes ordonnées suivant les puissances ascendantes de la différence* $\tau - t$, *si la formule* (118) *est vérifiée, c'est-à-dire si la valeur numérique de la différence* $\tau - t$ *est inférieure à celle que détermine l'équation*

$$(123)\quad \tau - t = \frac{1}{2}\,\frac{1}{\Lambda\dfrac{\Phi(x+\overline{x}, y+\overline{y}, \ldots)}{\overline{x}} + \Lambda\dfrac{\mathrm{X}(x+\overline{x}, y+\overline{y}, \ldots)}{\overline{y}} + \Lambda\dfrac{\Psi(x+\overline{x}, y+\overline{y}, \ldots)}{\overline{z}} + \ldots},$$

les modules r, r', r'', ... *des expressions imaginaires*

$$\overline{x} = r\,e^{p\sqrt{-1}},\qquad \overline{y} = r\,e^{p'\sqrt{-1}},\qquad \overline{z} = r\,e^{p''\sqrt{-1}},\qquad \ldots$$

étant choisis de manière que les fonctions

$$(124)\quad \begin{cases} \Phi(x+\overline{x}, y+\overline{y}, z+\overline{z}, \ldots), \\ \mathrm{X}(x+\overline{x}, y+\overline{y}, z+\overline{z}, \ldots), \\ \Psi(x+\overline{x}, y+\overline{y}, z+\overline{z}, \ldots), \\ \ldots\ldots\ldots\ldots\ldots\ldots\ldots \end{cases}$$

demeurent finies et continues, quels que soient les angles p, p', p'', ... *pour les valeurs attribuées à ces modules et pour des valeurs plus petites. Alors le reste de chaque série, réduite à ses* n *premiers termes, sera inférieur, abstraction faite du signe, au produit* (121), *ou à celui qu'on en déduirait en remplaçant*

$$\Lambda(x + \overline{x})$$

par l'une des quantités

$$\Lambda(y+\overline{y}),\quad \Lambda(z+\overline{z}),\quad \ldots.$$

Alors aussi une fonction quelconque de ξ, η, ζ, ..., *désignée par*

$$f(\xi, \eta, \zeta, \ldots),$$

sera elle-même développable en une série convergente ordonnée suivant les puissances ascendantes de $\tau - t$, *et le reste de cette série sera inférieur, abstraction faite du signe, au produit* (119), *si pour les valeurs attribuées aux modules* r, r', r'', ..., *ou pour des valeurs plus petites, la fonction*

$$f(x+\overline{x}, y+\overline{y}, z+\overline{z}, \ldots)$$

demeure finie et continue, aussi bien que les fonctions (124), *quels que soient d'ailleurs les angles* p, p', p'', ...

Si, dans les formules (85), les fonctions

$$\mathfrak{X},\quad \mathfrak{Y},\quad \mathfrak{Z},\quad \ldots$$

renfermaient explicitement la variable t, des raisonnements pareils à ceux par lesquels nous avons établi le deuxième théorème fourniraient, au lieu du troisième théorème, celui que nous allons énoncer :

Quatrième théorème. — *Supposons que, la variable* t *et des fonctions* x, y, z, ... *de cette variable étant liées entre elles par les équations différielles*

$$(125)\qquad \left\{\begin{array}{l} dx = \Phi(x, y, z, \ldots, t)\,dt, \\ dy = \mathrm{X}(x, y, z, \ldots, t)\,dt, \\ dz = \Psi(x, y, z, \ldots, t)\,dt, \\ \ldots\ldots\ldots\ldots\ldots\ldots\ldots \end{array}\right.$$

l'on nomme

$$\xi,\quad \eta,\quad \zeta,\quad \ldots$$

de nouvelles valeurs de

$$x,\quad y,\quad z,\quad \ldots$$

correspondant à une nouvelle valeur τ *de la variable* t. *Concevons d'ailleurs que*

$$u = f(x, y, z, \ldots)$$

étant une fonction quelconque de x, y, z, on pose, pour abréger,

$$(126)\quad \left\{\begin{aligned} \square u = {} & \Phi(x, y, z, \ldots, t)\frac{\partial u}{\partial x} \\ & + \mathrm{X}(x, y, z, \ldots, t)\frac{\partial u}{\partial y} + \Psi(x, y, z, \ldots, t)\frac{\partial u}{\partial z} + \ldots, \end{aligned}\right.$$

et que l'on désigne par

$$\square' u, \quad \square'' u, \quad \square''' u, \quad \ldots$$

ce que devient $\square u$ quand à la variable t on substitue d'autres variables

$$t', \quad t'', \quad t''', \quad \ldots.$$

Soient encore

$$\theta, \quad \theta', \quad \theta'', \quad \ldots$$

des nombres inférieurs à l'unité, et supposons les modules

$$r, \quad r', \quad r'', \quad \ldots$$

des expressions imaginaires

$$\overline{x} = r\, e^{p\sqrt{-1}}, \qquad \overline{y} = r'\, e^{p'\sqrt{-1}}, \qquad \overline{z} = r''\, e^{p''\sqrt{-1}}, \qquad \ldots$$

choisis de manière que chacune des fonctions

$$(127)\quad \left\{\begin{aligned} & \Phi[x + \overline{x}, y + \overline{y}, z + \overline{z}, \ldots, t + \theta\,(\tau - t)], \\ & \mathrm{X}[x + \overline{x}, y + \overline{y}, z + \overline{z}, \ldots, t + \theta'(\tau - t)], \\ & \Psi[x + \overline{x}, y + \overline{y}, z + \overline{z}, \ldots, t + \theta''(\tau - t)], \\ & \ldots\ldots\ldots\ldots\ldots\ldots\ldots\ldots\ldots \end{aligned}\right.$$

demeure finie et continue, quels que soient les angles p, p', p'', ..., pour les valeurs attribuées à ces modules et pour des valeurs plus petites. Enfin posons

$$(128)\quad \left\{\begin{aligned} & \mathcal{A} = \Lambda\, \Phi[x + \overline{x}, y + \overline{y}, z + \overline{z}, \ldots, t + \Theta\,(\tau - t)], \\ & \mathcal{B} = \Lambda\, \mathrm{X}[x + \overline{x}, y + \overline{y}, z + \overline{z}, \ldots, t + \Theta'(\tau - t)], \\ & \mathcal{C} = \Lambda\, \Psi[x + \overline{x}, y + \overline{y}, z + \overline{z}, \ldots, t + \Theta''(\tau - t)], \\ & \ldots\ldots\ldots\ldots\ldots\ldots\ldots\ldots\ldots, \end{aligned}\right.$$

Λ *indiquant, suivant la notation du calcul des limites, le plus grand module que puisse acquérir chaque fonction, quand on fait varier les angles* $p, p', p'', \ldots,$ *sans changer* $r, r', r'', \ldots,$ *et*

$$\Theta, \quad \Theta', \quad \Theta'', \quad \ldots$$

représentant les valeurs qu'il faut attribuer à

$$\theta, \quad \theta', \quad \theta'', \quad \ldots$$

pour que chaque module devienne le plus grand possible.

$$\xi, \quad \eta, \quad \zeta, \quad \ldots$$

seront développables en séries convergentes par la formule

$$(129)\quad \begin{cases} \xi = x - \int_\tau^t \Box' x\, dt' + \int_\tau^t \int_\tau^{t'} \Box' \Box'' x\, dt'\, dt'' \\ \qquad - \int_\tau^t \int_\tau^{t'} \int_\tau^{t''} \Box' \Box'' \Box''' x\, dt'\, dt''\, dt''' + \ldots, \end{cases}$$

et d'autres semblables, si la valeur numérique de $\tau - t$ *est inférieure à celle que détermine l'équation*

$$(130)\qquad (\tau - t)\left(\frac{\mathcal{A}}{r} + \frac{\mathcal{B}}{r'} + \frac{\mathcal{C}}{r''} + \ldots\right) = \frac{1}{2}.$$

Alors le reste de chaque série réduite à ses n *premiers termes sera inférieur, abstraction faite du signe, au produit* (121), *ou à celui qu'on en déduirait en remplaçant*

$$\Lambda(x + \overline{x})$$

par l'une des quantités

$$\Lambda(y + \overline{y}), \qquad \Lambda(z + \overline{z}), \qquad \ldots,$$

les valeurs de $\mathcal{A}, \mathcal{B}, \mathcal{C}, \ldots$ *étant toujours déterminées par les équations* (128). *Alors aussi la fonction*

$$f(\xi, \eta, \zeta, \ldots)$$

sera elle-même développable en série convergente par la formule

$$(131)\quad \begin{cases} f(\xi, \eta, \zeta, \ldots) = f(x, y, z, \ldots) - \int_\tau^t \Box' f(x, y, z, \ldots)\, dt' \\ \qquad + \int_\tau^t \int_\tau^{t'} \Box' \Box'' f(x, y, z, \ldots)\, dt'\, dt'' - \ldots \end{cases}$$

et le reste de cette dernière sera inférieur, abstraction faite du signe, au produit (119), *si pour les valeurs attribuées aux modules* r, r', r'', ..., *ou pour des valeurs plus petites, la fonction*

$$f(x + \bar{x}, y + \bar{y}, z + \bar{z}, \ldots)$$

demeure finie et continue aussi bien que les fonctions (127), *quels que soient d'ailleurs les angles* p, p', p'', ...

Dans l'application des troisième et quatrième théorèmes, il est avantageux de choisir les modules r, r', r'', ... de telle sorte que la limite assignée au module de $\tau - t$, et déterminée par la formule (123) ou (130), soit la plus grande possible.

Les principes à l'aide desquels nous avons établi le troisième théorème fournissent encore le moyen de fixer des limites supérieures aux valeurs numériques que peuvent acquérir les quantités représentées par $\tau - t$ et par $\rho - r$ dans les formules (71) et (86) du paragraphe II, sans que les séries comprises dans ces formules cessent d'être convergentes, ainsi que des limites supérieures aux restes de ces mêmes séries, On obtiendrait alors de nouveaux théorèmes entièrement semblables au troisième théorème. Ajoutons que ces nouveaux théorèmes, comme ceux que nous avons ici énoncés, peuvent être facilement étendus au cas où les variables et les fonctions comprises dans les équations différentielles données deviendraient imaginaires.

En résumé, les formules qui précèdent transforment en une théorie complètement rigoureuse l'intégration par séries d'un système quelconque d'équations différentielles.

Dans de nouveaux Mémoires je montrerai comment on peut déduire du calcul des limites diverses méthodes analogues à celle que je viens d'exposer, et comme elle propres à fournir des règles sur la convergence des séries qui représentent les intégrales des équations différentielles, ainsi que des limites supérieures aux restes de ces mêmes séries; j'établirai d'ailleurs de nouveaux théorèmes relatifs à la détermination des quantités que je désigne à l'aide de la caractéristique Λ. Enfin j'appliquerai la méthode ci-dessus exposée, et le quatrième théorème en particulier, à l'intégration des équations différentielles qui expriment les mouvements simultanés des astres dont se compose notre système planétaire.

Post-scriptum. — Dans les *Comptes rendus des séances de l'Académie des Sciences*, j'ai donné quelques nouveaux développements aux principes que renferme le précédent Mémoire, lithographié à Prague en l'année 1835. J'ai désigné, sous le nom d'*équation caractéristique*, l'équation aux dérivées partielles qui peut remplacer un système d'équations différentielles, et sous le nom d'*intégrales principales*, les intégrales générales de ce système, représentées par des intégrales particulières de l'équation caractéristique. Ainsi, par exemple, suivant ces définitions, la formule (18), dans le second paragraphe, sera l'équation caractéristique correspondant au système des équations (2), et chacune des formules (8) du même paragraphe sera une des intégrales principales de ce système, toutes comprises sous la forme que présente l'équation (13). En d'autres termes, une intégrale principale d'un système d'équations différentielles, réduites à des équations du premier ordre, sera une intégrale générale qui donnera la valeur d'une seule constante arbitraire exprimée en fonction des diverses variables.

On peut voir, dans le troisième Chapitre du second Livre de la *Mécanique céleste*, avec quelle facilité l'intégration d'une seule équation aux dérivées partielles fournit cinq intégrales générales du mouvement elliptique. On a ainsi, dans l'Astronomie, un premier exemple des avantages que présente la considération de l'équation linéaire que j'appelle *caractéristique*. La lecture du précédent Mémoire suffira, je l'espère, pour montrer tout le fruit que l'on peut retirer de cette considération. Si d'ailleurs on songe à la rigueur et à la simplicité des méthodes appliquées ci-dessus à l'intégration par séries des équations linéaires, on se trouvera naturellement amené à cette conclusion, que, dans l'exposition des principes du calcul intégral, l'intégration d'une équation différentielle, ou d'une équation aux dérivées partielles, qui renferme une seule fonction inconnue d'une ou de plusieurs variables, doit précéder l'intégration des équations simultanées qui renferment plusieurs fonctions inconnues, même d'une seule variable, et qu'en outre l'intégration des équations linéaires doit toujours précéder celle des équations non linéaires.

MÉMOIRE

SUR

L'ÉLIMINATION D'UNE VARIABLE

ENTRE DEUX ÉQUATIONS ALGÉBRIQUES.

Considérations générales.

Euler et Bezout ont reconnu que, dans l'élimination d'une variable entre deux équations algébriques, la multiplication peut être substituée à la division. Il y a plus : ces auteurs ont exposé trois méthodes remarquables d'élimination, toutes trois indépendantes de la division algébrique.

Une première méthode d'élimination, qui se trouve exposée par Euler dans les *Mémoires de l'Académie de Berlin* dès l'année 1748, et qui, au jugement d'Euler, pourrait être attribuée à Newton lui-même, consiste à remplacer deux équations algébriques d'un même degré n par deux équations algébriques du degré immédiatement inférieur $n - 1$. Si, avec un auteur anglais M. Sylvester, on nomme équations dérivées toutes celles qui se déduisent du système des deux équations données, les deux nouvelles équations seront deux dérivées du degré $n - 1$; savoir, celles qu'on obtient lorsque l'on combine entre elles, par voie de soustraction, les deux équations algébriques données, après avoir multiplié chacune d'elles par le premier et par le dernier des coefficients que renferme l'autre.

Cette première méthode est d'ailleurs applicable au cas même où les degrés des équations algébriques données sont inégaux, attendu qu'une équation d'un degré inférieur à n peut être considérée comme une équation du degré n, dans laquelle les coefficients de quelques termes se réduisent à zéro.

Suivant une seconde méthode, donnée à Paris par Bezout et à Berlin par Euler dans les *Mémoires de l'Académie* de 1764, pour éliminer une inconnue x entre deux équations algébriques données dont les degrés sont n et m, il suffit de combiner ces équations entre elles par voie d'addition, après les avoir respectivement multipliées par deux polynomes dont le premier soit du degré $m-1$, le second du degré $n-1$; puis de choisir les coefficients de ces polynomes de manière à faire disparaître dans l'équation résultante toutes les puissances de x. L'élimination de x entre les deux équations algébriques données se réduit donc à l'élimination des coefficients dont nous venons de parler, entre les équations linéaires auxquelles ces mêmes coefficients doivent satisfaire, c'est-à-dire, en d'autres termes, au calcul d'une *fonction alternée*, formée avec les coefficients des deux équations algébriques, et l'on est ainsi conduit immédiatement à la règle d'élimination énoncée par M. Sylvester, dans le n° 101 du *Philosophical Magazine* (février 1840). La fonction alternée dont il s'agit est d'ailleurs, comme l'a remarqué M. Richelot, et comme on devait s'y attendre, celle qui se déduit directement de l'élimination des diverses puissances de x entre les équations algébriques données et ces mêmes équations respectivement multipliées par celles de ces puissances dont les degrés sont inférieurs aux nombres m ou n.

En examinant de près les deux méthodes d'élimination que nous venons de rappeler, et les comparant l'une à l'autre, on reconnaît aisément que la première méthode introduit dans le premier membre de l'équation finale des facteurs qui sont naturellement étrangers à cette même équation. Il n'en est pas de même de la seconde méthode. Mais la fonction alternée, dont celle-ci exige la formation, résultera d'une élimination effectuée entre $m+n$ équations linéaires, m, n étant les degrés des équations algébriques données; et par conséquent de l'*ordre* $m+n$, si l'on mesure l'ordre d'une fonction alternée par le nombre des facteurs contenus dans chacun des termes dont elle se compose. D'ailleurs, pour une fonction alternée de l'ordre n, le nombre des termes serait égal au produit

$$1.2.3\ldots n.$$

Donc, pour une fonction alternée de l'ordre $n+m$, le nombre des termes sera représenté généralement par le produit

$$1.2.3\ldots(m+n).$$

Or ce produit devient très grand pour des valeurs même peu considérables de m et de n. Si, pour fixer les idées, on suppose

$$m=4, \qquad n=4,$$

c'est-à-dire si les équations algébriques données sont l'une et l'autre du quatrième degré, le premier membre de l'équation finale sera une fonction alternée du huitième ordre, et qui, en raison de cet ordre, devrait renfermer

$$1.2.3.4.5.6.7.8=40320$$

termes. Il est vrai que sur ces 40320 termes beaucoup s'évanouissent. Mais la recherche des valeurs et surtout des signes des termes qui ne s'évanouissent pas demandera trop d'attention, et le nombre même de ces termes sera encore trop considérable pour que l'on n'arrive pas sans beaucoup de peine à former la fonction alternée du huitième ordre, qu'il s'agissait d'obtenir.

Comme le nombre des termes d'une fonction alternée décroît très rapidement avec l'ordre de cette fonction, il est clair que, si le premier membre de l'équation finale peut être représenté par deux fonctions alternées d'ordres différents, formées avec deux systèmes de quantités déterminées, celle de ces deux fonctions qui sera d'un ordre moindre sera aussi généralement la plus facile à calculer. Or, comme Bezout l'a fait voir dans son Mémoire de 1764, le problème de l'élimination d'une inconnue x entre deux équations algébriques données peut être réduit à la formation d'une fonction alternée dont l'ordre ne surpasse pas le degré de chacune de ces équations, et cette réduction peut être effectuée sans qu'aucun facteur étranger se trouve introduit. C'est même par un procédé très simple que Bezout réduit généralement l'élimination de x entre deux équations algébriques du degré n, à la formation d'une seule fonction alternée de l'ordre n. Si, pour faciliter les calculs, on dispose en carré les diverses quantités dont cette fonction alternée se compose, les quantités situées sur une diagonale seront les seules qui ne se trouveront pas répétées, et les autres seront deux à deux égales entre elles, deux quantités égales étant toujours placées symétriquement de part et d'autre de la diagonale dont il s'agit. En conséquence, l'équation finale, telle que Bezout l'obtient, a pour premier membre une fonction alternée de l'ordre n, formée avec des quantités dont le nombre se trouve représenté simplement par la somme

$$1 + 2 + 3 + \ldots + n = \frac{n(n+1)}{2}.$$

Par suite, aussi, le nombre des termes distincts, dont se compose cette fonction alternée, s'abaisse au-dessous du produit

$$1.2.3\ldots n,$$

plusieurs de ces termes étant égaux deux à deux, et deux termes égaux pouvant être toujours réunis l'un à l'autre, de manière à former un seul terme qui renferme l'un des facteurs numériques

$$2, \quad 4, \quad 8, \quad \ldots.$$

Si, pour fixer les idées, on suppose que les deux équations algébriques données soient du quatrième degré, le premier membre de l'équation finale, obtenue comme on vient de le dire, sera représenté non plus par une fonction alternée du huitième ordre, c'est-à-dire de l'ordre de celles qui renferment généralement 40320 termes, mais par une fonction alternée du quatrième ordre, et qui, en raison de cet ordre, devra renfermer seulement 24 termes. Ajoutons même que ces 24 termes se réduiront à 17, 14 étant deux à deux égaux entre eux.

Il est encore essentiel d'observer que la fonction alternée dont il s'agit est du genre de celles que l'on obtient quand on élimine diverses variables $x, y, z, \ldots$ entre les diverses dérivées d'une équation homogène du second degré, et par conséquent, du genre de celle qui expriment que l'un des demi-axes d'une ellipse ou d'un ellipsoïde devient infini, l'ellipse se transformant alors en une droite, ou l'ellipsoïde en un cylindre.

C'est d'abord aux deux méthodes d'élimination ci-dessus rappelées, puis ensuite à la méthode abrégée de Bezout, que se rapporteront les deux premiers paragraphes de ce Mémoire. Dans le dernier paragraphe, je déduirai, d'un théorème donné par Euler, une quatrième méthode qui offre de grands avantages, quand les degrés des équations données ne se réduisent pas à des nombres peu considérables.

I. — *Méthodes d'élimination, de Bezout et d'Euler.*

Soient

$$f(x) = 0, \qquad F(x) = 0 \tag{1}$$

deux équations algébriques, la première du degré n, la seconde du degré $m =$ ou $< n$. Suivant la méthode donnée à Paris par Bezout et à Berlin par Euler en l'année 1764, pour éliminer x entre les deux équations données, il suffira de les combiner entre elles par addition, après les avoir respectivement multipliées par deux polynomes

$$u, \quad v,$$

dont le premier soit du degré $m - 1$, le second du degré $n - 1$, puis de choisir les coefficients de ces polynomes de manière à faire disparaître, dans l'équation résultante, toutes les puissances de x. Supposons, pour fixer les idées, que les fonctions $f(x)$, $F(x)$ soient l'une du troisième degré, l'autre du second, en sorte qu'on ait

$$f(x) = ax^3 + bx^2 + cx + d, \qquad F(x) = Ax^2 + Bx + C.$$

Alors u, v devront être de la forme

$$u = Px + Q, \qquad v = px^2 + qx + r;$$

et, si l'on élimine x entre les deux équations

$$f(x) = 0, \qquad F(x) = 0,$$

l'équation résultante sera précisément celle qu'on obtiendra, lorsqu'on choisira les coefficients

$$p, \quad q, \quad r, \quad P, \quad Q$$

de manière à faire disparaître x de la formule

$$u\,f(x) + v\,F(x) = 0, \tag{2}$$

par conséquent de la formule

$$(Px + Q)f(x) + (px^2 + qx + r)F(x) = 0,$$

que l'on peut encore écrire comme il suit :

$$Px\,f(x) + Q\,f(x) + px^2\,F(x) + qx\,F(x) + r\,F(x) = 0. \tag{3}$$

Les valeurs de

$$p, \quad q, \quad r, \quad P, \quad Q$$

qui remplissent cette condition sont celles qui vérifient les équations linéaires

$$\left\{\begin{array}{l} aP + Ap = 0, \\ bP + aQ + Bp + Aq = 0, \\ cP + bQ + Cp + Bq + Ar = 0, \\ dP + cQ + Cq + Br = 0, \\ dQ + Cr = 0. \end{array}\right. \tag{4}$$

Donc pour obtenir la résultante cherchée, il suffira d'éliminer les coefficients

$$P, \quad Q, \quad p, \quad q, \quad r$$

entre les équations (4), ou, ce qui revient au même, d'égaler à zéro la fonction alternée formée avec les quantités que présente le Tableau

$$\left\{\begin{array}{lllll} a, & 0, & A, & 0, & 0, \\ b, & a, & B, & A, & 0, \\ c, & b, & C, & B, & A, \\ d, & c, & 0, & C, & B, \\ 0, & d, & 0, & 0, & C. \end{array}\right. \tag{5}$$

On arriverait encore aux mêmes conclusions en partant de la formule (3). En effet, choisir les coefficients P, Q, p, q, r, de manière à faire disparaître de cette formule les diverses puissances

$$x,\quad x^2,\quad x^3,\quad \ldots,\quad x^{m+n-1},$$

de la variable x, c'est éliminer ces puissances des cinq équations

$$(6)\qquad x\,\mathrm{f}(x)=0,\qquad \mathrm{f}(x)=0,\qquad x^2\,\mathrm{F}(x)=0,\qquad x\,\mathrm{F}(x)=0,\qquad \mathrm{F}(x)=0,$$

ou

$$(7)\qquad \left\{\begin{array}{r} ax^4+bx^3+cx^2+dx=0,\\ ax^3+bx^2+cx+d=0,\\ \mathrm{A}x^4+\mathrm{B}x^3+\mathrm{C}x^2=0,\\ \mathrm{A}x^3+\mathrm{B}x^3+\mathrm{C}x=0,\\ \mathrm{A}x^2+\mathrm{B}x+\mathrm{C}=0.\end{array}\right.$$

C'est donc égaler à zéro la fonction alternée formée avec les quantités que présente le Tableau

$$(8)\qquad \left\{\begin{array}{ccccc} a, & b, & c, & d, & 0,\\ 0, & a, & b, & c, & d,\\ \mathrm{A}, & \mathrm{B}, & \mathrm{C}, & 0, & 0,\\ 0, & \mathrm{A}, & \mathrm{B}, & \mathrm{C}, & 0,\\ 0, & 0, & \mathrm{A}, & \mathrm{B}, & \mathrm{C}.\end{array}\right.$$

Or cette fonction alternée ne différera pas de celle que nous avons déjà mentionnée, attendu que, pour passer du Tableau (5) au Tableau (8), il suffit de remplacer les lignes horizontales par les lignes verticales, et réciproquement. Ainsi la méthode d'élimination indiquée à la fois par Bezout et par Euler, en 1764, conduit précisément à la règle énoncée par M. Sylvester dans le n° 101 du *Philosophical Magazine* (février 1840). On pourrait même considérer la règle dont il s'agit comme établie par Bezout dans le Mémoire de 1764, page 318. D'ailleurs la considération des équations (6) ou (7), qui subsistent toujours en même temps que les équations (1), et s'en déduisent immédiatement, fournit de cette règle une démonstration tellement simple, qu'elle peut être introduite sans inconvénient dans les éléments d'Algèbre.

Observons toutefois que l'ordre ou le degré de la fonction alternée, dont cette règle exige la formation, c'est-à-dire le nombre des quantités qui entrent comme facteurs dans chacun des termes dont cette fonction se compose, est toujours égal à la somme $m+n$ des degrés des deux équations données. Cette même somme, diminuée seulement d'une unité, représenterait le nombre des puissances de x qui doivent être éliminées des équations (6) ou d'autres semblables, ainsi que le degré de deux de ces équations. On peut demander s'il ne serait pas possible d'arriver à l'équation résultante, à l'aide de multiplications algébriques, en opérant de manière à ne pas introduire dans le calcul des puissances de x supérieures à celles que renferment les deux équations proposées. Cette dernière condition se trouve effectivement remplie, lorsqu'on se sert pour effectuer l'élimination d'une ancienne méthode indiquée par Euler dès l'année 1748 dans les *Mémoires de l'Académie de Berlin*. Suivant cette ancienne méthode, qu'Euler semble attribuer à Newton dans le Mémoire de 1764, étant données deux équations en x d'un même degré n, par exemple les deux suivantes

$$ax^n+bx^{n-1}+cx^{n-2}+\ldots+gx^2+hx+k=0,$$
$$Ax^n+Bx^{n-1}+Cx^{n-2}+\ldots+Gx^2+Hx+K=0,$$

on commencera par leur substituer deux équations du degré $n-1$, savoir, celles que l'on obtient en combinant par voie de soustraction les deux premières, respectivement multipliées l'une par A, l'autre par a, ou l'une par $\frac{K}{x}$, l'autre par $\frac{k}{x}$. Après avoir ainsi remplacé les deux équations proposées par les deux suivantes

$$(Ab-aB)x^{n-1}+(Ac-aC)x^{n-2}+\ldots+(Ah-aH)x+Ak-aK=0,$$
$$(Ak-aK)x^{n-1}+(Bk-bK)x^{n-2}+\ldots+(Gk-gK)x+Hk-hK=0.$$

on remplacera celles-ci à leur tour, à l'aide d'un semblable procédé, par deux équations du degré $n-2$; et, en continuant de la sorte, on finira par obtenir une seule équation du degré zéro qui sera la résultante cherchée.

Pour s'assurer que la même méthode reste applicable à l'élimination de la variable x entre deux équations de degrés inégaux n et $m < n$, il suffit d'observer qu'une équation de degré inférieur à n peut être envisagée comme une équation du degré n, dans laquelle les premiers coefficients se réduiraient à zéro.

En examinant les deux formes sous lesquelles peut se présenter l'équation résultante ou finale, suivant qu'on emploie pour l'élimination de x l'une ou l'autre des deux méthodes que nous venons de rappeler, on reconnaîtra que le premier membre de cette équation, considéré comme fonction des coefficients

$$a, \quad b, \quad c, \quad \ldots, \qquad A, \quad B, \quad C, \quad \ldots,$$

est, dans le cas où l'on se sert des polynomes multiplicateurs u et v, une fonction du degré $m + n$, et par suite, quand on suppose $m = n$, une fonction du degré $2n$. Au contraire, l'ancienne méthode substitue successivement à deux équations données, dont les premiers membres sont du degré n par rapport à la variable x, et du premier degré par rapport aux coefficients

$$a, \quad b, \quad c, \quad \ldots, \qquad A, \quad B, \quad C, \quad \ldots,$$

des équations diverses dont les premiers membres sont d'abord du degré $n - 1$ par rapport à x, et du second degré par rapport aux mêmes coefficients; puis du degré $n - 2$ par rapport à x, et du quatrième degré par rapport aux coefficients, etc. Donc l'équation finale, déduite de l'ancienne méthode, sera du deuxième degré par rapport aux coefficients

$$a, \quad b, \quad c, \quad \ldots, \qquad A, \quad B, \quad C, \quad \ldots.$$

Donc, lorsque n surpasse 2, l'ancienne méthode introduit dans l'équation finale un facteur étranger dont le degré est

$$2^n - 2n.$$

On trouve dans l'Ouvrage d'Euler qui a pour titre *Introductio in analysin infinitorum*, et mieux encore, dans un Mémoire de M. Gergonne, l'indication de procédés que l'on peut employer pour débarrasser le premier membre de l'équation finale du facteur étranger, ou même pour éviter l'introduction de ce facteur. Mais ces procédés exigent qu'on s'élève graduellement du cas où l'on suppose $n = 2$ au cas où l'on suppose $n = 3$, puis de ce dernier au cas ou l'on suppose $n = 4$, etc.; et l'on peut, comme Bezout l'a fait voir, substituer aux deux méthodes d'élimination ci-dessus rappelées une troisième méthode qui, sans introduire aucun facteur étranger dans le premier membre de l'équation finale, réduit la détermination de ce premier membre à la formation d'une fonction alternée dont l'ordre ne surpasse jamais le degré de chacune des équations données.

II. — *Méthode abrégée de Bezout.*

Soient toujours

$$\mathrm{f}(x) = 0, \qquad \mathrm{F}(x) = 0 \tag{1}$$

deux équations algébriques, la première du degré n, la seconde du degré $m =$ ou $< n$. On pourra supposer généralement

$$\mathrm{f}(x) = a_0 x^n + a_1 x^{n-1} + \ldots + a_{n-1} x + a_n,$$
$$\mathrm{F}(x) = b_0 x^n + b_1 x^{n-1} + \ldots + b_{n-1} x + b_n,$$

un ou plusieurs des coefficients

$$b_0, \quad b_1, \quad b_2, \quad \ldots$$

devant être réduits à zéro, dans le cas où l'on aurait $m < n$; et l'équation finale, qui résultera de l'élimination de la variable x entre les formules (1), exprimera simplement la condition à laquelle les coefficients

$$a_0, \quad a_1, \quad \ldots, \quad a_n; \qquad b_0, \quad b_1, \quad \ldots, \quad b_n$$

devront satisfaire, pour que les équations (1) soient vérifiées par une seule et même valeur de x. Voyons maintenant comment on devra s'y prendre pour effectuer cette élimination, c'est-à-dire pour éliminer des deux formules

$$(2)\qquad \begin{cases} a_0x^n + a_1x^{n-1} + \ldots + a_{n-1}x + a_n = 0, \\ b_0x^n + b_1x^{n-1} + \ldots + b_{n-1}x + b_n = 0 \end{cases}$$

les puissances de la variable x, représentées par les divers termes de la suite

$$x^n,\quad x^{n-1},\quad \ldots,\quad x.$$

J'observerai d'abord que, pour éliminer x^n entre les équations (2), il suffit de combiner entre elles, par voie de division, ces deux équations présentées sous les formes

$$a_0x^n + a_1x^{n-1} + \ldots + a_lx^{n-l} = -(a_{l+1}x^{n-l-1} + \ldots + a_{n-1}x + a_n),$$
$$b_0x^n + b_1x^{n-1} + \ldots + b_lx^{n-l} = -(b_{l+1}x^{n-l-1} + \ldots + b_{n-1}x + b_n),$$

l désignant l'un quelconque des nombres

$$0,\quad 1,\quad 2,\quad \ldots,\quad n-2,\quad n-1.$$

On trouvera ainsi

$$(3)\qquad \frac{a_0x^l + a_1x^{l-1} + \ldots + a_l}{b_0x^l + b_1x^{l-1} + \ldots + b_l} = \frac{a_{l+1}x^{n-l-1} + \ldots + a_{n-1}x + a_n}{b_{l+1}x^{n-l-1} + \ldots + b_{n-1}x + b_n},$$

puis, en faisant disparaître les dénominateurs,

$$(4)\qquad \begin{cases} (a_0x^l + a_1x^{l-1} + \ldots + a_l)(b_{l+1}x^{n-l-1} + \ldots + b_{n-1}x + b_n) \\ -(b_0x^l + b_1x^{l-1} + \ldots + b_l)(a_{l+1}x^{n-l-1} + \ldots + a_{n-1}x + a_n) = 0. \end{cases}$$

Si, pour abréger, on désigne par

$$\mathrm{A}_{k,l}$$

le coefficient de x^{n-k-1} dans le premier membre de l'équation (4), on aura non seulement, quels que soient k et l,

$$(5)\qquad \mathrm{A}_{k,l} = \mathrm{A}_{l,k},$$

mais encore, pour $k < l$,

$$(6)\quad \begin{cases} A_{0,l} = a_0 b_{l+1} - b_0 a_{l+1}, \\ A_{1,l} = a_1 b_{l+1} - b_1 a_{l+1} + A_{0,l+1}, \\ A_{2,l} = a_2 b_{l+1} - b_2 a_{l+1} + A_{1,l+1}, \\ \dots\dots\dots\dots\dots\dots \end{cases}$$

et l'équation (4) deviendra

$$(7)\quad A_{0,l}x^{n-1} + A_{1,l}x^{n-2} + \ldots + A_{n-2,l}x + A_{n-1,l} = 0.$$

Si, dans cette dernière équation, de laquelle la $n^{\text{ième}}$ puissance de x se trouve effectivement éliminée, on attribue successivement à l les valeurs

$$0,\quad 1,\quad 2,\quad \ldots,\quad n-2,\quad n-1,$$

on obtiendra le système des formules

$$(8)\quad \begin{cases} A_{0,0}\ x^{n-1} + A_{1,0}\ x^{n-2} + \ldots + A_{n-2,0}\ x + A_{n-1,0} = 0, \\ A_{0,1}\ x^{n-1} + A_{1,1}\ x^{n-2} + \ldots + A_{n-2,1}\ x + A_{n-1,1} = 0, \\ \dots\dots\dots\dots\dots\dots\dots\dots\dots\dots, \\ A_{0,n-1}x^{n-1} + A_{1,n-1}x^{n-2} + \ldots + A_{n-2,n-1}x + A_{n-1,n-1} = 0, \end{cases}$$

dont la première et la dernière sont précisément celles qu'on emploie dans l'ancienne méthode d'élimination dont nous avons déjà parlé (p. 473). Cela posé, il est clair qu'on pourra éliminer d'un seul coup, entre les équations (8), les puissances de x représentées par les divers termes de la progression géométrique

$$x^{n-1},\quad x^{n-2},\quad \ldots,\quad x^2,\quad x.$$

L'équation finale, résultant de cette élimination, sera de la forme

$$(9)\quad s = 0,$$

s étant la fonction alternée de l'ordre n, formée avec les quantités que renferme le Tableau

$$(10)\qquad \left\{\begin{array}{lllll} A_{0,0}, & A_{0,1}, & \ldots, & A_{0,n-2}, & A_{0,n-1}, \\ A_{0,1}, & A_{1,1}, & \ldots, & A_{1,n-2}, & A_{1,n-1}, \\ \ldots, & \ldots, & \ldots, & \ldots\ldots, & \ldots\ldots, \\ A_{0,n-2}, & A_{1,n-2}, & \ldots, & A_{n-2,n-2}, & A_{n-2,n-1}, \\ A_{0,n-1}, & A_{1,n-1}, & \ldots, & A_{n-2,n-1}, & A_{n-1,n-1}. \end{array}\right.$$

C'est en effet ce qu'on conclura immédiatement des équations (8), jointes à la formule (5).

La méthode abrégée d'élimination, que nous venons de rappeler, ne diffère pas au fond de celle que Bezout a indiquée dans le Mémoire de 1764, page 319.

Il est facile de voir quel sera le degré de la quantité s, déterminée par cette méthode, et considérée comme fonction des coefficients

$$a_0,\quad a_1,\quad \ldots,\quad a_n;\qquad b_0,\quad b_1,\quad \ldots,\quad b_n.$$

En effet, chaque terme de s renfermant n facteurs de la forme $A_{k,l}$, et chacun de ces facteurs étant du second degré, en vertu des équations (6), s ou le premier membre de l'équation finale sera nécessairement du degré $2n$, tout comme dans le cas où l'on applique la règle énoncée par M. Sylvester. Il y a plus : on peut déjà pressentir la réalité d'une assertion qui sera plus tard changée en certitude, savoir, que la valeur de s, fournie par la méthode abrégée, coïncide, au signe près, avec celle que fournirait la règle dont il s'agit. Effectivement, d'après cette règle, lorsqu'on suppose $m = n$, le premier membre de l'équation finale renferme une seule fois le terme

$$a_0^n b_n^n.$$

Or ce même terme, pris avec son signe ou avec un signe contraire, se retrouve encore une seule fois dans la fonction alternée $\pm s$ formée à l'aide du Tableau (10), savoir, dans la partie de $\pm s$ qui est représentée par le produit

$$A_{0,n-1}A_{1,n-2},\quad \ldots,\quad A_{1,n-2}A_{0,n-1},$$

et même dans la partie de ce produit qui, en vertu des formules

$$\begin{aligned} A_{1,n-1} &= a_1 b_{n-1} - b_1 a_{n-1} + A_{0,n-1}, \\ A_{2,n-2} &= a_2 b_{n-2} - b_2 a_{n-2} + A_{1,n-2} \\ &= a_2 b_{n-2} - b_2 a_{n-2} + a_1 b_{n-1} - b_1 a_{n-1} + A_{0,n-1}, \\ &\ldots\ldots\ldots\ldots\ldots\ldots, \end{aligned}$$

se réduit simplement à la puissance

$$A^n_{0,n-1} = (a_0 b_n - a_n b_0)^n.$$

Il importe d'observer que, dans le carré figuré par le Tableau (6), les termes de la forme

$$A_{l,l}$$

se trouvent tous situés sur une même diagonale, et que les autres termes sont égaux deux à deux, les termes égaux étant placés symétriquement par rapport à la diagonale dont il s'agit. Cette propriété du Tableau (6) est une conséquence immédiate de la formule (5) et entraîne à son tour la proposition suivante :

Théorème. — *L'équation finale* (9), *qui résulte de l'élimination de x entre les équations* (2), *est aussi celle qu'on obtiendrait en éliminant n variables*

$$x, \quad y, \quad z, \quad \ldots$$

entre les diverses dérivées d'une équation du second degré

(11) $$s = 0,$$

dans laquelle on aurait

(12) $$\left\{ \begin{aligned} s = {} & A_{0,0} x^2 + A_{1,1} y^2 + A_{2,2} z^2 + \ldots \\ & + 2 A_{0,1} xy + 2 A_{0,2} xz + \ldots + 2 A_{1,2} yz + \ldots . \end{aligned} \right.$$

L'équation (9) *est donc celle qu'on obtiendrait en assujettissant les variables x, y, z, ... à la condition*

(13) $$s = \text{const.},$$

et cherchant la relation qui doit exister entre les coefficients

$$A_{0,0},\quad A_{0,1},\quad A_{0,2},\quad \ldots,\quad A_{1,1},\quad A_{1,2},\quad \ldots,\quad A_{2,2},\quad \ldots$$

pour qu'une valeur maximum ou minimum de la fonction r, déterminée par la formule

$$(14)\qquad r = \sqrt{x^2 + y^2 + z^2 \ldots},$$

devienne infinie.

III. — *Usage des fonctions symétriques dans la théorie de l'élimination.*

Dans les paragraphes précédents, nous avons rappelé trois méthodes d'élimination ; et, quoique deux de ces méthodes n'introduisent dans l'équation finale aucun facteur étranger. toutes deux, même la plus concise, la méthode abrégée de Bezout, deviennent à peu près impraticables, lorsque les degrés des équations données s'élèvent au delà du cinquième ou du sixième ; à moins qu'on n'ait recours, pour la formation des fonctions alternées, à des artifices de calcul qui permettent, comme nous l'expliquerons dans un autre Mémoire, d'évaluer ces fonctions, sans calculer séparément chacun de leurs termes. De semblables artifices ne deviennent point nécessaires, lorsqu'on fait servir à l'élimination une quatrième méthode fondée sur un théorème d'Euler et sur la considération des fonctions symétriques. Entrons à ce sujet dans quelques détails.

Soient toujours

$$(1)\qquad f(x) = 0,\qquad F(x) = 0$$

deux équations algébriques, la première du degré n, la seconde du degré m; et supposons, pour plus de commodité, les coefficients des plus hautes puissances de x, dans ces mêmes équations, réduits à l'unité; en sorte qu'on ait, par exemple,

$$f(x) = x^n + lx^{n-1} + \ldots + px + q,$$
$$F(x) = x^m + Lx^{m-1} + \ldots + Px + Q.$$

Enfin désignons respectivement par

$$\alpha,\quad \beta,\quad \gamma,\quad \ldots \qquad \text{et par} \qquad \lambda,\quad \mu,\quad \nu,\quad \ldots$$

les racines de la première et de la seconde des équations (1), de sorte qu'on ait encore

$$f(x) = (x-\alpha)(x-\beta)(x-\gamma)\ldots,$$
$$F(x) = (x-\lambda)(x-\mu)(x-\nu)\ldots.$$

Pour que les équations (1) subsistent simultanément, ou, en d'autres termes, soient vérifiées par une même valeur de x, il sera nécessaire et il suffira que les coefficients

$$l,\quad \ldots,\quad p,\quad q;\qquad L,\quad \ldots,\quad P,\quad Q$$

soient liés entre eux de manière que les racines

$$\alpha,\quad \beta,\quad \gamma,\quad \ldots;\qquad \lambda,\quad \mu,\quad \nu,\quad \ldots$$

satisfassent à l'une des conditions

$$\begin{array}{llll} \alpha = \lambda, & \alpha = \mu, & \alpha = \nu, & \ldots, \\ \beta = \lambda, & \beta = \mu, & \beta = \nu, & \ldots, \\ \gamma = \lambda, & \gamma = \mu, & \gamma = \nu, & \ldots, \\ \ldots\ldots, & \ldots\ldots, & \ldots\ldots, & \ldots, \end{array}$$

par conséquent à la condition

$$s = 0, \tag{2}$$

la valeur de s étant

$$s = (\alpha-\lambda)(\alpha-\mu)(\alpha-\nu)\ldots(\beta-\lambda)(\beta-\mu)(\beta-\nu)\ldots(\gamma-\lambda)(\gamma-\mu)(\gamma-\nu)\ldots$$

Donc, si l'on adopte cette valeur de s, l'équation (2) devra s'accorder ou même coïncider avec l'équation finale que produirait l'élimination de x entre les équations (1). C'est en cela que consiste le théorème d'Euler.

Il est facile de s'assurer que la valeur de s, déterminée comme on vient de le dire, sera une fonction entière des coefficients

$$l,\quad \ldots,\quad p,\quad q;\qquad L,\quad \ldots,\quad P,\quad Q.$$

En effet cette valeur se réduit, au signe près, au dernier terme de l'équation qui aurait pour racines les binomes

$$\begin{array}{llll} \alpha-\lambda, & \alpha-\mu, & \alpha-\nu, & \ldots, \\ 6-\lambda, & 6-\mu, & 6-\nu, & \ldots, \\ \gamma-\lambda, & \gamma-\mu, & \gamma-\nu, & \ldots, \\ \ldots\ldots, & \ldots\ldots, & \ldots\ldots, & \ldots\end{array}$$

Donc elle sera une fonction entière des quantités de la forme

$$\mathcal{S}_1,\quad \mathcal{S}_2,\quad \ldots,\quad \mathcal{S}_{mn},$$

si l'on pose généralement

$$(3)\qquad \left\{\begin{array}{l} \mathcal{S}_i=(\alpha-\lambda)^i+(\alpha-\mu)^i+(\alpha-\nu)^i\ldots \\ \quad+(6-\lambda)^i+(6-\mu)^i+(6-\nu)^i\ldots \\ \quad+(\gamma-\lambda)^i+(\gamma-\mu)^i+(\gamma-\nu)^i\ldots \\ \quad+\ldots\ldots\ldots\ldots\ldots\ldots\ldots\ldots\ldots\ldots \end{array}\right.$$

D'ailleurs, en développant les puissances de binomes renfermées dans la formule (3) et posant, pour abréger,

$$s_i=\alpha^i+6^i+\gamma^i+\ldots,\qquad S_i=\lambda^i+\mu^i+\nu^i+\ldots,$$

on tirera généralement de cette formule

$$(4)\qquad \mathcal{S}_i=s_i S_0-\frac{i}{1}s_{i-1}S_1+\frac{i(i-1)}{1.2}s_{i-2}S_2-\ldots\pm s_0 S_i.$$

Donc, puisqu'en vertu de formules connues, s_i, S_i peuvent être exprimés en fonctions entières des coefficients

$$l,\quad \ldots,\quad p,\quad q;\qquad L,\quad \ldots,\quad P,\quad Q,$$

on pourra en dire autant de $\mathcal{S}_i$, et par suite de $\mathcal{S}$.

La série d'opérations que nous venons d'indiquer, en prouvant que le premier membre de l'équation (2) peut être réduit à une fonction entière des coefficients

$$l,\quad \ldots,\quad p,\quad q;\qquad L,\quad \ldots,\quad P,\quad Q,$$

fournit de plus un moyen d'effectuer cette réduction et constitue par conséquent une méthode d'élimination de la variable x entre les équations (1). D'ailleurs la formule (4), qui, dans cette méthode, se trouve combinée avec d'autres formules déjà connues, comprend comme cas particulier une formule analogue, à l'aide de laquelle, dans son *Traité de la résolution des équations numériques*, Lagrange passe d'une équation donnée à une autre qui a pour racines les carrés des différences entre les racines de la première.

Observons encore qu'en vertu des deux équations identiques

$$f(x) = (x-\alpha)(x-6)(x-\gamma)\ldots,$$
$$F(x) = (x-\lambda)(x-\mu)(x-\nu)\ldots$$

la formule

$$(5)\quad \mathcal{S} = (\alpha-\lambda)(\alpha-\mu)(\alpha-\nu)\ldots(6-\lambda)(6-\mu)(6-\nu)\ldots(\gamma-\lambda)(\gamma-\mu)(\gamma-\nu)\ldots$$

peut être réduite, comme Euler l'a remarqué, à l'une quelconque des deux suivantes :

$$(6)\qquad \mathcal{S} = F(\alpha)F(6)F(\gamma)\ldots,$$
$$(7)\qquad \mathcal{S} = (-1)^{mn} f(\lambda)f(\mu)f(\nu)\ldots.$$

Or, pour transformer l'une quelconque de ces deux dernières valeurs de $\mathcal{S}$, la première par exemple, en une fonction entière des coefficients

$$l,\ \ldots,\ p,\ q;\quad L,\ \ldots,\ P,\ Q,$$

il suffit de suivre ou la marche indiquée par Euler dans les Mémoires de Berlin de 1748, ou mieux encore celle que j'ai indiquée moi-même dans un Mémoire présenté à l'Académie le 9 août 1824, et de convertir d'abord le produit

$$F(\alpha)F(6)F(\gamma)\ldots = (\alpha^m + L\alpha^{m-1} + \ldots + P\alpha + Q)(6^m + L6^{m-1} + \ldots + P6 + Q)\ldots$$

en une fonction entière des sommes de la forme

$$(\alpha^m + L\alpha^{m-1} + \ldots + P\alpha + Q)^i + (6^m + L6^{m-1} + \ldots + P6 + Q)^i + \ldots,$$

puis chacune de ces sommes, moyennant le développement des puissances des polynomes, en une fonction entière de

$$s_0,\ s_1,\ \ldots,\ s_{mi}.$$

Le premier membre de l'équation (2), transformé comme on vient de le dire en une fonction entière des coefficients

$$l, \ \ldots, \ p, \ q; \quad L, \ \ldots, \ P, \ Q,$$

ne renfermera-t-il aucun facteur étranger à l'équation finale, et représenté lui-même par une fonction entière de ces coefficients, quelles que soient les valeurs qu'on leur attribue? On lèvera facilement tous les doutes qu'on pourrait conserver à cet égard en s'appuyant sur la proposition suivante :

Premier théorème. — *Les coefficients*

$$l, \ \ldots, \ p, \ q; \quad L, \ \ldots, \ P, \ Q$$

étant supposés quelconques et indépendants les uns des autres, la fonction entière de ces coefficients qui représentera la valeur du produit

$$s = (\alpha-\lambda)(\alpha-\mu)(\alpha-\nu)\ldots(6-\lambda)(6-\mu)(6-\nu)\ldots(\gamma-\lambda)(\gamma-\mu)(\gamma-\nu)\ldots,$$

formé avec les différences entre les racines de la première et de la seconde des équations (1), *ne pourra être généralement et algébriquement décomposée en deux facteurs, représentés tous deux par des fonctions entières de ces mêmes coefficients.*

Démonstration. — En effet, supposons généralement

$$s = s's'',$$

s', s'' désignant, s'il est possible, deux fonctions entières de

$$l, \ \ldots, \ p, \ q; \quad L, \ \ldots, \ P, \ Q.$$

En vertu des relations qui existent entre les coefficients des équations (1) et leurs racines, on pourra exprimer

$$s', \quad s$$

en fonctions entières de

$$\alpha, \ 6, \ \gamma, \ \ldots, \ \lambda, \ \mu, \ \nu, \ \ldots,$$

et alors on aura identiquement

$$(8) \quad s's'' = (\alpha-\lambda)(\alpha-\mu)(\alpha-\nu)\ldots(6-\lambda)(6-\mu)(6-\nu)\ldots(\gamma-\lambda)(\gamma-\mu)(\gamma-\nu)\ldots$$

Cette dernière équation, devant subsister indépendamment des valeurs attribuées aux racines

$$\alpha, \quad 6, \quad \gamma, \quad \ldots, \quad \lambda, \quad \mu, \quad \nu, \quad \ldots,$$

se vérifiera encore lorsqu'on établira entre ces racines des relations quelconques, par exemple lorsqu'on supposera

$$\alpha = \lambda.$$

Mais alors le second membre de l'équation (8) étant nul, le premier devra l'être aussi. Donc, en prenant $\alpha = \lambda$, on fera évanouir le produit $s's''$, et par suite l'un des facteurs s', s''. Concevons, pour fixer les idées, que ce soit le premier facteur s' qui s'évanouisse, en vertu de la supposition

$$\alpha = \lambda.$$

s', considéré comme fonction de α, sera divisible algébriquement par $\alpha - \lambda$. D'autre part s', pouvant être regardé comme une fonction entière, non seulement des coefficients

$$l, \quad \ldots, \quad p, \quad q,$$

mais encore des coefficients

$$\mathrm{L}, \quad \ldots, \quad \mathrm{P}, \quad \mathrm{Q},$$

sera par suite une fonction symétrique, non seulement des racines

$$\alpha, \quad 6, \quad \gamma, \quad \ldots,$$

mais encore des racines

$$\lambda, \quad \mu, \quad \nu, \quad \ldots.$$

Donc s', algébriquement divisible par le binome

$$\alpha - \lambda,$$

aura pour facteur non seulement ce binome, mais encore tous ceux qu'on en déduit en remplaçant la racine α par l'une quelconque des autres racines 6, γ, ... de l'équation $f(x) = 0$, et la racine λ par l'une quelconque des autres racines μ, ν, ... de l'équation $F(x) = 0$.

Observons maintenant qu'en vertu de l'équation (8), le produit

$$s's'',$$

considéré comme une fonction des racines

$$\alpha,\quad 6,\quad \gamma,\quad \ldots,\quad \lambda,\quad \mu,\quad \nu,\quad \ldots,$$

sera une fonction du degré *mn*. Donc *mn* représentera la somme des degrés des facteurs

$$s' \quad \text{et} \quad s''$$

considérés comme fonctions de ces mêmes racines. Mais, d'après ce qu'on vient de voir, le facteur s', c'est-à-dire celui des facteurs s', s'' qui s'évanouit quand on suppose

$$\alpha = \lambda,$$

sera divisible algébriquement par chacun des binomes que renferme le second membre de l'équation (8). Donc, puisque ces binomes sont généralements distincts et indépendants les uns des autres, s' sera divisible par le produit de tous ces binomes dont le nombre est *mn*, et, si l'on considère s' comme une fonction des racines

$$\alpha,\quad 6,\quad \gamma,\quad \ldots,\quad \lambda,\quad \mu,\quad \nu,\quad \ldots,$$

le degré de s' ne pourra généralement s'abaisser au-dessous de *mn*. Donc le degré de l'autre facteur s'' ne pourra s'élever au-dessus de zéro; et cet autre facteur ne pourra être qu'un facteur numérique, indépendant des racines des équations (1), et, par conséquent, des coefficients que renferment ces équations. Donc, tant qu'aucune relation particulière ne se trouve établie entre les coefficients

$$l,\quad \ldots,\quad p,\quad q;\qquad \mathrm{L},\quad \ldots,\quad \mathrm{P},\quad \mathrm{Q},$$

ou, ce qui revient au même, entre les racines

$$\alpha,\quad 6,\quad \gamma,\quad \ldots;\qquad \lambda,\quad \mu,\quad \nu,\quad \ldots,$$

il est impossible de décomposer la fonction s en deux facteurs qui soient l'un et l'autre des fonctions entières de

$$l,\quad \ldots,\quad p,\quad q;\qquad \mathrm{L},\quad \ldots,\quad \mathrm{P},\quad \mathrm{Q}.$$

Premier corollaire. — Si, contrairement à l'énoncé du théorème, les coefficients

$$l, \quad \ldots, \quad p, \quad q; \qquad L, \quad \ldots, \quad P, \quad Q$$

devaient satisfaire à certaines conditions particulières; si, par exemple, quelques-uns de ces coefficients se réduisaient à zéro, la valeur de s, considérée comme fonction des coefficients

$$l, \quad \ldots, \quad p, \quad q; \qquad L, \quad \ldots, \quad P, \quad Q,$$

pourrait devenir décomposable en facteurs représentés par deux fonctions entières de ces mêmes coefficients.

Deuxième corollaire. — Supposons, pour fixer les idées, les équations du second degré

$$(9) \qquad x^2 + px + q = 0, \qquad x^2 + Px + Q = 0;$$

on aura

$$(10) \quad s = (\alpha - \lambda)(\alpha - \mu)(6 - \lambda)(6 - \mu) = (\alpha^2 + P\alpha + Q)(6^2 + P6 + Q),$$

et par suite, eu égard aux formules

$$\alpha^2 + p\alpha + q = 0, \qquad 6^2 + p6 + q = 0,$$
$$\alpha + 6 = -p, \qquad \alpha 6 = q,$$

on trouvera

$$s = [Q - q + (P - p)\alpha][Q - q + (P - p)6]$$
$$= (Q - q)^2 + (P - p)[(Q - q)(\alpha + 6) + (P - p)\alpha 6],$$

ou plus simplement

$$(11) \qquad s = (Q - q)^2 + (P - p)(Pq - pQ).$$

Or, tant que les coefficients

$$p, \quad q, \quad P, \quad Q$$

ne seront assujettis à aucune relation, à aucune condition particulière, alors, conformément au théorème établi, la valeur précédente de s ne pourra être décomposée en deux facteurs représentés tous deux par des fonctions entières de ces coefficients. Mais le même théorème pourra ne plus subsister dans le cas contraire ; et si, par exemple, on annule deux des coefficients, en posant

$$p = 0, \qquad P = 0,$$

c'est-à-dire, en d'autres termes, si l'on réduit les équations proposées aux deux suivantes

$$(12) \qquad x^2 + q = 0, \qquad x^2 + Q = 0,$$

alors la valeur de s, déterminée par la formule

$$(13) \qquad s = (Q - q)^2,$$

sera décomposable en deux facteurs égaux à $Q - q$, ou, ce qui revient au même, en deux facteurs dont chacun sera une fonction entière des coefficients q, Q. Alors aussi, pour éliminer x entre les deux équations proposées, il suffira de retrancher l'une de l'autre ; et l'équation finale ainsi obtenue, savoir

$$Q - q = 0,$$

offrira un premier membre équivalent, non plus à la fonction s, mais seulement à sa racine carrée. Il est au reste facile de voir comment il arrive que la démonstration ci-dessus exposée du théorème en question devient, dans ce cas, inadmissible. En effet, lorsque p, P s'évanouissent, les formules

$$\alpha + 6 = p, \qquad \lambda + \mu = P$$

donnent

$$6 = -\alpha, \qquad \mu = -\lambda.$$

On a donc alors

$$6 - \lambda = -(\alpha - \mu), \qquad 6 - \mu = -(\alpha - \lambda) ;$$

et par suite, pour qu'une fonction des racines

$$\alpha, \quad 6, \quad \lambda, \quad \mu$$

soit alors algébriquement divisible par chacun des quatre binomes

$$\alpha - \lambda, \quad \alpha - \mu, \quad 6 - \lambda, \quad 6 - \mu,$$

il suffit qu'elle soit algébriquement divisible par les deux premiers.

Troisième corollaire. — Lorsque, dans les équations (1), les coefficients

$$l, \ \ldots, \ p, \ q; \ L, \ \ldots, \ P, \ Q$$

ne sont assujettis à aucune relation, à aucune condition particulière, le premier membre de la formule (2) ne peut renfermer aucun facteur étranger à l'équation finale, et représenté par une fonction entière des coefficients dont il s'agit, puisqu'il est alors impossible de décomposer ce premier membre en deux facteurs dont chacun soit une fonction entière de ces mêmes coefficients.

Il est facile de trouver à quel degré s'élève s considéré, soit comme fonction des coefficients

$$l, \ \ldots, \ p, \ q,$$

soit comme fonction des coefficients

$$L, \ \ldots, \ P, \ Q.$$

En effet, s pouvant être représenté par une fonction entière de tous les coefficients

$$l, \ \ldots, \ p, \ q; \quad L, \ \ldots, \ P, \ Q,$$

le degré de cette fonction, par rapport aux seuls coefficients

$$L, \ \ldots, \ P, \ Q,$$

ne variera pas, si l'on exprime, comme on peut le faire, les coefficients

$$l, \ \ldots, \ p, \ q$$

à l'aide des racines

$$\alpha, \ 6, \ \gamma, \ \ldots.$$

Mais alors la valeur obtenue de s devra coïncider, quels que soient $L, \ldots, P, Q$ et $\alpha, 6, \gamma, \ldots$, avec celle que fournit l'équation (6); en sorte qu'on aura identiquement

$$(14) \quad s = (\alpha^m + L\alpha^{m-1} + \ldots + P\alpha + Q)(6^m + L6^{m-1} + \ldots + P6 + Q)\ldots.$$

Donc, s étant le produit de n facteurs, dont chacun sera du premier degré par rapport aux coefficients

$$L, \ \ldots, \ P, \ Q,$$

le degré de s par rapport à ces mêmes coefficients sera précisément le nombre n.

On conclura de même de l'équation (7) que le degré de s par rapport aux coefficients

$$l, \quad \ldots, \quad p, \quad q$$

est précisément le nombre m.

On peut être curieux de connaître généralement la partie de la fonction s qui dépendra uniquement des termes constants des équations (1), c'est-à-dire des coefficients q et Q. Or cette partie sera évidemment ce que deviendra la fonction s quand on supposera tous les autres coefficients

$$l, \quad \ldots, \quad p; \qquad \mathrm{L}, \quad \ldots, \quad \mathrm{P}$$

réduits à zéro. D'ailleurs, dans cette supposition, les équations (1) deviendront

$$x^n + q = 0, \qquad x^m + \mathrm{Q} = 0; \tag{15}$$

et, en conséquence, la formule (14) donnera

$$s = (\alpha^m + \mathrm{Q})(\beta^m + \mathrm{Q})(\gamma^m + \mathrm{Q})\ldots. \tag{16}$$

Il y a plus : les rapports

$$\frac{\alpha}{\alpha}, \quad \frac{\beta}{\alpha}, \quad \frac{\gamma}{\alpha}, \quad \ldots$$

étant respectivement égaux aux diverses racines de l'équation

$$x^n = 1,$$

les $m^{\text{ièmes}}$ puissances de ces rapports, ou les fractions

$$\frac{\alpha^m}{\alpha^m}, \quad \frac{\beta^m}{\alpha^m}, \quad \frac{\gamma^m}{\alpha^m}, \quad \ldots,$$

seront respectivement égales aux diverses racines de l'équation

$$x^{\frac{n}{\omega}} = 1,$$

si l'on appelle ω le plus grand commun diviseur des nombres

$$m, \quad n,$$

et par suite respectivement égales aux divers termes de la progression géométrique

$$1, \quad \theta, \quad \theta^2, \quad \ldots, \quad \theta^{n-1},$$

si l'on nomme θ une racine primitive de l'équation

$$x^{\frac{n}{\omega}} = 1.$$

Cela posé, la formule (16) donnera

$$\mathcal{S} = \left[(Q + \alpha^m)(Q + \theta\alpha^m)\ldots\left(Q + \theta^{\frac{n}{\omega}-1}\alpha^m\right)\right]^\omega;$$

et, comme on aura identiquement

$$x^{\frac{n}{\omega}} - 1 = (x-1)(x-\theta)(x-\theta^2)\ldots\left(x - \theta^{\frac{n}{\omega}-1}\right),$$

on en conclura, en remplaçant x par $-\dfrac{Q}{\alpha^m}$,

$$\begin{aligned}(Q + \alpha^m)(Q + \theta\alpha^m)\ldots\left(Q + \theta^{\frac{n}{\omega}-1}\alpha^m\right) &= Q^{\frac{n}{\omega}} - (-1)^{\frac{n}{\omega}}\alpha^{\frac{mn}{\omega}} \\ &= Q^{\frac{n}{\omega}} - (-1)^{\frac{m+n}{\omega}} q^{\frac{m}{\omega}};\end{aligned}$$

puis, eu égard à cette dernière formule, on trouvera définitivement

$$(17) \qquad \mathcal{S} = (-1)^n\left[(-Q)^{\frac{n}{\omega}} - (-q)^{\frac{m}{\omega}}\right]^\omega.$$

Jusqu'ici, pour plus de simplicité, nous avons supposé que, dans les équations (1), les coefficients des plus hautes puissances de x se réduisaient à l'unité. Admettons maintenant la supposition contraire, en sorte qu'on ait, par exemple,

$$\begin{aligned}f(x) &= ax^n + bx^{n-1} + \ldots + hx + k, \\ F(x) &= Ax^m + Bx^{m-1} + \ldots + Hx + K.\end{aligned}$$

Pour ramener les équations (1) à la forme précédemment adoptée, il suffira de diviser la première par a, la seconde par A; par conséquent, il suffira de prendre

$$l = \frac{b}{a}, \quad \ldots, \quad p = \frac{h}{a}, \quad q = \frac{k}{a},$$

$$L = \frac{B}{A}, \quad \ldots, \quad P = \frac{H}{A}, \quad Q = \frac{K}{A}.$$

Cela posé, comme la valeur de s fournie par chacune des équations (5), (14) sera du degré m relativement aux quantités

$$l=\frac{b}{a},\quad \ldots,\quad p=\frac{h}{a},\quad q=\frac{k}{a},$$

et du degré n relativement aux quantités

$$\mathrm{L}=\frac{\mathrm{B}}{\mathrm{A}},\quad \ldots,\quad \mathrm{P}=\frac{\mathrm{H}}{\mathrm{A}},\quad \mathrm{Q}=\frac{\mathrm{K}}{\mathrm{A}};$$

comme d'ailleurs, dans cette valeur de s, la partie qui dépendra uniquement des coefficients q, Q se réduira, en vertu de la formule (17), à

$$(-1)^n\left[\left(-\frac{\mathrm{K}}{\mathrm{A}}\right)^{\frac{n}{\omega}}-\left(-\frac{k}{a}\right)^{\frac{m}{\omega}}\right]^{\omega},$$

il est clair que, pour transformer cette même valeur de s en une fonction entière des coefficients

$$a,\ b,\ \ldots,\ h,\ k;\qquad \mathrm{A},\ \mathrm{B},\ \ldots,\ \mathrm{H},\ \mathrm{K},$$

il sera nécessaire et suffisant de la multiplier par le produit

$$a^m \mathrm{A}^n$$

Or, dans la fonction entière ainsi obtenue, la partie qui dépendra des seuls coefficients

$$a,\ \mathrm{A},\ k,\ \mathrm{K}$$

sera évidemment

$$(-1)^n\left[a^{\frac{m}{\omega}}(-\mathrm{K})^{\frac{n}{\omega}}-\mathrm{A}^{\frac{n}{\omega}}(-k)^{\frac{m}{\omega}}\right]^{\omega}.$$

De cette remarque, jointe au premier théorème, on déduira aisément la proposition suivante :

Deuxième théorème. — *Les coefficients*

$$a,\ b,\ \ldots,\ h,\ k;\qquad \mathrm{A},\ \mathrm{B},\ \ldots,\ \mathrm{H},\ \mathrm{K}$$

étant supposés quelconques et indépendants les uns des autres dans les deux équations algébriques

$$(18)\qquad \begin{cases} ax^n + bx^{n-1} + \ldots + hx + k = 0, \\ Ax^m + Ax^{m-1} + \ldots + Hx + K = 0, \end{cases}$$

et les racines de ces équations étant respectivement

$$\alpha,\quad 6,\quad \gamma,\quad \ldots,$$
$$\lambda,\quad \mu,\quad \nu,\quad \ldots,$$

si l'on prend

$$(19)\qquad \begin{cases} \mathcal{S} = a^m A^n (\alpha - \lambda)(\alpha - \mu)(\alpha - \nu)\ldots \\ \qquad \times (6 - \lambda)(6 - \mu)(6 - \nu)\ldots(\gamma - \lambda)(\gamma - \mu)(\gamma - \nu)\ldots, \end{cases}$$

alors $\mathcal{S}$ *sera une fonction entière des coefficients*

$$a,\quad b,\quad \ldots,\quad h,\quad k;\qquad A,\quad B,\quad \ldots,\quad H,\quad K,$$

qui ne pourra être généralement et algébriquement décomposée en deux facteurs représentés tous deux par d'autres fonctions entières de ces deux coefficients.

Démonstration. — Lorsqu'on suppose

$$(20)\qquad \begin{cases} b = al, & \ldots, & h = ap, & k = aq, \\ B = AL, & \ldots, & H = AP, & K = AQ, \end{cases}$$

et par suite

$$(21)\qquad \begin{cases} l = \dfrac{b}{a}, & \ldots, & p = \dfrac{h}{a}, & q = \dfrac{k}{a}, \\ L = \dfrac{B}{A}, & \ldots, & P = \dfrac{H}{A}, & Q = \dfrac{K}{A}, \end{cases}$$

les équations (18) se réduisent aux deux formules

$$(22)\qquad \begin{cases} x^n + lx^{n-1} + \ldots + px + q = 0, \\ x^m + Lx^{m-1} + \ldots + Px + Q = 0; \end{cases}$$

et alors, comme il suffit de multiplier par le produit

$$a^m A^n$$

la valeur de $\mathcal{S}$ que donne l'équation (5), pour obtenir celle que donne l'équation (19), cette dernière se réduit, d'après ce qui a été dit ci-dessus, à une fonction entière des coefficients

$$a,\quad b,\quad \ldots,\quad h,\quad k;\qquad \mathrm{A},\quad \mathrm{B},\quad \ldots,\quad \mathrm{H},\quad \mathrm{K}.$$

J'ajoute que cette fonction entière ne pourra être généralement et algébriquement décomposée en deux facteurs représentés par d'autres fonctions entières des mêmes coefficients. En effet, soient, s'il est possible,

$$s',\quad s''$$

deux semblables facteurs. En vertu des formules (20), jointes à celles qui serviront à exprimer les coefficients

$$l,\quad \ldots,\quad p,\quad q;\qquad \mathrm{L},\quad \ldots,\quad \mathrm{P},\quad \mathrm{Q}$$

des équations (22) en fonction des racines

$$\alpha,\quad 6,\quad \gamma,\quad \ldots;\qquad \lambda,\quad \mu,\quad \nu,\quad \ldots,$$

on pourra considérer les deux facteurs s', s'' comme des fonctions entières de ces racines et des deux coefficients

$$a,\quad \mathrm{A}.$$

Cela posé, la formule

$$(23)\quad \left\{\begin{aligned} s's'' = a^m \mathrm{A}^n (\alpha-\lambda)(\alpha-\mu)(\alpha-\nu)\ldots \\ \times(6-\lambda)(6-\mu)(6-\nu)\ldots(\gamma-\lambda)(\gamma-\mu)(\gamma-\nu)\ldots \end{aligned}\right.$$

devant subsister, quelles que soient les valeurs attribuées aux racines

$$\alpha,\quad 6,\quad \gamma,\quad \ldots;\qquad \lambda,\quad \mu,\quad \nu,\quad \ldots$$

et aux deux coefficients

$$a,\quad \mathrm{A},$$

on prouvera, en raisonnant comme nous l'avons fait pour démontrer le premier théorème, qu'un des facteurs s', s'', le facteur s' par exemple, est algébriquement divisible par le produit

$$(\alpha-\lambda)(\alpha-\mu)(\alpha-\nu)\ldots(6-\lambda)(6-\mu)(6-\nu)\ldots(\gamma-\lambda)(\gamma-\mu)(\gamma-\nu)\ldots.$$

Donc, parmi les facteurs simples que renferme le second membre de la formule (23), les seuls qui pourront entrer dans la composition de s'' seront les coefficients

$$a, \quad A,$$

dont l'un au moins devra être facteur de s'', puisque, dans l'hypothèse admise, s'' ne doit pas se réduire à un facteur numérique. Mais, pour que s'' pût devenir proportionnel à une puissance entière de l'un des coefficients

$$a, \quad A,$$

sans dépendre d'ailleurs, en aucune manière, des racines

$$\alpha, \quad \beta, \quad \gamma, \quad \ldots; \quad \lambda, \quad \mu, \quad \nu, \quad \ldots,$$

par conséquent sans dépendre, en aucune manière, des coefficients

$$l, \quad \ldots, \quad p, \quad q; \quad L, \quad \ldots, \quad P, \quad Q,$$

ou, ce qui revient au même, des coefficients

$$b, \quad \ldots, \quad h, \quad k; \quad B, \quad \ldots, \quad H, \quad K,$$

il faudrait que chacun des coefficients a, A, ou au moins l'un deux, entrât comme facteur algébrique dans la fonction entière des quantités

$$a, \quad b, \quad \ldots, \quad h, \quad k; \quad A, \quad B, \quad \ldots, \quad H, \quad K$$

à laquelle peut se réduire le second membre de l'équation (23). Or cette condition n'est certainement pas remplie, puisque, dans la fonction entière dont il s'agit, la partie qui dépend uniquement des coefficients

$$a, \quad A, \quad k, \quad K$$

se réduit à l'expression

$$(-1)^n \left[a^{\frac{m}{\omega}}(-K)^{\frac{n}{\omega}} - A^{\frac{n}{\omega}}(-k)^{\frac{m}{\omega}} \right],$$

qui n'est algébriquement divisible ni par A, ni par a. Donc l'hypothèse admise ne peut subsister, et le deuxième théorème est exact.

Corollaire. — Puisque, en vertu des formules (20) ou (21), les équations (18) coïncident avec les équations (22), l'équation finale qui résultera de l'élimination de x entre les équations (18) pourra être réduite à la formule

$$s = 0,$$

la valeur de s étant déterminée par la formule (5). D'autre part, comme la valeur de s déterminée par la formule (5) ne peut s'évanouir sans que la valeur de s déterminée par la formule (19) s'évanouisse pareillement, l'équation finale dont il s'agit entraînera la formule (2), si l'on prend pour s la fonction des coefficients

$$a,\quad b,\quad \ldots,\quad h,\quad k;\qquad \mathrm{A},\quad \mathrm{B},\quad \ldots,\quad \mathrm{H},\quad \mathrm{K}$$

à laquelle peut se réduire le second membre de la formule (19). J'ajoute qu'alors, si ces coefficients ne sont assujettis à aucune relation, à aucune condition particulière, le premier membre s de la formule (2) ne renfermera aucun facteur étranger à l'équation finale, et représenté par une fonction entière de ces mêmes coefficients. C'est là, en effet, une conséquence immédiate du deuxième théorème, en vertu duquel il sera impossible de décomposer s en deux facteurs dont chacun soit une fonction entière des coefficients

$$a,\quad b,\quad \ldots,\quad h,\quad k;\qquad \mathrm{A},\quad \mathrm{B},\quad \ldots,\quad \mathrm{H},\quad \mathrm{K}.$$

Puisque la valeur de s déterminée par la formule (5), c'est-à-dire le produit

$$(\alpha-\lambda)(\alpha-\mu)(\alpha-\nu)\ldots(6-\lambda)(6-\mu)(6-\nu)\ldots(\gamma-\lambda)(\gamma-\mu)(\gamma-\nu)\ldots,$$

se réduit à une fonction entière des rapports

$$l=\frac{b}{a},\quad \ldots,\quad p=\frac{h}{a},\quad q=\frac{k}{a};\quad \mathrm{L}=\frac{\mathrm{B}}{\mathrm{A}},\quad \ldots,\quad \mathrm{P}=\frac{\mathrm{H}}{\mathrm{A}},\quad \mathrm{Q}=\frac{\mathrm{K}}{\mathrm{A}},$$

la valeur de s que déterminera la formule (19) ne sera pas seulement, comme on l'a déjà remarqué, une fonction entière des coefficients

$$a,\quad b,\quad \ldots,\quad h,\quad k;\qquad \mathrm{A},\quad \mathrm{B},\quad \ldots,\quad \mathrm{H},\quad \mathrm{K},$$

elle sera, de plus, une fonction homogène et du degré m relativement aux coefficients

$$a,\quad b,\quad \ldots,\quad h,\quad k;$$

elle sera encore une fonction homogène et du degré n relativement aux coefficients

$$A, \; B, \; \ldots, \; H, \; K;$$

donc elle sera, par rapport au système de tous les coefficients

$$a, \; b, \; \ldots, \; h, \; k; \quad A, \; B, \; \ldots, \; H, \; K,$$

une fonction entière et homogène du degré $m+n$. Désignons cette même fonction par

$$\varpi(a, b, \ldots, h, k; \; A, B, \ldots, H, K);$$

on aura identiquement, eu égard aux formules (20),

$$\begin{aligned} &\varpi(a, b, \ldots, h, k; A, B, \ldots, H, K) \\ &\quad = a^m A^n \varpi(1, l, \ldots, p, q; \; 1, L, \ldots, P, Q), \end{aligned}$$

et l'équation finale résultant de l'élimination de x entre les équations données pourra être présentée sous la forme

$$\varpi(a, b, \ldots, h, k; A, B, \ldots, H, K) = 0, \tag{24}$$

si les équations données sont les formules (18), ou même sous la forme

$$\varpi(1, l, \ldots p, q; \; 1, L, \ldots, P, Q) = 0, \tag{25}$$

si les équations données sont réduites aux formules (22).

Ajoutons que, le second membre de la formule (19) devant être équivalent au produit

$$a^m A \varpi^n(1, l, \ldots, p, q; \; 1, L, \ldots, P, Q),$$

les relations subsistant entre les coefficients

$$l, \; \ldots, \; p, \; q; \quad L, \; P, \; \ldots \; Q$$

et les racines

$$\alpha, \; \beta, \; \gamma, \; \ldots; \quad \lambda, \; \mu, \; \nu, \; \ldots$$

devront entraîner la formule

$$\begin{aligned} &\varpi(1, l, \ldots, p, q; \; 1, L, \ldots, P, Q) \\ &\quad = (\alpha - \lambda)(\alpha - \mu)(\alpha - \nu)\ldots \\ &\qquad \times (\beta - \lambda)(\beta - \mu)(\beta - \nu)\ldots(\gamma - \lambda)(\gamma - \mu)(\gamma - \nu)\ldots. \end{aligned}$$

On peut vouloir comparer l'équation finale (24) ou (25) à celle qu'on obtiendrait si à la méthode d'élimination dont nous avons ici fait usage on en substituait d'autres, par exemple celles qui se trouvent exposées dans les paragraphes I et II. On établira sans peine, à ce sujet, les propositions suivantes :

TROISIÈME THÉORÈME. — *Lorsque les coefficients*

$$l, \quad \ldots, \quad p, \quad q; \qquad L, \quad \ldots, \quad P, \quad Q,$$

renfermés dans les équations

$$(22) \qquad \begin{cases} x^n + l x^{n-1} + \ldots + px + q = 0, \\ x^m + L x^{m-1} + \ldots + Px + Q = 0 \end{cases}$$

entre lesquelles on se propose d'éliminer la variable x, demeurent arbitraires et indépendants les uns des autres, alors toute fonction entière de ces coefficients, propre à représenter le premier membre de l'équation finale produite par une méthode quelconque d'élimination, se réduit nécessairement à la fonction

$$\varpi(1, l, \ldots, p, q; 1, L, \ldots, P, Q)$$

ou au produit de celle-ci par une autre fonction entière des coefficients

$$l, \quad \ldots, \quad p, \quad q; \qquad L, \quad \ldots, \quad P, \quad Q.$$

Démonstration. — En effet, supposons que l'élimination de x entre les équations (22), étant effectuée par une méthode quelconque, nous ait conduit à une équation finale de la forme

$$s = 0,$$

s désignant une fonction entière des coefficients

$$l, \quad \ldots, \quad p, \quad q; \qquad L, \quad \ldots, \quad P, \quad Q.$$

A l'aide des relations qui existent, d'une part, entre les coefficients

$$l, \quad \ldots, \quad p, \quad q$$

et les racines

$$\alpha, \quad \beta, \quad \gamma, \quad \ldots,$$

d'autre part, entre les coefficients

$$L, \quad \ldots, \quad P, \quad Q$$

et les racines

$$\lambda, \quad \mu, \quad \nu, \quad \ldots,$$

on pourra transformer s en une fonction entière et symétrique des diverses racines de chacune des équations (22). D'ailleurs l'équation

$$s = 0,$$

résultant de l'élimination de x, devra être vérifiée toutes les fois qu'on établira entre ces racines une relation qui permettra de satisfaire par une même valeur de x à la première et à la seconde des équations (22), par exemple lorsqu'une des racines

$$\alpha, \quad 6, \quad \gamma, \quad \ldots$$

deviendra égale à l'une des racines

$$\lambda, \quad \mu, \quad \nu, \quad \ldots.$$

Donc la fonction entière des racines

$$\alpha, \quad 6, \quad \gamma, \quad \ldots; \qquad \lambda, \quad \mu, \quad \nu, \quad \ldots,$$

en laquelle pourra se transformer le premier membre s de l'équation finale

$$s = 0,$$

devra s'évanouir avec chacun des binomes

$$\begin{array}{llll} \alpha - \lambda, & \alpha - \mu, & \alpha - \nu, & \ldots; \\ 6 - \lambda, & 6 - \mu, & 6 - \nu, & \ldots; \\ \gamma - \lambda, & \gamma - \mu, & \gamma - \nu, & \ldots, \end{array}$$

et être algébriquement divisible par leur produit. Donc cette fonction sera de la forme

$$(26) \quad \begin{aligned} s = \mathcal{R}(\alpha - \lambda)(\alpha - \mu)(\alpha - \nu)\ldots \\ \times (6 - \lambda)(6 - \mu)(6 - \nu)\ldots(\gamma - \lambda)(\gamma - \mu)(\gamma - \nu)\ldots, \end{aligned}$$

$\mathcal{R}$ désignant une nouvelle fonction entière des racines

$$\alpha, \quad 6, \quad \gamma, \quad \ldots; \qquad \lambda, \quad \mu, \quad \nu, \quad \ldots.$$

qui, comme la fonction s et comme le produit

$$(\alpha-\lambda)(\alpha-\mu)(\alpha-\nu)\ldots(6-\lambda)(6-\mu)(6-\nu)\ldots(\gamma-\lambda)(\gamma-\mu)(\gamma-\nu)\ldots,$$

aura, en vertu de la formule (26), la propriété de rester invariable, tandis qu'on échangera entre elles, ou les racines

$$\alpha,\quad 6,\quad \gamma,\quad \ldots,$$

ou les racines

$$\lambda,\quad \mu,\quad \nu,\quad \ldots.$$

En d'autres termes, $\mathcal{R}$ sera une nouvelle fonction entière et symétrique des diverses racines de chacune des équations (22). Par conséquent, dans le second membre de la formule (26), le facteur $\mathcal{R}$ pourra être, aussi bien que le produit de tous les binomes, transformé en une fonction entière des coefficients

$$l,\quad \ldots,\quad p,\quad q;\qquad \mathrm{L},\quad \ldots,\quad \mathrm{P},\quad \mathrm{Q}.$$

Or, comme, après cette double transformation, la formule (26) donnera

$$s = \mathcal{R}\,\varpi(1, l, \ldots, p, q;\ 1, \mathrm{L}, \ldots, \mathrm{P}, \mathrm{Q}), \tag{27}$$

il est clair que le premier membre s de l'équation finale se réduira définitivement, si l'on a

$$\mathcal{R} = 1,$$

à la fonction entière

$$\varpi(1, l, \ldots, p, q;\ 1, \mathrm{L}, \ldots, \mathrm{P}, \mathrm{Q}),$$

et, dans le cas contraire, au produit de cette fonction par une fonction entière des coefficients

$$l,\quad \ldots,\quad p,\quad q;\qquad \mathrm{L},\quad \ldots,\quad \mathrm{P},\quad \mathrm{Q}.$$

Au reste, le dernier cas comprend le premier; et, lorsque le degré de la fonction entière représentée par $\mathcal{R}$ se réduit à zéro, cette fonction se change en un facteur numérique qui peut être l'unité même.

Corollaire. — La valeur la plus simple qu'on puisse, dans la formule (27), attribuer à la fonction $\mathfrak{R}$ étant

$$\mathfrak{R} = 1,$$

l'équation (25) offre évidemment la forme la plus simple à laquelle on puisse réduire généralement le premier membre de l'équation finale, en le supposant représenté par une fonction entière des coefficients

$$l, \quad \ldots, \quad p, \quad q; \qquad \mathrm{L}, \quad \ldots, \quad \mathrm{P}, \quad \mathrm{Q}$$

renfermés dans les équations (22).

Quatrième théorème. — *Lorsque les coefficients*

$$a, \quad b, \quad \ldots, \quad h, \quad k; \qquad \mathrm{A}, \quad \mathrm{B}, \quad \ldots, \quad \mathrm{H}, \quad \mathrm{K},$$

renfermés dans les équations

$$(18) \qquad \begin{cases} ax^n + bx^{n-1} + \ldots + hx + k = 0, \\ \mathrm{A}x^m + \mathrm{B}x^{m-1} + \ldots + \mathrm{H}x + \mathrm{K} = 0, \end{cases}$$

entre lesquelles on se propose d'éliminer la variable x, demeurent arbitraires et indépendants les uns des autres, alors toute fonction entière de ces coefficients, propre à représenter le premier membre de l'équation finale produite par une méthode quelconque d'élimination, se réduit nécessairement à la fonction

$$\varpi(a, b, \ldots, h, k; \mathrm{A}, \mathrm{B}, \ldots, \mathrm{H}, \mathrm{K})$$

ou au produit de celle-ci par une autre fonction entière des coefficients

$$a, \quad b, \quad \ldots, \quad h, \quad k; \qquad \mathrm{A}, \quad \mathrm{B}, \quad \ldots, \quad \mathrm{H}, \quad \mathrm{K}.$$

Démonstration. — En effet, supposons que l'élimination de x entre les équations (18), étant effectuée par une méthode quelconque, nous ait conduit à une équation finale de la forme

$$\mathrm{S} = 0,$$

S désignant une fonction entière des coefficients

$$a, \quad b, \quad \ldots, \quad h, \quad k; \qquad \mathrm{A}, \quad \mathrm{B}, \quad \ldots, \quad \mathrm{H}, \quad \mathrm{K}.$$

On réduira les équations (18) aux équations (22), en posant

$$b = al, \quad \ldots, \quad h = ap, \quad k = aq;$$
$$\mathrm{B} = \mathrm{AL}, \quad \ldots, \quad \mathrm{H} = \mathrm{AP}, \quad \mathrm{K} = \mathrm{AQ};$$

et à l'aide de ces dernières formules jointes aux relations qui existent, d'une part, entre les coefficients

$$l, \quad \ldots, \quad p, \quad q$$

et les racines

$$\alpha, \quad 6, \quad \gamma, \quad \ldots,$$

d'autre part, entre les coefficients

$$\mathrm{L}, \quad \ldots, \quad \mathrm{P}, \quad \mathrm{Q}$$

et les racines

$$\lambda, \quad \mu, \quad \nu, \quad \ldots,$$

on pourra transformer s en une fonction entière de toutes les racines

$$\alpha, \quad 6, \quad \gamma, \quad \ldots; \quad \lambda, \quad \mu, \quad \nu, \quad \ldots$$

et des deux coefficients

$$a, \quad \mathrm{A}.$$

Il y a plus : la valeur de s, qu'on obtiendra ainsi, devant être une fonction symétrique des racines de chacune des équations (22), on prouvera, par des raisonnements semblables à ceux dont nous avons fait usage dans la démonstration du troisième théorème, que cette valeur de s peut être représentée par un produit de la forme

$$\mathcal{R}\, \varpi(1, l, \ldots, p, q; 1, \mathrm{L}, \ldots, \mathrm{P}, \mathrm{Q}),$$

$\mathcal{R}$ désignant une fonction entière, non plus seulement des coefficients

$$l, \quad \ldots, \quad p, \quad q; \quad \mathrm{L}, \quad \ldots, \quad \mathrm{P}, \quad \mathrm{Q},$$

mais aussi des deux coefficients

$$a, \quad \mathrm{A}.$$

Comme on aura d'ailleurs identiquement

$$\varpi(1, l, \ldots, p, q; 1, \mathrm{L}, \ldots, \mathrm{P}, \mathrm{Q}) = \frac{\varpi(a, b, \ldots, h, k; \mathrm{A}, \mathrm{B}, \ldots, \mathrm{H}, \mathrm{K})}{a^m \mathrm{A}^n},$$

la valeur transformée de s ne différera pas de celle que donne la formule

$$(28) \qquad s = \frac{\mathfrak{R}}{a^m A^n} \varpi(a, b, \ldots, h, k; A, B, \ldots, H, K).$$

Soit maintenant

$$\Theta = \frac{\mathfrak{R}}{a^m A^n}$$

ce que deviendra la fraction

$$\frac{\mathfrak{R}}{a^m A^n}$$

quand on y remplacera les quantités

$$l, \quad \ldots, \quad p, \quad q; \qquad L, \quad \ldots, \quad P, \quad Q$$

par les rapports équivalents

$$\frac{b}{a}, \quad \ldots, \quad \frac{h}{a}, \quad \frac{k}{a}; \qquad \frac{B}{A}, \quad \ldots, \quad \frac{H}{A}, \quad \frac{K}{A}.$$

Θ ne pourra être qu'une fonction entière des coefficients

$$a, \quad b, \quad \ldots, \quad h, k; \qquad A, \quad B, \quad \ldots, \quad H, \quad K,$$

divisée ou non divisée par certaines puissances entières et positives des quantités a, A ; et, si l'on considère s comme une fonction entière des mêmes coefficients

$$a, \quad b, \quad \ldots, \quad h, \quad k; \qquad A, \quad B, \quad \ldots, \quad H, \quad K,$$

la formule (28) donnera identiquement, c'est-à-dire quelles que soient les valeurs attribuées aux coefficients dont il s'agit,

$$(29) \qquad s = \Theta\, \varpi(a, b, \ldots, h, k; A, B, \ldots, H, K).$$

D'autre part, la fonction

$$\varpi(a, b, \ldots, h, k; A, B, \ldots, H, K),$$

qui, en vertu du deuxième théorème, n'est algébriquement divisible ni par a, ni par A, ne pourra s'évanouir ni avec a, ni avec A. Donc la fonction

$$\Theta = \frac{s}{\varpi(a, b, \ldots, h, k; A, B, \ldots, H, K)},$$

exprimée à l'aide des seuls coefficients

$$a,\ b,\ \ldots,\ h,\ k;\quad A,\ B,\ \ldots,\ H,\ K,$$

ne pourra devenir infinie pour une valeur nulle de a ou de A; donc cette fonction n'admettra point de diviseurs représentés par des puissances entières et positives des quantités a, A, et ne pourra être qu'une fonction entière des coefficients

$$a,\ b,\ \ldots,\ h,\ k;\quad A,\ B,\ \ldots,\ H,\ K.$$

Si le degré de cette fonction entière se réduit à zéro, elle se transformera en un facteur numérique qui pourra être l'unité même, et alors la valeur de s, fournie par l'équation (29), se réduira au premier membre de la formule (24).

Premier corollaire. — La valeur la plus simple qu'on puisse, dans la formule (29), attribuer à la fonction Θ, étant

$$\Theta = 1,$$

l'équation (24) offre évidemment la forme la plus simple à laquelle on puisse réduire généralement le premier membre de l'équation finale, en le supposant représenté par une fonction entière des coefficients

$$a,\ b,\ \ldots,\ h,\ k;\quad A,\ B,\ \ldots,\ H,\ K$$

renfermés dans les équations (18).

Deuxième corollaire. — La fonction

$$\varpi(a, b, \ldots, h, k; A, B, \ldots, H, K)$$

étant, par rapport aux coefficients

$$a,\ b,\ \ldots,\ h,\ k;\quad A,\ B,\ \ldots,\ H,\ K,$$

une fonction entière et homogène du degré $m+n$, la valeur de s fournie par l'équation (29), ou le premier membre de l'équation finale produite par une méthode quelconque d'élimination, sera d'un degré représenté par un nombre ou égal ou supérieur à $m+n$, suivant que Θ sera ou un facteur numérique, ou une fonction entière d'un degré supérieur à zéro. Dans le premier cas, les deux fonctions

$$s \quad \text{et} \quad \varpi(a, b, \ldots, h, k; \mathrm{A}, \mathrm{B}, \ldots, \mathrm{H}, \mathrm{K})$$

se trouveront composées de termes correspondants et proportionnels, le rapport entre deux termes correspondants de la première et de la seconde étant précisément la valeur de Θ.

Troisième corollaire. — Si deux valeurs de s, fournies par deux méthodes diverses d'élimination, et représentées par deux fonctions entières des coefficients

$$a, \; b, \; \ldots, \; h, \; k; \quad \mathrm{A}, \; \mathrm{B}, \; \ldots, \; \mathrm{H}, \; \mathrm{K},$$

sont l'une et l'autre du degré $m+n$, elles seront toutes deux proportionnelles à la fonction

$$\varpi(a, b, \ldots, h, k; \mathrm{A}, \mathrm{B}, \ldots, \mathrm{H}, \mathrm{K}),$$

de laquelle on les déduira en multipliant celle-ci par deux facteurs numériques. Donc aussi elles seront proportionnelles l'une à l'autre, l'une étant le produit de l'autre par un troisième facteur numérique égal au rapport des deux premières. Par suite, ces deux valeurs de s seront composées de termes correspondants et proportionnels, et deviendront égales, au signe près, si deux termes correspondants de l'une et de l'autre sont égaux ou ne diffèrent que par le signe.

Les démonstrations que nous avons données des troisième et quatrième théorèmes reposent sur ce principe : que l'équation finale, produite par l'élimination de x entre deux équations données, se vérifie toujours quand on établit, entre les racines ou les coefficients de celles-ci, des relations qui leur font acquérir des racines communes. Ce principe, admis par Euler, ne saurait être contesté en aucune manière, et s'étend au cas même où les équations données, cessant d'être algébriques, prendraient des formes quelconques. En effet, dire que l'élimination de x, entre deux équations algébriques ou transcendantes

$$f(x) = o, \qquad F(x) = o,$$

produit l'équation finale

$$s = o,$$

dans laquelle s est indépendant de x, c'est dire que les deux premières équations considérées comme pouvant subsister simultanément, entraînent la troisième : c'est donc, en d'autres termes, dire que la troisième équation subsiste toutes les fois que les deux premières acquièrent des racines communes.

Au reste, les méthodes d'élimination, appliquées dans les deux premiers paragraphes de ce Mémoire à des équations algébriques, fournissent, comme on devait s'y attendre, des résultats conformes au principe que nous venons de rappeler. En effet, suivant la première des méthodes exposées dans le paragraphe I, le premier membre s de l'équation finale produite par l'élimination de x entre deux équations algébriques

$$f(x) = o, \qquad F(x) = o$$

se présentera immédiatement sous la forme

$$u\,f(x) + v\,F(x),$$

u, v désignant deux fonctions entières de la variable x et des coefficients que renferment les équations données. Donc ce premier membre, équivalent, quel que soit x, à la somme

$$u\,f(x) + v\,F(x),$$

s'évanouira si les valeurs des coefficients permettent d'attribuer à x une valeur qui fasse évanouir simultanément $f(x)$ et $F(x)$. On arrivera encore aux mêmes conclusions, si l'on adopte ou la seconde des méthodes exposées dans le paragraphe I, ou la méthode abrégée de Bezout, attendu que, dans l'une et dans l'autre hypothèse, les diverses équations successivement déduites des équations données, et par suite l'équation finale elle-même, seront toujours de la forme

$$u\,f(x) + v\,F(x) = o,$$

u, v représentant ou deux fonctions entières de x et des coefficients renfermés dans $f(x)$, $F(x)$, ou les quotients qu'on obtient en divisant deux semblables fonctions par une certaine puissance de la variable x.

Lorsque, pour éliminer x entre deux équations algébriques de la forme

$$ax^n + bx^{n-1} + \ldots + hx + k = 0,$$
$$Ax^m + Bx^{m-1} + \ldots + Hx + K = 0,$$

on emploie ou la méthode exposée dans ce paragraphe et fondée sur la considération des fonctions symétriques, ou la première des méthodes rappelées dans le paragraphe I, ou, en supposant $m = n$, la méthode abrégée de Bezout, le premier membre s de l'équation finale, représenté par une fonction entière des coefficients

$$a, \quad b, \quad \ldots, \quad h, \quad k; \qquad A, \quad B, \quad \ldots, \quad H, \quad K,$$

est toujours, par rapport à ces coefficients (*voir* les pages 473, 478 et 504), du degré $m + n$, par conséquent, lorsque m devient égal à n, du degré $2n$. Donc, en vertu du troisième corollaire du quatrième théorème, les trois valeurs de s, fournies par les trois méthodes, seront proportionnelles l'une à l'autre, l'une étant le produit de l'autre par un facteur numérique. J'ajoute que ce facteur numérique se réduira constamment à $+1$ ou à -1. En effet, la valeur de s, que fournira la première des méthodes rappelées dans le paragraphe I, renfermera une seule fois le terme

$$a^m K^n.$$

Or, ce même terme se retrouve, avec le même signe, dans le développement de l'expression

$$(-1)^n \left[a^{\frac{m}{\omega}}(-K)^{\frac{n}{\omega}} - A^{\frac{n}{\omega}}(-k)^{\frac{m}{\omega}}\right]^\omega,$$

qui, lorsqu'on a recours à la méthode fondée sur la considération des fonctions symétriques, représente la partie de s dépendant des seuls coefficients

$$a, \quad A, \quad k, \quad K.$$

Enfin, lorsqu'on supposera $m = n$, le même terme

$$a^m K^n = a^n K^m$$

sera encore, au signe près (*voir* p. 478), l'un des termes contenus dans la valeur de s que fournira la méthode abrégée de Bezout. Donc les trois valeurs de s fournies par les trois méthodes seront, au signe près, égales entre elles; et l'assertion émise à la page 478 se trouve complètement démontrée.

Remarquons encore que, dans le cas particulier où les degrés m, n des équations données sont des nombres premiers entre eux, et où l'on a par suite

$$\omega = 1,$$

la partie de s, qui dépend des seuls coefficients

$$a, \quad A, \quad k, \quad K$$

dans l'équation finale réduite à sa forme la plus simple, est représentée par le binome

$$a^m K^n - A^n k^m.$$

D'après ce qui a été dit dans ce paragraphe, pour éliminer x entre deux équations algébriques données, il suffit de joindre l'équation (4) aux formules qui servent à déduire des coefficients d'une équation algébrique les sommes des puissances entières des racines, ou de ces sommes les coefficients eux-mêmes. On peut d'ailleurs, pour atteindre ce but, employer deux sortes de formules qui déterminent les unes successivement, les autres d'un seul coup et d'une manière explicite, chacune des inconnues, c'est-à-dire chacune des sommes ou chacun des coefficients cherchés. Les formules de la première espèce sont celles qui ont été données par Newton, et dont la démonstration la plus élémentaire se trouve dans la *Résolution des équations numériques* de Lagrange (p. 133). Quant aux formules de la seconde espèce, on pourrait les déduire des premières par une marche analogue à celle qu'a suivie M. Libri dans un Mémoire publié en 1829, qui en rappelle deux autres présentés par le même auteur à l'Académie des Sciences en 1823 et 1835. Mais alors ces formules, propres à déterminer immédiatement chaque inconnue, ne se présenteraient pas sous la forme la plus simple; et, pour diminuer autant que possible le nombre de leurs termes, il convient de les établir directement à l'aide de considérations analogues à celles dont j'ai fait usage dans l'extrait lithographié d'un Mémoire présenté à l'Académie le 9 août 1824. C'est au reste ce que j'expliquerai plus en détail dans un autre article.

FIN DU TOME XI DE LA SECONDE SÉRIE.

TABLE DES MATIÈRES.

DU TOME ONZIEME.

SECONDE SÉRIE.

MÉMOIRES DIVERS ET OUVRAGES.

III. — MÉMOIRES PUBLIÉS EN CORPS D'OUVRAGES

Exercices d'Analyse et de Physique mathématique.

Pages.

Avertissement 9

Mémoires sur les mouvements infiniment petits d'un système de molécules sollicitées par des forces d'attraction ou de répulsion mutuelle 11

Note sur les sommes formées par l'addition de fonctions semblables des coordonnées de différents points 28

Note sur la transformation des coordonnées rectangulaires en coordonnées polaires. 41

Note sur l'intégration des équations différentielles des mouvements planétaires..... 43

Mémoire sur les mouvements infiniment petits de deux systèmes de molécules qui se pénètrent mutuellement 51

Mémoire sur l'intégration des équations linéaires 75

Mémoire sur les mouvements infiniment petits dont les équations présentent une forme indépendante de la direction des trois axes coordonnés, supposés rectangulaires, ou seulement de deux de ces axes 134

Mémoire sur la réflexion et la réfraction d'un mouvement simple transmis d'un système de molécules à un autre, chacun de ces deux systèmes étant supposé homogène et tellement constitué que la propagation des mouvements infiniment petits s'y effectue en tous sens suivant les mêmes lois 173

Mémoire sur la transformation et la réduction des intégrales générales d'un système d'équations linéaires aux différences partielles 227

Mémoire sur les rayons simples qui se propagent dans un système isotrope de molécules et sur ceux qui se trouvent réfléchis ou réfractés par la surface de séparation de deux semblables systèmes 265

Pages.
Sur les relations qui existent entre l'azimut et l'anomalie d'un rayon simple doué de la polarisation elliptique.......... 320
Considérations nouvelles sur la théorie des suites et sur les lois de leur convergence.......... 331
Mémoire sur les deux espèces d'ondes planes qui peuvent se propager dans un système isotrope de points matériels.......... 354
Mémoire sur l'intégration des équations différentielles.......... 399
Mémoire sur l'élimination d'une variable entre deux équations algébriques.......... 466

FIN DE LA TABLE DES MATIÈRES DU TOME XI DE LA SECONDE SÉRIE.

48605 Paris. — Imprimerie GAUTHIER-VILLARS, quai des Grands-Augustins, 55.

Printed in the United States
By Bookmasters